中国科学技术大学研究生教育创新计划项目经费支持

研究生系列教材
计算机科学与技术

计算机控制工程

COMPUTER CONTROL ENGINEERING

第2版

陈宗海　杨晓宇　汪玉洁　编著

中国科学技术大学出版社

内 容 简 介

本书系统地介绍了计算机控制系统的相关理论、技术和应用，是作者根据多年教学和科研实践，并吸收国内外最新计算机控制技术成果撰写而成的。全书共10章，分别讨论和介绍了计算机控制系统的结构、组成，系统的描述与分析，控制器的设计与实现，控制计算机的特点，接口技术以及系统的设计与应用，计算机分布式控制系统。

本书可作为高等院校信息和工程领域的本科生或研究生教材，也可供相关科技人员参考。

图书在版编目(CIP)数据

计算机控制工程/陈宗海，杨晓宇，汪玉洁编著.—2版.—合肥：中国科学技术大学出版社，2021.3

(中国科学技术大学一流规划教材)

(安徽省高等学校一流教材)

ISBN 978-7-312-05112-8

Ⅰ.计… Ⅱ.①陈… ②杨… ③汪… Ⅲ.计算机控制—高等学校—教材 Ⅳ.TP273

中国版本图书馆CIP数据核字(2020)第245497号

计算机控制工程

JISUANJI KONGZHI GONGCHENG

出版 中国科学技术大学出版社
安徽省合肥市金寨路96号，230026
http://press.ustc.edu.cn
https://zgkxjsdxcbs.tmall.com

印刷 合肥市宏基印刷有限公司

发行 中国科学技术大学出版社

经销 全国新华书店

开本 787 mm×1092 mm 1/16

印张 26.5

字数 645千

版次 2008年6月第1版 2021年3月第2版

印次 2021年3月第2次印刷

定价 65.00元

第 2 版前言

本书是 2008 年出版的国家级规划教材《计算机控制工程》的第 2 版，是重点教学研究项目“面向新工科的系统工程课程改革与体系建设研究”的成果之一，被列入 2020 年安徽省质量工程一流教材项目（研究生教育优秀教材），同时入选 2020 年度中国科学技术大学研究生教育创新计划项目——优秀教材出版项目（项目编号：2020ycj02），并得到了专项经费支持。

当代科学技术突飞猛进，智能化浪潮席卷全球，推动了计算机控制技术的发展。计算机控制是人工智能落地应用的使能技术。为此，笔者结合多年教学和科研实践经验以及近年来科技进步现状，认为有必要对本书第 1 版的内容进行充实和修订。

全书仍然分为 10 章：第 1 章绪论向读者介绍了计算机控制系统的概念、组成、分类以及研究内容和发展趋势等，展现计算机控制系统的完整图像，使读者对计算机控制系统的各部分有一个全面系统的初步认识。第 2 章讨论了控制计算机的结构、特点和接口通道技术，使读者明白计算机控制是计算机的一个很重要的应用领域，是随着电子、通信、自动控制、仪器仪表等相关领域的发展而发展的，展现了计算机控制的工程特色以及在复杂的工程环境中应用的特点。第 3 章主要内容为采样过程与采样定理，z 变换的定义、性质和定理，z 反变换以及用 z 变换求解差分方程等，从系统论和信息论的角度，阐明了信号的处理与转换的手段、方法和原理，以及采样数字系统的数学工具 z 变换的概念、性质及其运用。第 4 章讲述了线性离散系统的描述与分析，主要讨论线性离散系统的差分方程描述、z 传递函数描述、权序列描述、离散状态空间描述和 4 种描述形式之间的转换，以及线性离散系统的稳定性分析和误差分析等，全面展现了计算机控制系统数学描述与分析的原理、技术手段以及工程实践中重点关心的问题，是计算机控制系统设计与应用的基础和必备的知识。第 5 章讨论计算机控制系统的模拟化设计法，主要内容包括模拟化设计法的概念、模拟控制器的近似离散化方法、数字 PID 控制器的设计、纯时延系统的计算机控制等，从计算机控制连续对象构成混合信号系统的特点出发，介绍将经典连续控制器设计方法引入数字控制器设计的思路、方法和设计过程，并着重对在工业控制中占主导地位的 PID 控制器的设计和改进进行了介绍。第 6 章讨论了计算机控制系统的离散化设计法，讲述了离散化设计的基本步骤，最小拍控制系统的设计及基于对象特性和抗干扰、无振荡等要求的改进设计，极点配置设计，输出最小方差设计以及基于伯德(Bode)图与根轨迹的设计法等，强调了在离散域设计控制器的技术方法和工程设计要求。第7章阐述计算机控制系统的状态空间设计法，内容包括以状态空间为基础的输出反馈设计法、极点配置的设计方法以及二次型性能指标最优控制的设计方法，展现了近代控制方法作为控制器设计的一些优点，如基于状态空间设计方法，可以按照给定的性能指标设计控制器，而不必根据特定的输入函数进行设计，且可以包含初始条件等，体现控制理论的发展。第8章介绍计算机复杂控制系统的设计，通过引入计算单元、调节单元或其他控制单元构成复杂规律的计算机控制系统，例如串级控制、前馈控制、解耦控制、均匀控制和比值控制等需要包含两台以上调节器或执行机构以实现复杂的控制规律的计算机控制系统的设计，以提高控制品质，扩大自动化应用范围。第9章对计算机分布式控制系统进行了简单介绍，内容包括：DCS的组成、结构和特点以及DCS面临的挑战和发展方向，并对可编程逻辑控制器(PLC)、数据采集与监视控制系统(SCADA)、现场总线控制系统(FCS)进行了简单介绍。第10章对计算机控制系统进行了应用举例，介绍了以质子交换膜燃料电池为实验仿真对象的计算机控制系统，从系统结构、对象建模、系统温度控制、流量控制等方面展开，帮助读者理解前面的理论知识。

本书的修订由陈宗海教授、杨晓宇工程师和汪玉洁副研究员完成，其中第2章、第3章由杨晓宇工程师执笔完成，第8章、第9章、第10章由汪玉洁副研究员执笔完成。在本书的整理过程中，张陈斌博士以及博士生杨朵、孙震东、田佳强、王丽等做了大量的工作，在此一并表示诚挚的谢意。另外，在写作和修订本书的过程中，参阅了一些国内外著作和资料，有的还引用了其中的部分内容，谨向有关作者表示衷心的感谢！

这是一本讲述计算机控制系统的相关理论、技术和应用方面内容的教材和参考书，书中不当之处在所难免，在此敬请指正。

陈宗海

2020年5月20日

前　言

随着控制理论、自动化技术和计算机技术的飞速发展,计算机控制不仅在国防、航空航天等高精尖领域得到了广泛的应用,而且在现代化的工业、农业、科学技术以及医疗卫生等领域也发挥着重要的作用,其自身也随着相关技术的发展而不断发展。本书就是面向工程实践这一目标,将计算机控制的基础知识、技术方法、工程实践及发展动向有机结合起来,为自动化专业学生、教学与科研人员、工程技术人员以及想进入该领域的相关人员,提供全面的理论基础、技术方法和工程应用的知识准备和实践指导,是自动化类本科生以及相关专业研究生全面掌握计算机控制的教材或参考书。

本书理论联系实际,突出理论、技术和应用的有机结合,是作者在多年教学和科研实践经验的基础上,吸收国内外计算机控制系统设计的最新技术成果编写而成的。全书共分 10 章:第 1 章绪论向读者介绍计算机控制系统的概念、组成、分类以及研究内容和发展趋势等,展现了计算机控制系统的完整图像,使读者对计算机控制系统的各部分有一个全面系统的初步认识。第 2 章讨论控制计算机的结构、特点和接口通道技术,使读者明白计算机控制是计算机的一个很重要的应用领域,是随着电子、通信、自动控制、仪器仪表等相关领域的发展而发展的,展现了计算机控制的工程特色以及在复杂的工程环境中应用的特点。第 3 章主要内容为采样过程与采样定理,z 变换的定义、性质和定理,z 反变换以及用 z 变换求解差分方程等。从系统论和信息论的角度,阐明信号的处理与转换的手段、方法和原理以及采样数字系统的数学工具 z 变换的概念、性质及其运用。第 4 章内容是线性离散系统的描述与分析,主要讨论线性离散系统的差分方程描述、z 传递函数描述、权序列描述、离散状态空间描述和 4 种描述形式之间的转换以及线性离散系统的稳定性分析和误差分析等,全面展现了计算机控制系统数学描述与分析的原理、技术手段以及工程实践中重点关心的问题,是计算机控制系统设计与应用的基础和必备的知识。第 5 章讨论计算机控制系统的模拟化设计法,主要内容包括模拟化设计法的概念、模拟控制器的近似离散化方法、数字 PID 控制器的设计、纯时延系统的计算机控制等,从计算机控制连续对象构成混合信号系统的特点出发,介绍将经典连续控制器设计方法引入数字控制器设计的思路、方法和设计过程,并着重对在工业控制中占主导地位的 PID 控制器的设计和改进进行了介绍。第6章讨论计算机控制系统的离散化设计法，讲述离散化设计的基本步骤，最小拍控制系统的设计及基于对象特性和抗干扰、无振荡等要求的改进设计，极点配置设计，输出最小方差设计以及基于伯德(Bode)图与根轨迹的设计法等，强调在离散域设计控制器的技术方法和工程设计要求。第7章阐述计算机控制系统的状态空间设计法，内容包括以状态空间为基础的输出反馈设计法、极点配置的设计方法以及二次型性能指标最优控制的设计方法，展现了近代控制方法作为控制器设计的一些优点，如基于状态空间设计方法，可以按照给定的性能指标设计控制器，而不必根据特定的输入函数进行设计，且可以包含初始条件等，体现控制理论的发展。第8章介绍计算机复杂控制系统的设计，在前面介绍的简单反馈计算机控制的基础上，根据实际工程对象的特性和要求，再引入计算单元、调节单元或其他控制单元构成复杂规律的计算机控制系统，例如串级控制、前馈控制、解耦控制、均匀控制和比值控制等需要包含两台以上调节器或执行机构来实现复杂的控制规律的复杂规律的计算机控制系统的设计，以提高控制品质，扩大自动化应用范围。第9章对计算机分布式控制系统进行了简单介绍，内容包括DCS的组成、结构和特点以及DCS面临的挑战和发展方向。第10章对计算机控制系统进行了应用举例。

本书第2章、第3章由杨晓宇工程师执笔完成，第8章、第10章由王雷副教授执笔完成。在本书的整理过程中，我的博士生李明、刘新天、张海涛、向微等做了大量的工作，在此一并表示诚挚的谢意。另外，在写作本书的过程中，参阅了一些国内外著作和资料，引用了其中的部分内容，谨向有关作者表示衷心的感谢！

这是一本讲述计算机控制系统的相关理论、技术和应用方面内容的教材和参考书，材料取舍、编排和叙述存在偏颇、不当甚至错误在所难免，在此敬请指正。

陈宗海

2007年5月8日

目　录

第 1 章　绪　　论

随着计算机的发展与普及，自动控制技术在工农业生产、科学技术和国防建设等领域中已获得了广泛的应用。而且随着科学技术的进步，尤其是人工智能时代的到来，人们越来越多地用计算机来实现控制系统，因此，充分理解计算机控制系统是十分重要的。计算机控制是以自动控制理论与计算机技术为基础的，并随着计算机技术、先进控制策略、总线仪表和网络通信技术的发展而发展，其技术水平在不断提高。

本书的目的是介绍与计算机控制系统分析和设计的基本原理、基本方法，并结合面向工程实践这一最终目标，将计算机控制的基础知识、技术方法、工程实践及发展动向有机结合起来，为自动化专业学生、教学与科研人员、工程技术人员以及想进入该领域的相关人员提供全面的理论基础、技术方法和工程应用的知识准备和实践指导。

本章主要介绍计算机控制系统的一般概念、计算机控制系统的组成以及计算机控制系统的分类、研究现状及发展前景；展现计算机控制系统的完整图像，使读者对计算机控制系统的各部分有一个全面系统的初步认识。

1.1　计算机控制系统的一般概念

所谓计算机控制系统是指各种各样以计算机作为主要组成部分的控制系统、针对连续过程系统的反馈控制，可以用数字计算机来实现控制器或校正网络。计算机控制系统可以用图 1.1 来简单描述，其中被控对象的输出 $y(t)$ 是连续时间信号，A/D 转换器以采样周期 T_s 对其进行采样并产生测量序列 $\{y(k)\}$。计算机将根据某种算法处理 $\{y(k)\}$，进而给出控制信号序列 $\{u(k)\}$，再用 D/A 转换器将 $\{u(k)\}$ 转换成模拟信号 $u(t)$。可见，连续对象的计算机控制系统既含有连续时间信号，也含有采样信号（即离散时间信号），传统上把这类系统称为采样数字系统或者混合系统。

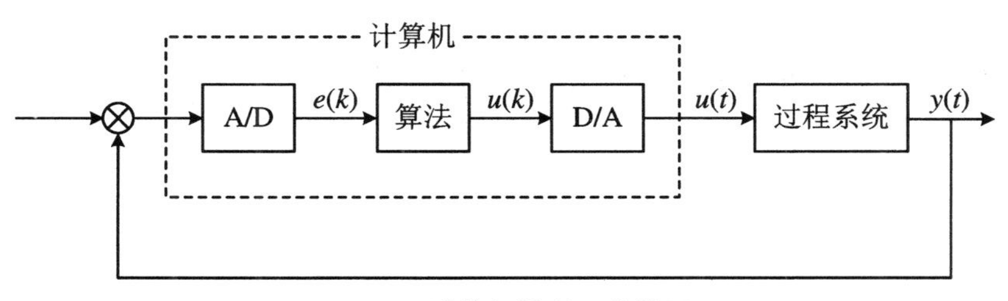

图 1.1　计算机控制系统简图

不同类型的信号混合在一起，有时会引起麻烦，但是在大多数情况下，只描述系统在采样时刻的行为就足够了，这时我们感兴趣的仅仅是离散时间点上的信号，这类系统被称为离散时间系统。离散时间系统是用来处理数值序列的，所以描述这类系统的一种天然方法就是差分方程。正因为计算机控制系统在预先规定的离散时间点上采样数据，形成离散时间序列信号，所以我们通常应将时间序列信号变换到 z 域中加以分析和处理。

计算机控制系统中的控制器是由计算机的控制算法程序实现的，采集被控参数的 A/D 转换器和输出参数的 D/A 转换器都只能是周期性工作的，因此控制系统引入计算机之后就成为离散时间控制系统，其工作过程可以用图 1.2 表示。从本质上看，离散时间控制系统的工作过程可归纳为以下 3 个步骤：

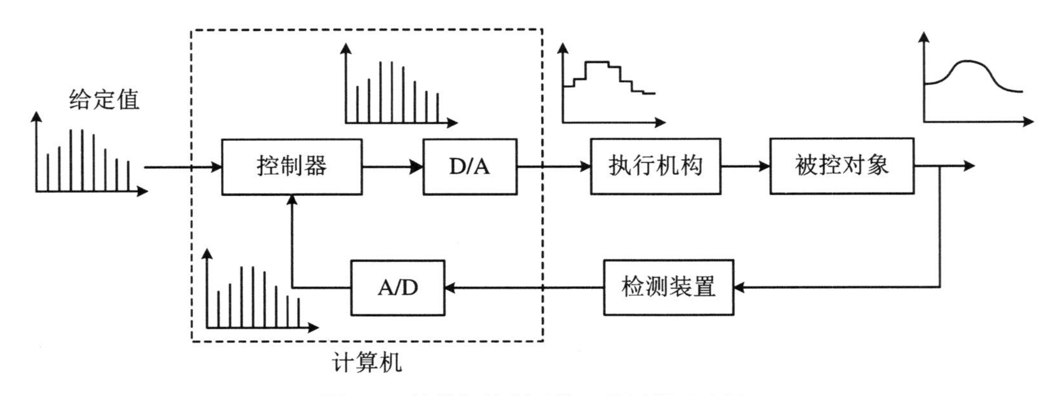

图 1.2　计算机控制系统工作过程示意图

(1) 实时数据采集

对来自测量变送装置的被控参数的瞬时值进行检测、采样、转换并输入到计算机中。

(2) 实时控制决策

对采集到的表征被控参数的状态量进行分析，并按预先规定的控制规律进行计算，决定将要采取的控制行为。

(3) 实时控制输出

根据控制决策，适时地对执行机构发出控制指令信号，以便完成相应的控制任务。

计算机控制系统就是不断地重复上面 3 个步骤，使整个系统按一定的品质指标进行工作，并能对被控参数和设备本身出现的异常状态进行监督和及时处理。控制过程的 3 个步骤对计算机来说实际上只是执行算术、逻辑运算和输入输出操作。

这里的“实时”是指信号的输入、计算和输出都是在一定的时间范围内完成的，亦即计算机对输出的信息以足够快的速度进行处理，并在一定的时间内做出反应或进行控制。实时性指标取决于下列环节的延时：检测仪表延时、过程输入(A/D)延时、计算机运算延时、数据传输(D/A)延时等。

1.2 计算机控制系统的组成

模拟控制系统的典型结构可以用如图 1.3 所示的单位负反馈控制的框图来表示，它是由被控对象、测量环节、比较器、调节器和执行器构成的输出反馈控制系统，调节器的作用是使被控参数跟踪给定值。

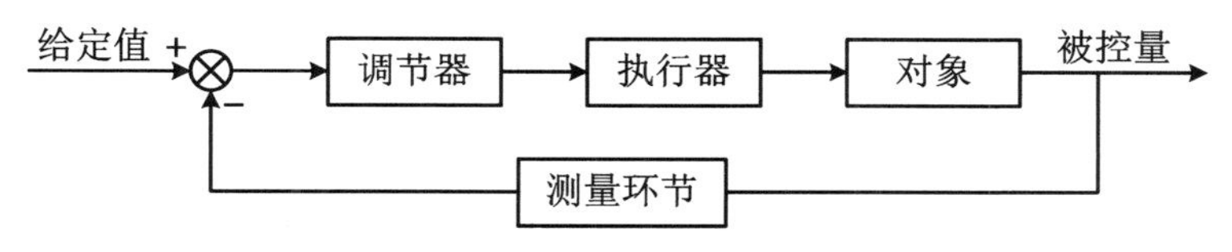

图 1.3 典型的连续控制系统

输出反馈计算机控制系统的结构与典型的连续系统十分相似，只是调节器由数字计算机来实现。数字计算机只在特定间隔的时间点上采集、接受和处理数据。因此，针对连续被控对象，出于信号的匹配和工程实践的需要，其输入、输出两侧分别有多路开关、采样保持器、A/D 转换器、D/A 转换器和保持器，以实现系统的正常工作，其结构如图 1.4 所示。

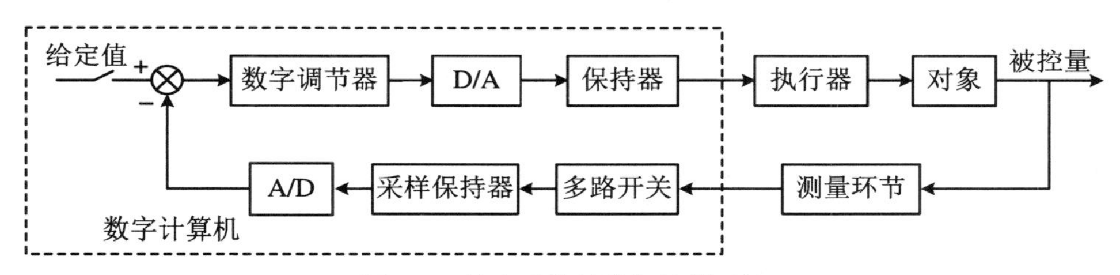

图 1.4 输出反馈计算机控制系统

下面就计算机控制系统的各基本组成部分作简略的介绍。

1.2.1 被控对象

被控对象是指系统所要控制的设备、装置或过程。在传统的基于模型的控制系统中，当线性连续被控对象采用传递函数来表征时，其特性可以用 4 个量来描述，它们是：放大系数 K、惯性时间常数 T_m，积分时间常数 T_i 和纯滞后时间 τ。

众所周知，线性连续被控对象的传递函数就其形式而言，可以归纳为如下 4 类：

(1) 放大环节

$$G(s) = K \tag{1.1}$$

(2) 惯性环节

$$G(s) = \frac{K}{(T_1 s + 1)(T_2 s + 1)\cdots(T_n s + 1)} \quad (n = 1,2,\cdots) \tag{1.2}$$

当 $T_1 = T_2 = \cdots = T_n = T_m$ 时

$$G(s)=\frac{K}{(T_{\mathrm{m}}s+1)^n}\qquad(n=1,2,\cdots)$$

(3) 积分环节

$$G(s)=\frac{K}{T_{\mathrm{i}}s^n}\qquad(n=1,2,\cdots)\tag{1.3}$$

(4) 滞后环节

$$G(s)=\mathrm{e}^{-\tau s}\tag{1.4}$$

实际的被控对象可能是上述各类环节的部分或全部的串联、并联或反馈组合而成的。例如,一阶惯性加纯滞后的被控对象,就是由惯性环节和纯滞后环节串联而成的:

$$G(s)=\frac{K}{(T_{\mathrm{m}}s+1)}\mathrm{e}^{-\tau s}\tag{1.5}$$

而描述定量泵的传递函数可表示为

$$G(s)=\frac{K}{T_{\mathrm{i}}s}\mathrm{e}^{-\tau s}\tag{1.6}$$

它是积分环节与滞后环节的串联。

然而,被控对象在环境中,经常会受到各种扰动的影响,如果这些扰动是可建模的,那么为了分析方便,可以把对象的特性分解为控制通道和扰动通道来描述,如图 1.5 所示。

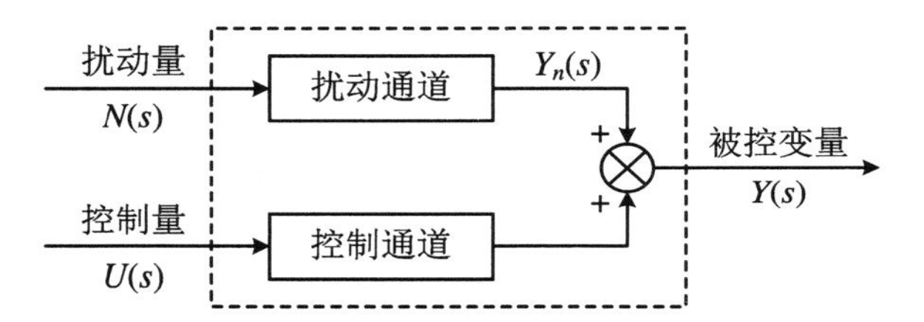

图 1.5　被控对象的扰动通道和控制通道

上面所介绍的被控对象的形式都是只有一个输入量 $U(s)$和一个输出量 $Y(s)$的对象,我们把它们称之为单输入单输出(SISO)对象。但在实际的系统中很多对象并非如此简单,往往是多输入多输出的,如图 1.6 所示,图 1.6(a)为多输入单输出(MISO)对象,图 1.6(b)为多输入多输出(MIMO)对象。

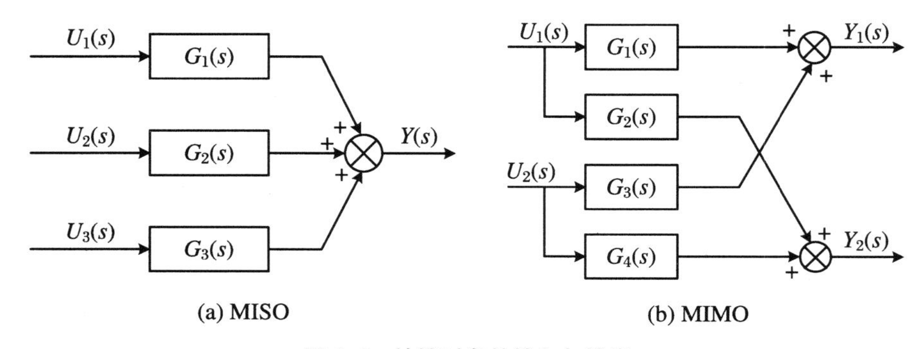

图 1.6　被控对象的输入与输出

1.2.2 执行器

执行器在控制系统中起着极为重要的作用,控制品质与是否正确选择和使用执行器有着十分密切的关系。

执行器是由执行机构与调节机构两部分组成的。执行机构可把调节器输出信号转换成直线位移或角位移,分为气动、电动和液动三类。调节机构可把直线位移或角位移转换成流通截面积的变化,从而改变操作变量的值,调节机构的类型很多,包括直通阀、角阀、三角阀、球形阀、阀体分离阀、隔膜阀、蝶阀、高压阀、套筒阀等。

气动调节阀有气开与气关两种类型:气开型是输入气压越高开度越大,在失气时关闭,故称 FC(false close)型;气关型是输入气压越低开度越大,在失气时全开,故称 FO(false open)型。气开与气关的选择主要以失气时仍能保证生产安全为标准。

电动执行器的输入有连续信号和非连续信号两种,连续信号一般为 4 ~ 20 mA 的电流信号,非连续信号一般为电磁的开关信号。

1.2.3 测量环节

测量环节包括检测元件(传感器)和变送器,检测元件及变送器的作用,是把工艺变量检测出来,转换成压力或电信号,送往显示或控制仪表。在计算机控制系统中是将该信号送给 A/D 转换器。在单元组合仪表中,变送器的输出信号是电、压力标准信号,如 0～10 mA,4～20 mA 或 0.2～1.0 Pa 等。其工作原理如图 1.7 所示。

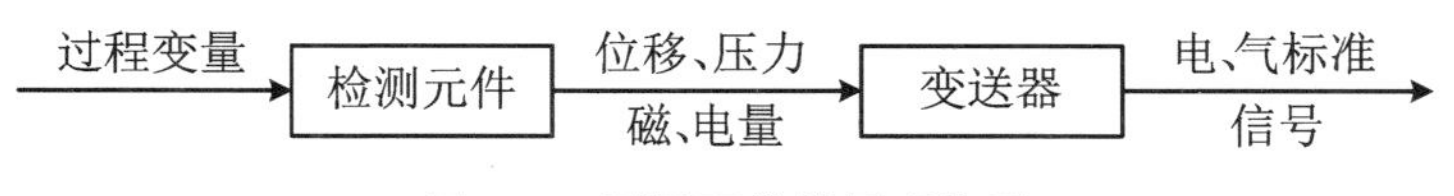

图 1.7 测量环节的原理构图

在工业过程控制中,常见的被控变量有压力、流量、温度、液位及物性和成分变量等,加上有各式各样的测量范围和使用环境,检测元件和变送器的类型极为纷繁。一般来说,选择测量环节的原则如下:

① 在测量精度、测量范围上符合要求。

② 性能要稳定、可靠,重复性好。

③ 尽可能选择线性度好、线路简单、灵敏度高的检测元件。

④ 电源种类尽量少,电源电压尽量规范化。

1.2.4 数字调节器与输入、输出接口

随着计算机技术、通信技术的发展,数字计算机已成为数字调节器的核心。其中数字调节器的控制规律是由计算机程序来实现的,而作为输入通道的多路开关、采样保持器、模-数转换器(ADC),作为输出通道的保持器、数-模转换器(DAC)等都是以板式结构插接在计算

机系统的总线上的。

1. **模-数转换器**(Analog to Digital Converter,ADC)

ADC 可实现模拟信号的采样、模拟数据保持及量化编码的功能,功能示意图如图 1.8 所示。

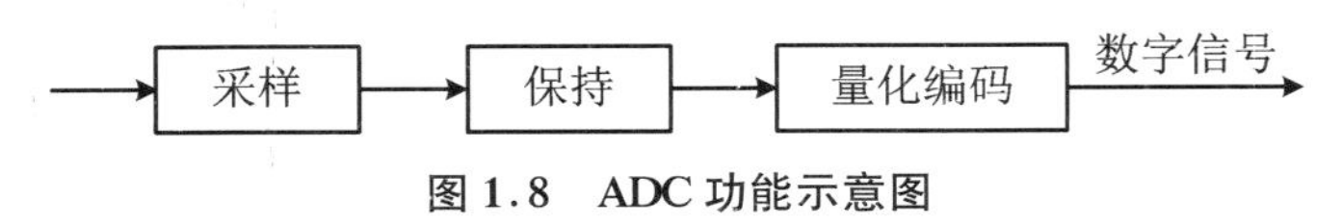

图 1.8 ADC 功能示意图

2. **控制算法**

一个控制用计算机可能承担多方面的任务,而执行非控制任务的机时甚至可能远超过执行控制任务所用的机时。在计算机控制系统中数字调节器的控制规律是一个算法程序,计算机通过执行算法程序来实现对被控对象的控制。在反馈控制系统中,计算机对控制信号的作用可描述为:

① 对输入数字信号和反馈数字信号进行比较,求得误差 $e(k)$;

② 根据控制方案来加工误差信号,以得到反映控制作用大小的数字信号,其结构故如图 1.9 所示。

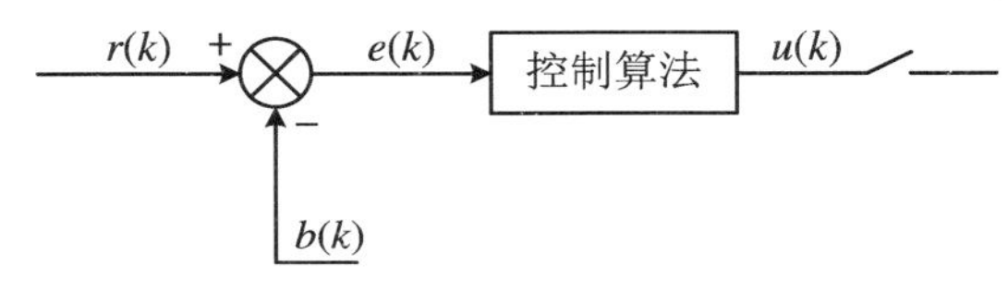

图 1.9 数字调节器实现的示意图

3. **数-模转换器**(Digital to Analog Converter,DAC)

DAC 是将计算机算得的离散数字序列 $u(k)$转换成连续模拟信号,以提供连续被控对象所要求的控制量,它包括数字寄存器和 D/A。

DAC 是一种信号恢复装置,它首先将数字信号 $u(k)$转化成离散模拟信号 $u^*(t)$($u^*(t)$在时间上是离散的,在幅值上是连续的),然后再利用保持器在时间上进行外推,便将 $u^*(t)$变换成模拟信号 $u(t)$。

4. **数字计算机**

计算机控制系统中的数字计算机与外围设备一起,除了实现数字调节器的功能外,同时还具有显示、打印、报警、制表等功能,在某些高级的控制系统中,控制用计算机还有管理、诊断、远程通信等职能。控制用计算机系统如图 1.10 所示,其中:

① 计算机主机是由中央处理单元(CPU)、存储器(RAM、ROM)等组成,它是控制系统的核心,它根据输入通道送来的被控对象的状态参数,按照预先安排好的程序,自动进行信息处理、分析、计算,并做出相应的控制决策,然后以信息的形式通过输出通道发出控制命令,控制被控对象进行工作。

② 标准外部设备主要有三类:输入设备、输出设备和外部存储器,它们根据系统功能的要求来决定配置的多少。

③ 输入输出通道:工业现场的被控参数往往是一些非电量(如温度、压力、流量、位移、

转速、成分等)，首先必须用传感器(检测装置)转换成电信号，并通过建立在计算机与检测装置之间的信息传递与变换通道——输入输出通道，与计算机进行联系，实现信息采集与控制，输入输出通道一般分模拟量输入输出通道、数字量输入输出通道和开关量输入输出通道。

④ 接口是沟通计算机与外设、外围通道的桥梁，通过接口电路的协调工作，实现信号和命令的传递。

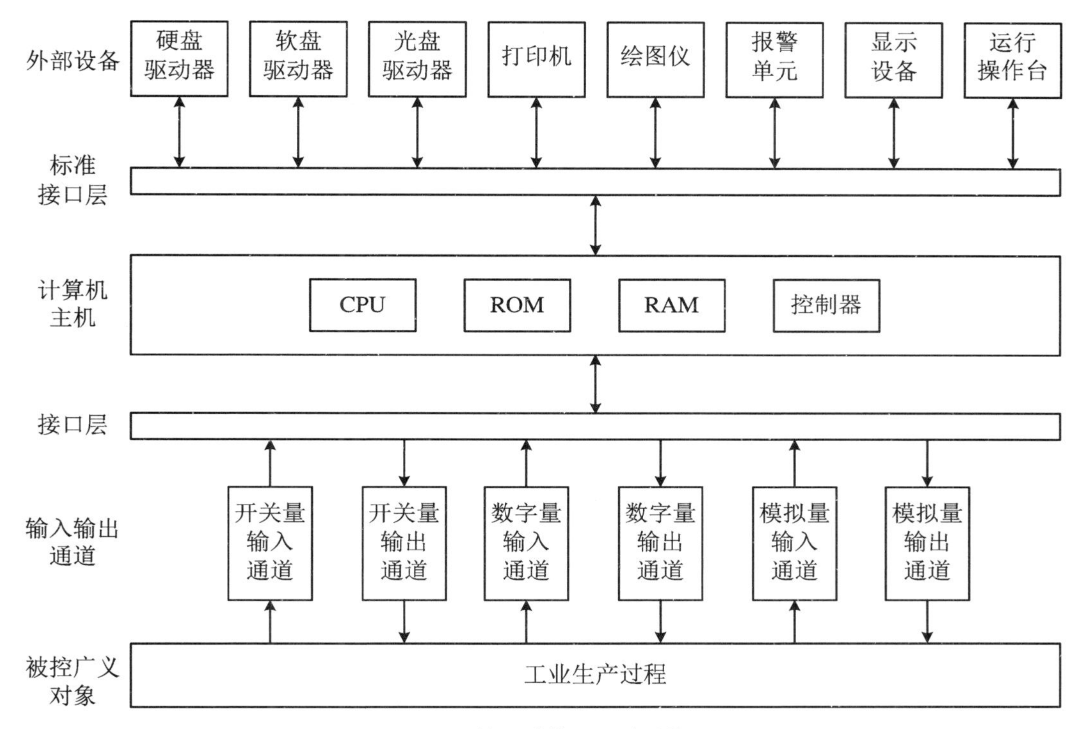

图 1.10 控制计算机系统结构图

由于计算机控制系统是与工业过程一起实现生产目标的，因此控制计算机相比办公计算机有不同的要求：

(1) 可靠性高

工业生产尤其是连续性强的工业生产，其连续生产时间常在数千小时以上，故对控制计算机的要求是故障少、修复快，一般采用冗余或分级结构，如集散控制、分级递阶控制、现场总线控制等。

(2) 环境的适应性强

工业生产环境一般比较恶劣，如高温、高压、高湿、腐蚀性、强电场、强磁场等，这要求控制计算机在材料的使用、系统组装上要能满足环境的要求，或采用辅助措施(如增加通风、电磁屏蔽等)。

(3) 实时性强

生产过程有实时性要求，例如观测和控制工艺参数、修改操作条件以及紧急事故处理等。这要求系统配有实时时钟，并且有完善的中断系统。

(4) 具有完善的软件系统

对计算机控制而言,硬件是躯体,软件是灵魂。控制计算机软件通常分为系统软件和应用软件两大部分:系统软件包括程序设计系统、操作系统和诊断系统;应用软件包括监视程序、控制计算程序和公共应用程序。

1.3 计算机控制系统的分类

随着计算机技术的发展和强大,计算机控制系统在工业控制中的应用不断深入和发展。从计算机控制系统历史和目前应用的状况看,其可以分为如下类型。

1.3.1 数据采集与处理系统

尽管数据采集与处理不属于控制的范畴,但计算机控制系统离不开数据采集与处理系统(图 1.11)。计算机通过模拟量或开关量输入通道对生产过程中的关键变量进行采样,经模-数转换(ADC)输入计算机中,由计算机对过程对象中大量的参数进行巡回检测、处理、分析、记录以及报警等。通过对大量生产过程参数的积累和实时分析,可以实现对生产过程的各种趋势分析、评估等,为优化生产、提高效益、安全保障等提供信息支持。

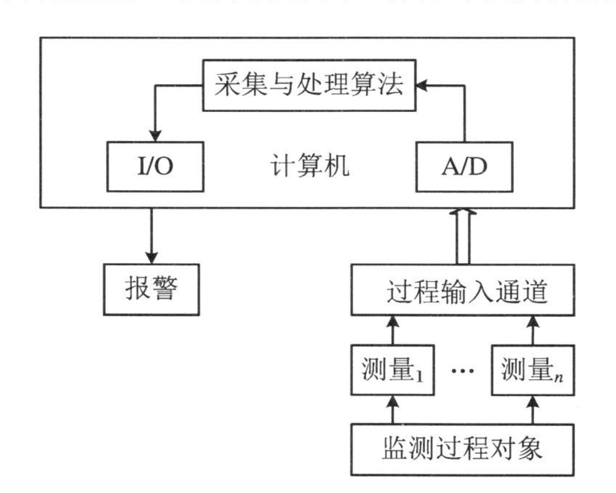

图 1.11　数据采集与处理系统

1.3.2 直接数字控制系统

直接数字控制系统(DDC)是利用计算机直接控制生产过程的多功能数字控制系统,流程如图 1.12 所示。计算机通过过程输入通道对控制对象的参数做周期性的巡回检测,通过数据处理,按事先设计好的控制规律计算出控制量,再通过过程输出通道,作用于控制对象,使被控参数符合规定的性能指标。因此要求计算机有较高的可靠性。

直接数字控制与模拟调节系统很相似，直接数字控制是以一台计算机代替多台模拟调节器的功能。早期的直接数字控制采用集中控制方式，用增加控制回路数的方式来降低控制系统的成本，用增加算法复杂度的方式来实现复杂规律的控制（如多回路串级控制、前馈控制、补偿控制、自适应控制、最优控制等），从而实现提高控制品质的目的。随着生产安全性和可靠性要求的提高，直接数学控制已经由集中型发展成分散型、多级型。

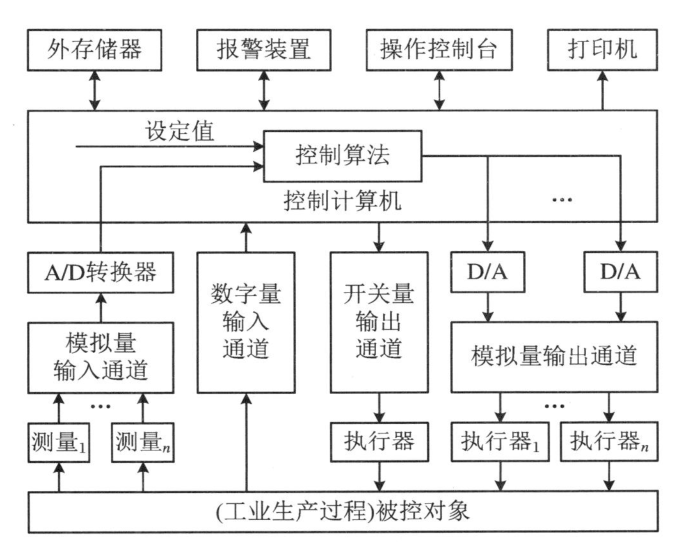

图 1.12　直接数字控制(DDC)

1.3.3　集散控制系统

集散控制系统又称为分布式控制系统(Distributed Control Systems，DCS)，它以多样化的产品、丰富的软件和硬件配置及机动而完整的功能组合广泛应用于工业部门。

集散控制系统实质上是对生产过程进行集中监视、操作、管理和分散控制的一种计算机控制技术，它是由微电子技术、自动控制技术、计算技术和通信技术相互发展、渗透而产生的。DCS是集中管理部分、分散控制监测部分和通信部分组成的两级计算机控制系统，如图1.13所示，DCS的上层是操作与监视系统；其底层是分散的、独立的、功能较为简单的计算机控制系统构成的采集装置，通过数据总线形成数据高速公路与上位机交换数据和控制信息。图1.14给出了集散控制系统TDC-3000的组成结构。

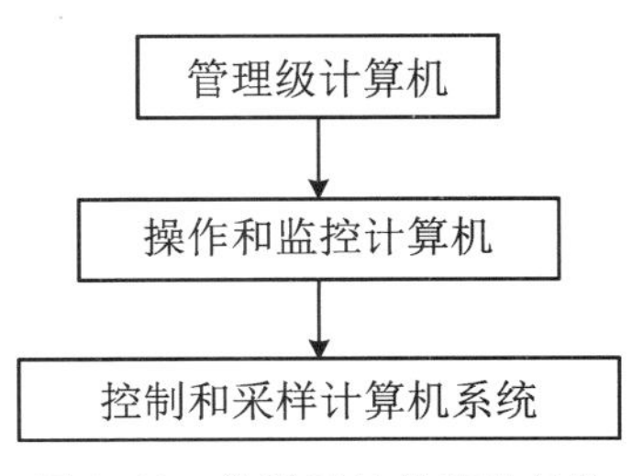

图 1.13　集散系统的拓扑结构

该系统由两级网络组成，上一级网络称为局部控制网络(LCN)，其上接有操作和显示设备操作站、组态设备工程师站、应用模块、连接外部PLC的接口、连接上级网络的接口、连接底层网络的接口以及扩大网络容量的扩展器等。

与工业产品与常规的控制系统相比，集散控制系统作为一种高技术的特点是：① 控制设备分散；② 控制监视和管理操作集中；③ 具有开放式的结构。

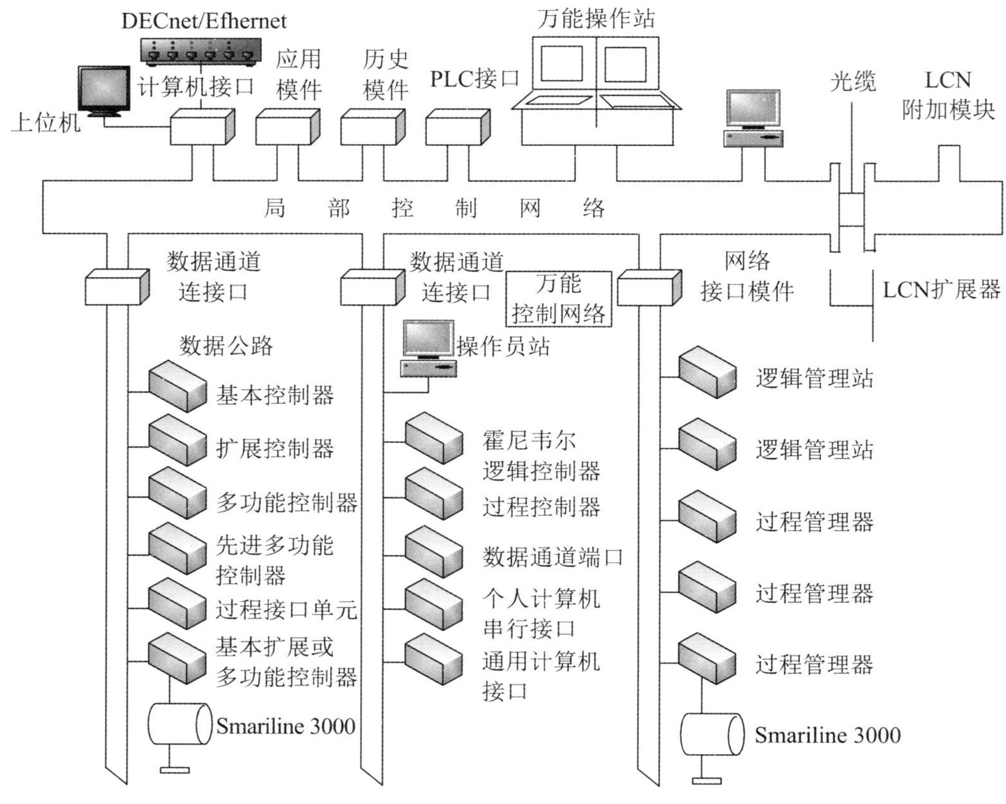

图 1.14 TDC-3000 系统组成结构图

1.3.4 多级递阶控制系统

随着计算机技术的发展，人们把注意力转向工厂的生产效率、能源消耗、利润指标等管理信息方面。于是，把生产过程的监控与科学化的企业管理结合起来，产生了多级递阶控制系统（Hierarchical Control System，HCS）。多级递阶控制系统一般分成 4 级，如图 1.15 所示。

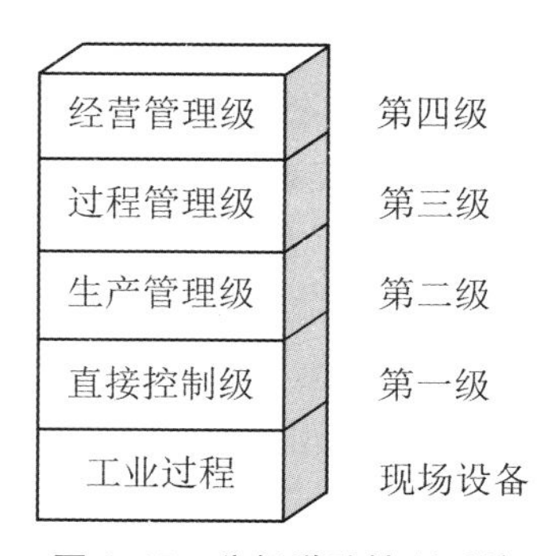

图 1.15 分级递阶控制系统

目前在流程工业推广应用的多级递阶控制系统是一种综合自动化系统，其功能层结构如图1.16所示，评述如下：

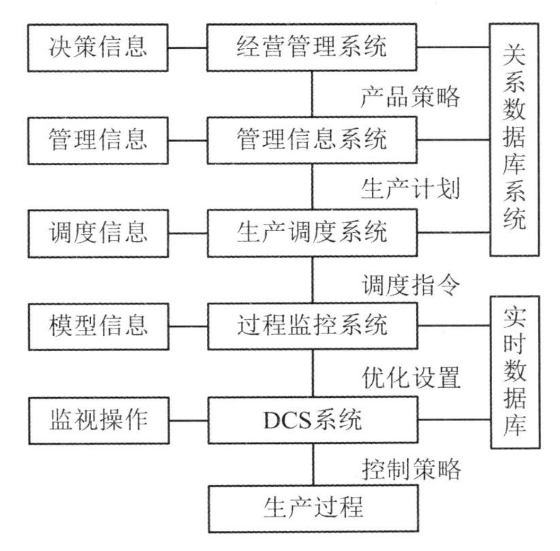

图1.16　流程工业多级递阶控制系统的分散结构

(1) 经营决策系统

这是顶层的功能，依据企业内部和外部信息对企业产品策略、中长期目标、发展规划和企业经营提供决策支持。

(2) 管理信息系统

这一级系统又可细分为经营管理、生产管理和人文管理，对厂级、车间级、科室级生产和业务信息实现集成管理，并依据经营决策指令制订和落实年、季、月甚至天的综合计划。生产计划是综合计划的核心，管理信息系统可将月计划指令下达给生产调度系统。

(3) 生产调度系统

这一级系统完成生产计划分解，同时根据生产的实际情况形成调度指令，即时地指挥生产，组织日常均衡生产和处理异常事件。

(4) 过程监控系统

这一级系统根据调度指令实现生产过程操作优化、先进控制、故障诊断、过程仿真等功能。当调度指令变化时，其生产装置的过程操作在保证质量的前提下始终处于最佳的工作点附近。

(5) DCS系统

这一级系统实现对生产过程运行状态的检测、监视、常规控制和传统控制等。

1.4　计算机控制的研究范围和发展趋势

计算机控制实质上是自动控制技术与计算机技术的结合。由于计算机具有存储大量信息的能力、强大的逻辑判断功能以及快速运算的本领，所以计算机控制能够解决常规自动控制技术解决不了的难题，能够获得常规自动控制技术达不到的优异的性能指标。

在工业应用中，计算机控制系统大多是混合系统，其中既有离散部分也有连续部分，而在对系统的描述、分析、设计时往往需要对连续对象进行离散化。因此，计算机控制系统的研究范围主要包括：

① 系统描述和分析方法的研究；

② 系统性能分析、研究；

③ 计算机控制系统的设计与实现；

④ 系统的计算机辅助计算和设计等。

自20世纪50年代，数字计算机应用于控制系统以来，计算机控制系统的发展已经经历了7个时期：① 1950～1958年，数据采样与分析(DDAS)时期；② 1958～1965年，直接数字控制(DDC)时期；③ 1965～1970年，计算机控制时期；④ 1970～1975年，微型机控制时期；⑤ 1975～1980年，数字控制普遍应用时期；⑥ 1980～1995年，集散控制时期；⑦ 1995～现在，计算机控制系统已全面向多级管控结合的综合自动化系统发展，成为智能制造甚至智慧企业的基础。

随着计算机技术和自动化技术的不断增强，高性能的、复杂的控制规律逐渐进入实用计算机控制系统中，未来的计算机控制将把过程知识、测量技术、计算机技术、新兴网络和通信技术、物联网和大数据技术、控制理论和人工智能技术有机地结合在一起，使控制系统更加人性化和智能化。

习　　题

1.1　画出计算机控制系统的框图，说明其工作过程，并与连续控制系统进行比较。

1.2　计算机控制系统由哪些部分组成？举例加以说明。

1.3　计算机控制研究领域包括哪些方面？发展方向如何？

1.4　试述ADC和DAC的结构及其工作过程。

1.5　计算机控制系统的硬件、软件各由哪些部分组成？并叙述其功能。

1.6　以温室的温控系统为例，试给出其计算机控制系统的框架设计，并说明其工作原理。

第2章　控制计算机的结构和通道接口

本章将介绍控制计算机的结构和通道接口，并着重阐述控制计算机的结构及特点、接口通道技术等。通过本章内容，会使读者明白计算机控制是一个很重要的计算机应用领域，是随着电子、通信、自动控制、仪器仪表等相关领域的发展以及相关行业的技术进步而发展的，并展现计算机控制的工程特色以及在复杂的工程环境中应用的特点。

2.1　控制计算机的结构及特点

控制计算机可将工业生产的过程控制与管理调度相结合，从而使工业自动化从就地控制、集中控制的基础上向综合自动化方向发展。下面对控制计算机的结构、总线标准和特点进行全面介绍。

2.1.1　控制计算机结构

控制计算机包括硬件和软件两部分。硬件包括主机(CPU、RAM、ROM)、内部总线、外部总线或网络、人机交互系统、支持系统、存储系统、通信接口、输入输出通道；软件包括系统软件和应用软件。

2.1.1.1　控制计算机的硬件结构

控制计算机的硬件结构如图2.1所示，下面分别介绍。

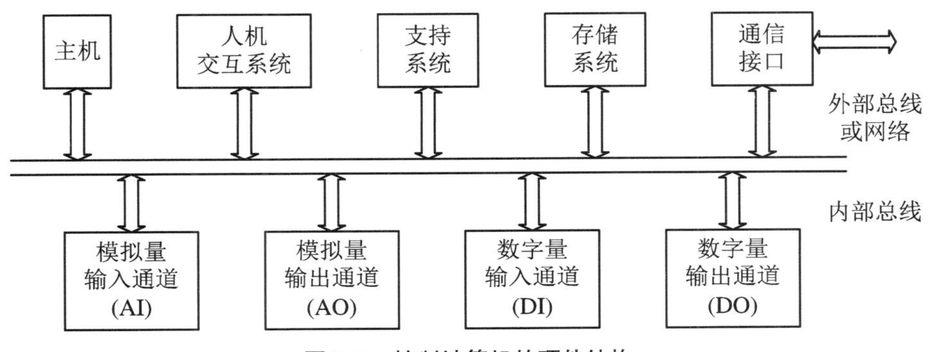

图2.1　控制计算机的硬件结构

1. 主机

主要由中央处理器(CPU)、内存储器(RAM、ROM)等部件组成,主机是控制计算机的核心。在控制系统中,主机主要进行必要的数值计算、逻辑判断、数据处理等工作。

2. 内部总线、外部总线或网络

内部总线是控制计算机内部各组成部分进行信息传送的公共通道,它是一组信号线的集合。常用的内部总线有 IBM-PC 总线和 STD 总线。

外部总线或网络是控制计算机与其他计算机或智能设备进行信息传送的公共通道,常用有 RS-232C 和 IEEE-488 通信总线以及采用 TCP/IP 协议的局域网或基于 Internet 的广域网。

3. 人机交互系统

人机交互系统主要由标准键盘、显示器、打印机以及用于工业对象的操作控制台等所组成。

4. 系统支持功能

控制计算机的系统支持功能主要包括如下部分:

(1) 监控定时器(Watchdog)

其主要作用是当系统因干扰或软故障等原因出现异常时,可以使系统自动恢复运行,从而提高系统的可靠性。

(2) 电源掉电检测

控制计算机在运行过程中如出现断电故障,应能及时发现并保护当时的重要数据和各寄存器的状态,恢复电源时,控制计算机应能从断电处继续运行。电源掉电检测的目的正是为了在检测到交流电源掉电后可以保护现场。

(3) 后备存储器

Watchdog 和掉电检测功能均要配备能保存重要数据的后备存储器。后备存储器能在系统掉电后保证所存数据不丢失,故通常采用具有后备电池的 SRAM、NOVRAM、E2PROM。

(4) 实时日历时钟

实际的控制系统要具备事件驱动和时间驱动的能力:一种情况是预先在某时刻设置了某些控制功能,届时控制计算机应自动执行;另一种情况是控制计算机自动记录某个动作在何时发生的。所有这些功能都必须配备实时时钟,常用的实时日历时钟芯片有 ES1216、DS1287、PCF8563 等。

(5) 存储系统

存储系统可以用半导体虚拟磁盘,也可以配备通用的软盘、硬盘、光盘以及 USB 存储器。

(6) 通信接口

通信接口是控制计算机和其他计算机或智能外设通信的接口。常采用标准的互联网接口,以提供资源共享。

(7) 输入输出通道

输入输出通道是控制计算机和生产过程之间信号传递和变换的连接通道,它包括模拟量输入(AI)、输出(AO)通道,开关量输入(DI)、输出(DO)通道。其主要作用是:① 将生产过程的信号变成主机能够接受和识别的代码；② 将主机输出的控制命令和数据，经变换后作为执行机构或电气开关的控制信号。

2.1.1.2　控制计算机的软件组成

对控制计算机而言，硬件是躯干，它只为计算机控制系统提供了物质基础，还必须为其提供软件支持才能把人的意志作用于对生产过程的控制。软件可分为系统软件和应用软件两个部分。

1. 系统软件

系统软件包括操作系统、引导程序、调度执行程序和程序设计系统。操作系统包括多任务实时操作系统和通常使用的MS-DOS操作系统以及Windows操作系统等。程序设计系统包括汇编语言、高级语言、编译程序、编辑程序、调试程序、诊断程序等。

2. 应用软件

应用软件是系统设计人员针对某个生产过程而编制的控制和管理程序，它包括过程输入程序、过程控制程序、过程输出程序、人机交互程序和公共应用程序等。

2.1.2　控制计算机总线

为使系统灵活、简单和便于扩展，控制计算机通常采用模块化结构，用于各模块或各部件之间传递信息的公共通道称之为总线。总线是控制计算机的重要组成部分，它包括内部总线和外部总线。

2.1.2.1　内部总线

所谓内部总线，就是计算机内部各插件板之间的连线，也就是通常所说微机总线，它是构成完整的计算机系统的内部信息枢纽。

常用的内部总线如下：

- IBM-PC机的62芯PC总线；
- PC/AT机的AT总线或ISA总线；
- 高性能PC机的EISA总线；
- PCI总线；
- S-100总线，也称为IEEE-696总线；
- STD总线；
- IEEE-796总线。

下面我们着重介绍IBM-PC总线和STD总线：

1. PC总线

IBM公司制定的IBM-PC总线是62引脚的并行总线。IBM-PC或IBM-PC/XT计算机的CPU是Intel公司的8088(准16位CPU)，它与16位CPU 8086相兼容。由于PC总线应用十分广泛，因此控制计算机系统几乎都含有这种总线结构，即在总线母板上设置了多个PC总线插槽。

2. STD 总线

STD 总线是 56 芯的并行计算机总线，由 Matt Biewer 研制，美国 Prolog 和 Mostek 公司 1978 年 12 月首先采用，并于 1987 年被批准为 IEEE-961 标准。STD 总线模板尺寸为 165 mm×144 mm，全部 56 根引线都有确切的定义。STD 总线定义了 8 位微处理器标准，其中有 8 根数据线、16 根地址线、控制线和电源线等；并通过采用周期窃取和总线复用技术，定义了 16 根数据线、24 根地址线，使 STD 总线升级为 16 位微处理器兼容总线。

2.1.2.2 外部总线

外部总线，也被称为通信总线，是计算机之间或计算机与其他智能设备之间进行通信的连线，常用的外部总线有 IEEE-488 总线和 EIARS-232 总线。

1. EIARS-232 串行通信总线

RS-232 是一种串行外部总线，是由美国电子工业协会（EIA）制定的标准。RS 是英文“推荐标准”的缩写，232 为标识号。

RS-232 的机械特性要求使用一个 25 芯的标准连接插头，每个引脚有固定的定义，表 2.1列出了其功能特性。

表 2.1　RS-232C 插头引脚信号

引脚号	功　能	引脚号	功　能
1	保护地	14	（辅信道）发送数据
2	发送数据	15	发送信号无定时（DCE 为源）
3	接收数据	16	（辅信道）接收数据
4	请求发送（RTS）	17	接收信号无定时（DCE 为源）
5	允许发送（CTS）或清除发送	18	未定义
6	数传机（DCE）准备好	19	（辅信道）请求发送（RTS）
7	信号地（公共回线）	20	数据终端准备好
8	接收线信号检测	21	信号质量检测
9	（保留供数传机测试）	22	振铃指示
10	（保留供数传机测试）	23	数据信号速率选择（DTE/DCE 为源）
11	未定义	24	发送信号无定时（DTE 为源）
12	（辅信道）接收线信号检测	25	未定义
13	（辅信道）允许发送（CTS）		

RS-232 的电气特性要求总线信号采用负逻辑，如表 2.2 所示。逻辑“1”状态电平为 −15～−5 V，逻辑“0”状态电平为 +5～+15 V，其中 −5～+5 V 用作信号状态的变迁区。在串行通信中还把逻辑“1”称为传号（MARK）或“OFF”状态，把逻辑“0”称为空号（SPACE）或“ON”状态。

一般的 RS-232 串行接口采用 TTL 输入输出电平，为了满足 RS-232 信号电平要求，采用集成电路 MC1488 发送器和 MC1489 接收器，有 TTL 电平与 RS-232 电平的相互转换及接口功能，如图 2.2 所示。

表 2.2　RS-232 信号状态

状态	$-15\ V < V_1 < -5\ V$	$+5\ V < V_2 < +15\ V$
逻辑状态	1	0
信号条件	传号(MARK)	空号(SPACE)
功能	OFF	ON

RS-232 总线规定了其通信距离不大于 15 m，传送信号的速率不大于 20 kbit/s，每个信号使用一根导线，并公用一根信号地线。由于采用单端输入和公共信号地线，所以容易引进干扰。

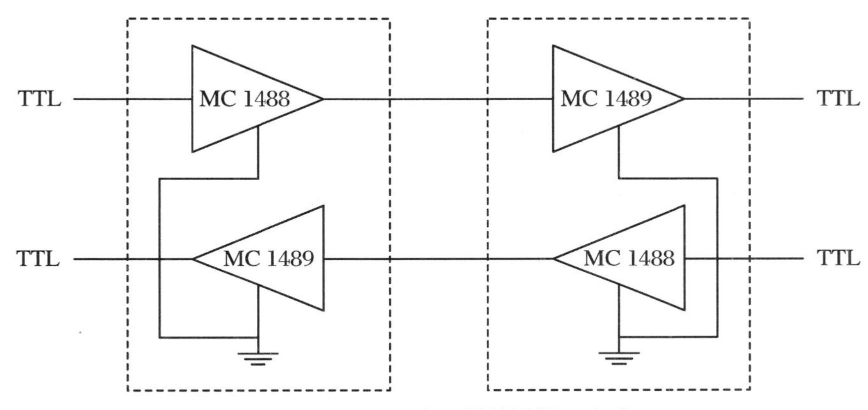

图 2.2　RS-232 电平转换及接口电路

2. IEEE-488 并行通信总线

IEEE-488 总线，最初是美国 HP(惠普)公司为程序可控的台式仪器间的相互连接而研制的，称为 HP-IB 总线。1975 年，IEEE 以 HP-IB 为基础，制定了 IEEE-488 标准接口总线(GPIB)。

(1) IEEE-488 总线的约定

使用 IEEE-488 总线时应遵守的约定包括：

- 交换的信息必须是数字量，而不是模拟量；
- 在任何一条线上，数据传输的速率不得超过 1 Mbit/s；
- 总线上的设备数不得超过 15 台；
- 任何两个设备之间的连接电缆长度不能超过 4 m，而且电缆线总长度不得超过 20 m；
- 逻辑电平：使用标准 TTL 电平，即逻辑“0”为 0～0.8 V，逻辑“1”为 2.0～5 V，0.8～2 V之间的电平为不确定状态。总线连接如图 2.3 所示，连接到总线上的设备，都可按如下一种或多种方式工作：

① 听者方式(Listener)，只接收数据，不发送数据；

② 讲者方式(Talker)，只发送数据，不接收数据；

③ 控制者方式(Controller)，这种方式的设备用于控制其他设备，决定谁听谁讲。

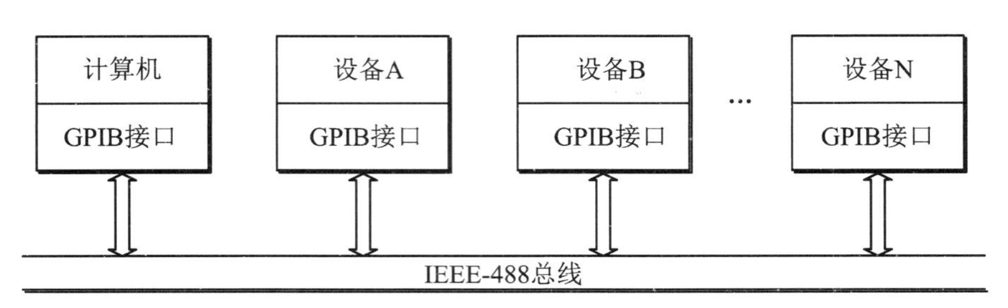

图 2.3 IEEE-488 总线的连接示例

(2) IEEE-488 总线的引线分配及功能

IEEE-488 采用 24 芯引脚的插头座，其中包括 8 条地线，16 条信号线，引脚分配如表2.3 所示。

表 2.3 IEEE-488 总线的引线分配

引线	名称	功 能	引线	名称	功 能
1	DIO_1	数据输入、输出	13	DIO_5	数据输入、输出
2	DIO_2	数据输入、输出	14	DIO_6	数据输入、输出
3	DIO_3	数据输入、输出	15	DIO_7	数据输入、输出
4	DIO_4	数据输入、输出	16	DIO_8	数据输入、输出
5	EOI	结束或识别	17	REN	远程选择
6	DAV	数据有效	18	GND	地线
7	NRFD	未准备好接收数据	19	GND	地线
8	NDAC	未接收完数据	20	GND	地线
9	IFC	接口清除	21	GND	地线
10	SRQ	服务请求	22	GND	地线
11	ATN	注意	23	GND	地线
12	GND	屏蔽地	24	GND	逻辑地

2.1.3 控制计算机的特点

1. 可靠性高和可维修性好

可靠性和可维修性是两个非常重要的因素，它们决定着系统在控制上的可用程度。可靠性是指设备规定的时间内可无故障运行，为此而采用如冗余、备份等技术；可维修性是指在控制计算机发生故障时，可快速、简单、方便维修地进行。

2. 环境适应性强

工业环境通常较为恶劣，这就要求控制计算机能适应高温、高湿、腐蚀、振动、冲击、多尘等环境。有的工业环境电磁干扰严重，供电条件不良，因此控制计算机必须要有极高的电磁兼容性。

3. 控制的实时性

控制计算机应具有时间驱动和事件驱动能力，要能对生产过程工况变化实时地进行监视和控制，故需要配有实时操作系统和中断系统。

4. 完善的输入输出通道

为了对生产过程进行控制，需要给控制计算机配备完善的输入输出通道，如模拟量输入和输出、开关量输入和输出、人机通信设备等。

5. 丰富的软件

控制计算机应配备较完整的操作系统，适合生产过程控制的应用程序。目前的工业控制软件正向结构化、组态化方向发展。

6. 适当的计算精度和运算速度

一般的生产过程对于计算精度和运算速度的要求并不苛刻，通常字长为8～32位，速度在每秒几万次至几百万次即可。但随着自动化程度的提高，对于精度和运算速度的要求也在不断提高，应根据具体的应用对象及使用方式，选择合适的机型。

2.2　接口通道技术

接口是计算机与外部设备之间交换信息的桥梁，它包括输入接口和输出接口。接口技术是指如何在计算机与外部设备之间实现信息交换的技术。外部设备的各种信息通过输入接口送到计算机，而计算机的各种信息通过输出接口送到外部设备。

通道是过程通道的简称，它是在计算机和生产过程之间设置的信息传送和转换的连接通道，包括模拟量输入输出通道和数字量(开关量)输入输出通道。生产过程的各种参数通过模拟量输入通道或数字量输入通道送到计算机，计算机经过计算和处理后所得的结果通过模拟量输出通道或数字量输出通道送到生产过程，从而实现对生产过程的控制。

在计算机控制系统中，控制计算机必须经过通道和生产过程相连，因此输入输出接口和通道是计算机控制系统的重要组成部分。

2.2.1　计算机对外围通道的控制

计算机控制外围通道的工作基础一般说是中断系统。CPU使用外围通道的全部控制信号都来源于计算机的输入输出指令及与其相关的逻辑，具体实施是靠接口电路实现的。下面简单介绍指令、中断、接口等问题。

2.2.1.1　输入输出指令

计算机与外围通道的连接一般要用到地址总线、数据总线、控制总线，如图2.4所示。

当外围通道地址确定后，CPU可以通过访问该地址执行指令。执行读指令，可以把外围通道的数据传送到CPU；执行写指令，可以把CPU的数据传入外围通道。

对 CPU 来说外围通道有两种编址方式：一种是按存储器方式编址，即将外围通道的地址分配在存储器的地址空间，因此又称为存储器映象 IO。在这种方式下，计算机对外围通道的输入输出操作就像对一个存储单元进行读写操作一样，所有访问内存的指令均可以适用于输入输出，因此 CPU 的指令系统中没有设置输入输出指令。

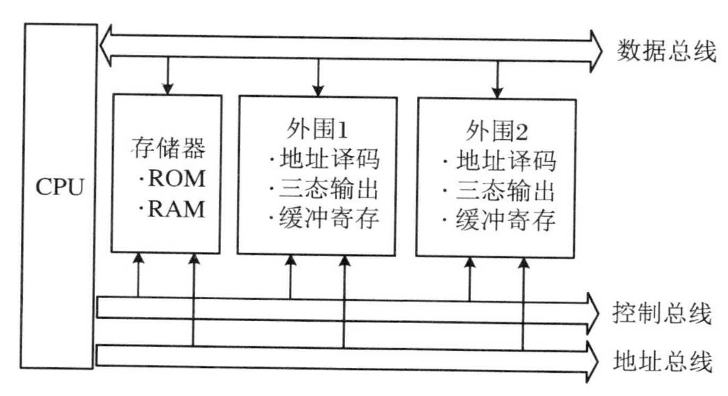

图 2.4　三总线结构

另一种是按输入输出方式编址，外围通道与存储器分开编址，故又称隔离 IO。在这种编址方式下，CPU 有专门的输入输出指令，并有相应的控制线指示 IO 操作。

输入输出方式的优点是 IO 地址线少，译码简单；使用 IO 指令，在程序中易于识别。缺点是只能使用 IO 指令，处理能力不如存储器方式强。

选用不同编址方式需要使用不同指令。对于使用 68 系列 CPU、8031 等 CPU 的计算机，只能采用存储器方式，相应的就只能使用访问存储器指令。而使用 80 系列(8086、8088) CPU 的计算机，则可由设计者根据需要任意选用。

输入输出指令中给出 IO 端口的地址值，当执行输入指令时，把指定端口中的数据读入控制计算机，执行输出指令时，则把控制计算机处理过的数据写入指定的端口中。

就 8086 CPU 而言，输入指令(Input)的格式为：

① IN AL，端口地址

或

IN AX，端口地址

② IN AL，DX；端口地址存放在 DX 寄存器中

或

IN AX，DX

其功能是：从 8 位端口读入一个字节到 AL 寄存器，或从 16 位端口读入一个字到 AX 寄存器。16 位端口由两个地址连接的 8 位端口组成，从 16 位端口输入时，先将给定端口中的字节送进 AL，再把端口地址加工，然后将端口中的字节读入 AH。

格式①的端口地址(00～FFH)直接包含在 IN 指令里，其允许寻址 256 个端口。由于 8086 CPU 可以直接访问的地址为 0000～FFFFH 的 64K 个 IO 端口，所以当端口地址号大于 FFH 时，必须用格式②方式，即先将端口号送入 DX 寄存器，再执行输入操作。

输出指令的格式为：

① OUT 端口地址，AL

或

OUT 端口地址,AX

② OUT DX,AL;DX 存放端口地址

或

OUT DX,AX

其功能是:将 AL 中的一个字节写到一个 8 位端口,或把 AX 中的一个字写到一个 16 位端口。同样,对 16 位端口进行输出操作时,也是对两个连续的 8 位端口进行输出操作。

2.2.1.2　中断

计算机与外围通道之间的数据交换,可以采取无条件传送、查询传送的方式,也可以采用中断方式。中断方式是 CPU 的一种处理外界接收到实时信息的功能,最适合控制系统中控制计算机与外围通道之间的数据传递。当接收到外设的请求时,正常运行程序的 CPU 就会中断所运行的程序转而执行请求中断的外设的中断服务子程序;当中断服务子程序执行完毕后,再返回被中止的程序,这个过程就是中断,如图 2.5 所示。CPU 启动外围通道工作之后就以自己预定的程序工作,当外围通道完成任务之后,向 CPU 发出中断请求,要求 CPU 暂停自己的工作,转去为外围通道服务。这就可以实现 CPU 使用外围通道而不等待外围通道。

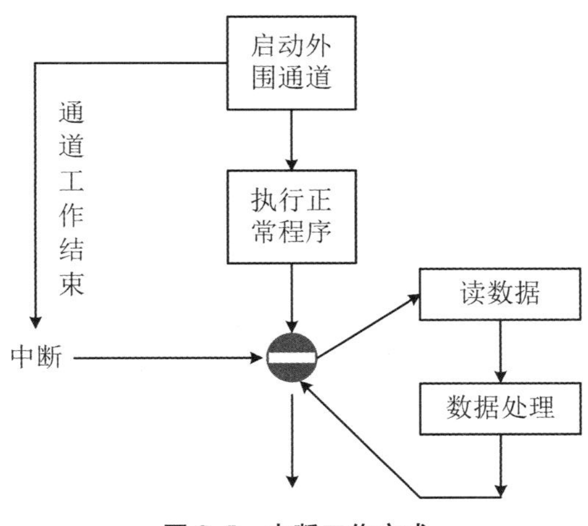

图 2.5　中断工作方式

80 系列(8086/8088)CPU 有两条外部中断请求线:不可屏蔽中断请求线(NMI)及可屏蔽中断请求线(INTR)。由外部设备引起的中断请求要得到 CPU 的响应必须是:① 外设中断请求未被屏蔽;② CPU 允许响应中断。在此基础上 CPU 响应中断还应有中断申请信号,而且这个信号还要能保持住。当 CPU 响应这个中断之后,还要能消除这个中断申请。因此要求外围通道的接口要设置一个中断申请触发器。

CPU 响应中断后,自动做了两件工作即关中断以保护现场:保护断点,封锁 PC + 1,并将 PC 值推入堆栈保留,以便中断处理完后能返回主程序;然后程序转到中断服务程序。为保证中断处理完后被中断的程序能继续运行,在中断服务之前要做好主程序的现场保护工作,将主程序运行状态,包括累加器、通用寄存器、状态标志寄存器的内容存入堆栈。

中断服务完后还要作两件工作:恢复现场,把所有进堆栈的寄存器和状态寄存器的内容取出来,送回 CPU 原来的位置;开中断,以便 CPU 能响应新的中断请求。最后还要安排一条返回指令(RETI),将保存在堆栈中的 PC 值送回,使程序返回到主程序。

上述中断过程可用流程图来表示(图 2.6)。

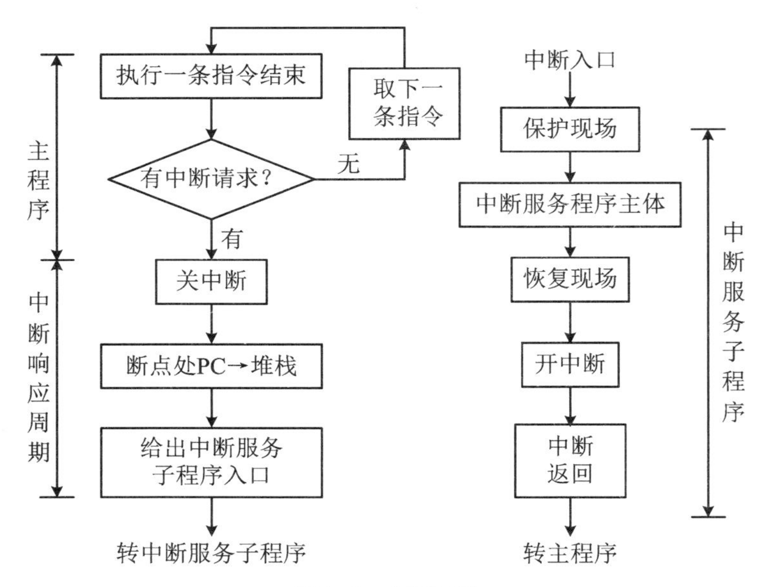

图 2.6　中断过程

2.2.1.3　直接存储器访问(DMA)方式

对于高速 IO 设备,如果采用输入输出指令或中断方式进行数据交互,不仅会消耗大量的 CPU 时间,还容易造成数据丢失。因此,输入输出指令和中断方式只适用于 CPU 与慢速 IO 设备之间的数据交互。DMA 方式是解决这个问题的有效手段,它实现了在 IO 设备和存储器之间高速传输数据的功能。而这一功能的实现又依赖于 DMA 控制器,它包括状态控制寄存器、字节计数器、数据寄存器和地址寄存器。当 IO 设备需要进行数据传送时,它会发送 DMA 请求指令,该指令首先传送至 DMA 控制器,再由 DMA 控制器转交给 CPU。如果系统状态允许,则 CPU 会响应 DMA 请求指令,并将总线控制权移交给 DMA 控制器,DMA 控制器发出存储器寻址指令、存储器读/写控制指令、IO 接口读/写控制指令,从而完成数据传送过程。随后,DMA 控制器再将总线控制权移交给 CPU。整个过程并不涉及保护现场、恢复断点等操作,从而大大提高了数据交互效率。上述 DMA 方式可用流程图来表示(图 2.7)。

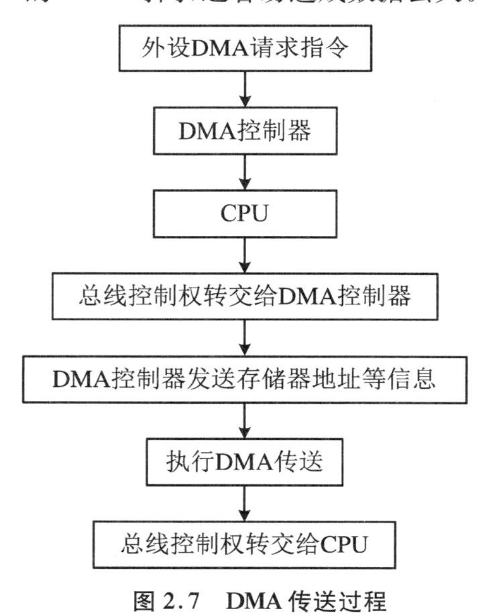

图 2.7　DMA 传送过程

2.2.1.4　接口

1. 接口的功能

接口电路是CPU与外围通道之间信息交换的桥梁。由于外部设备种类繁多,从工作原理上讲,可分为机械式、电动式、电子式和其他形式等,它们对所信息传输的要求也各不相同,这就给控制计算机和外设之间的信息交换带来了一些问题,主要体现在:

① 信息传递速度不匹配;

② 信息传递信号电平不匹配;

③ 信息传递信号格式不匹配;

④ 信息传递时序不匹配。

因此输入输出设备不能直接与CPU的系统总线相连接,必须在CPU与外设之间设置专门的接口电路来解决这些问题。为此,接口一般应具有如下基本功能:

(1) 设置数据缓冲以解决两者速度差异所带来的不协调问题

CPU与外围通道间的速度不协调问题可以通过设置数据缓冲来解决,也就是先把要传送的数据准备在那里,在需要的时刻完成传送。通常使用锁存器和缓冲器并配以适当的联络信号来实现这种功能。

(2) 设置信号电平转换电路

外围通道与CPU之间信号电平的不一致问题可通过在接口电路中设置电平转换电路来解决,典型的例子是计算机和外围通道间的串行通信,可采用MC1488、MC1489、MAX232和MAX233等芯片来实现电平转移。

(3) 设置信息转换逻辑以满足对各自格式的要求

由于外围通道传送的是模拟量、数字量或开关量,而计算机只能处理数字信号,因此必须设置A/D将模拟量转换为数字量。而计算机送出的数字信号也必须经D/A变成模拟信号,才能驱动某些外设连续工作。于是就要用包含A/D和D/A的模拟接口电路来完成转换。至于开关量,可以有两种状态,如开关的闭合和断开、阀门的打开和关闭等,它也要被转换成用“0”或“1”表示的数字量后,才能被计算机识别和接收。

(4) 设置时序控制电路来同步CPU和外围通道的工作

接口电路接收CPU送来的命令或控制信号、定时信号、实施外围通道等的控制与管理,外围通道的工作状态和应答信号也通过及时返回给CPU,以握手联络信号来保证主机和外部IO操作实时同步。

(5) 提供地址译码电路

CPU会与多个外设打交道,每个外设又往往要与CPU交换几种信息,因而一个外设接口通常包含若干个端口;而在同一时刻,CPU只能与某一个端口交换信息,外设端口不能长期与CPU相连,只有被选中的设备才能接收数据总线的数据或将外部信息送到数据总线。这就需要有外设地址译码电路,使CPU在同一时刻只能选中某一个IO端口。

2. 外围接口的构成

典型的外围接口的内部结构如图2.8所示。

外围接口主要由控制寄存器、状态寄存器、数据输入输出寄存器、数据总线缓冲、地址总线缓冲、地址译码、中断控制器、联络信号控制逻辑等组成。

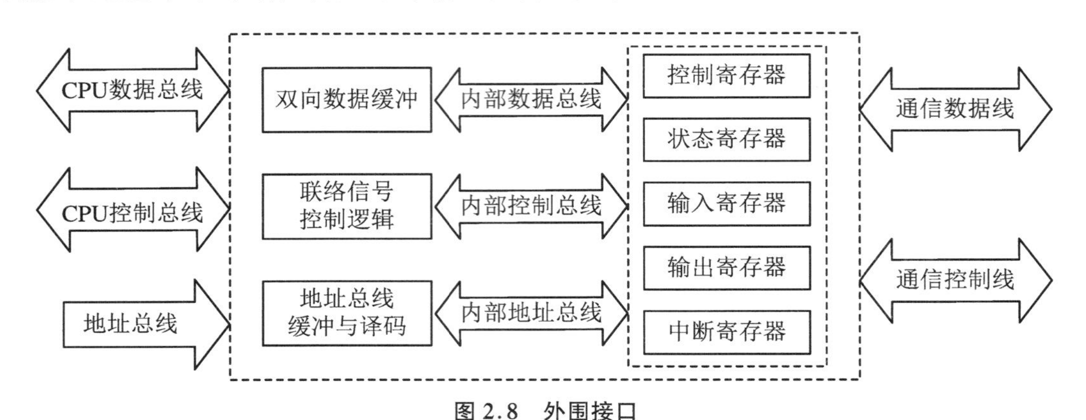

图 2.8 外围接口

对输入而言，最基本的接口可以有两种方式：一种是简单输入方式。这种方式要求外围通道欲输入的数据是稳定的，这样只要有数据总线缓冲器（三态门）就可以，如图 2.9 所示。另一种是选通输入方式。如果外围通道欲输入的数据是不稳定的，那么用简单输入方式会因输入的数据不稳定而导致读入错误信息，此时需要采用选通输入方式，如图 2.10 所示。选通输入方式的接口电路要设置输入数据寄存器和一位状态寄存器。当外围通道数据稳定，且状态寄存器为“空”时，发出选通信号，将外围通道的数据存入输入数据寄存器。选通信号同时使状态寄存器置为“满”，并向 CPU 发出中断申请，通知 CPU 外围通道的输入数据已准备好。CPU 响应之后，可以用输入指令读取数据。与此同时，将状态寄存器清为“空”，解除中断申请，可继续输入数据。状态寄存器“满”的中断申请信号可以受屏蔽信号$\overline{\mathrm{MI}}$控制，$\overline{\mathrm{MI}}=1$ 时开中断申请，$\overline{\mathrm{MI}}=0$ 时中断被屏蔽。电路中的选通信号和“空”信号是接口电路中的一对联络信号。

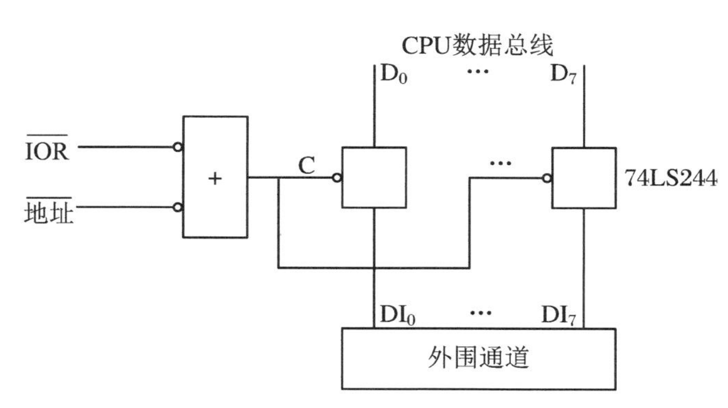

图 2.9 简单输入方式

对输出而言，最基本的接口也可以有两种方式：一种是简单的输出方式，如图 2.11 所示，只要有输出寄存器就行，一般可用 D 触发器 74LS273 构成。当 CPU 执行一条输出指令时，首先通道地址经译码后选中该接口，然后用指令周期中产生的$\overline{\mathrm{IOW}}$信号把 CPU 数据总线上的数据锁存到 D 触发器中。

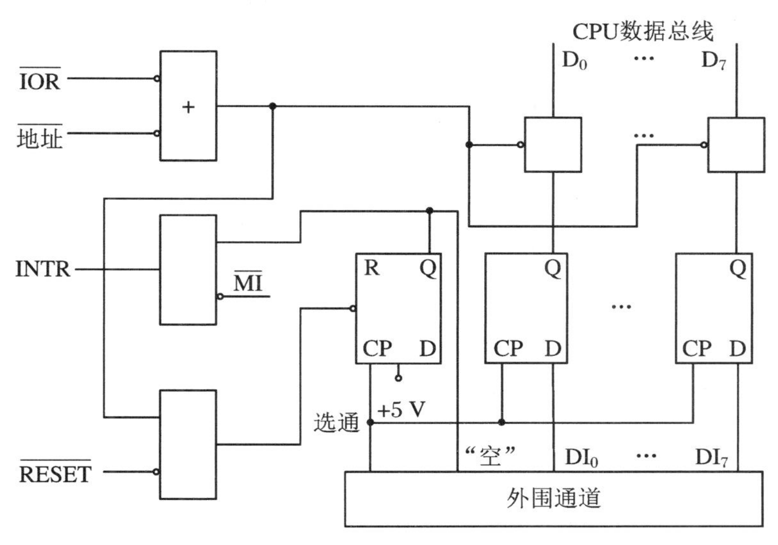

图 2.10　选通输入方式

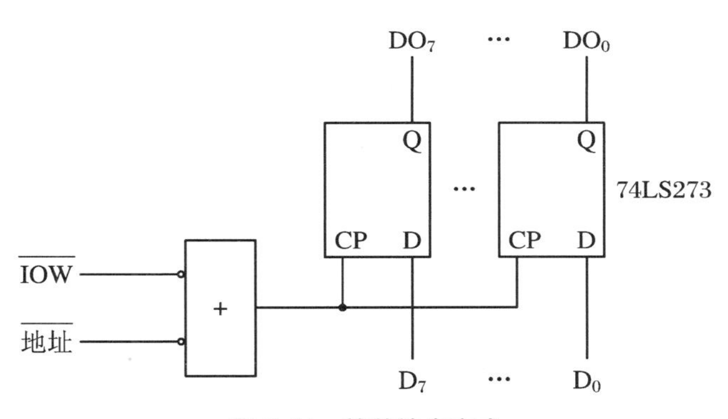

图 2.11　简单输出方式

另一种为选通输出方式，如图 2.12 示，选通输出时也需设置一位状态寄存器，当 CPU 通过输出指令将数据锁存到输出寄存器的同时，状态寄存器也被清零，或为“满”状态，外围通道接到“满”信号之后，可以将输出寄存器中的数据取走。外围通道将数据取走后，应发出一个响应信号将状态寄存器置成“空”，并向 CPU 发出中断申请，请求 CPU 再次发送数据。

为使接口电路功能齐全，常常在上述几种基本电路的基础上增加一些控制逻辑组件，构成具有一定通用性的可由计算机编程的标准接口电路。增加的控制逻辑组件有：

(1) 控制寄存器

用来存放从 CPU 送来的控制字，以指定接口电路要完成的功能，设定工作参数、工作方式等。

(2) 状态寄存器

用来保存通道的现行状态信息，以提供给 CPU 判断使用，例如数据准备好、数据寄存器“空”、传送出错等信息。

（3）中断控制器

有中断申请触发器、中断屏蔽触发器等。

接口电路中有了这么多寄存器、控制器，为了便于 CPU 访问，就必须给它们分配地址，因此一个典型的接口电路要有多个端口地址，也需要有相应的端口地址译码电路。

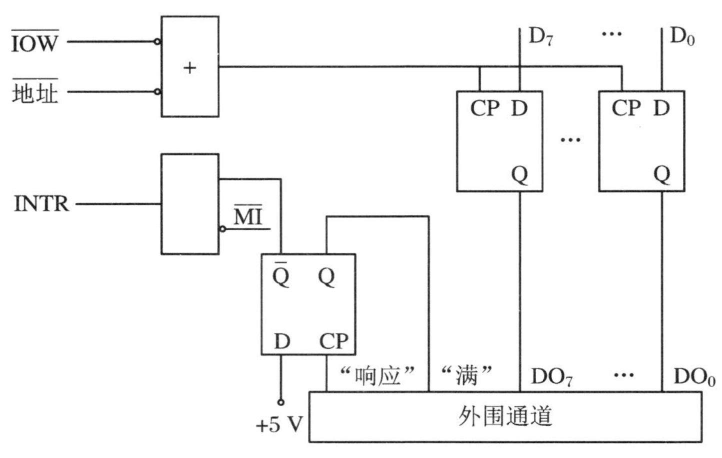

图 2.12　选通输出方式

2.2.2　模拟量的输入输出通道

2.2.2.1　模拟量输入通道

在计算机控制系统中，模拟量输入通道的任务是把从系统中检测到的被控对象模拟信号，变成数字信号，经接口送往计算机。传感器就是检测生产过程工艺参数的装置，大多数传感器的输出是直流电电压（或电流）信号。为了避免低电平模拟信号传输带来的麻烦，经常要将测量元件的输出信号经变送器变送，如温度变送器、压力变送器、流量变送器等，将温度、压力、流量的电信号变成 0～5 V 或 4～20 mA 的统一电信号，然后经过模拟量输入通道来处理。

模拟量输入通道有多种构成方式，典型结构如图 2.13 所示，由信号处理电路（I/V 变换）、多路转换器、采样保持器、A/D 转换器、接口控制逻辑等组成。

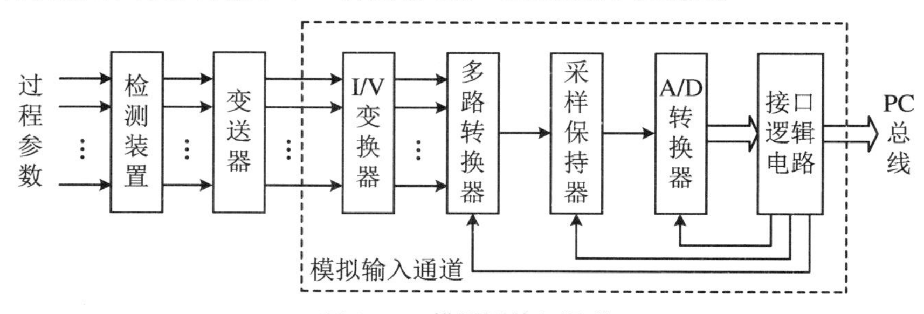

图 2.13　模拟量输入通道

1. 信号处理电路

它是将变送器输出的信号处理成统一的电流或电压信号，所以它的功能主要包括信号滤波、非线性补偿、阻抗匹配、电流/电压转换等。在应用中根据信号处理的要求可以选取无源I/V变换或有源I/V变换器件。

2. 多路转换器

又称为多路开关，它用来切换输入模拟量，以便多路共用一个A/D转换器。为了提高过程参数的测量精度，对多路开关的要求是：开路电阻要尽可能大，导通电阻要趋于零，并且要求切换速度快、噪音小、寿命长、工作可靠，常用的多路转换器有CD4051(或MC14051)、AD7051、LF13508等。

3. 采样保持器

当输入信号变化很快时，为保证A/D转换精度，用采样保持器来保持采样瞬时的模拟信号，使A/D转换期间输入信号稳定。

A/D转换过程(即采样信号的量化过程)需要时间，这个时间称为A/D转换时间。在A/D转换期间，如果输入信号变化较大，就会引起转换误差。所以，一般情况下采样信号都不直接送至A/D转换器转换，还需加采样保持器作信号保持。采样保持器把 $t=kT$ 时刻的采样值保持到A/D转换结束。T 为采样周期，$k(k=0,1,2,\cdots)$为采样序号。

采样保持器的基本组成电路如图2.14所示。由输入输出缓冲器 A_1、A_2 和采样开关K、保持电容 C_H 等组成。采样时，K闭合，V_{IN}通过 A_1 对 C_H 快速充电，V_{OUT}跟随 V_{IN}；保持期间，K断开，由于 A_2 的输入阻抗很高，理想情况下 $V_{OUT}=V_C$ 保持不变，采样保持器一旦进入保持期，便应立即启动A/D转换器，保证A/D转换期间输入恒定。常用的采样保持器有LF398、AD582等。

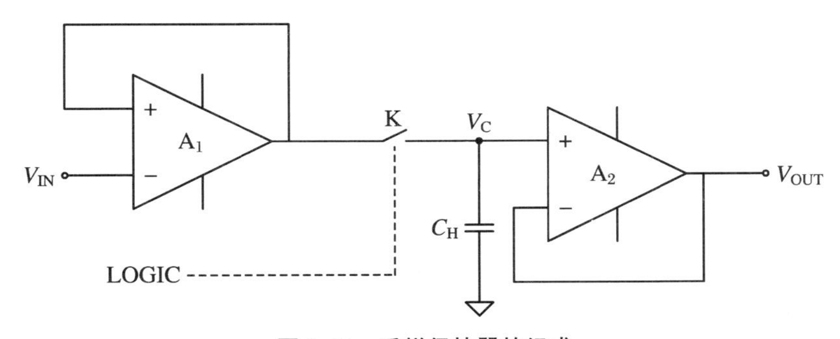

图2.14　采样保持器的组成

4. A/D转换器

A/D转换器用于将模拟量转换成数字量，其主要执行量化操作。所谓量化，就是采用一组数码(如二进制码)来逼近离散模拟信号的幅值，将其转换为数字信号，字长为 n 的A/D转换器把 $y_{min}-y_{max}$范围内变化的采样信号变换为数字 $0\sim2^n-1$，其最低有效位所对应的模拟量 q 称为量化单位：

$$q=\frac{y_{max}-y_{min}}{2^n-1}$$

所以，量化过程实际上是一个用 q 去度量采样值幅值高低的小数归整过程。例如，用

8 bit的 A/D 转换器对 4～20 mA 的电流信号进行量化，则 0 对应 4 mA，255 对应 20 mA，量化单位 $q=\frac{20-4}{255}$，若采用四舍五入制，则量化误差为 $\pm\frac{1}{2}q$，那么一个 12 mA 的模拟量量化后的编码为 128。

根据原理不同，A/D 转换器可以分为并联比较型、逐次逼近型和双积分型三种。下面就这三种类型 A/D 转换器进行详细介绍。

(1) 并联比较型 A/D 转换器

并联比较型 A/D 转换器主要由电压比较器、编码器、精密电阻等器件组成，电路如图 2.15所示。比较器的同相输入端接待转换的模拟电压，比较器的反向输入端接基准电压时，其中各个比较器的基准电压由精密电阻网络分压得到。当模拟电压高于基准电压时，该比较器输出数字量“1”，反之输出数字量“0”。比较器的输出经过优先编码器编码，则可以得到相应的数字量，如表 2.8 所示。由于各个比较器是并行运行的，所以并联比较型 A/D 转换器效率高于其他类型 A/D 转换器。这种 A/D 转换器的精度取决于量化电平划分，划分得越精细，转换精度越高，但同时也会增加电路复杂程度。

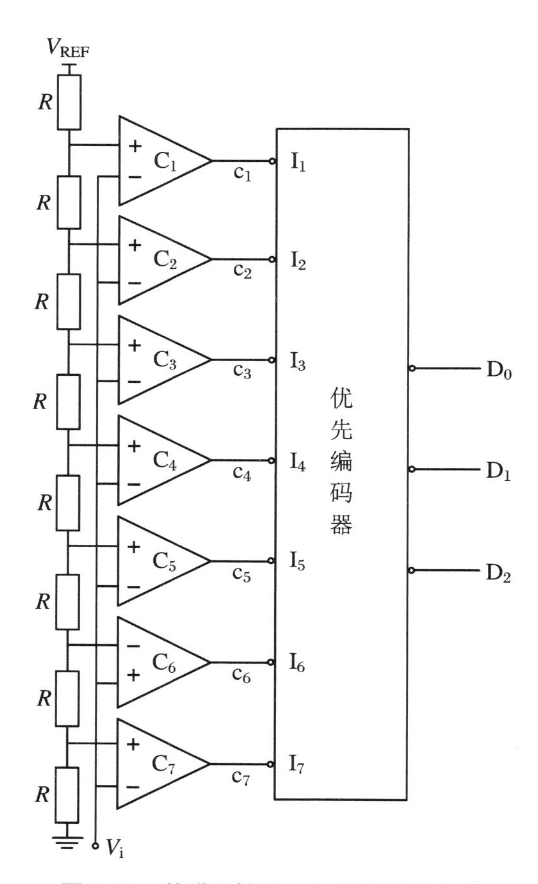

图 2.15　并联比较型 A/D 转换器的组成

表2.8　电压转换对照表

V_i	c_1	c_2	c_3	c_4	c_5	c_6	c_7	D_2	D_1	D_0
$0\leqslant V_i<\frac{V_{REF}}{15}$	0	0	0	0	0	0	0	0	0	0
$\frac{V_{REF}}{15}\leqslant V_i<\frac{3V_{REF}}{15}$	0	0	0	0	0	0	1	0	0	1
$\frac{3V_{REF}}{15}\leqslant V_i<\frac{5V_{REF}}{15}$	0	0	0	0	0	1	1	0	1	0
$\frac{5V_{REF}}{15}\leqslant V_i<\frac{7V_{REF}}{15}$	0	0	0	0	1	1	1	0	1	1
$\frac{7V_{REF}}{15}\leqslant V_i<\frac{9V_{REF}}{15}$	0	0	0	1	1	1	1	1	0	0
$\frac{9V_{REF}}{15}\leqslant V_i<\frac{11V_{REF}}{15}$	0	0	1	1	1	1	1	1	0	1
$\frac{11V_{REF}}{15}\leqslant V_i<\frac{13V_{REF}}{15}$	0	1	1	1	1	1	1	1	1	0
$\frac{13V_{REF}}{15}\leqslant V_i\leqslant V_{REF}$	1	1	1	1	1	1	1	1	1	1

(2) 逐次逼近型A/D转换器

逐次逼近型A/D转换器主要由电压比较器、数码寄存器、D/A转换器等部件组成，电路如图2.16所示。A/D转换原理如下：首先，控制电路将数码寄存器的最高位设置为1，其余位置为0，D/A转换器将数码寄存器的输出量转换为相应的模拟量V_o，再通过对比较器C和待转换电压V_i进行比较。如果$V_i>V_o$，则通过控制电路将数码寄存器最高位保留为1，否则保留为0。同时，数码寄存器次高位置为1。依次执行上述操作，直至最后一位比较完成，此时的数码寄存器输出结果即为A/D转换结果。这种A/D转换器由于采用逐位逼近，因此需要更长的转换时间。

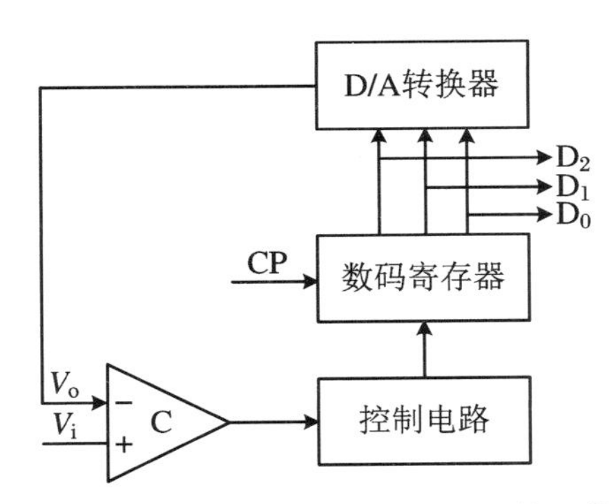

图2.16　逐次逼近型A/D转换器的组成

(3) 双积分型A/D转换器

双积分型A/D转换器主要由电压比较器、积分器、计数器、锁存器、时钟信号源等部件组成，电路如图2.17所示。首先将电压转换为与之成正比的时间宽度信号，在这个时间宽度内对固定频率的脉冲进行计数，所以计数值正比于待转换的电压信号。详细的工作过程如下：第一步，清空计数器，电容 C 放电，积分器 C_1 的输出 V_1 为 0。第二步：控制电路将开关 S 切换至待转换电压 V_i，电容 C 开始充电，积分器 C_1 的输出电压 V_1 从零向负方向线性增长，此时比较器 C_2 的输出 V_2 为正，计数器开始计数。当计数器计数值为 2^n 时，计数器清空为 0，同时输出一个进位脉冲 C 给控制电路，控制电路再将开关 S 切换至 $-V_{REF}$。开关切换至 $-V_{REF}$后，电容 C 开始被反向充电，积分器的输出 V_1 反向线性减小，由于 V_1 小于 0，计数器开始重新计数。当 V_1 由负转正时，比较器 C_2 输出 V_2 变为负值，封锁脉冲 CP，结束计数，控制电路发出使能信号 EN，将计数值送至锁存器。此时，根据计数值便可换算出相应的数字量。这种 A/D 转换器的两次积分时间常数均为 RC，转换结果和脉冲频率无关，电路具有更强的稳定性。相较于逐次逼近型 A/D 转换器，这种电路不需要 D/A 转换器，因此电路结构简单。

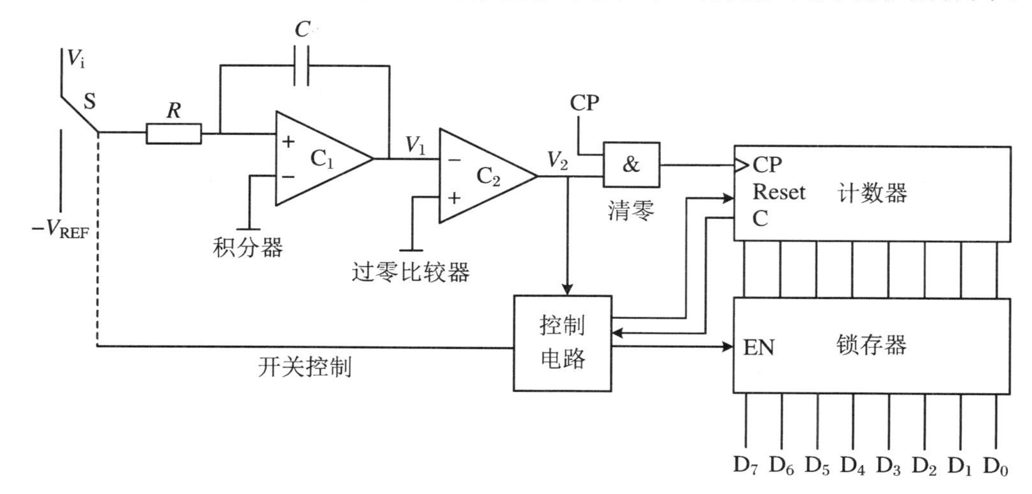

图 2.17　双积分型 A/D 转换器的组成

5. 接口逻辑电路

接口逻辑电路用于协调通道切换、数据放大、采样保持等工作。

2.2.2.2　模拟量输出通道

模拟量输出通道是计算机控制系统实现控制输出的关键，它的任务是把计算机输出时控制决策的数字量转换成模拟信号，实现对被控对象的有效控制。模拟量输出通道一般由接口电路、D/A 转换器、V/I 变换等组成，实现转换（D/A）和保持（离散/连续），其结构如图 2.18 所示。其中图 2.18(a)为一个通路一个 D/A 转换器的结构；图 2.18(b)为多通路共用 D/A 转换器的结构。

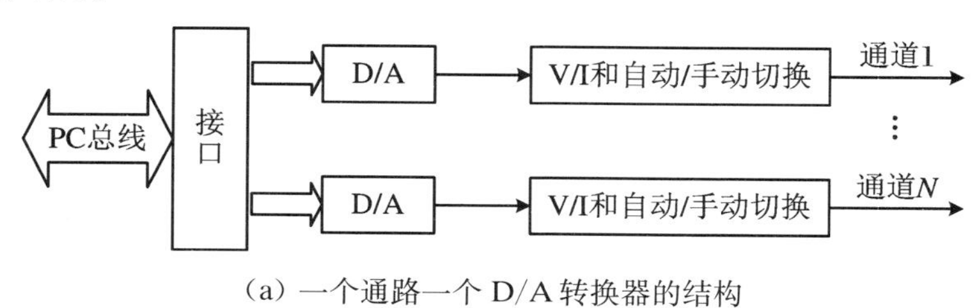

(a) 一个通路一个 D/A 转换器的结构

图 2.18　模拟量输出通道结构图

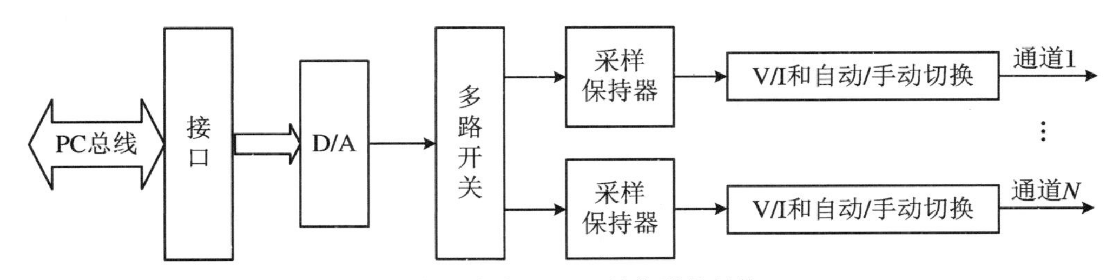

(b) 多通路共用D/A转换器的结构

图2.18　模拟量输出通道结构图(续)

1. D/A转换原理

D/A转换器基本原理就是将数字信号转换成对应的模拟信号，即是一种信号恢复或重构装置。最常用的恢复方式就是插值外推即在连续时间段上插值平推，其中最典型的是多项式外推法。如图2.19所示。

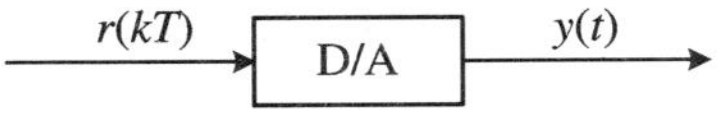

图2.19　D/A原理图

有 m 阶多项式

$$y(t) = y(kT+2) = \sum_{i=0}^{m} \alpha_i \tau^i \qquad (0 \leqslant \tau < T)$$

其中，$y(lT)=r(lT)$，$l=k-m,\cdots,k$，在离散点上两者相等。

满足离散点上 $y(t)=r(kT)$ 的外推式中的系数 α_i 是唯一的，可采用矩阵方程求 α_i：

$$r = M\alpha$$

$$r = \begin{bmatrix} r_{(kT)} & r_{(k-1)T} & \cdots & r_{(k-m)T} \end{bmatrix}^T$$

$$\alpha = \begin{bmatrix} \alpha_0 & \alpha_1 & \cdots & \alpha_m \end{bmatrix}^T$$

$$M = \begin{bmatrix} 1 & 0 & 0 & \cdots & 0 \\ 1 & (-T) & (-T)^2 & \cdots & (-T)^m \\ \vdots & \vdots & \vdots & \vdots & \vdots \\ 1 & (-mT) & (-mT)^2 & \cdots & (-mT)^m \end{bmatrix}$$

D/A转换电路的形式很多，在转换成模拟量电流或电压的集成D/A转换器中大多采用T型电阻解码网络，如图2.20所示。它是一个3位二进制D/A转换电路，模拟开关 K_i 受二进制数码控制，数码为“0”时，开关接地；数码为“1”时，开关接基准电源 $-V_{REF}$。集成D/A转换器的另一种电路如图2.21所示，数码为“1”时，开关接运算放大器的正点；数码为“0”时，开关接地。

D/A转换器的主要参数如下：

- 分辨率：D/A转换器所能产生的最小电压变化量；
- 线性误差：实际转移特性与理想的直线之间的最大偏差；
- 微分非线性：转移特性上任意两个连续码与理论值之间的差值；
- 单调性：输出电压随输出数码值的增加而增加，即要求特性斜率符号不变；

· 建立时间：由数码"0"到满量程或由满量程到"0"变化的时间。

常用的D/A转换器有DAC0832、DAC1208、DAC1230等。

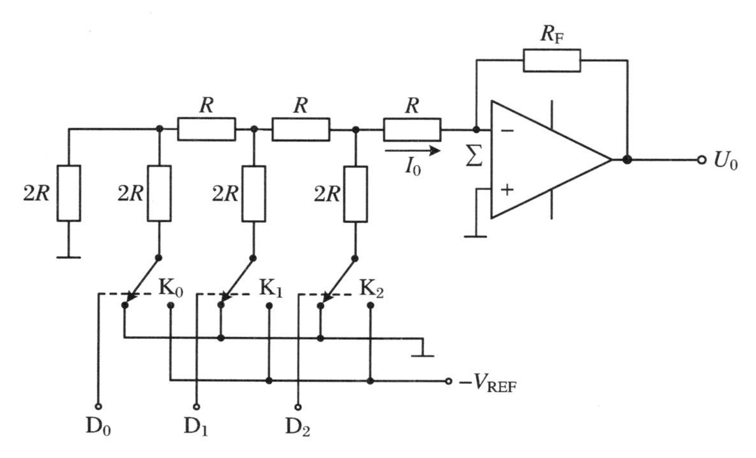

图 2.20　D/A转换电路

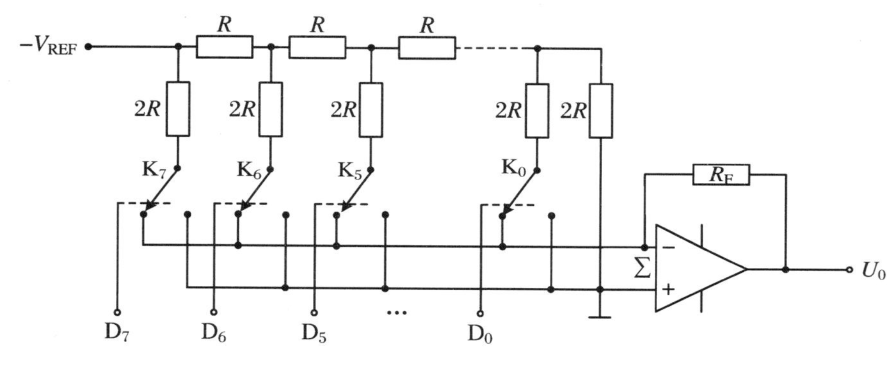

图 2.21　D/A转化电路

2. 单极性与双极性电压输出电路

在应用中，通常采用D/A转换器外加运算放大器的方法，把D/A转换器的输出电流转换为输出电压。图2.22给出了D/A转换器的单极性与双极性输出电路。

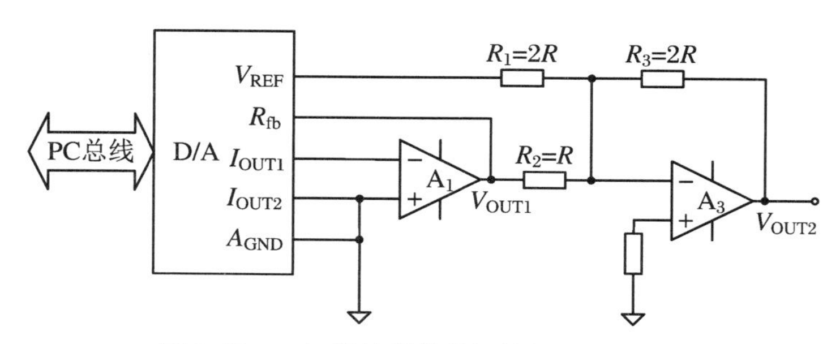

图 2.22　D/A转换器的单极性与双极性输出

V_{OUT1}为单极性输出量，若D为输入数字量，V_{REF}为基准参考电压量，且为n位D/A转

换器,则有

$$V_{\mathrm{OUT1}} = -V_{\mathrm{REF}} \cdot \frac{D}{2^n}$$

V_{OUT2}为双极性输出量,且可推导得到

$$V_{\mathrm{OUT2}} = -\left(\frac{R_3}{R_1}V_{\mathrm{REF}} + \frac{R_3}{R_2}V_{\mathrm{OUT1}}\right) = V_{\mathrm{REF}}\left(\frac{D}{2^{n-1}} - 1\right)$$

3. V/I 变换

图2.23展示的是基于负反馈原理的0～5 V/0～10 mA变换电路。其中,V_i 和 I_1 分别为输入电压和输出电流。A_1 和 A_3 分别为电压比较器和跟随器,形成负反馈环节。输入电压 V_i 和反馈电压 V_f 经过比较器得到输出电压 V_1,经过运放 A_2 得到输出电压 V_2,利用 V_2 控制晶体管T的输出电流 I_1,从而影响反馈电压 V_f,从而实现输入电压跟随,即 $V_f = V_i$。输出电流 $I_1 = \dfrac{V_f}{R_p + R_8} = \dfrac{V_i}{R_p + R_8}$,当 $R_p + R_8 = 500\ \Omega$,输入电压 V_i 为0～5 V时,输出电流 I_1 为0～10 mA。当 $R_p + R_8 = 250\ \Omega$,输入电压 V_i 为1～5 V时,输出电流 I_1 为4～20 mA。

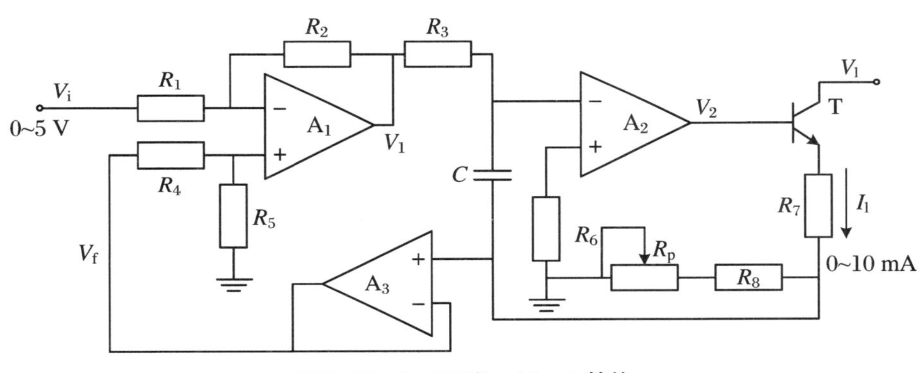

图2.23 0～5 V/0～10 mA转换

4. I/V 变换

I/V变换电路可以分为有源变换电路和无源变换电路。无源I/V变换电路利用无源器件实现,如图2.24(a)所示。其中,R_p 为精密绕线电阻,用于调节电压转换范围。电阻 R_1 和电容 C_1 构成一阶低通滤波器,用于抑制高频干扰。D为稳压二极管用于保护电路。若电阻 $R_1 + R_p = 250\ \Omega$,则可以实现从4～20 mA到1～5 V转换。若电阻 $R_1 + R_p = 500\ \Omega$,则可以实现从0～10 mA到0～5 V转换。但是这种电路转换精度易受到负载阻抗影响。

有源I/V变换电路可以降低负载阻抗对转换精度的影响,它主要是利用运放等有源器件实现,如图2.24(b)所示。其中,R_1 和 R_p 分别为精密电阻和精密绕线电阻。A_1 为运算放大器,具有较高的共模抑制比。该电路放大增益为

$$K = 1 + \frac{R_p}{R_3}$$

若 $R_1 = 100\ \Omega$,$R_3 = 10\ \mathrm{k\Omega}$,$R_p = 40\ \mathrm{k\Omega}$,则输入电流 I 为0～10 mA时,输出电压 V_o 为0～5 V。若 $R_1 = 100\ \Omega$,$R_3 = 10\ \mathrm{k\Omega}$,$R_p = 15\ \mathrm{k\Omega}$,则输入电流 I 为4～20 mA时,输出电压

V_o 为 1～5 V。

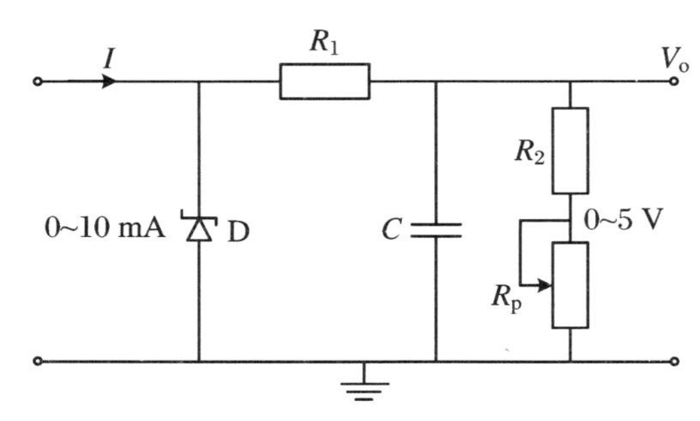

(a) 0～10 mA/0～5 V 无源转换

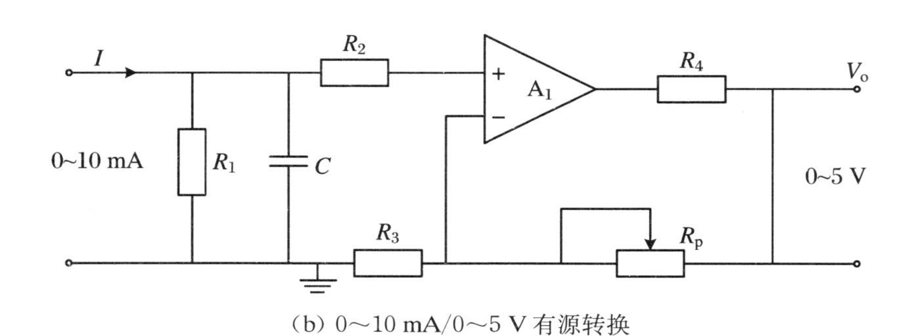

(b) 0～10 mA/0～5 V 有源转换

图 2.24　I/V 变换电路图

2.2.3　数字量的输入输出通道

控制计算机用于对生产过程的控制，这需要处理一类最基本的输入输出信号，即数字量(开关量)信号，这些信号包括：开关的闭合与断开、指示灯的亮与灭、继电器或接触器的吸合与释放、马达的启动与停止、阀门的打开与关闭等。这些信号的共同特征是以二进制的逻辑“1”和“0”或者电平的“高”和“低”的形式出现的。在计算机控制系统中，对应的二进制数码的每一位都可以代表生产过程的一个状态，可将这些状态作为控制的依据。对生产过程进行控制，首先要收集生产过程的状态信息，根据状态信息，再给出控制量；对生产过程进行控制时，需对一般的控制状态进行保持，直到下次给出新的值，这时输出就要锁存。

2.2.3.1　数字量输入通道

数字量输入通道一般是由输入接口电路和输入信号调理电路组成的，其中，输入接口电路一般由输入缓冲器和输入地址译码器组成，如图 2.25 所示。

图 2.26 所示为典型的数字量输入接口电路，即三态门缓冲器 74LS244。该缓冲器有 8 个通道，可输入 8 个开关状态，经过端口地址译码，得到片选信号$\overline{CS}$，当在执行 IN 指令周期时，产生$\overline{IOR}$信号，则被测的状态信息可通过三态门送到 PC 总线控制计算机的数据总线，然后装入 AL 寄存器。设片选端口地址为 port，可用如下指令来完成取数：

```
MOV DX，port
IN    AL，DX
```

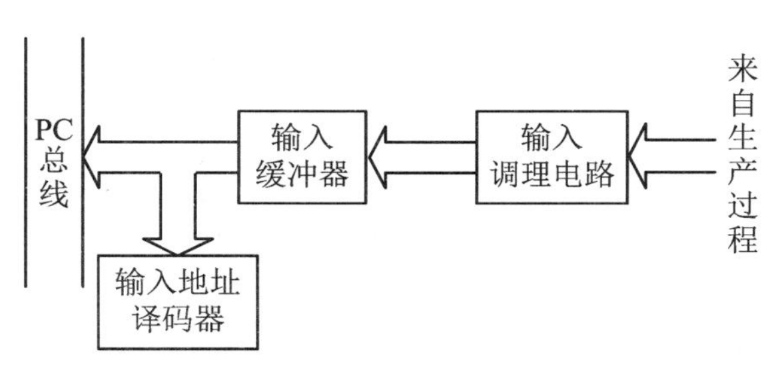

图 2.25　数字量输入通道结构

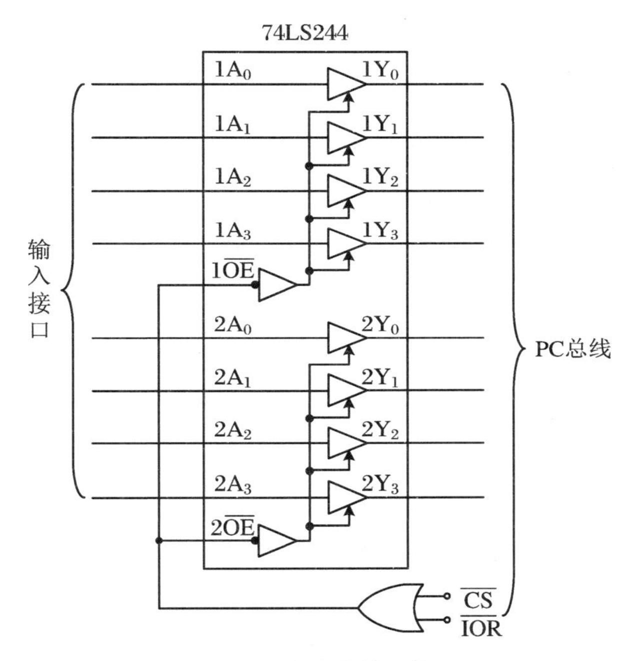

图 2.26　数字量输入接口

数字量输入通道的基本功能就是接收外部装置或生产过程的状态信号。这些状态信号的形式可能是电压、电流、开关的触点，因此会引起瞬时高压、过电压、接触抖动等现象。为了将外部开关量信号输入计算机，必须将现场输入的状态信号经电平转换、过电压保护、反电压保护、滤波、光电隔离等措施转换成计算机能够接收的逻辑信号，这些称为信号调理。

在需要从大功率器件的接点输入信号时，因相对于计算机而言，这种电路电压过高，信号不适宜直接输入给计算机，所以需要进行安全隔离。图 2.27 展示了一种大功率输入调理电路，使用光耦合器对信号进行隔离。光耦合器以光为媒介传输信号，利用发光二极管将大功率电信号转换为光信号，再利用光敏晶体管将光信号转换为小功率电信号。在光耦合器中，输入与输出电路是电气隔离的，从而实现了大功率系统与小功率计算机系统的电气隔离。另外，数字量信号一般是通过接点的接通和断开动作而转换成电平信号再与计算机相连的。为了清除由于接点的机械抖动而产生的振荡信号，一般会加入有较长时间常数的滤波电路来消除这种振荡。

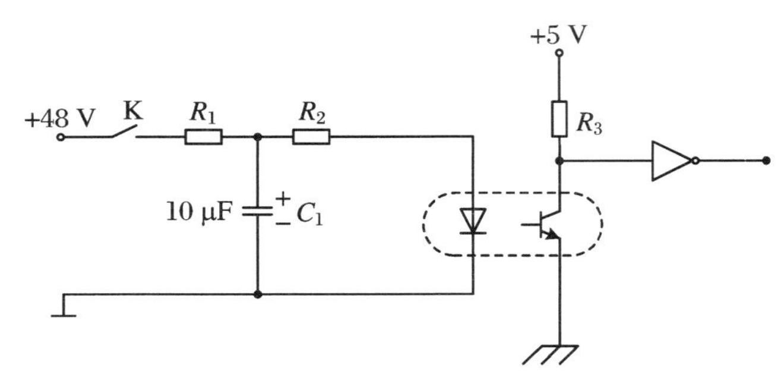

图 2.27　大功率输入调理电路

2.2.3.2　数字量输出通道

数字量输出通道一般是由数字量输出接口电路和输出信号驱动电路组成，其中，输出接口电路一般是由输出锁存器和输出地址译码器组成，输出驱动电路亦即输出信号的调理电路，如图 2.28 所示。

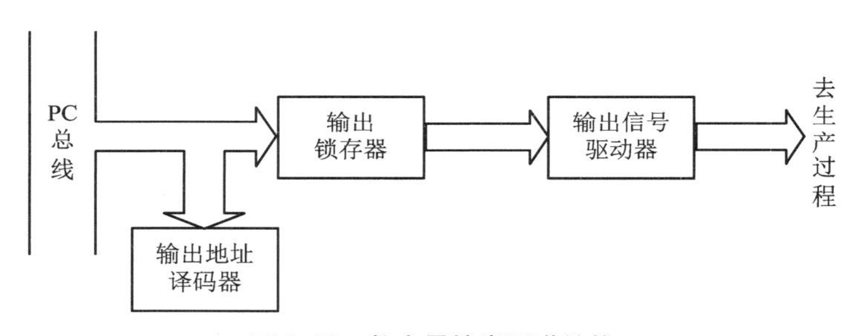

图 2.28　数字量输出通道结构

图 2.29 所示为典型的数字量输出接口电路，即 8 位数据/地址锁存器 74LS273，该锁存器有 8 个通道，可输入 8 个开关状态，并可驱动 8 个输出装置。数据信号经端口地址译码，得到片选信号$\overline{CS}$，当在执行 OUT 指令周期时，产生$\overline{IOR}$信号，设片选端口地址为 port，可以用以下指令完成数据输出控制：

```
MOV   AL, DATA
MOV   DX, port
OUT   DX, AL
```

计算机直接输出的微弱数字信号无法直接用于生产过程的控制，因此需要在输出通道中加入驱动电路，将微弱数字信号转换成能够对生产过程进行控制的数字驱动信号。根据现场负载的不同，可以选择不同的功率放大器件构成不同的开关量驱动电路。常见的驱动电路有：三极管输出驱动电路、继电器输出驱动电路、晶闸管输出驱动电路、固态继电器输出驱动电路等。图 2.30 展示了一种采用固态继电器法的输出驱动电路，输入输出之间采用光电耦合器进行隔离，零交叉电路可在交流电压变化到零伏附近时让电路接通，从而减少干扰。电路接通后，由触发电路给出晶闸管器件的触发信号。

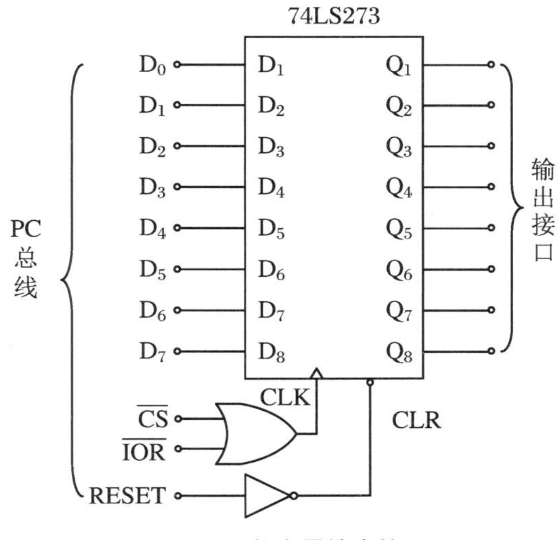

图 2.29　数字量输出接口

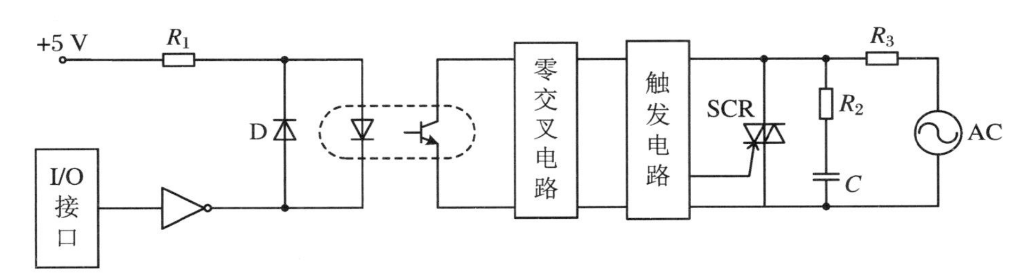

图 2.30　固态继电器法的输出驱动电路

2.2.4　A/D、D/A 转换器及其接口技术

2.2.4.1　A/D 转换器及其接口技术

A/D 转换器是将模拟量转换成数字量的器件或装置，是一个模拟系统和计算机之间的接口。常用的 A/D 转换方式有计数法、逐次逼近法、双斜积分法和并行转换法。由于逐次逼近法 A/D 转换具有速度快、分辨率高等优点，而且采用这种方法的 ADC 芯片成本低，因此在计算机数据采集系统中获得了广泛应用。常用的基于逐次逼近法的 A/D 转换器有 8 位分辨率的 ADC0809，12 位分辨率的 AD574 等。

A/D 转换器的主要技术指标包括转换时间、分辨率、线性误差、量程、精度、输出逻辑电平、工作温度范围、对基准电源的要求等。

- 转换时间：指完成一次模拟量到数字量转换所需要的时间。
- 分辨率：通常用数字量的位数 n(字长)来表示，如 8 位、12 位、16 位等。分辨率为 n 位，表示它能对满量程输入的 $1/2^n$ 的增量作出反应。

· 线性误差：理想的转换特性（量化特性）应该是线性的，但实际并非如此。在满量程输入范围内，将偏离理想转换特性的最大误差定义为线性误差。线性误差通常用 LSB 的分数表示，如$\frac{1}{2}$LSB 或者 ±1 LSB。

· 量程：即所能转换的输入电压范围，如 −5～+5 V，0～10 V，0～5 V 等。

· 精度：分为绝对精度和相对精度。常用数字量的位数为度量绝对精度的单位；绝对精度与满量程的百分比为相对精度（精度和分辨率不同，精度为转换后所得结果相对于实际值的准确度，而分辨率是对转换结果发生影响的最小输入量）。

· 输出逻辑电平：输出数据的电平形式和数据输出方式（如三态逻辑和数据是否锁存）。

· 工作温度范围：A/D 转换器在规定精度内允许的工作温度范围。

· 对基准电源的要求：基准电源的精度对整个系统的精度产生很大影响，故设计时应考虑是否要外接精密基准电源。

1. A/D 转换器

ADC0809 是一种带有 8 通道模拟开关的 8 位逐次逼近式 A/D 转换器，转换时间为 10 μs左右，线性误差为 ±$\frac{1}{2}$LSB，采用 28 脚双列直插式封装，其逻辑结构如图 2.31 所示。它由 8 通道模拟开关、通道选择逻辑（地址锁存与译码）、8 位 A/D 转换器及三态输出锁存缓冲器组成。

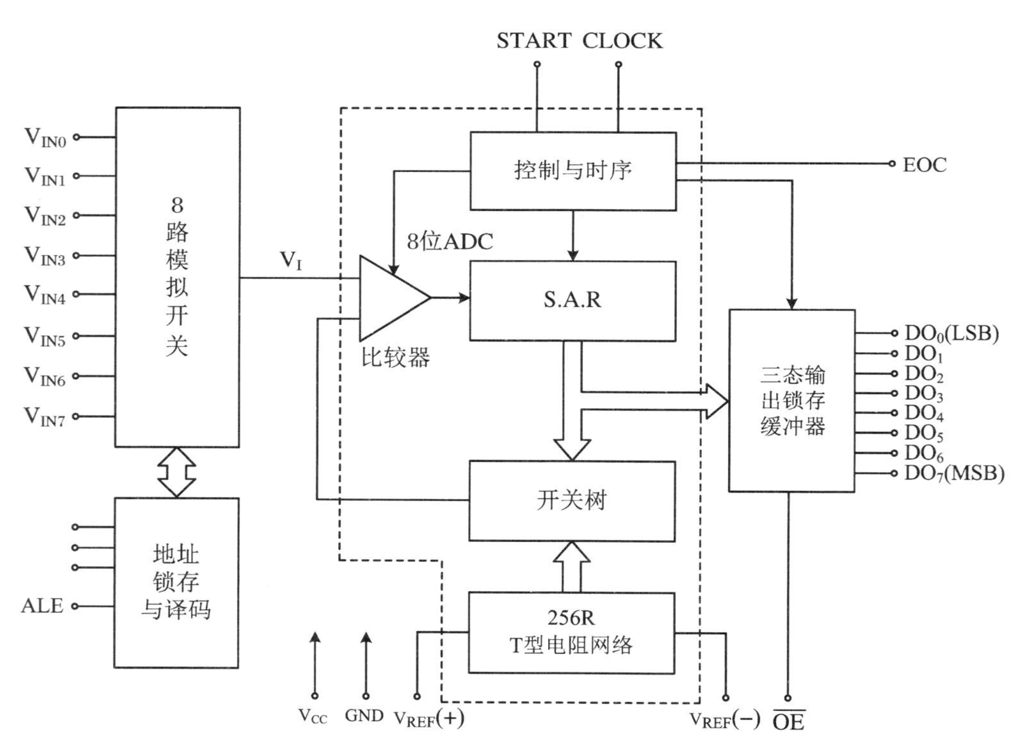

图 2.31　ADC0809 的逻辑框图

ADC0809 对指定的通道采集一个数据的过程是：

· 选择当前转换的通道，即将通道号送到 C、B 和 A 引脚上。

· 在 START 和 ALE 脚上加一个正脉冲，将通道选择码锁存并启动 A/D 转换。

· 转换开始后，EOC 变低，经过 64 个时钟周期后，转换结束，EOC 变高。

· 转换结束后，可通过执行 LN 指令，设法在 OE 脚上形成一个高电平脉冲，打开输出缓冲器的三态门，让转换后的数字量出现在数据总线上，并被读入累加器中。

用 ADC0809 来设计实用的数据采集与控制系统时，除了要考虑采样率的控制和转换结束的检测方法外，还要设计合适的通道选择方案。8 通道模拟开关的功能就是实现 8 选 1 操作，其通道选择信号 C、B、A 与所选通道之间对象为 000 时为 V_{IN0}，至 111 时为 V_{IN7}，而地址锁存允许信号（ALE）是用于通道选择信号 C、B、A 的锁存。加至 C、B、A 上的通道选择信号在 ALE 的作用下送入通道选择逻辑后通道 V_{INi}（$i=0,1,\cdots,7$）上的模拟输入被送至 A/D 转换器转换。

而 8 位 A/D 转换器对选送至输入端的信号 V_I 进行转换，转换结果 D（$D=0\sim2^8-1$）存入三态输出锁存缓冲器。它在 START 上收到一个启动转换命令（正脉冲）后开始转换，100 μs左右（64 个时钟周期）后转换结束（相应的时钟频率为 640 kHz）。转换结束时，EOC 信号由低电平变为高电平。通知 CPU 读结果。启动后，CPU 可用查询方式（将转换结束信号接至一条 IO 线上）或中断方式（EOC 作为中断请示信号引入中断逻辑）判断 A/D 转换过程是否结束。

三态输出锁存缓冲器是用于存放转换结果 D，输出允许信号 OE 为高电平时，D 由 $DO_7\sim DO_0$ 输出；OE 为低电平输入时，数据输出线 $DO_7\sim DO_0$ 为高阻态。

2. A/D 转换器接口技术

A/D 转换器通常都具有三态数据输出缓冲器，因而允许 A/D 转换器直接同系统总线相连接。为便于或简化接口电路设计，也常通过通用并行接口芯片实现与系统的接口。下面以 8255A 作为系统与 A/D 转换器接口为例讨论 A/D 转换器的接口方法。

图 2.32 给出了 ADC0809 通过 8255A 的转换器与 PC 总线控制计算机接口方法。8255A 的 A 组和 B 组都工作于方式 0，端口 A 为输入口，端口 C 上半部分为输入而下半部分为输出口。ADC0809 的 ALE 与 START 引脚相连接，将 $PC_0\sim PC_2$ 输出的 3 位地址锁存入 ADC0809 的地址锁存器并启动 A/D 转换。ADC0809 的 EOC 输出信号端同 OE 输入控制端相连接，当转换结束时，开放数据输出缓冲器，EOC 信号还连接到 PC_7，CPU 通过查询 PC_7 的状态而控制数据的输入过程。

需要指出的是，对于逐次逼近法的 ADC 器件，要求在 A/D 转换过程中被转换的模拟量应保持恒定的数值。因此，对于快速变化的模拟信号，应先通过采样保持电路，然后才送到 ADC 器件，即在启动 A/D 转换之前，先对模拟量进行采样，使连续模拟信号变成离散的模拟信号，并使其保持适当长的时间，在保持期间启动并完成 A/D 转换。

2.2.4.2　D/A 转换器及其接口技术

D/A 转换器是把输入的数字量转换成与输入量成比例的模拟量的器件，多数 D/A 转换器是把数字量变成模拟电流，如要将其转换成模拟电压还要使用电流/电压转换器（I/V）

来实现(I/V 电路由运算放大器构成)。常用的 D/A 转换器的分辨率有 8 位、10 位、12 位等,其结构大同小异,通常都带有两级缓冲寄存器。D/A 转换器的主要技术指标有分辨率、转换精度、建立时间、线性误差等。

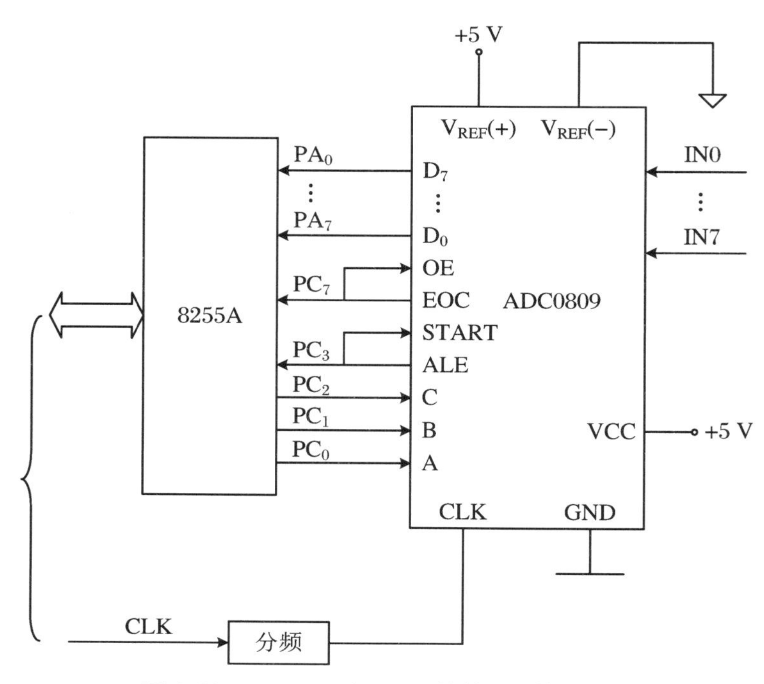

图 2.32 ADC0809 与 PC 总线控制计算机接口

· 分辨率:通常用 D/A 转换器输入二进制数的位数来表示,如 8 位、10 位、12 位。分辨率为 n 位,表示 D/A 转换器输入二进制数的最低有效位 LSB 与满量程输出的 $1/2^n$ 相对应。

· 转换精度:D/A 转换器实际输出与理论值的差值,是由于非线性、零点刻度、满量程刻度和温漂等原因引起的。

· 建立时间:输入数字信号的变化量是满量程时,输出模拟信号达到离终值 $\pm\frac{1}{2}$ LSB 所需的时间,一般为 n μs。

· 线性误差:为偏离理想转换特性的最大偏差与满量程的百分比,一般要求线性误差不大于$\frac{1}{2}$LSB。

1. D/A 转换器

图 2.33 给出了 NSC 公司生产的 DAC0832 内部结构,它主要由 8 位输入寄存器、8 位 DAC 寄存器、采用 R~2R 电阻网络的 8 位 D/A 转换器、相应的选通控制逻辑四部分组成。DAC0832 的分辨率为 8 位,电流输出,采用 20 脚双列直插式封装。

DAC0832 内有两个 8 位寄存器,可以分别选通。这样,就可以把从 CPU 送来的数据先打入输入寄存器,在需要进行 D/A 转换时,再选 DAC 寄存器,实现 D/A 转换,这种工作方式称为双缓冲工作方式。

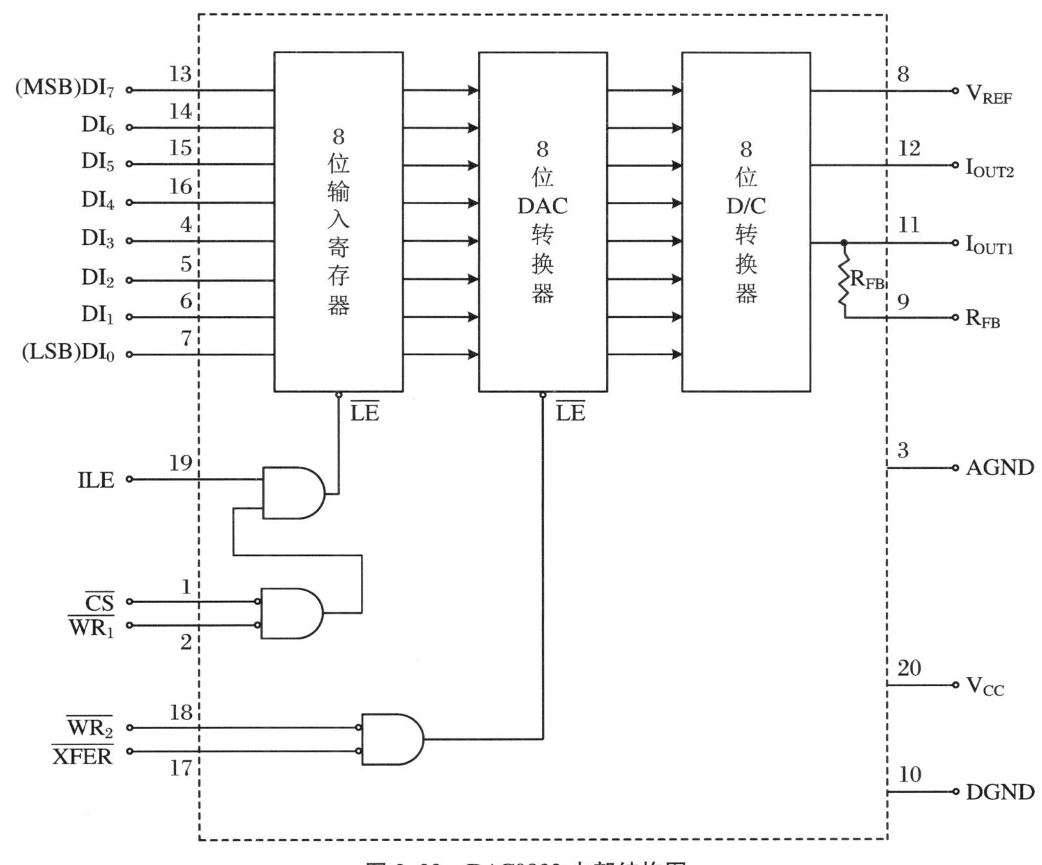

图 2.33　DAC0832 内部结构图

各引脚的功能如下：

V_{REF}：　参考电压输入端，根据需要接一定大小的电压，由于它是转换的基准，要求数值正确、稳定，常用稳压电路产生。

V_{CC}：　工作电压输入端。

AGND：　模拟地。

DGND：　数字地，目的是提高系统的抗干扰能力。

$DI_0 \sim DI_7$：　数据输入。

I_{OUT1}、I_{OUT2}：　互补的电流输出端，即 $I_{OUT1}+I_{OUT2}=$常数 C。

R_{FB}：　片内反馈电阻引脚，与运放配合构成 I/V 转换器。

ILE：　输入锁存，使信号输入端高电平有效。

$\overline{CS}$：　片选信号输入端。

$\overline{WR_1}$、$\overline{WR_2}$：　两个写命令输入，均为低电平有效。

$\overline{XFER}$：　传输控制信号输入端、低电平有效。

当 ILE 为高电平，片选$\overline{CS}$有效时，写选通信号$\overline{WR_1}$能将输入数字 D 锁入 8 位输入寄存器。在传送控制$\overline{XFER}$有效条件下，$\overline{WR_2}$能将输入寄存器中的数据传送到 DAC 寄存器。数据送入 DAC 寄存器后 1 μs（建立时间），I_{OUT1}和I_{OUT2}稳定。

一般情况下，把$\overline{XFER}$和$\overline{WR_2}$接地（此时 DAC 寄存器直通），ILE 接 +5 V，总线上的 I/O端口写信号作为$\overline{WR_1}$，接口地址译码信号作为$\overline{CS}$信号，使 DAC0832 接为单缓冲形式，数据 D 写入输入寄存器即可改变其模拟输出。在要求多个 D/A 同步工作（多个模拟输出同时改变）时，才将 DAC0832 接为双缓冲，此时，$\overline{XFER}$、$\overline{WR_2}$分别受接口地址译码信号、IO 端口信号驱动。

2. D/A 转换器接口技术

就 8 位 DAC0832 为例来说其与 PC 总线工业控制机的接口，如图 2.34 所示。

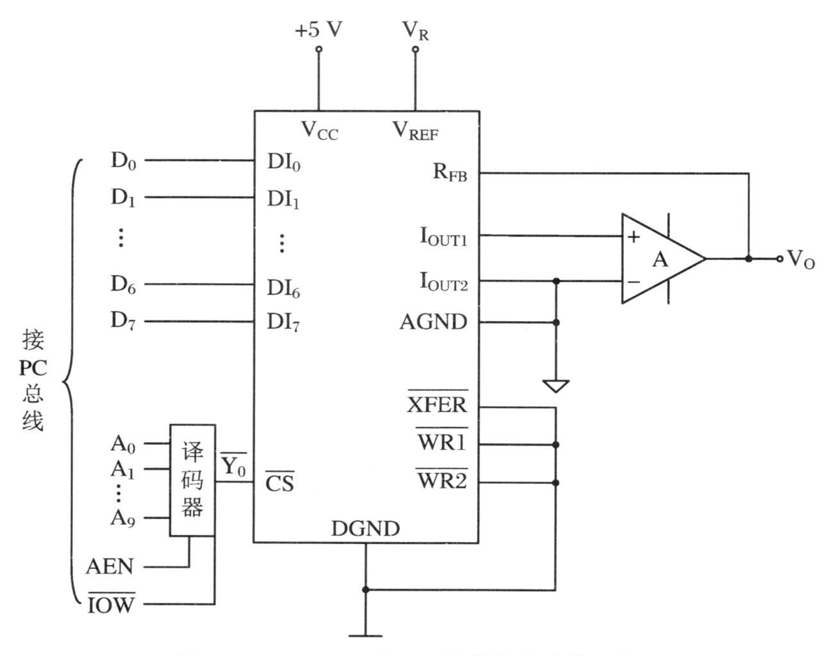

图 2.34　DAC0832 与 PC 总线控制计算机接口

该电路由 8 位 D/A 转换芯片 DAC0832、运算放大器、地址译码电路组成。DAC0832 工作在单缓冲寄存器方式，即当$\overline{CS}$信号来时，$D_0 \sim D_7$ 数据线送来的数据直通进行 D/A 转换，当$\overline{IOW}$变高时，则此数据便被锁存在输入寄存器中，因此 D/A 转换的输出也保持不变。

DAC0832 将输入的数字量转换成差动的电流输出，为了使其能变成电压输出，所以又经过运算放大器 A，将形成单极性电压输出 0～15 V（V_{REF}为 −5 V）或 0～10 V（V_{REF}为 −10 V）。若要形成负电压输出，则 V_{REF}需接正的基准电压。为了保持输出电流的线性度，两个电流输出端 I_{OUT1}和 I_{OUT2}的电位应尽可能地接近 0 电位，只有这样，将数字量转换后得到的输出电流将通过内部的反馈电阻 R_{FB}(15 kΩ）到达放大器的输出端，否则运算放大器两输入端微小的电位差，将导致很大的线性误差。

若 DAC0832 $\overline{CS}$的口地址为 200H，则 8 位二进制数 DATA 转换为模拟电压的接口程序如下：

```
MOV     DX,  200H     指向输入寄存器
MOV     AL,  DATA     DATA为被转换的数据
OUT     DX,  AL       数据传入输入寄存器
INC     DX            指向DAC寄存器
OUT     DX,  AL       选通DAC寄存器,启动D/A转换
HLT
```

2.2.5　抗干扰技术

在工业生产过程中,计算机控制系统不可避免会受到来自系统内部、外部干扰的影响,这影响了计算机控制系统的可靠性和稳定性,会导致系统不能正常工作甚至发生故障,因此抗干扰问题不容忽视。干扰的来源主要有:外部干扰(如雷电等)、其他电气设备(通信塔电磁波)、动力机械、具有瞬时变化特性的设备(指示灯、开关等)以及内部干扰(如系统设计结构,制造工艺导致的分布电容、分布电感引起的耦合感应,多点接地引入的电位差干扰,热噪声等)。常见的干扰作用途径有传导耦合、静电耦合、电磁耦合和公共阻抗耦合等。

2.2.5.1　通道抗干扰技术

1. 串模干扰及其抑制方法

所谓串模干扰是指叠加在被测信号上的干扰噪声。这里的被测信号是指有用的直流信号或缓慢变化的交变信号,而干扰噪声是指无用的变化较快的杂乱交变信号。串模干扰和被测信号在回路中所处的地位是相同的,所以总是以两者之和作为输入信号。串模干扰也称为正态干扰、常态干扰、横向干扰等,如图2.35所示,其主要控制方法如下:

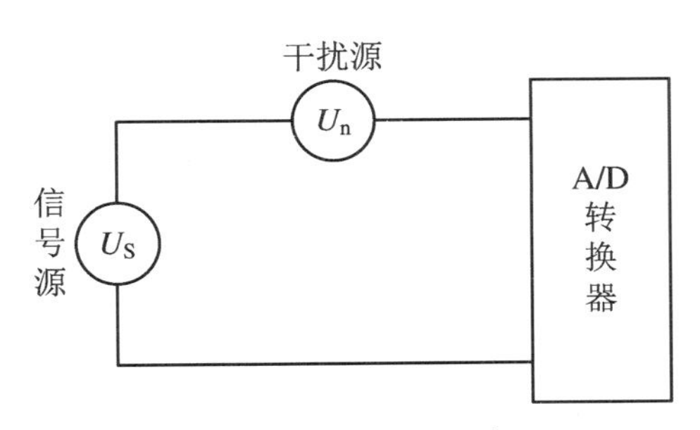

图2.35　串模干扰示意图

① 如果串模干扰频率比被测信号频率高,则采用输入低通滤波器来抑制高频率串模干扰;如果串模干扰频率比被测信号频率低,则采用高通滤波器来抑制低频串模干扰;如果串模干扰频率分布于被测信号频谱的两侧,则应用带通滤波器。

② 当尖峰型串模干扰成为主要干扰源时,用双积分式A/D转换器可以削弱串模干扰的影响。因为此类转换器转换的是输入信号的平均值而不是瞬时值,所以对尖峰干扰具有抑制能力。如果取的积分周期为主要串模干扰的周期或整数倍,则通过积分比较变换,对串模干扰有更好的抑制效果。

③ 对于串模的干扰主要来自电磁感应，被测信号尽可能早地进行前置放大，从而达到提高回路中的信噪比的目的；或者尽可能早地完成模/数转换或采取隔离和屏蔽等措施。

④ 从选择逻辑器件入手，利用逻辑器件的特性来抑制串模干扰。可采用高抗扰度逻辑器件，通过高阈值电平来抑制低频噪声的干扰，采用低通逻辑器件来抑制高频干扰等等。

⑤ 采用双绞线作信号引线可减少电磁感应，并且使各个小环路的感应电势互呈反向抵消。所以应选用带有屏蔽的双绞线或同轴电缆作为信号线，且有良好接地，并对测量仪表进行电磁屏蔽。

2. 共模干扰及其抑制方法

共模干扰是指电路输入端相对于公共接地点同时出现的干扰。这种干扰可能是直流电压，也可能是交流电压，其幅值可达几伏甚至更高，取决于现场产生干扰的环境条件和计算机等设备的接地情况。共模干扰也称为共态干扰。

在计算机控制生产过程时，被控制、被测参量可能很多，并且是分散在生产现场的各个位置，所以一般是用很长的导线把计算机发出的控制信号传送给现场中的某个控制对象，或者把安装在某个装置中的传感器产生的被测信号传送到计算机的 A/D 转换器中。因此，被测信号 U_S 的参考接地点和计算机输入信号的参考接地点之间往往存在着一定的电位差 U_{cm}，如图 2.36 所示。对于模/数转换器的两个输入端来说，分别有 U_S+U_{cm} 和 U_{cm} 两个输入信号。显然，U_{cm} 是共模干扰电压。

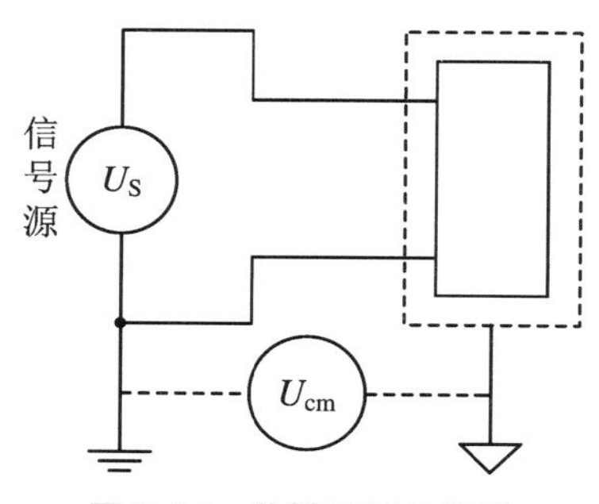

图 2.36　共模干扰示意图

在计算机控制系统中，被测信号有单端对地输入和双端不对地输入两种输入方式。对于存在共模干扰的场合，不能采用单端对地输入方式，因为此时的共模干扰电压将全部成为串模干扰电压（图 2.37(a)），所以必须采用双端不对地输入方式（图 2.37(b)）。

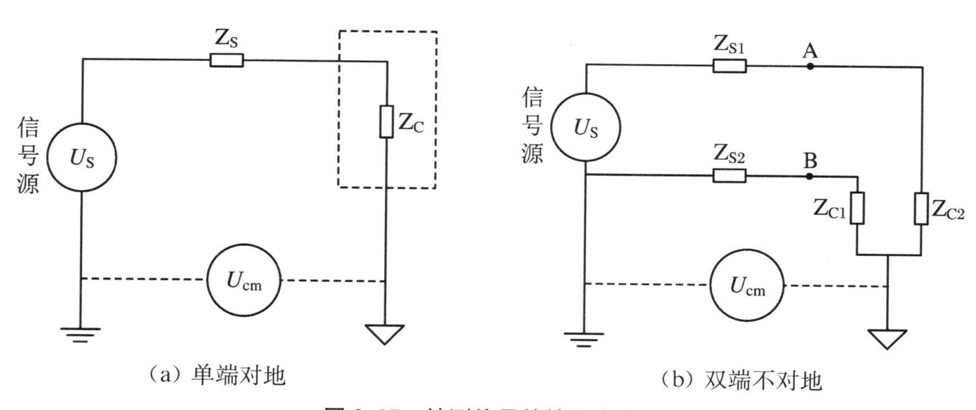

图 2.37　被测信号的输入方式

为了衡量一个输入电路抑制共模干扰的能力，常用共模抑制比 CMRR（Common Mode

Rejection Ratio)来表示，即

$$CMRR = 20\lg \frac{U_{cm}}{U_n} \text{(dB)}$$

式中，U_{cm}是共模干扰电压，U_n 是 U_{cm}转化成的串模干扰电压。显然，对于单端对地输入方式，由于 $U_n = U_{cm}$，所以 $CMRR = 0$，说明无共模抑制能力。对于双端不对地输入方式来说，由 U_{cm}引入的串模干扰 U_n 越小，$CMRR$ 就越大，所以抗共模干扰能力越强。

共模干扰的主要抑制方法如下：

(1) 采用隔离技术

如图 2.38 所示，利用变压器把模拟信号电路与数字信号电路隔离开来，也就是把模拟地与数字地断开，以使共模干扰电压 U_{cm}不构成回路，从而抑制共模干扰。另外，隔离前和隔离后应分别采用两组互相独立的电源，切断两部分的地线联系。

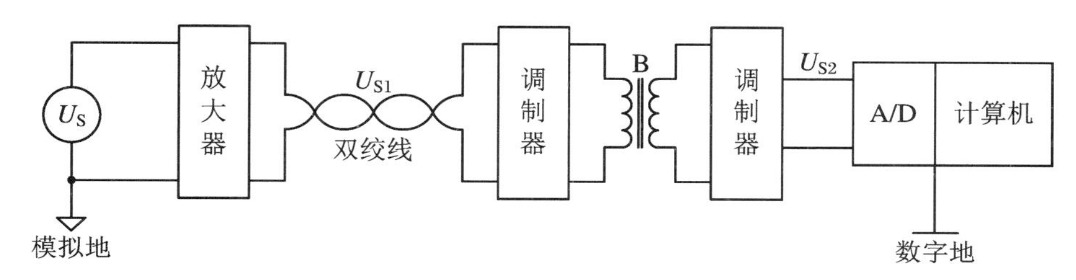

图 2.38　变压器隔离

如图 2.39 所示，可采用光电耦合器件，将模拟地和数字地隔开。光电耦合器是将发光二极管和光敏三极管封装在一个管壳内，发光二极管两端为信号输入端，光敏三极管的集电极和发射极分别作为光电耦合器的输出端，它们之间的信号是靠发光二极管在信号电压的控制下发光，传给光敏三极管来完成的。

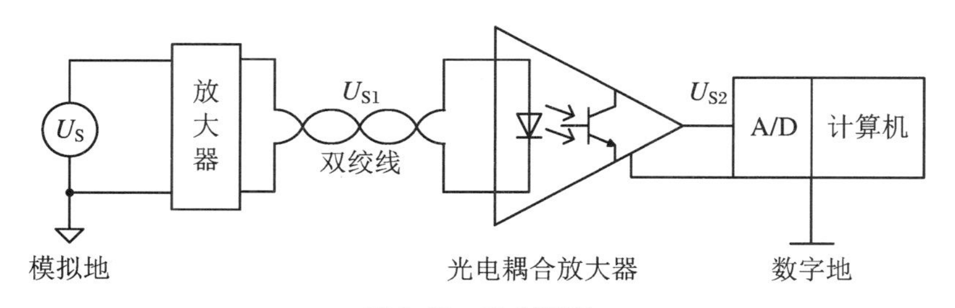

图 2.39　光电隔离

光电隔离与变压器隔离相比，实现起来比较容易，成本低、体积也小，因此在计算机控制系统中光电隔离得到了广泛的应用。

(2) 浮地屏蔽

如图 2.40 所示，可采用浮地输入双层屏蔽放大器来抑制共模干扰，它是利用屏蔽方法使输入信号的"模拟地"浮空，使得共模输入阻抗很大，共模电压在回路中引起的共模电流很小，使得共模干扰很小，从而达到抑制共模干扰的目的。

(3) 采用仪表放大器提高共模抑制比

仪表放大器具有共模抑制能力强、输入阻抗高、漂移低、增益可调等优点，是一种专门用

来分离共模干扰与有用信号的器件。

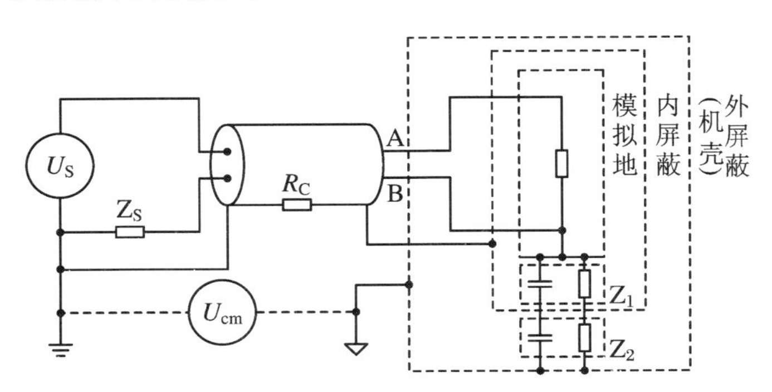

图 2.40　浮地输入双层屏蔽放大器

3. 传输干扰及其抑制方法

计算机控制系统是一个从生产现场获得信号，并发出控制信号到生产现场的庞大系统。从生产现场到计算机控制室往往有几十米乃至几百米的信号传输线路，由于计算机采用高速集成电路，传输线路受到干扰就会影响重大。

信号在传输中会遇到三个问题：一是易受到外界干扰，二是信号有延时，三是高速度变化的信号在传输时，还会出现波反射现象。信号在传输时，由于传输线的分布电容和分布电感的影响，会在传输线内部产生正向前进的电压波和电流波，称为入射波；另外，如果传输线的终端阻抗与传输线的波阻抗不匹配，那么当入射波到达终端时，便会引起反射；同样，反射波到达传输线始端时，如果始端阻抗也不匹配，还会引起新的反射。这种信号的多次反射现象，使信号波形严重失真和畸变，并且引起干扰脉冲。

采用终端阻抗匹配或始端阻抗匹配，可以消除传输中的波反射或者把它抑制到最低限度。

(1) 终端匹配

为了进行阻抗匹配，必须事先知道传输线的波阻抗 R_P，波阻抗的测量如图 2.41 所示，调节可变电阻 R，并用示波器观察门 A 的波形，当达到完全匹配，即 $R=R_P$ 时，门 A 输出的波形不畸变，反射波完全消失，这时的 R 值就是该传输线的波阻抗。

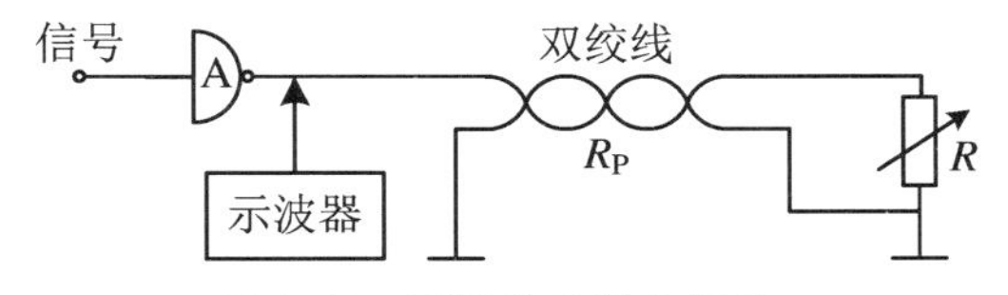

图 2.41　测量传输线波阻抗

最简单的终端匹配方法如图 2.42(a)所示，如果传输线的波阻抗是 R_P，那么当 $R=R_P$ 时，便实现了终端匹配，消除了波反射，此时终端波形和始端波形的形状相一致，只是时间上滞后。由于终端电阻变低，则加大负载，使波形的高电平不降，从而降低了高电平的抗干扰能力，但对波形的低电平没有影响。

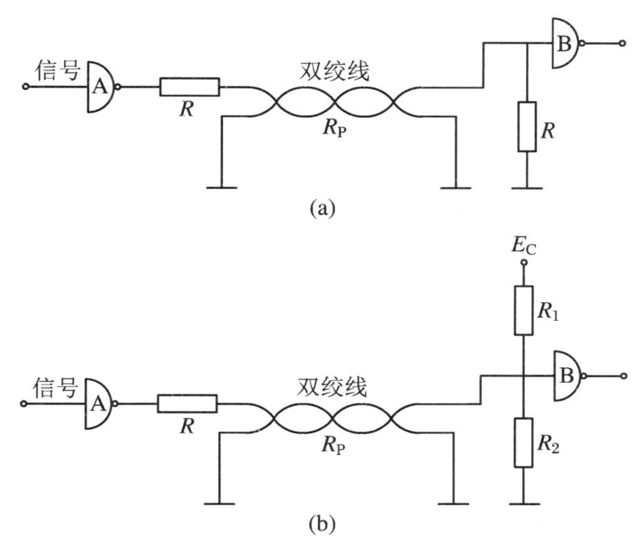

图 2.42　终端匹配

为了克服上述匹配方法的缺点，可采用图 2.42(b)所示的终端匹配方法，其等效电阻 R 为

$$R = \frac{R_1 R_2}{R_1 + R_2}$$

适当调整 R_1 和 R_2 的阻值，可使 $R = R_P$。这种匹配方法也能消除波反射，优点是波形的高电平下降较少，缺点是抬高了低电平，从而降低了低电平的抗干扰能力。为了同时兼顾高电平和低电平两种情况，可选取 $R_1 = R_2 = 2R_P$，此时等效电阻 $R = R_P$。实践中宁可让高电平降低得稍多些，也要让低电平抬高得少一些，可通过适当选取电阻 R_1 和 R_2，使 $R_1 > R_2$ 以达到此目的，当然还要保证等效电阻 $R = R_P$。

(2) 始端匹配

在传输线始端串入电阻 R(图 2.43)，也能基本上消除反射，达到改善波形的目的。一般选择始端匹配电阻 R 为

$$R = R_P - R_{SC}$$

其中，R_{SC}为门 A 输出低电平时的输出阻抗。

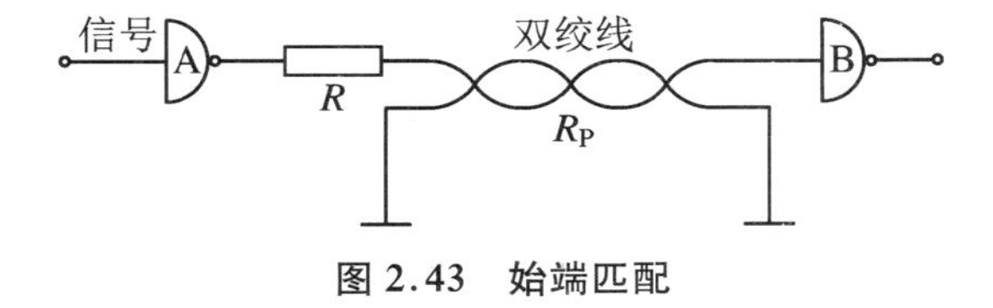

图 2.43　始端匹配

这种匹配方法的优点是波形的高电平不变，缺点是会抬高波形的低电平。其原因是终端门 B 的输入电流 I_{SR}在始端匹配电阻 R 上的压降所造成的。显然，终端所带负载个数越多，低电平抬高越显著。

2.2.5.2 CPU 抗干扰技术

在受到硬件抗干扰的环境下，使用软件抗干扰可以获得更好的信号。数字滤波是一种廉价有效的软件滤波方式，它通过使用某种计算方法，对信号进行数字处理，以削弱或者滤除干扰噪声。这种滤波方式不依赖于硬件，因此可靠性高，不存在阻抗匹配、特性波动等问题，可以通过改变相关参数更改滤波特性，方便灵活。常用的数字滤波方法有针对大脉冲干扰的限幅滤波法、中值滤波法，抑制小幅高频噪声的算数均值滤波法、滑动均值滤波法、加权滑动均值滤波法以及复合滤波法，如去极值均值滤波法等。

计算机控制系统的 CPU 抗干扰措施常常采用 Watchdog（俗称看门狗）、电源监控（掉电检测及保护）、复位等方法，这些方法可用微处理器监控电路 MAX1232 来实现。

MAX1232 微处理监控电路具有给微处理器提供辅助的功能以及电源供电监控功能，MAX1232 通过监控微处理器系统电源的供电及监控软件的执行，来增强电路的可靠性，它提供一个反弹的（无锁的）手动复位输入。

当电源过压、欠压时，MAX1232 将提供至少 250 ms 宽度的复位脉冲，其中的允许极限能用数字式的方法选择 5%或 10%的容限，这个复位脉冲也可以由无锁的手动复位输入；MAX1232 有一个可编程的监控定时器（即 Watchdog）监督软件的执行，该 Watchdog 可编程为 150 ms、600 ms 或 1.2 s 的超时设置。图 2.44（a）给出了 MAX1232 的引脚图，图 2.44（b）给出了 MAX1232 的内部结构框图，其中：

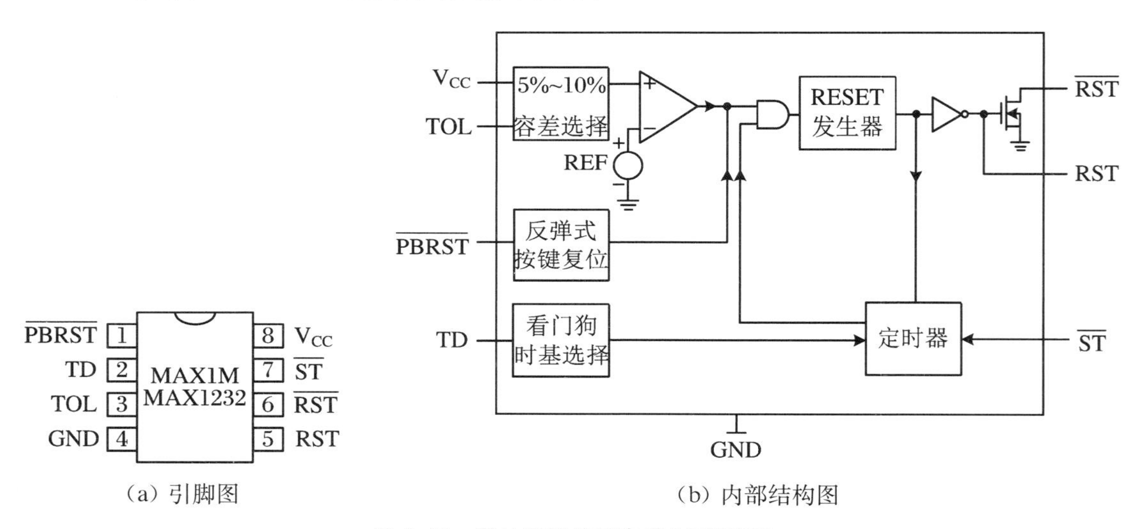

（a）引脚图　　（b）内部结构图

图 2.44　微处理器监控电路 MAX1232

$\overline{\text{PBRST}}$为按键复位输入。反弹式低电平有效输入，忽略小于 1 ms 宽度的脉冲，确保识别 20 ms 或更宽的输入脉冲。

TD 为时间延迟，Watchdog 时基选择输入。TD 为 0 V 时，$t_{TD}=150$ ms；TD 悬空时，$t_{TD}=600$ ms；TD 与 V_{CC}相同时，$t_{TD}=1.2$ s。

TOL 为容差输入。TOL 接地时选取 5%的容差；TOL 接 V_{CC}时选取 10%的容差。

GND 为地。

RST 为复位输出(高电平有效)。RST 产生的条件是:若 V_{CC} 下降低于所选择的复位电压阈值,则产生 RST 输出;若 $\overline{PBRST}$ 变低,则产生 RST 输出;或在最小暂停周期内 $\overline{ST}$ 未选通,则产生 RST 输出;若在加电源期间,则产生 RST 输出。

$\overline{RST}$ 复位输出(低电平有效)。产生条件同 RST。

$\overline{ST}$ 为选通输入 Watchdog 定时器输入。

V_{CC} 为 +5 V 电源。

N.C. 悬空。

MAX1232 的主要功能包括:

1. 电源监控

电压检测器监控 V_{CC},每当 V_{CC} 低于所选择的容限时,就输出并保持复位信号。

2. 按钮复位输入

MAX1232 的 $\overline{PBRST}$ 端靠手动强制复位输出,该端保持 t_{PBD} 是按钮复位延迟时间,当 $\overline{PBRST}$ 升高到大于一定的电压值后,复位输出保持至少 250 ms 的宽度。

一个机械按钮或一个有效的逻辑信号都能驱动 $\overline{PBRST}$。

3. 监控定时器

Watchdog 是控制计算机普遍采用的抗干扰措施,其最主要的应用是用于因干扰引起的系统"飞程序"等出错的检测和自动恢复。

微处理器用一根 IO 线来驱动 $\overline{ST}$ 输入,微处理器必须在一定时间内触发 $\overline{ST}$ 端(其时间取决于 TD),以便检测软件的执行情况。如果一个硬件或软件的失误导致 $\overline{ST}$ 没被触发,在一个最小超时间隔内,$\overline{ST}$ 只仅仅被脉冲的下降沿触发,这时 MAX1232 的复位输出至少保持 250 ms 的宽度。

此外,当电网瞬间断电或电压突然下降时使微机系统陷入混乱状态,电网电压恢复正常后,微机系统难以恢复正常。掉电信号由监控电路 MAX1232 检测得到,加到微处理器(CPU)的外部中断输入端。软件中将掉电中断规定为高级中断,使系统能够及时对掉电作出反应。在掉电中断服务子程序中,首先进行现场保护,把当时的重要状态参数、中间结果、某些专用寄存器的内容转移到专用的有后备电源的 RAM 中。其次是对有关外设作出妥善处理,如关闭各输入输出口,使外设处于某一个非工作状态等。最后必须在专用的有后备电源的 RAM 中某一个或两个单元上作上特定标记即掉电标记。为保证掉电子程序能顺利执行,掉电检测电路必须在电源电压下降到 CPU 最低工作电压之前就提出中断申请,提前时间为几百微秒至数毫秒。

当电源恢复正常时,CPU 重新上电复位,复位后就首先检查是否有掉电标记,如果没有,按一般开机程序执行(系统初始化等);如果有掉电标记,不应直接将系统初始化,而应按掉电中断服务子程序相反的方式恢复现场,以一种合理的安全方式使系统继续完成未完成的工作。

2.2.5.3　系统供电与接地技术

1. 供电技术

计算机控制系统的供电一般采用图 2.45 所示的结构。为了控制电网电压波动的影响而设置交流稳压器，保证220 V供电。交流电网频率为50 Hz，其中混杂了部分高频干扰信号。为此采用低通滤波器让50 Hz的基波通过，而滤除高频干扰信号。最后由直流稳压电源给计算机供电，建议采用开关电源。开关电源用调节脉冲宽度的办法调整直流电压，调整管以开关方式工作，功耗低。这种电源用体积很小的高频变压器代替了一般线性稳压电源中的体积庞大的工频变压器，对电网电压的波动适应性强，抗干扰性能好。

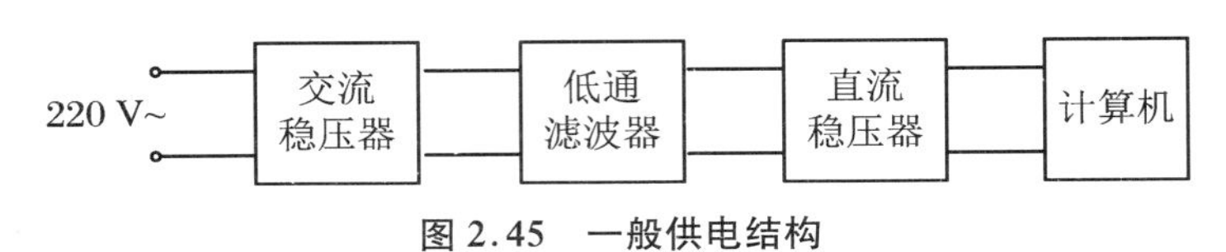

图2.45　一般供电结构

计算机控制系统的供电不允许中断，一旦中断将会影响生产。为此，可采用不间断电源UPS。正常情况下由交流电电网供电，同时电池组处于浮充状态。如果交流电供电中断，电池组经逆变器输出交流电代替外界交流电供电，这是一种无触点的不间断切换。UPS是用电池组作为后备电源。如果外界交流电中断时间长，就需要大容量的蓄电池组。为了确保供电安全，可以采用交流发电机或第二路交流电供电线路。

2. 接地技术

在计算机控制系统中，一般有以下几种地线：模拟地、数字地、信号地、功率地、安全地、系统地、交流地、直流地。

· 模拟地作为传感器、变送器、放大器、A/D和D/A转换器中模拟电路的零电位。模拟信号有精度要求，有时信号比较小，而且与生产现场连接。因此，必须认真对待模拟地。

· 数字地，也叫逻辑地，作为计算机中各种数字电路的零电位，应该与模拟地分开，避免干扰。

· 信号地，是传感器和变送器的地。

· 功率地，是功率放大器和执行器的地。

· 安全地，又叫屏蔽地，目的是防止静电感应和磁场感应，使设备机壳与大地等电位，以避免机壳带电而影响人身及设备安全。

· 系统地就是上述几种地的最终回流点，直接与大地相连，如图2.46所示。众所周知，地球是导体而且体积非常大，因而其静电容量也非常大，电位比较恒定，所以人们把它的电位作为基准电位，也就是零电位。

· 交流地是计算机交流供电电源地，即动力线地，它的地电位很不稳定。在交流地上任意两点之间，往往很容易就有几伏至几十伏的电位差存在。另外，交流地也很容易带来各种干扰。因此，交流地绝对不允许分别与上述几种地相连，而且交流电源变压器的绝缘性能要好，绝对避免漏电现象。

· 直流地，是直流电源的地。

常用的接地方法如下：

① 一点接地和多点接地。对于信号频率小于1 MHz的电路，采用一点接地，防止地环流的产生；对于信号频率大于10 MHz的系统，应采用就近多点接地；如果信号频率为1～10 MHz，当地线长度不超过波长的1/20时，可以采用一点接地，否则多点接地。工业控制

系统中的信号频率大多小于1 MHz,因此多采用单点接地方式。

② 在计算机控制系统中,模拟地和数字地必须分别接地,然后仅仅在一点上将两种地连接,避免数字回路通过模拟地再返回数字电源,从而对模拟信号产生影响。

③ 交流地与直流地分开,以避免电阻将交流电干扰引入控制装置内部,提升系统的可靠性和稳定性。

④ 印刷电路板的地线应保证其阻抗较低,尽可能加宽地线,并且将印刷版的全部边缘用较粗的地线环绕,作为地线干线,并且在空隙处填以地线,从而充分利用地线的屏蔽作用。

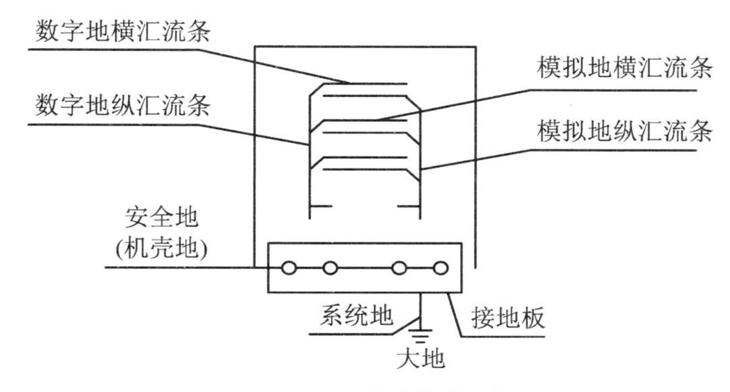

图2.46　回流法接地示例

在过程控制计算机中,对上述各种地的处理一般是采用分别回流法单点接地。模拟地、数字地、安全地(机壳地)的分别回流法如图2.46所示。回流线往往采用汇流条而不采用一般的导线。汇流条是由多层铜导体构成,截面呈矩形,各层之间有绝缘层。采用多层汇流条以减少自感,可减少干扰的窜入途径。在稍考究的系统中,分别采用横向及纵向汇流条,机柜内各层机架之间分别设置汇流条,以最大限度地减少公共阻抗的影响。在空间上将数字地汇流条与模拟地汇流条间隔开,以避免通过汇流条间电容产生耦合。安全地(机壳地)始终与信号地(模拟地、数字地)是浮离开的。这些地之间只在最后汇聚于一点,并且常常通过铜接地板交汇,然后用截面积不小于300 mm^2 的多股铜软线焊接在接地极上再深埋地下。

在一个实际的计算机控制系统中,通道的信号频率绝大部分在1 MHz以下,即为低频区,低频接地技术一般包括:

(1) 一点接地方式

信号地线的接地方式应采用一点接地,而不采用多点接地,如图2.47所示。

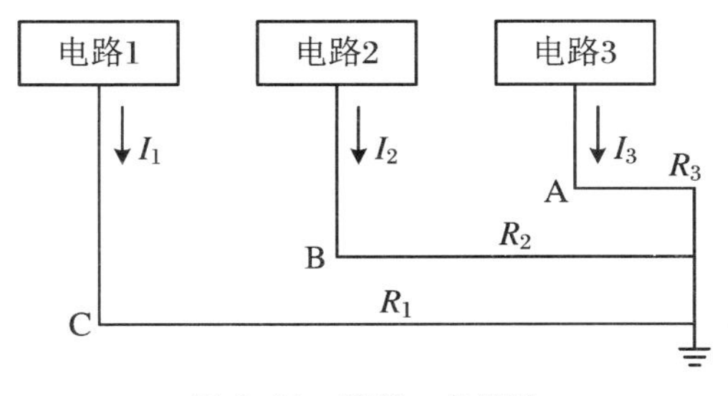

图2.47　并联一点接地

(2) 低频接地

一般在低频时用串联一点接地的综合法,即在符合噪声标准和简单易行的条件下统筹兼顾。也就是说可用分组接法,即低电平电路经一组共同地线接地,高电平电路经另一组共同地线接地。注意不要把功率相差很多、噪声电平相差很大的电路接入同一组地线接地。

在一般的系统中至少要有3条分开的地线(为避免噪声耦合,3种地线应分开),如图2.48所示:一条是低电平电路地线;一条是继电器、电动机等的地线(称为"噪声"地线);一条是设备机壳地线(称为"金属件"地线)。若设备使用交流电源则电源地线应和金属件地线相连。这三条地线应在一点连接接地。使用这种方法接地时,可解决计算机控制系统的大部分接地问题。

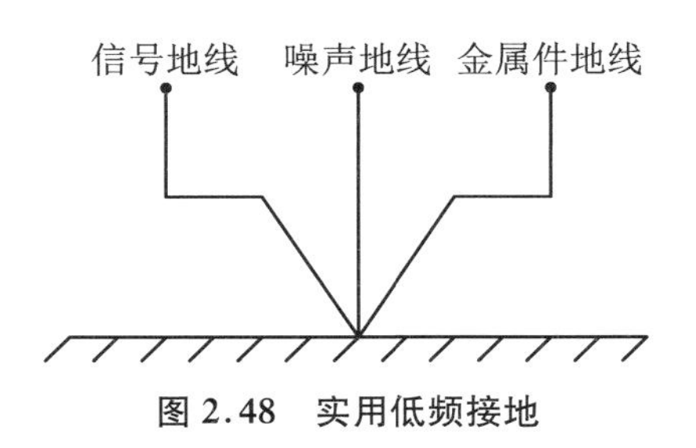

图2.48 实用低频接地

为了提高计算机的抗干扰能力,将主机外壳作为屏蔽罩接地,而把机内器件架与外壳绝缘,绝缘电阻大于50 MΩ,即机内信号地浮空,如图2.49所示。这种方法安全可靠,抗干扰能力强,但制造工艺复杂,一旦绝缘电阻降低就会引入干扰。

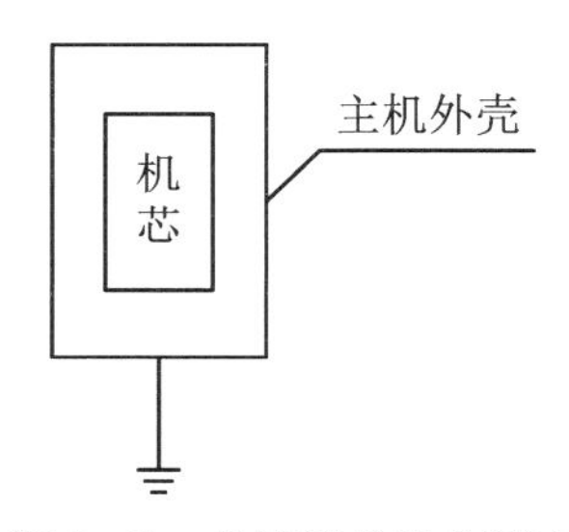

图2.49 外壳接地机芯浮空

习 题

2.1 画出计算机控制系统的结构图,说明其工作过程,比较和连续控制系统的异同之处。

2.2 计算机控制系统的硬、软件各由哪几个部分组成,功能是什么?

2.3 什么是总线? PC总线和STD总线是什么? 各有什么特点?

2.4 计算机和外围通道交换信息有哪些方式? 是如何实现的?

2.5 CPU与外部设备交换数据为什么要通过IO接口进行? IO接口电路有哪些主要

功能?

2.6　什么是中断?什么叫可屏蔽中断和不可屏蔽中断?

2.7　A/D转换器原理有哪几种?优缺点是什么?

2.8　包含A/D和D/A的实时控制系统主要由哪几部分组成?什么情况下要用多路开关?什么时候要用采样保持?

2.9　利用8255A和ADC0809等芯片设计PC机上的A/D转换卡,设8255A的地址为3C0H～3C3H,要求对8个通道各采集1个数据,存放到数据段中以D_BUF为始址的缓冲器中,试完成:① 画出硬件线路图;② 编写实现上述功能的程序。

2.10　采用DAC0832和PC总线控制机接口,请画出接口电路图,并编写D/A转换程序。

2.11　设计一个单端16通道,双端8通道,分辨率为8位的数据采集系统,画出原理图,说明使用方法。

2.12　说明在模拟量输入输出通道中常遇到什么干扰,如何抑制。

2.13　试说明计算机控制系统中一般有哪几种地线,如何接地。

第 3 章　采样与 z 变换定理

本章讲述采样过程与采样定理，z 变换的定义、性质和定理，z 反变换以及用 z 变换求解差分方程等。从系统论和信息论的角度，阐明信号的处理、转换的手段、方法和原理以及采样数字系统的数学工具 z 变换概念、性质及其运用。

3.1　采样过程与采样定理

3.1.1　采样过程

由一个采样控制系统所接收的信息在时间上并不是连续的，而是在一些特定时刻才存在信号的一个脉冲序列。

采样的过程可以用一个采样开关来描述。如图 3.1 所示。p 是采样时间，T 是采样周期。

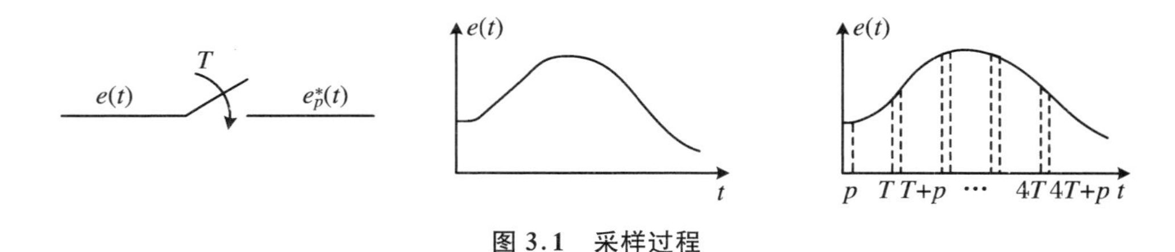

图 3.1　采样过程

假定采样开关在 $0, T, 2T, \cdots$ 时才闭合，并马上打开，闭合时间间隔为 p，时间 p 非常短，则 $e_p^*(t)$就是一个脉冲序列，它的脉宽为 p。

一般来说，对一个采样控制系统，采样周期 T 及采样持续时间 p(脉宽)是可变的，另外，一个系统中可能有好几个采样开关，它们也不一定要求同步，但是大多数情况下 T, p 是常数，而且几个采样开关也是同步的，我们分析这种情况。

为了对采样过程进行数学上的分析，引进一个单位脉冲序列，如图 3.2 所示。

因为 T 是一个常数，所以 $P(t)$是一个周期性函数，并可将它表示为傅里叶级数。

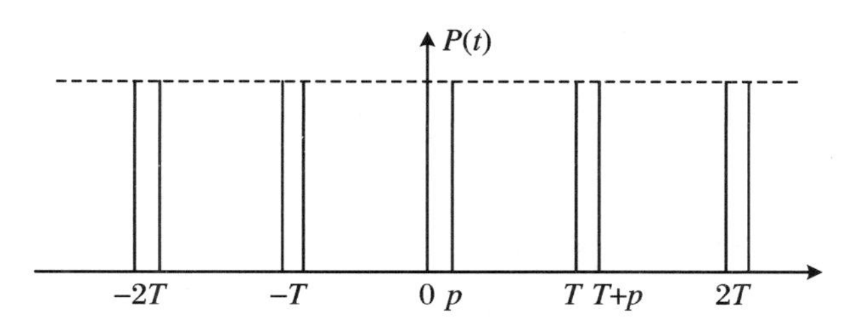

图 3.2 单位脉冲序列

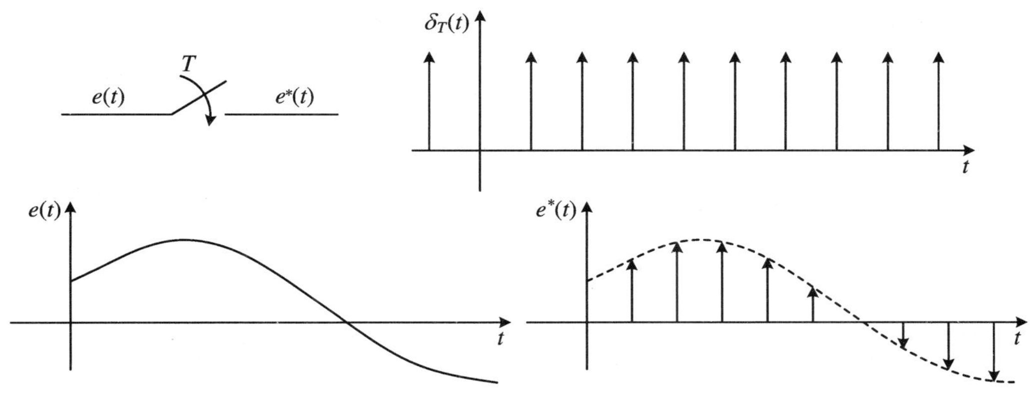

图 3.3 理想采样过程

现在假定 $p\to 0$,即理想采样开关,连续信号 $e(t)$经过理想采样开关后得 $e^*(t)$,由图 3.3 所示,它可表示为

$$e^*(t)=e(t)\delta_T(t) \tag{3.1.1}$$

这里

$$\delta_T(t)=\sum_{n=-\infty}^{\infty}\delta(t-nT) \tag{3.1.2}$$

理想脉冲函数表示如下:

$$\delta(t)\overset{\Delta}{=}\begin{cases}\infty & t=0\\ 0 & t\neq 0\end{cases} \tag{3.1.3}$$

其中

$$\int_{-\infty}^{\infty}\delta(t)\mathrm{d}t=1 \tag{3.1.4}$$

则星号变换式(3.1.1)可表示为

$$e^*(t)=e(t)\sum_{n=-\infty}^{\infty}\delta(t-nT)=\sum_{n=-\infty}^{\infty}e(nT)\delta(t-nT) \tag{3.1.5}$$

考虑单通函数,即 $t<0, e(t)=0$ 时

$$e^*(t)=\sum_{n=0}^{\infty}e(nT)\delta(t-nT) \tag{3.1.6}$$

两边取拉氏变换

$$E^*(s)=\mathrm{L}\left[\sum_{n=0}^{\infty}e(nT)\delta(t-nT)\right]=\sum_{n=0}^{\infty}e(nT)\mathrm{e}^{-nTs} \tag{3.1.7}$$

而对于 $e(t)$，有 $\mathrm{L}[e(t)]=E(s)=\int_0^{\infty}e(t)\mathrm{e}^{-st}\mathrm{d}t$，试比较之。

3.1.2 采样定理及其分析

3.1.2.1 采样定理

根据上述分析，因为 $\delta_T(t)$ 是一个周期函数，故可展开成傅里叶级数。

$$\delta_T(t)=\sum_{n=-\infty}^{\infty}C_n\mathrm{e}^{\mathrm{j}n\omega_s t} \tag{3.1.8}$$

其中，$\omega_s=\dfrac{2\pi}{T}=\pi f$，为采样频率。

$$C_n=\frac{1}{T}\int_{-\frac{T}{2}}^{\frac{T}{2}}\delta_T(t)\mathrm{e}^{-\mathrm{j}n\omega_s t}\mathrm{d}t \tag{3.1.9}$$

因为 $\delta(t)$ 在原点处面积为 1，而且在积分区间的其余时间均为零，故不论 n 为多少，$C_n=\dfrac{1}{T}$。于是有

$$\delta_T(t)=\frac{1}{T}\sum_{n=-\infty}^{\infty}\mathrm{e}^{\mathrm{j}n\omega_s t} \tag{3.1.10}$$

再代入星号变换式：

$$e^*(t)=e(t)\cdot\delta_T(t)=\frac{1}{T}\sum_{n=-\infty}^{\infty}e(t)\mathrm{e}^{\mathrm{j}n\omega_s t} \tag{3.1.11}$$

两边进行拉氏变换

$$E^*(s)=\frac{1}{T}\sum_{n=-\infty}^{\infty}\mathrm{L}[e(t)\mathrm{e}^{\mathrm{j}n\omega_s t}]=\frac{1}{T}\sum_{n=-\infty}^{\infty}E(s-\mathrm{j}n\omega_s) \tag{3.1.12}$$

用 $\mathrm{j}\omega$ 代替 s，有

$$E^*(\mathrm{j}\omega)=\frac{1}{T}\sum_{n=-\infty}^{\infty}E[\mathrm{j}(\omega-n\omega_s)] \tag{3.1.13}$$

式中，$E(\mathrm{j}\omega)$ 是 $e(t)$ 的频谱，$E^*(\mathrm{j}\omega)$ 是 $e^*(t)$ 的频谱。可见 $e^*(t)$ 中除包含原来函数 $e(t)$ 的频谱（差一个 $1/T$）外，还同时包含了许多高频频谱（图 3.4）。

当 $\omega_s>2\omega_m$ 时，高频频谱与原信号频谱不重叠，而当 $\omega_s<2\omega_m$ 时，高频频谱与原信号频谱将重叠，所以只有当 $\omega_s>2\omega_m$ 时，原来信号才能被一个理想滤波器加以重构。从这个分析可以很清楚地看出采样定理的要求。

采样定理表述如下：一个函数 $f(t)$，若其频谱 $F(\omega)$ 是有限带宽的，即存在最大角频率 ω_m，当 $\omega>\omega_m$ 时，$F(\omega)=0$。那么，函数 $f(t)$ 完全可以由 $T\leqslant\pi/\omega_m$ 为间隔的函数值 $f(kT)$ 唯一地确定。重构式为

$$f(t)=\sum_{k=-\infty}^{+\infty}f(kT)\frac{\sin\omega_N(t-kT)}{\omega_N(t-kT)} \tag{3.1.14}$$

其中 ω_N 是乃奎斯特频率，T 为采样周期，即 $\omega_N=\pi/T$，采样频率 $\omega_s=2\pi/T$，即 $\omega_N=\omega_s/2$。

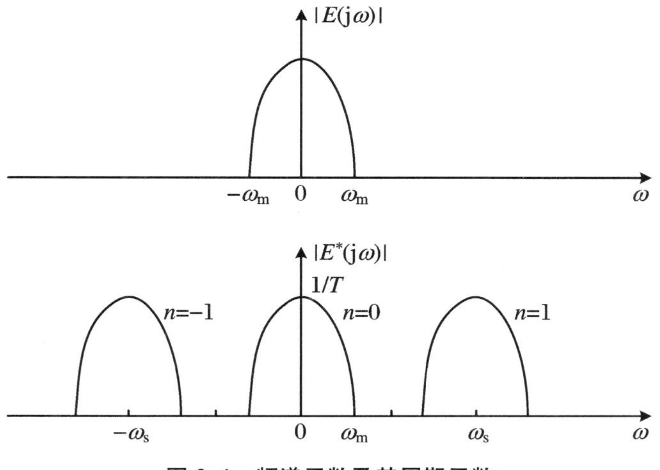

图 3.4　频谱函数及其周期函数

定理的证明　若有一个函数 $f(t)$ 的频率为 $F(\omega)$，是有限带宽的，其最大角频率为 ω_m，如图 3.5 所示，构造一个周期频谱函数 $F_1(\omega)$，其周期为 ω_s。为满足定理的要求，我们取

$$\omega_s=\frac{2\pi}{T}=2\left(\frac{\pi}{T}\right)\geqslant 2\omega_m$$

如图 3.6 所示。

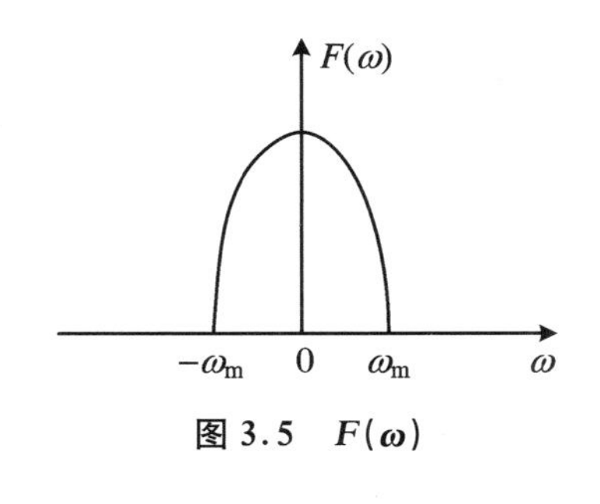

图 3.5　$F(\omega)$

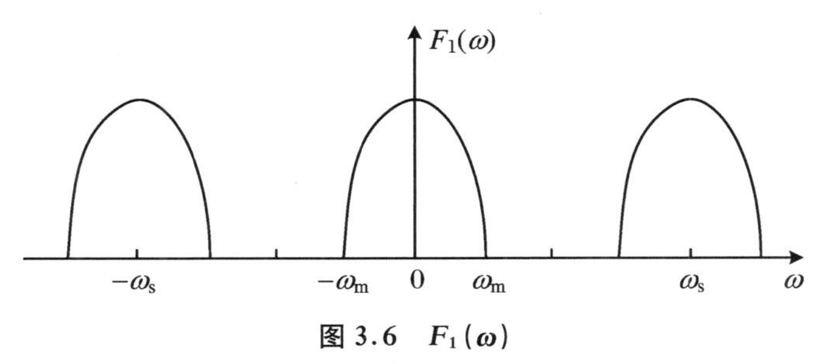

图 3.6　$F_1(\omega)$

将 $F_1(\omega)$ 作傅里叶展开：

$$F_1(\omega)=\sum_{k=-\infty}^{\infty}a_k e^{j\omega kT}=\sum_{k=-\infty}^{\infty}a_k e^{j\frac{\omega}{\omega_N}k\pi}\qquad\left(T=\frac{\pi}{\omega_N}\right)\tag{3.1.15}$$

其中，傅氏系数

$$a_k = \frac{1}{2\omega_N}\int_{-\omega_N}^{\omega_N} F_1(\omega)e^{-j\omega kT}d\omega \tag{3.1.16}$$

而由傅里叶反变换可知：

$$f(t) = \frac{1}{2\pi}\int_{-\infty}^{+\infty} F(\omega)e^{j\omega kt}d\omega = \frac{1}{2\pi}\int_{-\omega_N}^{\omega_N} F_1(\omega)e^{j\omega kt}d\omega \tag{3.1.17}$$

其中，$F(\omega)$有限带宽，$F_1(\omega)$是 $F(\omega)$周期构造。

将 $t = kT$ 代入式(3.1.17)有

$$f(kT) = \frac{1}{2\pi}\int_{-\omega_N}^{\omega_N} F_1(\omega)e^{j\omega kT}d\omega \tag{3.1.18}$$

比较式(3.1.16)和式(3.1.18)可得

$$2\omega_N a_k = 2\pi f(-k\pi) \tag{3.1.19}$$

即

$$a_k = \frac{\pi}{\omega_N}f(-kT) = Tf(-kT) \tag{3.1.20}$$

可见

$$F_1(\omega) = T\sum_{k=-\infty}^{\infty} f(kT)e^{j\frac{\omega}{\omega_N}k\pi} = T\sum_{k=-\infty}^{\infty} f(-kT)e^{j\omega kT} \tag{3.1.21}$$

由式(3.1.18)可得

$$f(-kT) = \frac{1}{2\pi}\int_{-\omega_N}^{\omega_N} F_1(\omega)e^{-j\omega kT}d\omega \tag{3.1.22}$$

将式(3.1.22)代入式(3.1.21)得

$$F_1(\omega) = T\sum_{k=-\infty}^{\infty} f(kT)e^{-j\omega kT} \tag{3.1.23}$$

我们的目标是求出 $f(t)$的表达式：

$$\begin{aligned} f(t) &= \frac{1}{2\pi}\int_{-\omega_N}^{\omega_N} F_1(\omega)e^{j\omega t}d\omega = \frac{1}{2\pi}\int_{-\omega_N}^{\omega_N}\left[T\sum_{k=-\infty}^{\infty} f(kT)e^{-j\omega kT}\right]e^{j\omega t}d\omega \\ &= \sum_{k=-\infty}^{\infty} f(kT)\cdot\left[\frac{1}{2\omega_N}\int_{-\omega_N}^{\omega_N} e^{j\omega(t-kT)}d\omega\right] \end{aligned} \tag{3.1.24}$$

故

$$f(t) = \sum_{k=-\infty}^{+\infty} f(kT)\frac{\sin\omega_N(t-kT)}{\omega_N(t-kT)}$$

证毕。

可见采样定理也可以简单地表述为

$$\omega_s \geqslant 2\omega_m \text{ 或 } f_s \geqslant 2f_m \text{ 或 } T_s \leqslant \frac{1}{2}T_m$$

按照采样定理，只要取采样频率 ω_s 大于信号最高频率 ω_m 的两倍，并且使用理想保持器，就完全可以用信号的采样值代替原信号。这似乎为计算机处理信号提供了可靠的依据，然而，实际上却是有问题的：

① 理想保持器根本不存在。由于理想保持器是非因果系统，即物理不可实现的，实际

应用时只能用低通滤波器来近似取代。

② $f(t)$的重构需要无穷多个采样值，而实际中只能用有限序列。

③ 一般的时间信号，尤其是控制系统中的信号，根本不存在有限带宽 ω_m，所以实际上也只能取一个近似的 ω_m。

虽然存在上述问题，但在实际中，采样定理仍具有重要的指导意义。

3.1.2.2 采样定理分析

由重构式(3.1.14)可知，只要满足采样定理的要求，利用无穷采样序列就可以重构出原模拟信号 $f(t)$。下面我们来描述其物理过程。

定义函数 $g(t)$为

$$g(t) = \frac{\sin \omega_N t}{\omega_N t} \tag{3.1.25}$$

其中，ω_N 是乃奎斯特频率，即 $\omega_N = \frac{1}{2}\omega_s$（采样频率）。

该函数无穷时间上波形如图 3.7 所示，于是重构式(3.1.14)又可以表示为

$$f(t) = \sum_{k=-\infty}^{+\infty} f(kT)g(t-kT) \tag{3.1.26}$$

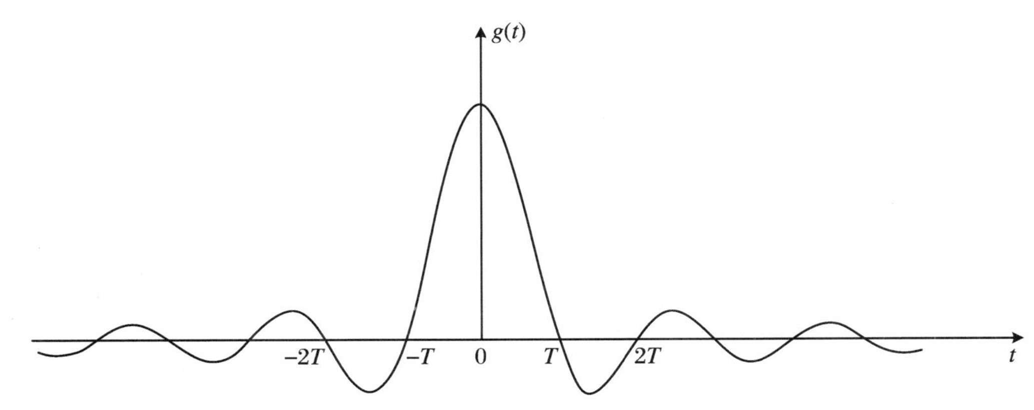

图 3.7 采样函数 $g(t)$的波形

另外，根据 $\delta(t)$的选择性

$$f(t) = \int_{-\infty}^{+\infty} f(\tau)\delta(t-\tau)\mathrm{d}\tau \tag{3.1.27}$$

则

$$f(kT)g(t-kT) = \int_{-\infty}^{+\infty} f(\tau)g(t-\tau)\delta(\tau-kT)\mathrm{d}\tau \tag{3.1.28}$$

那么式(3.1.26)可表示为

$$\begin{aligned} f(t) &= \sum_{k=-\infty}^{+\infty}\int_{-\infty}^{+\infty} f(\tau)g(t-\tau)\delta(\tau-kT)\mathrm{d}\tau \\ &= \int_{-\infty}^{+\infty} f(\tau)g(t-\tau)\sum_{k=-\infty}^{+\infty}\delta(\tau-kT)\mathrm{d}\tau \end{aligned}$$

$$= \int_{-\infty}^{+\infty} f(\tau) g(t - \tau) \delta_T(\tau) \mathrm{d}\tau \tag{3.1.29}$$

根据采样过程的分析 $f(\tau)\delta_T(\tau)$就是 $f(t)$经过理想脉冲采样后的离散模拟信号$f^*(\tau)$即 $f(\tau)$的星号变换的结果：

$$f^*(\tau) = f(\tau)\delta_T(\tau) \tag{3.1.30}$$

可见采样过程就是对被采样信号 $f(\tau)$的脉冲调制过程，重构式(3.1.27)可以进一步描述成

$$f(t) = \int_{-\infty}^{\infty} f^*(\tau) g(t - \tau) \mathrm{d}\tau \tag{3.1.31}$$

这是一个标准的卷积关系，是线性系统信号传递过程的描述，即 $f^*(\tau)$对权函数为$g(t)$的装置进行激励所产生的输出 $f(t)$，如图 3.8 所示，恢复装置 $g(t)$的频谱特征为

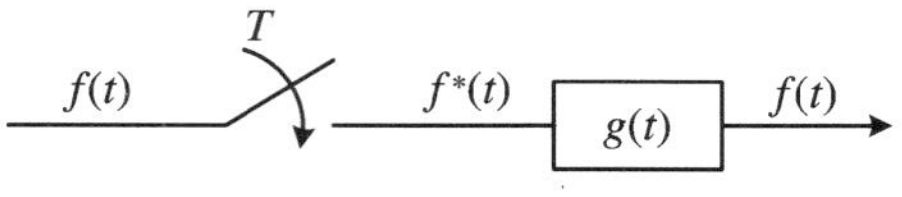

图 3.8　脉冲采样与信号恢复的物理过程

$$\begin{aligned} G(\mathrm{j}\omega) &= \int_{-\infty}^{+\infty} g(t)\mathrm{e}^{-\mathrm{j}\omega t}\mathrm{d}t = \int_{-\infty}^{+\infty} \frac{\sin \omega_{\mathrm{N}} t}{\omega_{\mathrm{N}} t}\mathrm{e}^{-\mathrm{j}\omega t}\mathrm{d}t \\ &= \int_{-\infty}^{+\infty} \frac{\sin \omega_{\mathrm{N}} t}{\omega_{\mathrm{N}} t}(\cos \omega t - \mathrm{j}\sin \omega t)\mathrm{d}t \\ &= \int_{-\infty}^{+\infty} \frac{\sin \omega_{\mathrm{N}} t}{\omega_{\mathrm{N}} t}\cos \omega t \mathrm{d}t = \begin{cases} \dfrac{\pi}{\omega_{\mathrm{N}}} = T & (|\omega| < \omega_{\mathrm{N}}) \\ 0 & (|\omega| > \omega_{\mathrm{N}}) \end{cases} \end{aligned} \tag{3.1.32}$$

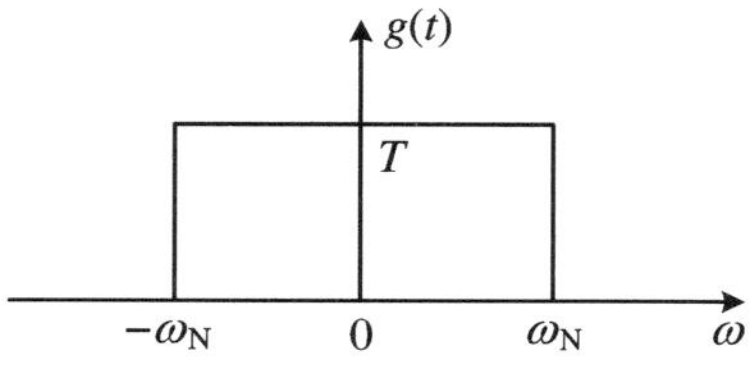

图 3.9　理想低通滤波器

可见它是一个幅值在 $\pm\omega_{\mathrm{N}}$ 内为常数 T，在 $\pm\omega_{\mathrm{N}}$ 外为零的理想低通滤波器，如图 3.9 所示。

通过上述分析我们可以看出：要由函数的采样值 $f(kT)$完全无失真地恢复原函数 $f(t)$，必须满足以下三个条件：

① $f(t)$必须是有限频宽，即存在 ω_{m}；

② 必须满足 $\omega_{\mathrm{s}} > 2\omega_{\mathrm{m}}$；

③ 恢复装置必须是理想的低通滤波器。

3.1.3　采样保持结构

3.1.3.1　实际的采样过程

从前面的分析中可知，理想的采样过程，相当于用周期性的脉冲信号 $\delta_T(t)$去对被采样信号 $f(t)$作筛选(调制)。

$$f^*(t) = \sum_{k=-\infty}^{+\infty} f(kT)\delta(t - kT) \tag{3.1.33}$$

但实际上任何一个器件的作用时间都不可能为零，而且还会有变化。为了方便分析，令

采样开关的闭合时间，即采样时间为 τ（常数），则实际的采样过程可以用图 3.10 表示。

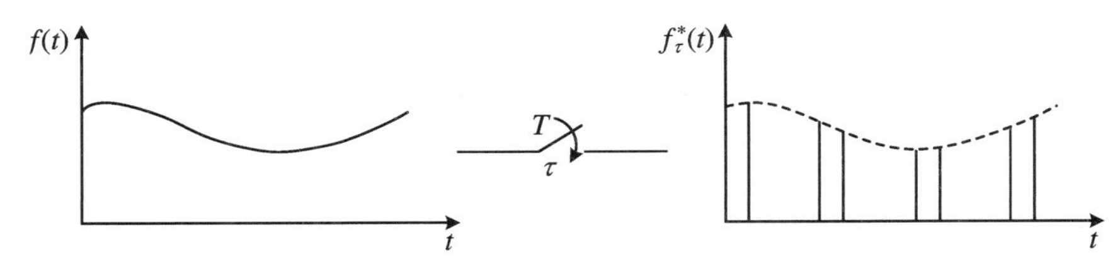

图 3.10　实际采样过程

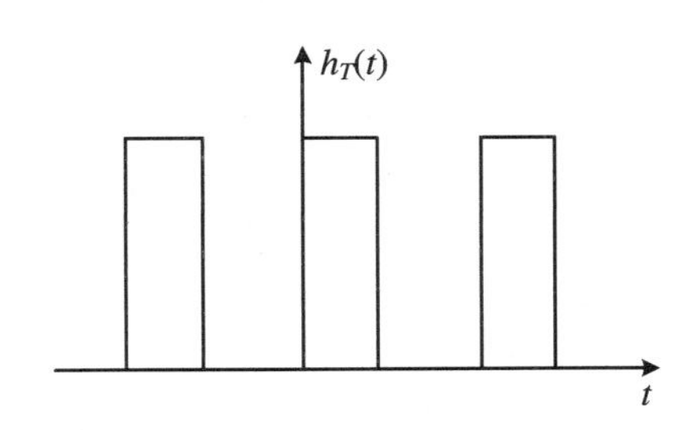

图 3.11　矩形波序列 $h_T(t)$

可见，采样开关的输出是由一系列矩形波组成的，它可视为 $f(t)$ 经矩形波序列 $h_T(t)$（图 3.11）调制的函数。而 $h_T(t)$ 可表示为

$$h_T(t) = \sum_{k=-\infty}^{+\infty}[u(t-kT)-u(t-kT-\tau)] \tag{3.1.34}$$

其中，$u(t)$ 为单位阶跃函数。

$$f_1^*(t) = f(t)h_T(t) \tag{3.1.35}$$

当 τ 很小时

$$h_T(t) \approx \tau\delta_T(t) \tag{3.1.36}$$

即

$$f_1^*(t) = \tau f(t)\delta_T(t) \tag{3.1.37}$$

3.1.3.2　采样保持器

实际的采样过程，由于采样时间 τ 的存在，使得采样后的离散模拟信号呈式(3.1.37)表达出的形式，为了消除 τ 的影响，我们可以采用采样保持结构。即将零阶保持器加在采样开关的输出端，所谓零阶保持器是指在采样瞬间，它的输出等于该时刻的采样值，而且在下一时刻到来之前，一直保持不变。其重构效果如图 3.12 所示。

设采样周期 $T \gg \tau(\tau \approx 0)$，$f_h(t)$ 可表示为

$$f_h(t) = \sum_{k=0}^{\infty} f(kT)[u(t-kT)-u(t-kT-T)] \tag{3.1.38}$$

两边作拉氏变换：

$$F_h(s) = \sum_{k=0}^{\infty} f(kT)\frac{(e^{-kTs}-e^{-kTs-Ts})}{s} = \frac{1-e^{-Ts}}{s}\sum_{k=0}^{\infty} f(kT)e^{-kTs} \tag{3.1.39}$$

即

$$F_h(s) = \frac{1 - e^{-Ts}}{s} F^*(s) \tag{3.1.40}$$

定义 $G_h(s) = \dfrac{1 - e^{-Ts}}{s}$ 为零阶保持器，代表一个装置。这时，$F^*(s)$是 $f^*(t) = f(t) \cdot \delta_T(t)$的拉氏变换。

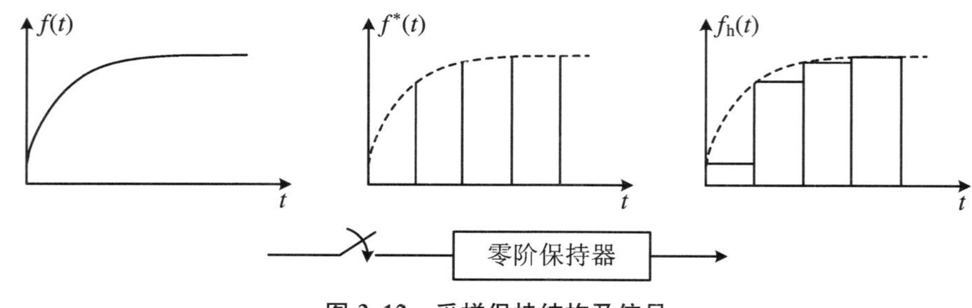

图 3.12　采样保持结构及信号

可见，采用 $G_h(s) = \dfrac{1 - e^{-Ts}}{s}$ 作为保持器时，结果是 $f^*(t) = f(t) \cdot \delta_T(t)$。而在式(3.1.37)中，$f_1^*(t) = \tau f(t)\delta(T)$，显然两者的假设条件一样。这是因为：$f_1^*(t)$是采用单位采样开关时的分析结果，$f^*(t)$是在采用零阶保持器作用下的相应结果。

故在 $T \gg \tau$ 时，以零阶保持器作为重构装置时，τ 就会自动消失，使得采样信息免受采样时间的影响，这样不仅方便了数学处理与分析，而且能使量化过程稳定，因此在计算机控制系统中，几乎总是有保持器紧接在采样开关之后的。

3.1.3.3　零阶保持器

在上面的分析中，我们知道零阶保持器的传递函数可表示为

$$G_h(s) = \frac{1 - e^{-Ts}}{s} \tag{3.1.41}$$

它的权函数为

$$g_h(t) = L^{-1}\left(\frac{1 - e^{-Ts}}{s}\right) = u(t) - u(t - T) \tag{3.1.42}$$

如图 3.13 所示。

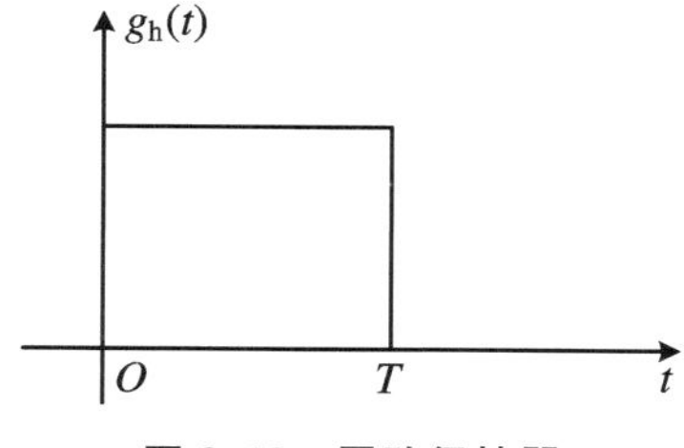

图 3.13　零阶保持器

可见，零阶保持器是一个低通滤波器，可以用作信号恢复，但它与理想低通特性有比较大的差异，不可能对信号实现完全重构。

我们来分析一下 $G_h(s)$的频率特性。

将 $s=\mathrm{j}\omega$ 代入式(3.1.41)得

$$G_{\mathrm{h}}(\mathrm{j}\omega)=\frac{1-\mathrm{e}^{-\mathrm{j}\omega T}}{\mathrm{j}\omega}=T\cdot\frac{\sin\frac{\omega T}{2}}{\frac{\omega T}{2}}\mathrm{e}^{-\mathrm{j}\frac{\omega T}{2}} \tag{3.1.43}$$

其中,幅频特性 $A_{\mathrm{h}}(\omega)$和相频特性 $\varphi_{\mathrm{h}}(\omega)$可分别表示为

$$A_{\mathrm{h}}(\omega)=\frac{T\left|\sin\frac{\omega T}{2}\right|}{\left|\frac{\omega T}{2}\right|}=\left|\frac{2}{\omega}\right|\cdot\left|\sin\frac{\omega T}{2}\right| \tag{3.1.44}$$

$$\varphi_{\mathrm{h}}(\omega)=-\frac{(\omega-n\omega_{\mathrm{s}})}{2}T \tag{3.1.45}$$

式中

$$n=\mathrm{INT}\left(\frac{\omega}{\omega_{\mathrm{s}}}\right) \tag{3.1.46}$$

其特性如图 3.14 所示。

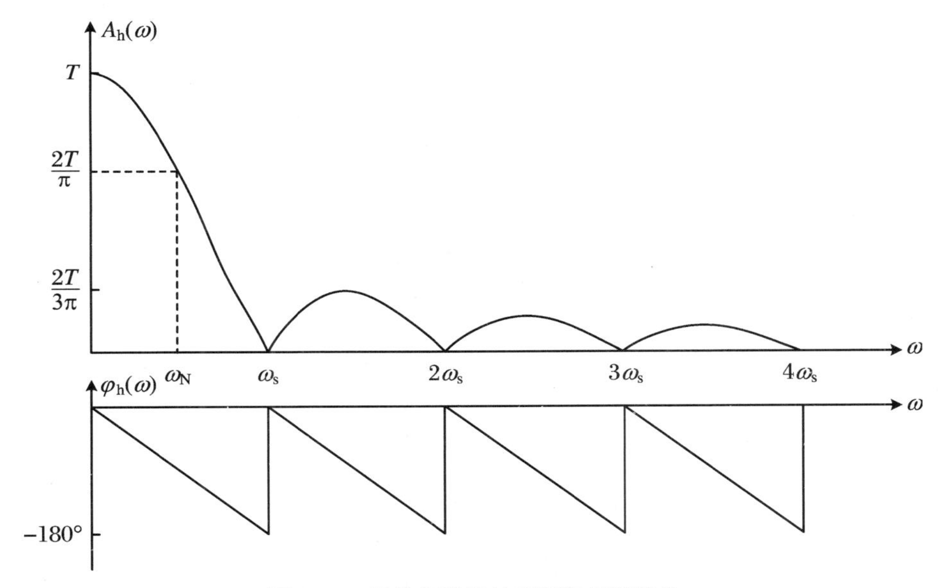

图 3.14　零阶保持器的幅频和相频特性

可见,零阶保持器的幅频特性是由主部和峰值递减的无穷边波所组成,且相位滞后随 ω 增加而线性增加,它确实是一个低通滤波器,可以用于信号恢复,但与理想低通滤波相比,其恢复信号产生的误差,主要体现在:

① 在 $\omega<\omega_{\mathrm{N}}$ 的低频范围与理想低通滤波特性相近,但由于 $A_{\mathrm{h}}(\omega)$低频不平顶,故产生幅值畸变。

② $A_{\mathrm{h}}(\omega)$在 $\omega>\omega_{\mathrm{N}}$ 不截止,有无穷边波存在,虽呈现较大的衰减特性,但与理想低通滤特性有较大差异,故会引入 $f^{*}(t)$的高频分量。

③ $\varphi_{\mathrm{h}}(\omega)$有随 ω 呈线性增加的负相移,故会产生相位滞后,这样在计算机控制系统的

回路中引入零阶保持器就会降低系统的稳定裕度。因此在计算机控制系统的描述、分析、设计过程中必须加以考虑，合理设计。

综上所述，虽然零阶保持器与理想低通滤波器相比存在以上不足，但是，用 $G_h(s)$ 取代理想低通滤波器的优点主要表现在：① 易于物理实现；② 每个采样周期内恢复信号只需一个最新的采样值。因此零阶保持器被广泛采用，尤其在工业过程控制中应用尤其普遍。

3.1.3.4 一阶保持器

尽管零阶保持器应用方便又易于实现，普遍应用于计算机控制系统中，但在个别的特殊情况下（例如超低频高精度）需要应用一阶保持器来实现信号恢复。

在 2.2 节曾介绍，保持器的数学机制是多项式插值和外推，零阶保持器是最新采样点信号的等值外推，一阶保持器是最近两个采样点信号的直线外推，如图 3.15 所示。

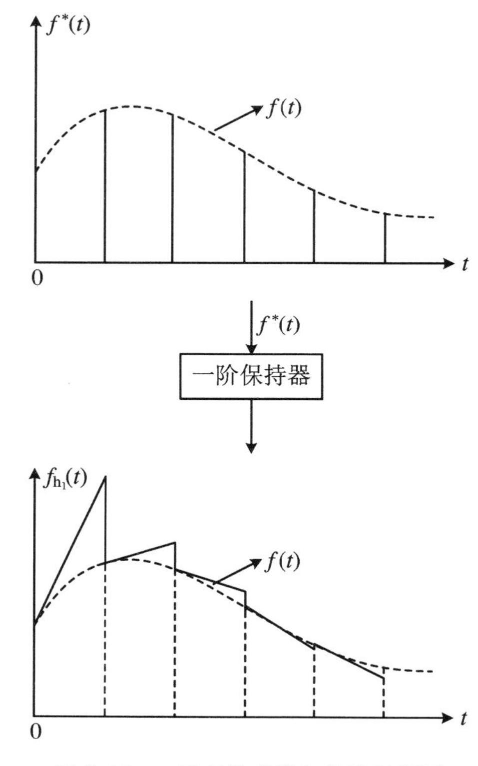

图 3.15　一阶保持器输入输出示意图

其数学描述为

$$f_{h_1}(kT+\tau)=f^*(kT)+\frac{1}{T}[f^*(kT)-f^*(kT-T)]\tau \qquad (0<\tau<T) \tag{3.1.47}$$

其单位脉冲响应描述是这样的：

输入

$$f^*(kT)=\begin{cases}1 & k=0\\0 & k\neq 0\end{cases}$$

则脉冲输出为

$$f_{h_1}(\tau)=1+\frac{1}{T}\tau \qquad (0<\tau<T)$$

$$f_{h_1}(T+\tau)=-\frac{1}{T}\tau \qquad (0<\tau<T)$$

$$f_{h_1}(kT+\tau)=0 \qquad (0<\tau<T,k\geqslant 2)$$

即

$$f_{h_1}(t)=1+\frac{1}{T}t \qquad (0<t<T) \tag{3.1.48}$$

$$f_{h_1}(t)=-\frac{1}{T}(t-T) \qquad (T<t<2T) \tag{3.1.49}$$

$$f_{h_1}(t)=0 \qquad (t>2T) \tag{3.1.50}$$

其响应特性如图 3.16 所示。

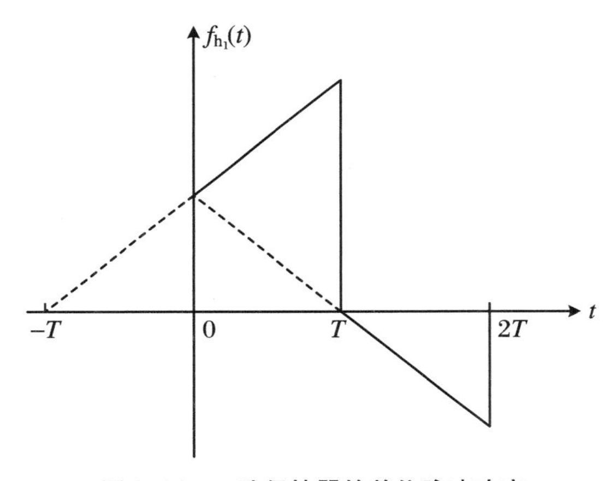

图 3.16　一阶保持器的单位脉冲响应

对上述式(3.1.48)、式(3.1.49)、式(3.1.50)的权函数进行拉普拉斯变换，可得一阶保持器的传递函数

$$\begin{aligned}G_{h_1}(s)&=\int_0^{\infty}f_{h_1}(t)e^{-st}dt=\int_0^{T}\left(1+\frac{1}{T}t\right)e^{-st}dt-\int_T^{2T}\frac{1}{T}(t-T)e^{-st}dt\\&=\frac{1+Ts}{T}\left(\frac{1-e^{-Ts}}{s}\right)^2\end{aligned} \tag{3.1.51}$$

其频率特性为

$$G_{h_1}(j\omega)=\frac{1+Tj\omega}{T}\left(\frac{1-e^{-Tj\omega}}{j\omega}\right)^2=T\sqrt{1+\left(2\pi\frac{\omega}{\omega_s}\right)^2}\left(\frac{\dfrac{\sin\pi\omega}{\omega_s}}{\dfrac{\pi\omega}{\omega_s}}\right)^2e^{-j\left[2\pi\frac{\omega}{\omega_s}-\tan^{-1}\left(2\pi\frac{\omega}{\omega_s}\right)\right]} \tag{3.1.52}$$

其中 $\omega_s = \dfrac{2\pi}{T}$。

则幅频特性为

$$|G_{h_1}(j\omega)| = T\sqrt{1 + 2\pi\left(\frac{\omega}{\omega_s}\right)^2}\left[\frac{\sin\left(\frac{\pi\omega}{\omega_s}\right)}{\frac{\pi\omega}{\omega_s}}\right]^2 \tag{3.1.53}$$

相频特性为

$$\angle G_{h_1}(j\omega) = \tan^{-1}\left[2\pi\frac{\omega}{\omega_s}\right] - 2\pi\frac{\omega}{\omega_s} \tag{3.1.54}$$

其特性图如图 3.17 所示。

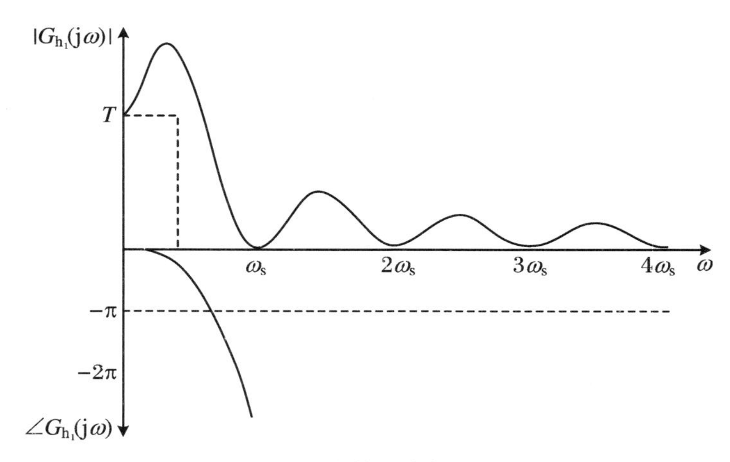

图 3.17　一阶保持器的频率特性图

可见，一阶保持器同样具有低通滤波特性，且在低频段（$\omega \leqslant \omega_s/2$）对低频分量有所增强，当 $\omega > \omega_s/2$ 时其衰减比零阶保持器慢，不利于对高频的滤波。此外一阶保持器的相移比零阶保持器的相移既快又大，故除低频高精度要求的系统采用一阶保持器外，一般的计算机控制系统均采用零阶保持器。至于二阶及以上的保持器由于实现困难，外推方法复杂，在工业上一般不被采用。

3.1.4　采样频率的选取

采样定理虽然给出了不产生“混叠”现象的采样频率的下限，但采样定理是在理想条件下给出的，不能直接确定系统的采样周期，我们分析采样定理就是为了确定实际采样系统中采样周期选取的一些原则。下面就一些特定系统说明其采样频率的选取。

3.1.4.1　根据闭环频带 ω_B 选取 ω_s

假定我们要对一个连续被控对象实现计算机控制，根据控制系统设计的性能指标要求，就能在实用前确定闭环系统的希望频带 ω_B，而闭环系统的输入输出信号的带宽都在 ω_B 之内，因此可以由 ω_B 来确定采样频率 ω_s。

闭环频带 ω_B 的定义如下：

设系统闭环频率特性为 $W(j\omega)$，并设 $W(0)=1$，定义：

$$W(j\omega_B)=\frac{1}{\sqrt{2}} \tag{3.1.55}$$

所以，在 ω_B 附近的闭环幅频特性可近似表示为

$$W(j\omega)=\frac{1}{\sqrt{2}\left(\dfrac{\omega}{\omega_B}\right)^n} \tag{3.1.56}$$

在连续控制系统设计中，为了得到性能较优的闭环系统，典型的开环幅频特性在穿越频率 ω_c 附近，一般以平均每 10 倍频 −40～−20 dB 的斜率衰减，而在 ω_B 以后的高频区，开环与闭环特性是大致相等的，所以在 ω_B 以后相当一段频率范围内，认为闭环特性是以每 10 倍频 −40～−20 dB 衰减是有代表性的，所以取 $n=1.5$，如图 3.18 所示。

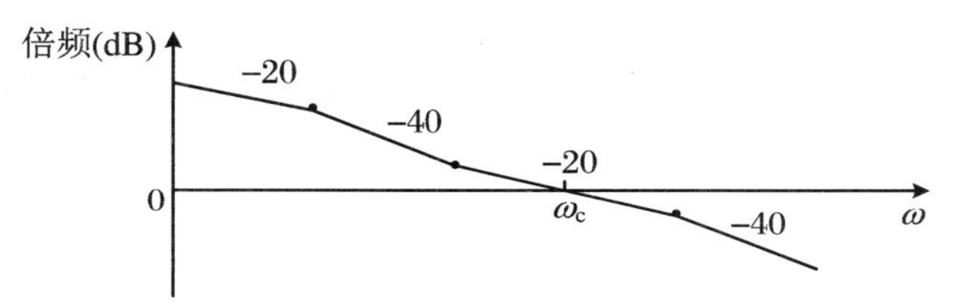

图 3.18　典型的开环特性

又假定 $|W(j\omega)|$ 下降为 $\frac{1}{N}$ 时频率为 ω_m，则有

$$\frac{1}{\sqrt{2}\left(\dfrac{\omega_m}{\omega_B}\right)^{1.5}}=\frac{1}{N} \tag{3.1.57}$$

若取 $\omega_s=2\omega_m$，则有

$$\omega_s=(2N)^{2/3}\omega_B \tag{3.1.58}$$

当 $N=10$ 时，可取 $\omega_s=7.4\omega_B$ 作为参考值，ω_s 的一般取值范围：

$$\omega_s=(5-10)\omega_B \tag{3.1.59}$$

3.1.4.2　按系统的开环传递函数 $G(s)$ 选取 ω_s

系统的开环传递函数 $G(s)$ 的一般形式可表示为

$$G(s)=\frac{N(s)}{\prod\limits_{i=1}^{n_1}\left(s+\dfrac{1}{T_i}\right)\prod\limits_{l=1}^{n_2}\left[\left(s+\dfrac{1}{\tau_l}\right)^2+\omega_l^2\right]} \tag{3.1.60}$$

它对应的权函数 $g(t)$ 的分量为 e^{-t/T_i}，$e^{-t/\tau_l}\sin\omega_l t$ $(i=1,2,\cdots,n_1,\ l=1,2,\cdots,n_2)$。以此可为选择 ω_s 的依据。

有重根时，无非是这些基本函数乘上 t，因指数衰减是比 t 增加更快的分量，所以不管是否有重根都可只考虑这些基本分量，至于有积分因子时，积分因子可以用大时间常数的惯性因子逼近，亦可不考虑。

现在可以认为被采样的对象特性是由指数和正弦函数组合构成。对于正弦分量，其最高频率的周期就是

$$\theta_l = \frac{2\pi}{\omega_l} \tag{3.1.61}$$

对于指数 e^{-t/T_i}，e^{-t/τ_l}，近似取其最高频率信号对应的周期为 $T_i(\tau_l)$，即最高频率取$\frac{2\pi}{T_i}$，在该频率下，频率特性$\frac{1}{j\omega T_i+1}$已下降到低频的16%以下，若记 $g(t)$的最小周期为 T_m，那么

$$T_m = \min(T_1, T_2, \cdots, T_{n_1}, \cdots, \tau_1, \tau_2, \cdots, \tau_{n_2}, \theta_1, \theta_2, \cdots, \theta_{n_3}) \tag{3.1.62}$$

采样周期 T 一般取

$$T = \frac{T_m}{n} \quad (2 \leqslant n \leqslant 4) \tag{3.1.63}$$

3.1.4.3 由阶跃响应的上升时间 t_r 选取 T

闭环连续系统的单位阶跃响应典型情况如图 3.19 所示，其中：图 3.19(a)是一阶惯性系统，图 3.19(b)是二阶振荡系统，对一阶惯性系统，t_r 取时间常数 τ，对于二阶振荡系统，t_r 取响应由 0 到 1 的时间。

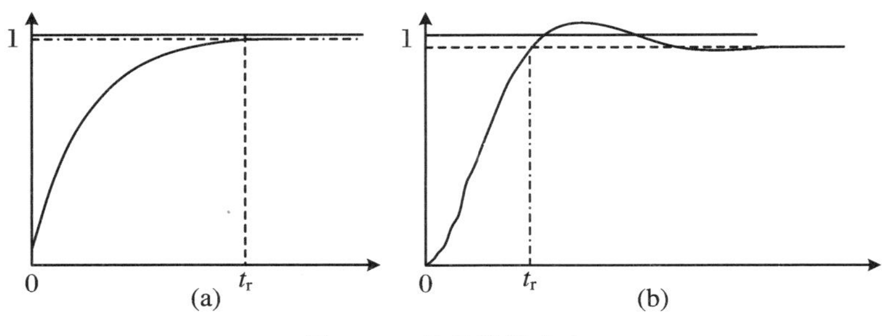

图 3.19 单位阶跃响应

我们知道，一个响应的初始段，反映了响应的高频成分，所以按 t_r 选 T 就相当于按最小信号周期选择 T，一般取

$$T = \frac{t_r}{n} \quad (2 \leqslant n \leqslant 4) \tag{3.1.64}$$

3.1.4.4 按生产过程的经验选取

一般生产过程，起主要作用的常常只是一个时间常数，记为 T_d，按工业上较为保守的选择，

$$T \approx \frac{T_d}{n} \quad (4 \leqslant n \leqslant 5) \tag{3.1.65}$$

对于工业过程控制，尤其在石油化工过程控制中，由于被控变量随时间变化速度一般比较缓慢，采样周期一般在秒以上量级，再加上过程控制中计算机控制的应用已十分普遍，积累了很多经验，对一些常见变量，采样周期选取的实现范围是：

流量 q——1～3 s　　液面 S——5～10 s　　压力 P——1～5 s

温度 T——10～20 s　成分 C——10～20 s

在计算机控制系统中，由于对象不都是可以完全建模的，且受外界的干扰很大而不确定，采样定理只提供了选择采样周期的一个指导性原则，因此在实际应用中采样周期的选取不是一次成功的，而需要在实践或通过仿真加以调整。

3.2　z 变换的定义、性质和定理

前面讨论了采样定理及其应用中的有关问题，现在我们来讨论函数序列及其相关系统的重要描述方法：z 变换。众所周知，拉普拉斯变换是分析研究线性连续系统的强有力工具，对应的 z 变换则是分析和研究计算机控制系统的强有力工具。利用 z 变换分析法可以方便地分析线性离散系统的稳定性、稳态特性和动态特性，并且可以用来设计线性离散系统。

3.2.1　z 变换的定义

在线性连续系统中，连续时间函数 $y(t)$ 的拉普拉斯变换记为 $Y(s)$。同样，在线性离散系统中，也可以对采样信号 $y^*(t)$ 作拉普拉斯变换。根据前面的分析，对于采样周期为 T 的采样信号，其表达式为

$$y^*(t) = \sum_{k=0}^{\infty} y(kT)\delta(t - kT) \tag{3.2.1}$$

对采样信号 $y^*(t)$ 作拉普拉斯变换，得

$$\begin{aligned} \mathrm{L}[y^*(t)] = Y^*(s) &= \int_{-\infty}^{\infty} \sum_{k=0}^{\infty} y(kT)\delta(t - kT)\mathrm{e}^{-st}\mathrm{d}t \\ &= \sum_{k=0}^{\infty} y(kT)\int_{-\infty}^{\infty} \delta(t - kT)\mathrm{e}^{-st}\mathrm{d}t \\ &= \sum_{k=0}^{\infty} y(kT)\mathrm{e}^{-kTs} \end{aligned} \tag{3.2.2}$$

式(3.2.2)中复数变量在指数中，e^{-kTs} 是超越函数，计算很不方便。为此，我们令 $z = \mathrm{e}^{Ts}$，则有

$$Y(z) = Y^*(s) = \sum_{k=0}^{\infty} y(kT)z^{-k} \tag{3.2.3}$$

式(3.2.3)把采样函数 $y^*(t)$ 变换成 $Y(z)$，则 $Y(z)$ 称为 $y^*(t)$ 的 z 变换，也可称为离散拉普拉斯变换或采样拉普拉斯变换，记作

$$Y(z) = Z[y^*(t)]$$

或

$$Y(z) = Z[y(kT)]$$

z 变换的定义式(3.2.3)还可以进一步写成级数的形式：

$$Y(z) = \sum_{k=0}^{\infty} y(kT) z^{-k} = y(0) + y(T) z^{-1} + y(2T) z^{-2} + y(3T) z^{-3} + \cdots \tag{3.2.4}$$

由式(3.2.4)可以看出采样函数 $y^*(t)$的 z 变换 $Y(z)$与采样点上的采样值有关，所以当知道 $Y(z)$时，便可以求得时间序列 $y(kT)$，或者，当知道时间序列 $y(kT)(k=0,1,2,\cdots)$时，便可求得 $Y(z)$。

对于任何抽象的单边序列 f_k（它不一定是某个实际连续系统的采样序列），我们可给出相似的 z 变换的定义式，即：

$$F(z) = \sum_{k=0}^{\infty} f_k z^{-k} \tag{3.2.5}$$

从 z 变换的定义式可知，它是一个无穷和，只有无穷和收敛，我们才能说 z 变换是存在的，否则认为 z 变换不存在。如果一个函数序列的 z 变换是存在的，那么一定具有有限的收敛半径，记为 R_-，R_- 可以按下式求得

$$R_- = \lim_{k\to\infty} \left| \frac{y(k+1)}{y(k)} \right| \tag{3.2.6}$$

下面，作为 z 变换定义式的应用，给出几个典型函数（或序列）的 z 变换的结果。

3.2.1.1 单位阶跃函数 $u(t)$的 z 变换

$$Z[u(t)] = Z[u(kT)] = \sum_{k=0}^{\infty} z^{-k} = \frac{1}{1-z^{-1}} \qquad (R_- = 1)$$

而对于单位数字阶跃序列

$$u(k) = \begin{cases} 1 & (k \geqslant 0) \\ 0 & (k < 0) \end{cases} \tag{3.2.7}$$

其 z 变换结果是一样的。

3.2.1.2 指数函数 e^{-at}的 z 变换

$$\begin{aligned} Z[e^{-at}] = Z[e^{-akT}] &= \sum_{k=0}^{\infty} e^{-akT} z^{-k} \\ &= \sum_{k=0}^{\infty} (e^{aT} z)^{-k} = \frac{1}{1-e^{-aT} z^{-1}} \qquad (R_- = e^{-aT}) \end{aligned} \tag{3.2.8}$$

而

$$Z[a^k] = \sum_{k=0} a^k z^{-k} = \frac{1}{1-az^{-1}} \qquad (R_- = a) \tag{3.2.9}$$

3.2.1.3 单位速度函数 $y(t)=t$ 的 z 变换

由

$$\sum_{k=0}^{\infty} z^{-k} = \frac{1}{1-z^{-1}}$$

上式两边对 z 求导数并乘 T,整理后得

$$\sum_{k=0}^{\infty} kTz^{-k} = \frac{Tz^{-1}}{(1-z^{-1})^2}$$

即

$$Z[t] = Z[kT] = \frac{Tz^{-1}}{(1-z^{-1})^2} \qquad (R_- = 1) \tag{3.2.10}$$

而对速度序列 $y_k = k$,有

$$Z[k] = \frac{z^{-1}}{(1-z^{-1})^2} \qquad (R_- = 1) \tag{3.2.11}$$

3.2.1.4　正弦、余弦函数 $\sin \omega_0 t$, $\cos \omega_0 t$ 的 z 变换

根据欧拉公式

$$y(t) = e^{j\omega_0 t} = \cos \omega_0 t + j\sin \omega_0 t$$

$$\begin{aligned} Z[e^{j\omega_0 t}] &= \sum_{k=0}^{\infty} (e^{-j\omega_0 T} z)^{-k} \\ &= \frac{1}{1 - e^{j\omega T} z^{-1}} \\ &= \frac{1 - \cos \omega_0 Tz^{-1}}{1 - 2\cos \omega_0 Tz^{-1} + z^{-2}} + j\frac{\sin \omega_0 Tz^{-1}}{1 - 2\cos \omega_0 Tz^{-1} + z^{-2}} \qquad (R_- = 1) \end{aligned}$$

比较可知

$$Z[\sin \omega_0 t] = \frac{\sin \omega_0 Tz^{-1}}{1 - 2\cos \omega_0 Tz^{-1} + z^{-2}} \qquad (R_- = 1) \tag{3.2.12}$$

$$Z[\cos \omega_0 t] = \frac{1 - \cos \omega_0 Tz^{-2}}{1 - 2\cos \omega_0 Tz^{-1} + z^{-2}} \qquad (R_- = 1) \tag{3.2.13}$$

3.2.1.5　数字脉冲序列 δ_k(Kronecker Delta 函数)的 z 变换

数字脉冲序列 δ_k 定义为

$$\delta_{k-n} = \begin{cases} 1 & (k = n, n > 0) \\ 0 & (k \neq n) \end{cases} \tag{3.2.14}$$

所以

$$Z[\delta_k] = 1 \tag{3.2.15}$$

$$Z[\delta_{k-n}] = z^{-n} \tag{3.2.16}$$

对于函数 $\delta(t)$或 $\delta(t-nT)$,求其 z 变换时,我们作如下约定:

当 $y(t)$含脉冲函数时,定义式中的 $y(kT)$,是指在 $t = kT$ 时的脉冲强度。于是,我们有

$$Z[\delta(t)] = Z[\delta_k] = 1 \tag{3.2.17}$$

$$Z\{\delta[(k-n)t]\} = Z[\delta_{k-n}] = z^{-n} \qquad (n > 0) \tag{3.2.18}$$

对于 z 变换还需要指出的是:z 变换是对信号 $y(t)$的采样函数 $y^*(t)$在 $t = kT(k=0,1,2,\cdots)$的时间序列 $y(kT)$进行的变换。即对连续函数 $y(t)$的 z 变换时,实际上包含了采

样过程：不同的连续函数，如果其采样后的离散序列信号相同，则其 z 变换的表达式是相同的。例如，假设有两个函数 $y_1(t)$，$y_2(t)$，如图 3.20 所示，它们在采样点上的值相等，则 $Y_1(z)=Y_2(z)$。因此，$Y_1(z)=Y_2(z)$时，可能 $y_1(t)=y_2(t)$，也可能 $y_1(t)\neq y_2(t)$。

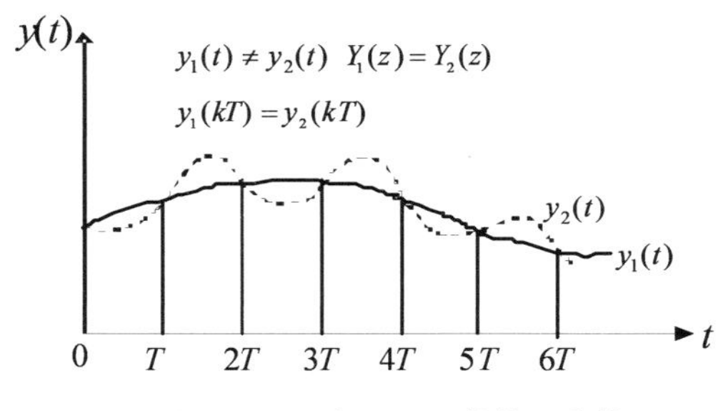

图 3.20　2 个不同函数的 z 变换

此外，连续系统中信号往往以 $Y(s)$的形式给出，当给出 $Y(s)$要去求其 z 变换 $Y(z)$时，通常有三种方法。

1. 原函数法

将 $Y(s)$进行反拉普斯变换求出 $y(t)$，再利用 z 变换的定义求 $y(t)$的采样序列信号 $y(kT)(k=0,1,2,\cdots)$的 z 变换 $Y(z)$，即

$$Y(s)\to y(t)\to y(kT)\to Y(z)$$

例 3.2.1　已知 $Y(s)=\dfrac{1}{(s+a)(s+b)}$，求 $Y(z)$。

解

$$\begin{aligned} y(t) &= \mathrm{L}^{-1}[Y(s)] = \mathrm{L}^{-1}\left[\frac{1}{(s+a)(s+b)}\right] \\ &= \frac{1}{b-a}\mathrm{L}^{-1}\left[\frac{1}{s+a}-\frac{1}{s+b}\right] \\ &= \frac{1}{b-a}(\mathrm{e}^{-at}-\mathrm{e}^{-bt}) \end{aligned}$$

$$\begin{aligned} Y(z) &= Z[y(kT)] = \sum_{k=0}^{\infty} y(kT)z^{-k} = \sum_{k=0}^{\infty}\frac{1}{b-a}(\mathrm{e}^{-akT}-\mathrm{e}^{-bkt})z^{-k} \\ &= \frac{1}{b-a}\left[\sum_{k=0}^{\infty}(\mathrm{e}^{-aT}z^{-1})^k-\sum_{k=0}^{\infty}(\mathrm{e}^{-bT}z^{-1})^k\right] \\ &= \frac{1}{b-a}\left(\frac{1}{1-\mathrm{e}^{-aT}z^{-1}}-\frac{1}{1-\mathrm{e}^{-bT}z^{-1}}\right) \\ &= \frac{1}{b-a}\cdot\frac{z^{-1}(\mathrm{e}^{-aT}-\mathrm{e}^{-bT})}{(1-\mathrm{e}^{-aT}z^{-1})(1-\mathrm{e}^{-bT}z^{-1})} \end{aligned}$$

$$R_-=\max[\mathrm{e}^{-aT},\mathrm{e}^{-bT}]$$

2. 部分分式展开法

它是利用典型信号的拉普拉斯变换和 z 变换的对应关系，先将 $Y(s)$展开成简单的分式，然后利用熟知的结果或查表给出。

例 3.2.2　已知 $Y(s)=\dfrac{1}{s(s+1)}$，求 $Y(z)$。

解 由

$$Z\left[\frac{1}{s}\right]=\frac{1}{1-z^{-1}}$$

$$Z\left[\frac{1}{s+1}\right]=\frac{1}{1-\mathrm{e}^{-T}z^{-1}}$$

知

$$Y(s)=\frac{1}{s}-\frac{1}{s+1}$$

$$\begin{aligned}Y(z)&=Z\left[\frac{1}{s}\right]-Z\left[\frac{1}{s+1}\right]\\&=\frac{1}{1-z^{-1}}-\frac{1}{1-\mathrm{e}^{-T}z^{-1}}\\&=\frac{z^{-1}(1-\mathrm{e}^{-T})}{(1-z^{-1})(1-\mathrm{e}^{-T}z^{-1})}\end{aligned}$$

3. 留数法

由 $Y(s)$求 $Y(z)$的主要方法是留数法,其基本思想是:设 $Y(s)$是 s 的有理分式函数,且分母比分子至少高一阶,即 $Y(s)$是 s 的真有理分式函数,则

$$Z[Y(s)]=\frac{1}{2\pi\mathrm{j}}\oint_{C_1}Y(\lambda)\frac{\mathrm{d}\lambda}{1-\mathrm{e}^{\lambda T}z^{-1}}\tag{3.2.19}$$

其中,积分路径 C_1 包围 $Y(\lambda)$的全部极点,而不包围$\dfrac{1}{1-\mathrm{e}^{\lambda T}z^{-1}}$的极点。于是,按照留数定理,该积分等于被积函数在 $Y(\lambda)$的所有极点上的留数和,即

$$Z[Y(s)]=\sum_i\frac{1}{(m_i-1)!}\cdot\frac{\mathrm{d}^{m_i-1}}{\mathrm{d}\lambda^{m_i-1}}\left[(\lambda-p_i)^{m_i}Y(\lambda)\frac{1}{1-\mathrm{e}^{\lambda T}z^{-1}}\right]\Bigg|_{\lambda=p_i}\tag{3.2.20}$$

其中,m_i 是极点 p_i 的重数。

推导 我们知道 $y^*(t)$是周期脉冲序列信号 $\delta_T(t)$对 $y(t)$的调制所得,即

$$y^*(t)=y(t)\delta_T(t)\tag{3.2.21}$$

对应的 s 域是折积(卷积)关系。

$$Y^*(s)=Y(s)*\Delta_T(s)=\frac{1}{2\pi\mathrm{j}}\int_{c-\mathrm{j}\infty}^{c+\mathrm{j}\infty}Y(\lambda)\Delta_T(s-\lambda)\mathrm{d}\lambda\tag{3.2.22}$$

因为我们讨论单边函数 $y(t)$,也只需考虑单边 $\delta_T(t)$,其拉普拉斯变换 $\Delta_T(s)$为

$$\Delta_T(s)=\frac{1}{1-\mathrm{e}^{-Ts}}\qquad(\mathrm{Re}s=\sigma>0)$$

从而

$$\Delta_T(s-\lambda)=\frac{1}{1-\mathrm{e}^{\lambda T}\mathrm{e}^{-Ts}}\tag{3.2.23}$$

将该式代入式(3.2.21),并取 z 变换,即令 $z=\mathrm{e}^{Ts}$,则有

$$Z[Y(s)]=\frac{1}{2\pi\mathrm{j}}\int_{c-\mathrm{j}\infty}^{c+\mathrm{j}\infty}Y(\lambda)\frac{\mathrm{d}\lambda}{1-\mathrm{e}^{\lambda T}z^{-1}}\tag{3.2.24}$$

一般情况,$Y(\lambda)$的极点位于 λ 参变量平面的左半平面,而 $\Delta_T(s-\lambda)$的极点为

$$\lambda_n = s + \mathrm{j}n\omega_s \qquad (n = 0,1,2,\cdots) \tag{3.2.25}$$

只要适当的选择 $\mathrm{Re}s=\sigma>0$,总可以使 $Y(\lambda)$和 $\Delta_T(s-\lambda)$的极点在 λ 平面上左右分开,如图 3.21 所示。

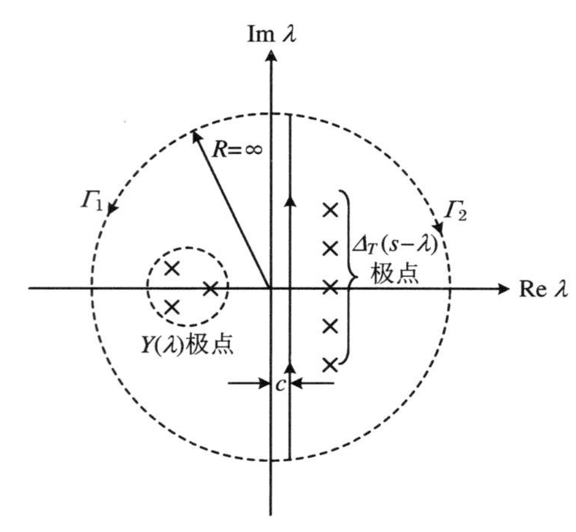

图 3.21　$Y(\lambda)$和 $\Delta_T(s-\lambda)$的极点

令闭合路径 C_1 是由直线 $C-\mathrm{j}\infty \sim C+\mathrm{j}\infty$ 和无穷大左半圆 Γ_1 组成,则式(3.2.24)可改写为

$$Z[Y(s)] = \frac{1}{2\pi\mathrm{j}}\oint_{C_1} Y(\lambda)\frac{\mathrm{d}\lambda}{1-\mathrm{e}^{\lambda T}Z^{-1}} - \alpha \tag{3.2.26}$$

而

$$\alpha = \frac{1}{2\pi\mathrm{j}}\int_{\Gamma_1} Y(\lambda)\frac{\mathrm{d}\lambda}{1-\mathrm{e}^{\lambda T}z^{-1}} \tag{3.2.27}$$

在无穷大半圆上,利用极坐标可表示为

$$\lambda = R\cdot\mathrm{e}^{\mathrm{j}\theta} \qquad \left(\frac{\pi}{2}\leqslant\theta\leqslant\frac{3}{2}\pi\right)$$

$$\mathrm{d}\lambda = \mathrm{j}R\cdot\mathrm{e}^{\mathrm{j}\theta}\mathrm{d}\theta \tag{3.2.28}$$

而

$$\mathrm{e}^{\lambda T} = \mathrm{e}^{RT\cos\theta+\mathrm{j}RT\sin\theta} \tag{3.2.29}$$

由于 $Y(\lambda)$是真有理分式,计 $Y(\lambda)$分子分母的级数为 d,即 $d=n-m$,其中,n 是 $Y(\lambda)$分母阶次,m 是 $Y(\lambda)$分子阶次。由根轨迹可知,$Y(\lambda)$在无穷远处只有 d 个极点有值,其余极点轨迹都终止于零点。所以,有

$$F(\lambda) = \frac{y(0)}{R^d\mathrm{e}^{\mathrm{j}d\theta}} \tag{3.2.30}$$

在$\frac{\pi}{2}\leqslant\theta\leqslant\frac{3}{2}\pi$时,$\alpha$ 可表示为

$$\alpha = \lim_{R\to\infty}\frac{1}{2\pi}\int_{\frac{\pi}{2}}^{\frac{3}{2}\pi}\frac{y(0)}{R^{d-1}\mathrm{e}^{\mathrm{j}(d-1)\theta}}\mathrm{d}\theta = \begin{cases}0 & (d>1)\\ \dfrac{y(0)}{2} & (d=1)\end{cases} \tag{3.2.31}$$

这里 $y(0)$是 $y(t)$的初值。式(3.2.31)表示:当函数 $y(t)$在 $t=0$ 处有跳变,则 $d=1$ 时,左无穷大半圆上的积分不为零,而为跳变值的一半。然而,如果我们约定,$y(t)$的跳变发生在 $t=0_-$ 而不是 $t=0$,那么对 $d\geqslant1$,总有 $\alpha=0$。于是得到用留数法计算 $Y(z)$的基本公式(3.2.19)。这里也相当于先设一个无限小的正数 $\varepsilon>0$,将 $\mathrm{e}^{\varepsilon\lambda}Y(\lambda)$代入计算,然后取$\varepsilon\to0$。

例 3.2.3　已知 $Y(s)=\dfrac{s+3}{(s+1)(s+2)}$,求 $Y(z)$。

解　这里 $Y(s)$有两个单极点 $-1,-2$,于是

$$\begin{aligned}Y(z) &= \left(\frac{\lambda+3}{\lambda+2}\right)\cdot\frac{1}{1-\mathrm{e}^{\lambda T}z^{-1}}\bigg|_{\lambda=-1} + \left(\frac{\lambda+3}{\lambda+1}\right)\frac{1}{1-\mathrm{e}^{-\lambda T}z^{-1}}\bigg|_{\lambda=-2}\\ &= \frac{2}{1-\mathrm{e}^{-T}z^{-1}} - \frac{1}{1-\mathrm{e}^{-2T}z^{-1}}\end{aligned}$$

其中，收敛半径是两部分收敛半径中较大的一个，即 $R_- = \mathrm{e}^{-T}$。一般，$Y(z)$的收敛半径是其绝对值最大的极点的绝对值。

例 3.2.4　求 $G_h(s) = \dfrac{1-\mathrm{e}^{-Ts}}{s}$ 的 z 变换。

解　这里 $G_h(s)$不是 s 的有理分式函数，不能直接用留数法求 z 变换，但其中 $1-\mathrm{e}^{-Ts}$ 是 ω_s 的周期函数，是离散拉普拉斯变换的形式，故可直接代入 $z=\mathrm{e}^{Ts}$，变成 z 变换，只需将剩余部分 s 的有理函数用留数法求出，所以

$$Z[G_h(s) = (1-z^{-1})Z\left[\frac{1}{s}\right] = (1-z^{-1})\frac{1}{1-z^{-1}} = 1 \qquad (3.2.32)$$

在本节的最后，我们给出常用信号的时域、s 域和 z 域表示法的对照表(表 3.1)。

表 3.1　常用函数的 z 变换表

$F(s)$	$F(t)$或 $f(nT)$	$f(z)$
1	$\delta(t)$	1
e^{-aTs}	$\delta(t-nT)$	z^{-n}
$\dfrac{1}{1-\mathrm{e}^{-Ts}}$	$p(t)=\sum\limits_{n=0}^{\infty}\delta(t-nT)$	$\dfrac{1}{1-z^{-1}}$
$\dfrac{1}{s}$	$1(t)$	$\dfrac{1}{1-z^{-1}}$
$\dfrac{1}{s^2}$	t	$\dfrac{Tz^{-1}}{(1-z^{-1})^2}$
$\dfrac{1}{s^3}$	$\dfrac{1}{2}t^2$	$\dfrac{T^2}{2}\cdot\dfrac{z^{-1}(1+z^{-1})}{(1-z^{-1})^3}$
$\dfrac{1}{s+a}$	$\mathrm{e}^{\lvert -at \rvert}$	$\dfrac{1}{1-\mathrm{e}^{-aT}z^{-1}}$
	a^{nT}	$\dfrac{1}{1-a^Tz^{-1}}$
$\dfrac{1}{(s+a)^2}$	$t\mathrm{e}^{-aT}$	$\dfrac{T\mathrm{e}^{-aT}\cdot z^{-1}}{(1-\mathrm{e}^{-aT}z^{-1})^2}$
$\dfrac{1}{s(s+a)}$	$1-\mathrm{e}^{-aT}$	$\dfrac{(1-\mathrm{e}^{-aT})z^{-1}}{(1-\mathrm{e}^{-aT}z^{-1})(1-z^{-1})}$
$\dfrac{a-b}{(s+a)(s+b)}$	$\mathrm{e}^{-bt}-\mathrm{e}^{-at}$	$\dfrac{(\mathrm{e}^{-bT}-\mathrm{e}^{-aT})z^{-1}}{(1-\mathrm{e}^{-aT}z^{-1})(1-\mathrm{e}^{-bT}z^{-1})}$
$\dfrac{a}{s^2+a^2}$	$\sin at$	$\dfrac{(\sin aT)z^{-1}}{1-2(\cos aT)z^{-1}+z^{-2}}$
$\dfrac{s}{s^2+a^2}$	$\cos at$	$\dfrac{1-(\cos aT)z^{-1}}{1-2(\cos aT)z^{-1}+z^{-2}}$

3.2.2 z 变换的性质和定理

同拉普拉斯变换一样，这里我们可以依据 z 变换的定义，推出一些重要的性质和定理，这些性质和定理对于扩大 z 变换的应用，尤其对于在计算机控制系统中的应用，是非常重要的。

3.2.2.1 线性性质

设 $Z[f(t)]=F(z)$，收敛半径为 R_{f_-}，$Z[g(t)]=G(z)$，收敛半径为 R_{g_-}，则

$$Z[af(t)+bg(t)]=aF(z)+bG(z) \tag{3.2.33}$$

利用定义式极易证明。关于收敛半径，一般为

$$R_- = \max[R_{f_-}, R_{g_-}] \tag{3.2.34}$$

但有时由于极零相消，会使 R_- 变小，甚至达到 $R_-=0$。

例 3.2.5 求 $f_k=\frac{1}{2}u_k+\frac{1}{2}(-1)^k$ 的 z 变换。

解 $Z[f_k]=\frac{1}{2}Z[u_k]+\frac{1}{2}Z[(-1)^k]$

$$=\frac{1}{2}\cdot\frac{1}{1-z^{-1}}+\frac{1}{2}\cdot\frac{1}{1+z^{-1}}=\frac{1}{1-z^{-2}}$$

例 3.2.6 已知 $f_k=2^k$，$g_k=-2^k u(k-3)$，求 $Z[f_k+g_k]$。

解 易求得

$$Z[f_k]=\frac{z}{z-2}$$

$$Z[g_k]=-2Z[2^{k-2}u(k-2)4]=-4\frac{z^{-1}}{z-2}$$

则

$$Z[f_k+g_k]=\frac{z^{-1}(z^2-2^2)}{z-2}=z^{-1}(z+2)=1+2z^{-1} \qquad (R_-=0)$$

3.2.2.2 平移定理

平移有右移和左移之分，分别为 $f(t-mT)$ 和 $f(t+mT)$，m 是正整数。设 $Z[f(t)]=F(z)$，则

$$\text{＜右移＞} \qquad Z[f(t-mT)]=z^{-m}F(z) \tag{3.2.35}$$

证 由 z 变换的定义，知

$$Z[f(t-mT)]=\sum_{k=0}^{\infty}f[(k-m)T]z^{-k}=\sum_{l=-m}^{\infty}f(lT)z^{-l}z^{-m} \qquad (\text{令 } l=k-m)$$

$$=z^{-m}\sum_{l=0}^{\infty}f(lT)z^{-l}=z^{-m}F(z) \qquad [\text{单边}]$$

$$\text{＜左移＞} \qquad Z[f(t+mT)]=z^m[F(z)-F_m(z)] \tag{3.2.36}$$

式中 $F_m(z)$ 为

$$F_m(z) = \sum_{i=0}^{m-1} f(iT)z^{-i} \tag{3.2.37}$$

证 由 z 变换的定义,知

$$Z[f(t+mT)] = \sum_{k=0}^{\infty} f[(k+m)T]z^{-k} = \sum_{l=m}^{\infty} f(lT)z^{-l}z^{m} \qquad (令\ l = k+m)$$

$$= z^m\left[\sum_{l=0}^{\infty} f(lT)z^{-1} - \sum_{l=0}^{m-1} f(lT)z^{-1}\right] = z^m[F(z) - F_m(z)]$$

例 3.2.7 已知 $F(s)=\dfrac{e^{-\tau s}}{s+1}$,$\tau=3T$,求 $Z[F(s)]$。

解 $Z[F(s)]=Z\left[\dfrac{e^{-\tau s}}{s+1}\right]=z^{-3}Z\left[\dfrac{1}{s+1}\right]=\dfrac{z^{-3}}{1-e^{-T}z^{-1}}$

例 3.2.8 已知 $f_k=k$,求 f_{k+2}的 z 变换。

解 $Z[f_{k+2}]=z^2[Z(k)-f_0-f_1z^{-1}]=z^2\left[\dfrac{z}{(z-1)^2}-z^{-1}\right]=\dfrac{(2-z^{-1})}{(1-z^{-1})^2}$

3.2.2.3 复域尺度变换定理

设 $Z[f(t)]=F(z)$,则

$$Z[e^{-aT}f(t)] = F(e^{aT}z) \tag{3.2.38}$$

证 $Z[e^{-at}f(t)] = \sum\limits_{k=0}^{\infty} e^{-akT}f(kT)z^{-k} = \sum\limits_{k=0}^{\infty} f(kT)\,(e^{aT}z)^{-k} = F(e^{aT}z)$

同样可证

$$Z[a^{-k}f_k] = F(az) \tag{3.2.39}$$

例 3.2.9 由 $Z(t)=\dfrac{Tz^{-1}}{(1-z^{-1})^2}$,求 $Z[te^{-3t}]$。

解 由式(3.2.38)可得

$$Z[te^{-3t}] = \left.\frac{Tz^{-1}}{(1-z^{-1})^2}\right|_{z=e^{3T}z} = \frac{Te^{-3T}z^{-1}}{(1-e^{-3T}z^{-1})^2}$$

3.2.2.4 差分 z 变换定理

信号差分分为后向差分和前向差分。

定义 $\nabla f_k=f_k-f_{k-1}$为后向差分,并有$\nabla^0 f_k=f_k$,则

$$\begin{aligned}\nabla^2 f_k &= \nabla f_k - \nabla f_{k-1} = f_k - f_{k-1} - f_{k-1} + f_{k-2}\\ &= f_k - 2f_{k-1} + f_{k-2}\end{aligned}$$

$$\nabla^m f_k = \sum_{i=0}^{m} (-1)^i C_m^i f_{k-i} \tag{3.2.40}$$

若有 $Z[f_k]=F(z)$,则$\nabla^m f_k$ 的 z 变换为

$$Z[\nabla^m f_k] = (1-z^{-1})^m F(z) \tag{3.2.41}$$

证 $Z[\nabla^m f_k] = Z\left[\sum\limits_{i=0}^{m}(-1)^i C_m^i f_{k-i}\right] = \sum\limits_{i=0}^{m}(-1)^i C_m^i Z[f_{k-i}]$

$$= \left[\sum_{i=0}^{m}(-1)^i C_m^i z^{-i}\right]F(z) = (1-z^{-1})^m F(z)$$

定义　$\Delta f_k = f_{k+1} - f_k$ 为前向差分，并有 $\Delta^0 f_k = f_k$，则

$$\Delta^2 f_k = \Delta f_{k+1} - \Delta f_k = f_{k+2} - f_{k+1} - f_{k+1} + f_k$$
$$= f_{k+2} - 2f_{k+1} + f_k$$

$$\Delta^m f_k = \sum_{i=0}^{m}(-1)^i C_m^i f_{k+m-i} \tag{3.2.42}$$

若有 $Z[f_k] = F(z)$，则 $\Delta^m f_k$ 的 z 变换为

$$Z[\Delta^m f_k] = (z-1)^m F(z) - z\sum_{i=0}^{m-1}(z-1)^{m-i-1}\Delta^i f_0 \tag{3.2.43}$$

由归纳法证明，过程略。

例 3.2.10　求 $\Delta(-1)^k$ 的 z 变换。

解　由 $Z[(-1)^k] = \dfrac{1}{1+z^{-1}}$ 可得

$$Z[\Delta(-1)^k] = (z-1)Z[(-1)^k] - z = (z-1)\frac{1}{1+z^{-1}} - z = \frac{-2}{1+z^{-1}}$$

3.2.2.5　叠分 z 变换定理

序列 f_k 的叠分 S_k 定义为

$$S_k = \sum_{i=0}^{k} f_i \tag{3.2.44}$$

若 $Z[f_k] = F(z)$，则有

$$Z[S_k] = Z\left[\sum_{i=0}^{k} f_i\right] = \frac{F(z)}{1-z^{-1}} \tag{3.2.45}$$

证　令 $Z[S_k] = S(z)$，因

$$\nabla S_k = f_k \tag{3.2.46}$$

两边取 z 变换，有

$$(1-z^{-1})S(z) = F(z)$$

所以

$$Z[S_k] = Z\left[\sum_{i=0}^{k} f_i\right] = \frac{F(z)}{1-z^{-1}}$$

同样可推出多重叠分的 z 变换法则。

例 3.2.11　求 $\sum_{j=0}^{k} 2^{-j}$ 的 z 变换。

解　令 $f_k = 2^{-k}$，因 $Z[2^{-k}] = \dfrac{z}{z-2^{-1}}$

所以

$$Z\left[\sum_{j=0}^{k} 2^{-j}\right] = \frac{F(z)}{1-z^{-1}} = \frac{z^2}{(z-1)(z-2^{-1})}$$

3.2.2.6　初值定理

若 $Z[f(t)]=F(z)$，且极限$\lim\limits_{z\to\infty}F(z)$存在，则有

$$f(0)=\lim_{z\to\infty}F(z) \tag{3.2.47}$$

由 z 变换定义式，两边取极限 $z\to\infty$，即得证。

例 3.2.12　求 $f(t)=e^{-aT}$的初值。

解　$Z[e^{-aT}]=\dfrac{1}{1-e^{-aT}z^{-1}}=F(z)$

所以

$$f(0)=\lim_{z\to\infty}F(z)=\lim_{z\to\infty}\frac{1}{1-e^{-aT}z^{-1}}=1$$

3.2.2.7　终值定理

若 $Z[f(t)]=F(z)$，且$(1-z^{-1})F(z)$的收敛半径 $R_-<1$，则有

$$\lim_{k\to\infty}f(kT)=\lim_{z\to 1}(1-z^{-1})F(z) \tag{3.2.48}$$

证　由 $Z[\nabla f_k]=(1-z^{-1})F(z)$，而 $Z[\nabla f_k]$又可表示为

$$Z[\nabla f_k]=\lim_{m\to\infty}\sum_{k=0}^{\infty}[f(kT)-f(\overline{k-1}T)]z^{-k} \tag{3.2.49}$$

所以

$$(1-z^{-1})F(z)=\lim_{m\to\infty}\sum_{k=0}^{\infty}[f(kT)-f(\overline{k-1}T)]z^{-k} \tag{3.2.50}$$

根据条件，两边取极限，得

$$\lim_{z\to 1}(1-z^{-1})F(z)=\lim_{m\to\infty}\sum_{k=0}^{m}[f(kT)-f(\overline{k-1}T)]=\lim_{m\to\infty}f(mT)$$

例 3.2.13　给定 z 变换函数为$F(z)=\dfrac{1}{(1-z^{-1})(1-az^{-1})}$，求 $f(kT)$的初值和终值。

解　根据 z 变换的定义可知，$F(z)$的收敛半径为 $\max(1,|a|)$，由初值定理得

$$f(0)=\lim_{z\to\infty}F(z)=1$$

而根据终值定理，有

$$\lim_{k\to\infty}f(kT)=\lim_{z\to 1}\frac{1}{1-az^{-1}}$$

由终值定理的条件$(1-z^{-1})F(z)$的收敛半径 $R_-<1$，故只有当$|a|<1$ 时终值才存在。所以

$$\lim_{k\to\infty}f(kT)=\begin{cases}\dfrac{1}{1-a} & (|a|<1)\\ \text{不存在} & (|a|\geqslant 1)\end{cases}$$

利用叠分定理和终值定理，很易得到序列的求和公式，即若 $F(z)$的收敛半径 $R_-<1$，则

$$\sum_{k=0}^{\infty}f_k=F(z)\big|_{z=1}=F(1) \tag{3.2.51}$$

这就是 f_k 的无穷和,就是其叠分的终值,若记为 S,则

$$S = \lim_{k\to\infty} S_k = \lim_{z\to 1}(1 - z^{-1})S(z) = \lim_{z\to 1}(1 - z^{-1}) \frac{F(z)}{1 - z^{-1}} = F(1)$$

根据复域尺度变换,叠分定理和终值定理,可以得到更一般化的求无穷和的公式:

设 ξ 是一个变量,按复域尺度变换法则,我们有

$$Z[\xi^{-k} f_k] = F(\xi z) \tag{3.2.52}$$

而

$$Z\left[\sum_{i=0}^{k} \xi^{-i} f_i\right] = \frac{F(\xi z)}{1 - z^{-1}} \tag{3.2.53}$$

所以

$$\sum_{k=0}^{\infty} \xi^{-k} f_k = \lim_{z\to 1}(1 - z^{-1}) \frac{F(\xi z)}{1 - z^{-1}} = F(\xi) \tag{3.2.54}$$

条件是 $|\xi| > R_-$,R_- 是 $F(z)$ 的收敛半径,若令

$$\xi = \rho e^{j\theta} \quad (\rho > R_-)$$

则式(3.2.54)可以改写成

$$\sum_{k=0}^{\infty} \rho^{-k} e^{j\theta k} f_k = F(\rho e^{j\theta}) \tag{3.2.55}$$

例 3.2.14 求 $S = \sum_{k=0}^{\infty} (0.5)^k k$。

解 由 $Z[k] = \frac{z}{(z-1)^2}$,而 $0.5^k = 2^{-k}$,根据式(3.2.53)有

$$\sum_{k=0}^{\infty} (0.5)^k k = \left.\frac{z}{(z - 1)^2}\right|_{z=2} = 2$$

3.2.2.8 复域微分定理

若 $Z[f(t)] = F(z)$,则有

$$Z[t^m f(t)] = \left(-Tz\frac{d}{dz}\right)^m F(z) \tag{3.2.56}$$

证 由 z 变换定义

$$F(z) = \sum_{k=0}^{\infty} f(kT) z^{-k}$$

两边对 z 求导,并乘以 T,整理得

$$-Tz\frac{d}{dz}F(z) = \sum_{k=0}^{\infty} kTf(kT) z^{-k}$$

于是

$$Z[tf(t)] = \sum_{k=0}^{\infty} kTf(kT) z^{-k} = -Tz\frac{d}{dz}F(z) \tag{3.2.57}$$

而

$$Z[t^2 f(t)] = Z[t \cdot tf(t)] = -Tz \cdot Z[tf(t)]$$

$$= - Tz\frac{\mathrm{d}}{\mathrm{d}z}\left[- Tz\frac{\mathrm{d}}{\mathrm{d}z}F(z)\right] = \left(- Tz\frac{\mathrm{d}}{\mathrm{d}z}\right)^2 F(z) \tag{3.2.58}$$

归纳得

$$Z[t^m f(t)] = \left(- Tz\frac{\mathrm{d}}{\mathrm{d}z}\right)^m F(z)$$

同样可证

$$Z[k^m f_k] = \left(- z\frac{\mathrm{d}}{\mathrm{d}z}\right)^m F(z) \tag{3.2.59}$$

例 3.2.15　求 $f(t) = t^2$ 的 z 变换。

解　可以从 u_k 的 z 变换为已知出发,则

$$\begin{aligned} Z[t^2 u(t)] &= \left(- Tz\frac{\mathrm{d}}{\mathrm{d}z}\right)^2 \frac{z}{z-1} \\ &= - Tz\frac{\mathrm{d}}{\mathrm{d}z}\left(- Tz\frac{\mathrm{d}}{\mathrm{d}z}\cdot\frac{z}{z-1}\right) \\ &= - Tz\frac{\mathrm{d}}{\mathrm{d}z}\cdot\frac{Tz}{(z-1)^2} = \frac{T^2 z(z+1)}{(z-1)^2} \end{aligned}$$

应用复域微分定理及位移定理,还可得到一系列求 z 变换的公式。由

$$Z[kf_k] = - z\frac{\mathrm{d}}{\mathrm{d}z}F(z)$$

右移一个周期,得

$$Z[(k-1)f_{k-1}] = -\frac{\mathrm{d}}{\mathrm{d}z}F(z) \tag{3.2.60}$$

将左端序列再乘以 k,得

$$Z[k(k-1)f_{k-1}] = (-1)^2\frac{\mathrm{d}^2}{\mathrm{d}z^2}F(z) \tag{3.2.61}$$

右移一个周期得

$$Z[(k-1)(k-2)f_{k-2}] = (-1)^2\frac{\mathrm{d}^2}{\mathrm{d}z^2}F(z) \tag{3.2.62}$$

归纳可得

$$Z[(k-1)(k-2)\cdots(k-m)f_{k-m}] = (-1)^m\frac{\mathrm{d}^m}{\mathrm{d}z^m}F(z) \tag{3.2.63}$$

再将序列左移 $m+1$ 个周期,注意左移前的序列当 $k=0\sim m$ 时值为零,所以,按左移定理

$$\begin{aligned} Z[(k+m)(k+m-1)\cdots(k+1)f_{k+1}] &= z^{m+1}Z[(k-1)(k-2)\cdots(k-m)f_{k-m}] \\ &= (-1)^m z^{m+1}\frac{\mathrm{d}^m}{\mathrm{d}z^m}F(z) \end{aligned} \tag{3.2.64}$$

两边同除以 $m!$,得

$$Z[C_{k+m}^m f_{k+1}] = \frac{(-1)^m z^{m+1}}{m!}\cdot\frac{\mathrm{d}^m}{\mathrm{d}z^m}F(z) \tag{3.2.65}$$

若 $f_k = u_k$,则 $F(z) = \frac{z}{z-1}$,且

$$\frac{\mathrm{d}^m}{\mathrm{d}z^m}\cdot\frac{z}{z-1} = \frac{(-1)^m m!}{(z-1)^{m+1}} \tag{3.2.66}$$

所以又有

$$Z[C_{k+m}^{m}] = \frac{z^{m+1}}{(z-1)^{m+1}} \tag{3.2.67}$$

将序列 C_{k+m}^{m} 再向右移 L 个周期，即为 C_{k+m-L}^{m}，则得

$$Z[C_{k+m-L}^{m}] = \frac{z^{m-L}+1}{(z-1)^{m+1}} \tag{3.2.68}$$

3.2.2.9 复域积分定理

若 $Z[f(t)]=F(z)$，且极限 $\lim\limits_{t\to 0}\frac{f(t)}{t}$ 存在，则

$$Z\left[\frac{f(t)}{t}\right]=\int_{z}^{\infty}\frac{F(\xi)}{T\xi}\mathrm{d}\xi+\lim_{t\to 0}\frac{f(t)}{t} \tag{3.2.69}$$

证 令 $g(t)=\frac{f(t)}{t}$，则按 z 变换定义，有

$$Z[g(t)] = G(z) = \sum_{k=0}^{\infty}\frac{f(kT)}{kT}z^{-k}$$

两边对 z 求导数，整理后得

$$\frac{\mathrm{d}G(z)}{\mathrm{d}z} = -\frac{F(z)}{Tz}$$

两边作积分

$$\int_{z}^{\infty}\frac{\mathrm{d}G(\xi)}{\mathrm{d}\xi}\mathrm{d}\xi = -\int_{z}^{\infty}\frac{F(\xi)}{T\xi}\mathrm{d}\xi$$

即

$$\alpha - G(z) = -\int_{z}^{\infty}\frac{F(\xi)}{T\xi}\mathrm{d}\xi$$

其中 α 为

$$\alpha = \lim_{z\to\infty}G(z) = \lim_{t\to 0}g(t) = \lim_{t\to 0}\frac{f(t)}{t} \qquad \text{(初值定理)}$$

整理得

$$G(z) = \int_{z}^{\infty}\frac{F(\xi)}{T\xi}\mathrm{d}\xi + \lim_{t\to\infty}\frac{f(t)}{t}$$

3.2.2.10 时域折积(卷积)定理

序列 f_k 和 g_k 的折积(卷积)记为 $f_k * g_k$。若 f_k 和 g_k 的 z 变换分别为 $F(z)$ 和 $G(z)$，则

$$Z[f_k * g_k] = F(z)G(z) \tag{3.2.70}$$

证 按折积定义(单边序列)，有

$$f_k * g_k = \sum_{i=0}^{\infty}f_{k-i}g_i = \sum_{i=0}^{\infty}f_i g_{k-i} \tag{3.2.71}$$

根据 z 变换定义式

$$Z[f_k * g_k] = \sum_{k=0}^{\infty}\Big[\sum_{i=0}^{\infty} f_{k-i}g_i\Big]z^{-k} = \sum_{l=-i}^{\infty}\Big[\sum_{i=0}^{\infty} f_l g_i\Big]z^{-l}z^{-i}$$

$$= \sum_{l=0}^{\infty}\sum_{i=0}^{\infty} f_l g_i z^{-l}z^{-i} = \Big(\sum_{l=0}^{\infty} f_l z z^{-l}\Big)\sum_{i=0}^{\infty} g_i z^{-i}$$

$$= F(z)G(z) \qquad (l = k - i)$$

例 3.2.16　$f_1(k)=u_k, f_2(k)=\mathrm{e}^{-k}$，求 $f_1(k) * f_2(k)$的 z 变换。

解　由折积定理得

$$Z[f_1(k) * f_2(k)] = F_1(z)F_2(z) = \frac{1}{(1-z^{-1})(1-\mathrm{e}^{-1}z^{-1})}$$

3.2.2.11　复域折积(卷积)定理

若 $Z[f]_k = F(z), R_{f_-}; Z[g_k] = G(z), R_{g_-}$。则 f_k 和 g_k 乘积的 z 变换为

$$\begin{cases} Z[f_k g_k] = \dfrac{1}{2\pi \mathrm{j}}\oint_{C_1} F(p)G(zp^{-1})p^{-1}\mathrm{d}p \\ R_- = R_{f_-}R_{g_-} \\ C_1: R_{f_-} < |p| < \dfrac{|z|}{R_{g_-}} \end{cases} \tag{3.2.72}$$

或者

$$\begin{cases} Z[f_k g_k] = \dfrac{1}{2\pi \mathrm{j}}\oint_{C_2} G(p)F(zp^{-1})p^{-1}\mathrm{d}p \\ R_- = R_{f_-}R_{g_-} \\ C_2: R_{g_-} < |p| < \dfrac{|z|}{R_{f_-}} \end{cases} \tag{3.2.73}$$

该定理的证明，要用到 z 反变换的公式，故略。

由此很容易求得 $f_k g_k$ 无穷和的公式

$$\sum_{k=0}^{\infty} f_k g_k = \frac{1}{2\pi \mathrm{j}}\oint_{C_1} F(p)G(p^{-1})p^{-1}\mathrm{d}p \tag{3.2.74}$$

$$= \frac{1}{2\pi \mathrm{j}}\oint_{C_2} G(p)F(p^{-1})p^{-1}\mathrm{d}p \tag{3.2.75}$$

显然，必须满足

$$R_- = R_{f_-}R_{g_-} < 1 \tag{3.2.76}$$

例 3.2.17　用复域折积定理求 $t\mathrm{e}^{-t}$的 z 变换。

解　令 $f(t)=\mathrm{e}^{-t}, g(t)=t$，则由 $Z[f(t)]=\dfrac{z}{z-\mathrm{e}^{-T}}, Z[g(t)]=\dfrac{Tz}{(z-1)^2}$，有

$$Z[\mathrm{e}^{-t}t] = \frac{1}{2\pi \mathrm{j}}\oint_{C_1}\frac{p}{p-\mathrm{e}^{-T}}\frac{Tzp^{-1}}{(zp^{-1}-1)}p^{-1}\mathrm{d}p$$

$$= \frac{1}{2\pi \mathrm{j}}\oint_{C_1}\frac{Tzp}{(p-\mathrm{e}^{-T})(z-p)^2}\mathrm{d}p$$

因定理中所取积分路径只包围 $F(p)$的极点，所以

$$Z[te^{-t}] = \frac{Te^{-T}z}{(z-e^{-T})^2}$$

3.2.2.12 参数偏微分定理

若 $Z[f(t,\mu)]=F(z,\mu)$，μ 是连续参量，$\frac{\partial}{\partial\mu}f(t,\mu)$存在，则有

$$Z\left[\frac{\partial}{\partial\mu}f(t,\mu)\right] = \frac{\partial}{\partial\mu}F(z,\mu) \tag{3.2.77}$$

由 z 变换的定义，根据连续函数的性质可直接得到，证明过程从略。

3.2.2.13 参数极限定理

若 $Z[f(t,\mu)]=F(z,\mu)$，μ 是连续参量，$\lim\limits_{\mu\to\mu_0}f(t,\mu)$存在，则有

$$Z[\lim_{\mu\to\mu_0}f(t,\mu)] = \lim_{\mu\to\mu_0}F(z,\mu) \tag{3.2.78}$$

由 z 变换定义直接可证，过程从略。

3.2.2.14 周期序列的 z 变换

若 f_k 为周期序列，周期为 N（正整数），即

$$f_{k+N} = f_k \tag{3.2.79}$$

则有

$$Z[f_k] = \frac{z^N}{z^N-1}F_N(z) = \frac{1}{1-z^{-N}}F_N(z) \tag{3.2.80}$$

其中

$$F_N(z) = \sum_{i=0}^{N-1}f_iz^{-i}$$

证 对式(3.2.79)两边取 z 变换，有

$$z^N[F(z)-F_N(z)] = F(z)$$

整理得

$$F(z) = \frac{z^N}{z^N-1}F_N(z) = \frac{1}{1-z^{-N}}F_N(z)$$

例 3.2.18 求图 3.22 所示序列 f_k 的 z 变换。

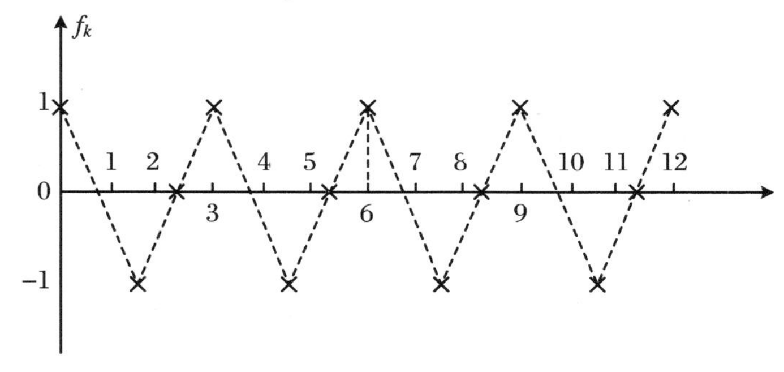

图 3.22 f_k 的图像

解　这是 $N=3$ 的周期序列，可求得

$$F_N(z) = \sum_{k=0}^{2} f_k z^{-k} = 1 - z^{-1}$$

根据式(3.2.80)，有

$$F(z) = \frac{1}{1-z^{-N}} F_N(z) = \frac{1-z^{-1}}{1-z^{-3}} = \frac{1}{1+z^{-1}+z^{-2}}$$

3.2.2.15　时域尺度变换定理

若 $Z[f(t)] = F(z)$，a 为正数，则有

$$Z[f(at)] = F(z)_{\frac{1}{a}} \tag{3.2.81}$$

证　根据 z 变换定义式，我们有

$$Z[f(at)] = \sum_{k=0}^{\infty} f(kaT) z^{-k} \tag{3.2.82}$$

可见，只要在 $f(t)$ 的 z 变换或 $F(z)$ 式中，将系统中的周期 T 改为 aT 就是 $f(at)$ 的 z 变换。

但是，我们以上使用的表示 z 变换函数的符号"$F(z)$"，表达不出系统中的周期参数，这是一个缺陷。为了表达更多的信息，定义一个更一般化的 z 变换函数记号为 $F(z_\alpha)_\beta$。它是以某个参考周期 T 为基础的。其中

$$z_\alpha = e^{\frac{T}{\alpha}} \tag{3.2.83}$$

当 $\alpha=1$ 时，表示采样周期不变，即

$$z_\alpha = z \tag{3.2.84}$$

当 $\alpha>1$ 时，表示新的周期比原来缩小了，即采样频率比原来提高了；当 $\alpha<1$ 时，表示新的采样周期比原来放大了，即采样频率降低了。显然有下述关系：

$$z_\alpha = z^{\frac{1}{\alpha}} \tag{3.2.85}$$

$$z_\alpha^\alpha = z_1 = z \tag{3.2.86}$$

而 $F(Z_\alpha)_\beta$ 的下标 β 用于表示 z 变换函数系数中的周期参数，即表示采样周期应由原来的 T 变为 $\frac{T}{\beta}$。

例如，当 $\beta=1$ 时，表示系统中的周期参数不变，仍为 T；当 $\beta>1$ 时，如 $\beta=2$，表示应将周期减小，T 变为 $\frac{T}{2}$；而当 $\beta<1$ 时，如 $\beta=0.5$，表示应将周期参数加大，T 变为 $2T$。另外，$\beta=1$ 时，可以省略，即

$$F(z_1)_1 = F(z) \tag{3.2.87}$$

可见，原来的记号 $F(z)$ 是 $F(z_\alpha)_\beta$ 的特例。

根据上述新的函数记号的定义，我们立刻得到

$$\sum_{k=0}^{\infty} f(k\alpha T) z^{-k} = F(z)_{\frac{1}{\alpha}}$$

注意　使用该定理计算时，除了要求 $F(s)$ 是真有理分式函数外，还要假定原来的采样周期 T 选得合理，即不使 $f(t)$ 中的谐波分量消失或变成恒定序列。这个条件可简化为

$$\omega_s \neq \frac{2}{m}\omega_0 \tag{3.2.88}$$

其中，ω_0是 $f(t)$中谐波分量的角频率；m 是正整数。

例 3.2.19 已知 $Z[f(t)]=\dfrac{2z^{-1}}{(1-0.6z^{-1})^2}$，且周期选得合理，没有使谐波消失或变成恒定序列，求 $Z[f(2t)]$。

解 易知该 $F(z)$是一个 $t\mathrm{e}^{-at}$形式函数的z 变换。其极点包括 T，且 T 处在指数位置；而分子的比例系数2 中也包含 T，其中应有一部分系数0.6，T 处在指数位置，剩下的系数部分与 T 成比例。于是我们有

$$Z[f(2t)]=F(z)_{\frac{1}{2}}=\left.\frac{\left(\dfrac{2}{0.6}\right)0.6z^{-1}}{(1-0.6z^{-1})^2}\right|_{T\to 2T}$$

$$=\frac{\left(\dfrac{2}{0.6}\right)\cdot 2\cdot(0.6)^2z^{-1}}{(1-0.6^2z^{-1})^2}=\frac{2.4z^{-1}}{(1-0.36z^{-1})^2}$$

3.2.2.16 倍速定理

若 $Z[f(t)]=F(z)$，且 $F(s)$满足真有理分式条件及符合式(3.2.88)条件，当采样频率提高 n 倍，即新的采样频率为 $n\omega_s$，或新的采样周期为$\dfrac{T}{n}$，则有

$$Z_n[f(t)]=F(z_n)_n \tag{3.2.89}$$

其中，n 为正整数，Z_n为倍速z 变换的算子符号。

证 按 z 变换的定义，有

$$Z_n[f(t)]=\sum_{k=0}^{\infty}f\left(k\frac{T}{n}\right)z_n^{-k} \tag{3.2.90}$$

利用新定义的记号 $F(z_\alpha)_\beta$，立即得

$$Z_n[f(t)]=F(z_n)_n$$

例 3.2.20 已知函数的 z 变换如例 3.2.19，求 Z_n，$n=2$。

解 求解的方法可如例 3.2.19，只是这里周期要缩小一倍，所以系统处理时，原来平方变为开方，原来乘以 2 变为除以 2，当然变量亦变为 z_2，即

$$Z_n[f(t)]_{n=2}=F(z_2)_2=\left.\frac{\left(\dfrac{2}{0.6}\right)0.6z^{-1}}{(1-0.6z^{-1})^2}\right|_{\substack{T\to\frac{T}{2}\\ z\to z_2}}$$

$$=\frac{\left(\dfrac{2}{0.6}\right)\cdot\dfrac{1}{2}\cdot\sqrt{0.6}\,z_2^{-1}}{(1-\sqrt{0.6}\,z_2^{-1})^2}=\frac{1.29z_2^{-1}}{(1-0.775z_2^{-1})^2}$$

既然 Z_n亦是z 变换，需要时，亦可将 Z_n变量换成z。

注意 倍速定理若是施于固定的离散序列，而不是连续时间函数，那么定理的结论就不同了。下面是“离散序列的倍速定理”。

若 $Z[f(kT)]=F(z)$，$f(kT)$是固定的离散序列，采样点之间都为零，则有

$$Z_n[f(kT)] = F(z_n^n) = F(z) \tag{3.2.91}$$

证　由 z 变换的定义,有

$$Z_n[f(kT)] = \sum_{k=0}^{\infty} f\left(\frac{k}{n}T\right) z_n^{-k} \tag{3.2.92}$$

由于 $f(kT)$ 是固定的序列,所以式(3.2.92)中 $\frac{k}{n}$ 不为整数时,$f\left(\frac{k}{n}T\right)=0$,作变量代换

$$l = \frac{k}{n} \tag{3.2.93}$$

得

$$Z_n[f(kT)] = \sum_{l=0}^{\infty} f(lT)(z_n^{-n})^{-l} = F(z_n^n)$$

又因为 $z_n^n=z$,所以定理也可写为

$$Z_n[f(kT)] = F(z) \tag{3.2.94}$$

两种结果实质是一样的,只不过是以不同的观点看问题,前者是以 $\frac{T}{n}$ 间隔看变换结果,而后者是以 T 间隔看变换结果。

注意　用变量代换 $l=\frac{k}{n}$ 要小心,如对连续函数的倍速采样时,这个代换将丢失 $\frac{k}{n}$ 不为整数时的所有采样值。

另外需指出,离散序列的倍速定理,对于与 $F(z)$ 相应的序列 $f(kT)$ 或原来的 $F(s)$,没有什么限制条件,既不要求 $F(s)$ 是 s 的真有理分式函数,也不要求满足 $\omega_s \neq \frac{\omega_o}{m}$。

3.2.2.17　分速定理

若 $Z[f(t)]=F(z)$,当采样周期扩大 n 倍,即新的周期为 nT,或新的采样频率为 $\frac{\omega_s}{n}$,则有

$$Z_{\frac{1}{n}}[F(t)] = F(z_{\frac{1}{n}})_{\frac{1}{n}} \tag{3.2.95}$$

其中,n 为正整数,$Z_{\frac{1}{n}}$ 为分速 z 变换的算子符号。

该定理的证明也很容易,只要按定义写出,并利用记号 $F(z_\alpha)_\beta$ 即可。

该定理不要求 $F(z)$ 的原函数 $F(s)$ 是 s 的真有理分式和符合 $\omega_s \neq \frac{\omega_o}{m}$ 的条件。

另外,对于离散序列的分速定理,结论是一样的,即有

$$Z_{\frac{1}{n}}[f(kT)] = F(z_{\frac{1}{n}})_{\frac{1}{n}} \tag{3.2.96}$$

例 3.2.21　仍用例 3.2.19 中的 z 变换函数,现在是求 $Z_{\frac{1}{n}}$,$n=2$。

显然,计算的方法完全同例 3.2.19 中一样,而且系数的变化结果也是一样的,只是变量为 $Z_{\frac{1}{2}}$ 而已。

时域尺度变换、倍速及分速三定理,主要意义在于,不必找出原来的时间函数 $f(t)$,重新求新的 z 变换,而是直接可由已知的 z 变换函数来求新的 z 变换函数。

由前面三个例题可知,我们计算 $F(z)_{\frac{1}{a}}$、$F(z_n)_n$ 和 $F(z_{\frac{1}{n}})_{\frac{1}{n}}$ 时,实际上是先将 $F(z)$

作部分分式展开，化成一些简单初等函数的 z 变换函数，然后根据这些简单 z 变换函数中系数和周期的关系，来完成要求的计算。这样的计算方法有时显得很不方便。

对 $F(z_{\frac{1}{n}})_{\frac{1}{n}}$ 和 $F(z)_{\frac{1}{a}}$，a 为正整数的情况，使用另一种算法有时更方便，现在就推导这种算法。我们以 $F(z)_{\frac{1}{a}}$ 为例进行推导，也完全适用于 $F(z_{\frac{1}{n}})_{\frac{1}{n}}$。

由 z 变换的定义，我们有

$$Z[f(nt)] = \sum_{k=0}^{\infty} f(knT)z^{-k} \tag{3.2.97}$$

若作变量代换，令 $l = kn$，则

$$Z[f(nt)] = \sum_{l=0}^{\infty} f(lT)(z^{\frac{1}{n}})^{-l} = F(z^{\frac{1}{n}}) \tag{3.2.98}$$

注意，代换造成的结果是错误的。因为 $n > 1$ 时式(3.2.98) $\sum$ 中的项数比式(3.2.97)增多了。多的项是 z 的非整幂项。但 $F(z^{\frac{1}{n}})$ 中确实包含着要求的部分，即 z 为整幂的部分。于是我们可以利用式(3.2.98) 中的错误结果，然后通过一种操作，将其中 z 的整幂部分取出，就是要求的正确结果。这样的取整幂操作，用算符(INT)[•] 表示，这样我们有

$$Z[f(nt)] = F(z)_{\frac{1}{n}} = (\text{INT})[F(z^{\frac{1}{n}})] \tag{3.2.99}$$

同样可得

$$Z_{\frac{1}{n}}[f(t), f(kT)] = (\text{INT})[F(z_{\frac{1}{n}}^{\frac{1}{n}})] \tag{3.2.100}$$

这样的算法，避免了寻找 $F(z)$ 的系数与周期之间关系的困难。至于怎样求取整幂部分是无关紧要的，只要方便就好，因为是在 $F(z^{\frac{1}{n}})$ 的收敛半径外进行的，其最终结果是一样的。

例 3.2.22 仍用例 3.2.19 的例子，我们有

$$\begin{aligned}
Z[f(2t)] &= F(z)_{\frac{1}{2}} = (\text{INT})[F(z^{\frac{1}{2}})] = (\text{INT})\left[\frac{2z^{-\frac{1}{2}}}{(1-0.6z^{-\frac{1}{2}})^2}\right] \\
&= (\text{INT})\left[\frac{2z^{-\frac{1}{2}}}{(1-0.6z^{-\frac{1}{2}})^2} \cdot \frac{(1+0.6z^{-\frac{1}{2}})^2}{(1+0.6z^{-\frac{1}{2}})^2}\right] \\
&= (\text{INT})\left[\frac{2z^{-\frac{1}{2}} + 2.4z^{-1} + 2\times 0.6^2 z^{-\frac{1}{2}}}{(1-0.6^2 z^{-1})^2}\right] \\
&= \frac{2.4z^{-1}}{(1-0.36z^{-1})}
\end{aligned}$$

结果一样。

例 3.2.23 已知 $F(z) = \dfrac{az^{-1}}{1 - bz^{-1} + cz^{-2}}$，求 $Z_{\frac{1}{n}}[F(z)]$，$n = 2$。

解 利用式(3.2.99)，我们有

$$\begin{aligned}
Z_{\frac{1}{n}}[F(z)]_{n=2} &= (\text{INT})\left[\frac{az_{\frac{1}{2}}^{-\frac{1}{2}}}{1 - 6z_{\frac{1}{2}}^{-\frac{1}{2}} + cz_{\frac{1}{2}}^{-1}} \cdot \left(\frac{1 + bz_{\frac{1}{2}}^{-\frac{1}{2}} + cz_{\frac{1}{2}}^{-1}}{1 + bz_{\frac{1}{2}}^{-\frac{1}{2}} + cz_{\frac{1}{2}}^{-1}}\right)\right] \\
&= (\text{INT})\left[\frac{az_{\frac{1}{2}}^{-\frac{1}{2}} + abz_{\frac{1}{2}}^{-1} + acz_{\frac{1}{2}}^{-\frac{3}{2}}}{\left(1 + cz_{\frac{1}{2}}^{-1}\right)^2 - b^2 z_{\frac{1}{2}}^{-1}}\right]
\end{aligned}$$

$$= \frac{abz_{\frac{1}{2}}}{\left(1 + cz_{\frac{1}{2}}^{-1}\right)^2 - b^2 z_{\frac{1}{2}}^{-1}} = \frac{abz_{\frac{1}{2}}}{1 + (2c - b)^2 z_{\frac{1}{2}}^{-1} + c^2 z_{\frac{1}{2}}^{-2}}$$

为了便于引用 z 变换的性质与定理，现将这些性质与定理集中列于表 3.2 中。

表 3.2 z 变换的性质与定理简表

线性	$Z[af(t) + bg(t)] = aF(z) + bG(z)$
平移	$Z[f(t - mT)] = z^{-m}F(z)$ $Z[f(t + mT)] = z^m[F(z) - F_m(z)]$
复域尺度变换	$Z[\mathrm{e}^{-at}f(t)] = F(\mathrm{e}^{aT}z)$ $Z[a^{-k}f_k] = F(az)$
差分	$Z[\nabla^m f_k] = (1 - z^{-1})^m F(z)$ $Z[\nabla^m f_k] = (z - 1)^m F(z) - z\sum_{i=0}^{m} F(z) - z\sum_{i=0}^{m-1}(z - 1)^{m-i-1}\Delta^i f_0$
叠分	$Z\left[\sum_{i=1}^{k} f_i\right] = \frac{F(z)}{1 - z^{-1}}$
初值	$f_0 = \lim_{z\to\infty} F(z)$
终值	$\lim_{k\to\infty} f_k = \lim_{z\to 1}(1 - z^{-1})F(z)$
求和	$\sum_{k=0}^{\infty} f_k = F(1)$ $\sum_{k=0}^{\infty} \xi^{-k} f_k = F(\xi)$
复域微分	$Z[t^m f(t)] = \left(-Tz\frac{\mathrm{d}}{\mathrm{d}z}\right)^m F(z)$ $Z[k^m f_k] = \left(-z\frac{\mathrm{d}}{\mathrm{d}z}\right)^m F(z)$
复域积分	$Z\left[\frac{f(t)}{t}\right] = \int_z^{\infty} \frac{F(\xi)}{T\xi}\mathrm{d}\xi + \lim_{t\to 0}\frac{f(t)}{t}$
时域折积	$Z[f_k * g_k] = F(z)G(z)$
复域折积	$Z[f_k g_k] = \frac{1}{2\pi \mathrm{j}}\oint_{C_1} F(p)G(zp^{-1})p^{-1}\mathrm{d}p = \frac{1}{2\pi \mathrm{j}}\oint_{C_2} G(p)F(zp^{-1})p^{-1}\mathrm{d}p$
参数偏微分	$Z\left[\frac{\partial}{\partial \mu}f(t,\mu)\right] = \frac{\partial}{\partial \mu}F(z,\mu)$
参数极限	$Z[\lim_{\mu\to\mu_0} f(t,\mu)] = \lim_{\mu\to\mu_0} F(z,\mu)$
周期序列	$Z[f_k] = \frac{z^N}{z^N - 1}F_N(z)$
时域尺度变换	$Z[f(at)] = F(z)_{\frac{1}{a}}$
倍速	$Z_n[f(t)] = F(z_n)_n$ $Z_n[f_k] = Z_n[F(z)] = F(z_n^n) = F(z)$

续表

分速	$Z_{\frac{1}{n}}[f(t)]=F(z_{\frac{1}{n}})_{\frac{1}{n}}=(\text{INT})\left[F\left(z^{\frac{1}{n}}_{\frac{1}{n}}\right)\right]$ $Z_{\frac{1}{n}}[f_k]=Z_{\frac{1}{n}}[F(z)]=F(z_{\frac{1}{n}})_{\frac{1}{n}}=(\text{INT})\left[F\left(z^{\frac{1}{n}}_{\frac{1}{n}}\right)\right]$ $Z[f^*(t)_n]=Z[F(z_n)_n]=(\text{INT})[F(z^{\frac{1}{n}})_n]$

另外,我们注意到,式(3.2.91)若写成星号变换形式,构成了一个新的星号变换法则$[f^*(s)]_n^*=F^*(s)$,这里$[\,]_n^*$表示对倍速采样的星号变换;而由式(3.2.95)和式(3.2.96)相等,亦构成一个星号变换法则$[F(s)]_{\frac{1}{n}}^*=[F^*(s)]_{\frac{1}{n}}^*$,这里,$[\,]_{\frac{1}{n}}^*$表示对分速采样的星号变换。为了便于引用,现将它们连同一些变形归在一起,列于表3.3。

表3.3　星号(*)变换运算法则简表

序号	变换法则
(1)	$[F^*(s)]^*=F^*(s)$
(2)	$[F^*(s)G(s)]^*=F^*(s)G^*(s)$
(3)	$[F(s)G(s)]^*=FG^*(s)\neq F^*(s)G^*(s)$
(4)	$[F^*(s)]_n^*=F^*(s)$
(5)	$[F^*(s)G(s)]_n^*=[F^*(s)G^*(s)_n]_n^*=F^*(s)G^*(s)$
(6)	$F^*(s)_{\frac{1}{n}}=[F^*(s)]_{\frac{1}{n}}^*$
(7)	$F^*(s)=[F^*(s)_n]^*$
(8)	$[F^*(s)_nG(s)]^*=[F^*(s)_nG^*(s)_n]^*$
(9)	$[F(s)G(s)]^*=[FG^*(s)_n]^*$

3.3　z 反变换

z 反变换是回答由$F(z)$求序列f_k的问题。它与z变换一起构成变换对。z反变换的算子符号用Z^{-1}表示,即

$$f_k=Z^{-1}[F(z)] \tag{3.3.1}$$

z变换是对采样序列的变换,所以z反变换得不到采样点之间的函数值。z反变换的求法通常有以下几种。

3.3.1　长除法

由z变换的定义式

$$F(z)=\sum_{k=0}^{\infty}f_kz^{-k} \tag{3.3.2}$$

可知，只要在 R_- 之外，将 $F(z)$ 按某种方法展开成 z 的负幂级数，那么 z^{-k} 项的系数便是 f_k，这是 z 变换的特点，说明 z 变换的 z 域与时域的对应是很直接的。

当 $F(z)$ 是 z 的有理分式时，将 $F(z)$ 用长除法展开成 z 的降幂级数，再根据 z 变换的定义，可以得到 f_k 的前若干项。

用长除法时，将 $F(z)$ 表示成如下的标准形式（分子分母都为 z^{-1} 的升幂级数）：

$$F(z)=\frac{b_0+b_1z^{-1}+\cdots+b_mz^{-m}}{1+a_1z^{-1}+\cdots+a_nz^{-n}} \tag{3.3.3}$$

然后长除得

$$F(z)=f_0+f_1z^{-1}+f_2z^{-2}+\cdots+f_kz^{-k} \tag{3.3.4}$$

例 3.3.1　求 $F(z)=\dfrac{z^2}{z^2-1.2z+0.2}$ 的 z 反变换。

解　将 $F(z)$ 写成标准形式 $F(z)=\dfrac{1}{1-1.2z^{-1}+0.2z^{-2}}$，作长除

$$\begin{array}{rl}
 & 1+1.2z^{-1}+1.24z^{-2}+\cdots \\
1-1.2z^{-1}+0.2z^{-2}\,\big) & 1 \\
 & \underline{1-1.2z^{-1}+0.2z^{-2}} \\
 & 1.2z^{-1}+0.2z^{-2} \\
 & \underline{1.2z^{-1}-1.44z^{-2}+0.24z^{-3}} \\
 & 1.24z^{-2}-0.24z^{-3} \\
 & \cdots
\end{array}$$

所以

$$F(z)=1+1.2z^{-1}+1.24z^{-2}+1.248z^{-3}+\cdots$$

得到

$$f_0=1,\ f_1=1.2,\ f_2=1.24,\ f_3=1.248,\cdots$$

例 3.3.2　求 $F(z)=\dfrac{0.6z}{z^2-1.4z+0.4}$ 的 z 反变换。

解　将 $F(z)$ 写成标准形式

$$F(z)=\frac{0.6z^{-1}}{1-1.4z^{-1}+0.4z^{-2}}$$

作长除

$$\begin{array}{rl}
 & 0.6z^{-1}+0.84z^{-2}+0.936z^{-3}+\cdots \\
1-1.4z^{-1}+0.4z^{-2}\,\big) & 0.6z^{-1} \\
 & \underline{0.6z^{-1}-0.84z^{-2}+0.24z^{-3}} \\
 & 0.84z^{-2}-0.24z^{-3} \\
 & \underline{0.84z^{-2}-1.176z^{-3}+0.336z^{-4}} \\
 & 0.936z^{-3}-0.336z^{-4} \\
 & \cdots
\end{array}$$

所以

$$F(z) = 0.6z^{-1} + 0.84z^{-2} + 0.936z^{-3} + 0.974z^{-4} + \cdots$$

得到

$$f_0 = 0,\ f_1 = 0.6,\ f_2 = 0.84,\ f_3 = 0.936,\ f_4 = 0.974,\cdots$$

由上两例可见，用长除法求 z 反变换，计算繁琐，且难于获得 f_k 的通式。但其优点是数学上难度低，特别是无需作分母的因式分解，所以，在许多工程问题的分析中，如果只需求得序列的初段使用长除法还是很有意义的，而且繁琐的计算可以由计算机来实现：对式(3.3.3)作长除，得到如下迭代算式

$$\begin{cases} f_0 = b_0 \\ f_1 = b_1 - a_1 f_0 \\ f_2 = b_2 - a_2 f_0 - a_1 f_1 \\ \quad \vdots \\ f_k = \begin{cases} b_k - \sum\limits_{i=1}^{k} a_i f_{k-i} & (k \leqslant n) \\ -\sum\limits_{i=1}^{n} a_i f_{k-i} & (k > n) \end{cases} \end{cases} \tag{3.3.5}$$

可依此编辑成简单的计算程序，使用计算机进行计算。

3.3.2 部分分式法

部分分式法求取 z 反变换的过程跟用部分分式法求取拉氏反变换的过程十分相似。这种方法是将 $F(z)$ 展开成简单的标准形式，然后利用我们熟知的一些基本对应关系或查表获得反变换序列 f_k。

因为各种常用的初等函数(或序列)的 z 变换函数，一般其分子都有一阶子因子，所以在对 $F(z)$ 进行部分分式展开时，最好按 $\dfrac{F(z)}{z}$ 展开。

设有

$$F(z) = \frac{b_0 z^m + b_1 z^{m-1} + \cdots + b_m}{a_0 \prod\limits_{i=1}^{n} (z - p_i)}$$

展开成

$$\frac{F(z)}{z} = \sum_{i=1}^{n} \frac{A_i}{z - p_i}$$

$$A_i = \left[(z - p_i) \frac{F(z)}{z} \right]_{z = p_i}$$

则 z 反变换

$$f(kT) = Z^{-1}\left[\sum_{i=1}^{n} \frac{zA_i}{z - p_i} \right] \tag{3.3.7}$$

例 3.3.3 已知 $F(z) = \dfrac{z}{(z-1)^2(z-2)}$，求 f_k。

解
$$\frac{F(z)}{z}=\frac{1}{(z-1)^2(z-2)}=\frac{1}{z-2}-\frac{1}{z-1}-\frac{1}{(z-1)^2}$$

所以

$$F(z)=\frac{z}{z-2}-\frac{z}{z-1}-\frac{z}{(z-1)^2}$$

$$f_k=2^k-\mu_k-k\quad(k\geqslant 0)$$

例 3.3.4 已知 $F(z)=\dfrac{0.6z^{-1}}{1-1.4z^{-1}+0.4z^{-2}}$，求 f_k。

解
$$F(z)=\frac{0.6z}{z^2-1.4z+0.4}$$

$$\frac{F(z)}{z}=\frac{A_1}{z-1}+\frac{A_2}{z-0.4}$$

$$A_1=(z-1)\frac{0.6}{z^2-1.4z+0.4}\bigg|_{z=1}=1$$

$$A_2=(z-0.4)\frac{0.6}{z^2-1.4z+0.4}\bigg|_{z=0.4}=-1$$

$$F(z)=\frac{z}{z-1}-\frac{z}{z-0.4}$$

$$f_k=1-(0.4)^k$$

例 3.3.5 知 $F(z)=\dfrac{z^3+2z^2+z+1}{z^3-z^2-8z+12}$，求 f_k。

解
$$F(z)=\frac{z^3+2z^2+z+1}{(z-2)^2(z+3)}$$

$$=A_0+\frac{A_1z}{z-2}+\frac{A_2z^2}{(z-2)^2}+\frac{A_3z}{z+3}$$

$$=\frac{B_0z^3+B_1z^2+B_2z+B_3}{(z-2)^2(z+3)}$$

比较 $F(z)$的分子部分各项系数

$$B_0=A_0+A_1+A_2+A_3=1$$

$$B_1=-A_0+A_1+3A_2-4A_3=2$$

$$B_2=-8A_0-6A_1+4A_3=1$$

$$B_3=12A_0=1$$

可得

$$A_0=\frac{1}{12},\ A_1=\frac{-9}{50},\ A_2=\frac{19}{20},\ A_3=\frac{11}{75}$$

所以

$$F(z)=\frac{1}{12}-\frac{9}{50}\cdot\frac{z}{z-2}+\frac{19}{20}\cdot\frac{z^2}{(z-2)^2}+\frac{11}{75}\cdot\frac{z}{z+3}$$

$$f_k=\frac{1}{12}\delta_k-\frac{9}{50}\cdot 2^k+\frac{19}{20}\cdot(k+1)2^k+\frac{11}{75}\cdot(-3)^k$$

$$=\frac{1}{12}\delta_k+\frac{19}{20}k2^k+\frac{77}{100}2^k+\frac{11}{75}(-3)^k$$

3.3.3 留数计算法

函数 $F(z)$可以看作是复数 z 平面上的劳伦级数，级数的各项系数可以利用积分关系求出。

$$Z^{-1}[F(z)] = f(k) = \frac{1}{2\pi \mathrm{j}}\oint_C F(Z)Z^{k-1}\mathrm{d}z \tag{3.3.8}$$

积分路径 C 应包括被积式中的所有极点。根据留数定理

$$f_k = \sum_{i=1}^{n}\mathrm{Res}[F(z)z^{k-1}]_{z=p_i} \tag{3.3.9}$$

式中，n 表示极点数，p_i 表示第 i 个极点。因为

$$\mathrm{Res}F(z)z^{k-1}\big|_{z\to p_i} = \lim_{z\to p_i}(z-p_i)F(z)z^{k-1}$$

所以

$$f_k = \sum_{i=1}^{n}\lim_{z\to p_i}[(z-p_i)F(z)z^{k-1}] \tag{3.3.10}$$

例 3.3.6 已知 $F(z)=\dfrac{0.6z}{z^2-1.4z+0.4}$，用留数计算法求 f_k。

解 $n=2,p_1=1,p_2=0.4$

$$f_k = \lim_{z\to 1}(z-1)\frac{0.6z^k}{z^2-1.4z+0.4} + \lim_{z\to 0.4}(z-0.4)\frac{0.6z^k}{z^2-1.4z+0.4} = 1-(0.4)^k$$

例 3.3.7 用留数计算法求 $F(z)=\dfrac{z}{(z-\mathrm{e}^{\alpha T})(z-\mathrm{e}^{\beta T})}$的 z 反变换。

解 $n=2,p_1=\mathrm{e}^{\alpha T},p_2=\mathrm{e}^{\beta T}$

$$f_k = \lim_{z\to \mathrm{e}^{\alpha T}}(z-\mathrm{e}^{\alpha T})\frac{z^k}{(z-\mathrm{e}^{\alpha T})(z-\mathrm{e}^{\beta T})} + \lim_{z\to \mathrm{e}^{\beta T}}(z-\mathrm{e}^{\beta T})\frac{z^k}{(z-\mathrm{e}^{\alpha T})(z-\mathrm{e}^{\beta T})}$$

$$= \frac{\mathrm{e}^{\alpha kT}}{\mathrm{e}^{\alpha T}-\mathrm{e}^{\beta T}} - \frac{\mathrm{e}^{\beta kT}}{\mathrm{e}^{\alpha T}-\mathrm{e}^{\beta T}} = \frac{\mathrm{e}^{\alpha kT}-\mathrm{e}^{\beta kT}}{\mathrm{e}^{\alpha T}-\mathrm{e}^{\beta T}}$$

例 3.3.8 已知 $F(z)=\dfrac{z}{(z-\alpha)(z-\beta)^2}$，求 f_k。

解 $n=3,p_1=\alpha,p_2=\beta,l=2$，故

$$f_k = \frac{z^k(z-\alpha)}{(z-\alpha)(z-\beta)^2}\bigg|_{z=\alpha} + \lim_{z\to\beta}\frac{\mathrm{d}}{\mathrm{d}z}\frac{z^k(z-\beta)^2}{(z-\alpha)(z-\beta)^2}$$

$$= \frac{\alpha^k}{(\alpha-\beta)^2} + \lim_{z\to\beta}\left[\frac{kz^{k-1}}{z-\alpha} - \frac{z_k}{(z-\alpha)^2}\right] = \frac{\alpha^k}{(\alpha-\beta)^2} + \frac{k\beta^{k-1}}{\beta-\alpha} - \frac{\beta^k}{(\beta-\alpha)^2}$$

3.3.4 求 z 反变换的极限形式

由 z 变换的式

$$F(z) = f_0 + f_1 z^{-1} + f_2 z^{-2} + \cdots + f_k z^{-k} + \cdots \tag{3.3.11}$$

若将 z^{-1}看作一个变量，当两边取极限 $z^{-1}\to 0$，就得初值(初值定理)，

$$f_0 = \lim_{z^{-1}\to 0} F(z) \tag{3.3.12}$$

将式(3.3.11)两边对 z^{-1} 求一次导数，并取极限 $z^{-1}\to 0$，便得 f_1

$$f_1 = \lim_{z^{-1}\to 0} \frac{\mathrm{d}}{\mathrm{d}z^{-1}} F(z) \tag{3.3.13}$$

同样，若式(3.3.11)两边对 z^{-1} 求两次导，并取极限 $z^{-1}\to 0$，整理可得

$$f_2 = \frac{1}{2} \lim_{z^{-1}\to 0} \left(\frac{\mathrm{d}}{\mathrm{d}z^{-1}}\right)^2 F(z) \tag{3.3.14}$$

归纳得到一般形式的极限公式

$$f_k = \frac{1}{k!} \lim_{z^{-1}\to 0} \left(\frac{\mathrm{d}}{\mathrm{d}z^{-1}}\right)^k F(z) \qquad (k \geqslant 0) \tag{3.3.15}$$

例 3.3.9　用极限公式求 $F(z) = \dfrac{z}{z-a}$ 的反变换。

解　因 $F(z) = \dfrac{1}{1 - az^{-1}}$，由

$$\frac{\mathrm{d}}{\mathrm{d}z^{-1}} F(z) = \frac{a}{(1 - az^{-1})^2}$$

$$\left(\frac{\mathrm{d}}{\mathrm{d}z^{-1}}\right)^2 F(z) = \frac{2a^2}{(1 - az^{-1})^3}$$

$$\left(\frac{\mathrm{d}}{\mathrm{d}z^{-1}}\right)^3 F(z) = \frac{3!a^3}{(1 - az^{-1})^4}$$

$$\vdots$$

$$\left(\frac{\mathrm{d}}{\mathrm{d}z^{-1}}\right)^k F(z) = \frac{k!a^k}{(1 - az^{-1})^{k+1}}$$

所以

$$f_k = \frac{1}{k!} \lim_{z^{-1}\to 0} \frac{k!a^k}{(1 - az^{-1})^{k+1}} = a^k \qquad (k \geqslant 0)$$

3.4　用 z 变换求解差分方程

在连续系统中用拉氏变换求解微分方程，使得复杂的微积分运算变成简单的代数运算。同样，在离散系统中也可以用 z 变换求解差分方程，使得差分运算变成了代数运算，大大简化和方便了离散系统的分析和综合。

一个单输入、单输出的离散线性定常系统，可以用 n 阶差分方程表示为

$$C_k + \sum_{i=1}^{n} a_i C_{k-i} = \sum_{i=0}^{n} b_i r_{k-i} \qquad (k \geqslant 0) \tag{3.4.1}$$

或

$$C_{k+n} + \sum_{i=1}^{n} a_i C_{k+n-i} = \sum_{i=0}^{n} b_i r_{k+n-i} \qquad (k \geqslant 0) \tag{3.4.2}$$

这两个差分方程本质上是一样的，前者多用于描述零初值的系统，而后者多用于描述有非零初值的系统。

一个差分方程，就是一个迭代算式，特别适合于计算机计算。但迭代计算对于系统分析来说是无益的，因此我们更希望得到一般解。

差分方程的经典时域解由两部分构成

$$C_k = \widetilde{C}_k + C_k^* \tag{3.4.3}$$

其中，$\widetilde{C}_k$ 是齐次方程的通解，而 C_k^* 是非齐次方程的一个特解。C_k^* 中包括待定常数，可由初值确定。该时域解与迭代计算相比，对分析更好，但解的过程仍嫌繁杂。

现在看式(3.4.2)的差分方程的 z 变换解法。

将式两边取 z 变换，应用 z 变换的线性性质和平移定理，整理即得

$$\left(z^n + \sum_{i=1}^{n} a_i z^{n-i}\right)C(z) - \alpha(z) = \left(\sum_{i=0}^{n} b_i z^{n-i}\right)R(z) - \beta(z) \tag{3.4.4}$$

其中，$C(z)$和 $R(z)$分别是 c_k 和 r_k 的 z 变换；$\alpha(z)$和 $\beta(z)$则是由两边初值造成的 z 多项式。

整理后，得

$$C(z) = \frac{B(z)}{A(z)}R(z) + \frac{\alpha(z) - \beta(z)}{A(z)} \tag{3.4.5}$$

其中

$$A(z) = z^n + \sum_{i=1}^{n} a_i z^{n-i} \tag{3.4.6}$$

$$B(z) = \sum_{i=1}^{n} b_i z^{n-i} \tag{3.4.7}$$

然后，只要求出 $C(z)$的反 z 变换，便解得 C_k 的通式。可以看到，用 z 变换求解差分方程是非常方便的。

例 3.4.1 已知

$$C_{k+2} + 5C_{k+1} + 6C_k = 0$$

初始条件：$C_0 = 0$，$C_1 = 1$，求解差分方程。

解 对差分方程两边取 z 变换，利用左移定理有

$$z^2C(z) - z^2C_0 - zC_1 + 5[C(z) - zC_0] + 6C(z) = 0$$

将初始条件代入，并整理得

$$z^2C(z) - z - 5zC(z) + 6C(z) = 0$$

$$C(z) = \frac{z}{z^2 + 5z + 6} = \frac{z}{(z+2)(z+3)}$$

用留数法求反变换 C_k

$$C_k = \sum_{i=1}^{n} \mathrm{Res}[C(z) \cdot z^{k-1}]\Big|_{z=z_i} = \sum_{i=1}^{2} \mathrm{Res}\left[\frac{z}{(z+2)(z+3)}z^{k-1}\right]\Bigg|_{z=-2,-3}$$

$$= (z+2)\frac{z^k}{(z+2)(z+3)}\Bigg|_{z=-2} + (z+3)\frac{z^k}{(z+2)(z+3)}\Bigg|_{z=-3}$$

$$= (-2)^k - (-3)^k$$

例 3.4.2 求下列系统的单位脉冲响应：

$$C_{k+2} - 3C_{k+1} + 2C_k = \delta_k$$

已知当 $k \leqslant 0$ 时，$C_k = 0$；$\delta_k = \begin{cases} 1 & (k=0) \\ 0 & (k \neq 0) \end{cases}$。

解 将差分方程两边取 z 变换，利用左移定理有

$$z^2 C(z) - z^2 C_0 + zC_1 - 3zC(z) - zC_0 + 2C(z) = 1$$

初值 C_1 可令 $k = -1$ 代入原方程求得，即

$$C_1 - 3C_0 + 2C_{-1} = 0$$

由于 $k \leqslant 0$，$C_k = 0$，故 $C_1 = 0$，将初值代入得

$$z^2 C(z) - 3zC(z) + 2C(z) = 1$$

$$C(z) = \frac{1}{z^2 - 3z + 2} = \frac{-1}{z-1} + \frac{1}{z-2}$$

$$zC(z) = \frac{-z}{z-1} + \frac{z}{z-2} = -\frac{1}{1-z^{-1}} + \frac{1}{1-2z^{-1}}$$

两边取 z 反变换

$$C_{n-1} = -1 + 2^n \qquad (n = 0,1,2,\cdots)$$

令 $n+1=k$，得

$$C_k = -1 + 2^{k-1} \qquad (k = 1,2,3,\cdots)$$

例 3.4.3 求下列系统的单位阶跃响应

$$C_{k+1} - aC_k = \mu_k \qquad (a \neq 1)$$

$$C_0 = 0$$

$$\mu_k = 1(k)$$

解 对原差分方程两边取 z 变换有

$$zC(z) - aC(z) = \frac{z}{z-1}$$

$$C(z) = \frac{z}{(z-a)(z-1)}$$

用留数法求 z 反变换

$$C_k = \sum_{i=1}^{n} \mathrm{Res}[C(z) \cdot z^{k-1}]_{z=z_i} = \sum_{i=1}^{2} \mathrm{Res}\left[\frac{z}{(z-a)(z-1)} z^{k-1}\right]\Bigg|_{z=a,1}$$

$$= (z-a)\frac{z^k}{(z-a)(z-1)}\Bigg|_{z=a} + (z-1)\frac{z^k}{(z-a)(z-1)}\Bigg|_{z=1}$$

$$= \frac{a^k}{a-1} + \frac{1}{1-a} = \frac{1-a^k}{1-a} \qquad (k = 0,1,2,\cdots)$$

通过上述分析可以看出，用 z 变换求解差分方程大致分为 4 个步骤：

① 对差分方程两边作 z 变换；

② 利用已知初始条件或求出的 $y(0), y(T), y(2T), \cdots$ 代入 z 变换式；

③ 由 z 变换式求出显式方程。

$$Y(z) = \frac{b_0 z^m + b_1 z^{m-1} + \cdots + b_m}{a_0 z^n + a_1 z^{n-1} + \cdots + a_n}$$

④ 由 $y(kT) = Z^{-1}[Y(z)]$，利用求 z 反变换的方法，便可得到差分方程的解 $y(kT)$。

习　题

3.1　已知一信号 $f(t)$ 由有用信号 $f_s(t)$ 和噪声 $n(t)$ 混合而成，即 $f(t) = f_s(t) + n(s)$，其对应的频谱 $F(\omega) = F_s(\omega) + N(\omega)$ 如图 P3.1 所示，试问能否借助理想采样和理想低通滤波器单独将 $F_s(\omega)$ 完整地取出？采样周期如何选择？

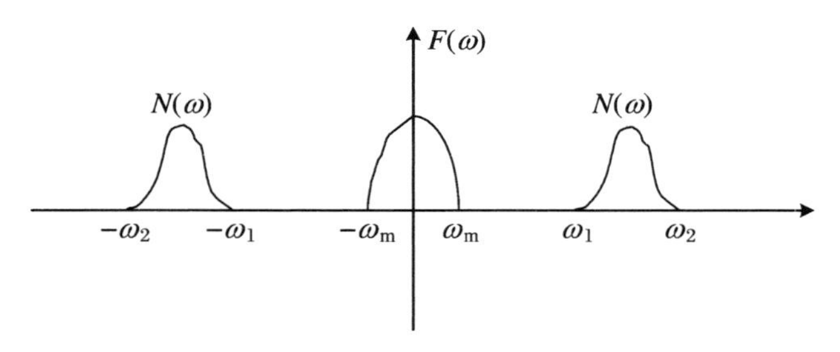

图 P3.1　习题 3.1 图($\omega_1 > 2\omega_m$)

3.2　已知一连续系统的开环传递函数为 $G(s) = \dfrac{K(s+6)}{(s+2)(s^2+80s+1600)}$，若对其设计计算机控制系统，采样周期如何选择？给出分析的过程。

3.3　设一闭环系统的闭环传递函数为 $\omega(s) = \dfrac{\omega_n^2}{s^2 + 2\xi\omega_n s + \omega_n^2}$，阻尼比 $\xi \in (0,1)$，若采用计算机控制，取阶跃响应上升时间的三分之一为采样周期 T，试求 T 与 ξ, ω_n 之间的关系。

3.4　求下列函数或序列的 z 变换通式：

(1) $f(t) = \begin{cases} 2 - t & (t \in [0,2]) \\ 0 & (\text{其他}) \end{cases}$，设采样周期为 1 s；

(2) 若 $f(t)$ 的形式如图 P3.2 所示，考虑 $T = 0.5$ s 和 $T = 1$ s 两种情况；

(3) $f(t) = e^{-at}\sin(\omega t + \theta)$　　$(t \geqslant 0)$；

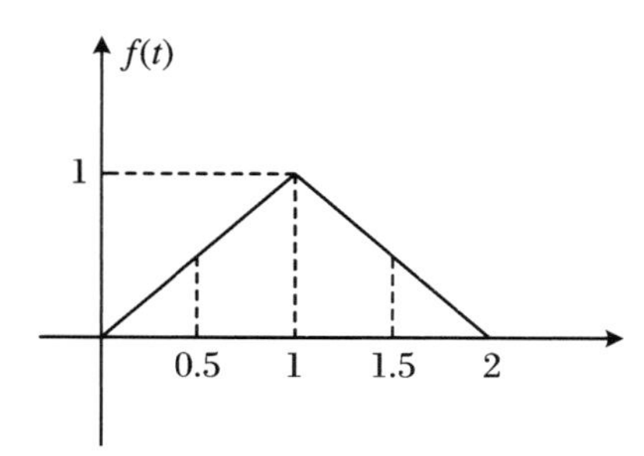

图 P3.2　习题 3.4 图

(4) $f_k = 2^k + (k-1)^2 - 2 \quad (k \geqslant 0)$；

(5) $f_k = \begin{cases} a & (k\ \text{零和偶}) \\ b & (k\ \text{奇}) \end{cases} \quad (k \geqslant 0)$；

(6) $f_k = \mathrm{e}^{-k}(1-\cos 2k) \quad (k \geqslant 0)$；

(7) $f(t) = a + b\mathrm{e}^{-ct} \quad (t \geqslant 0)$；

(8) $f(t) = \mathrm{e}^{-t}u(t-2T) \quad (t \geqslant 0, u(t)$ 为单位阶跃函数)；

(9) $f_k = g_k * h_k$，其中 $g_k = k^2, h_k = 2^{-k}, k \geqslant 0$，$*$ 为折积；

(10) $f_k = \nu^k \sin bk \quad (r > 0, k \geqslant 0)$。

3.5　求下列拉普拉斯变换函数的 z 变换：

(1) $F(s) = \dfrac{s+2}{s(s+1)}$；

(2) $F(s) = \dfrac{1-\mathrm{e}^{-Ts}}{s^2(s+1)}$；

(3) $F(s) = \dfrac{ab}{s(s+a)(s+b)}$；

(4) $F(s) = \dfrac{K}{T_1 s+1} \cdot \dfrac{1-\mathrm{e}^{-Ts}}{s}$；

(5) $F(s) = \dfrac{s+1}{s(s^2+5)}$；

(6) $F(s) = \dfrac{5}{s(s^2+s+1)}$。

3.6　求下列 z 变换函数的终值和初值：

(1) $F(z) = \dfrac{1}{1-z^{-1}}$；

(2) $F(z) = \dfrac{1}{1+6z^{-7}+10z^{-14}}$；

(3) $F(z) = \dfrac{z}{z^2+az+a^2}$；

(4) $F(z) = \dfrac{1}{1-2z^{-1}} - \dfrac{1.5z^{-1}}{1-2.5z^{-1}+z^{-2}}$；

(5) $F(z) = \dfrac{T^3 z(z+1)}{(z-1)^3}$。

3.7　根据 z 变换定义，由 $Y(z)$ 求出 $y(kT)$：

(1) $Y(z) = 0.3 + 0.6z^{-1} + 0.8z^{-2} + 0.9z^{-3} + 0.95z^{-4} + z^{-5}$；

(2) $Y(z) = z^{-1} - z^{-2} + z^{-3} - z^{-4} + z^{-5} - z^{-6}$。

3.8　对下列函数 $F(z)$ 求 z 反变换，以获得时间序列 $f(k)$：

(1) $F(z) = \dfrac{z^{-1}-3}{z^{-2}-2z^{-1}+1}$；

(2) $F(z) = \dfrac{z(z-2)}{z^2-4z+1}$；

(3) $F(z) = \dfrac{z}{(z-1)(z+0.5)^2}$；

(4) $F(z)=\dfrac{z^2}{z^2+(2r\cos b)z+r^2}\qquad(r>0)$；

(5) $F(z)=\dfrac{-3z^3+z^2}{z^3-4z^2+5z-2}$。

3.9　利用 z 变换法解差分方程 $y_{k+2}+3y_{k+1}+2y_k=r_k$，其中 $y_0=0$，$y_1=1$，r_k 分别为单位阶跃序列和单位斜坡序列。

3.10　解差分方程 $y(kT)+2y(kT-T)-2y(kT-2T)=u(kT)+2u(kT-T)$，其中 $u(kT)=e^{-akT}$。

3.11　已知序列 $f_k=e^{-k}(k\geqslant 0)$，试分别求 ∇f_k，$\nabla^2 f_k$，Δf_k，$\Delta^2 f_k$ 以及 $\sum\limits_{n=0}^{k}f_n$ 和 $\sum\limits_{m=0}^{k-1}\sum\limits_{i=0}^{m}f_i$ 的 z 变换。

3.12　已知 $F(z)=\dfrac{1}{z+1}$，试计算 $Z[f(2t)]$，$Z\left[f\left(\dfrac{t}{2}\right)\right]$和 $Z_{\frac{1}{3}}[F(z)]$。

3.13　已知序列 $f(kT)$如图 P3.3 所示，试计算 $F(z)$。

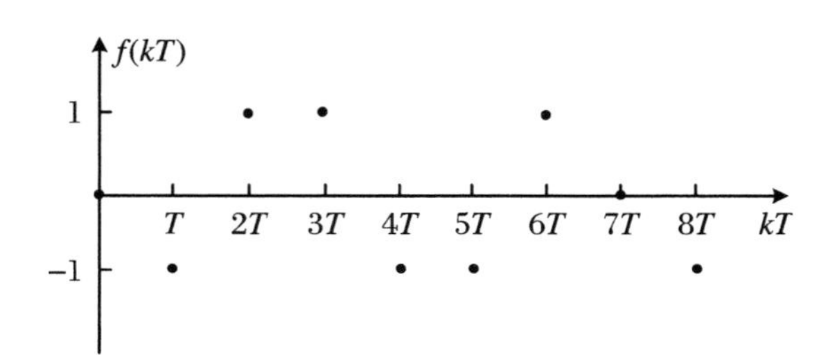

图 P3.3　习题 3.13 图

3.14　求 $F(z)=\dfrac{bz}{z-a}$，试对 $n=2$ 和 $n=3$ 分别计算 $Z_n[f(t)]$。

第 4 章　线性离散系统的描述与分析

计算机控制系统是线性离散系统或者可近似当作线性离散系统。研究一个物理系统，必须建立相应的数学模型、解决数学描述和分析工具的问题。本章主要介绍线性离散系统的数学描述形式和方法；分析线性离散系统的性能，如稳定性、稳态特性和动态特性等。全面展现计算机控制系统数学描述与分析的原理、技术手段以及工程实践中重点关心的问题是计算机控制系统设计与应用的基础。

线性离散系统的数学描述与线性连续系统的数学描述相对应，通常包括差分方程描述、z 传递函数描述、单位权序列描述和离散状态空间描述 4 种形式。

4.1　线性离散系统的差分方程描述

众所周知，如图 4.1 所示的线性连续系统，其输入和输出数学描述可以用线性常微分方程来表示，即

$$\begin{aligned}&a_0\frac{\mathrm{d}^n y(t)}{\mathrm{d}t^n}+a_1\frac{\mathrm{d}^{n-1}y(t)}{\mathrm{d}t^{n-1}}+\cdots+a_{n-1}\frac{\mathrm{d}y(t)}{\mathrm{d}t}+a_n y(t)\\&=b_0\frac{\mathrm{d}^m r(t)}{\mathrm{d}t^m}+b_1\frac{\mathrm{d}^{m-1}r(t)}{\mathrm{d}t^{m-1}}+\cdots b_{m-1}\frac{\mathrm{d}r(t)}{\mathrm{d}t}+b_m r(t)\end{aligned}\tag{4.1.1}$$

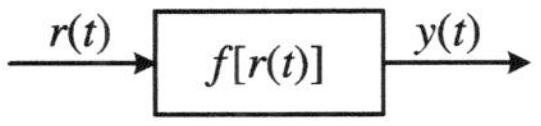

图 4.1　线性连续系统

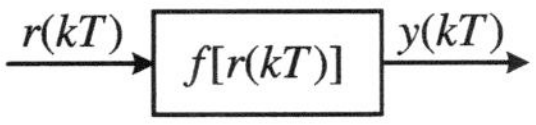

图 4.2　线性离散系统

对应的线性离散系统如图 4.2 所示，其输入与输出间的数学描述可以用线性常系数差分方程表示，即

$$\begin{aligned}&y(kT)+a_1y(kT-T)+a_2y(kT-2T)+\cdots\\&\quad+a_{n-1}y(kT-nT+T)+a_ny(kT-nT)\\&=b_0r(kT)+b_1r(kT-T)+b_2r(kT-2T)+\cdots\\&\quad+b_{m-1}r(kT-mT+T)+b_mr(kT-mT)\end{aligned}\tag{4.1.2}$$

所谓线性离散系统，是指表征其特征的差分方程满足叠加定理，即满足以下要求：

若 $y_1(kT)=f[r_1(kT)]$，$y_2(kT)=f[r_2(kT)]$，$r(kT)=a_1r_1(kT)+a_2r_2(kT)$，$a_1$，$a_2$ 为任意常数。则有

$$
\begin{aligned}
y(kT) &= f[r(kT)] = f[a_1 r_1(kT) + a_2 r_2(kT)] \\
&= a_1 f[r_1(kT)] + a_2 f[r_2(kT)] \\
&= a_1 y_1(kT) + a_2 y_2(kT)
\end{aligned} \tag{4.1.3}
$$

与连续系统一样，离散系统也可以分为时变系统与时不变系统。本书主要讨论线性时不变系统。时不变系统的输入和输出之间的关系是不随时间变化的，即若对于系统的输入 $r(kT)$，输出为 $y(kT)$，那么当输入为 $r(kT-iT)$时，其对应的输出为 $y(kT-iT)$，$k=0$，$1,2,\cdots$，$i=0,\pm1,\pm2,\cdots$，时不变系统也称位移不变系统。

具有时不变特性的线性离散系统被称为线性时不变离散系统。

在获得表征线性离散系统特征的差分方程之后，就可以利用第 3 章中所讲的 z 变换的方法来求解，从而对线性离散系统进行分析。

线性离散系统的分析方法有古典法、z 变换法和离散状态空间法。为便于读者了解和掌握线性离散系统的分析方法，表 4.1 列出并比较了线性离散系统和线性连续系统的分析方法。

表 4.1　线性连续系统与线性离散系统分析方法的比较

<table>
<tr><th colspan="3"></th><th>线性连续系统</th><th>线性离散系统</th></tr>
<tr><td colspan="3">数学描述</td><td>线性微分方程；
古典解法、变换解法、状态空间解法</td><td>线性差分方程；
古典解法、变换解法、离散状态空间法</td></tr>
<tr><td rowspan="10">变换法</td><td colspan="2">变换</td><td>拉普拉斯变换</td><td>离散拉普拉斯变换或 z 变换</td></tr>
<tr><td colspan="2">过渡函数</td><td>脉冲过渡函数 $h(t)$，输入 $r(t)$，
输出 $y(t)=h(t)*r(t)$</td><td>单位冲激响应 $h(kT)$，输入 $r(kT)$，
输出 $y(kT)=h(kT)*r(kT)$</td></tr>
<tr><td colspan="2">传递函数</td><td>传递函数 $G_C(s)=\dfrac{Y(s)}{R(s)}$</td><td>$z$ 传递函数 $G_C(s)=\dfrac{Z[Y^*(s)]}{Z[R^*(s)]}=\dfrac{Y(s)}{R(s)}$</td></tr>
<tr><td colspan="2">频率特性</td><td>$G(s)\vert_{s=j\omega}\rightarrow G_0(j\omega)$</td><td>$G_0(z)\vert_{z=e^{j\omega T}}\rightarrow G_0(e^{j\omega T})$</td></tr>
<tr><td>频率法</td><td>对数频率特性</td><td>$20\lg\vert G_0(j\omega)\vert\rightarrow\lg\omega$；
$\varphi(\omega)\rightarrow\lg\omega$</td><td>$G_0(z)\vert_{z=\frac{1+jv}{1-jv}}\rightarrow G_0(jv)$
$20\lg\vert G_0(jv)\vert\rightarrow\lg v,\varphi(v)\rightarrow\lg v$</td></tr>
<tr><td rowspan="3">根轨迹法</td><td>幅值条件</td><td>$\vert G_0(s)\vert=1$</td><td>$\vert G_0(z)\vert=1$</td></tr>
<tr><td>绘制法则</td><td>在 s 平面上作根轨迹</td><td>在 z 平面上作根轨迹，绘制法与连续系统类似</td></tr>
<tr><td>相角条件</td><td>$\angle G_0(s)=\pm180^\circ+i\cdot360^\circ$
$i=0,1,2,\cdots$</td><td>$\angle G_0(z)=\pm180^\circ+i\cdot360^\circ$
$i=0,1,2,\cdots$</td></tr>
<tr><td colspan="2">系统稳定的充要条件</td><td>与系统的闭环极点在 s 平面的分布有关（s 平面的左半平面）</td><td>系统的闭环极点分布在 z 平面上，以原点为圆心的单位圆（半径为 1）内</td></tr>
<tr><td colspan="2">系统的瞬态响应</td><td>与闭环极点和零点在 s 平面上的分布有关</td><td>与闭环极点和零点在 z 平面上的分布有关</td></tr>
</table>

续表

<table>
<tr><th colspan="3"></th><th>线性连续系统</th><th>线性离散系统</th></tr>
<tr><td rowspan="5">状态空间法</td><td colspan="2">状态空间表达式</td><td>$\dot{x}(t)=Ax(t)+Bu(t)$；
$y(t)=Cx(t)+Du(t)$</td><td>$x(kT+T)=Fx(kT)+Gu(kT)$
$y(kT)=Cx(kT)+Du(kT)$</td></tr>
<tr><td colspan="2">传递矩阵</td><td>$G(s)=H(s)=C[sI-A]^{-1}B+D$</td><td>$G(z)=H(z)=C[zI-F]^{-1}G+D$</td></tr>
<tr><td colspan="2">特征方程</td><td>$|sI-A|=0$</td><td>$|zI-F|=0$</td></tr>
<tr><td rowspan="2">状态方程的解</td><td>迭代法</td><td>$x(t)=e^{At}x(0)+\int_0^t e^{A(t-\tau)}Bu(\tau)d\tau$</td><td>$x(kT)=F^k x(0)+\sum_{j=0}^{k-1}F^{k-j-1}Gu(jT)$</td></tr>
<tr><td>变换法</td><td>$x(t)=L^{-1}[(sI-A)^{-1}]X(0)$
$+L^{-1}[(sI-A)^{-1}BU(s)]$</td><td>$x(kT)=Z^{-1}[(zI-F)^{-1}z]X(0)$
$+Z^{-1}[(zI-F)^{-1}GU(z)]$</td></tr>
<tr><td colspan="3">系统稳定的充要条件</td><td>特征根的实部小于零，$\mathrm{Re}(s_i)<0$ 即分布在 s 平面的左半平面内</td><td>特征根的模 $|z_i|<1$，即分布在 z 平面上以原点为圆心的单位圆内</td></tr>
</table>

4.2　z 传递函数

4.2.1　z 传递函数的定义

z 传递函数是分析线性离散系统的重要工具。我们知道，在分析线性连续系统时，传递函数是这样定义的：在初始静止（$t=0$ 时输入量 $r(t)$ 和输出量 $y(t)$ 以及它们的各阶导数均为零）的条件下，一个线性连续对象的输出量 $y(t)$ 的拉普拉斯变换 $Y(s)$ 和输入量 $r(t)$ 的拉普拉斯变换 $R(s)$ 之比为该对象的传递函数 $G(s)$，即

$$G(s)=\frac{L[y(t)]}{L[r(t)]}=\frac{Y(s)}{R(s)} \tag{4.2.1}$$

在线性离散系统中，z 传递函数定义为：在初始静止（$k=0$ 时，输入与输出全为 0）的条件下，一个离散对象的输出脉冲序列 $y(kT)$ 的 z 变换 $Y(z)$ 跟输入脉冲序列 $r(kT)$ 的 z 变换 $R(z)$ 之比，如图 4.3 所示。

$$G(z)=\frac{Z[y(kT)]}{Z[r(kT)]}=\frac{Y(z)}{R(z)} \tag{4.2.2}$$

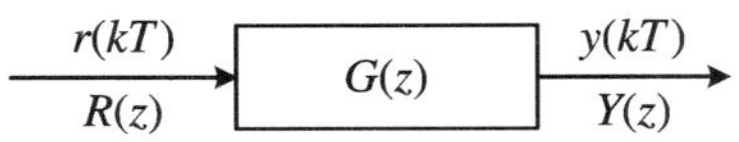

图 4.3　环节（系统）的 z 传递函数

连续系统传递函数 $G(s)$ 反映了对象的物理特性，$G(s)$ 仅取决于描述系统的微分方程。

同样,在离散系统中,z 传递函数$G(z)$也反映的是对象的物理特性,$G(z)$仅取决于描述离散系统的差分方程。

4.2.2 由系统的差分方程求其 z 传递函数

根据 z 变换理论,可从线性离散系统的差分方程得到其 z 传递函数的表达式。

典型的线性离散系统的差分方程为

$$\begin{aligned} &y(kT)+a_1y(kT-T)+a_2y(kT-2T)+\cdots+a_ny(kT-nT)\\ &\quad=b_0r(kT)+b_1r(kT-T)+b_2(kT-2T)+\cdots+b_mr(kT-mT) \end{aligned} \tag{4.2.3}$$

或

$$y(kT)=\sum_{i=0}^{m}b_ir(kT-iT)-\sum_{i=1}^{n}a_iy(kT-iT) \tag{4.2.4}$$

在初始静止的条件下,对式(4.2.4)作 z 变换:

$$Y(z)=\sum_{i=0}^{m}b_iR(z)z^{-i}-\sum_{i=1}^{n}a_iY(z)z^{-i} \tag{4.2.5}$$

系统的 z 传递函数$G(z)$为

$$G(z)=\frac{Y(z)}{R(z)}=\frac{\sum_{i=0}^{m}b_iz^{-i}}{1+\sum_{i=1}^{n}a_iz^{-i}} \tag{4.2.6}$$

图 4.4 给出了线性离散系统 z 传递函数的方框图。

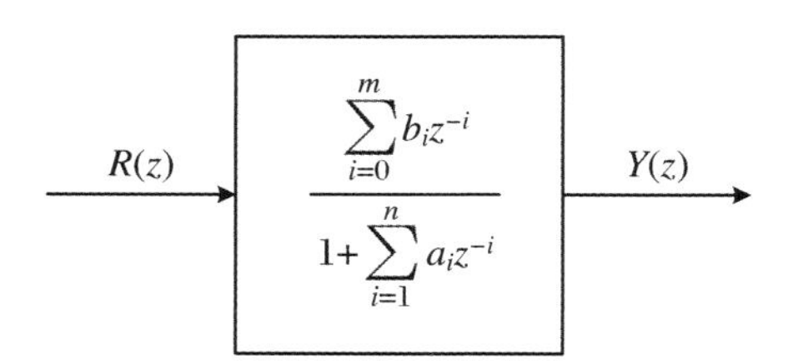

图 4.4 系统的 z 传递函数

例 4.2.1 设线性离散系统的差分方程为

$$\begin{aligned} &y(kT)+3y(kT-T)+2y(kT-2T)+4y(kT-3T)\\ &\quad=r(kT)-3r(kT-T)+2r(kT-2T) \end{aligned}$$

且初始静止。试求该系统的 z 传递函数。

解 对系统差分方程两边同时作 z 变换,得

$$Y(z)+3Y(z)z^{-1}+2Y(z)z^{-2}+4Y(z)z^{-3}=R(z)-3R(z)z^{-1}+2R(z)z^{-2}$$

于是,根据 z 传递函数的定义,该系统的 z 传递函数$G(z)$可表示为

$$G(z)=\frac{Y(z)}{R(z)}=\frac{1-3z^{-1}+2z^{-2}}{1+3z^{-1}+2z^{-2}+4z^{-3}}$$

或

$$G(z)=\frac{z^3-3z^2+2z}{z^3+3z^2+2z+4}$$

与此相反,由系统的 z 传递函数,也可以得到该系统的差分方程。

例 4.2.2　设线性离散系统的 z 传递函数为

$$G(z)=\frac{z^4+4z^3+3z^2+2z+1}{z^4+4z^3+5z^2+3z+2}$$

试求系统的差分方程。

解　根据 z 传递函数的定义和已知条件可知

$$G(z)=\frac{Y(z)}{R(z)}=\frac{1+4z^{-1}+3z^{-2}+2z^{-3}+z^{-4}}{1+4z^{-1}+5z^{-2}+3z^{-3}+2z^{-4}}$$

于是,有

$$Y(z)(1+4z^{-1}+5z^{-2}+3z^{-3}+2z^{-4})=R(z)(1+4z^{-1}+3z^{-2}+2z^{-3}+z^{-4})$$

对上式的两边做 z 反变换,可得该系统的差分方程表示,即

$$\begin{aligned}&y(kT)+4y(kT-T)+5y(kT-2T)+3y(kT-3T)+2y(kT-4T)\\&\quad=r(kT)+4r(kT-T)+3r(kT-2T)+2r(kT-3T)+r(kT-4T)\end{aligned}$$

由例 4.2.1、例 4.2.2 可以看出,利用 z 变换和 z 反变换,在初始静止的条件下,线性离散系统的差分方程跟其 z 传递函数之间能够相互转换。

4.2.3　一般环节的 z 传递函数的计算

求一般的控制系统的总体传递函数或输出,与连续系统的区别在于采样开关的存在和其位置的不同,其总体传递函数或输出的形式和内容都有重大的不同。我们从简单的串联、并联及反馈结构开始,进而讨论一般情况下如何改造系统而使梅森(Mason)公式可用来获得复杂系统的总体 z 传递函数或输出。

我们在如图 4.5 所示的线性连续对象输出端放一个虚拟的采样开关,表示观察输出的采样值。对于图 4.5(a),我们约定,保持器的传递函数已包含于 $G(s)$之中。今后,凡是采样开关后紧接的传递函数,若不标明是保持器的话,都认为包含了保持器的传递函数,或者至少已将采样时间 τ 做了恰当的处理。

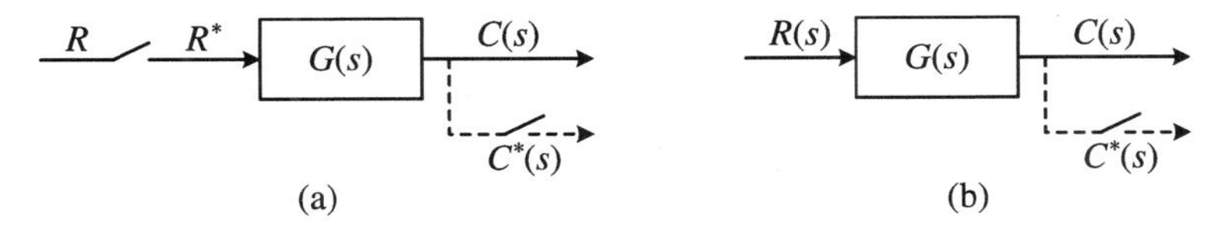

图 4.5　最简单的系统

于是,由传递关系和星号变换,对图 4.5(a)有

$$C(s)=G(s)R^*(s) \tag{4.2.7}$$

$$C^*(s)=G^*(s)R^*(s) \tag{4.2.8}$$

由式(4.2.8)可直接写出 z 变换后的函数关系:

$$C(z)=G(z)R(z) \tag{4.2.9}$$

而对图 4.5(b)有

$$C(s) = G(s)R(s) \tag{4.2.10}$$

$$C^*(s) = [G(s)R(s)]^* \tag{4.2.11}$$

$$C(z) = GR(z) \tag{4.2.12}$$

可见,图 4.5(a)中不仅存在由 $R^*(s)$到 $C(s)$的 s 域传递函数,也存在 $R(z)$到 $C(z)$的 z 域传递函数,而图 4.5(b)中存在 $R(s)$到 $C(s)$的 s 域传递函数,却不存在由 $R(z)$到 $C(z)$的 z 域传递函数。

4.2.3.1 简单的串、并、反馈结构

1. 串联

两个环节串联,由于采样开关的存在和位置的不同,有 4 种不同的串联结构如图 4.6 所示,它们分别有如下关系:

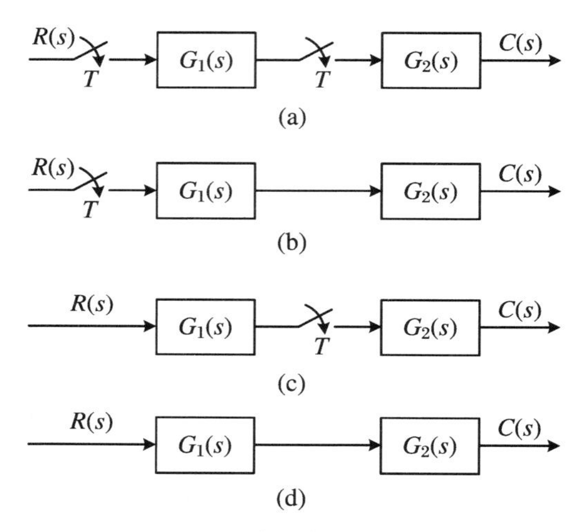

图 4.6 两个环节的串联结构

结构(a)是两连续环节间带有采样开关,并且输入也有采样,则

$$C(s) = G_2(s)G_1^*(s)R^*(s) \tag{4.2.13}$$

$$C^*(s) = G_2^*(s)G_1^*(s)R^*(s) \tag{4.2.14}$$

$$C(z) = G_2(z)G_1(z)R(z) \tag{4.2.15}$$

结构(b)是两连续环节直接串联,输入有采样,则

$$C(s) = G_1(s)G_2(s)R^*(s) \tag{4.2.16}$$

$$C^*(s) = G_1G_2^*(s)R^*(s) \tag{4.2.17}$$

$$C(z) = G_1G_2(z)R(z) \tag{4.2.18}$$

结构(c)是两连续环节间有采样开关,输入无采样,则

$$C(s) = G_2(s)G_1R^*(s) \tag{4.2.19}$$

$$C^*(s) = G_2^*(s)G_1R^*(s) \tag{4.2.20}$$

$$C(z) = G_2(z)G_1R(z) \tag{4.2.21}$$

结构(d)不存在任何采样，则

$$C(s) = G_1(s)G_2(s)R(s) \tag{4.2.22}$$

$$C^*(s) = G_1G_2R^*(s) \tag{4.2.23}$$

$$C(z) = G_1G_2R(z) \tag{4.2.24}$$

由此可见，对结构(a)和(b)，都存在整体 z 域传递函数；而对结构(c)和(d)，都不存在整体 z 域传递函数。由此，我们得出一般性的结论：若干个连续环节串联时，只有当第一个环节的输入端有采样开关时，才存在整体的 z 传递函数，而且当第一个环节有输入端采样，环节之间也都有采样时，整体 z 传递函数才是各环节自身 z 传递函数的乘积。

例 4.2.3　若 $W_1(s)=\dfrac{1}{s}, W_2(s)=\dfrac{a}{s+a}$，对于如图 4.7 所示的结构，求其 z 传递函数。

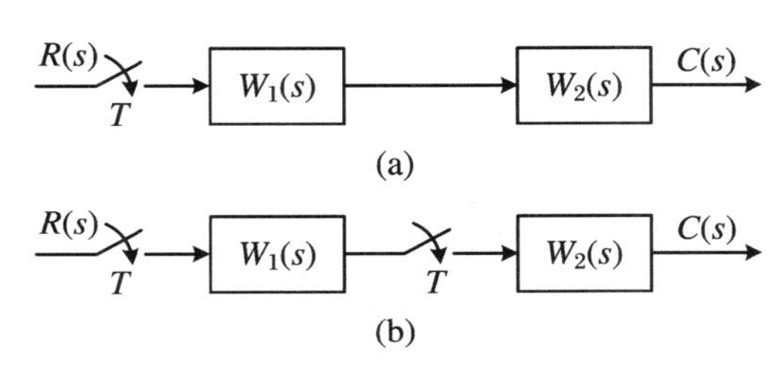

图 4.7　例 4.2.3 图

解　对于结构(a)，有

$$C(s) = W_2(s)W_1(s)R^*(s)$$

$$C^*(s) = W_2W_1^*(s)R^*(s)$$

$$C(z) = W_2W_1(z)R(z)$$

$$\begin{aligned} W(z) &= Z[W_1(s)W_2(s)] \\ &= Z\left[\frac{1}{s}\cdot\frac{a}{s+a}\right] = Z\left[\frac{1}{s}-\frac{1}{s+a}\right] \\ &= \frac{1}{1-z^{-1}} - \frac{1}{1-\mathrm{e}^{-aT}z^{-1}} = \frac{z^{-1}(1-\mathrm{e}^{-aT})}{(1-z^{-1})(1-\mathrm{e}^{-aT}z^{-1})} \end{aligned}$$

对于结构(b)，有

$$C(s) = W_2(s)W_1^*(s)R^*(s)$$

$$C^*(s) = W_2^*(s)W_1^*(s)R^*(s)$$

$$C(z) = W_2(z)W_1(z)R(z)$$

$$\begin{aligned} W(z) &= W_2(z)W_1(z) \\ &= Z\left[\frac{1}{s}\right]Z\left[\frac{a}{s+a}\right] = \frac{1}{1-z^{-1}}\cdot\frac{a}{1-\mathrm{e}^{-aT}z^{-1}} \\ &= \frac{a}{(1-z^{-1})(1-\mathrm{e}^{-aT}z^{-1})} \end{aligned}$$

由此可见，$W_1(z)W_2(z)\neq W_1W_2(z)$，亦即串联环节之间有无采样开关，其 z 传递函数是不同的。

2. 并联

两个环节并联，由于采样开关的存在和位置的不同，有3种结构，如图4.8所示。

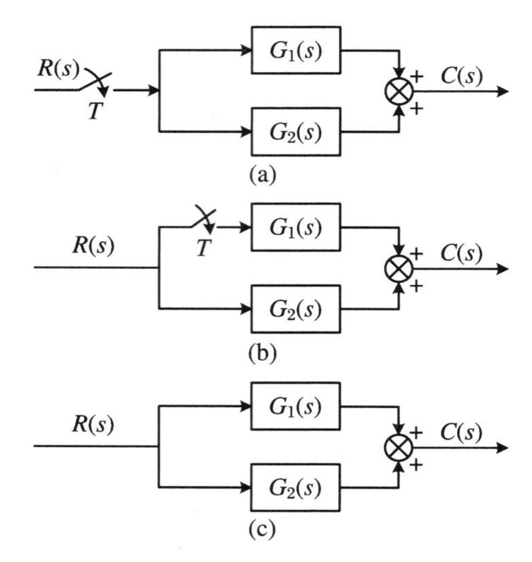

图4.8 两个环节的并联结构

结构(a)，两个环节并联，输入有采样，则

$$C(s)=[G_1(s)+G_2(s)]R^*(s) \tag{4.2.25}$$

$$C(z)=[G_1(z)+G_2(z)]R(z) \tag{4.2.26}$$

结构(b)，两个连续环节并联，其中一个环节输入有采样，则

$$C(s)=G_1(s)R^*(s)+G_2(s)R(s) \tag{4.2.27}$$

$$C(z)=G_1(z)R(z)+G_2R(z) \tag{4.2.28}$$

结构(c)，两个连续环节并联，输入均未被采样，则

$$C(s)=G_1(s)R(s)+G_2(s)R(s) \tag{4.2.29}$$

$$C(z)=G_1R(z)+G_2R(z) \tag{4.2.30}$$

在这3种结构中，只有结构(a)有传递函数。于是，可以得出这样的结论：只有当并联环节的所有输入端都被采样，才存在整体 z 传递函数，且等于各个环节 z 传递函数之和。只要有一个环节的输入端没有采样，整体 z 传递函数就不存在。除非该环节是直传，即 $G_i(s)$ 是常数，或本身就是离散环节。

3. 闭环

简单的反馈结构有如图4.9所示的两种结构。

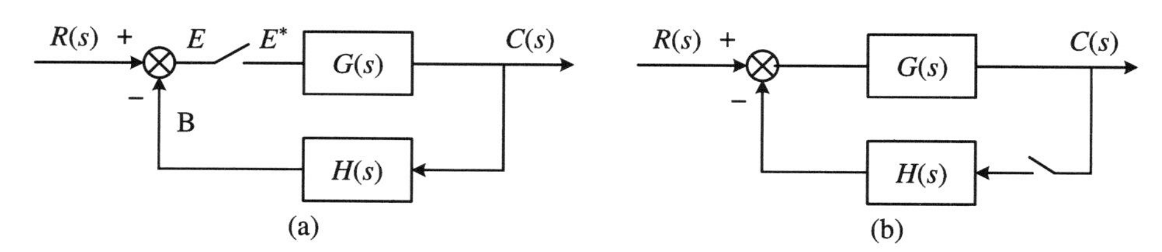

图4.9 简单的闭环结构

在结构(a)中,有这样关系式:

$$E^*(s) = R^*(s) - B^*(s) = R^*(s) - GH^*(s)E^*(s)$$

$$E^*(s) = \frac{1}{1 + GH^*(s)}R^*(s) \tag{4.2.31}$$

$$C(s) = G(s)E^*(s) = \frac{G(s)}{1 + GH^*(s)}R^*(s) \tag{4.2.32}$$

$$C(z) = \frac{G(z)}{1 + GH(z)}R(z) \tag{4.2.33}$$

显然,这里闭环的输入到输出之间 z 传递函数是存在的。如果 $H(s)$ 的输入端也有采样开关,则也有闭环传递函数,若记为 $W(z)$,则

$$W(z) = \frac{G(z)}{1 + GH(z)} \tag{4.2.34}$$

作为一般结论,无论闭环内结构多么复杂,只要有误差采样,则由闭环输入到输出总存在 z 传递函数。按照这个原则,结构(b)为非误差采样系统结构,故不存在由输入到输出的 z 传递函数。实际上它存在下面的关系:

$$C(s) = G(s)[R(s) - H(s)C^*(s)]$$

$$C^*(s) = GR^*(s) - GH^*(s)C^*(s)$$

$$C^*(s) = \frac{GR^*(s)}{1 + GH^*(s)}$$

$$C(z) = \frac{GR(z)}{1 + GH(z)} \tag{4.2.35}$$

下面举例说明。

例 4.2.4　如图 4.10 所示,为一单位负反馈系统,求其开环及闭环 z 传递函数。

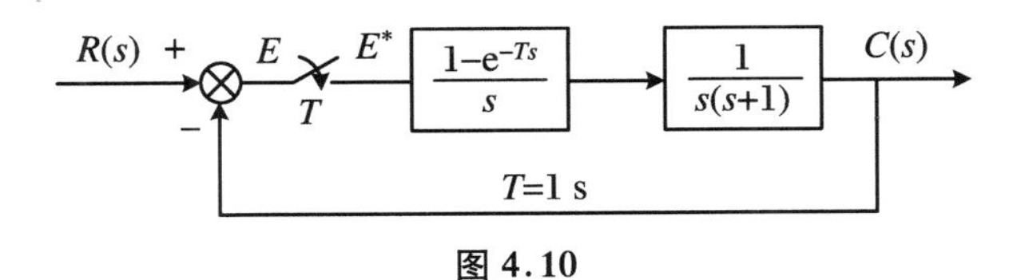

图 4.10

解　(1) 系统开环 z 传递函数为 $G(z)=\dfrac{C(z)}{E(z)}$,而

$$C(z) = Z\left[\frac{1 - e^{-Ts}}{s} \cdot \frac{1}{s(s+1)}\right]E(z)$$

所以

$$G(z) = Z\left[\frac{1 - e^{-Ts}}{s^2(s+1)}\right] = (1 - z^{-1})\left[\frac{Tz^{-1}}{(1 - z^{-1})^2} - \frac{1}{1 - z^{-1}} + \frac{1}{1 - e^{-T}z^{-1}}\right]$$

$$= \frac{z(T - 1 + e^{-1}) + (1 - e^{-T} - Te^{-T})}{(z - 1)(z - e^{-T})}$$

$$= \frac{e^{-1}z + 1 - 2e^{-1}}{(z - 1)(z - e^{-1})} = \frac{0.368(z + 0.718)}{(z - 1)(z - e^{-1})}$$

(2) 闭环 z 传递函数 $W(z)=\dfrac{C(z)}{R(z)}$,按照式(4.2.33),考虑 $H(s)=1$,有

$$W(z)=\frac{G(z)}{1+G(z)}=\frac{\dfrac{e^{-1}z+1-2e^{-1}}{(z-1)(z-e^{-1})}}{1+\dfrac{e^{-1}z+1-2e^{-1}}{(z-1)(z-e^{-1})}}$$

$$=e^{-1}\frac{z+(e-2)}{z^2-z+(1-e^{-1})}$$

$$=0.368\times\frac{z+0.718}{z^2-z+0.632}$$

由此可见,给定任何一个输入 $R(z)$,就可以很方便的求出对应的 $C(z)$,如输入为 $R(z)=\dfrac{z}{z-1}$,则

$$C(z)=0.368\times\frac{z(z+0.718)}{(z-1)(z^2-z+0.632)}$$

对于有若干环节通过串联、并联或反馈所组成的系统,其 z 传递函数或输出的求取一般有如下步骤:

① 明确采样开关的位置;

② 以采样开关的输出和系统的输入为输入变量(自变量),以采样开关的输入和系统的输出为输出变量(应变量)列写方程组;

③ 对上述方程组的各方程两边作星号变换;

④ 将采样开关的输出变量作为中间变量消去,得到系统输出同输入的星号变换关系式;

⑤ 将上述关系整理成系统输出* = 系统输入的函数式,并将星号变换置以 z 变换,即可。

但是,对于比较复杂的系统,建议采用以信号流图为基础的梅森公式求取。

例 4.2.5 求如图 4.11 所示系统的,z 传递函数。

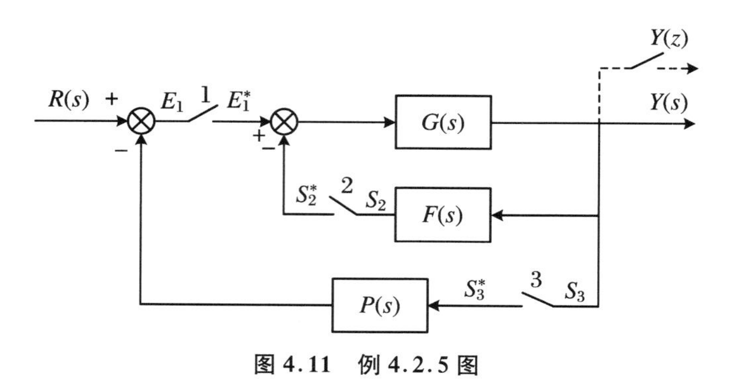

图 4.11 例 4.2.5 图

解 (1) 如图 4.11 所示,该系统有 3 个采样开关,采样开关 1 的输入、输出分别用 $E_1(s)$,$E_1^*(s)$表示;采样开关 2 的输入、输出分别用 $S_2(s)$,$S_2^*(s)$表示;采样开关 3 的输入、输出分别是 $S_3(s)$和 $S_3^*(s)$表示。

(2) 可列出下列 4 个方程(3 个采样开关,一个系统输出)

$$Y(s)=G(s)[E_1^*(s)-S_2^*(s)]$$

$$E_1(s) = R(s) - P(s)S_3^*(s)$$
$$S_2(s) = F(s)G(s)[E_1^*(s) - S_2^*(s)]$$
$$S_3(s) = G(s)[E_1^*(s) - S_2^*(s)]$$

(3) 对上述4个方程两边作星号变换：

$$Y^*(s) = G^*(s)[E_1^*(s) - S_2^*(s)]$$
$$E_1^*(s) = R^*(s) - P^*(s)S_3^*(s)$$
$$S_2^*(s) = FG^*(s)[E_1^*(s) - S_2^*(s)]$$
$$S_3^*(s) = G^*(s)[E_1^*(s) - S_2^*(s)]$$

(4) 消去中间变量 $E_1^*(s)$,$S_2^*(s)$,$S_3^*(s)$,得

$$Y^*(s) = G^*(s)\left[R^*(s) - P^*(s)Y^*(s) - \frac{FG^*(s)}{G^*(s)}Y^*(s)\right]$$

整理后，有

$$Y^*(s) = \frac{G^*(s)}{1 + G^*(s)P^*(s) + FG^*(s)}R^*(s)$$

(5) 将星号变换置以 z 变换，整理后就得到该系统的 z 传递函数：

$$W(z) = \frac{Y(z)}{R(z)} = \frac{G(z)}{1 + G(z)P(z) + FG(z)}$$

4.2.3.2　梅森公式在计算机控制系统中的应用

对于复杂的计算机控制系统，虽然可以借助等效框图局部变换为简单结构来处理，但是这种方法仍让人感到繁琐。于是自然会想到能否用梅森公式使处理简化。然而梅森公式只在纯连续或纯离散系统中才可直接使用，而计算机控制系统因连续和离散两类信号交错，连续信号可能被重复采样，故常不能直接使用。为应用该公式，需对混合系统信号流图进行等效改造。

等效改造混合系统信号流程图的基本思路是：考虑系统中全部采样开关的离散化效果，以输入、输出、开关为节点，等效地重新组织信号流程图，使离散信号区严格地与连续信号区隔离，使任何连续信号不再经历新的离散化。这样当然就可以分区使用梅森公式，亦可整体使用梅森公式。

我们已经知道：混合系统可能不存在整体的 z 传递函数，所以我们以求输出为目标，一般先求输出的拉氏变换。

信号图改造的步骤：在将所有的输入、开关、输出作为节点编写号码后，要进行以下4步处理：

(1) $S_\text{o} \to S_\text{I}$ 处理

从每一个采样开关的输出 S_o，向每一个(含自身)连通的(即无开关隔开的)采样开关的输入 S_I，都作一条支路，置以等效的支路传递函数(增益)，并作星号变换。

(2) $S_\text{o} \to Y$ 处理

从每一个采样开关的输出 S_o，向每一个连通的输出结点 Y，都作一条支路，置以等效的支路传递函数，但不作星号变换。

(3) $R \rightarrow S_{\mathrm{I}}$ 处理

令每一个输入都为1,并从每一个输入结点 R,向连通的每一个开关的输入 S_{I} 都作一条支路,置以等效的支路传递函数乘输入,并一起作星号变换。

(4) $R \rightarrow Y$ 处理

从每一个输入节点 R,向每个连通的输出结点 Y 都作一条支路,置以等效的支路传递函数乘输入,但不作星号变换。

在完成了上述处理,构成了新的信号流图以后,便可直接用梅森公式计算输出:

$$Y(s) = \frac{1}{\Delta}\sum_{i} P_i \Delta_i \tag{4.2.36}$$

其中,Δ 称为流程图的特征式。

$$\Delta = 1 - \sum_{i} L_i + \sum_{ij} L_i L_j - \sum_{ijk} L_i L_j L_k + \cdots \tag{4.2.37}$$

这里,$\sum_{i} L_i$ 指所有不同回路的增益之和;$\sum_{ij} L_i L_j$ 指所有2个互不接触的回路的增益乘积之和;$\sum_{ijk} L_i L_j L_k$ 指所有3个互不接触的回路的增益乘积之和;Δ_i 是第 i 条前向通路的余特征式,即去掉第 i 条前向通路后的流程图特征式;P_i 是第 i 条从系统输入 R 到系统输出 Y(畅通的)前向通路的增益。

式(4.2.36)是对单输入、单输出的情况,而在多输入、多输出的情况下,对每个输入和输出都可以按此方法计算。

在构造新的流程图时,有的采样开关是可以去掉的,例如原来的每段离散信号区只留一个就可以了。但要注意,原来被采样开关分开的增益,应以离散形式出现。

另外,在求每条支路的等效增益时,当然可以直接用梅森公式,因为既然是连通的,就表示该支路所等效部分传递函数框图中,没有采样开关。

例 4.2.6 计算机控制系统如图 4.12(a)所示,应用梅森公式求 $Y(s)$ 及 $Y(z)$。

解 将 R,S_1,S_2,Y 4 个节点分别编号为 0,1,2,3,按改造混合系统信号流图 4 个步骤有:

$\mathrm{S}_{1\mathrm{o}}$ 到 $\mathrm{S}_{2\mathrm{I}}$ 连通,故作一支路,该支路增益为 $D(z)$,因为是纯离散环节,打“*”与否一样;

$\mathrm{S}_{1\mathrm{o}}$ 到 $\mathrm{S}_{1\mathrm{I}}$ 不连通;

$\mathrm{S}_{2\mathrm{o}}$ 到 $\mathrm{S}_{1\mathrm{I}}$ 连通,作一支路,等效支路增益为 $-GH_1H_2$,并且打“*”,即为 $-(GH_1H_2)^*$;

$\mathrm{S}_{2\mathrm{o}}$ 到 $\mathrm{S}_{1\mathrm{I}}$ 不连通;

$\mathrm{S}_{1\mathrm{o}}$ 到 Y 不连通;

$\mathrm{S}_{2\mathrm{o}}$ 到 Y 连通,作一支路,等效支路增益为 $-GH_2$;

R 到 $\mathrm{S}_{1\mathrm{I}}$ 连通,作一支路,等效支路增益为 $(GH_1R)^*$;

R 到 $\mathrm{S}_{2\mathrm{I}}$ 不连通;

R 到 Y 是连通的,作一支路,等效支路增益为 GR。

综合上述结果,给出改造后的信号流图如图 4.12(b)所示。

该信号流图特征式为

$$\Delta = 1 + D(GH_1H_2)^*$$

共有两条前向通路 0→3 和 0→1→2→3。

对 0→3，有

$$P_1 = GR$$

$$\Delta_1 = \Delta$$

对 0→1→2→3，有

$$P_2 = -GH_2D(GH_1R)^*, \Delta_2 = 1,$$

所以

$$Y(s) = G(s)R(s) - \frac{G(s)H_2(s)D(z)GH_1R^*(s)}{1 + D(z)GH_1H_2^*(s)}$$

$$Y(z) = GR(z) - \frac{GH_2(z)D(z)GH_1R(z)}{1 + D(z)GH_1H_2(z)}$$

在 $Y(s)$的表达式中，为了简明表达，直接用 $D(z)$代表 $D(e^{Ts})$，之后不再说明。

如果将图 4.12(a)中的采样开关 S_2 去掉，则以同样的改造步骤，得到改造后的信号流图如图 4.12(c)所示。可以很直观地看出来，它和图 4.12(b)是完全等价的。

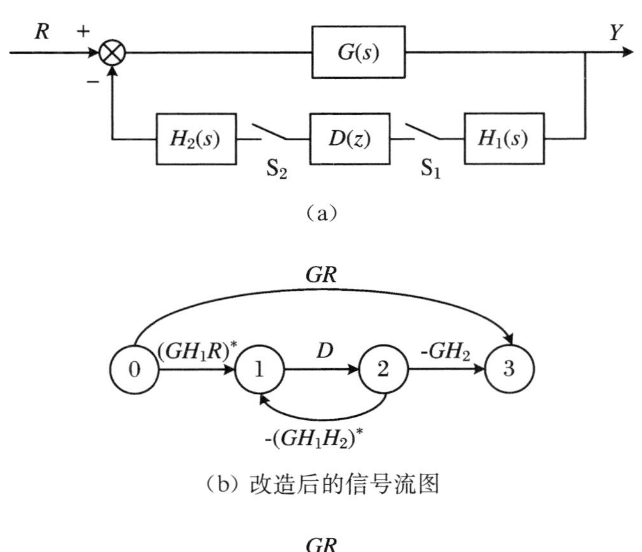

(b) 改造后的信号流图

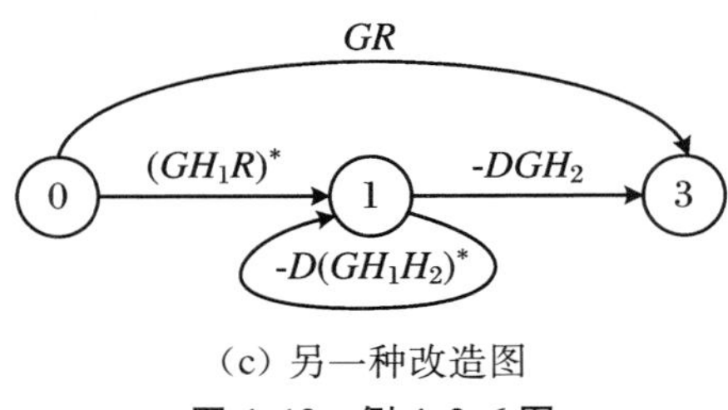

(c) 另一种改造图

图 4.12　例 4.2.6 图

例 4.2.7　将如图 4.13 所示的系统框图改造成能直接应用梅森公式的信号流图，其中 D 为离散环节。

解　按照改造步骤，去掉 S_3：

S_{1o}到 S_{2I}作支路，增益为$(DG_h)^* = DG_h^*$；

S_{2o}到 S_{1I}作支路，增益为 $-H^*$；

S_{2o}到 S_{2I}作支路，增益为 $-\left(\frac{GH}{1+G}\right)^*$；

S_{1o}到 Y 作支路，增益为 DG_h；

S_{2o}到 Y 作支路，增益为 $-\frac{GH}{1+G}$；

R 到 S_{1I}作支路，增益为 R^*；

R 到 S_{2I}作支路，增益为$\left(\frac{GR}{1+G}\right)^*$；

R 到 Y 作支路，增益为$\frac{GR}{1+G}$。

综上所述，得到改造后的信号流图如图 4.14 所示，其中 R_1，S_1，S_2，Y 编号分别为 0，1，2，3。

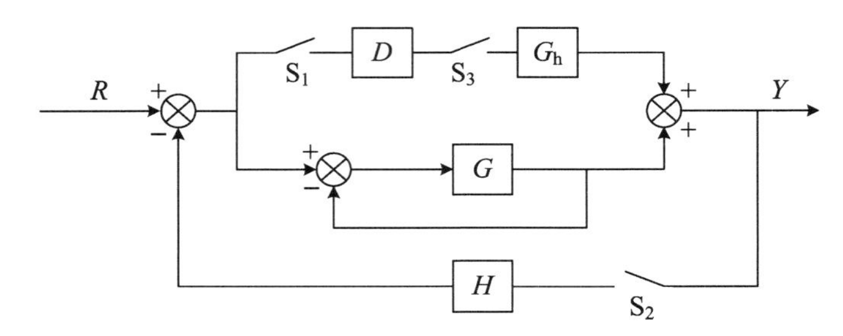

图 4.13　例 4.2.7 图

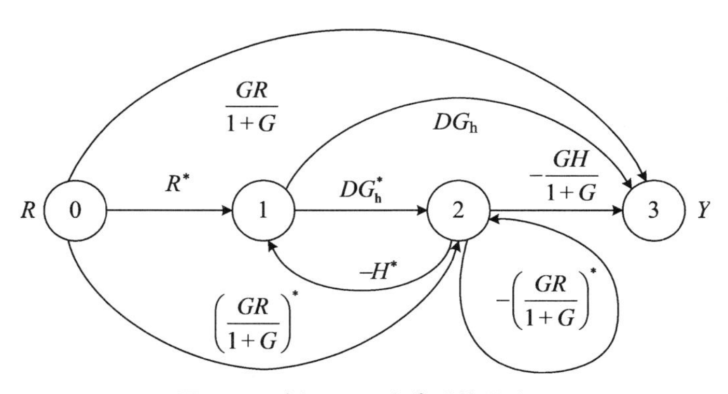

图 4.14　例 4.2.7 改造后信号流图

在介绍系统状态空间表达式之前，提醒注意两点：

① 无论对连续系统，还是离散系统，谈到传递函数，总是指线性系统，传递函数是零状态下线性系统单位脉冲响应的拉氏变换；

② z 传递函数与 s 传递函数一样，都是系统本身的物理特性所决定的，而与系统输入输出信号的形式无关。

4.3　离散状态空间表达式

在连续控制系统中，我们已经掌握了状态空间的描述和分析方法，它解决了频率特性法解决不了的问题，如多变量问题、时变问题甚至非线性描述等。对于离散系统同样可以用离散状态空间来描述和分析。离散状态空间分析法与 z 变换法相比有以下的优点：

① 离散状态空间表达式适宜于计算机求解；

② 离散状态空间分析法对单变量和多变量系统允许用统一的表示法；

③ 离散状态空间分析法能够应用于非线性系统和时变系统。

4.3.1　状态变量与状态空间表达式

在线性连续系统中，状态空间描述法是利用控制变量 $U(t)$，状态变量 $X(t)$和输出变量 $Y(t)$来表征系统的动态特性的，如图 4.15 所示。状态变量 $X(t)$是表征系统本质特性的变量，它可以有多种选择方案，但是当系统确定时，状态变量的个数就确定了，它就是系统的阶数，状态空间描述是系统的一种最小实现。

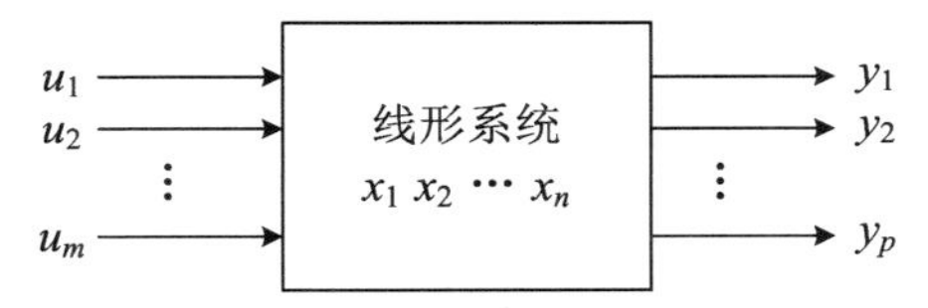

图 4.15　线性连续系统的变量关系

状态变量可以表示成 $n\times 1$ 列向量：

$$X(t)=\begin{pmatrix}x_1(t)\\x_2(t)\\\vdots\\x_n(t)\end{pmatrix}\tag{4.3.1}$$

控制变量可以表示成 $m\times 1$ 列向量：

$$U(t)=\begin{pmatrix}u_1(t)\\u_2(t)\\\vdots\\u_m(t)\end{pmatrix}\tag{4.3.2}$$

输出变量可以表示成 $p\times 1$ 列向量：

$$Y(t)=\begin{pmatrix}y_1(t)\\y_2(t)\\\vdots\\y_p(t)\end{pmatrix}\tag{4.3.3}$$

线性连续系统的状态空间表达式为

$$\dot{x}(t) = AX(t) + BU(t) \tag{4.3.4}$$

$$Y(t) = CX(t) + DU(t) \tag{4.3.5}$$

其中，$\boldsymbol{A}$、$\boldsymbol{B}$、$\boldsymbol{C}$、$\boldsymbol{D}$ 是定常系数矩阵。我们称式(4.3.4)为状态方程，称式(4.3.5)为输出方程。

与线性连续系统类似，线性离散系统的离散状态空间表达式一般可表示为

$$\boldsymbol{X}(kT + T) = \boldsymbol{F}\boldsymbol{X}(kT) + \boldsymbol{G}\boldsymbol{U}(kT) \tag{4.3.6}$$

$$\boldsymbol{Y}(kT) = \boldsymbol{C}\boldsymbol{X}(kT) + \boldsymbol{D}\boldsymbol{U}(kT) \tag{4.3.7}$$

我们称式(4.3.6)为状态方程，称式(4.3.7)为输出方程。

$\boldsymbol{F}$ 是 $n \times n$ 维矩阵，称为状态矩阵或系统矩阵。$\boldsymbol{G}$ 是 $n \times m$ 维矩阵，称为输入矩阵或驱动矩阵。$\boldsymbol{C}$ 是 $p \times n$ 维矩阵，称为输出矩阵。$\boldsymbol{D}$ 是 $p \times m$ 维矩阵，称为直传矩阵或传输矩阵。

这里 n 是系统的阶次，m 为系统输入量的数目，p 为系统输出量的个数。

线性离散系统的状态空间描述的变量关系如图 4.16 所示。

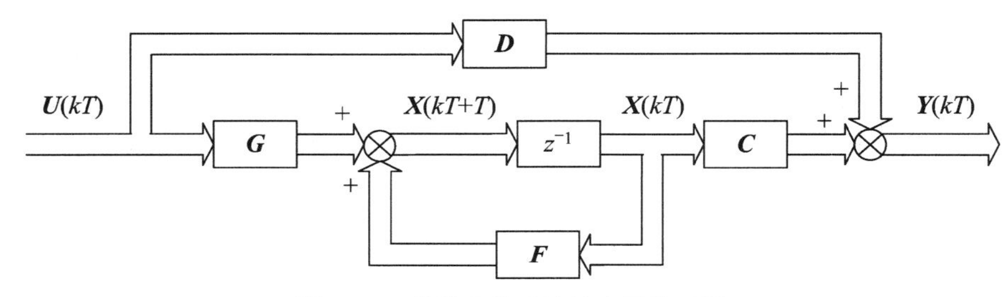

图 4.16　线性离散系统的变量关系图

实际系统的状态空间表达式可以通过两种方式获得：

① 直接从系统的物理结构，通过机理分析，确定输入、输出和状态之间的关系；

② 由已经建立的系统的微分方程(或差分方程)、传递函数、权函数等转换获得。

4.3.2　由差分方程求离散状态空间表达式

设已知单输入-单输出(SISO)的线性离散系统的差分方程为

$$\begin{aligned} & y(kT + nT) + a_1 y(kT + nT - T) + \cdots + a_n y(kT) \\ & \quad = b_0 r(kT + mT) + b_1 r(kT + mT - T) + \cdots + b_m r(kT) \end{aligned} \tag{4.3.8}$$

或表示为

$$y(kT + nT) = \sum_{i=0}^{m} b_i r(kT + mT - iT) - \sum_{i=1}^{n} a_i y(kT + nT - iT) \tag{4.3.9}$$

为了得到状态空间表达式，只需适当选择状态变量，将高阶差分方程变成一阶差分方程组，然后表示成向量的形式即可。

下面我们分两种情况来考察差分方程的状态空间实现。

4.3.2.1　$m=0$

即控制变量不包含高阶差分时

$$y(kT+n)=-\sum_{i=1}^{n}a_i y(kT+nT-iT)+b_0 r(kT) \tag{4.3.10}$$

如果我们选择状态变量的方式如下：

$$\begin{cases} x_1(kT)=y(kT) \\ x_2(kT)=y(kT+T) \\ x_3(kT)=y(kT+2T) \\ \vdots \\ x_n(kT)=y(kT+nT-T) \end{cases} \tag{4.3.11}$$

由式(4.3.11)可得

$$\begin{cases} x_1(kT+T)=y(kT+T)=x_2(kT) \\ x_2(kT+T)=y(kT+2T)=x_3(kT) \\ x_3(kT+T)=y(kT+3T)=x_4(kT) \\ \qquad\qquad \vdots \\ x_n(kT+T)=y(kT+nT) \\ \qquad =-a_n x_1(kT)-a_{n-1}x_2(kT)-\cdots-a_1 x_n(kT)+b_0 r(kT) \end{cases} \tag{4.3.12}$$

写成矩阵形式：

$$\begin{bmatrix} x_1(kT+T) \\ x_2(kT+T) \\ \vdots \\ x_n(kT+T) \end{bmatrix}=\begin{bmatrix} 0 & 1 & 0 & \cdots & 0 \\ 0 & 0 & 1 & \cdots & 0 \\ \vdots & \vdots & \vdots & \vdots & \vdots \\ -a_n & -a_{n-1} & -a_{n-2} & \cdots & -a_1 \end{bmatrix}\begin{bmatrix} x_1(kT) \\ x_2(kT) \\ \vdots \\ x_n(kT) \end{bmatrix}+\begin{bmatrix} 0 \\ 0 \\ \vdots \\ b_0 \end{bmatrix} r(kT) \tag{4.3.13}$$

$$[y(kT)]=[1 \quad 0 \quad 0 \quad \cdots \quad 0]\begin{bmatrix} x_1(kT) \\ x_2(kT) \\ \cdots \\ x_n(kT) \end{bmatrix} \tag{4.3.14}$$

将式(4.3.13)、式(4.3.14)表示成向量形式：

$$\begin{cases} \boldsymbol{X}(kT+T)=\boldsymbol{FX}(kT)+\boldsymbol{G}r(kT) \\ y(kT)=\boldsymbol{CX}(kT) \end{cases} \tag{4.3.15}$$

其中状态矩阵为

$$\boldsymbol{F}=\begin{bmatrix} 0 & 1 & 0 & \cdots & 0 \\ 0 & 0 & 1 & \cdots & 0 \\ \vdots & \vdots & \vdots & \vdots & \vdots \\ -a_n & -a_{n-1} & -a_{n-2} & \cdots & -a_1 \end{bmatrix} \tag{4.3.16}$$

输入矩阵为

$$G=\begin{pmatrix}0\\0\\\vdots\\b_0\end{pmatrix} \tag{4.3.17}$$

输出矩阵为

$$C=(1\quad 0\quad 0\quad \cdots\quad 0) \tag{4.3.18}$$

直传矩阵为

$$D=(0) \tag{4.3.19}$$

例 4.3.1 线性离散系统的差分方程为

$$y(kT+5T)+y(kT+4T)+3y(kT+3T)+5y(kT+2T)+4y(kT+T)+6y(kT)=3r(kT)$$

试求其离散状态空间表达式。

解 由差分方程知：

$$n=5,\ m=1,\ p=1(\text{输出向量维数})$$

$$a_1=1,\ a_2=3,\ a_3=5,\ a_4=4,\ a_5=6,\ b_0=3$$

故可知

$$F=\begin{pmatrix}0&1&0&0&0\\0&0&1&0&0\\0&0&0&1&0\\0&0&0&0&1\\-6&-4&-5&-3&-1\end{pmatrix}$$

$$G=\begin{pmatrix}0\\0\\0\\0\\3\end{pmatrix}$$

$$C=(1\quad 0\quad 0\quad 0\quad 0)$$

离散状态空间表达式为

$$\begin{pmatrix}x_1(kT+T)\\x_2(kT+T)\\x_3(kT+T)\\x_4(kT+T)\\x_5(kT+T)\end{pmatrix}=\begin{pmatrix}0&1&0&0&0\\0&0&1&0&0\\0&0&0&1&0\\0&0&0&0&1\\-6&-4&-5&-3&-1\end{pmatrix}\begin{pmatrix}x_1(kT)\\x_2(kT)\\x_3(kT)\\x_4(kT)\\x_5(kT)\end{pmatrix}+\begin{pmatrix}0\\0\\0\\0\\3\end{pmatrix}r(kT)$$

$$y(kT)=(1\quad 0\quad 0\quad 0\quad 0)\begin{pmatrix}x_1(kT)\\x_2(kT)\\x_3(kT)\\x_4(kT)\\x_5(kT)\end{pmatrix}$$

4.3.2.2 $m=n$

即控制变量包含高阶差分时，这时系统的差分方程为

$$\begin{aligned} & y(kT+nT)+a_1y(kT+nT-T)+\cdots+a_ny(kT) \\ & \quad = b_0u(kT+nT)+b_1u(kT+nT-T)+\cdots+b_nu(kT) \end{aligned} \tag{4.3.20}$$

对于 $m<n$，只要将 $b_{m+1}\sim b_n$ 置为 0 即可。

选取状态变量：

$$\begin{cases} x_1(kT)=y(kT)-h_0u(kT) \\ x_2(kT)=x_1(kT+T)-h_1u(kT) \\ \quad\vdots \\ x_n(kT)=x_{n-1}(kT+T)-h_{n-1}u(kT) \end{cases} \tag{4.3.21}$$

将式(4.3.21)的最后一式改写成为

$$\begin{aligned} & x_n(kT+T)-h_nu(kT) \\ & \quad = y(kT+T)-h_0u(kT+T)-\cdots-h_{n-1}u(kT+T)-h_nu(kT) \end{aligned} \tag{4.3.22}$$

将式(4.3.21)的各式分别乘以 $a_n, a_{n-1}, \cdots, a_1$ 后相加，并加到式(4.3.22)中，整理得

$$\begin{aligned} & x_n(kT+T)+a_nx_1(kT)+a_{n-1}x_2(kT)+\cdots+a_1x_n(kT)-h_nu(kT) \\ & \quad = y(kT+nT)+a_1y(kT+nT-T)+a_2y(kT+nT-2T)+\cdots+a_ny(kT) \\ & \qquad -h_ou(kT+nT) \\ & \qquad -(h_1+a_1h_0)u(kT+nT-T) \\ & \qquad -(h_2+a_1h_1+a_2h_0)u(kT+nT-2T) \\ & \qquad\quad \vdots \\ & \qquad -(h_n+a_1h_{n-1}+a_2h_{n-2}+\cdots+a_nh_0)u(kT) \end{aligned} \tag{4.3.23}$$

显然，若作出如下选择：

$$\begin{cases} b_0=h_0 \\ b_1=h_1+a_1h_0 \\ b_2=h_2+a_1h_1+a_2h_0 \\ \quad\vdots \\ b_n=h_n+a_1h_{n-1}+\cdots+a_nh_0 \end{cases} \tag{4.3.24}$$

则比较式(4.3.23)与式(4.3.20)可知，式(4.3.23)的右端为 0，于是有

$$\begin{aligned} x_n(kT+T)= & -a_nx_1(kT)-a_{n-1}x_2(kT)-\cdots-a_1x_n(kT) \\ & +h_nu(kT) \end{aligned} \tag{4.3.25}$$

由式(4.3.24)我们可获得

$$\begin{cases} h_0=b_0 \\ h_1=b_1-a_1b_0 \\ \quad\vdots \\ h_n=b_n-a_1b_{n-1}-\cdots-a_nb_0 \end{cases} \tag{4.3.26}$$

将式(4.3.21)中的后 $n-1$ 个方程改写，和式(4.3.25)一起构成了 n 个状态变量的一

阶差分方程组：

$$\begin{cases} x_1(kT+T) = x_2(kT) + h_1 u(kT) \\ x_2(kT+T) = x_3(kT) + h_2 u(kT) \\ \qquad\vdots \\ x_{n-1}(kT+T) = x_n(kT) + h_{n-1}u(kT) \\ x_n(kT+T) = -a_n x_1(kT) - a_{n-1}x_2(kT) - \cdots - a_1 x_n(kT) + h_n u(kT) \end{cases} \tag{4.3.27}$$

而输出方程由式(4.3.21)的第一式可得

$$y(kT) = x_1(kT) + h_0 u(kT) \tag{4.3.28}$$

将式(4.3.27)和式(4.3.28)分别写成矩阵形式，便得离散状态方程和输出方程为

$$\begin{cases} \boldsymbol{X}(kT+T) = \boldsymbol{FX}(kT) + \boldsymbol{G}u(kT) \\ y(kT) = \boldsymbol{CX}(kT) + du(kT) \end{cases} \tag{4.3.29}$$

其中

$$\boldsymbol{F} = \begin{pmatrix} \boldsymbol{O} & \boldsymbol{I}_{n-1} \\ -a_n & \boldsymbol{\alpha} \end{pmatrix}$$

$$\boldsymbol{G} = \begin{pmatrix} h_1 \\ h_2 \\ \vdots \\ h_n \end{pmatrix}$$

$$\boldsymbol{C} = (1 \quad 0 \quad \cdots \quad 0)$$

$$d = h_0$$

$$\boldsymbol{\alpha} = (-a_{n-1}, \cdots, -a_1)$$

许多系统的差分方程中 $b_0 = 0$，此时 $d = 0$。

例 4.3.2 设线性离散系统的差分方程为

$$y(kT+2T) + y(kT+T) + 2y(kT) = r(kT+T) + 2r(kT)$$

试写出离散状态空间表达式。

解 设状态变量：

$$\begin{cases} x_1(kT) = y(kT) \\ x_2(kT) = x_1(kT+T) - r(kT) \end{cases}$$

则

$$\begin{cases} x_1(kT+T) = x_2(kT) + r(kT) \\ x_2(kT+T) = -2x_1(kT) - x_2(kT) + r(kT) \\ y(kT) = x_1(kT) \end{cases}$$

系统的离散状态空间表达式为

$$\begin{pmatrix} x_1(kT+T) \\ x_2(kT+T) \end{pmatrix} = \begin{pmatrix} 0 & 1 \\ -2 & -1 \end{pmatrix} \begin{pmatrix} x_1(kT) \\ x_2(kT) \end{pmatrix} + \begin{pmatrix} 1 \\ 1 \end{pmatrix} r(kT)$$

$$y(kT) = (1 \quad 0) \begin{pmatrix} x_1(kT) \\ x_2(kT) \end{pmatrix}$$

4.3.3　由 z 传递函数求离散状态空间表达式

众所周知，线性离散系统可以用 z 传递函数来表示，当系统的 z 传递函数已知时，该系统的离散状态空间表达式就可以通过 z 传递函数求得。由 z 传递函数求离散状态空间表达式，主要有并联实现、串联实现、可控正则实现、可观正则实现 4 种方法。

设 z 传递函数为

$$G(z)=\frac{\sum_{i=0}^{n} b_i z^{-i}}{1+\sum_{i=1}^{n} a_i z^{-i}}=b_0+\frac{\sum_{i=1}^{n} \hat{b}_i z^{-i}}{1+\sum_{i=1}^{n} a_i z^{-i}}=b_0+\hat{G}(z) \tag{4.3.30}$$

其中，$\hat{b}_i=b_i-b_0 a_i, i=1,2,\cdots,n$。

4.3.3.1　部分分式展开法——并联实现

设 $\hat{G}(z)$ 具有 $n-m$ 个单极点 $P_1 \sim P_{n-m}$，一个 m 重极点 P_n，则部分分式展开为

$$\hat{G}(z)=\sum_{i=1}^{n-m} \frac{d_i}{(z-P_i)}+\sum_{i=1}^{m} \frac{e_i}{(z-P_n)^i} \tag{4.3.31}$$

其输入输出关系：

$$Y(z)=G(z)R(z)=b_0 R(z)+\hat{G}(z)R(z) \tag{4.3.32}$$

可表示如图 4.17 所示。

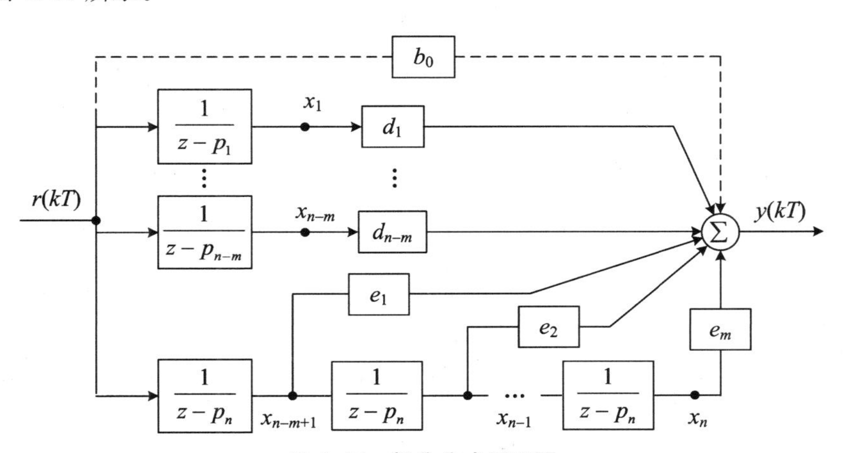

图 4.17　部分分式展开图

如果选取的状态变量是如图 4.17 所标注的那样，则其状态方程和输出方程分别为

$$x(kT+T)=\begin{pmatrix} P_1 & 0 & \cdots & 0 & 0 & 0 & \cdots & 0 \\ 0 & P_2 & \cdots & 0 & 0 & 0 & \cdots & 0 \\ \vdots & \vdots & \ddots & 0 & \vdots & \vdots & \vdots & \vdots \\ 0 & 0 & \cdots & P_{n-m} & 0 & 0 & \cdots & 0 \\ 0 & 0 & \cdots & 0 & P_n & 0 & \cdots & 0 \\ 0 & 0 & \cdots & 0 & 1 & P_n & \cdots & 0 \\ \vdots & \vdots & \cdots & \vdots & \vdots & \vdots & \ddots & \vdots \\ 0 & 0 & \cdots & \cdots & \cdots & \cdots & 1 & P_n \end{pmatrix} x(kT)+\begin{pmatrix} 1 \\ 1 \\ \vdots \\ 1 \\ 1 \\ 0 \\ \vdots \\ 0 \end{pmatrix} r(kT) \tag{4.3.33}$$

$$y(kT)=(d_1 \quad d_2 \quad \cdots \quad d_{n-m} \quad e_1 \quad e_2 \quad \cdots \quad e_m)x(kT)+b_0 r(kT) \tag{4.3.34}$$

这种实现，由于其状态转移矩阵 $\boldsymbol{F}$ 的形状，也叫作对角实现或约当实现。

4.3.3.2 串联实现（迭代程序法）

设 $\hat{G}(z)$ 的分母和分子都分解为单因子，记为

$$G(z)=b_0+\frac{\alpha\prod_{i=1}^{m-1}(z-\hat{z}_{n-m+i})}{\prod_{i=1}^{n}(z-p_i)} \tag{4.3.35}$$

以 $m=n-1$ 为例，给出串联结构如图 4.18 所示，如果选取的状态变量如图 4.18 中所标注的那样，则有

$$\begin{cases} x_1(kT+T)=p_1x_1(kT)+\alpha r(kT) \\ x_2(kT+T)=(p_1-\hat{z}_1)x_1(kT)+p_2x_2(kT)+\alpha r(kT) \\ \qquad\vdots \\ x_n(kT+T)=(p_1-\hat{z}_1)x_1(kT)+(p_2-\hat{z}_2)x_2(kT)+\cdots+ \\ \qquad +(p_{n-1}-\hat{z}_{n-1})x_{n-1}(kT)+p_nx_n(kT)+\alpha r(kT) \end{cases} \tag{4.3.36}$$

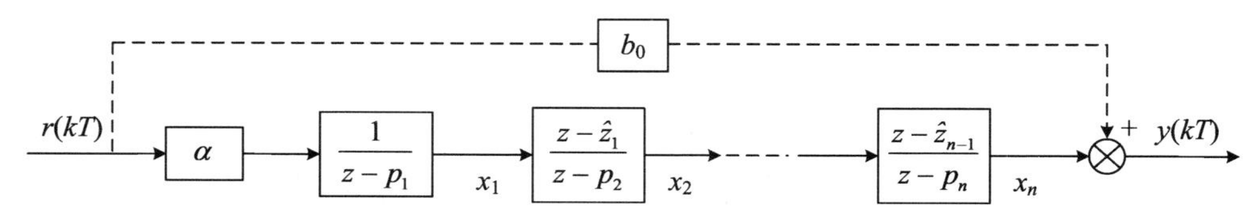

图 4.18 串联结构

状态空间表达式可以表示为

$$\begin{cases} \boldsymbol{X}(kT+T)=\boldsymbol{FX}(kT)+\boldsymbol{G}r(kT) \\ y(kT)=\boldsymbol{CX}(kT)+dr(kT) \end{cases} \tag{4.3.37}$$

其中

$$F = \begin{pmatrix} p_1 & 0 & & & \\ p_1 - \hat{z}_1 & p_2 & & & \\ \vdots & \vdots & \ddots & & \\ \vdots & \vdots & \cdots & \ddots & \\ p_1 - \hat{z}_1 & p_2 - \hat{z}_2 & \cdots & p_{n-1} - \hat{z}_{n-1} & p_n \end{pmatrix}$$

$$G = \begin{pmatrix} \alpha \\ \alpha \\ \vdots \\ \alpha \end{pmatrix}$$

$$C = (0 \quad 0 \quad \cdots \quad 1)$$

$$d = b_0$$

这种实现，由于 F 的关系，有时也称为三角实现。

4.3.3.3 中间变量法——可控正则实现

设 $G(z) = b_0 + \hat{G}(z)$

$$\hat{G}(z) = \frac{\sum_{i=1}^{n} \hat{b}_i z^{-i}}{1 + \sum_{i=1}^{n} a_i z^{-i}} = \frac{\hat{Y}(z)}{R(z)} \tag{4.3.38}$$

引入中间变量 $Q(z)$

$$Q(z) = \frac{R(z)}{1 + \sum_{i=1}^{n} a_i z^{-i}} = \frac{\hat{Y}(z)}{\sum_{i=1}^{n} \hat{b}_i z^{-i}} \tag{4.3.39}$$

可得到两个等式：

$$Q(z) = -a_1 z^{-1} Q(z) - a_2 z^{-2} Q(z) - \cdots - a_n z^{-n} Q(z) + R(z) \tag{4.3.40}$$

$$\hat{Y}(z) = \hat{b}_1 z^{-1} Q(z) + \hat{b}_2 z^{-2} Q(z) + \cdots + \hat{b}_n z^{-n} Q(z) \tag{4.3.41}$$

设状态变量为

$$x_i(z) = z^{-i} Q(z) \tag{4.3.42}$$

即

$$zX_i(z) = z^{-i+1} Q(z)$$

则有

$$\begin{cases} x_1(kT + T) = -a_1 x_1(kT) - a_2 x_2(kT) - \cdots - a_n x_n(kT) + r(kT) \\ x_2(kT + T) = x_1(kT) \\ \qquad \vdots \\ x_n(kT + T) = x_{n-1}(kT) \end{cases} \tag{4.3.43}$$

$$y(kT) = \hat{b}_1 x_1(kT) + \hat{b}_2 x_2(kT) + \cdots + \hat{b}_n x_n(kT) \tag{4.3.44}$$

写成矩阵形式

$$\begin{cases} \boldsymbol{X}(kT+T) = \boldsymbol{F}\boldsymbol{X}(kT) + \boldsymbol{G}r(kT) \\ y(kT) = \boldsymbol{C}\boldsymbol{X}(kT) + dr(kT) \end{cases}$$

其中

$$\boldsymbol{F} = \begin{pmatrix} -a_1 & \cdots & -a_n \\ & & \\ \boldsymbol{I}_{n-1} & & 0 \end{pmatrix}$$

$$\boldsymbol{G} = \begin{pmatrix} 1 \\ 0 \\ \vdots \\ 0 \end{pmatrix}$$

$$\boldsymbol{C} = (\hat{b}_1 \quad \hat{b}_2 \quad \cdots \quad \hat{b}_n)$$

$$d = b_0$$

当 $b_0=0$ 时，$\boldsymbol{C}=(b_1 \quad b_2 \quad \cdots \quad b_n)$。对应的状态如图 4.19 所示。

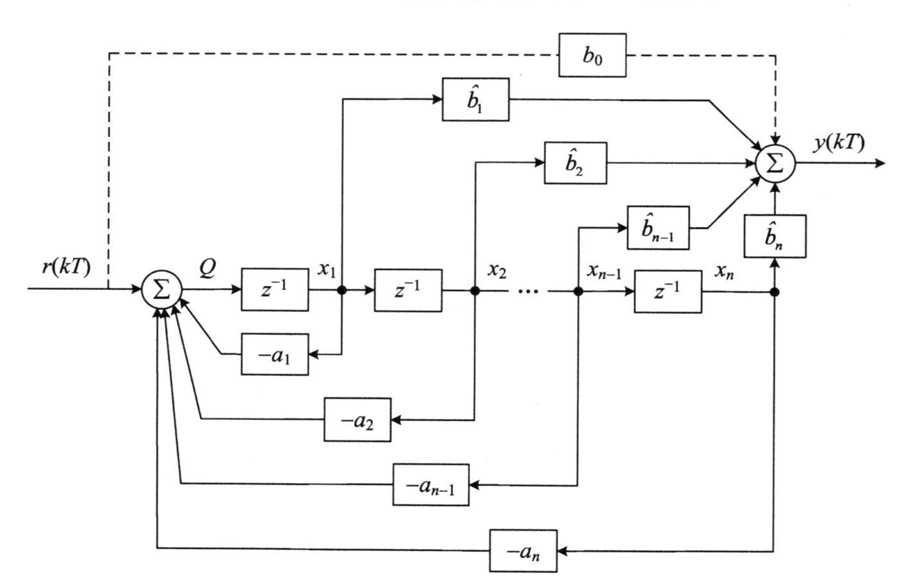

图 4.19 可控实现状态图

可控实现有时简记为(F_c, G_c, C_c, D_c)或(F_c, G_c, C_c)。

4.3.3.4 嵌套法——可观正则实现

设有 z 传递函数如下：

$$G(z) = b_0 + \hat{G}(z)$$

$$\hat{G}(z)=\frac{\sum_{i=1}^{n}\hat{b}_i z^{-i}}{1+\sum_{i=1}^{n}a_i z^{-i}}=\frac{\hat{Y}(z)}{R(z)}$$

则有

$$\begin{aligned}\hat{Y}(z)=&\ \hat{b}_1 z^{-1}R(z)+\hat{b}_2 z^{-2}R(z)+\cdots+\hat{b}_n z^{-n}R(z)\\&-a_1 z^{-1}\hat{Y}(z)-a_2 z^{-2}\hat{Y}(z)-\cdots-a_n z^{-n}\hat{Y}(z)\\=&\ \underbrace{z^{-1}\overset{1}{[}\hat{b}_1 R-a_1\hat{Y}+\underbrace{z^{-1}\overset{2}{[}\hat{b}_2 R-a_2\hat{Y}+\cdots+\underbrace{z^{-1}\overset{n}{[}\hat{b}_n R-a_n\hat{Y}\overset{n}{]}}_{x_n}\cdots\overset{2}{]}}_{x_2}\overset{1}{]}}_{x_1}\end{aligned}\tag{4.3.45}$$

像式(4.3.45)所标注的那样选取状态变量，则有

$$\hat{Y}(kT)=x_1(kT)\tag{4.3.46}$$

$$\begin{cases}x_1(kT+T)=-a_1x_1(kT)+x_2(kT)+\hat{b}_1 r(kT)\\x_2(kT+T)=-a_2x_1(kT)+x_3(kT)+\hat{b}_2 r(kT)\\\qquad\vdots\\x_n(kT+T)=-a_nx_1(kT)+\hat{b}_n r(kT)\end{cases}\tag{4.3.47}$$

矩阵形式为

$$\begin{cases}\boldsymbol{X}(kT+T)=\boldsymbol{F}\boldsymbol{X}(kT)+\boldsymbol{G}r(kT)\\y(kT)=\boldsymbol{C}\boldsymbol{X}(kT)+dr(kT)\end{cases}\tag{4.3.48}$$

其中

$$\boldsymbol{F}=\begin{pmatrix}-a_1 & \boldsymbol{I}_{n-1}\\ \vdots & \\ -a_n & 0\end{pmatrix}$$

$$\boldsymbol{G}=\begin{pmatrix}\hat{b}_1\\ \hat{b}_2\\ \vdots\\ \hat{b}_n\end{pmatrix}$$

$$\boldsymbol{C}=(1\quad 0\quad\cdots\quad 0)$$

$$d=b_0$$

对应的状态图如图4.20所示。

可观实现有时简化表示为(F_o,G_o,C_o,D_o)或(F_o,G_o,C_o)。可控实现和可观实现又常统称为直接实现，它们都无需将$G(z)$进行任何因式分解。可控实现和可观实现在研究

系统可控和可观问题时特别方便。

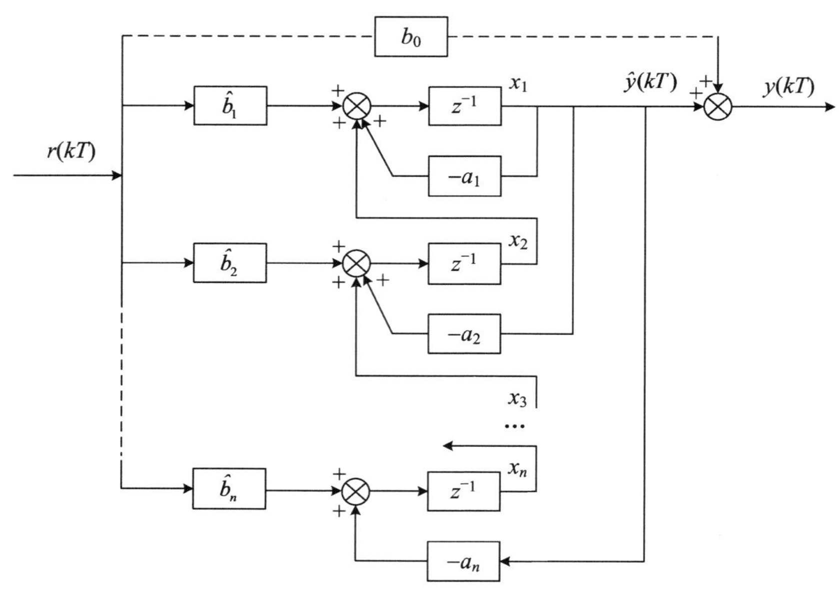

图 4.20　可观实现状态图

例 4.3.3　设线性离散系统的 z 传递函数为

$$G(z) = \frac{2z^2 + 5z + 1.52}{z^2 + z + 0.16}$$

试分别用以上介绍的 4 种实现法求系统的离散状态空间表达式，并给出系统的实现图。

解　由 $G(z)=\dfrac{2z^2+5z+1.52}{z^2+z+0.16}=b_0+\hat{G}(z)=2+\dfrac{3z+1.2}{z^2+z+0.16}$

(1) 并联实现

$$\hat{G}(z) = \frac{3z+1.2}{(z+0.2)(z+0.8)} = \frac{1}{z+0.2} + \frac{2}{z+0.8}$$

可得系统的状态空间表达式为

$$\begin{bmatrix} x_1(kT+T) \\ x_2(kT+T) \end{bmatrix} = \begin{bmatrix} -0.2 & 0 \\ 0 & -0.8 \end{bmatrix} \begin{bmatrix} x_1(kT) \\ x_2(kT) \end{bmatrix} + \begin{bmatrix} 1 \\ 1 \end{bmatrix} r(kT)$$

$$y(kT) = \begin{bmatrix} 1 & 2 \end{bmatrix} \begin{bmatrix} x_1(kT) \\ x_2(kT) \end{bmatrix} + 2r(kT)$$

其实现如图 4.21(a)所示。

(2) 串联实现

$$\hat{G}(z) = \frac{3(z+0.4)}{(z+0.2)(z+0.8)} = 3 \cdot \frac{1}{z+0.2} \cdot \frac{z+0.4}{z+0.8}$$

可得离散状态空间表达式

$$\begin{bmatrix} x_1(kT+T) \\ x_2(kT+T) \end{bmatrix} = \begin{bmatrix} -0.2 & 0 \\ 0.2 & -0.8 \end{bmatrix} \begin{bmatrix} x_1(kT) \\ x_2(kT) \end{bmatrix} + \begin{bmatrix} 3 \\ 3 \end{bmatrix} r(kT)$$

$$y(kT) = [0 \quad 1]\begin{bmatrix} x_1(kT) \\ x_2(kT) \end{bmatrix} + 2r(kT)$$

其实现图如图 4.21(b)所示。

(3) 可控正则实现

$$\hat{G}(z) = \frac{3z + 1.2}{z^2 + z + 0.16} = \frac{\hat{Y}(z)}{R(z)} = \frac{z^{-1}(3 + 1.2z^{-1})}{1 + z^{-1} + 0.16z^{-2}}$$

$$Q(z) = \frac{R(z)}{1 + z^{-1} + 0.16z^{-2}} = \frac{\hat{Y}(z)}{3z^{-1} + 1.2z^{-2}}$$

则有两个方程:

$$Q(z) = -z^{-1}Q(z) - 0.16z^{-2}Q(z) + R(z)$$

$$\hat{Y}(z) = 3z^{-1}Q(z) + 1.2z^{-2}Q(z)$$

令 $x_1(z) = z^{-1}Q(z)$, $x_2(z) = z^{-2}Q(z)$ 则有

$$\begin{cases} x_1(kT + T) = Z^{-1}[Q(z)] = -x_1(kT) - 0.16x_2(kT) + r(kT) \\ x_2(kT + T) = x_1(kT) \end{cases}$$

$$\hat{Y}(kT) = 3x_1(kT) + 1.2x_2(kT)$$

于是

$$\begin{bmatrix} x_1(kT + T) \\ x_2(kT + T) \end{bmatrix} = \begin{bmatrix} -1 & -0.16 \\ 1 & 0 \end{bmatrix}\begin{bmatrix} x_1(kT) \\ x_2(kT) \end{bmatrix} + \begin{bmatrix} 1 \\ 0 \end{bmatrix} r(kT)$$

$$y(kT) = [3 \quad 1.2]\begin{bmatrix} x_1(kT) \\ x_2(kT) \end{bmatrix} + 2r(kT)$$

其实现图如图 4.21(c)所示。

(4) 可观正则实现

$$\hat{G}(z) = \frac{z^{-1}(3 + 1.2z^{-1})}{1 + z^{-1} + 0.16z^{-2}} = \frac{\hat{Y}(z)}{R(z)}$$

则

$$\begin{aligned} \hat{Y}(z) &= 3z^{-1}R(z) + 1.2z^{-2}R(z) - z^{-1}\hat{Y}(z) - 0.16z^{-2}\hat{Y}(z) \\ &= z^{-1}\{3R(z) - \hat{Y}(z) + z^{-1}[1.2R(z) - 0.16\hat{Y}(z)]\} \end{aligned}$$

选取

$$\begin{cases} x_2(z) = z^{-1}[1.2R(z) - 0.16\hat{Y}(z)] \\ x_1(z) = \hat{Y}(z) \end{cases}$$

则

$$\hat{Y}(kT) = x_1(kT)$$

$$\begin{cases} x_1(kT + T) = 3r(kT) - x_1(kT) + x_2(kT) \\ x_2(kT + T) = 1.2r(kT) - 0.16x_1(kT) \end{cases}$$

于是

$$\begin{bmatrix} x_1(kT+T) \\ x_2(kT+T) \end{bmatrix} = \begin{bmatrix} -1 & 1 \\ -0.16 & 0 \end{bmatrix} \begin{bmatrix} x_1(kT) \\ x_2(kT) \end{bmatrix} + \begin{bmatrix} 3 \\ 1.2 \end{bmatrix} r(kT)$$

$$y(kT) = (1 \quad 0) \begin{bmatrix} x_1(kT) \\ x_2(kT) \end{bmatrix} + 2r(kT)$$

其实现图如图 4.21(d)所示。

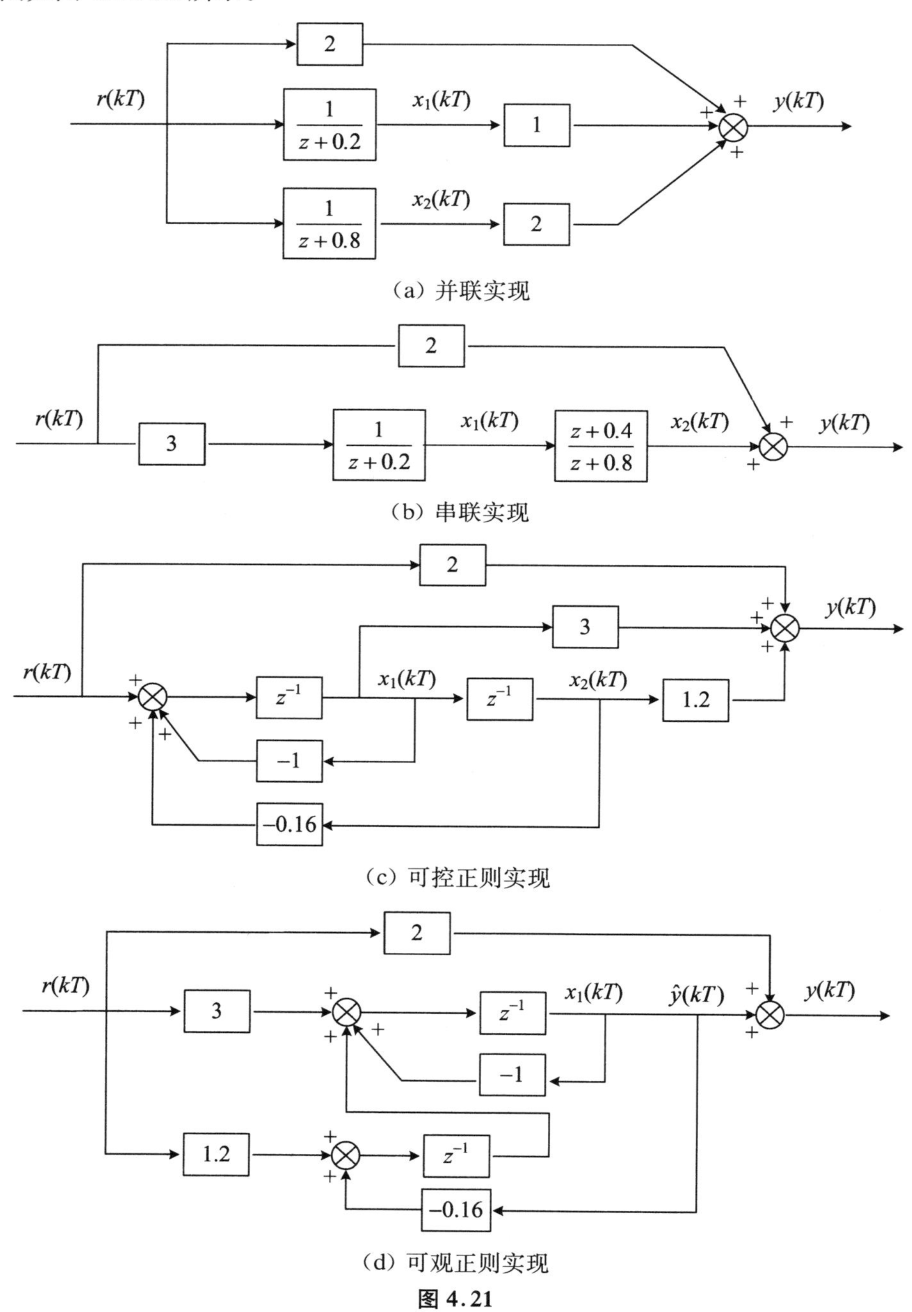

图 4.21

4.3.4　线性离散系统的 z 传递矩阵

设线性离散系统的状态空间表达式为

$$\begin{cases} \boldsymbol{X}(kT+T)=\boldsymbol{AX}(kT)+\boldsymbol{BR}(kT) \\ \boldsymbol{Y}(kT)=\boldsymbol{CX}(kT)+\boldsymbol{DR}(kT) \end{cases} \tag{4.3.49}$$

式中，$\boldsymbol{X}(kT)$是 $n\times1$ 维状态向量；$\boldsymbol{R}(kT)$是 $m\times1$ 维输入向量；$\boldsymbol{Y}(kT)$是 $p\times1$ 维输出向量。对上式做 z 变换，可得

$$\begin{cases} z\boldsymbol{X}(z)-z\boldsymbol{X}(0)=\boldsymbol{AX}(z)+\boldsymbol{BR}(z) \\ \boldsymbol{Y}(z)=\boldsymbol{CX}(z)+\boldsymbol{DR}(z) \end{cases} \tag{4.3.50}$$

当初始条件为零，即 $X(0)=0$ 时，有

$$\boldsymbol{Y}(z)=[\boldsymbol{C}(z\boldsymbol{I}-\boldsymbol{A})^{-1}\boldsymbol{B}+\boldsymbol{D}]R(z)=\boldsymbol{G}_{\mathrm{c}}(z)\boldsymbol{R}(z)$$

$$\boldsymbol{G}_{\mathrm{c}}(z)=[\boldsymbol{C}(z\boldsymbol{I}-\boldsymbol{A})^{-1}\boldsymbol{B}+\boldsymbol{D}] \tag{4.3.51}$$

称 $\boldsymbol{G}_{\mathrm{c}}(z)$为线性离散系统的 z 传递矩阵($p\times m$ 矩阵)。它反映了多输入多输出(MIMO)线性离散系统在初始静止的条件下，输出向量的 z 变换 $\boldsymbol{Y}(z)$与输入向量的 z 变换 $\boldsymbol{R}(z)$之间的关系。

对于单输入单输出系统，$\boldsymbol{G}_{\mathrm{c}}(z)$就为 z 传递函数。

例 4.3.4　设线性离散系统的状态空间表达式为

$$\begin{cases} \boldsymbol{X}(kT+T)=\begin{pmatrix} 0 & -1 \\ -0.2 & -0.1 \end{pmatrix}\boldsymbol{X}(kT)+\begin{pmatrix} 0 \\ 1 \end{pmatrix}\boldsymbol{R}(kT) \\ \boldsymbol{Y}(kT)=\begin{pmatrix} 1 & 1 \\ 0 & 1 \end{pmatrix}\boldsymbol{X}(kT) \end{cases}$$

且初始条件为零。试求线性离散系统的 z 传递矩阵，并计算单位阶跃输入时的输出响应。

解

$$(z\boldsymbol{I}-\boldsymbol{A})^{-1}=\begin{bmatrix} \dfrac{z+0.1}{(z-0.4)(z+0.5)} & \dfrac{-1}{(z-0.4)(z+0.5)} \\ \dfrac{-0.2}{(z-0.4)(z+0.5)} & \dfrac{z}{(z-0.4)(z+0.5)} \end{bmatrix}$$

$$\begin{aligned} \boldsymbol{G}_{\mathrm{c}}(z) &= [\boldsymbol{C}(z\boldsymbol{I}-\boldsymbol{A})^{-1}\boldsymbol{B}+\boldsymbol{D}] \\ &= \begin{pmatrix} 1 & 1 \\ 0 & 1 \end{pmatrix}\begin{bmatrix} \dfrac{z+0.1}{(z-0.4)(z+0.5)} & \dfrac{-1}{(z-0.4)(z+0.5)} \\ \dfrac{-0.2}{(z-0.4)(z+0.5)} & \dfrac{z}{(z-0.4)(z+0.5)} \end{bmatrix}\begin{pmatrix} 0 \\ 1 \end{pmatrix} \\ &= \begin{bmatrix} \dfrac{z-0.1}{(z-0.4)(z+0.5)} & \dfrac{z-1}{(z-0.4)(z+0.5)} \\ \dfrac{-0.2}{(z-0.4)(z+0.5)} & \dfrac{z}{(z-0.4)(z+0.5)} \end{bmatrix}\begin{pmatrix} 0 \\ 1 \end{pmatrix} \\ &= \begin{bmatrix} \dfrac{z-1}{(z-0.4)(z+0.5)} \\ \dfrac{z}{(z-0.4)(z+0.5)} \end{bmatrix} \end{aligned}$$

单位阶跃输入时：

$$r(z)=\frac{z}{z-1}$$

$$\begin{aligned}\boldsymbol{Y}(z)&=\boldsymbol{G}_{\mathrm{c}}(z)r(z)\\&=\begin{bmatrix}\dfrac{z-1}{(z-0.4)(z+0.5)}\\\dfrac{z}{(z-0.4)(z+0.5)}\end{bmatrix}\frac{z}{z-1}\\&=\begin{bmatrix}\dfrac{z}{(z-0.4)(z+0.5)}\\\dfrac{z^2}{(z-1)(z-0.4)(z+0.5)}\end{bmatrix}\\&=\begin{bmatrix}\dfrac{10z}{9(z-0.4)}-\dfrac{10z}{9(z+0.5)}\\\dfrac{15z}{27(z-1)}-\dfrac{10z}{27(z-0.4)}-\dfrac{5z}{27(z+0.5)}\end{bmatrix}\end{aligned}$$

对上式作 z 反变换即可得

$$\boldsymbol{Y}(kT)=\begin{bmatrix}\left(\dfrac{10}{9}\right)(0.4)^k-\left(\dfrac{10}{9}\right)(-0.5)^k\\\left(\dfrac{15}{27}\right)-\left(\dfrac{10}{27}\right)(0.4)^k-\left(\dfrac{5}{27}\right)(-0.5)^k\end{bmatrix}$$

4.3.5 线性离散系统的 z 特征方程

在线性连续系统中，用特征方程来表征系统的动态特征，同样在线性离散系统中引进 z 特征方程的概念来描述一个线性离散系统的动态特征。

设线性离散系统的状态方程为

$$\boldsymbol{X}(kT+T)=\boldsymbol{AX}(kT)+\boldsymbol{BR}(kT)\tag{4.3.52}$$

对式(4.3.52)两边作 z 变换，得

$$\boldsymbol{X}(z)=(z\boldsymbol{I}-\boldsymbol{A})^{-1}[z\boldsymbol{X}(0)+\boldsymbol{BR}(z)]$$

仿照线性连续系统，令矩阵$(z\boldsymbol{I}-\boldsymbol{A})$的行列式

$$|z\boldsymbol{I}-\boldsymbol{A}|=0\tag{4.3.53}$$

称式(4.3.53)为线性离散系统的 z 特征方程。

例 4.3.5 设线性离散系统的状态转移矩阵为

$$\boldsymbol{A}=\begin{bmatrix}a_{11}&a_{12}\\a_{21}&a_{22}\end{bmatrix}$$

试求线性离散系统的 z 特征方程。

解
$$|z\boldsymbol{I}-\boldsymbol{A}|=\left|\begin{pmatrix}z&0\\0&z\end{pmatrix}-\begin{bmatrix}a_{11}&a_{12}\\a_{21}&a_{22}\end{bmatrix}\right|$$

$$
\begin{aligned}
&= \begin{vmatrix} z - a_{11} & -a_{12} \\ -a_{21} & z - a_{22} \end{vmatrix} \\
&= z^2 - (a_{11} + a_{22})z + a_{11}a_{22} - a_{12}a_{21}z^2 \\
&\quad - (a_{11} + a_{22})z + a_{11}a_{22} - a_{12}a_{21} \\
&= 0
\end{aligned}
$$

该式为线性离散系统的 z 特征方程或矩阵 $\boldsymbol{A}$ 的 z 特征方程。

z 特征方程的根也称为矩阵 $\boldsymbol{A}$ 的特征值，就是线性离散系统的极点。

对于一个 n 阶的系统，有 n 个特征值。由于特征方程是表征了系统的动态本质特征，因此尽管一个系统的状态变量的选择不是唯一的，但是系统的 z 特征方程是不变的，且特征方程阶次与系统的阶次相同。

4.3.6 关于状态实现的进一步讨论

前文对于给定的差分方程或 $\boldsymbol{G}(z)$，获得了几种状态空间表达式——状态实现。"状态实现"的原意是指用硬件或软件的技术实现，在控制领域，"状态实现"成为更广泛的术语，首先是指由差分方程或由传递函数建立相应的状态空间模型的方法。

4.3.6.1 最小实现问题

若给定一个 $\boldsymbol{G}(z)$ 是 n 阶的（并设其分子和分母多项式互质）其状态实现会有无穷多种。首先从状态实现的维数而言，可以高于 $\boldsymbol{G}(z)$ 的阶数，这即所谓高维实现。

高维状态实现不仅从经济角度而言一般是不可取的，而且从实现的可靠性角度而言也是不利的。因为既然一个实现（$\boldsymbol{A},\boldsymbol{B},\boldsymbol{C}$）的维数高于 $\boldsymbol{G}(z)$ 的阶数，那么这就意味着（$\boldsymbol{A},\boldsymbol{B},\boldsymbol{C}$）的特征值个数多于 $\boldsymbol{G}(z)$ 的极点数，而多余的特征值在计算 $\boldsymbol{C}(z\boldsymbol{I}-\boldsymbol{A})^{-1}\boldsymbol{B}$ 时会被抵消。抵消意味着，在状态实现中存在着不可控制或不可观测的状态变量，特别是当抵消的特征值不在单位圆之内时，将严重危及系统的工作。

在 $\boldsymbol{G}(z)$ 互质的条件下，一个状态实现（$\boldsymbol{A},\boldsymbol{B},\boldsymbol{C}$）的最低维数是等于 $\boldsymbol{G}(z)$ 的阶数，这样的实现是最小实现。最小实现本身也是无穷多的，因为我们可以对任何一个最小实现施以相似变换，由相似变换的性质，变换后的实现必定也是最小实现，如（$\boldsymbol{A},\boldsymbol{B},\boldsymbol{C}$）是 $\boldsymbol{G}(z)$ 的一个最小实现，即

$$
\begin{cases}
\boldsymbol{X}(kT+T) = \boldsymbol{A}\boldsymbol{X}(kT) + \boldsymbol{B}r(kT) \\
y(kT) = \boldsymbol{C}\boldsymbol{X}(kT)
\end{cases}
\tag{4.3.54}
$$

它的 $\boldsymbol{C}(z\boldsymbol{I}-\boldsymbol{A})^{-1}\boldsymbol{B}$ 无抵消且等于 $\boldsymbol{G}(z)$，设相似变换为 $z_k = \boldsymbol{P}x_k$，$\boldsymbol{P}$ 为变换矩阵，是 n 阶满秩方阵，则可将式(4.3.54)变换为

$$
\begin{cases}
z(kT+T) = \boldsymbol{P}\boldsymbol{A}\boldsymbol{P}^{-1}z(kT) + \boldsymbol{P}\boldsymbol{B}r(kT) \\
y(kT) = \boldsymbol{C}\boldsymbol{P}^{-1}z(kT)
\end{cases}
\tag{4.3.55}
$$

显然，这个新的实现也是 n 维的，且有

$$
\begin{aligned}
\boldsymbol{C}\boldsymbol{P}^{-1}(z\boldsymbol{I}-\boldsymbol{P}\boldsymbol{A}\boldsymbol{P}^{-1})^{-1}\boldsymbol{P}\boldsymbol{B} &= \boldsymbol{C}\boldsymbol{P}^{-1}(z\boldsymbol{P}\boldsymbol{P}^{-1}-\boldsymbol{P}\boldsymbol{A}\boldsymbol{P}^{-1})^{-1}\boldsymbol{P}\boldsymbol{B} \\
&= \boldsymbol{C}\boldsymbol{P}^{-1}\boldsymbol{P}(z\boldsymbol{I}-\boldsymbol{A})^{-1}\boldsymbol{P}^{-1}\boldsymbol{P}\boldsymbol{B} = \boldsymbol{C}(z\boldsymbol{I}-\boldsymbol{A})^{-1}\boldsymbol{B} = \boldsymbol{G}(z)
\end{aligned}
$$

所以($\boldsymbol{PAP}^{-1}$,$\boldsymbol{PB}$,$\boldsymbol{CP}^{-1}$)也是 $\boldsymbol{G}(z)$的最小实现。

4.3.6.2 伴随实现

一个 SISO 系统的最小实现若为($\boldsymbol{A}$,$\boldsymbol{B}$,$\boldsymbol{C}$),则($\boldsymbol{A}^{\mathrm{T}}$,$\boldsymbol{C}^{\mathrm{T}}$,$\boldsymbol{B}^{\mathrm{T}}$)也是一个最小实现,这是因为

$$\boldsymbol{C}(z\boldsymbol{I}-\boldsymbol{A})^{-1}\boldsymbol{B}=\boldsymbol{G}(z)=\boldsymbol{G}^{\mathrm{T}}(z)=[\boldsymbol{C}(z\boldsymbol{I}-\boldsymbol{A})^{-1}\boldsymbol{B}]^{\mathrm{T}}=\boldsymbol{B}^{\mathrm{T}}(z\boldsymbol{I}-\boldsymbol{A}^{\mathrm{T}})\boldsymbol{C}^{\mathrm{T}}$$

这样的两个最小实现,互相称为伴随实现。从($\boldsymbol{A}_c$,$\boldsymbol{B}_c$,$\boldsymbol{C}_c$)和($\boldsymbol{A}_o$,$\boldsymbol{B}_o$,$\boldsymbol{C}_o$)的关系看,两者互为伴随实现。

4.3.7 计算机控制系统的离散状态空间表达式

在绝大多数情况下,计算机控制系统的被控对象是连续的,所构成的计算机控制系统是混合系统,其离散状态空间表达式,可以先通过对连续环节的状态空间表达式离散化得到,也可以用 z 变换得到。下面首先通过一个例子介绍用 z 变换求得计算机控制系统的离散状态空间表达式,然后介绍通过离散化连续环节的状态空间表达式获得计算机控制系统的离散状态空间表达式的方法。

例 4.3.6 已知计算机控制系统如图 4.22(a)所示,试求在零初态时系统的离散状态空间表达式。

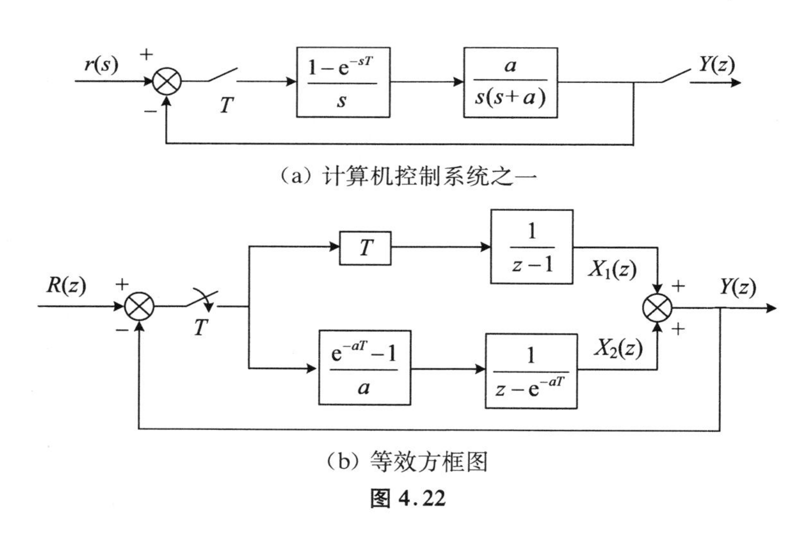

(a) 计算机控制系统之一

(b) 等效方框图

图 4.22

解 系统的开环传递函数

$$HG(s)=\frac{a(1-\mathrm{e}^{-Ts})}{s^2(s+a)}$$

对应的开环 z 传递函数为

$$HG(z)=\frac{T}{(z-1)}-\frac{1-\mathrm{e}^{-aT}}{a(z-\mathrm{e}^{-aT})}$$

由上式可以建立系统的方框图,如图 4.22(b)所示,选择状态变量:

$$\begin{cases} X_1(z) = \dfrac{T}{(z-1)}[R(z) - X_1(z) - X_2(z)] \\ X_2(z) = \dfrac{e^{-aT}-1}{a(z-e^{-aT})}[R(z) - X_1(z) - X_2(z)] \end{cases}$$

由上式得

$$\begin{cases} zX_1(z) = (1-T)X_1(z) - TX_2(z) + TR(z) \\ zX_2(z) = \dfrac{1-e^{-aT}}{a}X_1(z) + \dfrac{ae^{-aT}-e^{-aT}+1}{a}X_2 + \dfrac{e^{-aT}-1}{a}R(z) \end{cases}$$

于是,可以获得如图 4.22(a)所示的计算机控制系统的离散状态空间表达式:

$$\begin{cases} \begin{pmatrix} x_1(kT+T) \\ x_2(kT+T) \end{pmatrix} = \begin{pmatrix} 1-T & -T \\ \dfrac{1-e^{-aT}}{a} & \dfrac{(a-1)e^{-aT}+1}{a} \end{pmatrix} \begin{pmatrix} x_1(kT) \\ x_2(kT) \end{pmatrix} + \begin{pmatrix} T \\ \dfrac{e^{-aT}-1}{a} \end{pmatrix} R(kT) \\ y(kT) = (1 \quad 1) \begin{pmatrix} x_1(kT) \\ x_2(kT) \end{pmatrix} \end{cases}$$

如果连续部分是采用状态空间描述的,则可以通过离散化直接导出连续部分的离散状态方程。假设计算机控制系统如图 4.23 所示。

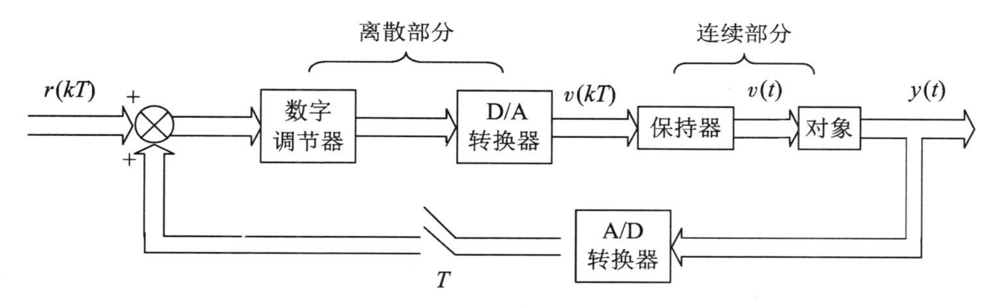

图 4.23 计算机控制系统方块图

一般来说,连续部分是由保持器和被控对象组成。绝大多数情况下使用的是零阶保持器。我们知道,零阶保持器的输出在一个采样周期内保持不变,即

$$v(kT+\tau) = v(kT) \qquad (1 < \tau < T)$$

连续对象的动态特征可以用状态空间表达式为

$$\begin{cases} \dot{x}(t) = Ax(t) + Bv(t) \\ y(t) = Cx(t) + Dv(t) \\ x(t_0) = x(0) \end{cases} \tag{4.3.56}$$

式(4.3.56)的解为

$$x(t) = e^{A(t-t_0)}x(0) + \int_{t_0}^{t} e^{A(t-\tau)}Bv(\tau)d\tau \tag{4.3.57}$$

对式(4.3.57)在 $t = kT$ 和 $t = kT + T$ 采样,获得两采样点的值:

$$x(kT) = e^{A(kT-t_0)}x(0) + \int_{t_0}^{kT} e^{A(kT-\tau)}Bv(\tau)d\tau$$

$$x(kT+T)=\mathrm{e}^{A(kT+T-t_0)}x(0)+\int_{t_0}^{kT+T}\mathrm{e}^{A(kT+T-\tau)}Bv(\tau)\mathrm{d}\tau$$

$$=\mathrm{e}^{AT}\left[\mathrm{e}^{A(kT-t_0)}x(0)+\int_{t_0}^{kT}\mathrm{e}^{A(kT-\tau)}Bv(\tau)\mathrm{d}\tau\right]+\int_{kT}^{kT+T}\mathrm{e}^{A(kT+T-\tau)}Bv(\tau)\mathrm{d}\tau$$

于是有

$$x(kT+T)=\mathrm{e}^{AT}x(kT)+\int_{kT}^{kT+T}\mathrm{e}^{A[kT+T-\tau]}Bv(kT)\mathrm{d}\tau \tag{4.3.58}$$

在积分区间内，输入是常数，而且积分对所有的 k 都成立，作变量置换 $t=kT+T-\tau$，则有

$$\int_{kT}^{kT+T}\mathrm{e}^{A[kT+T-\tau]}B\mathrm{d}\tau=\int_{0}^{T}\mathrm{e}^{At}B\mathrm{d}t \tag{4.3.59}$$

将上式代入式(4.3.58)，得

$$x(kT+T)=\mathrm{e}^{AT}x(kT)+\left(\int_{0}^{T}\mathrm{e}^{At}B\mathrm{d}t\right)v(kT) \tag{4.3.60}$$

即为所要求的离散状态方程，写成标准形式为

$$\begin{cases}x(kT+T)=FX(kt)+Gv(kT)\\ y(kT)=CX(kT)+Dv(kT)\end{cases} \tag{4.3.61}$$

式中，$F=\mathrm{e}^{At}$，$G=\int_{0}^{T}\mathrm{e}^{At}B\mathrm{d}t$。

以上所求为带零阶保持器的连续环节的离散状态空间表达式，要获得整个系统的离散状态空间表达式还需根据系统的结构以系统的输入、输出和状态为基础，给出其离散状态空间表达式。

例 4.3.7 已知计算机控制系统如图 4.24 所示，试求计算机控制系统的离散状态空间表达式。

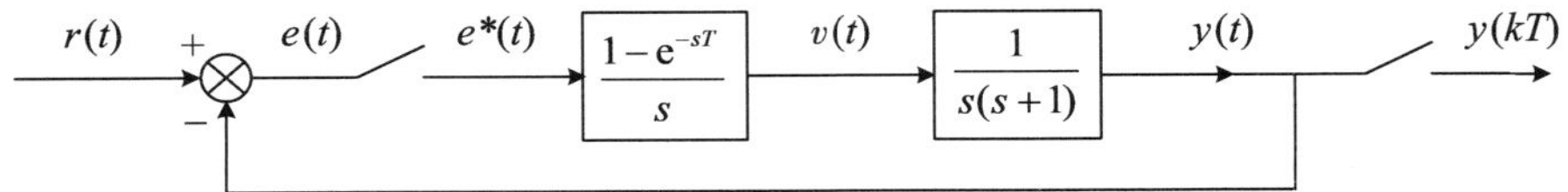

图 4.24 计算机控制系统

解 由图 4.24 可得如下信号关系式：

$$e(t)=r(t)-y(t)$$

$$e^{*}(t)=e(kT)=r(kT)-y(kT)$$

(1) 求连续部分的状态空间表达式，根据如图 4.25 所示，选择状态变量：

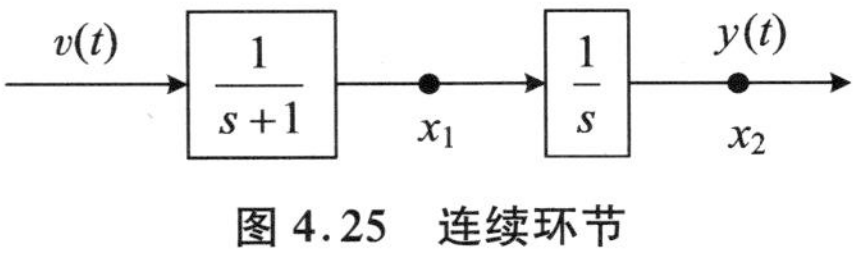

图 4.25 连续环节

则

$$\begin{cases}x_1(s)=\dfrac{1}{s+1}v(s)\\ x_2(s)=\dfrac{1}{s}x_1(s)\\ Y(s)=x_2(s)\end{cases}$$

则，对象$\dfrac{1}{s(s+1)}$的状态空间表达式为

$$\begin{cases} \begin{pmatrix} \dot{x}_1(t) \\ \dot{x}_2(t) \end{pmatrix} = \begin{pmatrix} -1 & 0 \\ 1 & 0 \end{pmatrix} \begin{pmatrix} x_1(t) \\ x_2(t) \end{pmatrix} + \begin{pmatrix} 1 \\ 0 \end{pmatrix} v(t) \\ y(t) = (0 \quad 1) \begin{pmatrix} x_1(t) \\ x_2(t) \end{pmatrix} \end{cases}$$

因系统采用零阶保持器，$v(t)$在一个采样周期内为常值，由此可求得对象的离散化状态空间表达式。

由对象的状态空间表达式，可知

$$\boldsymbol{A} = \begin{pmatrix} -1 & 0 \\ 1 & 0 \end{pmatrix}$$

$$\boldsymbol{B} = \begin{pmatrix} 1 \\ 0 \end{pmatrix}$$

(2) 对象的离散状态空间表达式的状态矩阵：

$$\boldsymbol{F} = \mathrm{e}^{AT} = \begin{pmatrix} \mathrm{e}^{-T} & 0 \\ 1 - \mathrm{e}^{-T} & 1 \end{pmatrix}$$

对象的输入矩阵：

$$\boldsymbol{G} = \int_0^T \mathrm{e}^{At} \boldsymbol{B} \mathrm{d}t = \int_0^T \begin{bmatrix} \mathrm{e}^{-t} & 0 \\ 1 - \mathrm{e}^{-t} & 1 \end{bmatrix} \begin{bmatrix} 1 \\ 0 \end{bmatrix} \mathrm{d}t$$

$$= \int_0^T \begin{bmatrix} \mathrm{e}^{-t} \\ 1 - \mathrm{e}^{-t} \end{bmatrix} \mathrm{d}t = \begin{bmatrix} 1 - \mathrm{e}^{-T} \\ T - 1 + \mathrm{e}^{-T} \end{bmatrix}$$

所以离散状态方程为

$$x(kT + T) = \begin{bmatrix} \mathrm{e}^{-T} & 0 \\ 1 - \mathrm{e}^{-T} & 1 \end{bmatrix} x(kT) + \begin{bmatrix} 1 - \mathrm{e}^{-T} \\ T - 1 + \mathrm{e}^{-T} \end{bmatrix} e(kT)$$

以 $e(kT) = r(kT) - y(kT)$代入上式：

$$\begin{bmatrix} x_1(kT + T) \\ x_2(kT + T) \end{bmatrix} = \begin{bmatrix} \mathrm{e}^{-T} & 0 \\ 1 - \mathrm{e}^{-T} & 1 \end{bmatrix} \begin{pmatrix} x_1(kT) \\ x_2(kT) \end{pmatrix} + \begin{bmatrix} 1 - \mathrm{e}^{-T} \\ T - 1 + \mathrm{e}^{-T} \end{bmatrix} [r(kT) - y(kT)]$$

$$= \begin{bmatrix} \mathrm{e}^{-T} & 0 \\ 1 - \mathrm{e}^{-T} & 1 \end{bmatrix} \begin{pmatrix} x_1(kT) \\ x_2(kT) \end{pmatrix} - \begin{bmatrix} 1 - \mathrm{e}^{-T} \\ T - 1 + \mathrm{e}^{-T} \end{bmatrix} x_2(kT) + \begin{bmatrix} 1 - \mathrm{e}^{-T} \\ T - 1 + \mathrm{e}^{-T} \end{bmatrix} r(kT)$$

经过整理可得计算机控制系统的离散状态空间表达式：

$$\begin{cases} \begin{pmatrix} x_1(kT + T) \\ x_2(kT + T) \end{pmatrix} = \begin{bmatrix} \mathrm{e}^{-T} & \mathrm{e}^{-T} - 1 \\ 1 - \mathrm{e}^{-T} & 2 - T - \mathrm{e}^{-T} \end{bmatrix} \begin{pmatrix} x_1(kT) \\ x_2(kT) \end{pmatrix} + \begin{bmatrix} 1 - \mathrm{e}^{-T} \\ T - 1 + \mathrm{e}^{-T} \end{bmatrix} r(kT) \\ y(kT) = [0 \quad 1] \begin{pmatrix} x_1(kT) \\ x_2(kT) \end{pmatrix} \end{cases}$$

4.3.8　线性离散状态方程的求解

由于线性离散系统的状态方程是一阶差分方程组，因此求解差分方程的方法都可以用

于求解线性离散系统的状态方程，常用的方法主要有迭代法和 z 变换法。

4.3.8.1 迭代法

迭代法是最适合计算机实时在线求解的一种方法，设线性离散系统的状态空间表达式为

$$\begin{cases} \boldsymbol{X}(kT+T)=\boldsymbol{AX}(kT)+\boldsymbol{BU}(kT) \\ \boldsymbol{Y}(kT)=\boldsymbol{CX}(kT)+\boldsymbol{DU}(kT) \end{cases} \tag{4.3.62}$$

已知初值 $\boldsymbol{X}(0)$和输入序列 $\boldsymbol{U}(kT)$，$(k\geqslant 0)$，将 $k=0,1,2,\cdots$，代入式(4.3.62)，可通过迭代求解，获得任意时间的状态值，并进而获得系统的输出值。

状态方程迭代求解过程：

$$\begin{cases} \boldsymbol{X}(T)=\boldsymbol{AX}(0)+\boldsymbol{BU}(0) \\ \boldsymbol{X}(2T)=\boldsymbol{AX}(T)+\boldsymbol{BU}(T)=\boldsymbol{A}^2\boldsymbol{X}(0)+\boldsymbol{ABU}(0)+\boldsymbol{BU}(T) \\ \boldsymbol{X}(3T)=\boldsymbol{AX}(2T)+\boldsymbol{BU}(2T)=\boldsymbol{A}^3\boldsymbol{X}(0)+\boldsymbol{A}^2\boldsymbol{BU}(0)+\boldsymbol{ABU}(T)+\boldsymbol{BU}(2T) \\ \qquad\vdots \\ \boldsymbol{X}(kT)=\boldsymbol{AX}(kT-T)+\boldsymbol{BU}(kT-T)=\boldsymbol{A}^{-k}X(0)+\sum_{j=0}^{k-1}\boldsymbol{A}^{k-j-1}\boldsymbol{BU}(jT) \end{cases} \tag{4.3.63}$$

系统的输出迭代求解过程：

$$\begin{cases} \boldsymbol{Y}(0)=\boldsymbol{CX}(0)+\boldsymbol{DU}(0) \\ \boldsymbol{Y}(T)=\boldsymbol{CX}(T)+\boldsymbol{DU}(T)=\boldsymbol{CAX}(0)+\boldsymbol{CBU}(0)+\boldsymbol{DU}(T) \\ \boldsymbol{Y}(2T)=\boldsymbol{CX}(2T)+\boldsymbol{DU}(2T) \\ \qquad=\boldsymbol{CA}^2\boldsymbol{X}(0)+\boldsymbol{CABU}(0)+(\boldsymbol{CB}+\boldsymbol{D})U(T) \\ \qquad\vdots \\ \boldsymbol{Y}(kT)=\boldsymbol{CX}(kT)+\boldsymbol{DU}(kT) \\ \qquad=\boldsymbol{CA}^k\boldsymbol{X}(0)+\sum_{j=0}^{k-1}\boldsymbol{CA}^{k-j-1}\boldsymbol{BU}(jT)+\boldsymbol{DU}(kT) \end{cases} \tag{4.3.64}$$

由式(4.3.63)可知，状态方程的解由两部分组成，其中 $\boldsymbol{A}^k\boldsymbol{X}(0)$ 称为零输入解，也就是齐次方程 $\boldsymbol{X}(kT+T)=\boldsymbol{AX}(kT)$ 的解，是由初态 $\boldsymbol{X}(0)$ 确定的，故将 $\boldsymbol{A}^k$ 称为线性离散系统的状态转移矩阵。另一部分 $\sum_{j=0}^{k-1}\boldsymbol{A}^{k-j-1}\boldsymbol{BU}(jT)$ 是由输入决定的，称为零状态解或特解。

如果我们定义 $\boldsymbol{\Phi}(kT)=\boldsymbol{A}^k$，则有

$$\begin{cases} \boldsymbol{\Phi}(kT+T)=\boldsymbol{A\Phi}(kT) \\ \boldsymbol{\Phi}(0)=\boldsymbol{I}(\text{单位矩阵}) \end{cases} \tag{4.3.65}$$

于是线性离散系统状态方程和输出方程的解就可以写成：

$$\begin{cases} \boldsymbol{X}(kT)=\boldsymbol{\Phi}(kT)\boldsymbol{X}(0)+\sum_{j=0}^{k-1}\boldsymbol{\Phi}(kT-jT-T)\boldsymbol{BU}(jT) \\ \boldsymbol{Y}(kT)=\boldsymbol{C\Phi}(kT)\boldsymbol{X}(0)+\boldsymbol{C}\sum_{j=0}^{k-1}\boldsymbol{\Phi}(kT-jT-T)\boldsymbol{BU}(jT)+\boldsymbol{DU}(kT) \end{cases} \tag{4.3.66}$$

例 4.3.8　用迭代法求线性离散系统的状态和输出，已知状态空间表达式为

$$\begin{cases} \boldsymbol{x}(kT+T)=\begin{bmatrix}0 & 1\\ -2 & -3\end{bmatrix}\boldsymbol{x}(kT)+\begin{bmatrix}0\\1\end{bmatrix}\boldsymbol{u}(kT)\\ \boldsymbol{y}(kT)=(0\quad 1)\boldsymbol{x}(kT)\end{cases}$$

且初态 $\boldsymbol{X}(0)=\begin{bmatrix}1\\-1\end{bmatrix}$，输入序列 $\boldsymbol{u}(kT)$ 为单位阶跃序列。

解　令 $k=0,1,2,\cdots$，根据初态值和输入序列有

$$\begin{cases} \boldsymbol{x}(T)=\begin{bmatrix}0 & 1\\ -2 & -3\end{bmatrix}\begin{bmatrix}1\\-1\end{bmatrix}+\begin{bmatrix}0\\1\end{bmatrix}[1]=\begin{bmatrix}-1\\2\end{bmatrix}\\ \boldsymbol{y}(T)=(0\quad 1)\begin{bmatrix}-1\\2\end{bmatrix}=\boldsymbol{2}\end{cases}$$

$$\begin{cases} \boldsymbol{x}(2T)=\begin{bmatrix}0 & 1\\ -2 & -3\end{bmatrix}\begin{bmatrix}-1\\2\end{bmatrix}+\begin{bmatrix}0\\1\end{bmatrix}[1]=\begin{bmatrix}2\\-3\end{bmatrix}\\ \boldsymbol{y}(2T)=(0\quad 1)\begin{bmatrix}2\\-3\end{bmatrix}=-\boldsymbol{3}\end{cases}$$

$$\begin{cases} \boldsymbol{x}(3T)=\begin{bmatrix}0 & 1\\ -2 & -3\end{bmatrix}\begin{bmatrix}2\\-3\end{bmatrix}+\begin{bmatrix}0\\1\end{bmatrix}[1]=\begin{bmatrix}-3\\6\end{bmatrix}\\ \boldsymbol{y}(3T)=(0\quad 1)\begin{bmatrix}-3\\6\end{bmatrix}=\boldsymbol{6}\end{cases}$$

$$\cdots$$

4.3.8.2　z 变换法

设线性离散状态空间表达式为

$$\begin{cases}\boldsymbol{x}(kT+T)=\boldsymbol{AX}(kT)+\boldsymbol{BU}(kT)\\ \boldsymbol{y}(kT)=\boldsymbol{CX}(kT)+\boldsymbol{DU}(kT)\end{cases}\tag{4.3.67}$$

对状态方程两边作 z 变换：

$$z\boldsymbol{X}(z)-z\boldsymbol{X}(0)=\boldsymbol{AX}(z)+\boldsymbol{BU}(z)$$

$$\boldsymbol{X}(z)=(z\boldsymbol{I}-\boldsymbol{A})^{-1}[z\boldsymbol{X}(0)+\boldsymbol{BU}(z)]$$

则利用 z 反变换即可获得 $x(kT)$ 的通式解：

$$\boldsymbol{X}(kT)=Z^{-1}\{(z\boldsymbol{I}-\boldsymbol{A})^{-1}[z\boldsymbol{X}(0)+\boldsymbol{BU}(z)]\}$$

可见其状态转移矩阵 $\boldsymbol{\Phi}(kT)=Z^{-1}[(z\boldsymbol{I}-\boldsymbol{A})^{-1}z]$。

例 4.3.9　利用 z 变换法求解例 4.3.14。

解　已知线性离散系统中

$$\boldsymbol{A}=\begin{bmatrix}0 & 1\\ -2 & -3\end{bmatrix}$$

$$\boldsymbol{B} = \begin{bmatrix} 0 \\ 1 \end{bmatrix}$$

$$\boldsymbol{C} = (0 \quad 1)$$

$$\boldsymbol{X}(0) = \begin{bmatrix} 1 \\ -1 \end{bmatrix}$$

$u(kT)$为单位阶跃序列。则

$$\boldsymbol{X}(kT) = Z^{-1}\{(zI - A)^{-1}[zX(0) + BU(z)]\}$$

其中

$$(z\boldsymbol{I} - \boldsymbol{A})^{-1} = \begin{bmatrix} z & -1 \\ 2 & z+3 \end{bmatrix}^{-1} = \begin{bmatrix} \dfrac{z+3}{(z+1)(z+3)} & \dfrac{1}{(z+1)(z+2)} \\ \dfrac{-2}{(z+1)(z+2)} & \dfrac{z}{(z+1)(z+2)} \end{bmatrix}$$

$$z\boldsymbol{X}(0) + \boldsymbol{BU}(z) = z\begin{bmatrix} 1 \\ -1 \end{bmatrix} + \begin{bmatrix} 0 \\ 1 \end{bmatrix}\frac{1}{1-z^{-1}} = \begin{bmatrix} z \\ \dfrac{2z - z^2}{z-1} \end{bmatrix}$$

则

$$\begin{aligned}(z\boldsymbol{I} - \boldsymbol{A}) - 1[z\boldsymbol{X}(0) + \boldsymbol{BU}(z)] &= \begin{bmatrix} \dfrac{z+3}{(z+1)(z+3)} & \dfrac{1}{(z+1)(z+2)} \\ \dfrac{-2}{(z+1)(z+2)} & \dfrac{z}{(z+1)(z+2)} \end{bmatrix}\begin{bmatrix} z \\ \dfrac{2z - z^2}{z-1} \end{bmatrix} \\ &= \begin{bmatrix} \dfrac{z(z^2+z-1)}{(z-1)(z+1)(z+2)} \\ \dfrac{z(2-z^2)}{(z-1)(z+1)(z+2)} \end{bmatrix} \\ &= \begin{bmatrix} \dfrac{z}{6(z-1)} + \dfrac{z}{2(z+1)} + \dfrac{z}{3(z+2)} \\ \dfrac{z}{6(z-1)} - \dfrac{z}{2(z+1)} - \dfrac{2z}{3(z+2)} \end{bmatrix}\end{aligned}$$

于是得状态方程和输出方程的解

$$\begin{cases} \boldsymbol{x}(kT) = \begin{bmatrix} \dfrac{1}{6} + \dfrac{1}{2}(-1)^k + \dfrac{1}{3}(-2)^k \\ \dfrac{1}{6} - \dfrac{1}{2}(-1)^k - \dfrac{2}{3}(-2)^k \end{bmatrix} \\ \boldsymbol{y}(kT) = \dfrac{1}{6} - \dfrac{1}{2}(-1)^k - \dfrac{2}{3}(-2)^k \end{cases} \quad (k \geqslant 0)$$

4.4 线性离散系统的稳定性分析

控制系统的稳定性，是系统本身的固有特性，控制系统的稳定是其工作的必要条件。工程系统所要求的稳定是指渐近稳定，即系统在某个平衡点是渐近稳定的，是指系统受到某种干扰偏离该平衡点后，在干扰消除后系统能够自动回到该平衡点。

4.4.1 离散系统稳定性条件

对线性定常离散系统来说，其零输入响应是方程

$$\begin{cases} \boldsymbol{X}(kT+T)=\boldsymbol{AX}(kT) \\ \boldsymbol{y}(kT)=\boldsymbol{CX}(kT) \end{cases} \tag{4.4.1}$$

的解，亦即

$$\boldsymbol{y}(kT)=\boldsymbol{CA}^k\boldsymbol{X}(0) \tag{4.4.2}$$

我们知道矩阵 $\boldsymbol{A}$ 的特征值 p_i，也就是离散系统的特征方程的根，即对应 z 传递函数的极点，而渐近稳定要求当 $k\to\infty$，$y(kT)\to 0$。由式(4.4.2)可知，也就是要求 $A^k\to 0$，根据矩阵性质也就是要求 $p_i^k\to 0(i=1,\cdots,n)$。要满足这一点，充要条件是：对所有 p_i，都有 $|p_i|<1$。这就是线性离散系统的稳定域。

离散控制系统的稳定性分析，与连续系统有许多不同之处。首先是稳定性判别的复域边界不同，一是 s 平面的虚轴，一是 z 平面的单位圆。另外，计算机控制系统的稳定性，增加了一个新的因素：采样周期。如图 4.26 所示，对于图 4.26(a)，闭环传递函数为

$$W(s)=\frac{k}{s+k}$$

由此得到，系统稳定时 k 的取值为 $k>0$，而对于图 4.26(b)，其闭环 z 传递函数为

$$W(z)=\frac{kT}{z-(1-kT)}$$

根据离散系统的稳定性的充要条件，应有 $|1-kT|<1$，即得 k 的取值范围为 $0<k<\frac{2}{T}$。

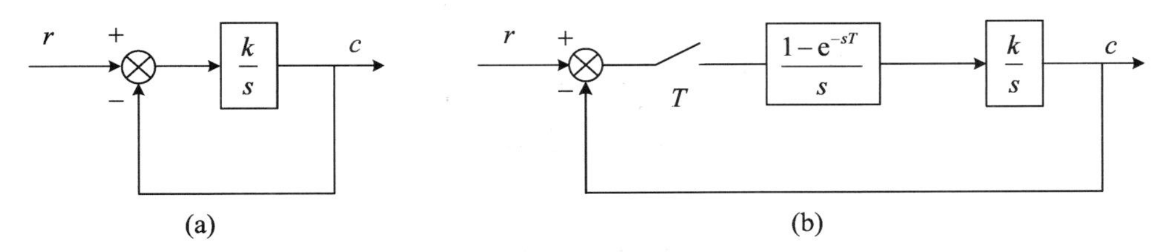

图 4.26 简单的反馈控制系统

这里显然增加了周期 T 作为影响稳定性的因素。从这个简单的例子还可以看到，当 $T\to 0$ 时，两者的稳定性一样。这个结论，对于一般连续控制系统和与之对应的零阶保持器采样控制系统来说具有普遍性。

如果对计算机控制系统的稳定性分析只涉及采样点，于是就有可能出现这样的情况：系统对采样点来说是稳定的，而采样点之间存在隐含振荡，甚至是发散振荡。请看下面的例子，有如图 4.27 所示采样系统。

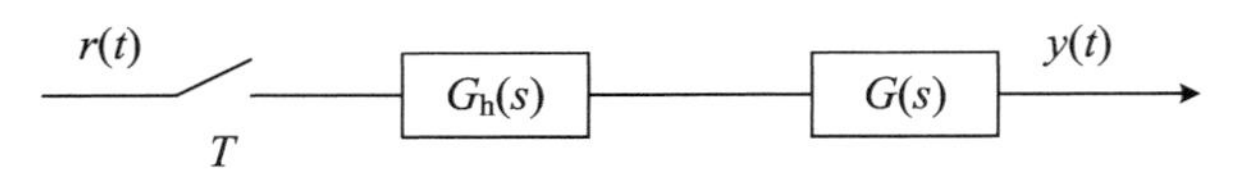

图 4.27　简单采样系统

若输入为单位阶跃函数，且对象 $G(s)$ 为

$$G(s)=\frac{as^2+\omega_0^2 s+2a\omega_0^2}{(s+a)(s^2+\omega_0^2)}$$

输出的拉普拉斯变换为

$$Y(s)=\frac{1}{s}G(s)=\frac{a}{s(s+a)}+\frac{\omega_0^2}{s(s^2+\omega_0^2)}$$

$$y(t)=1-e^{-at}+1-\cos\omega_0 t$$

若采样频率为 $\omega_s=\dfrac{\omega_0}{b}$，则 $1-\cos\omega_0 kT=0$，所以

$$y(kT)=1-e^{-akT}$$

这时，采样点上看不到振荡，但采样点之间却存在，如图 4.28 所示。不过此种情况比较少见，因会对 ω_s 进行合理选择，所以总会有 $\omega_s>2\omega_0$。

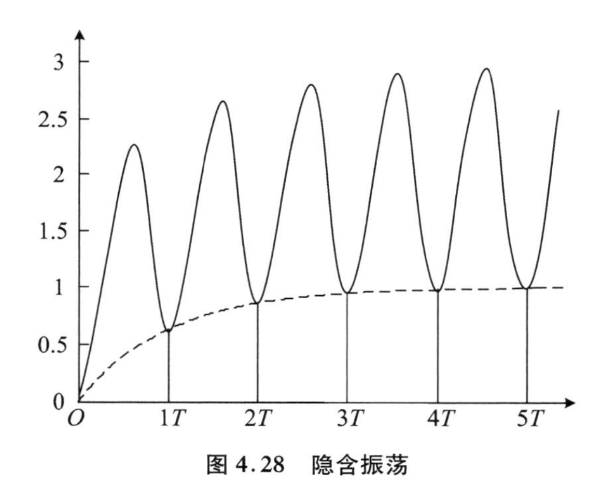

图 4.28　隐含振荡

4.4.2　s 平面与 z 平面的映射关系

在定义 z 变换中，$z=e^{sT}$，s，z 均为复变量，T 是采样周期。令 $s=\sigma+j\omega$，其中 σ 是 s 的实部，ω 是 s 的虚部，则有

$$z=e^{(\sigma+j\omega)T}=e^{T}e^{j\omega T} \tag{4.4.2}$$

z 的模 $|z|=e^{\sigma T}$，z 的相角 $\angle z=\omega T$，于是有

① 当 $\sigma=0$ 时，$|z|=1$，即 s 平面上的虚轴映射到 z 平面，是以原点为圆心的单位圆周；

② 当 $\sigma<0$ 时，$|z|<1$，即 s 平面的左半平面映射到 z 平面，是以原点为圆心的单位圆内；

③ 当 $\sigma>0$ 时，$|z|>1$，即 s 平面的右半平面映射到 z 平面，是以原点为圆心的单位圆外。

s 平面与 z 平面的映射关系如图 4.29 所示。

设在 s 平面上左半平面有直线 σ_1 映射到 z 平面上，是以原点为圆心，$e^{\sigma_1 T}$ 为半径的圆周，显然 $|e^{\sigma_1 T}|<1$。

设在 s 平面上右半平面有直线 σ_2 映射到 z 平面上，是以原点为圆心，$e^{\sigma_2 T}$ 为半径的圆周，显然 $|e^{\sigma_2 T}|>1$。

另外，z 是采样角频率 ω_s 的周期函数，当 s 平面上 σ 不变，角频率 ω 由 0 变到无穷时，z 的模不变，只是相角作周期性变化。

在离散系统的采样角频率较系统的通频带高许多时，主要讨论的是主频区，即 $\omega=-\omega_s/2\sim\omega_s/2$，其中 $\omega_s=2\pi/T$，其余部分则称为辅频区，z-ω_s 的周期特性如图 4.30 所示。

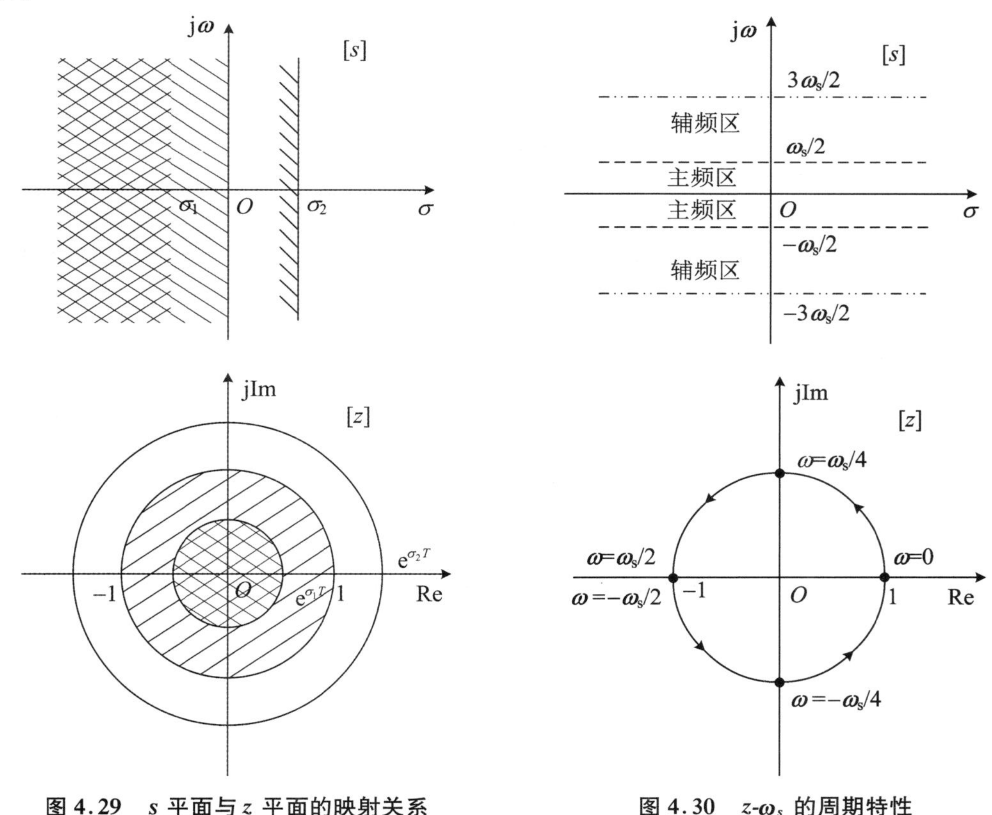

图 4.29　s 平面与 z 平面的映射关系　　　**图 4.30　z-ω_s 的周期特性**

4.4.3　线性离散系统的稳定性判据

判断线性离散系统的稳定性实质上是判断特征根(或者闭环极点)的模的大小。当离散系统的阶数较低时，可以直接求出特征根。但是当系统的阶数较高时就很难直接找出特征根。此时可用下面的稳定性判据来判断线性离散系统的稳定性。

4.4.3.1 劳斯(Routh)判据

在连续系统中劳斯判据是用来判别特征方程的根是否都在左半平面,以确定系统的稳定与否的。但是,线性离散系统给出的 z 域传递函数,需要判断的是其 z 域特征方程的根是否在单位圆内,因此不能直接使用劳斯判据,还需要作一个变换,使变换后的新平面的左右等价于 z 平面的单位圆内外。下述双线性变换(或称 w 变换)就是这样一种变换。

$$z = \frac{1+w}{1-w}$$

或

$$w = \frac{z-1}{z+1} \tag{4.4.4}$$

对 w 平面上的任一点 $w=\sigma+\mathrm{j}\beta$,对应

$$|z| = \left|\frac{1+w}{1-w}\right| = \sqrt{\frac{(1+\sigma)^2+\beta^2}{(1-\sigma)^2+\beta^2}}$$

则有① $\mathrm{Re}w=\sigma>0$ 时,有 $|z|>1$;

② $\mathrm{Re}w=\sigma<0$ 时,有 $|z|<1$;

③ $\mathrm{Re}w=\sigma=0$ 时,有 $|z|=1$。

可见,这种变换确实将 z 平面的单位圆内外变换成 w 平面的左右,而 z 平面的单位圆变换成 w 平面的虚轴。这样,就可以将多项式 $F(z)$ 变换成 $F(w)$,对 $F(w)$ 使用劳斯判据,便可间接地判别 $F(z)$ 的稳定性。

劳斯判据的要点是:

① 特征方程 $F(w)=0$,若系数 $a_n, a_{n-1}, \cdots, a_0$ 的符号不相同时,则系统不稳定。

② 建立劳斯阵列

$$\begin{array}{c|ccccc}
w^n & a_n & a_{n-2} & a_{n-4} & a_{n-6} & \cdots \\
w^{n-1} & a_{n-1} & a_{n-3} & a_{n-5} & a_{n-7} & \cdots \\
w^{n-2} & b_{n-1} & b_{n-3} & b_{n-5} & \cdots & \cdots \\
w^{n-3} & c_{n-1} & c_{n-3} & c_{n-5} & \cdots & \\
\vdots & \vdots & \vdots & \vdots & & \\
w^0 & h_{n-1} & & & &
\end{array}$$

其中

$$b_{n-1} = \frac{-1}{a_{n-1}}\begin{vmatrix} a_n & a_{n-2} \\ a_{n-1} & a_{n-3} \end{vmatrix}$$

$$b_{n-3} = \frac{-1}{a_{n-1}}\begin{vmatrix} a_n & a_{n-4} \\ a_{n-1} & a_{n-5} \end{vmatrix}$$

$$c_{n-1} = \frac{-1}{b_{n-1}}\begin{vmatrix} a_{n-1} & a_{n-3} \\ b_{n-1} & b_{n-3} \end{vmatrix}$$

$\cdots$

以此类推。

③ 若劳斯阵列第一列各元素均为正(在 $a_n>0$ 时),则所有特征根均分布在左半平面,系统稳定。

④ 若劳斯阵列第一列出现负数,表明系统不稳定,第一列元素符号变化的次数,表示右半平面上特征根的个数。

例 4.4.1　已知闭环系统特征方程为

$$F(z) = z^3 - 1.03z^2 + 0.43z + 0.0054 = 0$$

试判定该系统的稳定性。

解　根据劳斯判据的要求,先对闭环系统的特征方程作 w 变换,即代入

$$z = \frac{(1+w)}{(1-w)}$$

整理后得

$$F(w) = 2.45w^3 + 3.62w^2 + 1.52w + 0.4 = 0$$

作劳斯阵列:

$$\begin{array}{c|cc} w^3 & 2.45 & 1.52 \\ w^2 & 3.62 & 0.4 \\ w^1 & 1.25 & 0 \\ w^0 & 0.4 & \end{array}$$

这里阵列的第一列皆为正,故系统稳定。

例 4.4.2　设线性离散系统如图 4.31 所示,采样周期 $T=1\,\mathrm{s}$,试求系统的临界放大倍数 K_c。

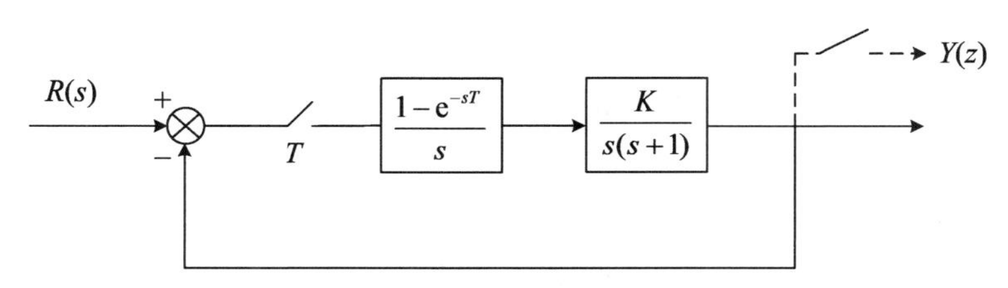

图 4.31　一闭环系统

解　系统的开环 z 传递函数为

$$G(z) = Z\left[\frac{1-e^{-Ts}}{s}\cdot\frac{K}{s(s+1)}\right] = \frac{K(0.264+0.368z)}{(z-1)(z-0.368)}$$

则该系统的闭环特征方程为 $1+G(z)=0$,即

$$z^2 + (0.368K - 1.368)z + 0.264K + 0.386 = 0$$

作 $z=\dfrac{1+w}{1-w}$ 的代换,得

$$(2.736 - 0.104K)w^2 + (1.264 - 0.528K)w + 0.632K = 0$$

建立劳斯阵列:

$$\begin{array}{c|cc} w^2 & 2.736-0.104K & 0.632K \\ w^1 & 1.264-0.528K & 0 \\ w^0 & 0.632K & \end{array}$$

系统稳定的条件是

$$\begin{cases} 2.736-0.104K>0 \\ 1.264-0.528K>0 \\ 0.632K>0 \end{cases} \Rightarrow \begin{cases} K<26.3 \\ K<2.4 \\ K>0 \end{cases}$$

可见系统稳定 K 为 $0<K<2.4$,由此可得系统的临界放大倍数 $K_c=2.4$。

虽然劳斯判据为众人所熟悉,但是利用劳斯判据为线性离散系统稳定性判别时,需要由 $F(z)$ 到 $F(w)$ 的变换。故它不是一个直接判据,下面我们来介绍几种可不必变换直接使用 $F(z)$ 的稳定判据。

4.4.3.2 雷伯尔(Raibel)稳定判据

雷伯尔判据是直接由线性离散系统的特征方程 $F(z)=0$ 判别其根是否都在单位圆内的,设

$$F(z)=a_0z^n+a_1z^{n-1}+\cdots+a_{n-1}z+a_n=0 \tag{4.4.5}$$

假设 $a_0>0$。

作雷伯尔阵列:

$$\begin{array}{llllll} z^n: & a_0 & a_1 & \cdots & a_{n-2} & a_{n-1} & a_n \\ z^{n-1}: & b_0 & b_1 & \cdots & b_{n-2} & b_{n-1} \\ z^{n-2}: & c_0 & c_1 & \cdots & c_{n-2} \\ \vdots \\ z^1: & p_0 & p_1 \\ z^0: & q_0 \end{array}$$

其中,$b_i,c_i,\cdots$的计算为

$$b_i=\frac{a_0a_i-a_na_{n-i}}{a_0} \tag{4.4.6}$$

$$c_i=\frac{b_0b_i-b_{n-1}b_{n-1-i}}{b_0} \tag{4.4.7}$$

$$\cdots$$

$F(z)=0$ 的根都在单位圆内的充要条件是:雷伯尔阵列的第一列元素都大于零。

若第一列元素不全大于零,令大于零的数目为 n_P(除 a_0 外),小于零的数目为 n_N,则

$$单位圆内的根数=n_P$$

$$单位圆外的根数=n_N$$

雷伯尔判据在计算中,可能遇到特殊情况:如某行的第一个元素为零,或某行元素全为零。这时可将$(1+\varepsilon)z$ 取代z,其中 ε 是任意小的数。这相当于将单位圆移到 $1+\varepsilon$,由于 ε 很小,可以以$(1+m\varepsilon)z^m$ 取代 z^m,然后重新计算阵列。如果第一列元素取正(除 a_0 外)与

取负的数目，对 $\varepsilon>0$ 分别记为 n_P^+ 和 n_N^+，对 $\varepsilon<0$ 分别记为 n_P^- 和 n_N^-，那么：

$$\text{单位圆内根数} = n_P^-$$

$$\text{单位圆外根数} = n_N^+$$

$$\text{单位圆上根数} = n_P^+ - n_P^- = n_N^- - n_N^+$$

例 4.4.3　已知单位反馈计算机控制系统开环 z 传递函数为

$$G(z) = \frac{2z^2 - 3z + 1}{8z^4 + 4z^3 + 7z - 1}$$

试判断其闭环稳定性。

解　闭环特征方程为

$$1 + G(z) = 0$$

即

$$8z^4 + 4z^3 + 2z^2 + 4z = 0$$

由于该方程有一个根 $z=0$，故可简化、降阶，只需判别

$$F(z) = 4z^3 + 2z^2 + z + 2$$

作雷伯尔阵列：

$$\begin{array}{c|cccc} z^3 & 4 & 2 & 1 & 2 \\ z^2 & 3 & 1.5 & 0 & \\ z^1 & 3 & 1.5 & & \\ z^0 & 9/4 & & & \end{array}$$

因为第一列元素全为正，故闭环系统是稳定的。

例 4.4.4　已知多项式 $F(z)=z^3+3.3z^2+3z+0.8$，试判别其根在 z 平面的位置。

解　作雷伯尔阵列：

$$\begin{array}{c|cccc} z^3 & 1 & 3.3 & 3 & 0.8 \\ z^2 & 0.36 & 0.9 & 0.36 & \\ z^1 & 0 & 0 & & \\ z^0 & & & & \end{array}$$

这里对应 z 的一行元素全为零。将 z^i 以 $(1+i\varepsilon)z^i$ 代之，构成新的 $F(z)$：

$$F(z) = (1+3\varepsilon)z^3 + 3.3(1+2\varepsilon)z^2 + 3(1+\varepsilon)z + 0.8$$

作雷伯尔阵列：

$$\begin{array}{c|cccc} z^3 & 1+3\varepsilon & 3.3(1+2\varepsilon) & 3(1+\varepsilon) & 0.8 \\ z^2 & 0.36+6\varepsilon & 0.9+14.1\varepsilon & 0.36+6.72\varepsilon & \\ z^1 & -0.52\varepsilon & -0.64\varepsilon & & \\ z^0 & 0.27\varepsilon & & & \end{array}$$

进行阵列元素计算时，某一行乘以正数结果不变。现在看第一列元素，求得

$$n_p^+ = 2,\ n_N^+ = 1,\ n_p^- = 2,\ n_N^- = 1$$

所以 $F(z)$ 的单位圆内根数 $=n_p^-=2$，单位圆外根数 $=n_N^+=1$。

利用雷伯尔判据，当 $F(z)$ 中的某个参数可变时，可求出为使 $F(z)$ 的全部根位于单位圆内，该参数的取值范围。也可以判别 $F(z)$ 的根对于 z 平面上某一圆 $|z|=r_0$ 的相对位置，

这时只要作简单的变换，令 $z=r_0\xi$，使 $F(z)$变成 $F(\xi)$，对 $F(\xi)$施以雷伯尔判据即可。于是 $F(\xi)$的根相对于$|\xi|=1$ 的位置，就是 $F(z)$的根相对于$|z|=r_0$ 的位置。

例 4.4.5 已知 $F(z)=z^2+az+b$，试求当 $F(z)$的根都在$|z|=0.8$ 圆内时，a、b 的取值范围。

解 令 $z=0.8\xi$，则

$$F(\xi) = 0.64\xi^2 + 0.8a\xi + b$$

作雷伯尔阵列：

$$\begin{array}{c|ccc}
\xi^2 & 0.64 & 0.8a & b \\
\xi^1 & \dfrac{0.64^2-b^2}{0.64} & \dfrac{0.512a-0.8ab}{0.64} & \\
\xi^0 & \dfrac{\left(\dfrac{0.64^2-b^2}{0.64}\right)^2-\left(\dfrac{0.512a-0.8ab}{0.64}\right)^2}{0.64-\dfrac{b^2}{0.64}} & &
\end{array}$$

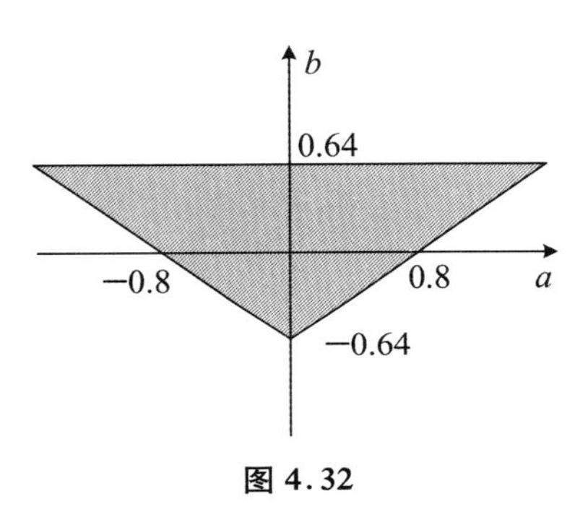

图 4.32

根据雷伯尔判据要求得

$$\begin{cases}\dfrac{0.64^2-b^2}{0.64}>0 \\ \left(\dfrac{0.64^2-b^2}{0.64}\right)^2-\left(\dfrac{0.512a-0.8ab}{0.64}\right)^2>0\end{cases}$$

解得

$$\begin{cases}-0.64<b<0.64 \\ b+0.64-0.8a>0 \\ b+0.64+0.8a>0\end{cases}$$

则 a，b 的取值范围如图 4.32 所示。

4.4.3.3 修正的舒尔-科恩(Schur-Cohn)判据

该判据简称为 M-S-C 判据，与雷伯尔判据类似也是直接判据，其表述如下：

设

$$F(z) = a_0z^n + a_1z^{n-1} + \cdots + a_n \qquad (a_0>0) \tag{4.4.8}$$

定义 $F(z)$的逆多项式 $F^{-1}(z)$为

$$F^{-1}(z) = z^nF(z^{-1}) = a_nz^n + a_{n-1}z^{n-1} + \cdots + a_0 \tag{4.4.9}$$

注意：$F(z)$和 $F^{-1}(z)$都是以 z 降幂排列。

作如下计算：

$$\begin{cases}\dfrac{F^{-1}(z)}{F(z)} = \alpha_0 + \dfrac{F_1^{-1}(z)}{F(z)} \\ \dfrac{F_1^{-1}(z)}{F_1(z)} = \alpha_1 + \dfrac{F_2^{-1}(z)}{F_1(z)} \\ \quad\vdots \\ \dfrac{F_i^{-1}(z)}{F_i(z)} = \alpha_i + \dfrac{F_{i+1}^{-1}(z)}{F_i(z)}\end{cases} \tag{4.4.10}$$

其中，$F_{i+1}(z)$是比 $F_i(z)$低一阶的多项式。

$F(z)$的根全部位于 z 平面单位圆内的充要条件是，同时满足以下3个条件：

$$\begin{cases} F(1) > 0 & ① \\ (-1)^n F(-1) > 0 & ② \\ |\alpha_i| < 1 \quad (i = 0,1,\cdots,n-2) & ③ \end{cases} \tag{4.4.11}$$

$$\alpha_0 = \frac{a_n}{a_0} \tag{4.4.12}$$

$$F_1(z) = b_0 z^{n-1} + b_1 z^{n-2} + \cdots + b_{n-1} \tag{4.4.13}$$

其中

$$b_i = \frac{a_0 a_i - a_n a_{n-i}}{a_0}$$

所以 $F_1(z)$的系数就是对应于雷伯尔判据的 z^{n-1}行的系数。进而

$$\alpha_1 = \frac{b_{n-1}}{b_0} \tag{4.4.14}$$

$$F_2(z) = c_0 z^{n-2} + c_1 z^{n-3} + \cdots + c_{n-2} \tag{4.4.15}$$

其中

$$c_i = \frac{b_0 b_i - b_{n-1} b_{n-1-i}}{b_0}$$

这个判据应用较为方便，因为①、②和③的 α_0 都是极易计算的，甚至直观地就可以看出成立与否。所以在实际中，可以先查验①、②及 α_0，只要有一个不符合条件，就可断定 $F(z)$的根不都在 z 平面单位圆内。

例如：$F(z)=2z^5-z^4+4z+3$，一看就知道它的根不都在单位圆内，因为常数项大于首项系数，即$|\alpha_0|>1$，不满足稳定条件。

例 4.4.6 已知线性离散系统的闭环特征多项式为 $F(z)=4z^3+2z^2+z+2$，试利用 M-S-C 判据判别系统的稳定性。

解 根据 M-S-C 判据，计算条件：

① $F(1)=9>0$，条件满足；

② $(-1)^n F(-1)=1>0$，条件满足；

③ $\alpha_0=0.5$，$|\alpha_0|<1$，条件满足。

求 α_1：由 $F_1^{-1}(z)=1.5z+3$，得

$$F_1(z) = 3z^2 + 1.5z, \alpha_1 = 0$$

满足条件，所以系统闭环稳定。

例 4.4.7 $F(z)=z^2+az+b$，求使 $F(z)$的根都在单位圆内时，a 和 b 的取值范围。

解 用 M-S-C 判据，3条件分别要求：

① $1+a+b>0$；

② $1-a+b>0$；

③ $-1<b<1$。

则 b 的取值范围如图 4.33 所示。

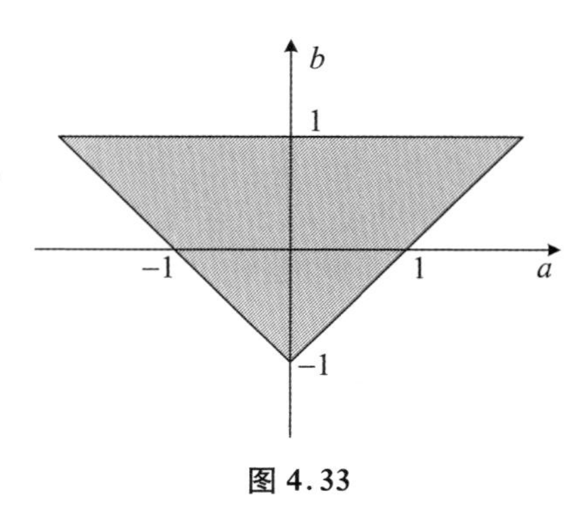

图 4.33

4.4.3.4 奈奎斯特(Nyquist)判据

在线性离散系统的 z 传递函数中，如果以 $e^{j\omega T}$ 来代替复数变量 z，便可以得到线性离散系统的频率特性，即

$$G_0(e^{j\omega T}) = G_0(z)\big|_{z=e^{j\omega T}} \tag{4.4.16}$$

它表征了系统的输出信号各正弦分量的幅值和相角与输入正弦信号的幅值和相角之间的函数关系，即称之为线性离散系统的频率特性。

线性离散系统的频率特征可以绘制在直角平面上即极坐标法，也可以画出对数幅频特性和相频特性即伯德图法。

1. 极坐标法

频率特性是 ω_s 的周期函数，$-\frac{\omega_s}{2}\leqslant\omega\leqslant\frac{\omega_s}{2}\left(\omega_s=\frac{2\pi}{T}\right)$ 是主频区，通常情况下，系统的特性主要反映在主频区。另外 $-\frac{\omega_s}{2}\leqslant\omega\leqslant 0$ 和 $0\leqslant\omega\leqslant\frac{\omega_s}{2}$ 的特征对称于实轴，所以只需要作出 $0\leqslant\omega\leqslant\frac{\omega_s}{2}$ 之间的曲线，讨论与此相对应部分的特征。

2. 对数频率特性法(伯德图法)

若已知线性离散系统的开环 z 传递函数为 $G_o(z)$，作 z-w 变换，即令 $z=\frac{1+\omega}{1-\omega}$，得到

$$G_o(\omega) = G_o(z)\big|_{z=\frac{1+\omega}{1-\omega}} \tag{4.4.17}$$

为了得到线性离散系统的开环频率特征，令复数变量沿着 w 平面的虚轴由 $v=-\infty$ 变到 $v=+\infty$，其中 $v=\mathrm{Im}(\omega)$ 称为虚拟频率或伪频率。再令 $\omega=\mathrm{j}v$，可得开环频率特征：

$$G_o(\mathrm{j}v) = G_o(\omega)\big|_{\omega=\mathrm{j}v} \tag{4.4.18}$$

由变换关系 $v=\tan\frac{\omega T}{2}$，可得 $\omega=\frac{2}{T}\tan^{-1}v$。

有了线性离散系统的开环频率特性，就可以与线性连续系统类似，采用 Nyquist 判据。Nyquist 判据的依据是复变函数的幅角原理：设 $F(z)$ 是 z 的有理函数，当自变量 z 沿 z 平面一条封闭曲线顺时针一周，若该封闭曲线包围 $F(z)$ 的 n_p 个极点和 n_z 个零点，那么 $F(z)$ 平面上对应的也是一条封闭曲线，它顺时针绕过 $F(z)$ 平面原点的圈数 n 为

$$n = n_z - n_p \tag{4.4.19}$$

将该原理应用于控制系统的闭环稳定性判别时，设开环 z 传递函数为 $G(z)$，则单位负反馈闭环特征方程为 $F(z)$：

$$F(z) = 1 + G(z) = 0 \tag{4.4.20}$$

现在要判断的是 $F(z)$ 在 z 平面单位圆外有无零点。令 z 在 z 平面沿图 4.34 所示的封闭曲线取值，方向是顺时针。它由单位圆和半径为无穷大的圆组成，即包围了单位圆外的整个区域。

设 $G(z)$ 的单位圆外的极点(亦 $F(z)$ 在单位圆外的极点)数为 n_p(若 $z=1$ 处也有极点，则可让封闭曲线绕过它，如图中虚线所示，即将 $z=1$ 的极点也算入单位圆外极点之列)。如果单位圆外 $F(z)$ 是有 n_z 个零点，那么 $G(z)$ 平面上的封闭曲线顺时针绕其 $(-1,\mathrm{j}0)$ 点的

圈数 n 为

$$n = n_z - n_p \tag{4.4.21}$$

为了闭环稳定，要求 $n_z = 0$，即闭环稳定的充要条件是：$G(z)$ 平面上的封闭曲线顺时针绕 $(-1, \mathrm{j}0)$ 的圈数应等于 $-n_p$，即逆时针绕 $(-1, \mathrm{j}0)$ 的圈数应等于 n_p。

跟连续系统类似，可以应用 Nyquist 判据，判断线性离散系统的稳定性。

奈氏稳定判据　若线性离散系统**开环稳定**，则闭环时线性离散系统稳定的充分必要条件是开环频率特征 $G_o(e^{j\omega T})$ 在 $G_o(e^{j\omega T})$ 平面上不包围点 $(-1, \mathrm{j}0)$；若线性离散系统**开环不稳定**，有 N 个不稳定极点，则闭环系统稳定的充分必要条件是当 ω 从 0 变到 $\frac{\omega_s}{2}$ 时，开环频率特征 $G_o(e^{j\omega T})$ 在 $G_o(e^{j\omega T})$ 平面上正向（逆时针）包围点 $(-1, \mathrm{j}0)$ $\frac{N}{2}$ 次。

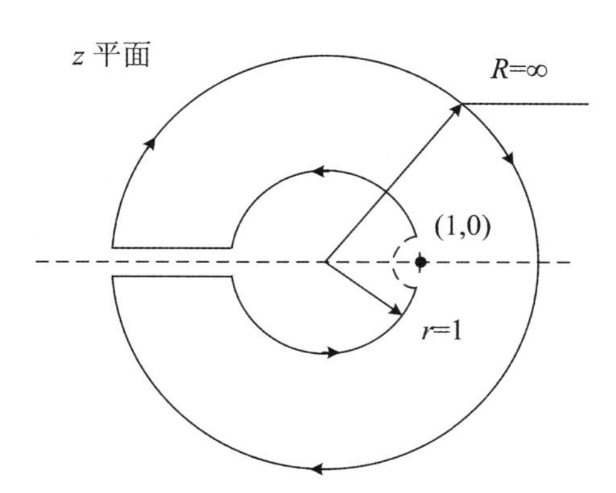

图 4.34　z 平面封闭曲线

也可以利用伯德图分析离散系统的功能，判断系统的稳定性并求出其相对稳定性。利用线性离散系统的伯德图，判断系统稳定性的判据如下：

若离散系统开环稳定，则闭环稳定的充分必要条件是：在开环对数频率特性 $L(v)$ 大于 0 dB 的频域内，开环相频特性 $\Phi(v)$ 对于 -180° 线的正负穿越次数相等。

若离散系统开环不稳定，不稳定极点数 N，在开环对数频率特征 $L(v)$ 大于 0 dB 的频域内，开环相频性 $\Phi(v)$ 对于 -180° 线的正穿越次数大于负穿越次数 $\frac{N}{2}$，则线性离散系统稳定，否则为不稳定。

利用 $[G_o(e^{j\omega T})]$ 平面上频率特性，不仅可以分析线性离散系统的稳定性，还可以分析系统的稳定程度。

线性离散系统的稳定程度，也称相对稳定性，可以用幅值裕量和相角裕量来衡量。

当 $G_o(e^{j\omega_1 T}) = -\pi$ 时，幅值裕量 $l = \dfrac{1}{|G_o(e^{j\omega_1 T})|}$；

当 $|G_o(e^{j\omega_1 T})| = 1$ 时，相角裕量 $r = 180^\circ + \angle G_o(e^{j\omega_1 T})$。

例 4.4.8　设线性离散系统如图 4.35 所示，采样周期 $T = 1$ s。试绘制开环频率特性的极坐标图和伯德图。

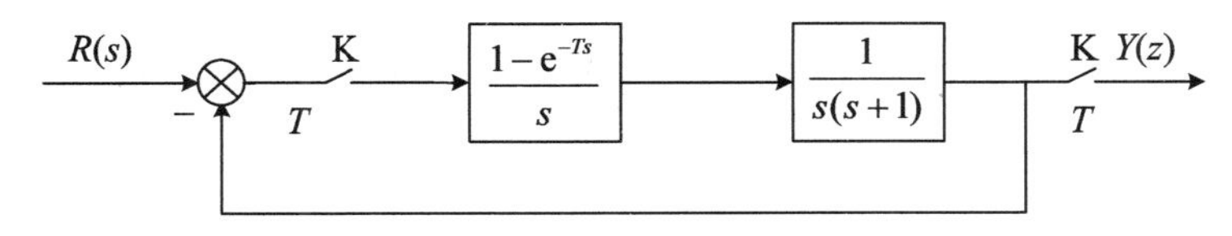

图 4.35　线性离散系统

解　系统的开环 z 传递函数为

$$G_o(z)=Z\left[\frac{1-e^{-s}}{s}\cdot\frac{1}{s(s+1)}\right]=(1-z^{-1})Z\left(\frac{1}{s^2}-\frac{1}{s}+\frac{1}{s+1}\right)$$
$$=(1-z^{-1})\left[\frac{z}{(z-1)^2}-\frac{z}{z-1}+\frac{z}{z-e^{-1}}\right]=\frac{0.368(z+0.722)}{(z-1)(z-0.368)} \quad (4.4.22)$$

开环频率特征为

$$G_0(e^{j\omega T})=\frac{0.368(e^{j\omega T}+0.722)}{(e^{j\omega T}-1)(e^{j\omega T}-0.368)} \quad (4.4.23)$$

(1) 极坐标图

为了绘制开环频率特性 $G_o(e^{j\omega T})$，令 ω 由 $0\sim\omega_s/2$ 变化。此时，复数向量 z 的端点 P 在 z 平面上沿着单位圆的上半圆由正实轴上(1,j0)移到负实轴上(−1,j0)。对于不同的 ωT 值，$G_o(e^{j\omega T})$ 的幅值 $|G_o(e^{j\omega T})|$ 与相角 $\angle G_o(e^{j\omega T})$ 按式(4.4.22)在 z 平面上由作图法求得。如图 4.36 是 $\omega T=\frac{\omega_s T}{4}=\frac{\pi}{2}$ 时，按式(4.4.23)求取 $G_o(e^{j\omega T})$ 的相应的复数向量：

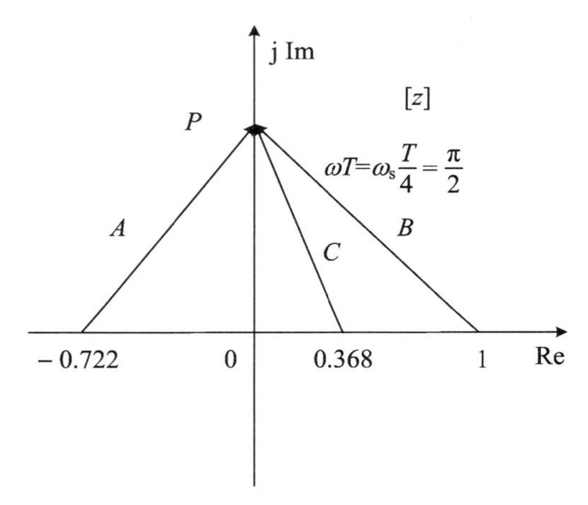

图 4.36 在 z 平面上求解 $G_0(e^{j\omega T})$ 的各向量

$$A=z+0.722=e^{j\omega T}+0.722=1.24\angle 54^\circ$$
$$B=z-1=e^{j\omega T}-1=1.42\angle 134^\circ$$
$$C=z-0.368=e^{j\omega T}-0.368=1.06\angle 110^\circ$$

将上述复数向量代入式(4.4.23)中，可得

$$G_0(e^{\frac{3\pi}{2}})=\frac{0.368\times 1.24}{1.42\times 1.06}\angle 54^\circ-134^\circ-110^\circ=0.303\angle-190^\circ$$

用同样的办法，可以在(0～π)之间取任意值，求取相应的开环频率特性。计算若干点便可以得到复数平面上线性离散系统的开环频率特征。图 4.37 所示是 ωT 由 $\frac{\pi}{6}\sim\pi$ 的开环频率特征。

(2) 伯德图

系统的开环 z 传递函数为

$$G_o(z)=\frac{0.368(z+0.722)}{(z-1)(z-0.368)}$$

作 $z-w$ 变换，令 $z=\dfrac{1+\omega}{1-\omega}$ 得

$$G_o(\omega) = \frac{0.504(1-\omega)(1+0.161\omega)}{\omega(1+2.165\omega)}$$

令 $\omega = \mathrm{j}v$ 可得开环频率特征

$$G_o(\mathrm{j}v) = \frac{0.504(1-\mathrm{j}v)(1+0.161\mathrm{j}v)}{\mathrm{j}v(1+2.165\mathrm{j}v)}$$

对数幅频特性

$$L(v) = 20\lg|G_o(\mathrm{j}v)|$$

$$= 20\lg\frac{0.504\sqrt{1+v^2}\sqrt{1+(0.161v)^2}}{v\sqrt{1+(2.165v)^2}}$$

相频特性

$$\Phi(v) = -\frac{\pi}{2} + \tan^{-1}0.161v - \tan^{-1}v - \tan^{-1}2.165v$$

根据以上两式可作出线性离散系统的对数频率特性，该线性离散系统的伯德图如图 4.38 所示。

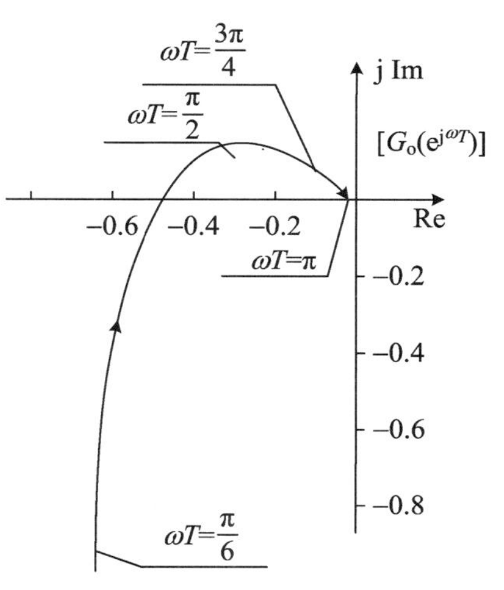

图 4.37　系统的开环频率特征

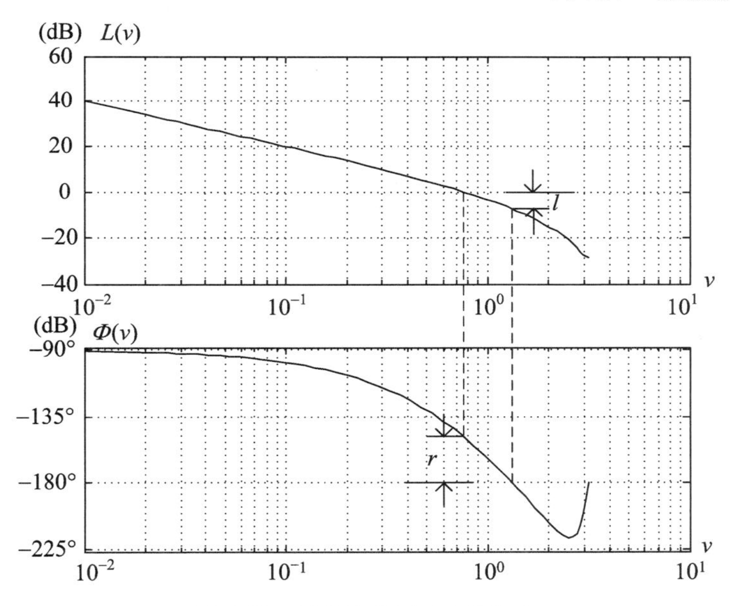

图 4.38　线性离散系统的伯德图

对于图 4.38 所示的线性离散系统，根据上述稳定判据，开环稳定，$L(v)=0$ dB 的频域 $\Phi(v)$ 对于 -180° 线的正负穿越次数均为零，所以系统稳定。

另外与连续系统类似，在伯德图上也可以求取系统的幅值裕量和相角裕量。对于图 4.38所示系统可以求得系统的幅值裕量 $l=6$ dB，相角裕量为 34°。

例 4.4.9　设线性离散系统的开环频频特性如图 4.39 所示，试分析各系统的稳定性。

解 根据奈氏稳定判据，图4.39中(a)、(b)两系统的开环频率特性不包围$(-1, \mathrm{j}0)$点，所以对应的闭环离散系统是稳定的。

图4.39中(c)系统由于开环频率特性交于$(-1, \mathrm{j}0)$点，所以对应的闭环系统处于临界稳定状态。

图4.39中(d)系统虽然开环频率特性包围$(-1, \mathrm{j}0)$点一次，因为有开环不稳定极点$N=2$，所以闭环系统是稳定的。

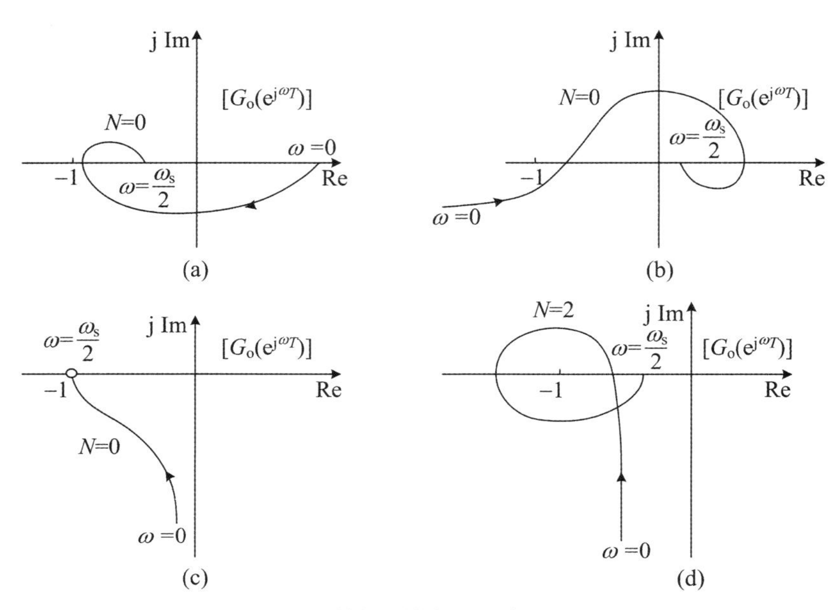

图4.39 判断线性离散系统的稳定性

例4.4.10 设线性离散系统的开环频率特性如图4.40所示，试分析系统的相对稳定性。

解 由图4.40知

$$G_o(e^{j\omega T}) = -\pi \text{时}, |a| = |G_o(e^{j\omega T})| = 0.51$$

由 $l = \dfrac{1}{|G_o(e^{j\omega T})|}$ 知，幅值裕量：

$$l = \frac{1}{0.51} = 1.96$$

在图4.40上，作单位圆周与$G_o(e^{j\omega T})$交于b点，连ob，则ob与负实轴夹角34°，故相角裕量$r=34°$。

4.4.3.5 李雅普诺夫(Ляпунов/ Lyapunov/Liapunov)方法

李雅普诺夫方法判断稳定性普遍适用于以状态方程描述的线性定常系统、线性时变系统和非线性系统，其优越性主要在于可判断非线性系统的稳定性。

设系统的状态方程为

$$x_{k+1} = f(x_k, k) \qquad (k \geqslant 0) \tag{4.4.23}$$

在给定的初值下，有平衡状态为 x_e。不失一般性，可令 $x_e=0$。则有如下定理：

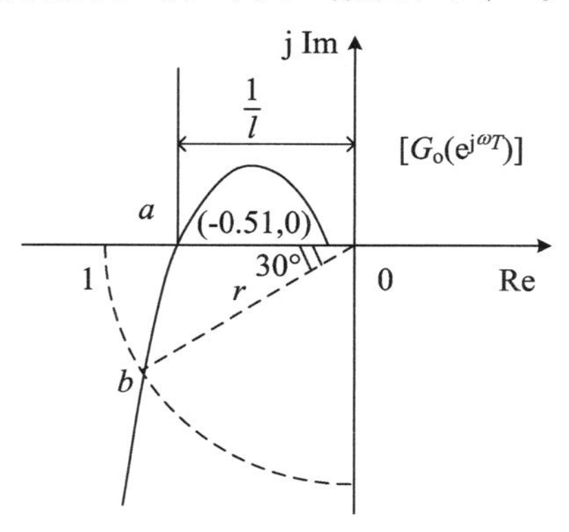

图 4.40　线性离散系统的相对稳定性

① 若能找到一个正定纯量函数 $V(x_k)$（以下简称 V_k），在 x_e 的一个邻域 $\Omega=\{x_k, V_k \leqslant l\}$，$\Delta V_k=V_{k+1}-V_k$ 是半负定的，则称平衡点在该邻域是稳定的。

当 ΔV_k 正定时，称平衡点是大范围不稳定的。

当 ΔV_k 负定时，或 ΔV_k 是半负定的，但对 $k>0$ 并不恒为零，则称平衡点在该邻域是渐近稳定的。

② 若能找到正定 V_k，且有 $\|x_k\|\to\infty$ 时 $V_k\to\infty$，则当 ΔV_k 为负定，或 ΔV_k 为半负定，但对 $k>0$ 不恒为零，则称平衡点是大范围（整体）渐近稳定的。

而当 ΔV_k 为正定时，称平衡点是大范围不稳定的。

定理中，能够用以证明平衡点稳定或不稳定的纯量函数 V_k，称为李雅普诺夫函数（或简称"李函数"）。显然，这里稳定性的判别，关键在于寻找李函数。找不到李函数，就得不出任何结论。因此，上述定理是充分性定理。

例 4.4.11　设系统的齐次状态方程为 $x_{k+1}=-x_k^2$，$x_k=0$ 试取 $V_k=x_k^2$，它是正定的。而 $\Delta V_k=V_{k+1}-V_k=x_{k+1}^2-x_k^2=x_k^4-x_k^2=-x_k^2(1-x_k^2)$，显然当 $|x_k|<1$ 时，ΔV_k 为负定，即在 $|x_k|<1$ 内系统平衡点渐近稳定。

③ 对线性定常系统

$$\boldsymbol{x}_{k+1}=\boldsymbol{A}\boldsymbol{x}_k \tag{4.4.24}$$

设 $\boldsymbol{A}$ 非奇异，那么有唯一平衡点 $\boldsymbol{x}_e=0$，试取李函数为

$$\boldsymbol{V}_k=\boldsymbol{X}_k^{\mathrm{T}}\boldsymbol{P}\boldsymbol{X}_k \tag{4.4.25}$$

其中，$\boldsymbol{P}$ 为正定、实对称矩阵。于是有

$$\begin{aligned}\Delta\boldsymbol{V}_k&=\boldsymbol{V}_{k+1}-\boldsymbol{V}_k=\boldsymbol{X}_{k+1}^{\mathrm{T}}\boldsymbol{P}\boldsymbol{X}_{k+1}-\boldsymbol{X}_k^{\mathrm{T}}\boldsymbol{P}\boldsymbol{X}_k\\&=\boldsymbol{X}_k^{T}(\boldsymbol{A}^{\mathrm{T}}\boldsymbol{P}\boldsymbol{A}-\boldsymbol{P})\boldsymbol{X}_k=-\boldsymbol{X}_k^{T}\boldsymbol{Q}\boldsymbol{X}_k\end{aligned} \tag{4.4.26}$$

其中

$$\boldsymbol{Q}=\boldsymbol{P}-\boldsymbol{A}^{\mathrm{T}}\boldsymbol{P}\boldsymbol{A} \tag{4.4.27}$$

显然，只要 $\boldsymbol{Q}$ 为正定（它是 $\boldsymbol{X}_k^{\mathrm{T}}\boldsymbol{Q}\boldsymbol{X}_k$ 正定的充要条件），则系统是渐近稳定的。由此分析，可归纳为如下线性系统用李雅普诺夫方法判别稳定性的定理：

由式(4.4.24)描述的线性系统，平衡点渐近稳定的充要条件是，给定一个正定矩阵 $\boldsymbol{Q}$，

由式(4.4.27)求得的 $\boldsymbol{P}$ 也是正定的。

例 4.4.12 设系统的离散状态方程为

$$x_{k+1} = \begin{pmatrix} 0.5 & 0.5 \\ 0 & 0.5 \end{pmatrix} x_k$$

它的唯一平衡点是 $x_e = 0$,给定 $\boldsymbol{Q} = \boldsymbol{I}$(常如此给出 $\boldsymbol{Q}$,因为计算简单),解得

$$\boldsymbol{P} = \begin{pmatrix} \dfrac{4}{3} & \dfrac{4}{9} \\ \dfrac{4}{9} & \dfrac{56}{27} \end{pmatrix}$$

显然它是正定的,所以系统是渐近稳定的,对于线性系统而言,渐近稳定,就是大范围渐近稳定。

由此可见,正定纯量函数 $V(x_k)$实际上是表示系统的广义能量函数,若一个系统有一个平衡点是渐近稳定的,那么系统在该平衡点附近作自由运动过程中,系统贮存的能量在外界阻力作用下必将逐渐衰减,并在系统恢复平衡状态时达到最小值,如图 4.41 所示。李雅普诺夫基为这一思想的稳定性判别原则开辟了直观而全新的思路。

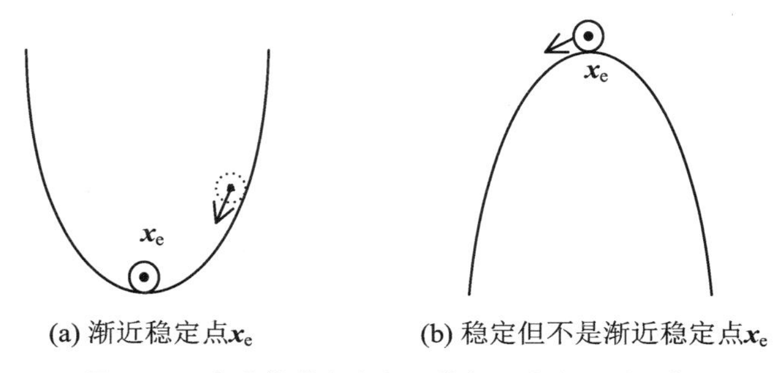

图 4.41 李雅普诺夫定义下的渐近稳定原则示意图

4.4.3.6 根轨迹法

z 平面上的根轨迹,是指控制系统开环 z 传递函数中的某一参数(如放大系数)连续变化时,闭环 z 传递函数的极点连续变化的轨线。

z 平面轨迹的绘制原则同 s 平面一样,即:设开环 z 传递函数有 n 个极点,m 个零点,并记为 $K\hat{G}(z)$,其中 K 可能是放大系数或是其他参数,而 $\hat{G}(z)$中 z 的多项式因式分解都写成 $z\text{-}p_i$ 的形式。闭环特征方程根轨迹依据:

$$1 + K\hat{G}(z) = 0$$

将其分为两个方程

$$\angle \hat{G}(z) = \sum_{i=1}^{m} \theta_{z_i} - \sum_{i=1}^{n} \theta_{p_i} = (2l+1)\pi \qquad (l = 0,1,\cdots) \qquad \text{(相角条件)}$$

$$|\hat{G}(z)| = \frac{1}{K} \qquad \text{(幅值条件)}$$

其中，θ_{z_i}是$\angle(z-z_i)$。对于给定的$\hat{G}(z)$，凡是符合相角条件即轨迹方程的z平面的点，都是根轨迹上的点，而该点对应的K值，则由幅值条件确定。

根轨迹($K=0\sim\infty$)的绘制要点：

① 与实轴对称；

② 有n条分支($n\geqslant m$)；

③ 出发点：每个极点；

④ 终点：m条终止于m个零点，而$n-m$条趋向无穷远点；

⑤ 无穷远分支的渐近线：

a. 渐近线角度 $\theta=\dfrac{(2l+1)\pi}{(n-m)}$；

b. 在实轴上的交点 $\sigma_a=\dfrac{\sum p_i-\sum z_i}{n-m}$。

⑥ 实轴上的根轨迹段(若有)：其右边实轴上的极点和零点总数为奇数个；

⑦ 实轴上的分离点或会合点(若有)σ_d，是方程$\sum\dfrac{1}{\sigma-z_i}=\sum\dfrac{1}{\sigma-p_i}$的解；

⑧ 出发角与终止角：

a. 令极点p_k，重数为r_k，出发角记为θ_{pk}，求θ_{pk}的方程为

$$\sum_{i=1}^{m}\theta_{z_i}-\sum_{\substack{i=1\\ i\neq k}}^{n}\theta_{p_i}-r_k\theta_{pk}=(2l+1)\pi$$

b. 令零点z_k，重数为r_k，终止角记为θ_{zk}，求θ_{zk}的方程为

$$r_k\theta_{zk}+\sum_{\substack{i=1\\ i\neq k}}^{m}\theta_{z_i}-\sum_{i=1}^{n}\theta_{p_i}=(2l+1)\pi$$

⑨ 根轨迹之和(所有闭环极点之和)：当$n-m\geqslant 2$时为常数，即根轨迹某些向左，则必有一些向右；

⑩ 与单位圆的交点，按下式确定：

$$1+K\hat{G}(\mathrm{e}^{\mathrm{j}\theta})=0$$

如果要绘制$K=0\sim-\infty$的根轨迹，则只要将相角条件由$(2l+1)\pi$改为$2l\pi$。除绘制要点中有关相角的各点应作相应的变化外，其他都与$K=0\sim+\infty$时一样。

一个完整的根轨迹图，应当标定足够多的K的数值。常见线性离散系统的根轨迹图见表4.2。

表 4.2　常见线性离散系统的根轨迹图

序号	$G_o(z)$	根轨迹	序号	$G_o(z)$	根轨迹
1	$\frac{1}{z-1}$	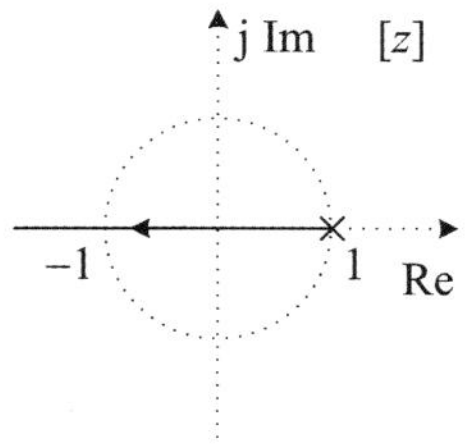 j Im [z] −1 1 Re	6	$\frac{z}{(z-p_1)(z-p_2)}$	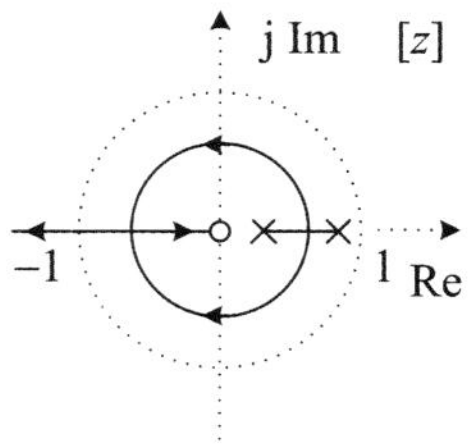 j Im [z] −1 1 Re
2	$\frac{z}{z-1}$	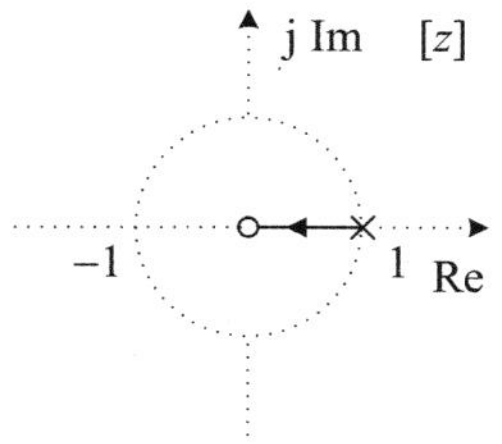 j Im [z] −1 1 Re	7	$\frac{z+z_0}{(z-1)(z-p)}$	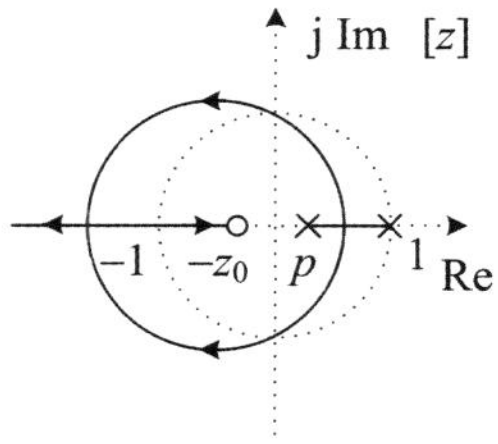 j Im [z] −1 $-z_0$ p 1 Re
3	$\frac{z}{z-p}$	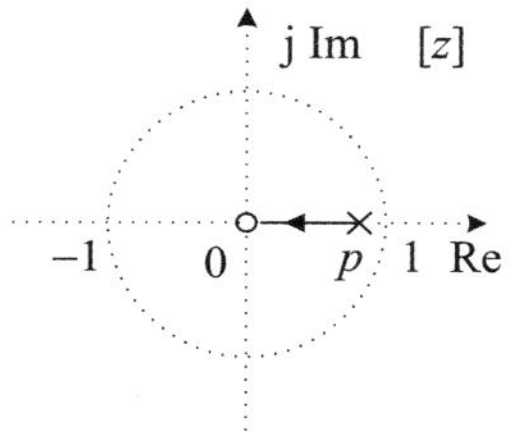 j Im [z] −1 0 p 1 Re	8	$\frac{z+z_1}{(z-1)(z-p_1)}$ $z_1>z_0$ $p_1>p$	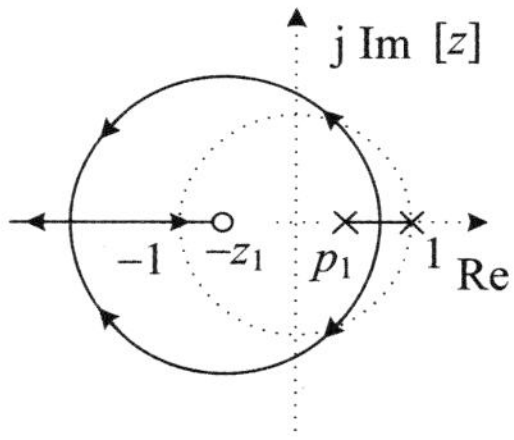 j Im [z] −1 $-z_1$ p_1 1 Re
4	$\frac{z}{(z-1)^2}$	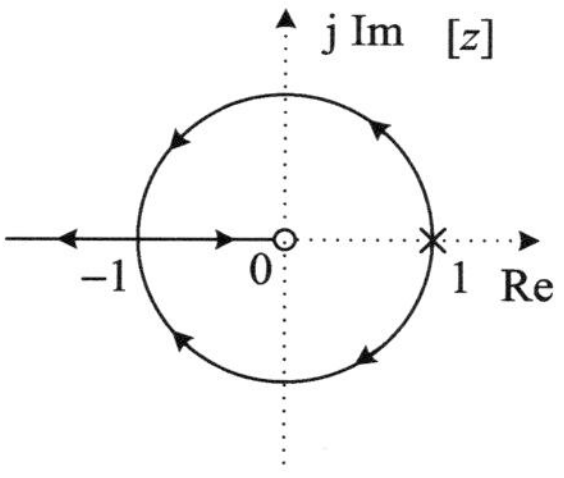 j Im [z] −1 0 1 Re	9	$\frac{z}{(z-p_1)(z-p_2)}$	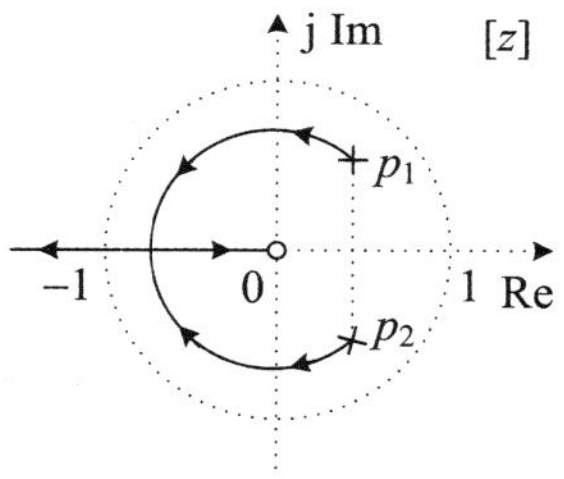 j Im [z] p_1 −1 0 1 Re p_2
5	$\frac{z}{(z-p)^2}$	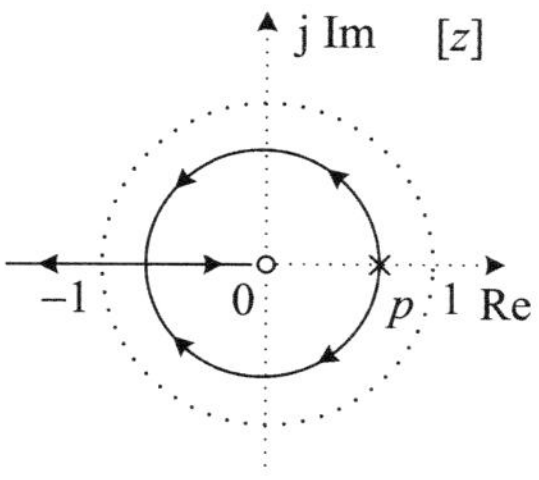 j Im [z] −1 0 p 1 Re	10	$\frac{z(z-z_0)}{(z-p_1)(z-p_2)}$	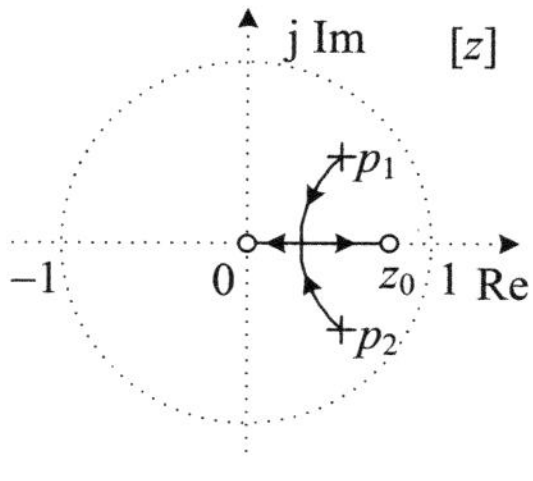 j Im [z] p_1 −1 0 z_0 1 Re p_2

用根轨迹法分析系统闭环稳定性，不但可知某个确定的参数值 k_0 下的稳定性，而且可

以知道闭环极点的具体位置，特别可知 k_0 变化时的极点变化趋势。因此用它来指导参数整定是很直观的。

例 4.4.13　已知反馈系统开环 z 传递函数为

$$G(z)=\frac{k(z+0.5)}{z(z-0.5)(z^2-z+0.5)}$$

试绘制 $k=-\infty\sim+\infty$ 时的根轨迹。

解　开环 z 传递函数有 1 个零点 $z_1=-0.5$，4 个极点 $p_1=0, p_2=0.5, p_{3、4}=0.5\pm$ j0.5。可分成 $k=0\sim+\infty$ 和 $k=0\sim-\infty$ 两部分绘制。正向根轨迹的关键数据为：分支条数为 4 条；1 条终止于 $z_1=-0.5$ 点，另外 3 条趋向无穷远点；渐近线方向角 $\theta=\frac{(2l+1)\pi}{3}$，知 θ 为 $\pm60^\circ$ 和 180°，渐近线与实轴交点

$$\sigma_a=\frac{0+0.5+2\times0.5+0.5}{3}=0.67$$

实轴上根轨迹有两段，p_1 与 p_2 之间和 z_1 以左；实轴的分离、会合点 σ_a 解之为 $\sigma_{d1}=0.159$（分离），$\sigma_{d2}=-0.797$（会合）；复极点处轨迹出发角 $\theta_{p3}=-18.4^\circ$，$\theta_{p4}=18.4^\circ$。轨迹如图 4.42 所示。

图中根轨迹的虚线是 k 为负值部分。

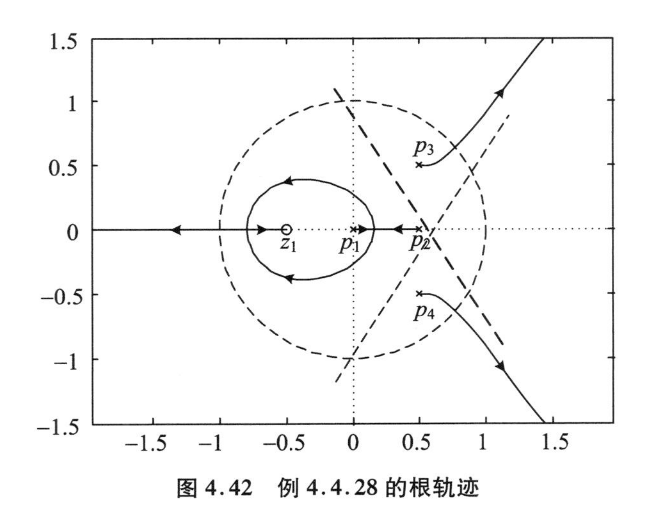

图 4.42　例 4.4.28 的根轨迹

4.5　离散系统的误差分析

误差是实验科学术语，指测量结果偏离真值的程度。对任何一个物理量进行的测量都不可能得出一个绝对准确的数值，即使使用测量技术所能达到的最完善的方法，测出的数值也和真实值也会存在差异，这种测量值和真实值的差异称为误差，误差分为绝对误差和相对误差；也可以根据误差的来源分为系统误差（又称偏性）和随机误差（又称机会误差）。

离散系统的稳态误差，是重要的技术指标。本节只讨论由于系统自身结构决定的“系统误差”，不计非线性误差，而且只讨论 $k\to\infty$ 的情况（静态误差）及 k 较大的情况（动态误差）。

本节讨论的系统是如图 4.43 所示的单位负反馈控制系统，并设系统是稳定的。

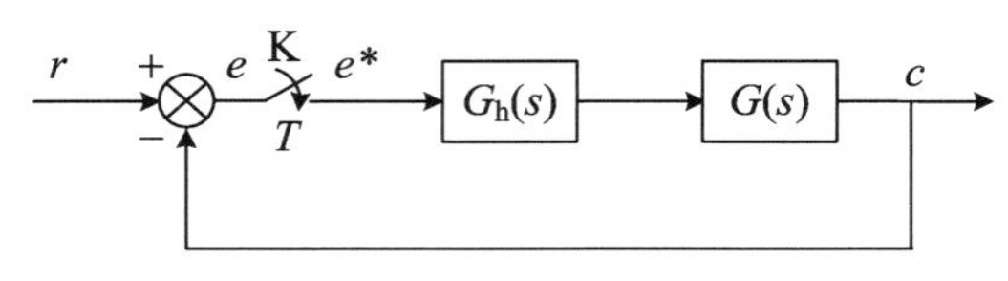

图 4.43　单位反馈系统

4.5.1　对参考输入的静态系统误差

静态误差记为 e_{ss}，则按照 z 变换终值定理：

$$e_{ss}=\lim_{k\to\infty}e_k=\lim_{z\to1}(1-z^{-1})E(z) \tag{4.5.1}$$

其中，$E(z)$是误差的 z 变换。

$$E(z)=\frac{R(z)}{1+G_hG(z)}=W_e(z)R(z) \tag{4.5.2}$$

这里

$$W_e(z)=\frac{1}{1+G_hG(z)}$$

称为误差传递函数

$$W_e(z)=\frac{E(z)}{R(z)}$$

显然 e_{ss}与 $G_hG(z)$和参考输入 $R(z)$有关。下面讨论对不同的典型输入（如单位阶跃、单位速度及单位加速度），不同类型系统的静态误差情况。3 种典型输入分别记为 $R_1(z)$，$R_2(z)$和 $R_3(z)$，则有

$$\begin{cases} R_1(z)=\dfrac{1}{1-z^{-1}} & \left(R_1(s)=\dfrac{1}{s}\right) \\ R_2(z)=\dfrac{Tz^{-1}}{(1-z^{-1})^2} & \left(R_2(s)=\dfrac{1}{s^2}\right) \\ R_3(z)=\dfrac{T^2}{2}\dfrac{z^{-1}(1+z^{-1})}{(1-z^{-1})^3} & \left(R_3(s)=\dfrac{1}{s^3}\right) \end{cases} \tag{4.5.3}$$

而系统的开环传递函数 $G_hG(z)$可以表示成

$$G_hG(z)=\frac{G_0(z)}{(1-z^{-1})^q} \tag{4.5.4}$$

其中，$G_0(z)$中不含$(1-z^{-1})$因子，q 称为类型数。对于 $q=0$，$q=1$ 和 $q=2$，…，分别称为 0 型系统、Ⅰ型系统和Ⅱ型系统，……

1. 当 $R_1(z)$输入时

静态误差 e_{ssp}如下：

$$e_{ssp}=\lim_{z\to1}(1-z^{-1})\frac{R_1(z)}{1+G_hG(z)}=\frac{1}{1+\lim\limits_{z\to1}G_hG(z)}=\frac{1}{1+K_p} \tag{4.5.5}$$

其中，K_p 称为位置误差系数，有

$$K_p = \lim_{z\to1} G_h G(z) = \lim_{z\to1} \frac{G_0(z)}{(1-z^{-1})^q} = \begin{cases} G_0(1) & (0) \\ \infty & (\text{I}) \\ \infty & (\text{II}) \end{cases} \tag{4.5.6}$$

可见，为了提高控制系统的控制精度（静态），我们希望 K_p 要尽可能大，即要么增大 $G_0(1)$，要么提高系统类型数。显然

$$e_{ssp} = \begin{cases} \dfrac{1}{1+G_0(1)} & (0) \\ 0 & (\text{I}) \\ 0 & (\text{II}) \end{cases} \tag{4.5.7}$$

通常，当 $q=0$ 时，称为开环直流增益，记为 K_{DC}，它是开环传递函数在单位阶跃输入下的静态输出。

2. 当 $R_2(z)$ 输入时

静态误差 e_{ssv} 如下：

$$e_{ssv} = \lim_{z\to1} \frac{(1-z^{-1})}{1+G_hG(z)} \cdot \frac{Tz^{-1}}{(1-z^{-1})^2} = \frac{T}{\lim\limits_{z\to1}(1-z^{-1})G_hG(z)} = \frac{T}{K_v} \tag{4.5.8}$$

其中，K_v 为速度误差系数，有

$$K_v = \lim_{z\to1}(1-z^{-1})G_hG(z) = \lim_{z\to1} \frac{G_0(z)}{(1-z^{-1})^{q-1}} = \begin{cases} 0 & (0) \\ G_0(1) & (\text{I}) \\ \infty & (\text{II}) \end{cases} \tag{4.5.9}$$

显然

$$e_{ssv} = \begin{cases} \infty & (0) \\ \dfrac{T}{G_0(1)} & (\text{I}) \\ 0 & (\text{II}) \end{cases} \tag{4.5.10}$$

3. 当 $R_3(z)$ 输入时

静态误差 e_{ssa} 如下：

$$\begin{aligned} e_{ssa} &= \lim_{z\to1}(1-z^{-1}) \frac{1}{1+G_hG(z)} \cdot \frac{T^2}{2} \cdot \frac{z^{-1}(1+z^{-1})}{(1-z^{-1})^3} \\ &= \frac{T^2}{\lim\limits_{z\to1}(1-z^{-1})^2 G_hG(z)} = \frac{T^2}{K_a} \end{aligned} \tag{4.5.11}$$

其中，K_a 为加速度误差系统，有

$$\begin{aligned} K_a &= \lim_{z\to1}(1-z^{-1})^2 G_hG(z) = \lim_{z\to1} \frac{G_0(z)}{(1-z^{-1})^{q-2}} \\ &= \begin{cases} 0 & (0) \\ 0 & (\text{I}) \\ G_0(1) & (\text{II}) \end{cases} \end{aligned} \tag{4.5.12}$$

显然

$$e_{ssa}=\begin{cases}\infty & (0)\\ \infty & (\mathrm{I})\\ \dfrac{T^2}{G_0(1)} & (\mathrm{II})\end{cases} \tag{4.5.13}$$

上述结果可整理成表 4.3。

表 4.3　不同典型输入时的静态误差

误差(误差系数) / 系统类型数	$e_{ssp}(K_p)$	$e_{ssv}(K_v)$	$e_{ssa}(K_a)$
0	$\dfrac{1}{1+G_0(1)}(G_0(1))$	$\infty(0)$	$\infty(0)$
Ⅰ	$0(\infty)$	$\dfrac{T}{G_0(1)}(G_0(1))$	$\infty(0)$
Ⅱ	$0(\infty)$	$0(\infty)$	$\dfrac{T^2}{G_0(1)}(G_0(1))$

根据表 4.3,只要知道系统的型号 q 和输入信号的形式,不必计算即可知静态误差大致情况。

如果输入是 3 种典型输入的线性组合,即

$$R(z)=\alpha_1R_1(z)+\alpha_2R_2(z)+\alpha_3R_3(z) \tag{4.5.14}$$

则 e_{ss}只取决于 $R_3(z)$和类型数。

4.5.2　离散系统的静态误差与对应的连续系统的关系

图 4.44 所示是与图 4.38 对应的连续系统,相对应的静态误差及误差系数分别记为 e_{ssp}^c,e_{ssv}^c,e_{ssa}^c和 K_p^c,K_v^c,K_a^c,它们与系统类型数的关系如表 4.4 所示。

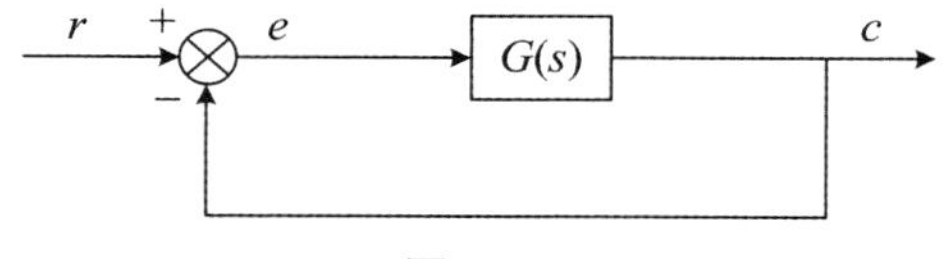

图 4.44

表 4.4　不同类型输入时的连续系统静态误差

误差(误差系数) / 系统类型数	$e_{ssp}^c(K_p^c)$	$e_{ssv}^c(K_v^c)$	$e_{ssa}^c(K_a^c)$
0	$\dfrac{1}{1+K}(K)$	$\infty(0)$	$\infty(0)$
Ⅰ	$0(\infty)$	$\dfrac{1}{K}(K)$	$\infty(0)$
Ⅱ	$0(\infty)$	$0(\infty)$	$\dfrac{1}{K}(K)$

表中 K 的意义如下式所表达:

$$G(s) = K\frac{G_0(s)}{s^q} \tag{4.5.15}$$

其中，$G_0(s)$不含 s 因子，且 $G_0(0)=1$。

现在看离散系统的 K_p，K_v，K_a 与 K 的关系。由

$$G_hG(z) = K(1-z^{-1})Z\left[\frac{G_0(s)}{s^{q+1}}\right] \tag{4.5.16}$$

将[·]部分简单展开：

$$\left[\frac{G_0(s)}{s^{q+1}}\right]=\begin{cases}\dfrac{G_0(0)}{s}+G_1(s) & (q=0)\\ \dfrac{G_0(0)}{s^2}+G_2(s) & (q=1)\\ \dfrac{G_0(0)}{s^3}+G_3(s) & (q=2)\end{cases} \tag{4.5.17}$$

其中，$G_1(s)$无积分因子，$G_2(s)$最多1次积分，$G_3(s)$最多2次积分。注意 $G_0(0)=1$，所以

$$Z\left[\frac{G_0(s)}{s^{q+1}}\right]=\begin{cases}\dfrac{1}{1-z^{-1}}+G_1(z) & (q=0)\\ \dfrac{Tz^{-1}}{(1-z^{-1})^2}+G_2(z) & (q=1)\\ \dfrac{T^2}{2}\cdot\dfrac{z^{-1}(1+z^{-1})}{(1-z^{-1})^3}+G_3(z) & (q=2)\end{cases} \tag{4.5.18}$$

其中，$G_1(z)$分母无$(1-z^{-1})$因子，$G_2(z)$最多1次，$G_3(z)$最多2次，于是式(4.5.16)可表示为

$$G_hG(z)=\begin{cases}K+K(1-z^{-1})G_1(z) & (q=0)\\ \dfrac{KT}{1-z^{-1}}+K(1-z^{-1})G_2(z) & (q=1)\\ \dfrac{KT^2}{2}\cdot\dfrac{z^{-1}(1+z^{-1})}{(1-z^{-1})^2}+K(1-z^{-1})G_3(z) & (q=2)\end{cases} \tag{4.5.19}$$

最后我们还可以求得

$$K_p = \lim_{z\to1}G_hG(z)\begin{cases}K & (0)\\ \infty & (\text{Ⅰ})\\ \infty & (\text{Ⅱ})\end{cases} \tag{4.5.20}$$

$$K_v = \lim_{z\to1}(1-z^{-1})G_hG(z)\begin{cases}0 & (0)\\ KT & (\text{Ⅰ})\\ \infty & (\text{Ⅱ})\end{cases} \tag{4.5.21}$$

$$K_a = \lim_{z\to1}(1-z^{-1})^2G_hG(z)\begin{cases}0 & (0)\\ 0 & (\text{Ⅰ})\\ KT^2 & (\text{Ⅱ})\end{cases} \tag{4.5.22}$$

而 e_{ss}为

$$e_{ssp}=\begin{cases}\dfrac{1}{1+K} & (0)\\ 0 & (\text{Ⅰ})\\ 0 & (\text{Ⅱ})\end{cases} \tag{4.5.23}$$

$$e_{ssv}=\begin{cases}\infty & (0)\\ \dfrac{1}{K} & (\text{Ⅰ})\\ 0 & (\text{Ⅱ})\end{cases} \tag{4.5.24}$$

$$e_{ssa}=\begin{cases}\infty & (0)\\ \infty & (\text{Ⅰ})\\ \dfrac{1}{K} & (\text{Ⅱ})\end{cases} \tag{4.5.25}$$

比较表 4.4,我们得到结论:连续控制系统(图 4.39)和与它相对应的零阶保持器采样控制系统(图 4.38),静态误差完全一样,而静态误差系数之间也有简单的关系。这一结论,对于用高阶保持器的情况也是适用的。当然,如果图 4.38 中有数字控制器 $D(z)$,而 $D(1)$又不为 1 时,结论就不适用了。

显然,如果对如图 4.38 所示系统,重新定义 K_v 和 K_a(K_p 不变),即

$$K_v=\frac{1}{T}\lim_{z\to1}(1-z^{-1})G_hG(z) \tag{4.5.26}$$

$$K_a=\frac{1}{T^2}\lim_{z\to1}(1-z^{-1})^2G_hG(z) \tag{4.5.26}$$

那么,它和如图 4.44 所示的系统的静态误差和误差系数都是一样的。

由此可见,K_p,K_v,K_a 中,除一个为非零有限值外,其余不是零就是无穷大,对应的静态误差也是如此。至于静态误差以何种速率趋于零或无穷大,则一无所知。为了表达更多的关于误差的信息,下面介绍动态误差级数和动态误差系数的概念。

4.5.3 离散系统误差级数和对应的动态误差系数

如果我们对 $E(z)=W_e(z)R(z)$误差信号 e_k 进行展开,表示成无限极数的形式:

$$e_k=\sum_{l=0}^{\infty}\frac{c_l}{l!}\frac{d^l}{dt^l}r(t)\bigg|_{t=kT} \tag{4.5.28}$$

其中,系数 c_l 称为动态误差系数,这种表示不但能包括 e_{ss},而且可以看到随时间变化的情况。这里的关键是要求出 c_l,由关系

$$E(z)=W_e(z)R(z) \tag{4.5.29}$$

有

$$e_k=\sum_{l=0}^{\infty}W_{ei}r_{k-i} \tag{4.5.30}$$

其中 $W_e(z)$是如图 4.38 所示的误差 z 传递函数,而 W_{ei} 是对应于 $W_e(z)$的序列。

又,当 t 较大时,对 $r(t-\tau)$作泰勒展开,有

$$r(t-\tau)=\sum_{l=0}^{\infty}(-1)^l\frac{\tau^l}{l!}r^{(l)}(t) \tag{4.5.31}$$

令 $t=kT,\tau=iT$,得到

$$r_{k-i}=\sum_{l=0}^{\infty}(-1)^l\frac{(iT)^l}{l!}r^{(l)}(t)\Big|_{t=kT} \tag{4.5.32}$$

于是式(4.5.30)可以改写为

$$e_k=\left(\sum_{i=0}^{\infty}W_{ei}\right)r(t)+\left(-\sum_{i=0}^{\infty}iTW_{ei}\right)r^{(1)}(t)+\cdots$$

$$+\frac{\sum_{i=0}^{\infty}(-1)^l(iT)^lW_{ei}}{l!}r^{(l)}(t)+\cdots\Bigg|_{t=kT} \tag{4.5.33}$$

将式(4.5.33)和式(4.5.28)进行比较,可知

$$c_l=\sum_{i=0}^{\infty}(-iT)^lW_{ei} \tag{4.5.34}$$

根据 z 变换的叠分定理、复域微分定理和终值定理,有

$$c_l=\lim_{z\to1}Z[(-iT)^lW_{ei}]=\lim_{z\to1}\left(Tz\frac{\mathrm{d}}{\mathrm{d}z}\right)^lW_e(z) \tag{4.5.35}$$

又由 $z=\mathrm{e}^{Ts}$,c_l 还可表示为

$$c_l=\left(\frac{\mathrm{d}}{\mathrm{d}s}\right)^lW_e^*(s)\Big|_{s=0}=W_e^{*(l)}(s)\big|_{s=0} \tag{4.5.36}$$

例 4.5.1 如果计算机控制系统采样周期 $T=1\ \mathrm{s}$,且 $c_0=0.001,c_1=0.1,c_2=0.02$,输入为 $r(t)=1+t+\frac{1}{2}t^2$,求 k 很大时的动态级数表达式。

解 因为 $r(t)$是 t 的二次多项式,所以 $r^{(3)}(t)=0$,那么级数只有3项

$$e_k=\left[c_0r(t)+c_1r'(t)+\frac{c_2}{2}r''(t)\right]\Big|_{t=kT}$$

$$=c_0\left(1+k+\frac{1}{2}k^2\right)+c_1(1+k)+\frac{c_2}{2}$$

$$=0.111+0.101k+0.0005k^2$$

4.5.4 对于干扰输入的静态系统误差

如图4.45所示,其中 N 是外部干扰,$D(z)$为数字控制器。

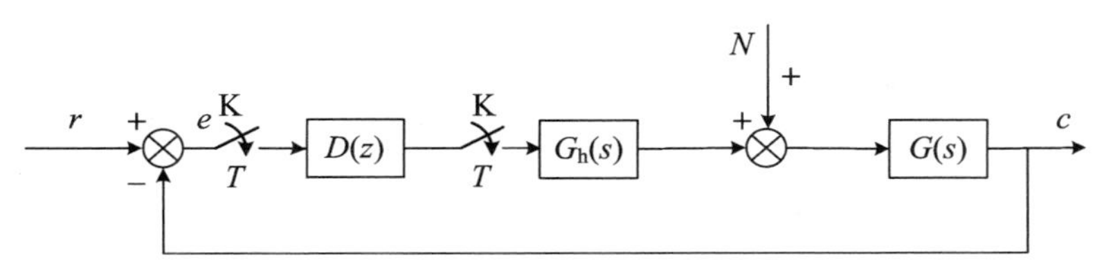

图 4.45

则该系统的输出的 z 变换可表示为

$$C(z)=\frac{D(z)G_{\mathrm{h}}G(z)}{1+D(z)G_{\mathrm{h}}G(z)}R(z)+\frac{GN(z)}{1+D(z)G_{\mathrm{h}}G(z)} \tag{4.5.37}$$

在研究 N 引起的误差 e_N 时，令 $R(z)=0$，得干扰输出：

$$C_N(z)=\frac{GN(z)}{1+D(z)G_{\mathrm{h}}G(z)} \tag{4.5.38}$$

此时有

$$E_N(z)=-C_{\mathrm{N}}(z) \tag{4.5.39}$$

因此，研究 $C_N(z)$就是研究 $E_N(z)$

设外部干扰 N 是恒定的，此时有

$$GN(z)=G_{\mathrm{h}}G(z)N(z) \tag{4.5.40}$$

一个好的控制系统，总希望 e_N 越小越好。为此，就希望 $1+D(z)G_{\mathrm{h}}G(z)$在相当宽的频带内应越大越好，即 $D(z)G_{\mathrm{h}}G(z)$越大越好。如果满足这一点，由式(4.5.40)可以得到：

$$C_N(z)=-E_N(z)=\frac{N(z)}{D(z)}$$

如果 $D(z)$本身也很大，那么可以减小 $C_N(z)$。例如，为了使控制系统低频的控制精度高，$D(z)$应具有积分因子，即其分母应具有$(1-z^{-1})$因子。因为这时从式(4.5.37)看，右端的第一项很好地趋于 $R(z)$，而第二项则趋于零。

一个控制系统，其动态特征与静态控制精度互相制约，常常难以做到二者都非常让人满意，因而需要采取折中方案。

习　题

4.1　简述线性离散系统的数学描述形式及其相互关系。

4.2　已知线性离散系统的差分方程为

$$y(kT+2T)+3y(kT+T)+2y(kT)=u(kT)+3u(kT-T)$$

其中，$u(kT)$为单位阶跃序列，$y(0)=0$，$y(T)=1$，试求输出量的 z 变换及输出序列 $y(kT)$。

4.3　已知两种保持器的权函数如图 P4.1 所示，试求它们的 s 传递函数和 z 传递函数。

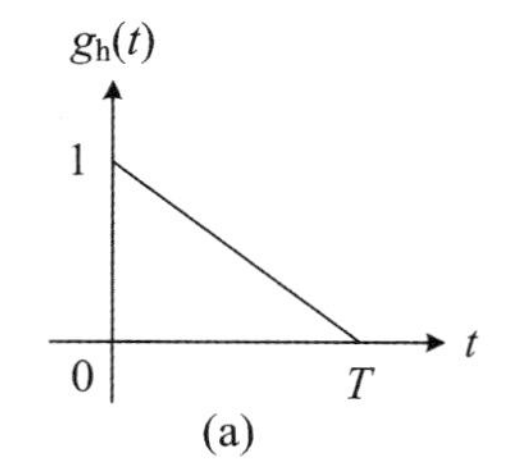

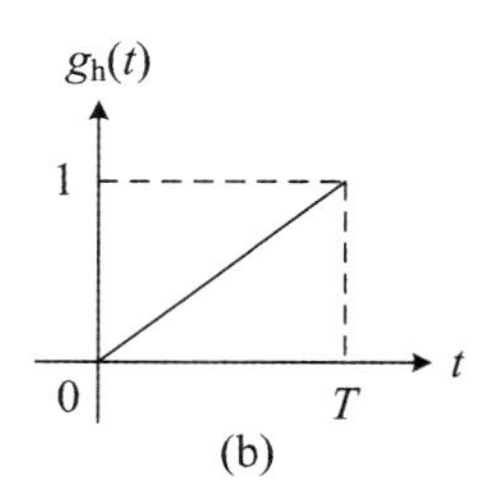

图 P4.1　习题 4.3 图

4.4　已知线性离散系统框图如图 P4.2 所示，试分别求其 z 传递函数或输出的 z 变换。

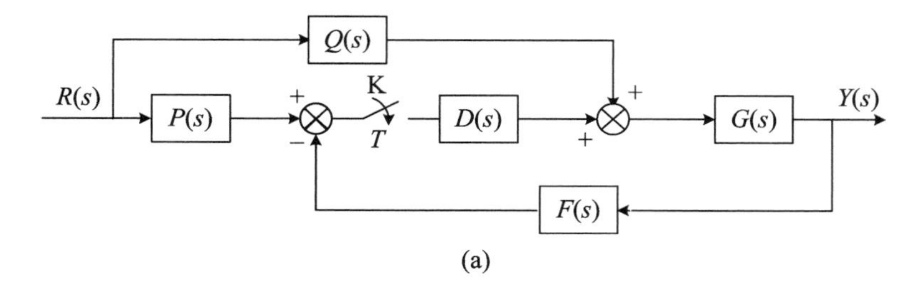

(a)

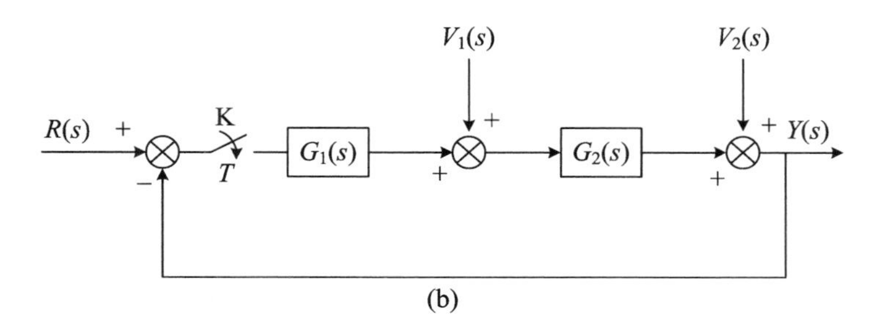

(b)

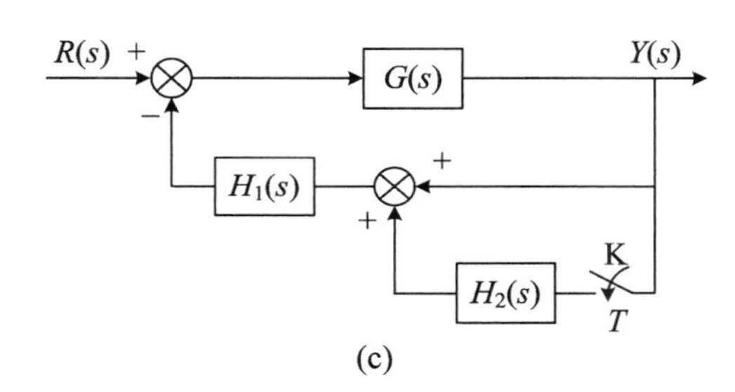

(c)

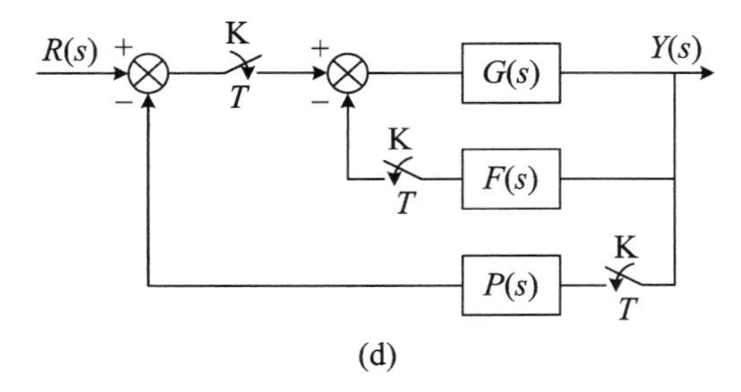

(d)

图 P4.2　习题 4.4 图

4.5　已知线性离散系统的差分方程为

$$y(kT+3T)+0.5y(kT+2T)+0.2(kT+T)+y(kT)=u(kT+T)+1.2u(kT)$$

试求出其离散状态空间表达式。

4.6　已知线性离散系统的框图如图 P4.3 所示，试求出其闭环系统的离散状态空间表达式。

4.7　已知线性离散系统的 z 传递函数为

$$G(z) = \frac{z^2 + 2z + 1}{z^2 + 5z + 6}$$

（1）给出串联实现的状态空间表达式及对应的状态图；

（2）给出并联实现的状态空间表达式及对应的状态图；

（3）给出可观正则实现的状态空间表达式及对应的状态图；

（4）给出可控正则实现的状态空间表达式及对应的状态图。

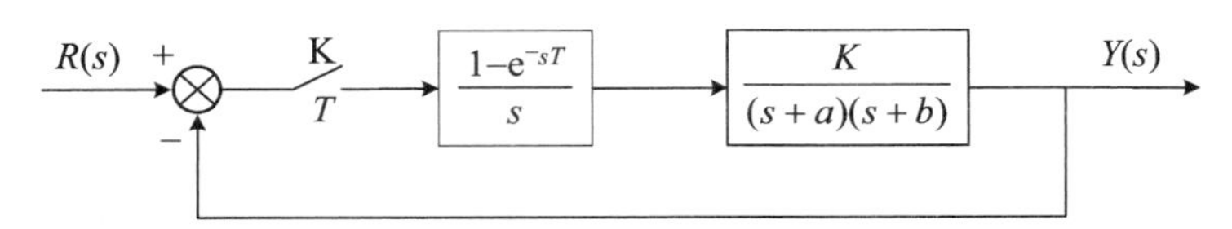

图 P4.3　习题 4.6 图

4.8　已知线性离散系统的离散状态方程：

$$x(kT + T) = \begin{bmatrix} 0 & 1 \\ -0.16 & -1 \end{bmatrix} x(kT) + \begin{bmatrix} 1 \\ -1 \end{bmatrix} u(kT)$$

初值 $x(0) = \begin{bmatrix} 1 \\ -1 \end{bmatrix}$，输入 $u(kT)$ 为单位阶跃序列，试分别用迭代法和 z 变换法求解 $x(kT)$。

4.9　已知线性离散系统的状态空间表达式为

$$x(kT + T) = \begin{bmatrix} 1.2 & 0.7 \\ 1 & 0.6 \end{bmatrix} x(kT) + \begin{bmatrix} 1.2 \\ 0.8 \end{bmatrix} u(kT)$$

$$y(kT) = \begin{bmatrix} 0.5 & 0.6 \\ 0.4 & 0.8 \end{bmatrix} x(kT) + \begin{bmatrix} 1 \\ 0.8 \end{bmatrix} u(kT)$$

试求出该系统的 z 传递函数，并计算特征方程的根。

4.10　试确定下列线性离散系统的特征方程 $F(z) = 0$ 的根在 z 平面的分布情况：

（1）$F(z) = z^3 - 1.5z^2 - 2z + 3$；

（2）$F(z) = 10z^5 - 41z^4 + 54z^3 - 5z^2$；

（3）$F(z) = z^3 + 5z^2 + 3z + 0.1$；

（4）$F(z) = z^3 - 1.001z^2 + 0.3356z + 0.00535$。

4.11　已知线性离散系统的特征方程为

$$F(z) = z^3 + kz^2 + 1.5k - (k + 1)$$

试分别给出 $F(z) = 0$ 的根全部在 z 平面单位圆和 0.5 单位圆内时，k 的取值范围。

4.12　就下列线性离散系统的开环 z 传递函数，判断系统闭环的稳定性：

（1）$G(z) = \dfrac{0.368z + 0.264}{z^2 - 1.368z + 0.368}$；

（2）$G(z) = \dfrac{10z^2 + 21z + 2}{z^3 - 1.5z^2 + 0.5z - 0.04}$；

（3）$G(z) = \dfrac{z - 0.5}{z(z - 1)(z + 0.5)}$；

（4）$G(z) = \dfrac{5z}{z^2 - z + 0.5}$。

4.13　就图P4.4所示的线性离散系统的开环 z 传递函数,判断系统闭环的稳定性。

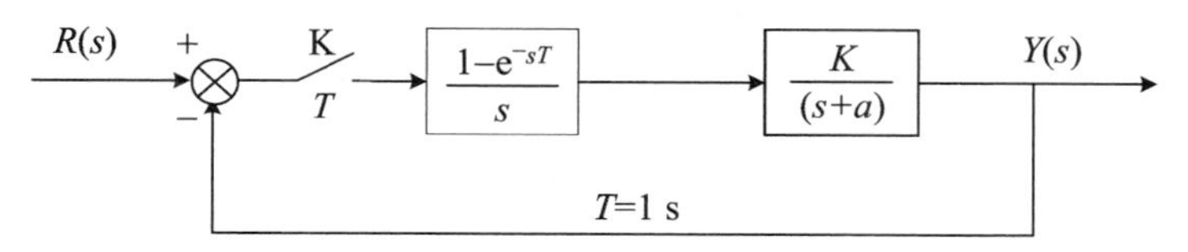

图P4.4　习题4.13图

4.14　下列 $G(z)$ 是单位反馈计算机控制系统的开环 z 传递函数,试求保证闭环稳定时参数 k 的取值范围:

(1) $G(z)=\dfrac{0.5(kz+1)}{z^2(z+0.5)}$;

(2) $G(z)=\dfrac{k(z+0.1)(z+0.2)}{(z-1)(z-0.4)(z-0.2)}$;

(3) $G(z)=\dfrac{k(z^2+1.5z-1)}{z^3-1}$。

4.15　已知单位反馈计算机控制系统的开环 z 传递函数为

$$G(z)=\frac{k(z-0.5)^2}{z(z-1)(z+0.5)}$$

作 $k=0\sim+\infty$ 的闭环根轨迹,并求闭环系统临界稳定的 k 值。

4.16　已知单位反馈计算机控制系统的开环 z 传递函数为

$$G(z)=\frac{0.1(z+0.8)}{(z-1)(z-0.7)}$$

试绘制其奈奎斯特图,并根据奈氏稳定判据,判断闭环系统稳定性。

4.17　已知计算机控制系统的框图如图P4.5所示。

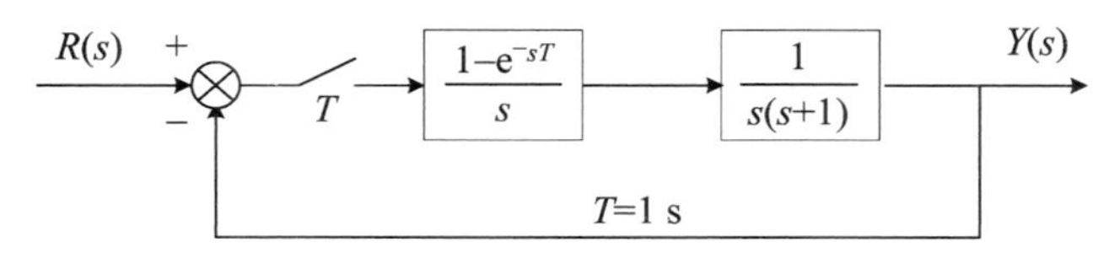

图P4.5　习题4.17

(1) 绘制其开环频率特性,并判断系统的稳定性。

(2) 作 z-w 变换,绘制其开环对数幅频特性 $L(v)=20\lg|G_o(jv)|$,开环相频特性 $\varphi(v)=\angle G_o(jv)$。

4.18　已知计算机控制系统的开环频率特性,如图P4.6所示,试判断系统的稳定性;若系统稳定,求出幅值裕量 l 和相角裕量 γ。

4.19　已知计算机控制系统的状态方程为 $x_{k+1}=Ax_k$,其中:

(1) $A=\begin{bmatrix}-0.5 & 0\\ 0 & -0.5\end{bmatrix}$;

(2) $A=\begin{bmatrix}0 & 1\\ -2.8 & 1.2\end{bmatrix}$。

试用李雅普诺夫稳定判据分别判断系统的稳定性。

4.20　已知计算机控制系统如图 P4.7 所示，试分析该系统在典型输入作用下的输出响应 $y(kT)$和稳态误差 e_{ss}（典型输入：① 单位阶跃；② 单位速度；③ 单位加速度）。

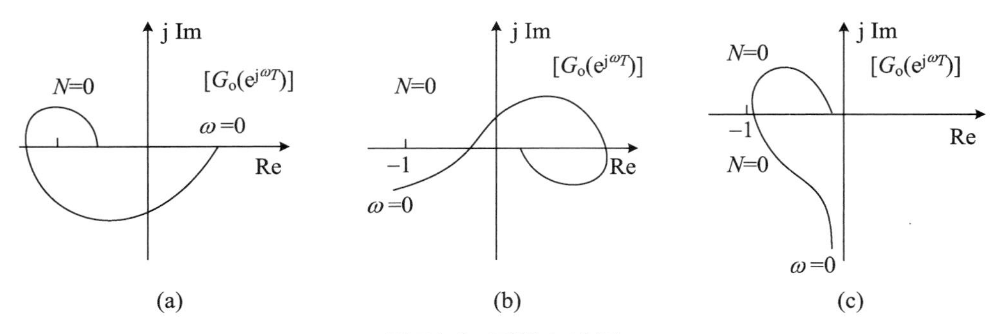

图 P4.6　习题 4.18 图

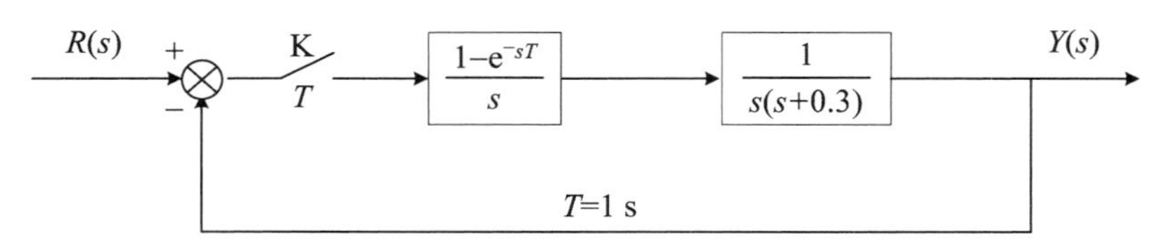

图 P4.7　习题 4.20 图

4.21　已知计算机控制系统如图 P4.8 所示，当：

(1) $r(t)=1$；

(2) $r(t)=t$；

(3) $r(t)=1+2t$。

分别求稳态误差及动态误差级数表达式。

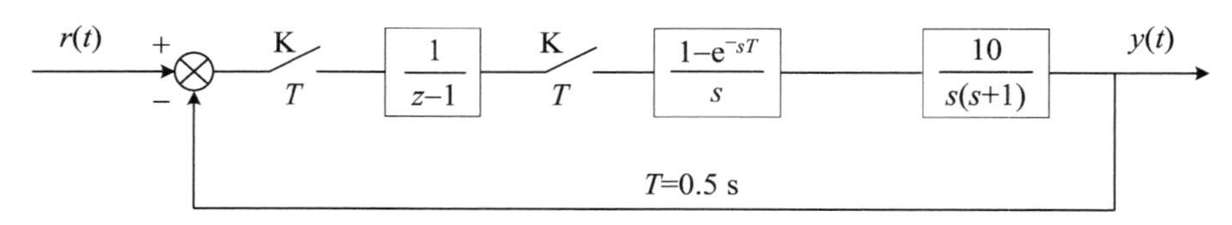

图 P4.8　习题 4.21 图

4.22　已知计算机控制系统的误差传递函数 $W_e(z)=\frac{1}{1+az^{-1}}(|a|<1)$。

(1) 求动态误差系数 C_0, C_1, C_2；

(2) 当 $r(t)=1+t+\frac{t^2}{2}$时，求动态误差表达式。

第 5 章　计算机控制系统的模拟化设计法

本章讲述模拟化设计法的概念、模拟控制器的近似离散化方法、数字 PID 控制器的设计、纯时延系统的计算机控制等。从计算机控制连续对象构成混合信号系统的特点出发，介绍将经典连续控制器设计方法引入数字控制器设计的思路、方法和设计过程，并着重对在工业控制中占主导地位的 PID 控制器的设计和改进进行了介绍。

5.1　模拟化设计与离散化设计

对一个给定的被控对象，在建立了描述其动态特性的适当的数学模型后，如何设计一个基于该模型的控制系统，使其满足给定性能指标的控制要求的问题称之为系统设计。

在连续控制系统中，系统各个环节所处理的均为连续信号。经典控制理论已经详细讨论了此类系统的分析和设计。基于频域分析的系统设计方法主要包括根轨迹法和频率响应法等。控制器的主要形式包括串联控制器、反馈控制器、PID 控制器等。

在计算机控制系统中，被控对象的输入输出特性一般都是连续的，而控制器部分处理的信号则是离散的数字量。因此这样的系统常被称为“混合系统”，A/D 和 D/A 转换器在这类系统中是沟通数字部分与连续部分的桥梁，保证了整个系统的信息畅通无阻，如图 5.1 所示。

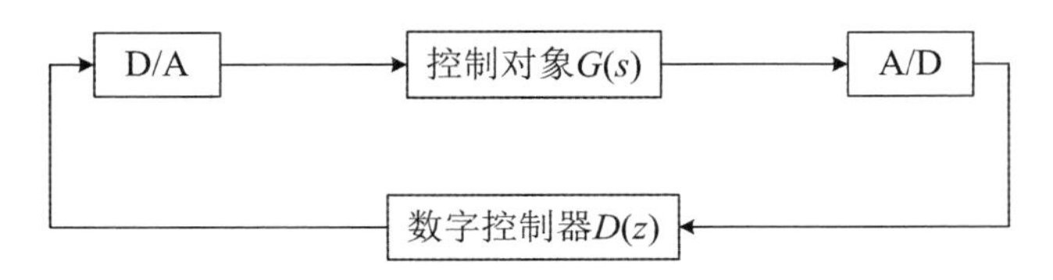

图 5.1　混合系统示意图

一个典型的闭环计算机控制系统的结构框图如图 5.2 所示。

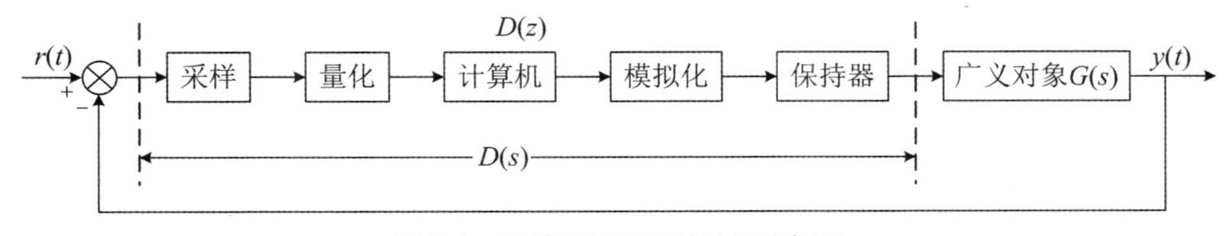

图 5.2　计算机控制系统的结构框图

于是，按照不同的设计角度，可以有以下两种设计方法：

一种是沿用传统的连续系统设计方法，先设计出模拟控制器 $D(s)$，然后寻求一种近似变换的方法，将 $D(s)$ 变换为 $D(z)$，使得由 $D(z)$ 构成的离散控制系统能够很好地逼近原先由 $D(s)$ 构成的连续控制系统。这种方法称之为连续化设计方法。由于广大工程技术人员对于 s 域的连续设计方法较为熟悉，因此这种方法易于被掌握。但其缺点在于从 $D(s)$ 到 $D(z)$ 的转换过程中，会不可避免地存在极点偏离的情况，因此往往需要试凑才能达到满意的效果。

另一种设计方法，是将保持器和被控对象组成的连续部分进行离散化，并把整个系统相应地看作离散系统，应用离散控制理论的方法进行分析与设计，直接得到满足控制性能指标的数字控制器。这种方法称之为离散化设计方法。使用离散化设计方法，可以摆脱模拟控制器的几种固定形式的限制，因而可以设计出更有效的数字控制器，更好地发挥计算机的控制功能。

一般说来，连续化设计分为以下几个步骤：

① 选择适当的采样周期 T，并检验系统中加入保持器后对系统特性的影响，根据实际系统的处理信号与抗干扰等情况，确定最终的采样频率 ω_s。

② 设计连续控制 $D(s)$，将 $D(s)$ 变为 $D(z)$，即连续控制器的近似离散化，以保证 $D(z)$ 能够尽可能地逼近 $D(s)$ 的特性。

③ 对图 5.3 所示的离散控制系统，检验其闭环特性，并对参数进行必要的整定。

④ 将数字控制器 $D(z)$ 变换为差分方程的形式，从而得到最后的计算机算法，编制程序并进行控制系统实现。

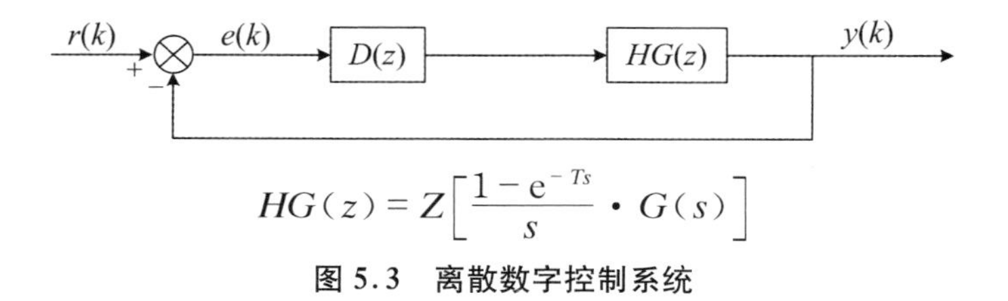

$$HG(z) = Z\left[\frac{1-e^{-Ts}}{s} \cdot G(s)\right]$$

图 5.3 离散数字控制系统

5.2 模拟控制器的近似离散化

5.2.1 基于脉冲响应的方法

5.2.1.1 脉冲响应不变法

设连续控制器 $D(s)$ 的单位脉冲响应为 $h(t)$，数字控制器 $D(z)$ 的单位脉冲响应序列为 $h(kT)$，其中 T 为采样周期，如图 5.4 所示。

脉冲响应不变法，就是在设计 $D(s)$ 的等效离散系统 $D(z)$ 时，遵循以下原则：离散化后的 $D(z)$，其单位脉冲响应序列 $h(kT)$ 应与 $D(s)$ 的单位脉冲响应信号 $h(t)$ 的采样值相等。

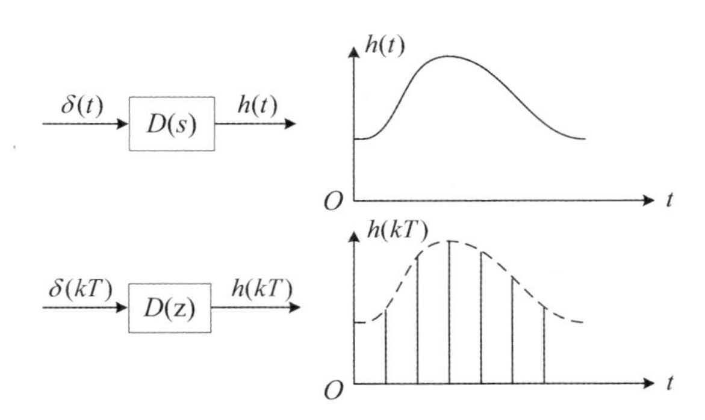

图 5.4 对象的响应特性示意图

由于连续系统的单位脉冲响应就是系统传递函数的拉普拉斯反变换，即

$$h(t) = \mathrm{L}^{-1}[D(s)] \tag{5.2.1}$$

而离散系统的单位脉冲响应序列，是系统 z 传递函数的 z 反变换，故而

$$D(z) = Z[k(kT)] = Z[D(s)] \tag{5.2.2}$$

因此，要求的数字控制器 $D(z)$ 实际上就是对 $D(s)$ 直接求 z 变换，一般地，可以将 $D(s)$ 按部分分式展开后，通过查表，求得相应的 $D(z)$。

注意到，在 $D(s)$ 与 $D(z)$ 之间，s 平面与 z 平面具有以下的映射关系：

$$z = \mathrm{e}^{sT} \tag{5.2.3}$$

s 平面的左半平面，被映射到 z 平面单位圆内部，因此，当原来的连续控制系统 $D(s)$ 是稳定的系统时，变换后的离散系统 $D(z)$ 也将保持其稳定性不变。

令 $s = \sigma + \mathrm{j}\omega$，则 $z = \mathrm{e}^{\sigma T}\mathrm{e}^{\mathrm{j}\omega T}$，当 σ 不变，ω 变化时，映射 $z = \mathrm{e}^{sT}$ 是以 $\omega_{\mathrm{s}} = \dfrac{2\pi}{T}$ 为周期的映射，当 ω 从 $-\infty$ 变化到 $+\infty$ 时，z 域将在以 $\mathrm{e}^{\sigma T}$ 为半径的圆上重复无穷圈，并且每隔一个长为 ω_{s} 的区间，z 平面上就重复地画一个圆，我们将从 $-\dfrac{\omega_{\mathrm{s}}}{2}$ 到 $+\dfrac{\omega_{\mathrm{s}}}{2}$ 的区间定义为 s 域上的主频带，如图 5.5 所示。

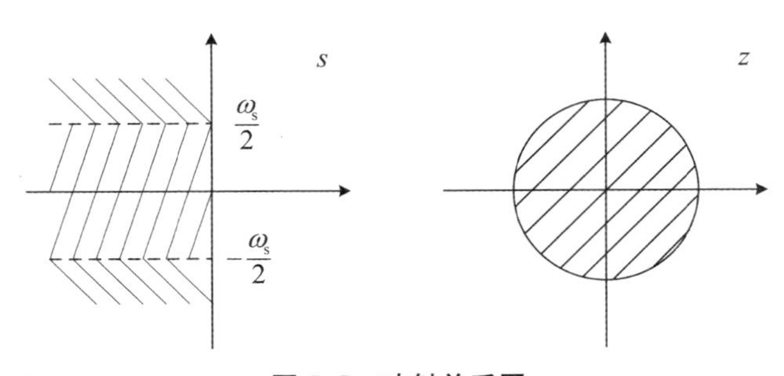

图 5.5 映射关系图

显然，如果 $D(s)$ 的频率超过主频带的范围，那么在 z 域上就会出现高频与低频的混叠现象，使得离散化后，系统的频率特性发生严重的畸变。因此，脉冲响应不变法只适用于连

续控制器 $D(s)$ 具有高频衰减特性，并且输入信号为有限带宽的场合；此时，只要采样频率 ω_s 足够高，便可以避免频率混叠的现象，但即便如此，离散系统与连续系统的频率响应特性也是不完全相同的。

5.2.1.2 加虚拟保持器的脉冲响应不变法

在 $D(s)$ 前加入零阶保持器，然后再用脉冲响应不变法进行离散化，这种方法即为加虚拟保持器的脉冲响应不变法。

此时，等效的离散系统传递函数为

$$D(z) = Z[G_h(s)D(s)] = Z\left[\frac{1-e^{-Ts}}{s}D(s)\right] = (1-z^{-1})Z\left[\frac{D(s)}{s}\right] \tag{5.2.4}$$

其中，T 为采样周期。

如果输入信号为单位阶跃信号，离散系统 $D(z)$ 的响应信号为

$$g(z) = D(z)\cdot\frac{1}{1-z^{-1}} = Z\left[\frac{D(s)}{s}\right] \tag{5.2.5}$$

而 $\frac{D(s)}{s}$ 正是连续系统 $D(s)$ 的单位阶跃响应，因此，这种加虚拟保持器的脉冲响应不变法，实际上也可看作是基于阶跃响应不变的等效离散化方法。

显然，同样可以推断，当原系统 $D(s)$ 稳定时，变换后的离散系统 $D(z)$ 仍然将保持稳定。由于零阶保持器具有低通滤波特性，因此，频率混叠现象将比单纯的脉冲响应不变法有所改善。

例 5.2.1 用脉冲响应不变法将 $D(s)=\frac{1}{s^2+0.2s+1}$ 离散化，设采样周期 $T=1$ s。

解

$$\begin{aligned}D(s) &= \frac{1}{s^2+0.2s+1}\\ &= \frac{1}{(s+0.1-0.995j)(s+0.1+0.995j)}\\ &= \frac{1.005\times0.995}{(s+0.1)^2+0.995^2}\end{aligned}$$

查 z 变换表，得

$$\begin{aligned}D(z) = Z[D(s)] &= \frac{ze^{-0.1T}\sin 0.995T}{z^2-2ze^{-0.1T}\cos 0.995T+e^{-0.2T}}\\ &= \frac{0.76z}{z^2-0.985z+0.819} = \frac{0.76z^{-1}}{1-0.985z^{-1}+0.819z^{-2}}\\ &= \frac{U(z)}{E(z)}\end{aligned}$$

等效差分方程：

$$u(k) = 0.985u(k-1)-0.819u(k-2)+0.76e(k-1)$$

例 5.2.2 用带零阶保持器的脉冲响应不变法将 $D(s)=\frac{1}{s^2+0.2s+1}$ 离散化，设采样周期 $T=1$ s。

解 $D(z)=Z\left(\frac{1-e^{-Ts}}{s}\cdot\frac{1}{s^2+0.2s+1}\right)$

$$=Z\left\{(1-e^{-Ts})\left[\frac{1}{s}-\frac{s+0.1}{(s+0.1)^2+0.995^2}-0.1\frac{0.995}{(s+0.1)^2+0.995^2}\right]\right\}$$

$$=(1-z^{-1})\left(\frac{1}{1-z^{-1}}-\frac{1-0.4923z^{-1}}{1-0.985z^{-1}+0.819z^{-2}}-\frac{0.763z^{-1}}{1-0.985z^{-1}+0.819z^{-2}}\right)$$

$$=\frac{0.431z^{-1}+0.403z^{-2}}{1-0.985z^{-1}+0.819z^{-2}}=\frac{U(z)}{E(z)}$$

等效差分方程为

$$u(k)=0.985u(k-1)-0.819u(k-2)+0.431e(k-1)+0.403e(k-2)$$

5.2.2 基于变量代换的方法

5.2.2.1 差分变换法

用差分方程来近似表示连续系统的微分方程，从而实现连续控制器的等效离散化，这种方法称为差分变换法。

1. 前向差分法(Euler 代换)

设控制器的输入信号 $e(t)$ 与输出信号 $u(t)$ 满足下面的微分关系：

$$u(t)=\frac{de(t)}{dt} \tag{5.2.6}$$

用一阶前向差分近似表示为

$$u(k)=\frac{e(k+1)-e(k)}{T} \tag{5.2.7}$$

其中，T 为采样周期，$e(k+1)$，$e(k)$分别是 kT 时刻和$(k+1)T$ 时刻的输入信号的采样值，$u(k)$为 kT 时刻的输出值。

分别对式(5.2.6)、式(5.2.7)作拉普拉斯变换和 z 变换，得到

$$U(s)=sE(s) \tag{5.2.8}$$

$$U(z)=\frac{z-1}{T}E(z) \tag{5.2.9}$$

于是，我们得到变换关系

$$s=\frac{z-1}{T} \tag{5.2.10}$$

从而，得到 $D(s)$与 $D(z)$间变换关系

$$D(z)=D(s)\big|_{s=\frac{z-1}{T}} \tag{5.2.11}$$

式(5.2.10)又称为 Euler 代换，它实际上是对映射 $z=e^{Ts}$ 的一种近似表达。将 $z=e^{Ts}$ 作泰勒展开后，得到一次项，就得到 Euler 代换的表达式。

下面分析变换后系统频域特性的变化。

令 $s=\sigma+j\omega$，由式(5.2.10)得

$$z=1+Ts \tag{5.2.12}$$

$$|z| = \sqrt{(1+\sigma T)^2 + \omega^2 T^2}$$

s 平面的虚轴，映射到 z 平面上，平行于虚轴，并且过 $z=1$ 点的一条直线，而 s 域左半平面，被映射到 z 平面上，直线 $\mathrm{Re}z=1$ 的左面，如图 5.6 所示。

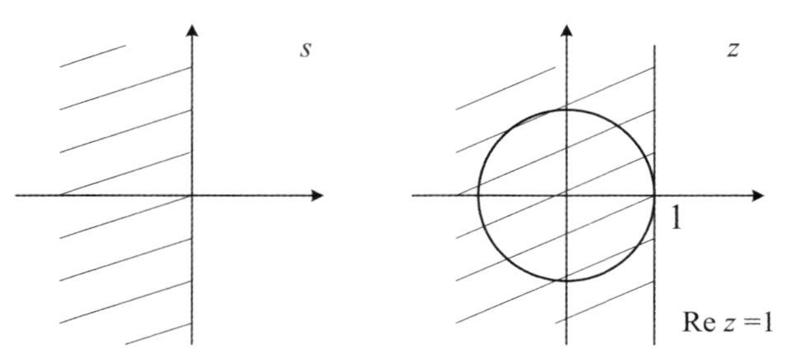

图 5.6　映射关系图

要使 $|z|<1$，不仅要求 $\sigma<0$，而且 ωT 也必须足够小。因此，前向差分法使得系统稳定性变差，这一点大大限制了它的应用范围。

2. 后向差分法（Fowler 代换）

对式(5.2.6)的微分环节，如果用一阶后向差分来近似，就可以得到：

$$u(k) = \frac{e(k) - e(k-1)}{T} \tag{5.2.13}$$

作 z 变换后，得

$$\frac{U(z)}{E(z)} = \frac{1 - z^{-1}}{T} \tag{5.2.14}$$

于是，得到以 T 为采样周期的变换关系

$$s = \frac{1 - z^{-1}}{T} \tag{5.2.15}$$

$$D(z) = D(s)\Big|_{s=\frac{1-z^{-1}}{T}} \tag{5.2.16}$$

式(5.2.15)又被称为 Fowler 代换，它同样可以看作是对映射 $z=\mathrm{e}^{Ts}$ 的另一种近似，对 $z^{-1}=\mathrm{e}^{-Ts}$ 作泰勒展开后，取到一次项，便得到 Fowler 代换的表达式。

下面分析变换对系统频域特性的影响：

令 $s=\sigma+\mathrm{j}\omega$，由式(5.2.15)，得

$$z = \frac{1}{1 - Ts} = \frac{1}{1 - \sigma T - \mathrm{j}\omega T} \tag{5.2.17}$$

$$|z| = \frac{1}{\sqrt{(1-\sigma T)^2 + \omega^2 T^2}}$$

z 平面上的单位圆 $|z|=1$，对应原 s 平面上以 $\left(\frac{1}{T},0\right)$ 为圆心，$\frac{1}{T}$ 为半径的圆，$|z|<1$ 对应于该圆外部，$|z|>1$ 对应该圆内部，如图 5.7 所示。

由此可见，后向差分变换，使系统稳定性变好。

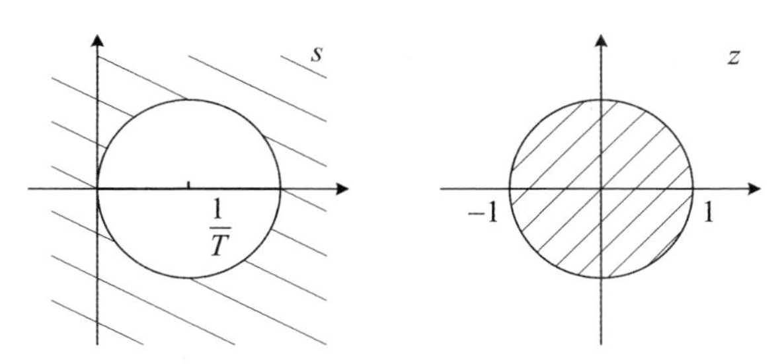

图 5.7　映射关系图

5.2.2.2　双线性变换法

1. 双线性变换(Tustin 变换)

双线性变换法，是工程实际中最常用的一种离散化方法。

由映射 $z=\mathrm{e}^{Ts}$ 得到 $s=\frac{1}{T}\ln z$，利用 $\ln z$ 的展开式：

$$\ln z = 2\left[\frac{z-1}{z+1}+\frac{1}{3}\cdot\left(\frac{z-1}{z+1}\right)^3+\frac{1}{5}\cdot\left(\frac{z-1}{z+1}\right)^5+\cdots\right] \tag{5.2.18}$$

取一次项便得到

$$s = \frac{2}{T}\cdot\frac{1-z^{-1}}{1+z^{-1}} \tag{5.2.19}$$

这便是双线性变换的表达式，式(5.2.18)又常被称为 Tustin 变换。

如果连续系统的传递函数为 $D(s)$，则按照双线性变换的方法，离散化后系统的 z 传递函数为

$$D(z) = D(s)\big|_{s=\frac{2}{T}\cdot\left(\frac{1-z^{-1}}{1+z^{-1}}\right)} \tag{5.2.20}$$

令 $s=\sigma+\mathrm{j}\omega$，由式(5.2.18)解得

$$z = \frac{2+Ts}{2-Ts} = \frac{2+T\sigma+\mathrm{j}\omega T}{2-T\sigma-\mathrm{j}\omega T} \tag{5.2.21}$$

$$|z| = \sqrt{\frac{\left(\frac{2}{T}+\sigma\right)^2+\omega^2}{\left(\frac{2}{T}-\sigma\right)^2+\omega^2}} \qquad (\sigma<0,\ |z|<1)$$

于是，s 平面左半部分被映射到 z 平面单位圆内部，如图 5.8 所示。

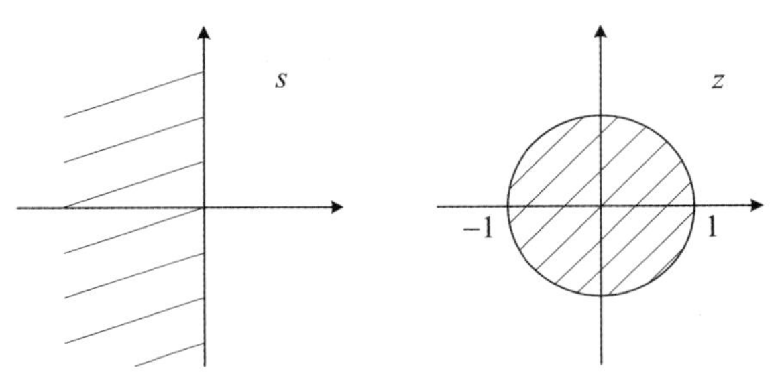

图 5.8　映射关系图

所以，双线性变换保持系统在离散化前后稳定性不变。

对 $\ln z$ 的级数展开式(5.2.18)，如取更高的阶数，可以得到如下几种修正 Tustin 代换：

$$s = \left[\frac{12}{T^2} \cdot \frac{(1 - z^{-1})^2}{1 + 10z^{-1} + z^{-2}}\right]^{\frac{1}{2}} \tag{5.2.22}$$

$$s = \left[\frac{2}{T^3} \cdot \frac{(1 - z^{-1})^3}{z^{-1}(1 + z^{-1})}\right]^{\frac{1}{3}} \tag{5.2.23}$$

随着变换阶数的提高，变换精度也会升高，但所得到的结果也会更加复杂。

2. 频率预畸变的双线性变换法

在双线性变换中，连续系统频率与离散系统频率存在着非线性关系。令 $z = e^{Ts} = e^{j\omega T}$，代入式(5.2.19)：

$$s = \frac{2}{T} \cdot \left(\frac{1 - e^{-j\omega T}}{1 + e^{-j\omega T}}\right) = \frac{2}{T} \cdot \left(\frac{1 - \cos \omega T - j\sin \omega T}{1 + \cos \omega T - j\sin \omega T}\right) = \frac{2}{T}\tan \frac{\omega T}{2}j = j\omega_0$$

所以

$$\omega_0 = \frac{2}{T}\tan \frac{\omega T}{2}$$

在 ω 与 ω_0 间存在着非线性关系。当我们需要保证系统频率转折点处的响应增益在变换前后相同时，可以采用预畸变的方法进行补偿，即对 $D(s)$转折点频率进行预畸变，使得变换后离散系统在相同的转折点处具有与原连续系统相同的频率特性。

预畸变双线性变换法的具体步骤如下：

① 在 $D(s)$分子和分母的每个因子$\left(1 + \frac{s}{\omega_i}\right)$中作代换：

$$\omega_i^* = \frac{2}{T}\tan \frac{\omega_i T}{2}$$

以 ω_i^* 代替 ω_i。

② 对于纯积分因子$\frac{1}{s}$，保持积分因子不变，而对于二阶因子，可以化为标准形式：

$$\left(\frac{s}{\omega_i}\right)^2 + 2\xi_i\left(\frac{s}{\omega_i}\right)^2 + 1 \tag{5.2.24}$$

然后对 ω_i 作同样的代换，阻尼比 ξ_i 保持不变。

③ 将变换后的 $D^*(s)$用双线性变换进行离散化：

$$D(z) = D^*(s)\Big|_{s=\left(\frac{1-z^{-1}}{1+z^{-1}}\right)\cdot\frac{2}{T}} \tag{5.2.25}$$

④ 调整增益，确保变换前后直流增益不变，即

$$D(z)\Big|_{z=1} = D(s)\Big|_{s=0}$$

5.2.2.3 零极点匹配法

零极点匹配法是将 $D(s)$的极点和有限零点按照 $z = e^{Ts}$映射到 z 平面上，并考虑无穷远零点以及增益的匹配。

对 $D(s)$的所有零极点作以下变换：

$$\begin{cases} s+a \to 1-z^{-1}\mathrm{e}^{-aT} \\ s \to 1-z^{-1} \\ (s+a+\mathrm{j}b)(s+a-\mathrm{j}b) \to 1-2z^{-1}\mathrm{e}^{-aT}\cos(kT)+\mathrm{e}^{-2aT}z^{-2} \end{cases} \tag{5.2.26}$$

通常，$D(s)$的零点数目少于极点数目，可以认为$D(s)$的某些零点在无穷远处，对于这些无穷远处的零点，应当作以下变换：

$$\text{无穷远零点} \to 1+z^{-1} \tag{5.2.27}$$

增益匹配遵循以下原则：

① 对于具有低通特性的$D(s)$，应保证

$$D(s)\big|_{s\to 0} = D(z)\big|_{z\to 1} \tag{5.2.28}$$

② 对于具有高通特性的$D(s)$，应保证

$$D(s)\big|_{s\to \infty} = D(z)\big|_{z\to -1} \tag{5.2.29}$$

零极点匹配法还是基于变换$z=\mathrm{e}^{Ts}$的，因此，$D(s)$的稳定性不变化，但可能会存在频率混叠的现象。

例5.2.3 分别用差分变换法和双线性变换法对$D(s)=\dfrac{1}{s^2+0.2s+1}$离散化，设采样周期$T=1\ \mathrm{s}$。

解 (1) 前向差分法(Euler代换)：

$$D(z)=D(s)\big|_{s=\frac{z-1}{T}}=\frac{1}{\left(\frac{z-1}{T}\right)^2+0.2\left(\frac{z-1}{T}\right)+1}$$

$$=\frac{z^{-2}}{1-1.8z^{-1}+1.8z^{-2}}=\frac{U(z)}{E(z)}$$

等效差分方程为

$$u(k)=e(k-2)+1.8u(k-1)-1.8u(k-2)$$

(2) 后向差分法(Fowler代换)：

$$D(z)=D(s)\big|_{s=\frac{1-z^{-1}}{T}}=\frac{1}{\left(\frac{1-z^{-1}}{T}\right)^2+0.2\left(\frac{1-z^{-1}}{T}\right)+1}$$

$$=\frac{0.455}{1-z^{-1}+0.455z^{-2}}=\frac{U(z)}{E(z)}$$

等效差分方程为

$$u(k)=0.455e(k)+u(k-1)-0.455u(k-2)$$

(3) 双线性代换法(Tustin代换)：

$$D(z)=D(s)\big|_{s=\frac{2}{T}\frac{1-z^{-1}}{1+z^{-1}}}=\frac{1}{\left(\frac{2}{T}\frac{1-z^{-1}}{1+z^{-1}}\right)^2+0.2\left(\frac{2}{T}\frac{1-z^{-1}}{1+z^{-1}}\right)+1}$$

$$=\frac{0.185+0.370z^{-1}+0.185z^{-2}}{1-1.111z^{-1}+0.852z^{-2}}=\frac{U(z)}{E(z)}$$

等效差分方程为

$$u(k)=0.185e(k)+0.370e(k-1)+0.185e(k-2)$$

$$+1.111u(k-1)-0.852e(k-2)$$

例 5.2.4 模拟控制器

$$D(s)=\frac{s+1}{0.1s+1}$$

试用带频率预畸变的双线性变换法将其离散化,采样周期 $T=0.05$ s。

解 $D(s)$有两个转折频率 $\omega_1=1,\omega_2=10$,预畸变后,得

$$\omega_1^*=\frac{2}{T}\tan\frac{\omega_1 T}{2}=1.0002$$

$$\omega_2^*=\frac{2}{T}\tan\frac{\omega_2 T}{2}=10.2137$$

$$D(z)=\left.\frac{1+\frac{\omega}{1.0002}}{1+\frac{\omega}{10.2137}}\right|_{\omega=\frac{2}{T}\cdot\left(\frac{1-z^{-1}}{1+z^{-1}}\right)}$$

$$=8.338\left(\frac{1-0.951z^{-1}}{1-0.593z^{-1}}\right)$$

例 5.2.5 用零极点匹配法将下面的 $D(s)$离散化,采样周期 $T=1$ s:

$$D(s)=\frac{1}{s^2+0.2s+1}$$

解 $D(s)$有一对共轭极点

$$s_{1,2}=-0.1\pm \mathrm{j}0.995$$

$T=1$ s 时,对应到 z 平面,有

$$1-2z^{-1}\mathrm{e}^{-0.1}\cos 0.995+\mathrm{e}^{-0.2}z^{-2}=1-0.985z^{-1}+0.819z^{-2}$$

$D(s)$还有两个无穷远处的零点。故零极点匹配变换后的 $D(z)$为

$$D(z)=\frac{k(1+z^{-1})^2}{1-0.985z^{-1}+0.819z^{-2}}$$

根据增益匹配

$$D(z)\big|_{z=1}=D(s)\big|_{s=0}$$

得到

$$k=0.209$$

所以,$D(z)$的表达式为

$$D(z)=\frac{0.209\,(1+z^{-1})^2}{1-0.985z^{-1}+0.819z^{-2}}$$

5.2.3 设计举例

如图 5.9 所示的连续控制系统,广义对象的传递函数 $G(s)=\dfrac{1}{s(s+2)}$和控制器 $D(s)$构成闭环系统,其技术指标要求是:闭环主导极点的阻尼比 $\xi=0.5$,无阻尼固有频率 $\omega_n=4$ rad/s。试采用模拟设计法设计计算机控制系统。

要获得如图5.9同样的响应特性的计算机控制系统，我们按下列步骤进行设计与实现：

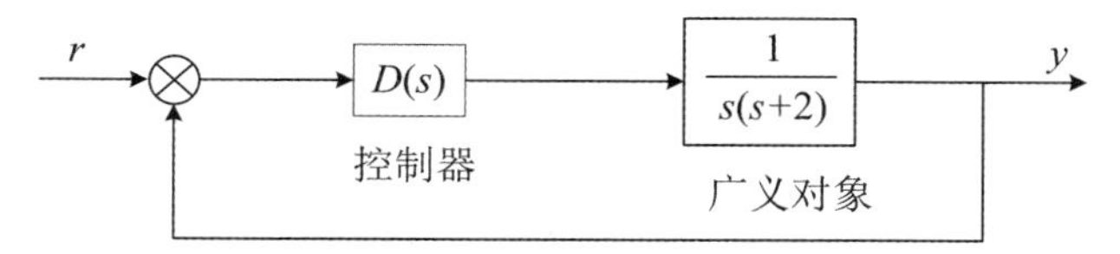

图5.9　连续控制系统

5.2.3.1　确定计算机控制系统的采样周期 T_s

根据技术指标的要求，无阻尼固有频率 $\omega_n = 4$ rad/s，在阻尼情况下的阻尼频率 $\omega_d < \omega_n$（因为 $\omega_d = \sqrt{1-\xi^2}\omega_n$），即无阻尼固有振荡周期 $T_n = 1.57$ s，以此为基础并根据经验，可以选$\frac{1}{10} \sim \frac{1}{4}$的 T_n 作为采样周期，于是可以选定 $T_s = 0.2$ s。

5.2.3.2　考虑保持器对系统的影响

要将连续控制器用数字控制器来替换，在数字控制器与对象之间必须有保持器，这里我们就采用零阶保持器，于是系统的结构如图5.10所示。

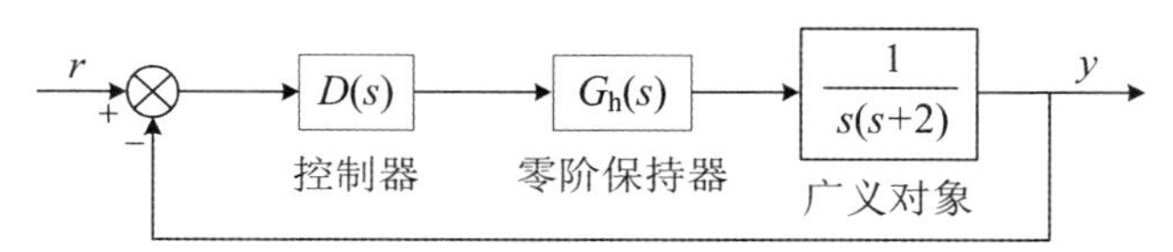

图5.10　带零阶保持器的控制系统

因零阶保持器

$$G_h(s) = \frac{1 - e^{-T_s s}}{s} = \frac{1 - e^{-0.2s}}{s}$$

会带来系统时间滞后，且为了使设计简便，在连续系统的设计过程中，常将其近似成一阶惯性环节，即

$$G_h(s) \approx \frac{1}{0.1s + 1} = \frac{10}{s + 10}$$

这里再用连续系统设计时，可以认为对象

$$G_k(s) = \frac{10}{s(s + 2)(s + 10)}$$

5.2.3.3　根据根轨迹法设计连续控制器 $D(s)$

根据给定的技术指标要求，转换成单位阶跃响应指标：

$$\text{（调节时间）}T = \frac{4}{\xi\omega_n} = 2\ (\text{s})$$

$$\text{（超调量）P.O.} = 100e^{-\xi\pi/\sqrt{1-\xi^2}}\% = 16.3\%$$

由于设有控制器的系统开环传递函数

$$G_k(s) = \frac{10}{s(s+2)(s+10)}$$

对应的特征方程为

$$1 + KG_k(s) = 1 + \frac{10K}{s(s+2)(s+10)} = 0$$

如图 5.11 所示，其在 s 平面上的根轨迹在虚轴和σ 轴左边，为了改善控制系统的性能，我们需要为系统引入一阶超前校正网络。超前校正网络传递函数为

$$D(s) = \left(\frac{s+z}{s+p}\right)K_c$$

其中$|z|<|p|$。

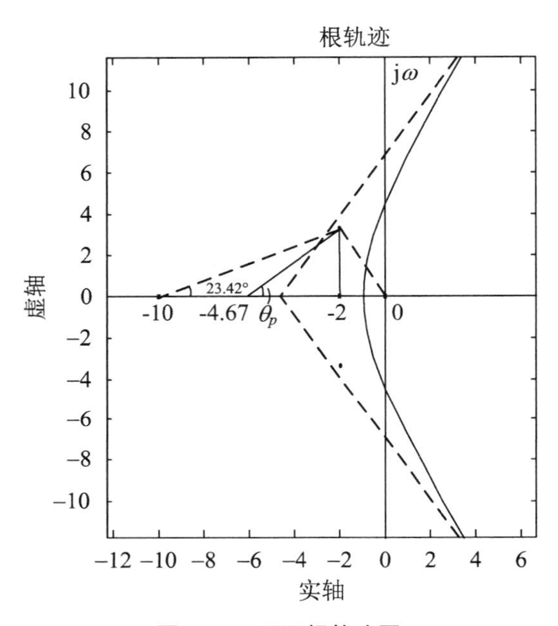

图 5.11　开环根轨迹图

由 $\xi\omega_n=2$，又 $\xi=0.5$，可以确定系统预期的闭环主导极点：

$$r_1,\hat{r}_1 = -2 \pm j\omega_n\sqrt{1-\xi^2} = -2 \pm j2\sqrt{3}$$

首先，我们将超前校正网络的零点配置在预期主导极点的正下方，即 $z=-2$。随后，在预期主导极点处，计算从开环零、极点出发的各个向量的相角代数和。已确定的开环零、极点包括校正网络的零点和未校正系统在 s 平面的极、零点，于是有

$$\varphi = -120^\circ + 90^\circ - 90^\circ - 23.42^\circ = -143.42^\circ$$

再考虑从超前校正网络的极点出发的向量，由相角条件（主值 180°）可以得知，该向量的相角 θ_p 应满足等式

$$-180^\circ = -143.42^\circ - \theta_p$$

$$\theta_p = 36.58^\circ$$

过 $r_1=-2+j2\sqrt{3}$且与实轴的交角互为 $\theta_p=36.58^\circ$的直线如图 5.11 所示，计算该直线与实轴的交点，可以得到超前校正网络的极点 $s=-p=-6.66$，因此，超前校正网络为

$$D(s) = K_c\left(\frac{s+2}{s+6.66}\right)$$

校正后的系统开环传递函数为

$$D(s)G_h(s)G(s) = \frac{10K_c}{s(s+6.66)(s+10)}$$

再根据根轨迹的幅值条件和有关向量的长度可得

$$10K_c = 4 \times 5.8068 \times 8.7178 = 202.5$$

则 $K_c = 20.25$。

设计出来的连续控制器传递函数为

$$D(s) = 20.25 \times \left(\frac{s+2}{s+6.66}\right)$$

闭环系统的传递函数为

$$W(s) = \frac{Y(s)}{R(s)} = \frac{D(s)G_n(s)G(s)}{1+D(s)G_n(s)G(s)}$$

$$= \frac{202.5}{(s+2+j2\sqrt{3})(s+2-j2\sqrt{3})(s+12.66)}$$

可见系统的闭环极点 $r_1, \hat{r}_1 = -2 \pm j2\sqrt{3}, r_3 = -12.66$,因第三个极点远离原点,故这个系统的响应能够由两个闭环主导极点 $s = -2 \pm j2\sqrt{3}$近似。

5.2.3.4　连续控制器的离散化

由于 $D(s)$中的零点 $s = -2$ 是用来抵消被控对象的一个极点,故采用零极点匹配法来实现 $D(s)$的离散化,则有

$D(s)$的极点 $p = -6.66$,对应变换为 $z_p = e^{-0.666Ts} = 0.2644$;

$D(s)$的零点 $z = -2$,对应变换为 $z_z = e^{-2Ts} = 0.6703$。

则 $D(s)$对应的离散化后的数字控制器 $D(z)$为

$$D(z) = k\left(\frac{z-0.6703}{z-0.2644}\right)$$

由 $D(z)|_{z=1} = D(s)|_{s=0}$,求得

$$k = 13.57$$

数字控制器为

$$D(z) = 13.57 \times \frac{(z-0.6703)}{z-0.2644}$$

所构成的计算机控制系统如图5.12所示。

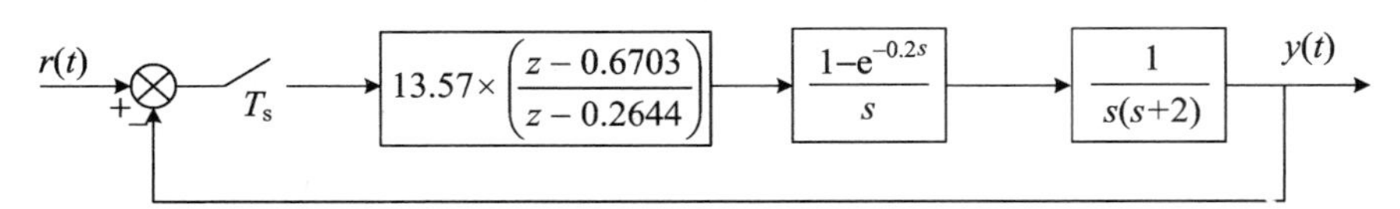

图5.12　计算机控制系统的结构

5.2.3.5 仿真实验(数字控制系统的响应)

为了分析计算机控制系统的响应,先求被控对象加零阶保持器的 z 传递函数 $G(z)$。

$$G(z)=Z\left[\left(\frac{1-e^{-T_sS}}{s}\right)\cdot\frac{1}{s(s+2)}\right]=\frac{0.01758(z+0.8766)}{(z-1)(z-0.6703)}$$

闭环 z 传递函数

$$\frac{Y(z)}{R(z)}=\frac{D(z)G(z)}{1+D(z)G(z)}=\frac{0.2385z^{-1}+0.2089z^{-2}}{1-1.0259z^{-1}+0.4733z^{-2}}$$

系统在单位阶跃响应的输出

$$y(k)=1.0259y(k-1)-0.4733y(k-2)+0.2385r(k-1)+0.2089r(k-2)$$

其中

$$r(k)=\begin{cases}1 & (k=0,1,2,\cdots)\\ 0 & (k<0)\end{cases}$$

仿真实验结果如图 5.13 所示。

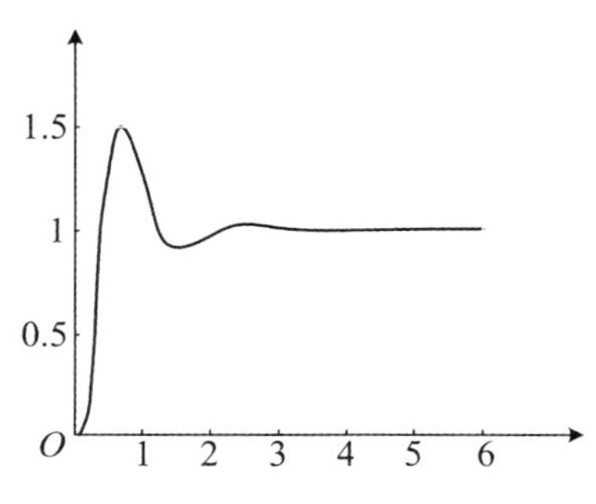

图 5.13 系统的阶跃响应

5.2.3.6 构造实际系统

最后,将

$$D(z)=\frac{u(z)}{E(z)}=13.57\times\frac{z-0.6703}{z-0.2644}=\frac{13.57(1-0.6703z^{-1})}{1-0.2644z^{-1}}$$

改写成计算机实现的算法

$$u(k)=13.57e(k)-9.096e(k-1)+0.2644u(k-1) \tag{5.2.30}$$

为了避免运算过程中出现溢出,同时为使算法中的系数能在定点运算中得以表示,将式(5.2.30)改写成

$$\begin{cases}X(k)=\dfrac{13.57}{16}e(k)-\dfrac{9.096}{16}e(k-1)+0.2644X(k-1)\\ u(k)=16X(k)\end{cases} \tag{5.2.31}$$

即先将数字控制器的增益减少到$\frac{1}{16}$,算完后再扩大 16 倍,扩大 16 倍的方法可在计算机中用数值左移 4 位来实现,也可以由系统的模拟量放大器来补偿。为了防止溢出,在 $u(k)$输出之前要加上软件限幅处理。

考虑了控制算法的完整的数字控制系统框图见图5.14。

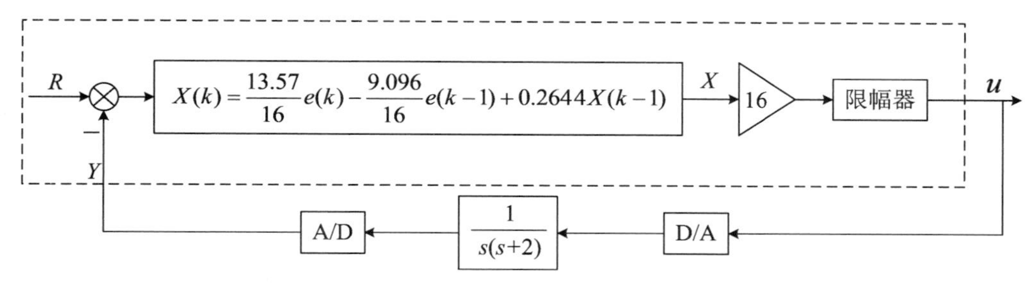

图5.14　数字控制系统框图

5.3　数字PID控制器的设计

5.3.1　数字PID控制器

PID控制器由于具有结构简单、参数整定方便、能满足大多数控制性能要求等优点，被广泛应用于连续时间控制系统中。PID控制器的控制机理和设计方法已为控制系统领域的广大工程技术人员所熟悉。将传统的PID控制器以计算机控制的方式实现，同样可以得到满意的控制效果，而且数字PID控制器较连续PID控制器更加灵活，可以修正PID控制中的某些问题，得到更完善的数字PID算法。

连续时间PID控制系统如图5.15所示，其中$D(s)$为PID控制器部分。

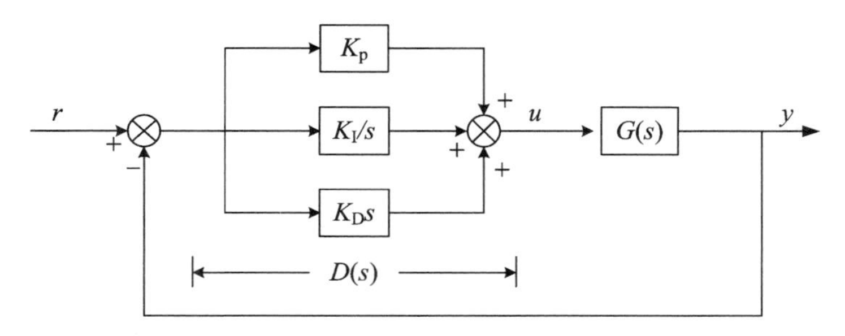

图5.15　连续PID控制系统

其中，PID控制器$D(s)$的输入输出之间关系可以用下面的微分方程表示：

$$u(t)=K_p\left[e(t)+\frac{1}{T_I}\int_0^t e(t)\mathrm{d}t+T_D\frac{\mathrm{d}e(t)}{\mathrm{d}t}\right] \tag{5.3.1}$$

式中，$e(t)$，$u(t)$分别为控制器的输入输出信号，T_I，T_D分别为积分、微分时间常数，K_p为比例系数。

在数字控制系统中，当采样周期足够短时，可以用求和代替积分，用差分代替微分，于是

式(5.3.1)可以写成

$$
\begin{aligned}
u(k) &= K_{\mathrm{P}}\left[e(k)+\frac{1}{T_{\mathrm{I}}}\sum_{i=0}^{k}e(i)T+T_{\mathrm{D}}\frac{e(k)-e(k-1)}{T}\right] \\
&= K_{\mathrm{P}}e(k)+K_{\mathrm{I}}\sum_{i=0}^{k}e(i)+K_{\mathrm{D}}[e(k)-e(k-1)]
\end{aligned}
\tag{5.3.2}
$$

其中，T 为采样周期，K_{P} 为比例系数，$K_{\mathrm{I}}=\dfrac{K_{\mathrm{P}}T}{T_{\mathrm{I}}}$为积分系数，$K_{\mathrm{D}}=K_{\mathrm{P}}\dfrac{T_{\mathrm{D}}}{T}$为微分系数，$e(k)$与 $u(k)$分别为控制器的输入、输出序列。

式(5.3.2)称为全量式数字 PID 控制器。这种控制算法给出控制量的绝对数值 $u(k)$，在实际控制系统中，这种控制量确定了执行机构的位置，如阀门控制中阀门的开度等，因此这种算法称为“位置算法”。

当被控对象带有积分性质的执行机构，如步进电机等时，数字控制器的输出就不能再使用全量式位置算法，而应采取增量式算法。

由式(5.3.2)，容易求得

$$
u(k)=K_{\mathrm{P}}e(k)+K_{\mathrm{I}}\sum_{i=0}^{k}e(i)+K_{\mathrm{D}}[e(k)-e(k-1)]
$$

$$
u(k-1)=K_{\mathrm{P}}e(k-1)+K_{\mathrm{I}}\sum_{i=0}^{k-1}e(i)+K_{\mathrm{D}}[e(k-1)-e(k-2)]
$$

两式相减，即得到

$$
\begin{aligned}
\Delta u(k) &= u(k)-u(k-1) \\
&= K_{\mathrm{P}}[e(u)-e(k-1)]+K_{\mathrm{I}}e(k) \\
&\quad +K_{\mathrm{D}}[e(k)-2e(k-1)+e(k-2)]
\end{aligned}
\tag{5.3.3}
$$

这就是数字 PID 控制器的增量式算法。

描绘全量式与增量式两种数字控制系统的方块图，如图 5.16 所示。

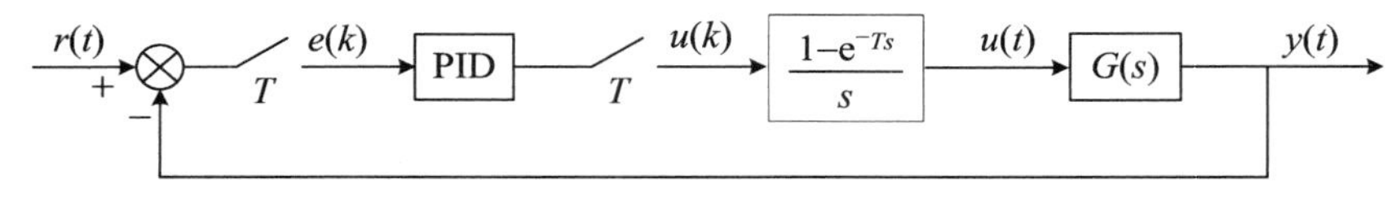

(a) 全量式PID控制系统

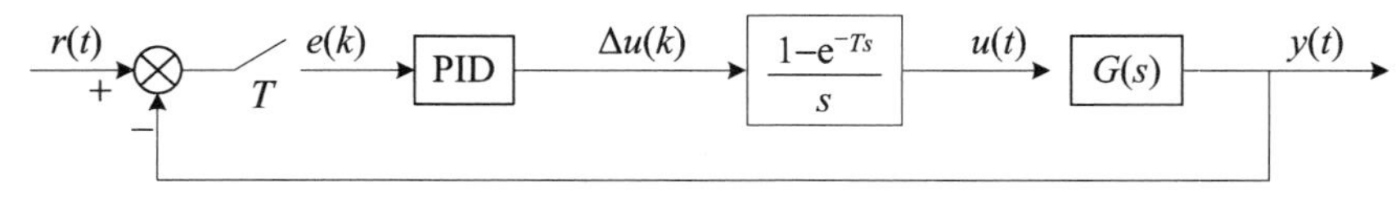

(b) 增量式PID控制系统

图 5.16　PID 控制系统框图

与全量式 PID 控制算法相比，增量式算法具有以下优点：

① 增量式算法不需要对所有的系统偏差过去值 $e(i)$累加，输出量只与最近几次的系统偏差值有关，数值计算的精度，对控制量的计算影响较小；而全量式算法要对所有偏差的过去值累加，容易产生大的累加误差。

② 增量式控制中，积分运算是通过对系统偏差一次次累加实现的，每次的输出控制量

中，积分项的值均为 $K_I e(k)$，始终为有限值，因此不会出现积分饱和的问题；而全量式 PID 控制器的输出，往往会在初始的时间内，由于系统偏差较大，积分结果超过 D/A 转换的最大值，从而产生积分饱和现象。

③ 增量式算法得出的是控制量增量，在一次控制动作中，误动作影响小，可以通过逻辑判断限制或禁止本次输出，不会严重影响系统的工作；而全量式算法输出的是控制量的绝对值，误动作影响大。

④ 采用增量算法，易于实现手动与自动之间的无冲击切换。

5.3.2 数字 PID 控制的改进算法

在实际系统中，由于计算机 IO 接口及其他因素的限制，要求系统的控制量和控制量的变化率必须落在某个区间范围内，即要求：

$$\begin{cases} u_{\min} \leqslant u \leqslant u_{\max} \\ |\dot{u}| \leqslant \dot{u}_{\max} \end{cases} \tag{5.3.4}$$

当控制算法所得结果超过上述范围时，控制器将出现饱和现象，此时，控制器就失去了调节能力，控制达不到预期效果，系统将出现大的超调量和长时间的振荡。因此，有必要结合实际情况，对基本数字 PID 控制算法进行改进。

5.3.2.1 积分分离法

为了克服 PID 位置算法中由积分项引起的饱和现象，采用如下的积分分离 PID 控制算法。

当系统偏差较大时，不进行积分，只计算比例项和微分项，直到偏差进入[$-\varepsilon$, ε]的带状区域后，才加入积分累积，即

$$u(k) = \begin{cases} K_p e(k) + K_D[e(k) - e(k-1)] & (|e(k)| > \varepsilon) \\ K_p e(k) + K_I \sum_{i=0}^{k} e(i) + K_D[e(k) - e(k-1)] & (|e(k)| \leqslant \varepsilon) \end{cases} \tag{5.3.5}$$

这样，控制器就不易进入饱和区，即使进入饱和区，也能够很快退出。从而大大改善了控制效果，如图 5.17 所示。

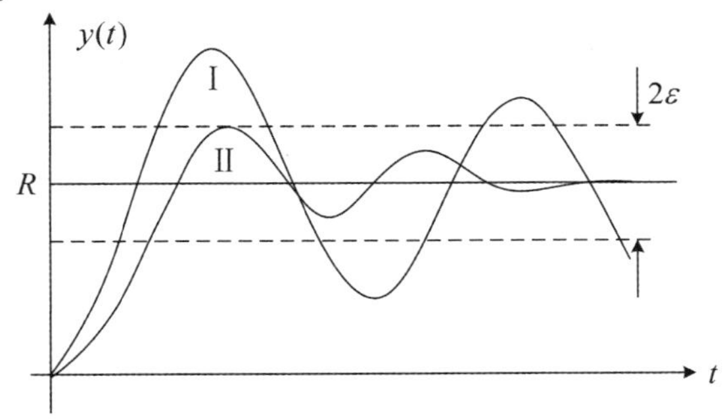

Ⅰ. 不采用积分分离的 PID 控制；Ⅱ. 采用积分分离的 PID 控制

图 5.17　积分饱和及控制

5.3.2.2 Bang-Bang－PID 复式控制

积分分离法虽然较好地克服了积分饱和的现象，但由于系统初期失去了积分项的调节，导致系统过渡时间增加，响应速度减慢，因此，这种方法是以延长系统过渡时间为代价而减少超调量的。为了使系统既具有较小的超调量，又有较快的输出响应，可以采用如下的 Bang-Bang－PID 复式控制：

$$u(k)=\begin{cases}\mu_M & (e(k)>\varepsilon)\\ K_p e(k)+K_I\sum_{i=1}^{n}e(i)+K_D[e(k)-e(k-1)] & (|e(k)|<\varepsilon)\\ -\mu_M & (e(k)<-\varepsilon)\end{cases} \tag{5.3.6}$$

即当系统偏差较大时，采用 Bang-Bang 控制，而当系统偏差较小时，采用 PID 控制。这样，控制系统可以较好地兼顾速度和精度的要求。

式(5.3.6)中 ε 为设计参数，当 ε 趋于零时，复式控制器就趋向于完全的 Bang-Bang 控制，而当 ε 趋于正无穷大时，复式控制器将成为 PID 控制器。ε 的实际取值应根据现场调试的结果确定。

5.3.2.3 改进抗干扰能力

控制系统总是受到工作现场的各种干扰，必须在开始设计时就要考虑抑制这些干扰的问题。

在数字 PID 控制系统中，微分项对于高频干扰信号极其敏感，因此系统容易受到噪声信号的干扰。为了提高控制系统的抗干扰能力，需要对微分项进行改进。

1. 四点中心差分法

用四点中心差分代替 PID 算法中的微分项，可以降低系统对噪声的敏感程度。

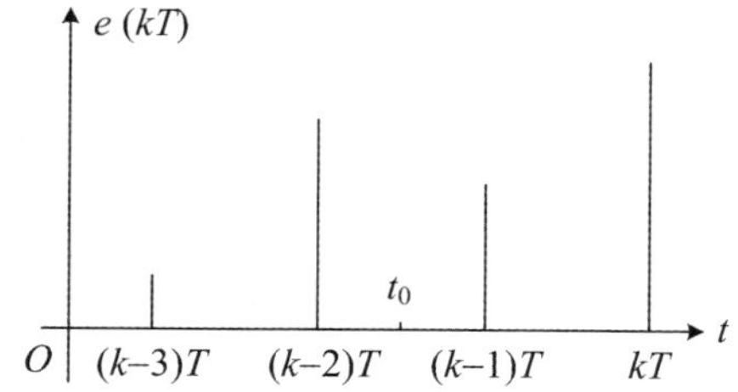

在式(5.3.2)中，微分项是用一阶差分近似的，即

$$\frac{de(t)}{dt}\approx\frac{e(k)-e(k-1)}{T} \tag{5.3.7}$$

四点中心差分如图 5.18 所示。

图 5.18　四点中心差分法示意图

以 $t_0=kT-1.5T$ 为中心点，取其附近 4 个点的差分平均值，作为微分项的近似，即

$$\begin{aligned}\frac{de(t_0)}{dt}&\approx\frac{1}{4}\left[\frac{e(k)-e(t_0)}{1.5T}+\frac{e(k-1)-e(t_0)}{0.5T}+\frac{e(t_0)-e(k-2)}{0.5T}+\frac{e(t_0)-e(k-3)}{1.5T}\right]\\&=\frac{1}{6T}[e(k)+3e(k-1)-3e(k-2)-e(k-3)]\end{aligned} \tag{5.3.8}$$

将式(5.3.8)代替全量式 PID 算法式(5.3.2)中的微分项，得到改进后的全量 PID 控制算法为

$$u(k)=K_{\mathrm{p}}\left\{e(k)+\frac{1}{T_{\mathrm{I}}}\sum_{i=0}^{k}e(i)T+\frac{T_{\mathrm{D}}}{6T}[e(k)-e(k-3)+3e(k-1)-3e(k-2)]\right\}\tag{5.3.9}$$

同样，将式(5.3.8)代替增量式 PID 中的差分项，可以得到改进后的增量 PID 控制算法：

$$\begin{aligned}\Delta u(k)=K_{\mathrm{p}}\Big\{&\frac{1}{6}[e(k)-e(k-3)+3e(k-1)-3e(k-2)]+\frac{T}{T_{\mathrm{I}}}e(k)\\&+\frac{T_{\mathrm{D}}}{6T}[e(k)+2e(k-1)-6e(k-2)+2e(k-3)+e(k-4)]\Big\}\end{aligned}\tag{5.3.10}$$

2. 不完全微分 PID 算法

在 PID 控制器前串接一个低通滤波器，同样可以达到滤除高频信号、减少系统干扰的作用。

低通滤波器采用一阶惯性环节

$$G_{\mathrm{f}}(s)=\frac{1}{1+T_{\mathrm{f}}s}\tag{5.3.11}$$

不完全微分 PID 控制系统的结构如图 5.19 所示。

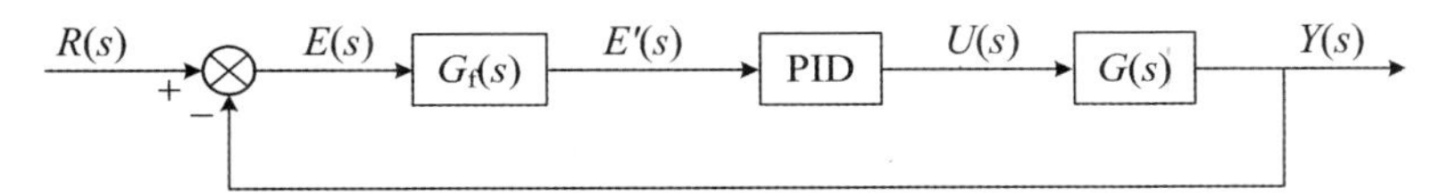

图 5.19　不完全微分 PID 控制系统

其中

$$\frac{U(s)}{E(s)}=G_{\mathrm{f}}(s)\cdot G_{\mathrm{PID}}(s)=\frac{1}{1+T_{\mathrm{f}}(s)}\cdot K_{\mathrm{p}}\left(1+\frac{1}{T_{\mathrm{I}}s}+T_{D}s\right)\tag{5.3.12}$$

所以

$$(1+T_{\mathrm{f}}s)U(s)=K_{\mathrm{p}}\left(1+\frac{1}{T_{\mathrm{I}}s}+T_{\mathrm{D}}s\right)E(s)\tag{5.3.13}$$

即

$$u(t)+T_{\mathrm{f}}\frac{\mathrm{d}u(t)}{\mathrm{d}t}=K_{\mathrm{p}}\left[e(t)+\frac{1}{T_{\mathrm{I}}}\int_{0}^{t}e(t)\mathrm{d}t+T_{\mathrm{D}}\frac{\mathrm{d}e(t)}{\mathrm{d}t}\right]\tag{5.3.14}$$

对式(5.3.14)离散化，得到

$$u(k)=u_1(k)+u_2(k)\tag{5.3.15}$$

其中

$$u_1(k)=\frac{T_{\mathrm{f}}}{T+T_{\mathrm{f}}}u(k-1)$$

$$u_2(k)=\frac{K_{\mathrm{p}}T}{T+T_{\mathrm{f}}}\left\{e(k)+\frac{T}{T_{\mathrm{I}}}\sum_{i=0}^{k}e(i)+\frac{T_{\mathrm{D}}}{T}[e(k)-e(k-1)]\right\}$$

对应的增量式不完全微分 PID 算法为

$$\Delta u(k)=\Delta u_1(k)+\Delta u_2(k)\tag{5.3.16}$$

其中

$$\Delta u_1(k)=\frac{T_{\mathrm{f}}}{T+T_{\mathrm{f}}}\Delta u(k-1)$$

$$\Delta u_2(k)=\frac{K_pT}{T+T_f}\left\{\Delta e(k)+\frac{T}{T_I}e(k)+\frac{T_d}{T}[\Delta e(k)-\Delta e(k-1)]\right\}$$

不完全微分数字 PID 控制器不仅能够抑制高频干扰,而且克服了普通数字 PID 控制中微分作用不明显的缺点。数字控制器的微分作用能够在各周期内持续作用,从而改善了微分部分的控制效果,如图 5.20 所示,是两种数字控制器的阶跃响应曲线,可见,普通的数字 PID 调节器在单位阶跃输入时,微分作用只有在第一个周期起作用,不能按照偏差变化的趋势在整个调节过程中起作用,而且,微分作用在第一个周期内很强,容易出现“微分饱和”现象。不完全微分 PID 不但能抑制高频干扰,而且克服了普通数字 PID 控制的缺点。因此,不完全微分数字 PID 控制更加接近于连续 PID 控制器的效果。

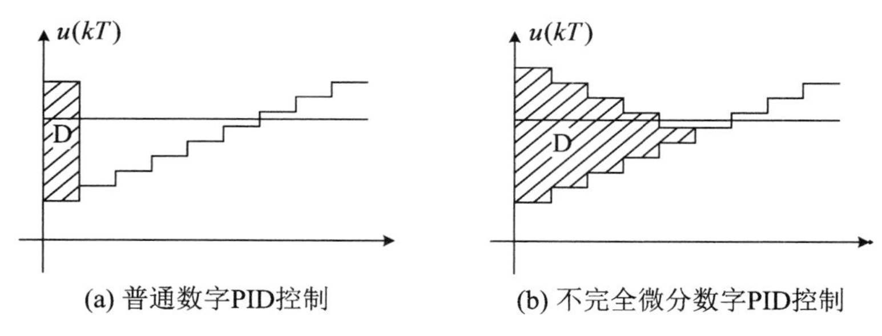

图 5.20 数字 PID 调节器的控制作用

5.3.3 数字 PID 控制器参数的选择

数字 PID 控制器的参数除比例系数 K_p、时间常数 T_I、T_D 外,还包括系统采样周期 T。在通常情况下,控制对象的时间常数较大,而采样周期 T 与之相比要小得多。因此数字 PID 的参数整定,可以仿照连续时间 PID 参数整定的方法进行。但在整定之前,应当首先确定数字 PID 控制器的结构和系统的采样周期。

5.3.3.1 控制器的结构选择

PID 控制器结构的选择,实际上就是选择不同的控制律。PID 控制三部分的参数 K_p、T_I、T_D 是相互独立的,它们对系统性能的影响也各不相同。实际使用中应根据对象特性,合理选择控制律。一般说来,3 种控制对系统性能的影响具有以下特点:

· 比例控制可以减小系统稳态误差,但不可能完全消除稳态误差。K_p 增加时,稳态误差减小,控制精度提高,同时系统响应速度也会加快。但当 K_p 偏大时,系统稳定性变坏,振荡次数变多,导致调节时间变长,而当 K_p 偏小时,又会使系统动作缓慢。

· 积分控制通常与比例控制或比例微分控制联合使用。积分控制能够消除系统稳态误差,提高控制系统的精度,但会使系统稳定性下降。当 T_I 偏小时,系统振荡次数增加,甚至导致系统不稳定,但当 T_I 太大时,积分作用减弱,控制效果不明显。

· 微分控制一般也与比例控制或比例积分控制联合作用。微分控制可以改善系统动态特性,使超调量减少,过渡时间缩短。但只有当 T_D 大小合适时,才能得到满意的效果。

T_D 偏大或偏小，都会导致动态特性变坏。

图 5.21，给出了在不同控制规律下的过渡过程曲线。

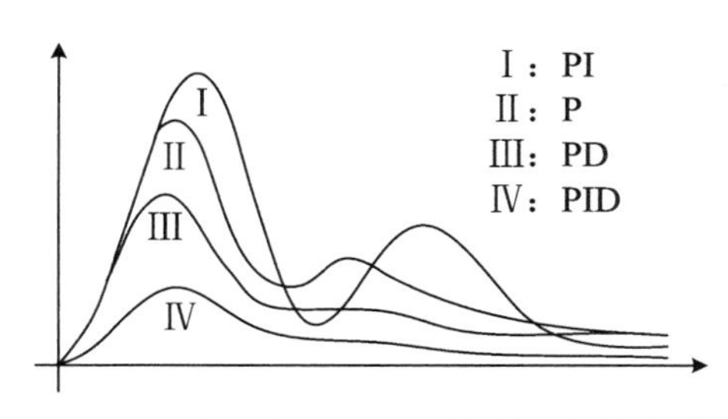

图 5.21　各种控制规律对控制性能的影响

基于以上分析，我们可以得到以下结论：

对于允许有静态误差(或稳态误差)的系统，可以选择 P 控制或 PD 控制，只要适当选择系数 K_p、T_D，就可以保证稳态误差在允许范围内。

对于必须消除稳态误差的系统，则必须引入积分控制，使用 PI 控制或者 PID 控制。

对于有纯时延的控制对象，一般应引入微分控制。

5.3.3.2　采样周期的选择

数字控制系统的采样周期 T 的选择，是设计数字控制器的关键问题。一般说来，采样周期越小，数字控制系统的性能就越接近于连续控制系统，但由于计算机精度以及系统成本等方面的限制，采样周期 T 也不是越小越好。一般地，应当在满足控制系统性能的前提下，选择尽可能大的采样周期。为了保证性能，通常应当考虑以下几方面：

1. 被采样信号

根据采样定理，采样频率至少应大于被采样信号频率上限的两倍，才能保证采样后信号不失真，即如果被采样信号角频率上限为 $\omega_{\max}$，则采样频率应满足：

$$\omega_s \geqslant 2\omega_{\max} \tag{5.3.17}$$

而采样周期 $T=\dfrac{2\pi}{\omega_s}$，故而有

$$T \leqslant \frac{\pi}{\omega_{\max}} \tag{5.3.18}$$

上式给出了采样周期的上限，在此范围内采样信号才能够再现模拟信号的主要信息。

2. 控制对象的动态特性

当系统不包含纯时延环节时，系统响应速度必须足够快，采样频率应至少为系统带宽的 10 倍，当系统中纯时延环节占有一定分量时，应选择 $T\approx\tau/10$，其中 τ 为系统时延。当系统中纯时延部分占主导地位时，可选择 $T\approx\tau$。表 5.1 给出了过程控制中，常见被控对象的经验采样周期。

表 5.1 常见被控对象的经验采样周期

被控量	采样周期 T(s)
流 量	1～5
压 力	1～10
液 位	1～10
温 度	5～20
成 分	5～20

3. 干扰信号

从抑制扰动的角度考虑，控制系统的采样频率应当比扰动信号的最高频率要高，这样才能使控制系统发挥作用，抑制干扰的影响。如果干扰信号频率范围已知，则可根据采样定理合理选择采样周期。

4. 控制回路数

采样周期 T 与系统的控制回路数 N 应满足以下关系：

$$T \geqslant \sum_{i=1}^{N} T_i \tag{5.3.19}$$

其中，T_i 为各个回路的采样时间(即信号转换时间)。

5. 计算机精度

工业控制计算机一般字长有限，并且通常都使用定点运算，精度有限。如果采样周期过短，两次采样间的差值得不到反映，则控制作用减弱，因此不宜使用过短的采样周期。

在实际工程应用中，应根据系统设计的具体情况，选择最优的采样周期。

5.3.3.3 PID 控制器的参数整定

由于连续时间 PID 控制器早已广泛应用于控制工作，在实践中已有多种成熟的参数整定方法，数字 PID 控制器的参数整定同样可以借鉴这些方法，并针对数字控制的特点，加以适当的调整。其中较常用的整定方法有扩充临界比例度法和扩充响应曲线法。

1. 扩充临界比例度法

扩充临界比例度法适用于有自衡特性的受控对象，是对连续时间 PID 控制器参数整定的临界比例度的扩充，其主要步骤如下：

① 选择一足够短的采样周期 T，一般应在被控对象纯时延时间 τ 的十分之一以下，作纯比例控制。

② 逐渐加大比例系数 K_p，直到系统达到临界等幅振荡，记下此时的振荡周期 T_s 以及增益 K_s。

③ 选择控制度。所谓控制度，就是以模拟控制器为标准，将数字控制器的效果与模拟控制器的控制效果进行比较，通常采用误差积分的比值形式进行定义，即

$$\text{控制度} = \frac{\left[\min\int_0^{\infty} e^2 \mathrm{d}t\right]_{\text{数字}}}{\left[\min\int_0^{\infty} e^2 \mathrm{d}t\right]_{\text{模拟}}} \tag{5.3.20}$$

在实际应用中,并不需要真正计算控制度,只是用来表示控制效果,如当控制度为1.05时,数字控制器与模拟控制器效果基本相同;控制度为2.0时,表示数字控制器效果比模拟控制器差一倍。

④ 根据选定的控制度查表5.2确定PID控制器的采样周期 T 和控制器参数 K_p, T_I, T_D。

⑤ 按照求得的整定参数试运行,观察实际控制效果,并适当进行修正。

表5.2 扩充临界比例度法整定参数表

控制度	控制律	T/T_s	K_p/K_s	T_I/T_s	T_D/T_s
1.05	PI	0.03	0.55	0.88	—
	PID	0.014	0.63	0.49	0.14
1.20	PI	0.05	0.49	0.91	—
	PID	0.043	0.47	0.47	0.16
1.50	PI	0.14	0.42	0.99	—
	PID	0.09	0.34	0.43	0.20
2.00	PI	0.22	0.36	1.05	—
	PID	0.16	0.27	0.40	0.22
模拟调节器	PI	—	0.57	0.83	—
	PID	—	0.70	0.50	0.13
Ziegler-Nichols整定	PI	—	0.45	0.83	—
	PID	—	0.60	0.50	0.125

2. 扩充响应曲线法

如果能够求出系统的动态特性曲线,数字PID控制器的参数整定也可以采用类似模拟调节器的响应曲线法来进行,称为扩充响应曲线法,其步骤如下:

① 断开数字控制器,使系统在手动开环状态下工作,调节系统,使之平衡于某一给定值,然后加入一阶跃输入。

② 记录被调参数在阶跃作用下的变化过程曲线,如图5.22所示。

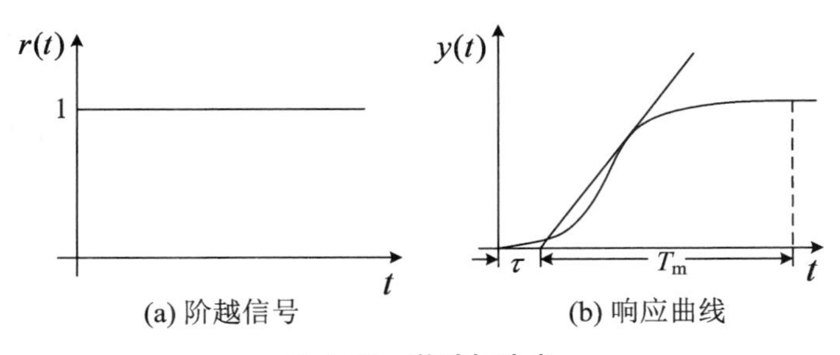

(a) 阶越信号　　(b) 响应曲线

图5.22 激励与响应

③ 在曲线最大斜率处做切线,求得滞后时间 τ,对象等效惯性时间常数 T_m 以及它们的

比值$\frac{T_m}{\tau}$。

④ 根据所求得的值，查表5.3即可求得控制器的参数T、K_p、T_I、T_D，其中控制度的选择与扩充临界比例度法相同。

表5.3 扩充响应曲线法整定参数表

控制度	控制律	T/τ	$K_p/(T_m/\tau)$	T_I/τ	T_D/τ
1.05	PI	0.10	0.84	3.40	—
	PID	0.05	1.15	2.00	0.45
1.20	PI	0.20	0.78	3.60	—
	PID	0.16	1.00	1.90	0.55
1.50	PI	0.50	0.68	3.90	—
	PID	0.34	0.85	1.62	0.65
2.00	PI	0.80	0.57	4.20	—
	PID	0.60	0.60	1.50	0.82
模拟调节器	PI	—	0.90	3.30	—
	PID	—	1.20	2.00	0.40
Ziegler-Nichols整定	PI	—	0.90	3.30	—
	PID	—	1.20	3.00	0.50

5.4 纯时延系统的计算机控制

在很多控制系统中，尤其是在过程控制中，由于物料的运输或能量的转换，控制回路中往往存在着纯时延环节。当物质、能量或者信息沿着特定的路径传输时，时延是必然的，它是物理系统或者过程的固有特性。时延现象广泛存在于化工过程、电力系统、轧钢系统、气动系统的长传输线和通信网络等各种工程系统中。控制对象的这种纯时延特性会对控制系统产生不利的影响，它使得系统稳定性下降、控制器适应性降低。因此，如何实现对纯时延对象的控制，一直都是控制工程中一个重要的问题。

在采用模拟设计法的数字控制系统中，对于纯时延对象的控制方案有两种：大林(Dahlin)控制器和史密斯(Smith)控制器。

5.4.1 大林控制器

设具有纯时延的被控制对象传递函数为

$$G(s) = G_p(s)e^{-\tau s} \tag{5.4.1}$$

其中，τ 为时延，$G_p(s)$为不含时延环节的传递函数，一般假设 τ 比采样周期大得多，并且为采样周期的整数倍。

图 5.23 所示的闭环系统的传递函数为

$$W(s) = \frac{D(s)G_p(s)e^{-\tau s}}{1 + D(s)G_p(s)e^{-\tau s}} \tag{5.4.2}$$

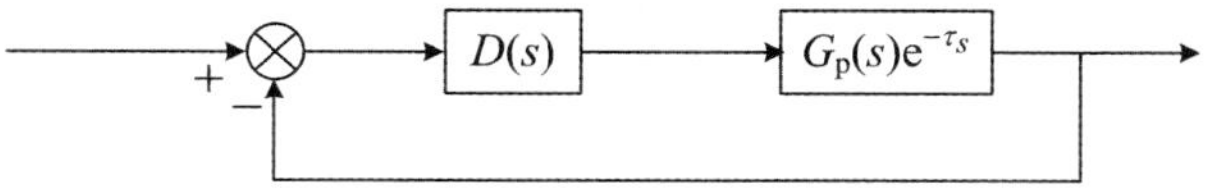

图 5.23 带时延的控制系统

大林控制器的设计要求是使期望闭环传递函数 $W(s)$成为与原控制对象同阶、同时延的连续系统传递函数，即

$$W(s) = W_p(s)e^{-\tau s} \tag{5.4.3}$$

其中，$W_p(s)$是与 $G_p(s)$结构相同，参数不同的纯惯性环节。

若控制对象

$$G(s) = \frac{K}{1 + T_0 s}e^{-\tau s} \tag{5.4.4}$$

则可取期望闭环系统为

$$W(s) = \frac{1}{1 + T_1 s}e^{-\tau s} \tag{5.4.5}$$

从式(5.4.2)中，我们可以解出连续时间控制器传递函数 $D(s)$的表达式：

$$D(s) = \frac{W(s)}{[1 - W(s)]G_p(s)e^{-\tau s}}$$

对于数字大林控制器，则应当先对 $W(s)$，$G(s)$进行离散化，求出数字控制系统的闭环 z 传递函数 $W(z)$和控制对象的 z 传递函数 $G(z)$，然后再解出数字控制器 $D(z)$：

$$D(z) = \frac{W(z)}{G(z)[1 - W(z)]} \tag{5.4.6}$$

对于被控对象是带纯时延 τ 的一阶惯性环节，选择合适的采样周期 T，设 $\tau = nT$，n 为整数。

分别对 $W(s)$、$G(s)$进行离散化，得

$$\begin{aligned} W(z) &= Z[G_h(s)W(s)] = Z\left[\left(\frac{1 - e^{-Ts}}{s}\right)\cdot\frac{1}{1 + T_1 s}e^{-nTs}\right] \\ &= (1 - z^{-1})z^{-n}Z\left[\frac{1}{s(1 + T_1 s)}\right] \\ &= z^{-n}\left(\frac{1 - e^{-T/T_1}}{z - e^{-T/T_1}}\right) \end{aligned} \tag{5.4.7}$$

$$\begin{aligned} G(z) &= Z[G_h(s)G(s)] = Z\left[\left(\frac{1 - e^{-Ts}}{s}\right)\cdot\frac{K}{1 + T_0 s}e^{-nTs}\right] \\ &= (1 - z^{-1})z^{-n}Z\left[\frac{K}{s(1 + T_0 s)}\right] \\ &= Kz^{-n}\left(\frac{1 - e^{-T/T_0}}{z - e^{-T/T_0}}\right) \end{aligned} \tag{5.4.8}$$

由

$$W(z)=\frac{D(z)G(z)}{1+D(z)G(z)} \tag{5.4.9}$$

解出

$$\begin{aligned}D(z)&=\frac{W(z)}{[1-W(z)]G(z)}\\&=\frac{(1-e^{-T/T_1})}{K(1-e^{-T/T_0})}\cdot\left[\frac{1-e^{-T/T_0}z^{-1}}{1-e^{-T/T_1}z^{-1}-(1-e^{-T/T_1})z^{-(n+1)}}\right]\\&=\frac{(1-e^{-T/T_1})}{K(1-e^{-T/T_0})}\cdot\frac{(1-e^{-T/T_0}z^{-1})}{(1-z^{-1})[1+(1-e^{-T/T_1})(z^{-1}+z^{-2}+\cdots+z^{-n})]}\end{aligned} \tag{5.4.10}$$

这就是一阶纯时延系统的大林控制器的表达式，二阶以及更高阶系统也可以用类似的方法求得。

大林控制器设计简单，闭环特性整体上能够逼近期望的连续系统闭环特性，但它有一个严重的缺点，就是数字控制器 $D(z)$的输出 $e_0(k)$会产生以 $2T$ 为周期的大幅度波动，称之为振铃现象，这对执行机构是很不利的。

产生振铃现象的根源是被控对象数学模型不可能完全精确导致控制器的极零点无法完全抵消而造成的。

在推导大林控制器的数学表达式时，我们利用闭环 z 传递函数来解出控制器的 z 传递函数：

$$D(z)=\frac{W(z)}{G(z)[1-W(z)]} \tag{5.4.11}$$

事实上，真实系统的闭环 z 传递函数并不可能精确地等于 $W(z)$，而 $W(z)$只能是对真实系统的近似，而且，随着时间、环境的变化，被控对象的参数也会发生变化。

假设某段时间内，实际系统的精确闭环传递为 $W^*(z)$，则控制器的输出为

$$\begin{aligned}E(z)&=R(z)[1-W^*(z)]D(z)\\&=R(z)[1-W^*(z)]\frac{H(z)}{G(z)[1-W(z)]}\end{aligned} \tag{5.4.12}$$

这里，正是由于$1-W^*(z)$与$1-W(z)$无法完全抵消，故而会遗留一些不需要的极点，某些不稳定极点会导致系统输出发生振荡，从而产生振铃现象。

以一阶纯时延系统为例，考察$1-W(z)$的表达式，有

$$1-W(z)=\frac{(1-z^{-1})Q(z)}{1-e^{-T/T_1}z^{-1}} \tag{5.4.13}$$

其中

$$Q(z)=1+(1-e^{-T/T_1})(z^{-1}+z^{-2}+\cdots+z^{-n}) \tag{5.4.14}$$

由于发生不完全抵消，$1-W(z)$中所有极零点都可能成为 $E(z)$的极点。但是只有不稳定极点才会产生振荡现象。

从式(5.4.13)中可以看出，$1-z^{-1}$可以抵消，而 $1-e^{-T/T_1}z^{-1}$为单调衰减项，不会产生振荡，由此可见，只可能是由于 $Q(z)$部分含有接近 $z=-1$ 的根，从而产生不稳定极点。事实上，只要 $T\gg T_1$，$n\geq 1$ 时，计算表明，$Q(z)$中都会产生振荡极点。$Q(z)$被称为“振铃因子”。

为了消除振铃现象，我们只需对控制器 $D(z)$ 表达式中的 $Q(z)$ 部分进行修正。可以只保留 $Q(z)$ 中的稳态项，以稳态值 $Q(1)$ 代替 $Q(z)$，就得到消除振铃因子后的数字大林控制器 $\bar{D}(z)$。

仍以一阶纯时延系统为例，将式(5.4.10)中振铃因子部分以 $Q(1)$ 代替，即有

$$\bar{D}(z) = \frac{(1-\mathrm{e}^{-T/T_1})}{K(1-\mathrm{e}^{-T/T_0})Q(1)} \cdot \left(\frac{1-\mathrm{e}^{-T/T_0}}{1-z^{-1}}\right) = \bar{K}\left(\frac{1-\mathrm{e}^{-T/T_0}z^{-1}}{1-z^{-1}}\right) \tag{5.4.15}$$

其中

$$\bar{K} = \frac{1-\mathrm{e}^{-T/T_1}}{K(1-\mathrm{e}^{-T/T_0})[1+n(1-\mathrm{e}^{-T/T_1})]}$$

5.4.2 史密斯控制器

5.4.2.1 大纯时延系统的补偿控制原理

如图 5.24 所示，纯时延系统的闭环传递函数为

$$W(s) = \frac{D(s)G_{\mathrm{p}}(s)\mathrm{e}^{-\tau s}}{1+D(s)G_{\mathrm{p}}(s)\mathrm{e}^{-\tau s}} \tag{5.4.16}$$

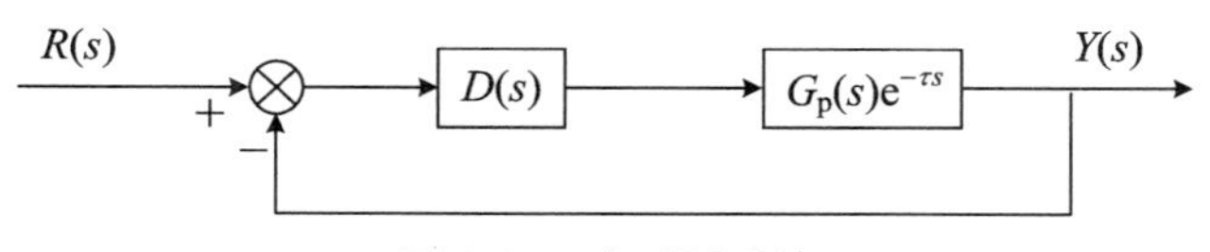

图 5.24 大时延系统

系统的特征方程为

$$1+D(s)G_{\mathrm{p}}(s)\mathrm{e}^{-\tau s} = 0 \tag{5.4.17}$$

可见，由于纯时延环节 $\mathrm{e}^{-\tau s}$ 的存在，系统输出将不能及时反馈到控制器 $D(s)$ 中，从而，使系统的稳定性下降，尤其当 τ 比较大时，系统就会不稳定，因此常规控制方法很难使闭环系统获得满意的控制性能。

为了改善这种大纯时延控制系统的控制品质，就要对系统的反馈信号进行补偿，因此，引入一个与被控对象并联的补偿器 $G_\tau(s)$，使得补偿之后的等效对象的传递函数不再包含纯时延特性。如图 5.25 所示。

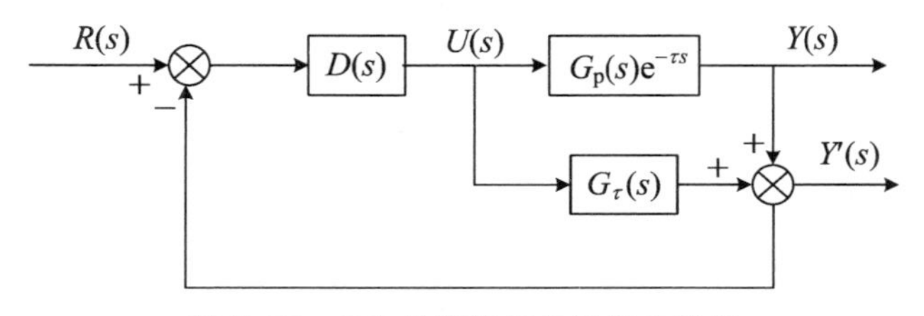

图 5.25 加入补偿器后的系统方块图

由图 5.25 可得

$$\frac{Y'(s)}{U(s)} = G_p(s)e^{-\tau s} + G_\tau(s) = G_p(s) \tag{5.4.18}$$

故求得

$$G_\tau(s) = (1 - e^{-\tau s})G_p(s) \tag{5.4.19}$$

这就是并联的补偿器传递函数,这种补偿器称为史密斯补偿器或史密斯预估器,这种补偿控制方法称为史密斯补偿法。

在实际应用史密斯补偿法时,补偿器是反向并联在控制器两端的,如图 5.26 所示。

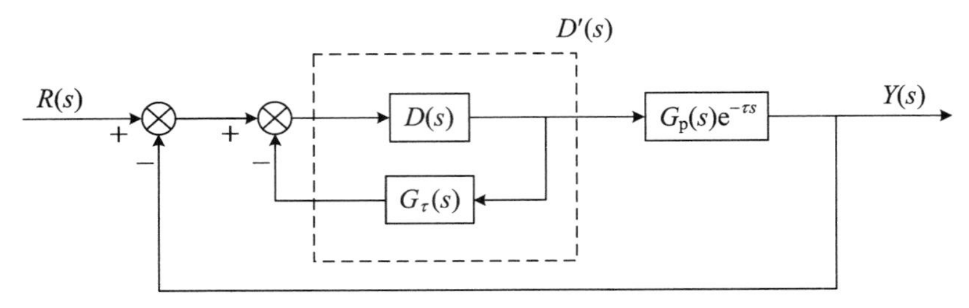

图 5.26　控制系统方框图

显然,图 5.25 的系统与图 5.26 的系统是等效的。

图 5.26 中虚线所围部分为带补偿控制的控制器:

$$D'(s) = \frac{D(s)}{1 + D(s)G_p(s)(1 - e^{-\tau s})} \tag{5.4.20}$$

此时,闭环系统传递函数为

$$\begin{aligned} W'(s) &= \frac{D'(s)G_p(s)e^{-\tau s}}{1 + D'(s)G_p(s)e^{-\tau s}} \\ &= \frac{\dfrac{D(s)G_p(s)e^{-\tau s}}{1 + D(s)G_p(s)(1 - e^{-\tau s})}}{1 + \dfrac{D(s)G_p(s)e^{-\tau s}}{1 + D(s)G_p(s)(1 - e^{-\tau s})}} \\ &= \frac{D(s)G_p(s)e^{-\tau s}}{1 + D(s)G_p(s)} \end{aligned} \tag{5.4.21}$$

式(5.4.21)可以看作是与图 5.27 所示的系统等效的传递函数。

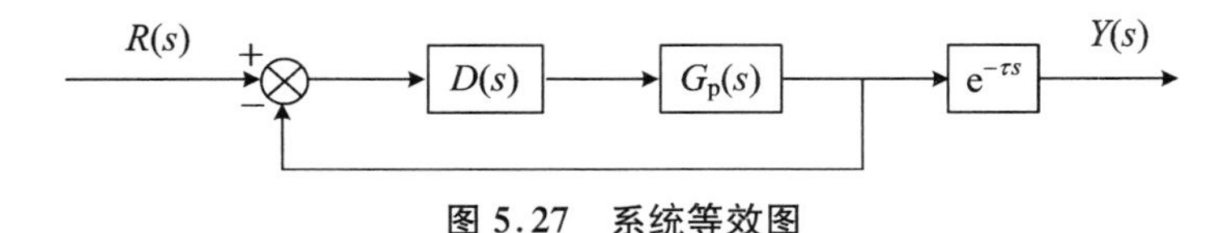

图 5.27　系统等效图

由此可见,通过补偿控制,原来被控对象的纯时延环节 $e^{-\tau s}$ 已经被移到闭环之外,因此,系统的稳定性不再受到纯时延环节的影响。系统的输入输出特性将与不包含纯时延环节的系统输入输出特性完全相同,只是在时间轴上滞后时间 τ,如图 5.28 所示。

因此,我们在设计控制器 $D(s)$ 时,可以不考虑纯时延环节,只对惯性环节 $G_p(s)$ 部分进行调节,在达到满意的控制效果后,再并联上斯密斯补偿器,即可获得同样的效果。

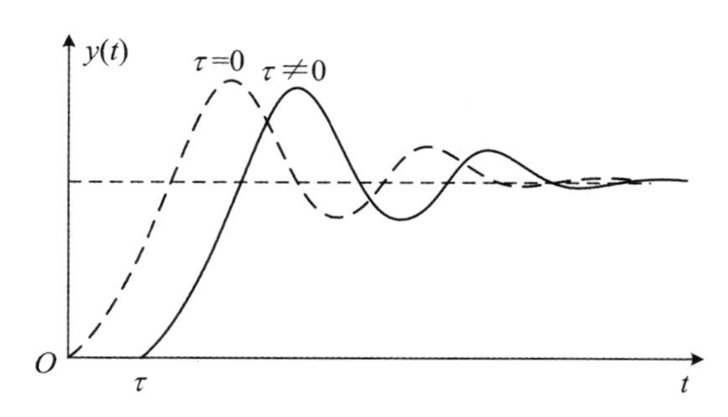

图 5.28　纯时延补偿控制系统的阶跃响应曲线

5.4.2.2　大纯滞后补偿控制系统的计算机实现

大纯滞后补偿控制系统的计算机实现如图 5.29 所示。

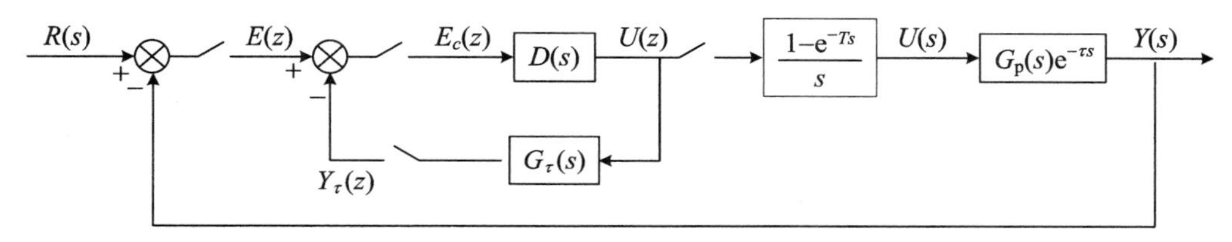

图 5.29　采用史密斯补偿器的计算机控制系统

其中，$D(s)$常采用 PID 控制器，$\frac{1-\mathrm{e}^{Ts}}{s}$为零阶保持器，$T$ 为采样周期，$G_\tau(s)$为史密斯补偿器。

为了用计算机实现补偿控制，需对史密斯补偿器进行离散化，设离散化后的补偿器 z 传递函数为$G_\tau(z)$，如图 5.30 所示。

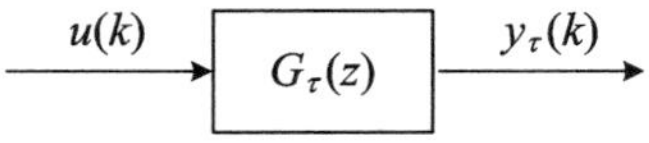

$$u(k) \rightarrow \boxed{G_\tau(z)} \rightarrow y_\tau(k)$$

图 5.30　史密斯补偿器

下面分析几种常见对象的离散史密斯补偿器。

1. 一阶纯滞后惯性环节

$$G(s) = \frac{K}{1+T_\mathrm{a}s}\mathrm{e}^{-\tau s} \tag{5.4.22}$$

其中，K 为对象增益，T_a 为对象时间常数，τ 为时延量。

根据补偿控制原理，史密斯补偿器的传递函数应当为

$$G_\tau(s) = H_0(s)G(s)(1-\mathrm{e}^{-\tau s}) = \frac{K(1-\mathrm{e}^{-Ts})(1-\mathrm{e}^{-\tau s})}{s(1+T_\mathrm{a}s)} \tag{5.4.23}$$

对 $G_\tau(s)$离散化，得

$$G_\tau(z) = Z\left[\frac{K(1-\mathrm{e}^{-Ts})(1-\mathrm{e}^{-\tau s})}{s(1+T_\mathrm{a}s)}\right] = (1-z^{-n})\frac{b_1z^{-1}}{1-a_1z^{-1}} \tag{5.4.24}$$

其中，$n=\frac{\tau}{T}$为整数，$a_1=\mathrm{e}^{-T/T_a}$，$b_1=K(1-\mathrm{e}^{-T/T_a})$

$G_\tau(z)$的结构如图 5.31 所示。

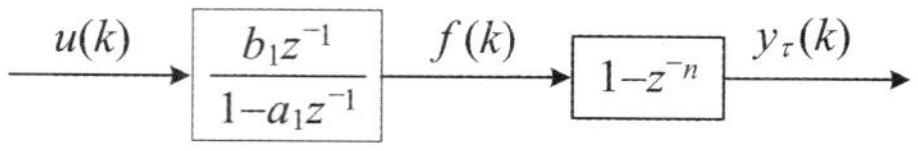

$$u(k) \rightarrow \boxed{\frac{b_1z^{-1}}{1-a_1z^{-1}}} \xrightarrow{f(k)} \boxed{1-z^{-n}} \rightarrow y_\tau(k)$$

图 5.31　一阶惯性系统补偿器 $G_\tau(z)$

其中，引入 $f(k)$是为了便于化为差分方程的形式。

设 $u(k)$，$f(k)$，$y_\tau(k)$的 z 变换分别为$U(z)$，$F(z)$和 $Y_\tau(z)$。

由

$$\frac{F(z)}{U(z)}=\frac{b_1z^{-1}}{1-a_1z^{-1}} \tag{5.4.25}$$

$$\frac{Y_\tau(z)}{F(z)}=1-z^{-n} \tag{5.4.26}$$

得到史密斯补偿器的差分方程：

$$f(k)=a_1f(k-1)+b_1u(k-1) \tag{5.4.27}$$

$$y_\tau(k)=f(k)-f(k-n) \tag{5.4.28}$$

2. 带纯时延的二阶惯性环节

$$G(s)=\frac{K\mathrm{e}^{-\tau s}}{(1+T_1s)(1+T_2s)} \tag{5.4.29}$$

其中，K 为对象增益，T_1、T_2 为对象时间常数。

史密斯补偿器的传递函数为

$$G_\tau(s)=H_0(s)G(s)(1-\mathrm{e}^{-\tau s})=\frac{K(1-\mathrm{e}^{Ts})(1-\mathrm{e}^{-\tau s})}{s(1+T_1s)(1+T_2s)} \tag{5.4.30}$$

离散化，得到补偿器的 z 传递函数

$$G_\tau(z)=Z\left[\frac{K(1-\mathrm{e}^{Ts})(1-\mathrm{e}^{-\tau s})}{s(1+T_1s)(1+T_2s)}\right]=(1-z^{-n})\cdot\left(\frac{b_1z^{-1}+b_2z^{-2}}{1-a_1z^{-1}-a_2z^{-2}}\right) \tag{5.4.31}$$

其中，

$$a_1=\mathrm{e}^{-T/T_1}+\mathrm{e}^{-T/T_2};$$

$$a_2=-\mathrm{e}^{-(T/T_1+T/T_2)};$$

$$b_1=\frac{K}{T_2-T_1}[T_1(\mathrm{e}^{-T/T_1}-1)-T_2(\mathrm{e}^{-T/T_2}-1)];$$

$$b_2=\frac{K}{T_2-T_1}[T_1\mathrm{e}^{-T/T_2}-T_2\mathrm{e}^{-T/T_1}+(T_2-T_1)\mathrm{e}^{-(T/T_1+T/T_2)}];$$

$$n=\frac{\tau}{T}。$$

如图 5.32 所示，补偿器的差分方程为

$$f(k)=a_1(k-1)+a_2f(k-2)+b_1u(k-1)+b_2u(k-2) \tag{5.4.32}$$

$$y_\tau(k)=f(k)-f(k-n) \tag{5.4.33}$$

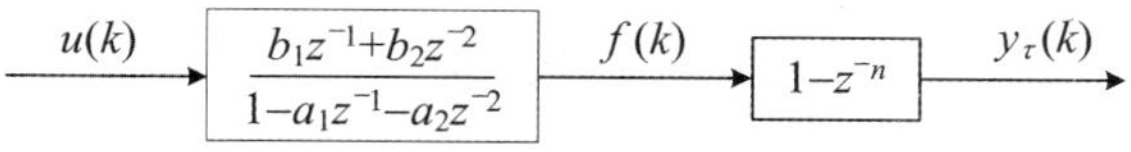

图 5.32　二阶惯性系统 $G_\tau(z)$补偿器

3. 被控对象特性

被控对象特性为

$$G(s) = \frac{K}{T_a s}e^{-\tau s} \tag{5.4.34}$$

其中，K，T_a 分别为被控对象的增益与时间常数。

斯密斯补偿器传递函数为

$$G_\tau(s) = H(s)G(s)(1-e^{-\tau s}) = \frac{K(1-e^{Ts})(1-e^{-\tau s})}{T_a s^2} \tag{5.4.35}$$

离散化，得

$$G_\tau(z) = Z\left[\frac{K(1-e^{Ts})(1-e^{-\tau s})}{T_a s^2}\right] = \frac{b_1 z^{-1}}{1-z^{-1}}(1-z^{-n}) \tag{5.4.36}$$

其中，$n=\frac{\tau}{T}$取整数，$b_1=\frac{kT}{T_a}$(图 5.33)。

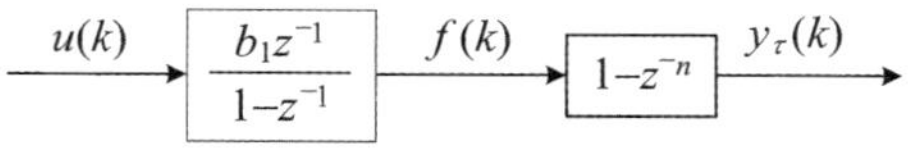

图 5.33　积分环节对象补偿器 $G_\tau(z)$

故有史密斯补偿器的差分方程形式：

$$f(k) = f(k-1) + b_1 u(k-1) \tag{5.4.37}$$

$$y_\tau(k) = f(k) - f(k-n) \tag{5.4.38}$$

5.4.2.3　计算机补偿控制算法

图 5.28 中所示的纯时延补偿控制器的具体算法一般分为以下几步：

① 计算系统偏差：

$$e(k) = r(k) - y(k) \tag{5.4.39}$$

② 按照前面推导的史密斯补偿器的差分方程，计算补偿器的输出 $y_\tau(k)$。

其中，为了计算 $y_\tau(k)$，需要前 $n=\frac{\tau}{T}$个采样周期的纯时延信号，因此需要开辟 n 个存储单元，保存 $f(k-n),\cdots,f(k)$。

③ 计算控制器输入：

$$e_c(k) = e(k) - y_\tau(k) \tag{5.4.40}$$

④ 计算控制器输出：

如果采用 PID 控制器，则输出 $u(k)$为

$$u(k) = K_p\left\{e_c(k) + \frac{T}{T_I}\sum_{i=0}^{k} e_c(i) + \frac{T_D}{T}[e_c(k) - e_c(k-1)]\right\} \tag{5.4.41}$$

K_p, T_I, T_D 分别为PID控制器参数。

⑤ 输出 $u(k)$，进入下一轮采样，返回至第①步。

习　题

5.1 试分别用基于脉冲响应法和基于变量代换法求下列连续控制器 $D(s)$ 的等效数字控制器 $D(z)$：

(1) $D(s)=\dfrac{s+1}{2.5s+1}$；

(2) $D(s)=\dfrac{0.5s+1}{s(s+1)}$；

(3) $D(s)=\dfrac{s+2}{s(s^2+s+1)}$；

(4) $D(s)=\dfrac{20}{5s+1}$；

(5) $D(s)=\dfrac{2}{s^2}$；

(6) $D(s)=\dfrac{s+1}{s^4}$。

5.2 简述PID参数 K_p、T_I、T_D 对系统的动态特性和稳态特性的影响。

5.3 写出扩充临界比例度法整定PID参数的步骤。

5.4 确定采样周期要考虑哪些因素？

5.5 设被控过程的传递函数为 $G(s)=\dfrac{20}{5s+1}e^{-6s}$，现要构成单位反馈计算机控制系统，采样周期为2 s，并要求闭环特性逼近于 $Z[G_h(s)W(s)]$，其中 $W(s)=\dfrac{1}{2.5s+1}e^{-6s}$，试设计大林数字控制器。

5.6 已知一单位反馈的连续控制系统如图P5.1所示，其中对象 $D(s)=\dfrac{0.5}{s^2}$，其技术指标是：过渡过程时间 $T_s=4$ s，超调量≤35%。要求把该系统变成具有同样响应特性的计算机控制系统，试给出设计与实现的全过程。

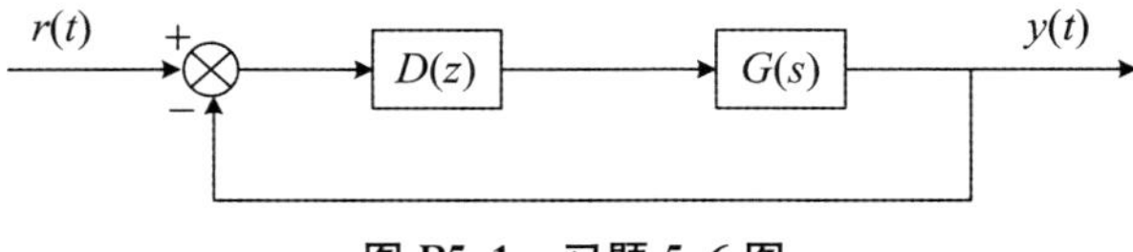

图 P5.1　习题 5.6 图

5.7 已知计算机控制系统的开环 z 传递函数为

$$G(z)=\frac{0.368z+0.264}{z^2-1.368z+0.368}$$

试用双线性变换作出其开环伯德图。

5.8　已知计算机控制系统的结构如图P5.2所示，已知 $G(s)=\dfrac{1}{(10s+1)(2s+1)}$，$D(z)$采用比例积分即PI控制器，试用扩充动态响应法确定PI控制器$D(z)$的比例系数K_p，积分时间T_I和采样周期T_s，并给出系统在单位阶跃响应下的输出$y(kT)$。

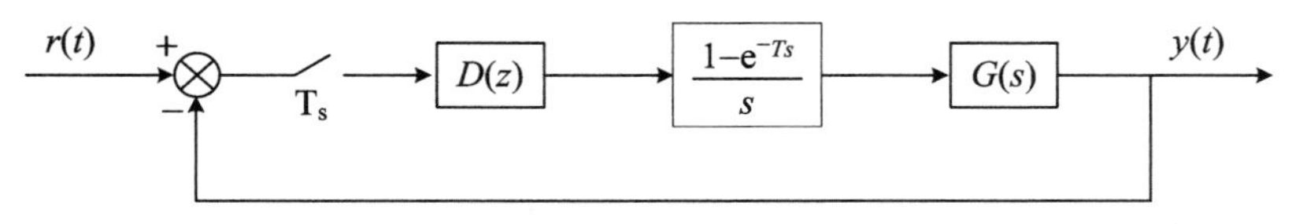

图P5.2　习题5.8图

5.9　什么是振铃？振铃是怎样引起的？如何消除振铃？

5.10　已知对象的传递函数为 $G(s)=\dfrac{10e^{-10s}}{1+5s}$，试求出纯滞后补偿控制算法，采样周期$T=1$ s。

第6章　计算机控制系统的离散化设计法

本章讨论数字控制器的第二类设计方法：离散化设计。这种方法以单输入、单输出系统的 z 传递函数为基础，根据控制指标的要求，直接设计出数字控制器。离散化设计的方法比模拟设计更精确，更具有一般意义，它是直接根据控制系统的特性，进行分析和综合，并导出相应的控制算法的。

本章首先讨论时间最优（最小拍有纹波、无纹波）控制系统的设计及一些改进和变形；然后讨论更一般化的极点配置设计以及关于随机干扰下的最小方差控制系统设计；最后介绍根轨迹设计法和频率响应设计法，强调离散域控制器设计的技术方法和工程设计要求。

6.1　离散化设计的基本步骤

考虑单位反馈计算机控制系统，如图6.1所示，其中 $D(z)$ 是待设计的数字控制器，$G_0(s)$ 是被控对象的连续传递函数，$H(s)$ 是零阶保持器，T 为采样周期。

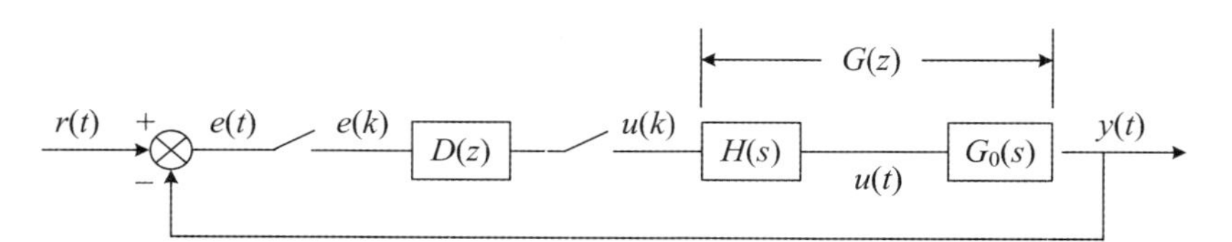

图6.1　单位反馈计算机控制系统

在图6.1中，广义对象的传递函数为

$$G(z) = Z[H(s)G_0(s)] = Z\left[\frac{1-\mathrm{e}^{-Ts}}{s}\cdot G_0(s)\right] \tag{6.1.1}$$

该系统的闭环脉冲传递函数为

$$\varphi(z) = \frac{D(z)G(z)}{1+D(z)G(z)} \tag{6.1.2}$$

由上式可求得

$$D(z) = \frac{1}{G(z)}\cdot\frac{\varphi(z)}{1-\varphi(z)} \tag{6.1.3}$$

若已知 $G_0(s)$ 并可根据控制指标要求构造 $\varphi(z)$，则可由式(6.1.1)和式(6.1.3)求得数字控制器 $D(z)$。

根据 $D(z)$，就可得到控制算法，设数字控制器 $D(z)$ 的一般形式为

$$D(z)=\frac{U(z)}{E(z)}=\frac{\sum_{i=0}^{m}b_iz^{-i}}{1+\sum_{i=1}^{n}a_iz^{-i}}\quad(n\geqslant m)\tag{6.1.4}$$

数字控制器输出为

$$U(z)=\sum_{i=0}^{m}b_iz^{-i}E(z)-\sum_{i=1}^{n}a_iz^{-i}U(z)\tag{6.1.5}$$

因此,数字控制器 $D(z)$的计算机控制算法为

$$U(k)=\sum_{i=0}^{m}b_ie(k-i)-\sum_{i=1}^{n}a_iu(k-i)\tag{6.1.6}$$

按照上式,就可编写控制算法程序。

综上所述,数字控制器的离散化设计步骤如下:

① 根据式(6.1.1)求广义对象传递函数 $G(z)$;

② 根据控制系统的性能指标要求和其他约束条件,确定期望的闭环脉冲传递函数$\varphi(z)$;

③ 根据式(6.1.3)求取数字控制器的脉冲传递函数 $D(z)$;

④ 根据式(6.1.6)编写控制算法程序。

6.2　最小拍控制系统的设计

最小拍控制系统的设计方法是一种较简单的离散化,它要求系统的输出对某种典型输入,在最少的采样周期(最小拍)内达到无静态误差的稳态。对于如图 6.1 所示的计算机控制系统,即要求

$$y(k)=r(k)\quad(k\geqslant k_{\min})$$

或

$$e(k)=0\quad(k\geqslant k_{\min})\tag{6.2.1}$$

6.2.1　最小拍控制系统设计准则

最小拍控制系统实质上是时间最优控制,系统的性能指标是调节时间最短。最小拍控制器 $D(z)$设计的基本步骤如 6.1 节所述,其中最关键的一步是根据系统性能指标要求和约束条件确定期望的闭环脉冲传递函数 $\varphi(z)$。在实际设计过程中,确定最小拍控制系统的 $\varphi(z)$,通常应遵循下列准则:

① 准确性,系统对典型输入的跟踪,必须无稳态误差;

② 物理可实现性,$D(z)$必须是物理可实现的;

③ 快速性,瞬态过程尽快结束,即调整时间为有限拍,且拍数最小;

④ 稳定性,闭环系统是稳定的。

其中，根据准确性要求的不同，最小拍控制可分为：最小拍有纹波控制和最小拍无纹波控制。最小拍有纹波控制系统仅要求在采样点无稳态误差，不能保证采样点之间的误差也为零，而最小拍无纹波系统不仅在采样点是无静态误差的，在稳态过程中采样点之间也是无误差的。下面将根据上述准则，讨论最小拍有纹波控制系统的设计。最小拍无纹控制系统的设计将在6.3节讨论。

6.2.2 最小拍有纹波系统 $\varphi(z)$ 的确定方法

6.2.2.1 准确性

根据准确性要求，系统对阶跃、速度、加速度等典型输入，在采样点上稳态误差为零。

研究如图6.1所示的典型的计算机控制系统，误差 $E(z)$ 的闭环脉冲传递函数为

$$\varphi_e(z) = \frac{E(z)}{R(z)} = \frac{R(z) - Y(z)}{R(z)} = 1 - \varphi(z) \tag{6.2.2}$$

于是误差 $E(z)$ 为

$$E(z) = R(z) \cdot \varphi_e(z) \tag{6.2.3}$$

考虑典型输入函数，例如：

单位阶跃输入：

$$R_1(z) = \frac{1}{1 - z^{-1}}$$

单位速度输入：

$$R_2(z) = \frac{Tz^{-1}}{(1 - z^{-1})^2}$$

单位加速度输入：

$$R_3(z) = \frac{T^2}{2} \cdot \frac{z^{-1}(1 + z^{-1})}{(1 - z^{-1})^2}$$

可得通式：

$$R(z) = \frac{B(z)}{(1 - z^{-1})^q} \tag{6.2.4}$$

其中，$B(z)$ 是不包含 $1 - z^{-1}$ 因子的关于 z^{-1} 的多项式，$q = 1,2,3$ 分别对应单位阶跃、单位速度和单位加速度输入。

根据 z 变换的终值定理，系统稳态误差为

$$\begin{aligned} e(\infty) &= \lim_{z\to 1}(1 - z^{-1})E(z) = \lim_{z\to 1}(1 - z^{-1})R(z)\varphi_e(z) \\ &= \lim_{z\to 1}(1 - z^{-1})\frac{B(z)}{(1 - z^{-1})^q}\varphi_e(z) \end{aligned} \tag{6.2.5}$$

由于 $B(z)$ 没有 $1 - z^{-1}$ 因子，因此要使 $e(\infty)$ 为零，则要求 $\varphi_e(z)$ 中至少包含 $(1 - z^{-1})^q$ 因子，于是取误差传递函数为

$$\varphi_e(z) = 1 - \varphi(z) = (1 - z^{-1})^p F_1(z) \tag{6.2.6}$$

其中，$p \geqslant q$，$F_1(z)$ 是关于 z^{-1} 的待定多项式。

另一方面，系统误差 $E(z)$ 为

$$E(z) = R(z)\varphi_e(z) = e(0) + e(T)z^{-1} + e(2T)z^{-2} + \cdots \tag{6.2.7}$$

要使误差尽快地为零，则上式的项数应最少，即 z^{-1} 的阶数尽量小。因此式(6.2.6)中，p 的选择为

$$p = q$$

综上所述，从准确性的要求来说，为使系统对式(6.2.4)的典型输入无稳态误差，$\varphi_e(z)$ 应满足

$$\varphi_e(z) = 1 - \varphi(z) = (1 - z^{-1})^q F_1(z) \tag{6.2.8}$$

其中，$F_1(z)$ 是关于 z^{-1} 的待定多项式。

6.2.2.2　物理可实现性

我们设计的数字控制器必须是物理可实现的，其具体要求如下：

① 数字控制器的脉冲传递函数 $D(z)$ 的分子多项式的阶数不能大于分母多项式的阶数，最多是等于分母多项式的阶数。因为，如果分子多项式阶数高于分母多项式的阶数，那么控制器产生当前时刻的输出必须要求将来时刻的输入是已知的，而这是不可能的。

② 如果被控对象的传递函数 $G_0(s)$ 中包含有纯滞后环节 $e^{-\tau s}$，则所设计的闭环控制系统中必须包含有纯滞后环节，且滞后时间至少要等于被控对象的滞后时间，否则，系统的响应超前于被控对象的输入，而这实际上是实现不了的。

③ 如果将 $G(z)$ 展开为 z^{-1} 的级数，$\varphi(z)$ 按 z^{-1} 的级数展开式中的次数最低项的阶数至少要与 $G(z)$ 的展开式中 z^{-1} 的最低阶数一样。例如，$G(z)$ 按 z^{-1} 的展开式中从 z^{-1} 项开始，则 $\varphi(z)$ 的展开式中的 z^0 项系数必为零。这就意味着，当采用有限幅度的控制信号时，受控对象不能在瞬时响应。如果 $G(z)$ 的展开式是从 z^{-1} 项开始的，则响应至少延迟一个采样周期。

一般来说，广义对象的脉冲传递函数可以表示为

$$G(z) = Z\left[\frac{(1 - e^{-\tau s})}{s}G_0(s)\right] = Kz^{-d} \cdot \frac{M(z)}{N(z)} = Kz^{-d} \cdot \frac{\prod_{i=1}^{m}(1 - z_i z^{-1})}{\prod_{i=1}^{n}(1 - p_i z^{-1})} \tag{6.2.9}$$

其中，z_i，p_i 分别为 $G(z)$ 的零极点，$d \geqslant 0$，于是，由式(6.1.3)可得

$$D(z) = \frac{z^d N(z)}{KM(z)} \cdot \frac{\varphi(z)}{\varphi_e(z)} \tag{6.2.10}$$

根据前面提出的条件①～③，如果广义对象的传递函数中含有 z^{-d} 因子，由式(6.2.10)可知，必须使 $\varphi(z)$ 的分子中包含 z^{-d} 因子，以抵消 $D(z)$ 中的 z^{-d} 因子，从而保证 $D(z)$ 的物理可实现性。这意味着，闭环时延不应小于对象的时延。用公式表示，应有

$$\varphi(z) = z^{-d}F(z) \tag{6.2.11}$$

其中，$F(z)$ 是关于 z^{-1} 的待定多项式。

6.2.2.3　快速性

要使系统的瞬态过程为有限拍，且拍数最小，则闭环脉冲传递函数 $\varphi(z)$ 是关于 z^{-1} 的

有限项式，且 z^{-1} 阶次最小。

从前面的结果，根据式(6.2.8)和式(6.2.11)，有关系

$$\varphi(z) = 1 - \varphi_e(z) = 1 - (1 - z^{-1})^q F_1(z) = z^{-d} F(z) \tag{6.2.12}$$

为满足上式的关系，且使 $\varphi(z)$ 中 z^{-1} 阶次最小，应有

① $F_1(z)$ 首项为 1，且 $\deg F_1(z) = d - 1$； (6.2.13)

② $F(z)$ 首项为常数，且 $\deg F(z) = q - 1$。 (6.2.14)

其中，$\deg F_1(z)$、$\deg F(z)$ 表示 $F_1(z)$ 和 $F(z)$ 中 z^{-1} 的阶次。于是

$$\varphi(z) = z^{-d}(f_0 + f_1 z^{-1} + \cdots + f_{q-1} z^{-(q-1)}) \tag{6.2.15}$$

$F(z)$ 各项系数 $f_0 \sim f_{q-1}$ 可由下列 q 个方程确定：

$$\begin{cases} \varphi(1) = 1 \\ \left(\dfrac{\mathrm{d}}{\mathrm{d}z}\right)^i \varphi(z)\Big|_{z=1} = 0 \qquad (i = 1,2,\cdots,q-1) \end{cases} \tag{6.2.16}$$

特别的，当 $d = 1$ 时

$$\deg F_1(z) = d - 1 = 0$$

故 $F_1(z) = 1$，由式(6.2.8)，得

$$\varphi_e(z) = (1 - z^{-1})^q F_1(z) = (1 - z^{-1})^q \tag{6.2.17}$$

所以

$$\varphi_e(z) = 1 - \varphi_e(z) = 1 - (1 - z^{-1})^q \tag{6.2.18}$$

6.2.2.4 稳定性

在前面讨论的设计过程中，没有考虑 $G(z)$ 在 z 平面上的零、极点分布。事实上，只有当 $G(z)$ 的零、极点都分布在 z 平面的单位圆内时，式(6.2.13)～式(6.2.18)才是正确的。如果 $G(z)$ 中含有 z 平面单位圆外或圆上的零、极点时，考虑到闭环系统稳定性要求，则对 $\varphi(z)$ 还要附加一个约束条件。由式(6.1.2)

$$\varphi(z) = \frac{D(z)G(z)}{1 + D(z)G(z)}$$

可看出，$D(z)$ 和 $G(z)$ 是成对出现的，但却不允许通过 $D(z)$ 的极、零点去抵消 $G(z)$ 的不稳定零、极点。这是因为，简单的利用 $D(z)$ 和 $G(z)$ 的零、极点对消，虽然从理论上可以得到一个稳定的闭环系统，但是这种稳定是建立在零、极点完全对消的基础上的。当系统的参数产生漂移或辨识的参数有误差时，这种零、极点对消不可能准确实现，从而将导致闭环系统的不稳定。为了解决这个问题，下面将讨论一种“避免发生抵消”的方法。

设广义对象为

$$G(z) = Kz^{-d} \frac{M^-(z)M^+(z)}{N^-(z)N^+(z)} = Kz^{-d} \frac{M^-M^+}{N^-N^+} \tag{6.2.19}$$

其中，M^-、N^- 分别由单位圆外或圆上的零、极点因子组成(或其他待处理的因子)，阶次分别记为 m^- 和 n^-，K 是当 $G(z)$ 因子都以 $1 - z_i z^{-1}$ 标准形式表示后的增益常数。由式(6.1.3)可得

$$D(z) = \frac{N^-N^+}{Kz^{-d}M^-M^+} \cdot \frac{\varphi(z)}{\varphi_e(z)} = \frac{N^-N^+}{Kz^{-d}M^-M^+} \cdot \frac{z^{-d}F(z)}{(1 - z^{-1})^q F_1(z)} \tag{6.2.20}$$

为了解决 $D(z)$ 在与实际对象中的 M^- 和 N^- 的不精确抵消，我们可采取措施避免发生抵消，即在设计 $D(z)$ 时，先使 M^- 和 N^- 在 $D(z)$ 中消去。由式(6.2.20)知，为使 M^- 不出现在 $D(z)$ 中，只能在确定 $F(z)$ 时，使它包含 M^- 因子，而 N^- 则包含于 $F_1(z)$ 中，即

$$\begin{cases} F(z) = M^- \cdot F'(z) \\ F_1(z) = N^- \cdot F'_1(z) \end{cases} \tag{6.2.21}$$

其中，$F'(z)$ 与 $F_1'(z)$ 待定。

于是，根据式(6.2.8)、式(6.2.11)和式(6.2.21)，由稳定性要求，对 $\varphi(z)$ 的附加条件如下：

① $\varphi(z)$ 的零点中，必须包含 $G(z)$ 的所有不稳定零点，即

$$\varphi(z) = z^{-d}M^-\ F'(z) \tag{6.2.22}$$

② $\varphi_e(z)$ 的零点中，必须包含 $G(z)$ 的不稳定极点，即

$$\varphi_e(z) = (1 - z^{-1})^q N^-\ F'_1(z) \tag{6.2.23}$$

实际上，若 $G(z)$ 有 j 个极点在单位圆上，在 $z=1$ 处由式(6.2.5)可知 $\varphi_e(z)$ 的选择方法应对式(6.2.23)进行修改，此时，设

$$N^- = (1 - z^{-1})^j N_0^- \qquad (j \geqslant 0) \tag{6.2.24}$$

其中，N_0^- 由除去等于 1 的其他不稳定极点的因子组成，其阶次记为 n_0^-，$\varphi_e(z)$ 确定方法如下：

a. 若 $j \leqslant q$，则

$$\varphi_e(z) = (1 - z^{-1})^q N_0^- F'_1(z) \tag{6.2.25}$$

b. 若 $j > q$，则

$$\varphi_e(z) = (1 - z^{-1})^j N_0^- F'_1(z) \tag{6.2.26}$$

③ $F'(z)$ 与 $F_1'(z)$ 的选取方法如下：

a. 若 $G(z)$ 中有 j 个等于 1 的极点，且 $j \leqslant q$，此时，由前面的式(6.2.22)和(6.2.25)可知有关系

$$\varphi(z) = 1 - \varphi_e(z) = 1 - (1 - z^{-1})^q N_0^- F'_1(z) = z^{-d}M^- F'(z) \tag{6.2.27}$$

为满足上式关系，结合"快速性"要求，使 $\varphi(z)$ 的 z^{-1} 阶次最小，应有

$$F'_1(z)\ \text{首项为}\ 1\text{，且}\ \deg F'_1(z) = d + m^- - 1; \tag{6.2.28}$$

$$F'(z)\ \text{首项为常数，且}\ \deg F'(z) = q + n_0^- - 1 = q + n^- - j - 1; \tag{6.2.29}$$

其中，m^- 和 n^- 为不稳定零、极点数，n_0^- 为除去 1 的不稳定极点数。所以

$$\varphi(z) = z^{-d}M^- F'(z) = z^{-d}M^- \left[f'_0 + f'_1 z^{-1} + \cdots + f_{q+n_0^- -1} z^{-(q+n_0^- -1)}\right] \tag{6.2.30}$$

$F'(z)$ 的各项系数 $f_i'(i = 0, \cdots, q + n_0^- - 1)$ 由下列 $q + n_0^- - 1$ 个方程确定：

$$\begin{cases} \varphi(1) = z^{-d}M^- F'(z)\big|_{z=1} = 1 \\ \left(\dfrac{\mathrm{d}}{\mathrm{d}z}\right)^i \varphi(z)\Big|_{z=1} = 0 \qquad (i = 1, 2, \cdots, q - 1) \\ \varphi(z)\big|_{z=p_i^-} = 1 \qquad (p_i^-\ \text{为}\ N_0^-\ \text{的零点}) \end{cases} \tag{6.2.31}$$

b. 若 $G(z)$ 中有 j 个等于 1 的极点，且 $j > q$，同理可得：

$F_1'(z)$ 首项为 1，且 $\deg F_1'(z) = d + m^- - 1$；　(6.2.32)

$F'(z)$ 首项为常数，且 $\deg F'(z) = j + n_0^- - 1 = n^- - 1$；　(6.2.33)

$F'(z)$的各项系数 $f'_i(i=0,\cdots,j+n_0^- -1)$由下列方程确定：

$$\varphi(z) = z^{-d}M^- \left[f'_0 + f'_1 z^{-1} + \cdots + f_{j+n_0^- -1} z^{-(j+n_0^- -1)}\right] \tag{6.2.34}$$

$$\begin{cases} \varphi(1) = z^{-d}M^- F'(z) \big|_{z=1} = 1 \\ \left(\dfrac{\mathrm{d}}{\mathrm{d}z}\right)^i \varphi(z) \Big|_{z=1} = 0 \quad (i = 1,2,\cdots,j-1) \\ \varphi(z) \big|_{z=p_i^-} = 1 \quad (p_i^- \text{ 为 } N_0^- \text{ 的零点}) \end{cases} \tag{6.2.35}$$

至此，满足准确、可实现、快速、稳定的 $\varphi(z)$已经确定了，从而可求得最小拍有纹波控制器为

$$D(z) = \frac{1}{G(z)} \cdot \frac{\varphi(z)}{1-\varphi(z)} = \begin{cases} \dfrac{N^+ F'(z)}{K(1-z^{-1})^{q-j} M^+ F'_1(z)} & (j \leqslant q) \\ \dfrac{N^+ F'(z)}{K \cdot M^+ \cdot F'_1(z)} & (j > q) \end{cases} \tag{6.2.36}$$

6.2.2.5 设计小结

现在我们小结一下最小拍有纹波系统的设计过程。

① 求广义对象的传递函数，并化成式(6.2.18)的形式，即

$$G(z) = Z\left[\left(\frac{1-\mathrm{e}^{-Ts}}{s}\right) G_0(s)\right] = Kz^{-d} \frac{M^+ M^-}{N^+ N^-}$$

并分析 N^-，化为式(6.2.23)，即 $N^- = (1-z^{-1})^j N_0^-$。

② 按式(6.2.22)选择 $\varphi(z)$，即

$$\varphi(z) = z^{-d} M^- F'(z)$$

③ 按式(6.2.25)或式(6.2.26)选择 $\varphi_e(z)$，即

$$\varphi_e(z) = \begin{cases} (1-z^{-1})^q N_0^- F'_1(z) & (j \leqslant q) \\ (1-z^{-1})^j N_0^- F'_1(z) & (j > q) \end{cases} \tag{6.2.37}$$

④ $F'(z)$和 $F'_1(z)$的阶数及形式按式(6.2.28)、式(6.2.29)或式(6.2.32)、式(6.2.33)确定，$F'(z)$的各项系数按方程组(6.2.31)或方程组(6.2.35)求取。

⑤ 按式(6.2.36)求取 $D(z)$。

例 6.2.1 已知被控对象传递函数 $G_0(s) = \dfrac{10}{s(1+0.1s)}$，试设计一单位负反馈的最小拍有纹波控制系统，输入为单位速度函数，采样周期 T 为 0.1 s，采用零阶保持器，求数字控制器并画出其输出波形。

解 广义对象的 z 传递函数

$$\begin{aligned} G(z) &= Z\left[\frac{(1-\mathrm{e}^{-Ts})}{s} \cdot G_0(s)\right] = Z\left[\frac{(1-\mathrm{e}^{-Ts})}{s} \cdot \frac{10}{s(1+0.1s)}\right] \\ &= (1-z^{-1}) Z\left[\frac{100}{s^2(s+10)}\right] \\ &= (1-z^{-1})\left[\frac{10Tz^{-1}}{(1-z^{-1})^2} - \frac{1}{1-z^{-1}} + \frac{1}{1-\mathrm{e}^{-10T}z^{-1}}\right] \\ &= \frac{0.368z^{-1}(1+0.718z^{-1})}{(1-z^{-1})(1-0.368z^{-1})} \end{aligned}$$

故 $d=1, M^-=1, N^-=1-z^{-1}, N_0^-=1, j=1$ 时：

单位速度输入，$q=2>j$；

由式(6.2.21)选择 $\varphi(z)=z^{-1}F'(z)$；

由式(6.2.24)，$\varphi_e(z)=(1-z^{-1})F_1'(z)$；

由于 $\deg F_1'(z)=d+m^- -1=1+0-1=0$，且 $F_1'(z)$ 首项为1，所以 $F_1'(z)=1$，于是

$$\varphi_e(z) = (1-z^{-1})^2$$

$$\varphi(z) = 1-\varphi_e(z) = 2z^{-1}-z^{-2}$$

则数字控制器为

$$D(z) = \frac{1}{G(z)} \cdot \frac{\varphi(z)}{\varphi_e(z)} = \frac{5.435(1-0.5z^{-1})(1-0.368z^{-1})}{(1-z^{-1})(1+0.717z^{-1})}$$

进一步求得

$$E(z) = \varphi_e(z)R(z) = (1-z^{-1})^2 \frac{Tz^{-1}}{(1-z^{-1})^2} = 0.1z^{-1}$$

数字控制器的输出

$$U(z)= E(z)D(z) = \frac{0.5435z^{-1}(1-0.5z^{-1})(1-0.368z^{-1})}{(1-z^{-1})(1+0.717z^{-1})}$$

$$= 0.54z^{-1}-0.32z^{-2}+0.40z^{-3}-0.12z^{-4}+0.25z^{-5}$$

由此，可画出波形如图6.2所示。

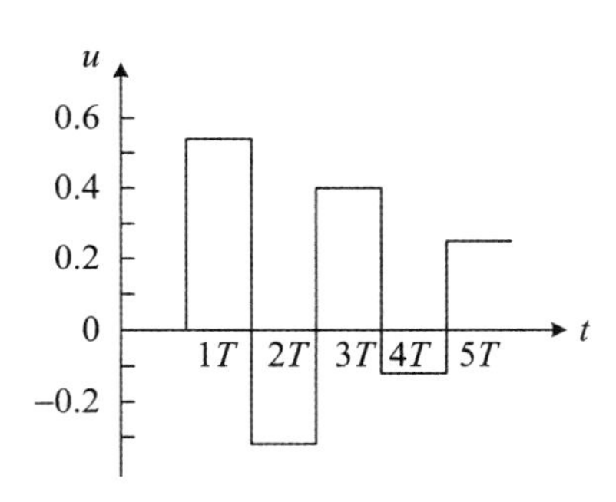

图6.2　控制器输出波形

例6.2.2　在图6.1所示的系统中，设 $G_0(s)=\dfrac{100}{s(s+2)^2}$，已知采样周期 T 为0.5 s，试针对单位速度输入设计最小拍有纹波控制器，并求计算机控制算法。

解　广义对象 z 传递函数

$$G(z)= Z\left[\frac{1-e^{-Ts}}{s} \cdot \frac{100}{s(s+2)^2}\right] = 100(1-z^{-1})Z\left[\frac{1}{s^2(s+2)^2}\right]$$

$$= 12.5(1-z^{-1})\left[\frac{(2T+2)z-2z^2}{(z-1)^2} + \frac{2z}{z-e^{-2T}} + \frac{2Te^{-2T} \cdot z}{(z-e^{-2T})^2}\right]$$

$$= \frac{1.25z^{-1}(1+2.34z^{-1})(1+0.16z^{-1})}{(1-z^{-1})(1-0.368z^{-1})^2}$$

故 $d=1, M^-=1+2.34z^{-1}, N^-=1-z^{-1}, N_0^-=1, m^-=1, n^-=1, n_0^-=0, j=1$ 单位速度输入，$q=2>j$，于是，由式(6.2.21)、式(6.2.24)有

$$\varphi(z) = z^{-1}(1+2.34z^{-1})F'(z)$$
$$\varphi_e(z) = (1-z^{-1})^2 F'_1(z)$$

其中

$$\deg F'(z) = q + n_0^- - 1 = 1$$
$$\deg F'_1(z) = d + m^- - 1 = 1$$

故

$$\varphi(z) = z^{-1}(1+2.34z^{-1})(f'_0 + f'_1 z^{-1})$$

式中 f'_0, f'_1 由下面方程组确定：

$$\begin{cases} \varphi(1) = 3.34(f'_0 + f'_1) = 1 \\ \varphi'(1) = \dfrac{\mathrm{d}}{\mathrm{d}z}\varphi(z)\Big|_{z=1} = \dfrac{\mathrm{d}}{\mathrm{d}z^{-1}}\varphi(z)\left(-\dfrac{1}{z^2}\right)\Big|_{z=1} \\ \qquad = -[3.34(f'_0 + f'_1) + 2.34(f'_0 + f'_1) + 3.34f'_1] = 0 \end{cases}$$

解之，得

$$\begin{cases} f'_0 = 0.81 \\ f'_1 = -0.51 \end{cases}$$

所以

$$\varphi(z) = z^{-1}(1+2.34z^{-1})(0.81-0.51z^{-1})$$

又因为

$$\varphi_e(z) = (1-z^{-1})^2(1+f'_{11}z^{-1}) = 1-\varphi(z) = 1-z^{-1}(1+2.34z^{-1})(0.81-0.51z^{-1})$$

可得

$$f'_{11} = 1.19$$

故

$$\varphi_e(z) = (1-z^{-1})^2(1+1.19z^{-1})$$

于是，数字控制器为

$$D(z) = \frac{1}{G(z)} \cdot \frac{\varphi(z)}{\varphi_e(z)} = \frac{(1-0.368z^{-1})^2(0.81-0.51z^{-1})}{1.25(1+0.16z^{-1})(1+1.19z^{-1})(1-z^{-1})}$$
$$= \frac{0.648-0.885z^{-1}+0.388z^{-2}-0.055z^{-3}}{1+0.35z^{-1}-1.159z^{-2}-0.193z^{-3}}$$

同时

$$D(z) = \frac{U(z)}{E(z)}$$

由式(6.1.5)可得

$$U(z) = (0.648-0.885z^{-1}+0.388z^{-2}-0.055z^{-3})E(z)$$
$$-(0.35z^{-1}-1.159z^{-2}-0.193z^{-3})U(z)$$

因此，数字控制器的计算机控制算法为

$$u(k) = 0.648e(k)-0.885e(k-1)+0.388e(k-2)-0.055e(k-3)$$
$$-0.35u(k-1)+1.159u(k-2)+0.193u(k-3)$$

6.2.3　最小拍有纹波系统响应特性

6.2.3.1　调整时间

最小拍有纹波控制系统，按其定义，即闭环系统在最少的采样周期内在采样点处达到无静态误差的稳态。其实质是调整时间最短，即最小拍。最小拍的“拍数”取决于闭环脉冲传递函数 $\varphi(z)$。

对于形如式(6.2.18)的广义对象，最小拍有纹波系统的闭环传递函数为

$$\varphi(z) = z^{-d}M^{-}F'(z)$$

其中

$$\deg F'(z) = \begin{cases} q + n_0^- - 1 & (j \leqslant q) \\ j + n_0^- - 1 & (j > q) \end{cases}$$

于是，$\varphi(z)$的阶数为

$$\deg\varphi(z) = \begin{cases} d + q + m^- + n_0^- - 1 & (j \leqslant q) \\ d + j + m^- + n_0^- - 1 & (j > q) \end{cases} \tag{6.2.38}$$

故 $\varphi(z)$具有以下形式

$$\varphi(z) = \varphi_d z^{-d} + \varphi_{d+1} z^{-(d+1)} + \cdots + \varphi_N z^{-N} \tag{6.2.39}$$

其中

$$N = \deg\varphi(z)$$

这一形式表明系统的脉冲响应在 N 个采样周期后变为零，从而意味着系统在 N 拍内达到稳态即调整时间

$$t_s = NT = [d + \max(q, j) + m^- + n_0^- - 1]T$$

由上式可知：

① d 反映了广义对象$G(z)$的瞬态滞后，滞后越多，则系统调整时间越长。

② q 反映了所针对设计的典型输入函数的阶次。当 $G(z)$确定时，调整时间仅取决于 q，q 越高，则瞬态响应的调整时间越长。

③ $G(z)$在 z 平面单位圆外或圆上的m^-个零点和 n_0^- 个极点（$z = 1$ 除外）的存在，增加了调整时间，增加的拍数是 $m^- + n_0^-$。

④ 调整时间与采样周期 T 有密切的关系。当 T 越小时，调整时间应该越短。当 $T \to 0$ 时，调整时间无限的小。在实际中，这是不可能的。因为控制信号的能量是有限的，不可能是无限加大的，使系统在一瞬间从一种状态进入另一种状态。而且，当采样周期 T 太小时，系统便进入非线性区，而最小拍的设计是在线性条件下进行的，这时最小拍设计就失去意义了。

对于例 6.2.1 和例 6.2.2 的最小拍系统，在采样点上的调整时间分别为

$$t_s = 2T = 2 \times 0.1 = 0.2\,(\mathrm{s})$$

及

$$t_s = 3T = 3 \times 0.5 = 1.5\,(\mathrm{s})$$

6.2.3.2 对典型输入的适应性

最小拍有纹波控制系统的设计是针对某一典型输入的,但对于其他典型输入不一定为最小拍甚至会引起较大的超调和稳态误差。

我们研究例 6.2.1 针对单位速度输入设计的最小拍有纹波系统对各典型输入的响应。该系统闭环传递函数为

$$\varphi(z) = 2z^{-1} - z^{-2}$$

单位阶跃输入时

$$R(z) = \frac{1}{1 - z^{-1}}$$

输出

$$Y(z) = R(z)\varphi(z) = \frac{2z^{-1} - z^{-2}}{1 - z^{-1}} = 2z^{-1} + z^{-2} + z^{-3} + \cdots \tag{6.2.40}$$

单位速度输入时

$$R(z) = \frac{Tz^{-1}}{(1 - z^{-1})^2}$$

输出

$$Y(z) = \frac{Tz^{-1}}{(1 - z^{-1})^2}(2z^{-1} - z^{-2}) = 2Tz^{-2} + 3Tz^{-3} + 4Tz^{-4} + \cdots \tag{6.2.41}$$

单位加速度输入时

$$R(z) = \frac{T^2 z^{-1}(1 + z^{-1})}{2(1 - z^{-1})^3}$$

输出

$$\begin{aligned} Y(z) &= \frac{T^2 z^{-1}(1 + z^{-1})}{2(1 - z^{-1})^3}(2z^{-1} - z^{-2}) \\ &= T^2 z^{-2} + 3.5T^2 z^{-3} + 7T^2 z^{-4} + 11.5T^2 z^{-5} + \cdots \end{aligned} \tag{6.2.42}$$

对于上述三种情况,进行 z 反变换得到输出序列,如图 6.3 所示。从图中可见,阶跃输入时超调严重(达 100%),但可在两拍后跟踪输入;加速度输入时,有稳态误差 T^2。

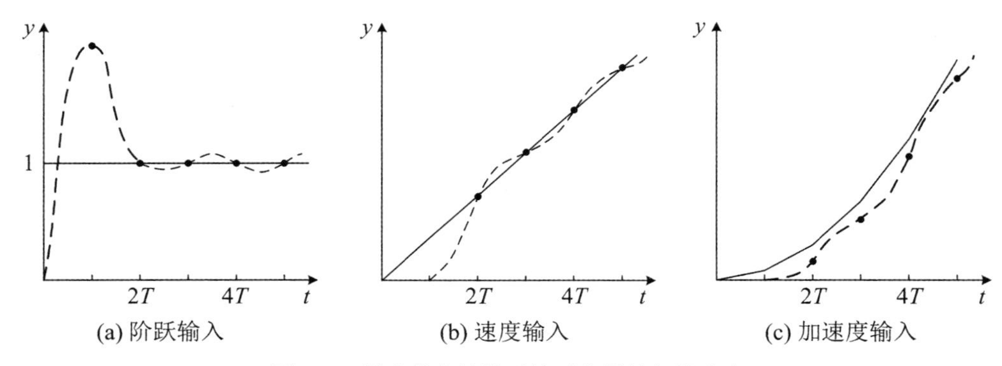

图 6.3 最小拍有纹波系统对典型输入的响应

一般来说,针对某一种典型输入函数 $R(z)$设计,得到的系统闭环传递函数 $\varphi(z)$,用阶

次较低的输入函数激励时，系统将产生较大超调，响应调整时间也会增加，但稳态误差为零。反之，当用阶次较高的输入函数激励时，输出将不能完全跟踪输入，产生稳态误差。由此可见，最小拍有纹波控制系统只能适应某一种特定输入，而不能适应于所有输入。

6.2.3.3　采样点间纹波

按最小拍有纹波控制系统设计的控制器只保证了在最少的几个采样周期后系统的响应在采样点无静态误差，而不能保证任意两个采样点之间的稳态误差为零。系统输出信号 $y(t)$ 有纹波存在，纹波在采样点上观测不到，要用修正 z 变换才能计算得出两个采样点之间的输出值。

纹波的产生原因在于，反馈系统只有在采样点上才有反馈，而在采样点间是开环运行的。数字控制器的输出序列 $u(k)$ 总是不断变化的，例如例 6.2.1 中 $u(k)$ 的波形是振荡收敛的，从而使被控对象总是处于不断被激发的过渡状态之中，点间的波动不会消失。因此只有使 $u(k)$ 以最少的周期达到恒定值（或为零），才可能使点间不波动，这一点我们将在后面的“无纹波”设计中详细讨论。纹波现象不仅造成非采样时刻有误差，而且浪费执行机构的功率，造成机械磨损，应设法消除。

综上所述，最小拍有纹波控制系统在稳定性、准确性、快速性等方面都优于同类的连续控制系统，且数字控制器 $D(z)$ 在工程实现上简单易行。其缺点主要是：

① 对各种典型输入函数的适应性差；

② 在稳态过程中采样点间有纹波。

对于前一个缺点，我们将在 6.4 节中讨论，而 6.3 节中研究的最小拍无纹波控制系统可克服后一个缺点。

6.3　最小拍无纹波控制系统的设计

最小拍无纹波控制系统是系统在典型输入的作用下，经过尽可能少的采样周期，达到无静态误差的稳态，并且在采样点之间没有纹波。最小拍无纹波系统不仅具有准确、快速、稳定的特点，而且可以消除纹波对系统工作的不利影响，是比有纹波更有实用价值的一种离散化设计。

6.3.1　最小拍无纹波控制系统的必要条件

为了使系统在稳态过程中的输出信号在采样点间不出现纹波，必须满足：

① 对阶跃输入，当 $t \geqslant NT$ 时，有 $y(t)=$ 常数；

② 对速度输入，当 $t \geqslant NT$ 时，有 $\dot{y}(t)=$ 常数；

③ 对加速度输入，当 $t \geqslant NT$ 时，有 $\ddot{y}(t)=$ 常数。

这样，被控对象 $G_0(s)$ 必须有能力给出与系统输入相同的、平滑的输出 $y(t)$。例如，我们针对速度输入函数进行设计，那么稳态过程中 $G_0(s)$的输出也必须是速度函数。为了产生这样的速度输出函数，$G_0(s)$中必须至少有一个积分环节，使得控制信号 $u(k)$为常值(包括零)时，$G_0(s)$的稳态输出是所要求的速度函数。同理，若针对加速度输入函数设计最小拍无纹波控制系统，则 $G_0(s)$中必须至少有两个积分环节。

一般的说，如果针对形如式(6.2.4)的典型输入函数设计无纹波控制系统，则 $G_0(s)$中必须至少有 $q-1$ 个积分环节。

因此，设计最小拍无纹波控制系统时，$G_0(s)$中必须包含足够的积分环节，以保证 $u(t)$ 为常数时，$G_0(s)$的稳态输出完全跟踪输入，且无纹波。

6.3.2 最小拍无纹波控制系统 $\varphi(z)$的确定方法

6.3.2.1 确定无纹波控制系统 $\varphi(z)$的附加条件

要使系统的稳态输出无纹波，则要求稳态时的控制信号 $u(k)$为常数或零。控制信号 $u(k)$的 z 变换为

$$U(z) = \sum_{k=0}^{\infty} u(k)z^{-k} = u(0) + u(1)z^{-1} + \cdots + u(l)z^{-l} + u(l+1)z^{-(l+1)} + \cdots \tag{6.3.1}$$

如果系统经过 l 个采样周期到达稳态，无纹波控制系统要求 $u(l)=u(l+1)=u(l+2)=\cdots=$ 常数或零。

对于广义对象

$$G(z) = Kz^{-d}\frac{M(z)}{N(z)} \tag{6.3.2}$$

数字控制器的输出

$$U(z) = \frac{Y(z)}{G(z)} = \frac{\varphi(z)R(z)}{G(z)} \tag{6.3.3}$$

于是

$$U(z) = \frac{\varphi(z)}{Kz^{-d}M(z)}N(z)R(z) = \varphi_u(z)R(z) \tag{6.3.4}$$

其中

$$\varphi_u(z) = \frac{\varphi(z)}{Kz^{-d}M(z)}N(z) \tag{6.3.5}$$

要使控制信号 $u(k)$在稳态过程中为常数或零，则 $\varphi_u(z)$只能是关于 z^{-1}的有限多项式。因此式(6.3.5)中的 $\varphi(z)$必须包含 $G(z)$的分子多项式 $M(z)$即 $\varphi(z)$必须包含 $G(z)$的所有零点。这样，原来最小拍有纹波控制系统设计时确定 $\varphi(z)$的公式(6.2.22)应修改为

$$\varphi(z) = z^{-d}M(z)F'(z) \tag{6.3.6}$$

6.3.2.2 设计小结

现在我们小结一下最小拍无纹波控制系统的闭环脉冲传递函数 $\varphi(z)$的确定方法。

确定 $\varphi(z)$必须满足下列要求：

① 无纹波的必要条件是被控对象 $G_0(s)$中含有足够的积分环节；

② 对于最小拍有纹波系统的准确性、可实现性、快速性和稳定性要求全部适用；

③ 无纹波的附加条件是 $\varphi(z)$中包含 $G(z)$的所有零点。

于是，确定最小拍无纹波控制系统 $\varphi(z)$的步骤如下：

① 检验 $G_0(s)$中是否含有足够的积分环节；

② 按式(6.3.6)选择 $\varphi(z)$；

③ 按式(6.2.25)或(6.2.26)选择 $\varphi_e(z)$；

④ $F_1'(z)$和 $F'(z)$按以下方法选取：

$F_1'(z)$的首项为1，且 $\deg F_1'(z)=d+m-1$；

$F'(z)$的首项为常数，且

$$\deg F'(z)=\begin{cases}q+n_0^- -1 & (j\leqslant q)\\ j+n_0^- -1 & (j>q)\end{cases}$$

其中，m 为 $M(z)$所有零点数。

于是，最小拍无纹波系统的 $\varphi(z)$为

$$\varphi(z)=z^{-d}M(z)(f'_0+f'_1z^{-1}+\cdots+f'_{p+n_0^- -1}z^{-(p+n_0^- -1)})$$

$F'(z)$的各项系数 $f_0'\sim f'_{p+n_0^- -1}$由下面的方程确定：

$$\begin{cases}\varphi(1)=1\\ \left(\dfrac{\mathrm{d}}{\mathrm{d}z}\right)^i\varphi(z)\Big|_{z=1}=0 & (i=1,2,\cdots p)\\ \varphi(z)\,|_{z=P_i^-}=1 & (P_i^-\text{ 为}N_0^-\text{ 的零点})\end{cases}$$

其中

$$p=\max(q,j)$$

例 6.3.1 对例 6.2.1 系统，设计最小拍无纹波控制系统。

解 被控对象的传递函数 $G_0(s)=\dfrac{10}{s(1+0.1s)}$有一个积分环节，它有能力产生平滑地等速输出响应，因而可以设计无纹波控制系统。

由例 6.2.1 知，广义对象为

$$G(z)=\frac{0.368z^{-1}(1+0.718z^{-1})}{(1-z^{-1})(1-0.368z^{-1})}$$

故 $d=1$，$M(z)=1+0.718z^{-1}$，$N^-=1-z^{-1}$，$N_0^-=1$，$j=1<q$，$m=1$。

按式(6.3.6)选择

$$\varphi(z)=z^{-1}(1+0.718z^{-1})F'(z)$$

按式(6.2.25)选择

$$\varphi_e(z)=(1-z^{-1})^2F'_1(z)$$

其中

$$\deg F'_1(z)=d+m-1=1$$

$$\deg F'(z)=q+n_0^- -1=1$$

于是

$$\varphi(z) = z^{-1}(1 + 0.718z^{-1})(f'_0 + f'_1 z^{-1})$$

式中，f'_0、f'_1由下面方程组确定：

$$\begin{cases} \varphi(1) = 1.718(f'_0 + f'_1) = 1 \\ \varphi'(1) = \dfrac{\mathrm{d}}{\mathrm{d}z^{-1}}\varphi(z)\left(-\dfrac{1}{z^2}\right)\bigg|_{z=1} = -[1.718(f'_0 + f'_1) + 0.718(f'_0 + f'_1) + 1.718f'_1] = 0 \end{cases}$$

解得

$$\begin{cases} f'_0 = 1.408 \\ f'_1 = -0.826 \end{cases}$$

所以，最小拍无纹波控制系统的闭环脉冲传递函数为

$$\varphi(z) = z^{-1}(1 + 0.718z^{-1})(1.408 - 0.826z^{-1})$$

又因为

$$\begin{aligned} \varphi_e(z) &= (1 - z^{-1})2(1 + f'_{11}z^{-1}) = 1 - \varphi(z) \\ &= 1 - z^{-1}(1 + 0.718z^{-1})(1.408 - 0.826z^{-1}) \end{aligned}$$

可得 $f'_{11} = 0.592$。

所以，误差脉冲传递函数为

$$\varphi_e(z) = (1 - z^{-1})^2(1 + 0.592z^{-1})$$

于是，数字控制器为

$$D(z) = \frac{1}{G(z)} \cdot \frac{\varphi(z)}{\varphi_e(z)} = \frac{3.826(1 - 0.586z^{-1})(1 - 0.368z^{-1})}{(1 - z^{-1})(1 + 0.592z^{-1})}$$

进一步可求得控制器的输出：

$$\begin{aligned} U(z) &= \frac{Y(z)}{G(z)} = \frac{R(z)\varphi(z)}{G(z)} \\ &= \frac{0.1z^{-1}}{(1 - z^{-1})^2} \cdot (1 + 0.718z^{-1})(1.408z^{-1} - 0.826z^{-2}) \cdot \frac{(1 - z^{-1})(1 - 0.368z^{-1})}{0.368z^{-1}(1 + 0.718z^{-1})} \\ &= 0.38z^{-1} + 0.02z^{-2} + 0.09z^{-3} + 0.09z^{-4} + \cdots \end{aligned}$$

由此，可画出控制信号的纹形如图 6.4 所示。

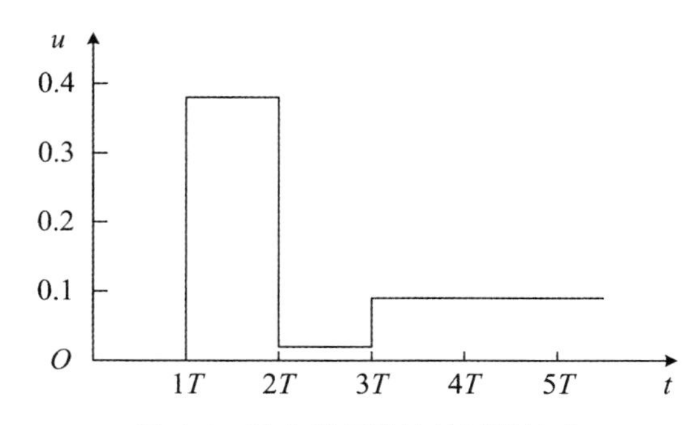

图 6.4　最小拍无纹波控制器输出

可见，本系统进入稳态过程后，$u(3) = u(4) = \cdots = 0.09$。而在最小拍有纹波控制系统中，如图 6.2 所示，$u(k)$是振荡收敛，不断变化的。

6.3.3 最小拍无纹波控制系统的响应特性

下面我们以例 6.3.4 的系统为例研究最小拍无纹波控制系统对典型输入函数的响应，该系统是针对速度输入函数设计的，其闭环传递函数

$$\begin{aligned}\varphi(z) &= z^{-1}(1+0.718z^{-1})(1.408z^{-1}-0.826z^{-1})\\ &= 1.408z^{-1}+0.186z^{-2}-0.593z^{-3}\end{aligned}$$

单位阶跃输入时

$$R(z)=\frac{1}{1-z^{-1}}$$

输出

$$\begin{aligned}Y(z) = \varphi(z)R(z) &= \frac{1.408z^{-1}+0.186z^{-2}-0.593z^{-3}}{1-z^{-1}}\\ &= 1.408z^{-1}+1.593z^{-2}+z^{-3}+z^{-4}+\cdots\end{aligned}$$

单位速度输入时

$$R(z)=\frac{Tz^{-1}}{(1-z^{-1})^2}$$

输出

$$Y(z)=\varphi(z)R(z)=1.408Tz^{-2}+3Tz^{-3}+4Tz^{-4}+5Tz^{-5}+\cdots$$

单位加速度输入时

$$R(z)=\frac{T^2z^{-1}(1+z^{-1})}{2(1-z^{-1})^3}$$

输出

$$\begin{aligned}Y(z)=\varphi(z)R(z) &= \frac{T^2z^{-1}(1+z^{-1})(1.408z^{-1}+0.186z^{-2}-0.593z^{-3})}{2(1-z^{-1})^3}\\ &= 0.704T^2z^{-2}+2.907T^2z^{-3}+6.407T^2z^{-4}+10.907T^2z^{-5}+\cdots\end{aligned}$$

对于上述 3 种情况，可画出输出响应，如图 6.5 所示。

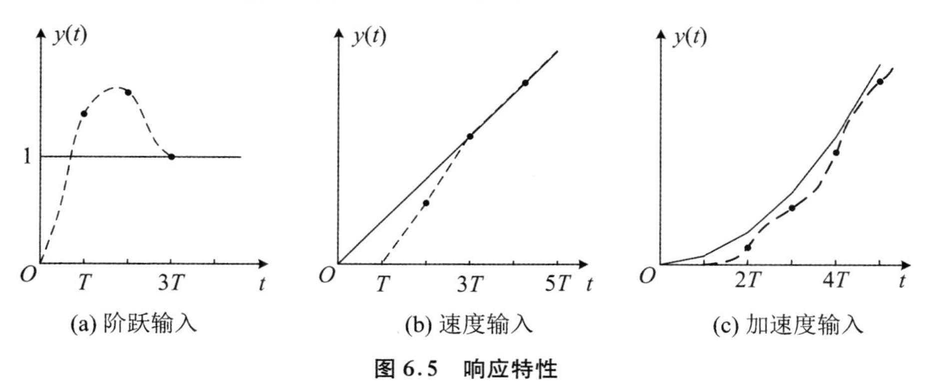

图 6.5　响应特性

分析图 6.5 可知：

① 最小拍无纹波控制系统的调整时间要增加若干拍，增加的拍数等于 $G(z)$ 在单位圆内的零点数。即

$$t_s = \deg\varphi(z) = d + \max(q, j) + m + n_0^- - 1$$

在本例中，$t_s = 3T$ 比有纹波系统增加一拍，这是由 $G(z)$ 中有一个 z 平面单位圆内的零点 -0.718 所引起的。

② 最小拍无纹波控制系统对典型输入的适应性也不好。在本例中，系统对阶次较低的输入函数——阶跃输入，稳态误差为零，但产生约 60% 的超调，比有纹波控制系统要好一些；对阶次较高的输入函数——加速度输入，稳态误差为常量 $1.593T^2$，这比有纹波控制系统要大些。

③ 本系统对阶跃和速度输入，进入稳态后输出响应和控制量无纹波。

6.4 改进的最小拍控制系统设计

最小拍（有纹波、无纹波）控制系统的设计只针对某一种典型输入。当系统输入形式改变时，系统的性能将变坏，如调整时间 t_s 增长，超调量增加，稳态误差增大。为了增强系统对输入的适应性，可对最小拍设计进行改进。例如，采用切换数字控制器的方法，折中设计法和最小均方误差的设计方法。

6.4.1 数字控制器的切换设计

前面已经提到，按照单位速度输入设计的最小拍有纹波控制系统，当输入单位阶跃时，调整时间 $t_s = 2T$，超调量达到 100%；按照单位阶跃输入设计的最小拍控制系统，当输入单位速度时，有稳态误差。由此可知，如果输入常在阶跃输入 $R_1(z)$ 和速度输入 $R_2(z)$ 之间变化，那么，无论按 $q = 1$ 还是 $q = 2$ 设计最小拍（有纹波、无纹波）控制系统都不好，可以采用切换数字控制器的方法。

这种方法，按照 $q = 1$ 和 $q = 2$ 设计两种控制器 $D_1(z)$ 和 $D_2(z)$，然后随着输入形式的变化，切换相应的数字控制器，如果输入量是 $R_1(z)$ 和 $R_2(z)$ 的线性组合，则系统工作时按误差带切换，即

$$D(z) = \begin{cases} D_2(z) & (e(kT) \geqslant B) \\ D_1(z) & (e(kT) < B) \end{cases} \tag{6.4.1}$$

其中，B 是误差带，可以根据系统运行情况选择适当的数值。这种方法，即可以缩短调整时间 t_s，又可以减少超调量，改善了系统的过渡过程。切换数字控制器的最小拍控制系统如图 6.6 所示。

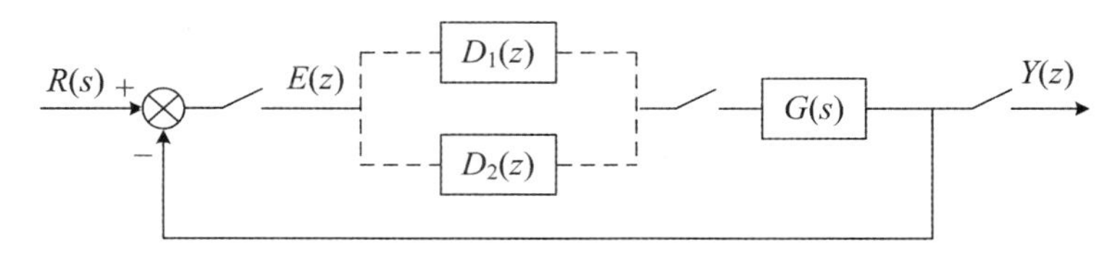

图 6.6 切换 $D(z)$ 的最小拍控制系统

6.4.2 折中设计法

为了对不同形式的输入或其线性组合得到接近满意的过渡过程特性，可以在稳态误差 e_{ss}、调整时间 t_s、超调量 σ_p 等性能指标之间折中采用。

折中设计有多种办法，其中之一是以 $q=1$ 为基础设计数字控制器，并设法减小稳态误差 e_{ss}、限制超调量 σ_p 以兼顾 $R_1(z)$ 和 $R_2(z)$ 两种输入或其线性组合。

以例 6.2.1 中的系统为例，首先按阶跃输入（$q=1$）设计最小拍有纹波控制器，得

$$\varphi_e(z) = (1 - z^{-1})F'_1(z) \tag{6.4.2}$$

可求得 $F'_1(z)=1$。

故

$$\varphi_e(z) = (1 - z^{-1})$$

$$\varphi(z) = 1 - \varphi_e(z) = z^{-1} \tag{6.4.3}$$

若要求对速度输入（$q=2$）的稳态误差 $e_{ss}\leqslant 5\%$ 且系统超调量 $\sigma_p\leqslant 30\%$，则可处理如下，将 $F'_1(z)$ 增加几项，如

$$F'_1(z) = 1 + f'_1 z^{-1} + f'_2 z^{-2} + f'_3 z^{-3} \tag{6.4.4}$$

此时

$$\varphi_e(z) = (1 - z^{-1})(1 + f'_1 z^{-1} + f'_z{}^{-2} + f'_3 z^{-3}) \tag{6.4.5}$$

$$\begin{aligned} e_{ss} &= e(\infty) = \lim_{z\to 1}(1 - z^{-1})\varphi_e(z)R_2(z) \\ &= \lim_{z\to 1}(1 - z^{-1})(1 - z^{-1})(1 + f'_1 z^{-1} + f'_z{}^{-2} + f'_3 z^{-3}) \cdot \frac{Tz^{-1}}{(1 - z^{-1})^2} \\ &= T(1 + f'_1 + f'_2 + f'_3) = 0.1(1 + f'_1 + f'_2 + f'_3) \end{aligned} \tag{6.4.6}$$

输入 $R_1(z)$ 时的响应为

$$\begin{aligned} Y(z) &= \varphi(z)R_1(z) = [1 - \varphi_e(z)]R_1(z) \\ &= [1 - (1 - z^{-1})(1 + f'_1 z^{-1} + f'_z{}^{-2} + f'_3 z^{-3})] \cdot \frac{1}{1 - z^{-1}} \\ &= (1 - f'_1)z^{-1} + (1 - f'_2)z^{-2} + (1 - f'_3)z^{-3} + z^{-4} + z^{-5} + \cdots \end{aligned} \tag{6.4.7}$$

设 $1-f'_1>1-f'_2>1-f'_3$，超调量

$$\sigma_p = (1 - f_1) - 1 \tag{6.4.8}$$

按要求应有

$$\begin{cases} 0.1(1 + f'_1 + f'_2 + f'_3) \leqslant 5\% & (6.4.9) \\ (1 - f'_1) - 1 \leqslant 30\% & (6.4.10) \end{cases}$$

于是可取 $f'_1=-0.3$，而由 $1-f'_1>1-f'_2$ 可取 $f'_2=-0.2$；又由式(6.4.9)可取 $f'_3=-0.1$。

所以，满足指标要求的设计为

$$\varphi_e(z) = (1 - z^{-1})(1 - 0.3z^{-1} - 0.2z^{-2} - 0.1z^{-3}) \tag{6.4.11}$$

$$\varphi(z) = 1 - \varphi_e(z) = z^{-1}(1.3 - 0.1z^{-1} - 0.1z^{-2} - 0.1z^{-3}) \tag{6.4.12}$$

代入

$$D(z)=\frac{1}{G(z)}\cdot\frac{\varphi(z)}{\varphi_e(z)}$$

即可求得满足要求的数字控制器。

以上方法是以阶跃输入为基础设计的，也可以先按速度输入（$q=2$）设计最小拍（有纹波、无纹波）系统，选择 $\varphi(z)$ 和 $\varphi_e(z)$，然后取

$$\tilde{\varphi}(z)=\frac{\varphi(z)}{(1-\alpha z^{-1})^N} \tag{6.4.13}$$

或

$$\tilde{\varphi}_e(z)=\frac{\varphi_e(z)}{(1-\alpha z^{-1})^N} \tag{6.4.14}$$

式中，$|\alpha|$应小于1，否则系统将会不稳定。添加因子 $1-\alpha z^{-1}$ 后，将使 $\tilde{\varphi}_e(z)$ 多项式的项数较 $\varphi_e(z)$ 增加，因此调整时间 t_s 加长，但超调量将会减少。可以通过指标（e_{ss}、t_s、σ 等）核算，选择 α，直到性能指标达到相对满意为止。

6.4.3 最小均方误差设计

最小均方误差设计是一种工程设计方法。在实际工程中，输入信号形式往往是复杂多变的。最小均方误差，以使系统对不同的输入误差平方和最小为性能指标，增强系统对输入的适应性。

性能指标：

$$J=\sum_{k=0}^{\infty}[e(kT)^2]\rightarrow 最小 \tag{6.4.15}$$

其中，$e(kT)$是 $E(z)$的 z 反变换，由反演积分法

$$e(kT)=\frac{1}{2\pi j}\oint_C E(z)z^{k-1}dz \tag{6.4.16}$$

式中，C 表示在 z 平面上绕过单位圆的奇异点，沿单位圆进行的积分回路，因而

$$I=\sum_{k=0}^{\infty}[e(kT)]^2=\sum_{k=0}^{\infty}[e(kT)]\left[\frac{1}{2\pi j}\oint_C E(z)z^{k-1}dz\right]$$

$$=\frac{1}{2\pi j}\oint_C E(z)z^1\left[\sum_{k=0}^{\infty}e(kT)z^k\right]dz=\frac{1}{2\pi j}\oint_C E(z)E(z^{-1})z^{-1}dz \tag{6.4.17}$$

由上式知，只要知道误差信号的闭环脉冲传递函数 $\varphi_e(z)$和输入形式，就可得到误差信号，求出性能指标 J。

最小均方误差的设计准则是：在按 $q=2$ 设计最小拍系统的 $\varphi_e(z)$和 $\varphi(z)$基础上，引入一个或 n 个极点，通常引入一个极点 $z=\beta$，$|\beta|<1$，选取 β 使系统在$R_1(z)$和 $R_2(z)$两种输入下的 J_1 和 J_2 按某种方式取最小。

根据设计准则

$$\tilde{\varphi}_e(z)=\frac{\varphi_e(z)}{1-\beta z^{-1}} \tag{6.4.18}$$

或

$$\widetilde{\varphi}(z) = \frac{\varphi(z)}{1-\beta z^{-1}} \tag{6.4.19}$$

式中，$\varphi_e(z)$和$\varphi(z)$可以按照第6.2节或第6.3节介绍的原则选择：若按第6.2节的原则选择$\varphi_e(z)$和$\varphi(z)$，则是有纹波的最小均方误差系统；若按第6.3节的原则选择，得到的是无纹波的最小均方误差系统。

引入极点后，系统的调整时间t_s、超调量σ_p、稳态误差e_{ss}都会随着β的变化而变化。因此，系统的性能指标J是β的函数，即$J=\varepsilon(\beta)$，对于不同的输入形式有不同的J-β关系。如对于阶跃输入$R_1(z)$有$J_1=\varepsilon_1(\beta)$，对于速度输入$R_2(z)$有$J_2=\varepsilon_2(\beta)$，于是性能指标为

$$J = \lambda_1 J_1 + \lambda_2 J_2 = \lambda_1\varepsilon_1(\beta) + \lambda_2\varepsilon_2(\beta) \tag{6.4.20}$$

求J为最小时，即

$$\frac{\partial J}{\partial \beta} = 0 \tag{6.4.21}$$

的β值。若$|\beta|<1$，便可使用。一旦求得β，设计就基本完成了，最后写出$D(z)$即可。求得的β是否满意，可由仿真检查。

例6.4.1 被控对象$G_0(s)=\dfrac{10}{s(1+s)}$，$T=1$ s，试按最小均方误差法设计系统，β选取使指标$J=\dfrac{1}{2}\varepsilon_1(\beta)+\dfrac{1}{2}\varepsilon_2(\beta)\to$最小。

解 首先，按$q=2$设计最小拍有纹波系统，可得

$$\varphi_e(z) = (1-z^{-1})^2$$
$$\varphi(z) = z^{-1}(1-z^{-1})$$

引入附加极点，由式(6.4.18)得

$$\widetilde{\varphi}_e(z) = \frac{\varphi_e(z)}{(1-\beta_z^{-1})} = \frac{(1-z^{-1})^2}{1-\beta z^{-1}}$$

于是系统对$R_1(z)$和$R_2(z)$输入的误差分别为

$$E_1(z) = \widetilde{\varphi}_e(z)R_1(z) = \widetilde{\varphi}_e(z)\frac{1}{1-z^{-1}} = \frac{1-z^{-1}}{1-\beta z^{-1}}$$

$$E_2(z) = \widetilde{\varphi}_e(z)R_2(z) = \widetilde{\varphi}_e(z)\frac{Tz^{-1}}{(1-z^{-1})^2} = \frac{Tz^{-1}}{1-\beta z^{-1}}$$

因而

$$J_1 = \varepsilon_1(\beta) = \frac{1}{2\pi \mathrm{j}}\oint_C E_1(z)E_1(z^{-1})z^{-1}\mathrm{d}z = \frac{1}{2\pi \mathrm{j}}\oint_C\left(\frac{1-z^{-1}}{1-\beta z^{-1}}\right)\cdot\left(\frac{1-z}{1-\beta z}\right)\cdot z^{-1}\mathrm{d}z$$

应用留数定理，可得

$$J_1 = \varepsilon_1(\beta) = \frac{1}{\beta} - \frac{(1-\beta)^2}{\beta(1-\beta^2)} = \frac{2}{1+\beta}$$

$$J_2 = \varepsilon_2(\beta) = \frac{1}{2\pi \mathrm{j}}\oint_C E_2(z)E_2(z^{-1})z^{-1}\mathrm{d}z$$

$$= \frac{T^2}{2\pi \mathrm{j}}\oint_C \frac{1}{z-\beta}\cdot\frac{1}{1-\beta z}\mathrm{d}z = \frac{T^2}{1-\beta^2} = \frac{1}{1-\beta^2}$$

代入J，得

$$J = \frac{1}{1+\beta} + \frac{0.5}{1-\beta^2}$$

由$\frac{\partial T}{\partial \beta}=0$，$\beta^2-3\beta+1=0$，$\beta_1=2.62$，$\beta_2=0.38z$，因$|\beta|<1$，故选取$\beta=0.38$。于是

$$\widetilde{\varphi}_e(z) = \frac{(1-z^{-1})^2}{1-0.38z^{-1}}$$

$$\widetilde{\varphi}(z) = 1-\widetilde{\varphi}_e(z) = \frac{1.62z^{-1}-z^{-2}}{1-0.38z^{-1}}$$

$$D(z) = \frac{1}{G(z)} \cdot \frac{\widetilde{\varphi}(z)}{\varphi_e(z)} = \frac{(1-z^{-1})(1-0.368z^{-1})}{3.68z^{-1}(1+0.718z^{-1})} \cdot \frac{z^{-1}(1.62-z^{-1})}{(1-z^{-1})^2}$$

$$= \frac{0.44(1-0.368z^{-1})(1-0.617z^{-1})}{(1-z^{-1})(1+0.718z^{-1})}$$

下面我们分析一下系统的输出响应特性。

当输入为单位阶跃时，输出

$$Y(z) = R_1(z)\widetilde{\varphi}(z) = \frac{1}{1-z^{-1}} \cdot \frac{z^{-1}(1.62-z^{-1})}{1-0.38z^{-1}}$$

$$= 1.62z^{-1} + 1.24z^{-2} + 1.09z^{-3} + z^{-4} + \cdots$$

当输入为单位速度时

$$Y(z) = R_2(z)\widetilde{\varphi}(z) = \frac{Tz^{-1}}{(1-z^{-1})^2} \cdot \frac{z^{-1}(1.62-z^{-1})}{1-0.38z^{-1}}$$

$$= 1.62Tz^{-2} + 2.86Tz^{-3} + 3.96Tz^{-4} + 5Tz^{-5} + \cdots$$

将上面两式与式(6.2.36)、式(6.2.37)比较，可见，最小均方误差系统对阶跃输入的超调量$\sigma_p \approx 60\%$，比最小拍有纹波控制系统的$\sigma_p=100\%$大为减少而最小均方误差系统的调整时间$t_s=4T$，比最小拍有纹波控制系统的调整时间增加了两拍。总的来说，最小均方误差设计改善了系统的动态性能。

6.5 抗干扰性的最小拍控制系统设计

前面各节讨论的问题中，我们仅仅针对参考输入设计控制系统，而没有考虑外界干扰的作用。在实际的控制系统中，往往存在着干扰作用。本节将研究最小拍控制系统的抗干扰能力，并提出具有抗干扰性的复合控制系统的设计方法。

6.5.1 最小拍控制系统对干扰的抑制性

设具有抗干扰性的系统如图6.7所示，扰动作用为$N(s)$。

6.5.1.1 $R(s)=0$

我们首先讨论当$R(s)=0$，即只有干扰信号作用的最小拍系统。

对于如图6.7所示的系统，干扰 $N(s)$ 单独作用产生的输出响应为

$$Y_N(z) = \frac{NG_0(s)}{1 + D(z)G(z)} \tag{6.5.1}$$

其中

$$NG_0(z) = Z[N(s)G_0(s)]$$

$$G(z) = Z[H(s)G_0(s)] = Z\left[\frac{1 - e^{-Ts}}{s}G_0(s)\right]$$

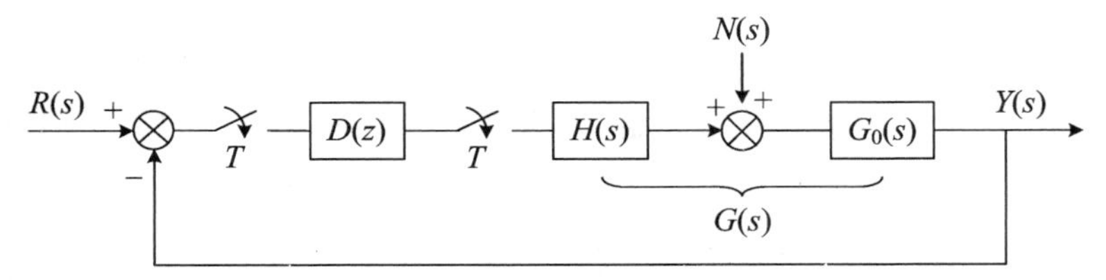

图6.7　干扰信号的作用

系统输出对扰动信号的准闭环脉冲传递函数为

$$\varphi_N(z) = \frac{Y_N(z)}{N(z)} = \frac{\dfrac{NG_0(z)}{N(z)}}{1 + D(z)G(z)} \tag{6.5.2}$$

由式(6.5.2)，可得数字控制器为

$$D(z) = \frac{1}{G(z)} \cdot \frac{\left[\dfrac{NG_0(z)}{N(z)}\right] - \varphi_N(z)}{\varphi_N(z)} \tag{6.5.3}$$

为了消除干扰信号对系统的输出响应的影响，可根据系统的准确性(即干扰 $N(s)$ 不产生稳态响应)、快速性、稳定性、$D(z)$ 的物理可实现性等要求，构造 $\varphi_N(z)$。所采用的方法与前几节介绍的方法基本相同，由式(6.5.3)就可得到针对 $N(s)$ 设计的最小拍控制器 $D(z)$。这个系统可快速、有效地抑制干扰作用，在外界扰动作用下尽快地稳定下来。

6.5.1.2　$R(s)\neq 0$

当系统既有参考输入 $R(s)$ 又有干扰作用 $N(s)$ 时，由图6.7可知系统的输出响应为

$$\begin{aligned} Y(z) &= \varphi(z)R(z) + \varphi_N(z)N(z) \\ &= \frac{D(z)G(z)}{1 + D(z)G(z)}R(z) + \frac{\dfrac{NG_0(z)}{N(z)}}{1 + D(z)G(z)}N(z) \end{aligned} \tag{6.5.4}$$

所以，可得

$$\varphi_N(z) = \frac{NG_0(z)}{N(z)}[1 - \varphi(z)] \tag{6.5.5}$$

如果系统要抑制干扰 $N(z)$ 的影响，则对 $\varphi_N(z)$ 的要求是：对于干扰作用 $\dfrac{A(z)}{(1 - z^{-1})^P}$，$N(z)$ 不产生稳态响应。其中 $A(z)$ 为不含 $1 - z^{-1}$ 因子的 z^{-1} 的多项式，引起的稳态响应为

$$Y_N(\infty) = \lim_{z\to 1}(1 - z^{-1})Y_N(z) = \lim_{z\to 1}(1 - z^{-1})\varphi_N(z)N(z) \tag{6.5.6}$$

若使 $Y_N(\infty)=0$，则 $\varphi_N(z)$ 必须满足

$$\varphi_N(z) = (1-z^{-1})^P F_N(z) \tag{6.5.7}$$

其中，$F_N(z)$ 是待定的 z^{-1} 的多项式，又由式(6.5.5)可得

$$\varphi_N(z) = (1-z^{-1})^P F_N(z) = \frac{NG_0(z)}{N(z)}[1-\varphi(z)]$$

或

$$\varphi_N(z) = (1-z^{-1})^P F_N(z) = \frac{NG_0(z)}{N(z)}\varphi_e(z) \tag{6.5.8}$$

所以，当上式的条件得到满足时，针对参考输入设计的最小拍系统具有抑制干扰的能力。有些时候，式(6.5.8)的条件并不满足，那么针对参考输入设计的最小拍系统在干扰作用下，将会产生稳态误差，因而必须修改设计结果。下面举例说明这种情况。

例 6.5.1 如图 6.7 所示的系统，设被控对象传递函数为 $G_0(z)=\dfrac{10}{s(1+0.1s)}$，$T=0.1\,\mathrm{s}$。采用零阶保持器，假定系统针对阶跃输入设计成最小拍有纹波控制系统，并存在单位阶跃形式的干扰，试研究该系统对干扰的抑制情况。

解 由例 6.2.1 可知，针对阶跃输入设计的最小拍有纹波控制系统的闭环脉冲传递函数满足

$$\varphi_e(z) = 1-\varphi(z) = 1-z^{-1}$$

而

$$NG_0(z) = Z\left[\frac{1}{s}\cdot\frac{10}{s(1+0.1s)}\right] = Z\left[\frac{10}{s^2(1+0.1s)}\right] = \frac{0.368z^{-1}(1+0.718z^{-1})}{(1-z^{-1})^2(1-0.368z^{-1})}$$

于是，由式(6.5.6)可得

$$\varphi_N(z) = \frac{NG_0(z)}{N(z)}[1-\varphi(z)] = \frac{0.368z^{-1}(1+0.718z^{-1})}{1-0.368z^{-1}}$$

显然，$\varphi_N(z)$ 不满足式(6.5.8)的条件，所以原设计的系统不能有效抑制干扰所引起的稳态输出响应。事实上，由 $N(s)=\dfrac{1}{s}$ 引起的稳态输出为

$$Y_N(\infty) = \lim_{z\to 1}(1-z^{-1})\varphi_N(z)N(z) = \lim_{z\to 1}\varphi_N(z) = 1$$

为了在稳态过程中消除干扰产生的影响，必须修改设计，例如使闭环脉冲传函 $\varphi(z)$ 满足 $1-\varphi(z)=(1-z^{-1})^2$，这就使式(6.5.8)的条件成立了，这样的系统不仅能在稳态过程中消除阶跃干扰的影响，还能响应速度输入作用而无静态误差。

6.5.2 复合控制系统设计

从上面的分析可以看出，有干扰存在的计算机控制系统，$D(z)$ 的设计难以兼顾两个方面：既满足按参考输入 $R(z)$ 的控制要求，又能抑制外部干扰 $N(z)$ 的影响。引入前馈控制而得到的复合控制系统，易于兼顾两方面的指标，提供了性能更佳的系统。

下面讨论两种典型的复合控制方案，其设计的特点是可以将希望的控制规律设计和抗干扰设计分开来进行。

6.5.2.1 引自参考输入的前馈控制

图6.8所示的是一种复合控制系统方案，其前馈是引自参考输入 $r(t)$。

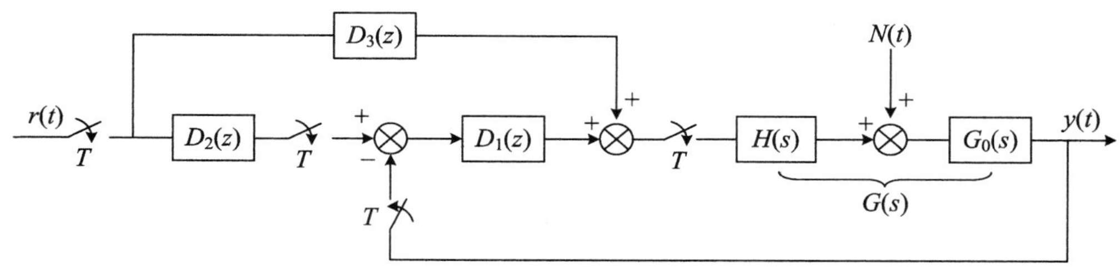

图6.8 引自参考输入的前馈控制

由图可求得

$$Y(z)=\frac{[D_1(z)D_2(z)+D_3(z)]G(z)}{1+D_1(z)G(z)}R(z)+\frac{NG_0(z)}{1+D_1(z)G(z)} \tag{6.5.9}$$

如果选定

$$D_2(z)=D_3(z)G(z)$$

则

$$\begin{aligned}D_1(z)D_2(z)+D_3(z)&=D_3(z)D_1(z)G(z)+D_3(z)\\&=D_3(z)[1+D_1(z)G(z)]\end{aligned} \tag{6.5.10}$$

于是式(6.5.9)可改写成

$$Y(z)=D_3(z)G(z)R(z)+\frac{NG_0(z)}{1+D_1(z)G(z)} \tag{6.5.11}$$

或

$$Y(z)=D_2(z)R(z)+\frac{NG_0(z)}{1+D_1(z)G(z)} \tag{6.5.12}$$

从上式可知，系统对参考输入 $R(z)$的响应与 $D_1(z)$无关。而且 $R(z)$到输出是开环运行的。实际上，$E(z)$由两部分组成，一是由参考输入形成的，二是由干扰 $N(s)$形成的，即

$$E(z)=E_R(z)+E_N(z) \tag{6.5.13}$$

其中，

$$E_R(z)=D_2(z)R(z)-D_3(z)G(z)R(z)=[D_2(z)-D_3(z)G(z)]R(z)=0$$

这正说明，反馈回路对参考输入是断开的，它只对干扰 N 起作用。

由以上分析说明，该复合控制方案，可以将对 R 的设计与对N 的设计分开来进行。这比单纯用有反馈的结构(图6.7)要有利得多。

数字控制器 $D_1(z)$的设计，仅仅考虑抑制闭合回路内干扰的作用。具体的方法已在6.5.1节的第一部分($R(s)=0$)中讨论过了。

$D_2(z)$或 $D_3(z)$的设计，按对 R 的控制特点来设计，例如最小拍(有纹波、无纹波)控制等。根据系统的准确性、快速性、稳定性以及 $D_2(z)$的物理可实现性等，确定 $\varphi(z)$，采用的方法与前面几节基本相同，而由式(6.5.12)知 $D_2(z)=\varphi(z)$，故可求得 $D_2(z)$、$D_3(z)$可直接写出

$$D_3(z) = \frac{D_2(z)}{G(z)} \tag{6.5.14}$$

这一系统运行时，其输出 $Y(z)$是在最小拍(有纹波、无纹波)响应的基础上，叠加了一个由于干扰产生的小扰动，并很快达到稳定。由于系统中有三个数字控制器，所以实时性要稍差些。

6.5.2.2 引自干扰输入的前馈控制

图 6.9 是另一种典型的复合控制系统方案，其前馈控制引自干扰输入 N。

该系统的输出

$$\begin{aligned} Y(z) &= Y_R(z) + Y_N(z) \\ &= \frac{D(z)G(z)}{1 + D(z)G(z)}R(z) + \frac{NG_0(z) - D(z)D_N(z)G(z)N(z)}{1 + D(z)G(z)} \end{aligned} \tag{6.5.15}$$

若取 $D_N(z) = \dfrac{1}{D(z)}$，则有

$$Y_N(z) = \frac{NG_0(z) - G(z)N(z)}{1 + D(z)G(z)} \tag{6.5.16}$$

我们观察上式分子的两部分，通过上一章讨论的一个连续环节加虚拟保持器的离散化方法知道，这两部分是很接近的。因此，$Y_N(z)$很小，特别是，当 N 为阶跃型干扰时，$Y_N(z)=0$。

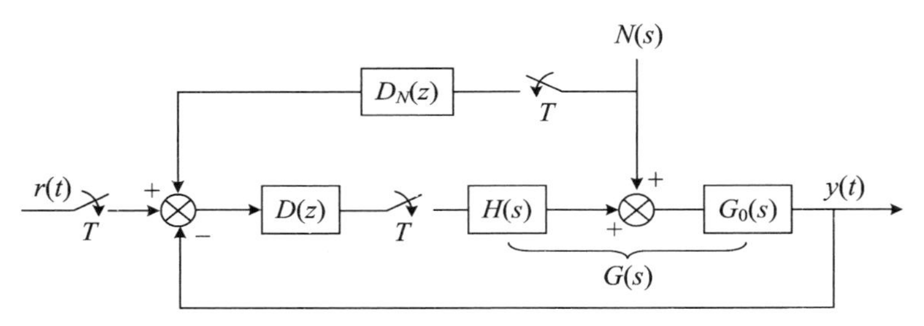

图 6.9 引自干扰输入的前馈控制

至于 $D(z)$的设计，因为是正常设计，则不再讨论。

综上所述，用这种方案设计的抗干扰系统，比上一方案更简单，关键在于，因 $D_N(z) = \dfrac{1}{D(z)}$的关系，对外部干扰开辟了第二通道，使外部干扰自行抵消。

这一方案，要求易于真实地取得外部干扰。同时，它有个限制，就是因为 $D_N(z)$和 $D(z)$是互为倒数的关系，要使两者都能物理实现，则 $D(z)$必须是分子、分母为同阶次的。不过，这常是容易满足的，例如最小拍控制系统的控制器都能满足这样的条件。

6.6 极点配置设计

极点配置设计，是一种更一般化的计算机控制系统设计方法。其要求是：设计数字控制

器,使系统的闭环 z 传递函数具有要求的极点。设计的基本原则,与最小拍控制系统设计类似,即

① $D(z)$物理可实现;

② 闭环系统稳定;

③ 系统简单快速。

本节将讨论两种结构方式的极点配置设计方案。

6.6.1 简单反馈控制系统的极点配置设计

待设计的系统如图6.10所示。

若记系统的闭环 z 传递函数为

$$\varphi(z) = z^{-L}\frac{B(z)}{A(z)} \tag{6.6.1}$$

其中,$A(z)$和$B(z)$分别是z^{-1}的 n 阶和 m 阶多项式且互质,都不含 z^{-1}因子,且 $A(z)$是首一的(其首项为1)。

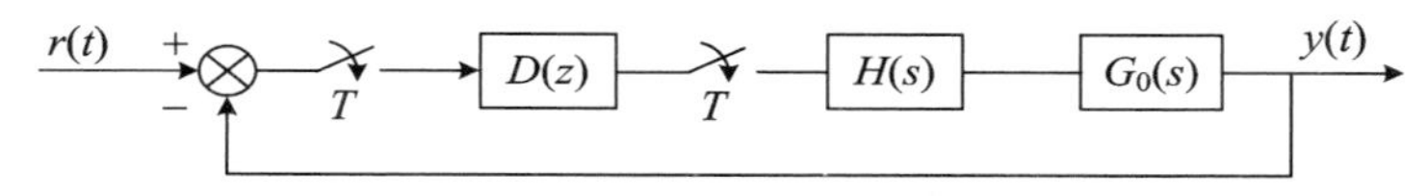

图6.10　待设计的系统

设计要求数字控制器 $D(z)$满足以下条件:

① $A(z)$具有给定的稳定极点,即 $A(z)$为给定的多项式;

② 闭环系统物理可实现,即 $L\geqslant 0$,且 L 尽可能小;

③ $D(z)$应尽量简单,满足快速性要求;

④ $\varphi(1)=1$,这是单位反馈系统的一般要求。

为实现这样的设计,我们考察闭环 z 传递函数的一般表达式

$$\varphi(z) = \frac{D(z)G(z)}{1+D(z)G(z)} \tag{6.6.2}$$

从上式可得

$$D(z) = \frac{1}{G(z)}\frac{\varphi(z)}{1-\varphi(z)} \tag{6.6.3}$$

将式(6.6.1)代入式(6.6.3),可得

$$D(z) = \frac{z^{-L}B(z)}{[A(z)-z^{-L}B(z)]G(z)} \tag{6.6.4}$$

又由式(6.2.18),广义对象 $G(z)$可表示为

$$G(z) = Kz^{-d}\frac{M^{-}M^{+}}{N^{-}N^{+}} \tag{6.6.5}$$

将上式代入式(6.6.4),可得

$$D(z) = \frac{1}{K}\cdot z^{d-L}\frac{B(z)N^{-}N^{+}}{[A(z)-z^{-L}B(z)]M^{-}M^{+}} \tag{6.6.6}$$

由上式可知，设计问题归结为确定 $B(z)$ 和 L。

1. $D(z)$ 物理可实现

显然，当 $L \geqslant d$ 时可保证 $D(z)$ 的物理可实现性，又 L 尽可能的小，故取 $L=d$。

2. 闭环系统稳定

为保证闭环系统实际稳定，即不稳定的或其他待处理的零、极点不发生抵消。于是，$B(z)$ 应包含 M^-，$(A(z)-z^{-d}B(z))$ 中应包含 N^-，即

$$B(z) = M^- B'(z) \tag{6.6.7}$$

$$A(z) - z^{-d}B(z) = N^- A'(z) \tag{6.6.8}$$

3. 系统简单快速

$B(z)$ 的阶次应尽量的低，由式(6.6.7)和式(6.6.8)知，$B'(z)$ 的阶次至少应为 $n^- -1$，n^- 为不许抵消的极点个数。确定 $B'(z)$ 的阶次，还要考虑 $B(1)=A(1)(\varphi(1)=1)$ 及 $G(z)$ 的类型数 q。

(1) 当 $q=0$ 时，$B'(z)$ 的阶数应为 n^-，即

$$B'(z) = b'_0 + b'_1 z^{-1} + \cdots b'_n z^{-n^-} \tag{6.6.9}$$

若令 $\alpha(z)=A(z)-z^{-d}B(z)$，则 b'_i 确定如下：

$$\begin{cases} \alpha(z)\big|_{z=P_i^-} = 0 & (i=1,\cdots,n^-) \\ \alpha(z)\big|_{z=1} = 0 & (\varphi(1)=1 \text{ 的要求}) \end{cases} \tag{6.6.10}$$

这是 P_i^- 为单极点时的情况。若 P_i^- 为 m_i 重极点，而不同的 P_i^- 个数为 $\tilde{n}^-$，则求 b'_i 公式如下：

$$\begin{cases} \left(\dfrac{\mathrm{d}}{\mathrm{d}z^{-1}}\right)^j \alpha(z)\Bigg|_{z=P_i^-} = 0 & (i=1,\cdots,n^-, j=0,\cdots,m_i-1) \\ \alpha(z)\big|_{z=1} = 0 \end{cases} \tag{6.6.11}$$

(2) 当 $q \geqslant 1$ 时，N^- 中有 $(1-z^{-1})^q$，所以上面求 b'_i 的公式中的第一式包括了第二式，于是 $B'(z)$ 阶次应小一阶，即 $n^- -1$ 阶，即

$$B'(z) = b'_0 + b'_1 z + \cdots + b_{n^- -1} z^{-(n^- -1)} \tag{6.6.12}$$

求 b'_i 的公式应为

对单极点情况：

$$\alpha(z)\big|_{z=P_i^-} = 0 \quad (i=1,\cdots,n^-) \tag{6.6.13}$$

对重极点情况：

$$\left(\frac{\mathrm{d}}{\mathrm{d}z^{-1}}\right)^j \alpha(z)\Bigg|_{z=P_i^-} = 0 \qquad (i=1,\cdots,n^-, j=0,\cdots,m_i-1) \tag{6.6.14}$$

解得 b'_i，设计就已完成，将式(6.6.7)、式(6.6.8)代入式(6.6.6)，便得到符合要求的 $D(z)$：

$$D(z) = \frac{z^{d-L}}{K} \cdot \frac{B(z)N^-N^+}{[A(z)-z^{-L}B(z)]M^-M^+} = \frac{B'(z)N^+}{KA'(z)M^+} \tag{6.6.15}$$

例 6.6.1 设被控对象，其传递函数为 $G(s)=\dfrac{10}{s(1+s)(1+0.05s)}$，要求设计成单位反馈计算机控制系统，结构如图 6.10，采样周期 $T=0.2\ \mathrm{s}$，要求闭环特征根为 $\lambda_1=0.4$，$\lambda_2=$

0.6，求数字控制器。

解　首先求出未校正的开环 z 传递函数

$$G(z)=Z\left[\frac{1-\mathrm{e}^{-Ts}}{s}\cdot\frac{10}{s(1+s)(1+0.05s)}\right]$$
$$=\frac{0.76z^{-1}(1+0.045z^{-1})(1+1.14z^{-1})}{(1-z^{-1})(1-0.135z^{-1})(1-0.0183z^{-1})}$$

按闭环特征根的要求

$$A(z)=(1-0.4z^{-1})(1-0.6z^{-1})=1-z^{-1}+0.24z^{-2}$$

又因为

$$M^{-}=1+1.14z^{-1},\quad M^{+}=1+0.045z^{-1},\quad N^{-}=1-z^{-1}$$

所以

$$N^{+}=(1-0.235z^{-1})(1-0.0183z^{-1})$$

$d=1$，$G(z)$是Ⅰ型，所以，$B'(z)$的阶次应为 $n^{-}-1=0$ 阶，即

$$B'(z)=b'_0$$
$$B(z)=M^{-}B'(z)=b'_0(1+1.14z^{-1})$$

按式(6.6.13)求

$$\alpha(z)|_{z=1}=[A(z)-z^{-1}B(z)]|_{z=1}=0.24-2.14b'_0=0$$

得 $b'_0=0.112$，则

$$A(z)-z^{-1}B(z)=1-z^{-1}+0.24z^{-2}-z^{-1}\cdot 0.112\cdot(1+1.14z^{-1})$$
$$=(1-z^{-1})(1-0.112z^{-1})$$

即 $A'(z)=1-0.112z^{-1}$。所以

$$D(z)=\frac{B'(z)N^{+}}{KA'(z)M^{+}}=\frac{1.316\times 0.112(1-0.135z^{-1})(1-0.0183z^{-1})}{(1-0.112z^{-1})(1+0.045z^{-1})}$$
$$=\frac{0.147(1-0.135z^{-1})(1-0.0183z^{-1})}{(1-0.112z^{-1})(1+0.045z^{-1})}$$

6.6.2　前馈、反馈结构的极点配置设计

待设计的计算机控制系统如图 6.11 所示。

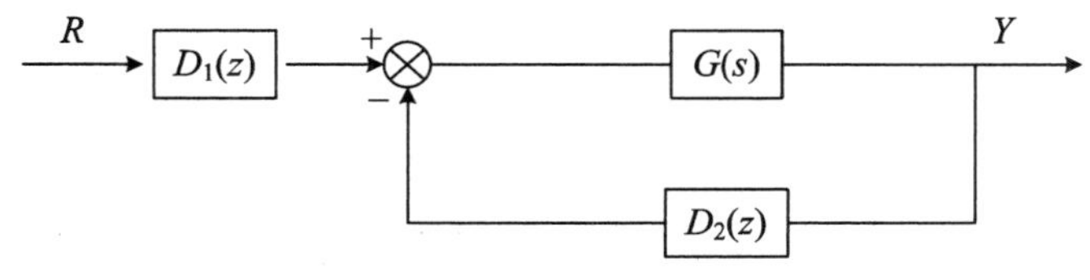

图 6.11　待设计的计算机控制系统

设计目标，若记系统的闭环 z 传递函数为

$$\varphi(z)=\frac{B(z)}{A(z)}\tag{6.6.16}$$

其中，$A(z)$和 $B(z)$是 z 的多项式且互质，$A(z)$是首一的。要求设计前馈控制器 $D_1(z)$和

反馈控制器 $D_2(z)$，满足：

① $A(z)$具有给定的极点，即 $A(z)$是给定的多项式；

② 控制器尽量简单；

③ $\deg A(z) \geqslant \deg B(z)$（$z$ 的阶次），且阶差尽量小；

④ $A(1)=B(1)$。 (6.6.17)

我们令 $D_1(z)$、$D_2(z)$分别为

$$\begin{cases} D_1(z) = \dfrac{T(z)}{W(z)} \quad (W\text{ 为首一}) \\ \deg W \geqslant \deg T \end{cases} \tag{6.6.18}$$

$$\begin{cases} D_2(z) = \dfrac{S(z)}{W(z)} \\ \deg W \geqslant \deg S \end{cases} \tag{6.6.19}$$

可见，设计问题就是要确定 $W(z)$，$T(z)$，$S(z)$以及 $B(z)$这 4 个 z 的多项式。

根据图 6.11，易求得

$$\varphi(z) = \frac{Y(z)}{R(z)} = \frac{T}{W} \cdot \frac{G(z)}{1+\dfrac{S}{W}G(z)} \tag{6.6.20}$$

设

$$G(z) = K\frac{M(z)}{N(z)} = K\frac{M^- M^+}{N}$$

其中，M^-，M^+，N 都是首一的 z 的多项式，且

$$\deg N - \deg M = d$$

于是

$$\varphi(z) = \frac{KTM}{NW+KMS} \tag{6.6.21}$$

按设计目标，有

$$\frac{KTM}{NW+KMS} = \frac{B(z)}{A(z)} \tag{6.6.22}$$

为了使闭环 z 传递函数具有给定的特征多项式$A(z)$，不可避免地会发生零极点对消，为保证闭环系统的稳定性，相消的零点只能是稳定的，即只能消掉 M^+，而 M^- 只能保留下来。所以，$B(z)$组成应为

$$B(z) = KM^- B'(z) \tag{6.6.23}$$

为了由 KTM 得到$B(z)$，T 的组成应为

$$T(z) = T_1(z)B'(z) \tag{6.6.24}$$

其中，$T_1(z)$应被消掉，因而 $T_1(z)$应是稳定的，这样，我们得到

$$KTM = KT_1(z)B'(z)M^+(z)M^-(z) = T_1(z)M^+B(z) \tag{6.6.25}$$

从而，$W(z)$和 $S(z)$的选择必须满足

$$NW + KMS = T_1(z)M^+A(z) \tag{6.6.26}$$

为此，$W(z)$应包含 M^+，即

$$W(z) = M^{+} W_1(z) \tag{6.6.27}$$

另外，$W(z)$的组成还应考虑抗干扰的要求，由图 6.11 可知

$$Y = \frac{T}{W} \cdot \frac{\frac{KM}{N}}{1 + K\frac{MS}{NW}} R + \frac{\frac{KM}{N}}{1 + K\frac{MS}{NW}} V_1 + \frac{1}{1 + K\frac{MS}{NW}} V_2 \tag{6.6.28}$$

从上式可看出，要使系统能抑制干扰的影响，保证准确性，$W(z)$应在相当频带内尽量小。若在较低的频段内，这意味着 W 中最好有因子$(z-1)^l$，当对象具有积分环节时，也可以取 $l=0$，一般情况，取 $l=1$ 也就够了。因此，W 应改为

$$W(z) = M^{+}(z-1)^l \cdot W_1(z) \tag{6.6.29}$$

式(6.6.26)可简化为

$$(z-1)^l N W_1 + KM^{-} S = T_1(z) A(z) \tag{6.6.30}$$

这是一个多项式方程的求解。当 $T_1(z)$固定时，即成一个丢番图方程(Diophantine equation)。

关于丢番图方程的求解有如下定理：

设有多项式

$$AX + BY = C \tag{6.6.31}$$

其中，A，B，C 是实系数任意已知多项式，X 和 Y 是未知多项式。则：

① 该方程有解的充分必要条件是：A 和 B 的最大公因式能整除 C；

② 若该方程中，有

$$\deg X < \deg B \tag{6.6.32}$$

或

$$\deg Y < \deg A \tag{6.6.33}$$

则方程有唯一解。

方程(6.6.30)显然是有解的，因为 N 和 M 是互质的，所以$(z-1)^l N$ 与 KM^{-} 也互质。故它们的最大公因式为 1，必能整除 $T_1(z)A(z)$。

方程要得到唯一解，利用式(6.6.23)，有

$$\deg S < \deg N + l \tag{6.6.34}$$

考虑到控制器的物理可实现性，即

$$\deg W \geqslant \deg T \tag{6.6.35}$$

$$\deg W \geqslant \deg S \tag{6.6.36}$$

我们在确定多项式阶次时，要有一些限制。由上面两式及式(6.6.26)，可得

$$\deg NW = \deg(NW + MS) = \deg T_1 M^{+} A \tag{6.6.37}$$

所以有关系

$$\deg W = \deg T_1 M^{+} A - \deg N \tag{6.6.38}$$

又由上式及 $\deg W \geqslant \deg T$，则

$$\deg T_1 M^{+} A - \deg N \geqslant \deg T \tag{6.6.39}$$

将式(6.6.24)代入上式，可得

$$\deg T_1 M^{+} A - \deg N \geqslant \deg T_1 B' \tag{6.6.40}$$

由式(6.6.23)可知

$$\deg B = \deg B'M^- \tag{6.6.41}$$

将式(6.6.40)两边减去 $\deg T_1$,加上 $\deg M^-$,并整理,得到

$$\deg A - \deg B \geqslant \deg N - \deg M = d \tag{6.6.42}$$

从上式可看出,最终设计得到的闭环 z 传递函数,其时延不小于对象的时延,因此,确定 B 时,其阶数最多只能达到 A 的阶次。

对于唯一解条件(6.6.34),简单起见,我们可取 S 的阶次为

$$\deg S = \deg N + l - 1 \tag{6.6.43}$$

将上式与式(6.6.36)、式(6.6.38)结合,有

$$\deg T_1 M^+ A - \deg N \geqslant \deg N + l - 1 \tag{6.6.44}$$

整理后,我们得知 T_1 阶次必须满足

$$\deg T_1 \geqslant 2\deg N - \deg A - \deg M^+ + l - 1 \tag{6.6.45}$$

根据稳定性、简单性的要求,T_1 的选择是首一项数最少,且阶次为式(6.6.45)取等号。

T_1 选定之后,W 的阶次也定了,于是可解丢番图方程求出 W 和 S,$B(z)$的阶次可用 $A(z)$的阶次减去 d,由 $A(1) = B(1)$确定 $B'(z)$的系数,从而 T 也就确定了,也就完成了最终的设计。

下面,我们总结一下设计前馈、反馈控制器的步骤:

① 分析被控对象

$$G(z) = K\frac{M^- M^+}{N}$$

② 确定 T_1:$\deg T_1 = 2\deg N - \deg A - \deg M^+ + l - 1$ 稳定、首一、最少项;

③ 确定 B:$B = KM^- B'$,按 $\deg A = \deg B + d$,定 B' 为最少项,并由 $A(1) = B(1)$确定 B',即得 B;

④ 确定 W_1 和 S:由式(6.6.29)和式(6.6.38)可以得到 W_1 的阶次

$$\deg W_1 = \deg T_1 + \deg A - \deg N - l$$

而

$$\deg S = \deg N + l - 1$$

解方程

$$(z-1)^l N W_1 + KM^- S = T_1 A$$

⑤ 设计结果:

$$W = (z-1)^l M^+ W_1$$

$$T = T_1 B'$$

$$D_1(z) = \frac{T}{W}$$

$$D_2(z) = \frac{S}{W}$$

$$U = D_1(z)R - D_2(z)Y$$

例 6.6.2 对例 6.2.1,按图 6.11 的结构设计前馈和反馈数字控制器,要求闭环特征根为 $\lambda_1 = 0.4$,$\lambda_2 = 0.6$,试求数字控制器。

解 由题意,知

$$A(z) = z^2 - z + 0.24$$

(1) 从例6.2.1知

$$G(z) = \frac{0.368z^{-1}(1+0.718z^{-1})}{(1-z^{-1})(1-0.368z^{-1})} = \frac{0.368(z+0.718)}{(z-1)(z-0.368)}$$

$$M^- = 1,\quad M^+ = z + 0.718$$

(2) 定 $B(z)$:$B(z)=Kb'_0 z$,由 $A(1)=B(1)$得

$$b'_0 = \frac{1}{K}A(1)$$

$$B(z) = A(1)\cdot z = 0.24z$$

$$B'(z) = \frac{B}{KM^-} = \frac{0.24z}{0.368} = 0.652z$$

(3) 定 T_1:

$$\deg T_1 = 2\deg N - \deg A - \deg M^+ + l - 1$$

因为此对象为Ⅰ型,故取 $l=0$。于是

$$\deg T_1 = 0$$

取 $T_1=1$。

(4) 定 W_1 和 S:

$$\deg W_1 = \deg T_1 + \deg A - \deg N - l = 0$$

取 $W_1(z)=1$,有

$$\deg S = \deg N + l - 1 = 2 + 0 - 1 = 1$$

取 $S(z)=s_0 z+s_1$,则方程:

$$(z-1)^l N W_1 + KM^- S = T_1 A$$

$$(z-1)(z-0.368) + 0.368(s_0 z + s_1) = z^2 - z + 0.24$$

解得$\begin{cases} s_0 = 1 \\ s_1 = -0.348^\circ \end{cases}$

(5) 设计结果如下:

$$W = (z-1)^l M^+ W_1 = z + 0.718$$

$$S = z - 0.348$$

$$T = T_1 B' = 0.652z$$

$$D_1(z) = \frac{T}{W} = \frac{0.652z}{z+0.718}$$

$$D_2(z) = \frac{S}{W} = \frac{z-0.348}{z+0.718}$$

$$U(z) = \frac{0.652z}{z+0.718}R - \frac{z-0.348}{z+0.718}Y$$

$$u(k) = -0.718u(k-1) + 0.652r(k) - y(k) + 0.348y(k-1)$$

6.7 输出最小方差控制系统设计

6.6节讨论了基于输入输出模型的极点配置设计法，但在设计过程中并没有考虑随机的过程干扰。本节基于输入输出模型的一种最优化设计方法，考虑随机的过程干扰，按随机系统设计，性能指标是使输出量的方差最小。

6.7.1 设计问题的描述

输出最小方差控制系统如图6.12所示。

图6.12中被控对象的模型为 $G(z)$，随机干扰 w 输出量 y 之间的干扰传递函数模型为 $G_w(z)$。设

$$G(z) = \frac{M(z)}{N(z)} \tag{6.7.1}$$

且

$$\deg N(z) - \deg M(z) = d \tag{6.7.2}$$

$$G_w(z) = \frac{B_w(z)}{A_w(z)} \tag{6.7.3}$$

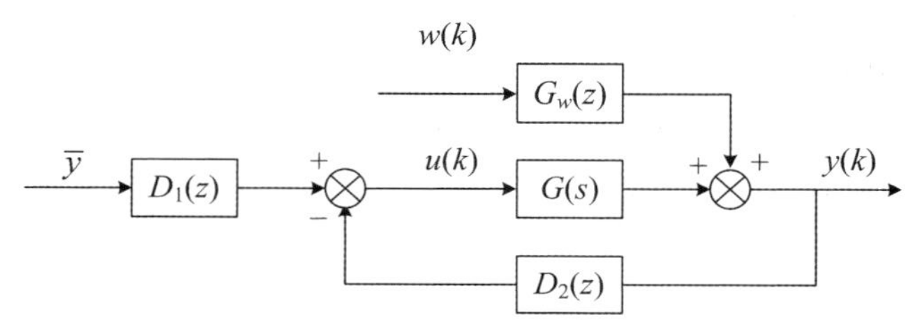

图6.12 最小方差控制系统

其中 $M(z)$，$N(z)$，$B_w(z)$和 $A_w(z)$都是 z 的多项式，于是，总的输出可表示为

$$y(k) = \frac{M}{N}u(k) + \frac{B_w}{A_w}w(k) \tag{6.7.4}$$

将其标准化，可改写为

$$y(k) = \frac{B}{A}u(k) + \frac{C}{A}w(k) \tag{6.7.5}$$

设随机干扰 $w(k)$是均值为零、方差为 σ^2 的平稳白噪声序列，即

$$E[w(k)] = 0,\quad E[w^2(k)] = \sigma^2 \tag{6.7.6}$$

设计的任务是：求取使闭环稳定的、物理可实现的线性控制器 $D_1(z)$和 $D_2(z)$，使输出 $y(k)$的稳态方差最小，即使指标

$$J = E[y(k) - \bar{y}]^2 \tag{6.7.7}$$

最小。其中，$\bar{y}$ 为希望的输出稳态均值。

式(6.7.5)是标准的控制对象和干扰模型,下面均从此模型出发来讨论问题。为方便起见,对此模型再进一步作几点假设或说明:

① $A(z)$和$C(z)$均为首一多项式,若$C(z)$不为首一,可将系数归到$w(k)$中。

② $\deg A(z)=\deg C(z)=n$,若$p=\deg A(z)-\deg C(z)>0$,则用$z^pC(z)$来代替$C(z)$。这是因为随机干扰$w(k)$为白噪声序列,所以$z^pC(z)w(k)$与$C(z)w(k)$具有同样的相关特性。

③ $d=\deg A(z)-\deg B(z)>0$,这是因为被控对象总有一定的惯性,有些对象还包含纯滞后。

④ $C(z)$的零点均在单位圆内。如果$C(z)$有在单位圆外的零点,可先将其分解成

$$C(z)=C^+(z)C^-(z)$$

其中,$C^-(z)$包含了所有在单位圆外的零点的因子。然后取$C^-(z)$的互反多项式$C^{-*}(z)$,使$C^{-*}(z)$的零点均在单位圆内。最后取新的$C(z)$为

$$C(z)=C^+(z)C^{-*}(z) \tag{6.7.9}$$

从而使新的$C(z)$的所有零点均在单位圆内。

互反多项式的定义:设

$$P(z)=P_0z^n+P_1z^{n-1}+\cdots+P_{n-1}z+P_n \tag{6.7.10}$$

称

$$P^*(z)=z_nP(z^{-1})=P_0+P_1z+\cdots+P_{n-1}z^{n-1}+P_nz^n \tag{6.7.11}$$

为$P(z)$的互反多项式。

例如:

$$C(z)=C^+(z)C^-(z)=(z+0.7)(0.5z+1)$$

其中,$C^-(z)$的互反多项式为

$$C^{-*}(z)=z+0.5$$

故新的

$$C(z)=C^+(z)C^{-*}(z)=(z+0.7)(z+0.5)$$

所有零点均在单位圆内。

6.7.2 输出最小方差控制

系统的控制对象和干扰模型(6.7.5),也可以写成

$$y(k+d)=\frac{z^dB}{A}u(k)+\frac{z^dC}{A}w(k) \tag{6.7.12}$$

式中,右端第一项只包括第k时刻以及过去的控制。而第二项包括了$w(k+d)\sim w(k)$以及过去的干扰。这就是说,最优控制$u(k)$的选择,只可能减小$w(k),w(k-1),\cdots$对$y(k+d)$的影响,而不能对$w(k+1)\sim w(k+d)$产生影响。

利用多项式除法,将上式第二项分成以k为界的两部分:$w(k+d)\sim w(k+1)$为一部分;$w(k)$和过去的干扰为另一部分。即

$$\frac{z^d C}{A}w(k) = \frac{z^{d-1}C}{A}w(k+1) = \left(F + \frac{Q}{A}\right)w(k+1) = Fw(k+1) + \frac{zQ}{A}w(k) \tag{6.7.13}$$

其中,F 是商式多项式,是 $d-1$ 阶的,且首一:

$$F(z) = z^{d-1} + f_1 z^{d-2} + \cdots + f_{d-1} \tag{6.7.14}$$

而 Q 为 $n-1$ 阶的余式多项式,这样就实现了对白噪声序列的时间分割,即

$$\frac{z^d C}{A}w(k) = w(k+d) + f_1 w(k+d-1) + \cdots f_{d-1}w(k+1) + f_d w(k) + f_{d+1}w(k-1) + \cdots \tag{6.7.15}$$

将式(6.7.13)代入式(6.7.12),有

$$y(k+d) = Fw(k+1) + \frac{z^d B}{A}u(k) + \frac{zQ}{A}w(k) \tag{6.7.16}$$

第 k 时刻及过去时刻的白噪声对输出的影响由式(6.7.5)决定,解出 $w(k)$:

$$w(k) = \frac{A}{C}y(k) - \frac{B}{C}u(k) \tag{6.7.17}$$

代入式(6.7.16),有

$$\begin{aligned} y(k+d) &= Fw(k+1) + \frac{zQ}{C}y(k) + \frac{z^d B}{A}u(k) - \frac{zQB}{AC}u(k) \\ &= Fw(k+1) + \frac{zQ}{C}y(k) + \frac{B}{C}\left(\frac{z^d C}{A} - \frac{zQ}{A}\right)u(k) \\ &= Fw(k+1) + \frac{zQ}{C}y(k) + \frac{zBF}{C}u(k) \end{aligned} \tag{6.7.18}$$

按照此式,输出方差为

$$E[y(k+d) - \bar{y}]^2 = E[Fw(k+1)] + \left[\frac{zQ}{C}y(k) + \frac{zBF}{C}u(k) - \bar{y}\right]^2 \tag{6.7.19}$$

由于上式中,前后两项是互相独立的,故

$$E[y(k+d) - \bar{y}]^2 = E[Fw(k+1)]^2 + E\left[\frac{zQ}{C}y(k) + \frac{zBF}{C}u(k) - \bar{y}\right]^2 \tag{6.7.20}$$

式中,第一项是大于零的;而第二项大于或等于零,并直接与控制 $u(k)$的选取有关。为了使输出方差最小,$u(k)$的选取应使第二项为零,即

$$\frac{zQ}{C}y(k) + \frac{zBF}{C}u(k) - \bar{y} = 0 \tag{6.7.21}$$

从而解得最小方差控制律为

$$u(k) = \frac{C}{BF}\bar{y} - \frac{Q}{BF}y(k) \tag{6.7.22}$$

所以有

$$D_1(z) = \frac{C(z)}{B(z)F(z)} \tag{6.7.23}$$

$$D_2(z) = \frac{Q(z)}{B(z)F(z)} \tag{6.7.24}$$

这里 $D_1(z)$ 由于是希望的稳态均值 $\bar{y}$ 到 $u(k)$ 的传递关系，所以只要是物理可实现的，乘除 z 的幂不影响最后的控制结果。

使用了控制律式(6.7.22)，有

$$y(k+d)-\bar{y}=Fw(k+1) \tag{6.7.25}$$

或

$$y_k-\bar{y}=Fw(k-d+1)=w(k)+f_1w(k-1)+\cdots+f_{d-1}w(k-d+1) \tag{6.7.26}$$

所以输出方差，即最小方差为

$$\begin{aligned}E[y(k)-\bar{y}]^2&=E[w(k)+f_1w(k-1)+\cdots+f_{d-1}w(k-d+1)]^2\\&=\left(1+\sum_{i=1}^{d-1}f_i^2\right)\sigma^2\end{aligned} \tag{6.7.27}$$

例 6.7.1　已知 $A(z)=z^3-1.7z^2+0.7z$，$B(z)=z+0.5$，$C(z)=z^3-0.9z^2$ 中，又 $\bar{y}=0$，求最方差控制器。

解　按给定的条件

$$d=\deg A-\deg B=2$$

有

$$\frac{z^{d-1}C}{A}=\frac{z(z^3-0.9z^2)}{z^3-1.7z^2+0.7z}=z+0.8+\frac{0.66z^2+0.56z}{A(z)}$$

由式(6.7.3)，得

$$F(z)=z+0.8$$

$$Q(z)=0.66z^2+0.56z$$

因而

$$D_1(z)=\frac{C}{zBF}=\frac{z^3-0.9z^2}{(z+0.5)(z+0.8)z}=\frac{z(z-0.9)}{(z+0.5)(z+0.8)}$$

$$D_2(z)=\frac{Q}{BF}=\frac{z(0.66z+0.56)}{(z+0.5)(z+0.8)}$$

而

$$Ey^2(k)=\left(1+\sum_{i=1}^{d-1}f_i^2\right)\sigma^2=(1+0.8^2)\sigma^2=1.64\sigma^2$$

6.7.3　对象具有单位圆外零点的最小方差控制

由式(6.7.23)和式(6.7.24)看出，$D_1(z)$ 和 $D_2(z)$ 的分母中包含 $B(z)$，因而它要抵消掉控制对象的全部零点。因此，当 $B(z)$ 包含单位圆外的零点时，这种抵消是不允许的，抵消的结果将导致系统内部出现不稳定的因素。这是因为根据式(6.7.22)、式(6.7.5)，有

$$\begin{aligned}u(k)&=\frac{C}{BF}\bar{y}-\frac{Q}{BF}y(k)=\frac{C}{BF}\bar{y}-\frac{Q}{BF}\left[\frac{B}{A}u(k)+\frac{C}{A}w(k)\right]\\&=\frac{C}{BF}\bar{y}-\frac{Q}{FA}u(k)-\frac{QC}{BFA}w(k)\end{aligned} \tag{6.7.28}$$

又由式(6.7.13)，有

$$z^{d-1}C = AF + Q \tag{6.7.29}$$

整理式(6.7.28)，并将式(6.7.29)代入，得

$$\frac{AF+Q}{AF}u(k) = -\frac{QC}{BFA}w(k) + \frac{C}{BF}\bar{y}$$

$$z^{d-1}CBu(k) = -QCw(k) + AC\bar{y}$$

$$u(k) = -\frac{Q}{z^{d-1}B}w(k) + \frac{A}{z^{d-1}B}\bar{y} \tag{6.7.30}$$

从式(6.7.30)可看出，若 $B(z)$ 有单位圆外的零点，系统将是不稳定的。因而在随机干扰 $w(k)$ 的作用下，尽管 $y(k)$ 仍有较好的响应性能，但 $u(k)$ 将趋于无穷大。因此，在 $B(z)$ 有单位圆外的零点时，便不能直接运用上述的最小方差控制。

现在讨论当 $B(z)$ 具有单位圆外的零点时，计算最小方差控制器的方法。

(1) 首先将 B(z)分解成

$$B(z) = B^{+}(z)B^{-}(z) \tag{6.7.31}$$

其中，$B^{+}(z)$ 包含了所有单位圆内的零点，且为首一多项式；$B^{-}(z)$ 包含了所有单位圆上或圆外的零点。

(2) 求解如下的丢番图方程

$$AF + B^{-}Q = z^{d-1}CB^{-*} \tag{6.7.32}$$

求得 $F(z)$ 和 $G(z)$，它们的阶次分别是

$$\deg F = d + \deg B^{-} - 1 \tag{6.7.33}$$

$$\deg Q = \deg A - 1 \tag{6.7.34}$$

其中，$B^{-*}(z)$ 是 $B^{-}(z)$ 的互反多项式，$d = \deg A - \deg B$。

(3) 求最小方差控制器

$$D_1(z) = \frac{C(z)}{B^{+}(z)F(z)} \tag{6.7.35}$$

$$D_2(z) = \frac{Q(z)}{B^{+}(z)F(z)} \tag{6.7.36}$$

同样，$D_1(z)$ 中在保持物理可实现性的条件下，乘除 z，不影响控制结果。

例 6.7.2 已知控制对象的模型为

$$\begin{cases} A(z) = z^2 - 1.7z + 0.7 \\ B(z) = 0.9z + 1 \\ C(z) = z^2 - 0.7z \end{cases}$$

同时，已知 $Ew^2(k) = \sigma^2$，$\bar{y} = 0$，求最小输出方差反馈控制器和最小性能指标。

解 (1) 首先分解 $B(z) = B^{+}(z)B^{-}(z)$，$B^{+}(z) = 1$，$B^{-}(z) = 0.9z + 1$，容易求得

$$B^{-*}(z) = 0.9 + z$$

(2) 丢番图方程为

$$(z^2 - 1.7z + 0.7)F(z) + (0.9z + 1)Q(z) = (z^2 - 0.7z)(0.9 + z)$$

由式(6.7.33)和式(6.7.34)，得

$$\deg F = d + \deg B^{-} - 1$$

$$\deg Q = \deg A - 1 = 1$$

取 $F(z)=f_0z+f_1$，$Q(z)=q_0z+q_1$，将它们代入丢番图方程，有

$$(z^2-1.7z+0.7)(f_0z+f_1)+(0.9z+1)(q_0z+q_1)=(z^2-0.7z)(0.9+z)$$

比较等式两边系数解得

$$f_0=1,\quad f_1=1,\quad q_0=1,\quad q_1=-0.7$$

故 $F(z)=z+1$，$Q(z)=z-0.7$。

(3) 根据式(6.7.36)，得最小方差反馈控制器

$$D_2(z)=\frac{Q(z)}{B^+(z)F(z)}=\frac{z-0.7}{z+1}$$

(4) 下面求出该控制作用下的性能指标 $J=Ey^2(k)$。

不能直接利用式(6.7.27)来计算。首先应求出从 $w(k)$ 到 $y(k)$ 的闭环传递函数 $H(z)$，由图6.13容易求得

$$H(z)=\frac{F(z)}{z^{d-1}B^{-*}(z)} \tag{6.7.37}$$

代入具体参数得 $H(z)=\dfrac{z+1}{z+0.9}$，从而

$$\begin{aligned}y(k)&=H(z)w(k)=\frac{z+1}{z+0.9}w(k)=\frac{1+z^{-1}}{1+0.9z^{-1}}w(k)\\&=\left(1+\frac{0.1z^{-1}}{1+0.9z^{-1}}\right)w(k)=w(k)+m(k)\end{aligned} \tag{6.7.38}$$

其中

$$m(k)=\frac{0.1z^{-1}}{1+0.9z^{-1}}w(k) \tag{6.7.39}$$

展开上式，得

$$m(k)=-0.9m(k-1)+0.1w(k-1) \tag{6.7.40}$$

可见，$m(k)$ 与 $w(k)$ 不相关。从而根据式(6.7.38)得

$$Ey^2(k)=Ew^2(k)+Em^2(k) \tag{6.7.41}$$

再由式(6.7.40)知

$$Em^2(k)=0.9Em^2(k-1)+0.1^2Ew^2(k-1) \tag{6.7.42}$$

假设系统处于平稳状态，得

$$\begin{aligned}Ew^2(k-1)&=Ew^2(k)\\Em^2(k-1)&=Em^2(k)\end{aligned} \tag{6.7.43}$$

将上式代入式(6.7.42)，得

$$Em^2(k)=\frac{0.1^2}{1-0.9^2}Ew^2(k)$$

代入式(6.7.41)，得

$$Ey^2(k)=\left(1+\frac{0.1^2}{1-0.9^2}\right)Ew^2(k)=1.053\sigma^2$$

6.8 伯德图与根轨迹设计法

在连续控制系统中利用伯德(Bode)图和根轨迹来校正系统行为的控制器设计，同样可以用来设计计算机控制系统的控制器，本节着重讨论基于 z 域的伯德图设计法和根轨迹设计法。

6.8.1 数字控制器的伯德图设计法

伯德图设计法也叫作频率响应设计法。在连续控制系统设计中频率响应法已被控制工程人员所熟悉，应用方便，积累的经验丰富，特别是可以将对控制系统的性能要求转变为对频率特性的要求，使得用频率响应法设计的系统一般都能满足对设计的要求。

根据 z 平面和 s 平面的关系，即

$$z = e^{T_s s} \tag{6.8.1}$$

为了在离散控制系统的分析和设计中，能更好地应用连续控制系统设计中成熟的伯德图法，我们采用双线性变换将 z 域的脉冲传递函数映射到 w 域，即令

$$z = \frac{1 + w}{1 - w}$$

或

$$z = \frac{1 + \frac{T_s}{2} w}{1 - \frac{T_s}{2} w} \tag{6.8.2}$$

这样离散控制系统的脉冲传递函数 $G(z)$ 就变换到 $G(w)$，w 平面与 s 平面类似，就 $G(w)$ 而言稳定域是 w 平面的左半平面。于是我们可以直接应用连续控制系统中的伯德图法进行控制系统的设计。

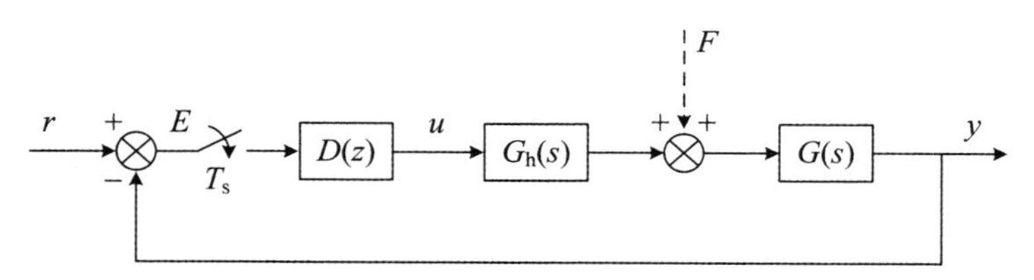

图 6.13 计算机控制系统框图

离散控制系统如图 6.13 所示，应用频率响应法(伯德图法)设计的步骤如下：

① 在受控对象前加入一个保持器，求得受控对象的广义 z 传递函数 $G_h G(z)$，即

$$G_h G(z) = Z[G_h(s) G(s)] \tag{6.8.3}$$

② 作双线性变换，将 $G_h G(z)$ 变为 $G(w)$，即

$$G(w) = G_h G(z) \Big|_{z=\frac{1+w}{1-w}}$$

或

$$G(w)=G_hG(z)\Big|_{\frac{1+\frac{T_s}{2}w}{1-\frac{T_s}{2}w}} \tag{6.8.4}$$

③ 将 $w=\mathrm{j}v$ 代入 $G(w)$ 得到幅频特性 $A(v)$ 和相频特性 $\varphi(v)$，并绘制其伯德图，并从伯德图中读出静态误差常数、相位裕度和幅值裕度。

④ 设置数字控制器 z 传递函数 $D(z)$ 的变换式 $D(w)$ 的低频增益为1，通过满足给定误差常数的要求，确定系统增益系数。然后，用连续系统设计的常用方法修改 $A(v)$ 到 $A_0(v)$（期望频率特性），从而获得期望开环 z 传递函数 $G_o(w)$；根据 $G(w)$ 和 $G_o(w)$，求出 $D(w)$，即

$$D(w)=\frac{G_o(w)}{G(w)} \tag{6.8.5}$$

⑤ 根据双线性反变换将 $D(w)$ 变为 $D(z)$，即

$$D(z)=D(w)\big|_{w=\frac{z-1}{z+1}}$$

或

$$D(z)=D(w)\big|_{w=\frac{2}{T_s}\cdot\left(\frac{z-1}{z+1}\right)} \tag{6.8.6}$$

⑥ 用算法实现 $D(z)$。

完成上述步骤后，需要通过仿真或实际运行，考察设计结果，若满足给定的性能指标，设计到此结束；若不能满足给定的性能要求，则需要重新设计；反复试凑，直到满足要求。

设计过程要注意的是，$G(w)$ 常常为非最小相位系统，$A(v)$ 和 $\varphi(v)$ 并不一一对应，所以要特别注意校对相位特性。

例 6.8.1　已知计算机控制系统如图 6.14 所示，其中 $G(s)=\dfrac{K}{s(s+2)}$，试应用伯德图设计法，设计数字控制器 $D(z)$，使闭环系统满足如下控制性能指标的要求：

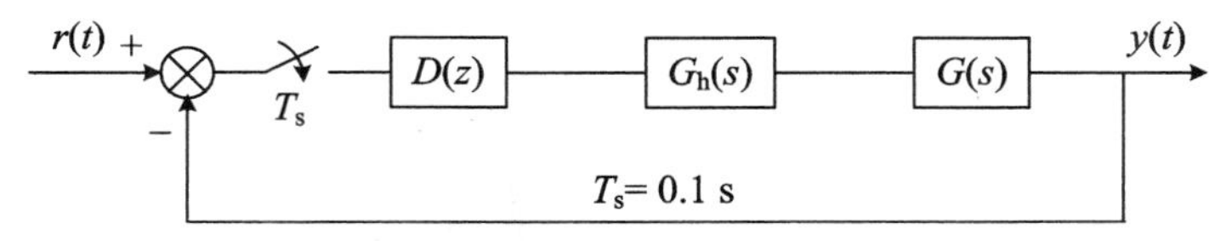

图 6.14　例 6.8.11 图

(1) 对阶跃输入响应的超调量 $m_p\leqslant 25\%$（$m_p=\mathrm{e}^{-\xi\pi/\sqrt{1-\xi^2}}\times 100\%$）；

(2) 调整时间 $T_s<1\ \mathrm{s}\left(T_s=\dfrac{4}{\xi\omega_n}\right)$；

(3) 对 0.1 rad/s 的输入，最大稳态跟踪误差 $\leqslant 0.001$。

解　设计过程

(1) 求 $G_hG(z)$。

假设我们选用零阶保持器，则

$$G_hG(z)=Z\left[\left(\frac{1-\mathrm{e}^{-T_sS}}{s}\right)\cdot\frac{K}{s(s+5)}\right]=\frac{0.0043K(z+0.85)}{(z-1)(z-0.61)}$$

由性能指标③ 可知，在速度输入 $e_{ssv}=\dfrac{T_s \cdot A}{k_v}$（其中 A 为输入 $r(kT)=Ak$）中

$$k_v = \lim_{z\to 1}(1-z^{-1})G_h G(z) = \frac{0.1\times 0.1}{0.001}$$

因 $0.2K=10$，得到 $K=50$。

（2）作双线性变换，即令

$$z = \frac{1+\dfrac{T_s}{2}w}{1-\dfrac{T_s}{2}w}$$

$$G(w) = G_h G(z)\Big|_{z=\frac{1+0.05w}{1-0.05w}} = \frac{10\left(1-\dfrac{w}{20}\right)\left(1+\dfrac{w}{246.667}\right)}{w\left(1+\dfrac{w}{4.84}\right)}$$

（3）将系统看成是由具有一对主导共轭复极点的典型二阶系统，由性能指标(1)即

$$M_p = \frac{e^{-\xi\pi}}{\sqrt{1-\xi^2}} = 25\%$$

可知系统的阻尼系数为 $\xi=0.4$，相位裕度近似为 40°。令 $w=\mathrm{j}\nu$ 代入 $G(w)$ 得

$$G(\mathrm{j}\nu) = \frac{10\left(1-\dfrac{\mathrm{j}\nu}{20}\right)\left(1+\dfrac{\mathrm{j}\nu}{246.667}\right)}{\mathrm{j}\nu\left(1+\dfrac{\mathrm{j}\nu}{4.84}\right)}$$

于是对应的幅频特性 $L_G(\nu)$ 和相频特性 $\varphi_G(\nu)$ 如图 6.15 所示。从图中可以得到幅值穿越（$G(1)=1$）频率为 6.6 rad/s，相位裕度 $\varphi_1=20^\circ$。

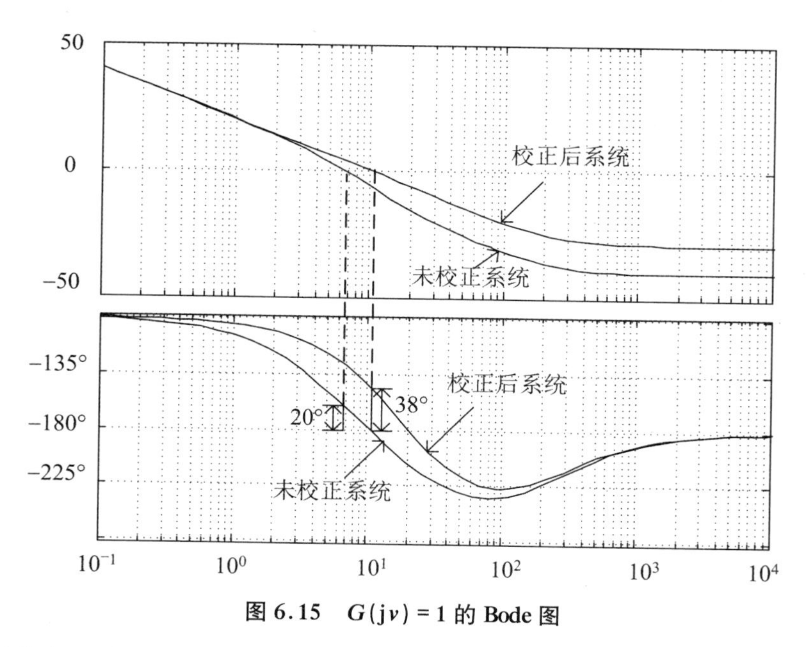

图 6.15　$G(\mathrm{j}\nu)=1$ 的 Bode 图

（4）性能指标要求的相位裕度为 40°，必须增加相位裕度，为此我们选择一超前校正网

络,其传递函数为

$$D(w)=\frac{1+w\tau}{1+\alpha w\tau}\qquad(0<\alpha<1,\tau>0)$$

由 $D(w)$的表达式,控制器任意频率 v 处的相位超前为

$$\varphi=\tan^{-1}v\tau-\tan^{-1}\alpha v\tau$$

则

$$\tan\varphi=\frac{v^2(1-\alpha)}{1+\alpha v\tau^2}$$

由$\frac{d\varphi}{dv}=0$得到最大超前相位的发生频率

$$v_m=\frac{1}{\tau\sqrt{\alpha}}=\sqrt{\frac{1}{\tau}\cdot\frac{1}{\alpha\tau}}$$

这说明最大超前相位发生在一阶超前控制环节的两个转折频率的几何中心,此时

$$\tan\varphi_m=\frac{1-\alpha}{2\sqrt{\alpha}}$$

亦即

$$\alpha=\frac{1-\sin\varphi_m}{1+\sin\varphi_m}$$

在 v_m 处的 $D(jv)$的幅度为

$$|D(jv)|=\left|\frac{1+jv_m\tau}{1+j\alpha v_m\tau}\right|=\frac{1}{\sqrt{\alpha}}$$

由于校正前系统的相位裕度低于指定的相位裕度,可以用超前控制来加大相位裕度。但是根据超前控制的特点,可知,加入相位超前控制器,将引起穿越频率向右移至某个未知值 v_c,这样对控制器而言,要求在 v_c 提供的相位超前 φ_1 为

$$\varphi_1=\varphi_s-\varphi_1+\varepsilon=40^\circ-20^\circ+15^\circ=35^\circ$$

其中,$\varphi_s=40^\circ$为期望的相位裕度,ε 为附加裕值(一般取 $5^\circ\sim15^\circ$)。

为了设计的需要,我们可以将 v_m 与 v_c 重置,则在该点处 $\varphi_m=\varphi_1$,于是

$$\alpha=\frac{1-\sin\varphi_m}{1+\sin\varphi_m}=\frac{1-\sin\varphi_c}{1+\sin\varphi_1}=\frac{1-\sin35^\circ}{1+\sin35^\circ}=0.27$$

在 v_m 处,控制器的幅值为

$$-20\lg\frac{1}{\sqrt{\alpha}}=10\lg\left(\frac{1}{\alpha}\right)=5.67\ (\mathrm{dB})$$

在伯德图上对应的 $v_c=8.8\ \mathrm{rad/s}=v_m$。

于是,获得如下结论:

控制器的低频转角为

$$\frac{1}{\tau}=v_m\sqrt{\alpha}=4.57\ (\mathrm{rad/s})$$

控制器的高频转角为

$$\frac{1}{\alpha\tau}=\frac{v_m}{\sqrt{\alpha}}=16.94\ (\mathrm{rad/s})$$

则控制器的传递函数为

$$D(w)=\frac{1+w\tau}{1+\alpha w\tau}=\frac{1+\dfrac{w}{4.57}}{1+\dfrac{w}{16.94}}=\frac{1+0.2188w}{1+0.059w}$$

(5) 根据双线性反变换

$$D(z)=D(w)\big|_{w=\frac{2}{T_s}\cdot\frac{(z-1)}{z+1}}=2.445\times\frac{(z-0.628)}{z-0.09}$$

(6) 根据 $D(z)=\dfrac{U(z)}{E(z)}$,可以获得数字控制器的计算机算法

$$u(k)=0.09u(k-1)+2.445e(k)-1.535e(k-1)$$

6.8.2 数字控制器的根轨迹设计法

根轨迹设计法是指在已知控制系统开环传递函数的零、极点分布的情况下,研究系统的参数变化对控制系统闭环性能的影响。

若计算机控制系统的开环传递函数为 $G(z)$,则其单位反馈系统的闭环特征方程为

$$1+G(z)=0 \tag{6.8.7}$$

它可以写成极、零点的形式:

$$1+\frac{K\prod_i(z-z_i)}{\prod_j(z-p_j)}=0 \tag{6.8.8}$$

其中,z_i,p_j 分别是 $G(z)$的第 i 个零点和第 j 个极点。

为了绘制 z 平面上的根轨迹,K 是变化的。系统的闭环极点即特征方程的根,只能发生在满足

$$G(z)=-1 \tag{6.8.9}$$

的 z 值上。

由于 z 是复变量,式(6.8.9)可化为以下两个条件:

幅值条件:

$$|G(z)|=1 \tag{6.8.10}$$

相角条件:

$$\angle G(z)=\pm(2q+1)\pi \qquad (q=0,1,2,\cdots) \tag{6.8.11}$$

复平面上,满足相角条件的轨迹称为根轨迹,根轨迹上点相应的增益值,可以由式(6.8.10)的幅值条件确定。

由式(6.8.10)和式(6.8.11)知,z 平面上的根轨迹与 s 平面的根轨迹绘制方法相同,两个平面上的根轨迹不同之处表现在 z 平面上的稳定边界是单位圆而不是一条直线。因此在利用 z 平面根轨迹解释控制系统的稳定性和系统动态品质时,根的位置的意义不同。

z 平面根轨迹设计法与 s 平面根轨迹设计法相同,是在原有系统的基础上,用串联或并联控制在前向或反馈回路中加入一阶或 n 阶的控制网络,增加系统的极、零点,使闭环系统

的特征根移到更合适的位置上。常用的控制网络有超前控制、滞后控制及超前滞后控制的组合。

例 6.8.2　计算机控制系统如图 6.16 所示，采样周期 $T=0.1$ s，试用根轨迹法设计数字控制器 $D(z)$，使闭环系统的阻尼比 $\xi=0.7$，速度误差系数 $K_v \geqslant 0.5$，其中

$$G(s)=\frac{K}{s(1+0.1s)(1+0.05s)}$$

$$G_h(s)=\frac{1-e^{-Ts}}{s}$$

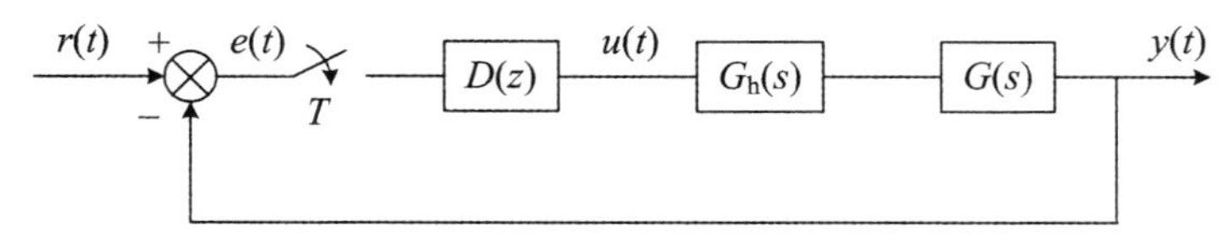

图 6.16　例 6.8.2 中的计算机控制系统

解　系统校正前的开环传递函数为

$$\begin{aligned}G(z)&=Z[G_h(s)G(s)]\\&=Z\left[\frac{(1-e^{-0.1s})}{s}\cdot\frac{K}{s(1+0.1s)(1+0.05s)}\right]\\&=\frac{0.0164K(z+0.12)(z+1.93)}{(z-1)(z-0.368)(z-0.135)}\end{aligned}$$

由 $G(z)$可绘制出 z 平面的根轨迹如图 6.17 所示，系统的临界放大系数 $K_c=13.2$，根轨迹与 $\xi=0.7$ 线的交点的放大系数为 2.6，速度误差系数

$$\begin{aligned}K_v&=\lim_{z\to1}(1-z^{-1})G(z)\\&=\lim_{z\to1}(1-z^{-1})\frac{0.0164\times2.6(z+0.12)(z+1.93)}{(z-1)(z-0.368)(z-0.135)}=0.26\end{aligned}$$

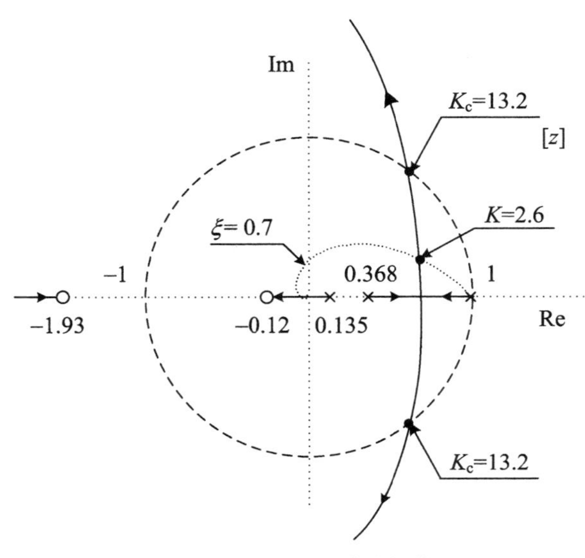

图 6.17　校正前系统的根轨迹

可见,校正前的系统在 $\xi=0.7$ 时,$K_v=0.26$,不满足指标要求。为了改善系统的性能及提高 K_v,很明显要增大 K_v,必须使根轨迹弯向 z 平面的左半面,以使与 $\xi=0.7$ 中的交点处的 K 值增大。为此我们可以增加一个零点以抵消稳定极点 0.368,必须再增加一个极点以满足物理可实现性,即校正网络

$$D(z)=\frac{z-0.368}{z+p_1}$$

这时

$$\begin{aligned}K_v&=\lim_{z\to1}(1-z^{-1})D(z)G(z)\\&=\lim_{z\to1}(1-z^{-1})\frac{(z-0.368)}{z+p_1}\cdot\frac{0.0164K(z+0.12)(z+1.93)}{(z-1)(z-0.368)(z-0.135)}\\&=\frac{0.0622K}{1+p_1}\geqslant0.5\end{aligned}$$

$$K\geqslant8.04(1+p_1)$$

再根据幅值条件的要求,可取 $p_1=0.95$,得校正网络为

$$D(z)=\frac{z-0.368}{z+0.950}$$

校正后的根轨迹应如图 6.18 所示,其临界放大系数 $K_c=61.8$,与 $\xi=0.7$ 线交点相应的放大系数为 17.1,此时速度误差系数

$$\begin{aligned}K_v&=\lim_{z\to1}(1-z^{-1})D(z)G(z)\\&=\lim_{z\to1}(1-z^{-1})\frac{z-0.368}{z+0.950}\cdot\frac{0.0164\times17.1(z+0.12)(z+1.93)}{(z-1)(z-0.135)(z-0.368)}\approx0.55\end{aligned}$$

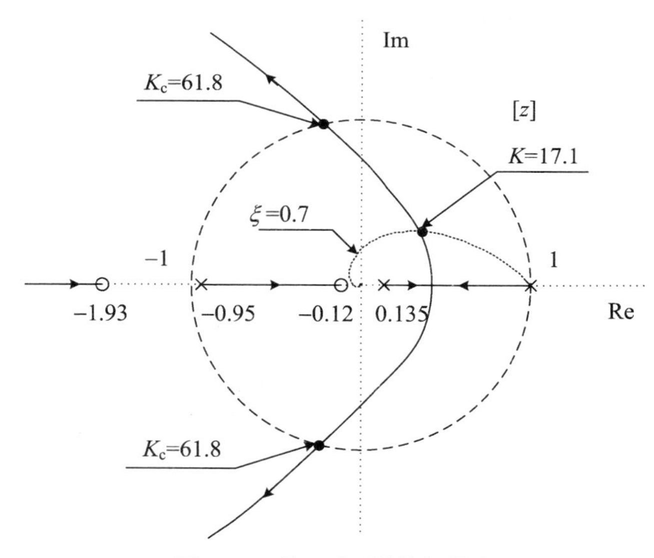

图 6.18　校正后系统的根轨迹

可见满足设计要求,控制器 $D(z)$ 为

$$D(z)=\frac{z-0.368}{z+0.950}=\frac{U(z)}{E(z)}=\frac{1-0.368z^{-1}}{1+0.950z^{-1}}$$

其计算机算法为

$$u(kT) = -0.950u(kT-T) + e(kT) - 0.368e(kT-T)$$

习　　题

6.1　连续环节的传递函数 $G(s)=\dfrac{1}{s+1}$，试用加零阶和 1 阶保持器的方法求其 z 传递函数 $G(z)$。

6.2　有限拍有纹波和无纹波控制系统的设计有什么区别？

6.3　用离散设计法得到的系统闭环传递函数有什么特点？系统存在的问题是什么？

6.4　何为物理可实现性和稳定性？你是怎样理解的？

6.5　计算机控制系统如图 P6.1 所示，试就下列 $G(s)$ 及 T_s 的要求设计最小拍有纹波和无纹波控制器。

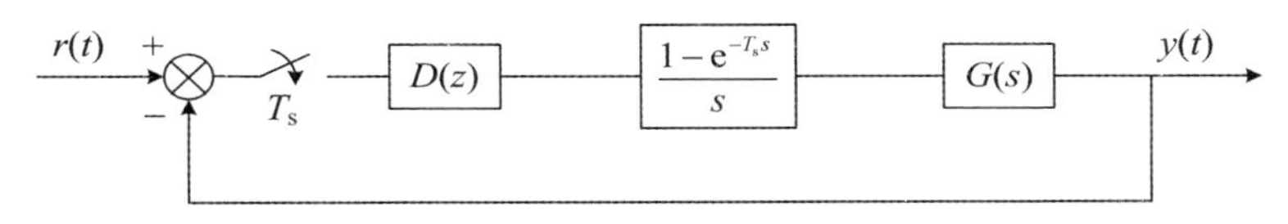

图 P6.1　习题 6.5 图

(1) $G(s)=\dfrac{10}{s+2}$，$T_s=0.2\ \text{s}$；

(2) $G(s)=\dfrac{10}{s+2}\mathrm{e}^{-0.1s}$，$T_s=0.1\ \text{s}$；

(3) $G(s)=\dfrac{s+1}{s(s+5)}$，$T_s=0.5\ \text{s}$；

(4) $G(s)=\dfrac{3}{s(s+1)(s+3)}$，$T_s=0.5\ \text{s}$；

(5) $G(s)=\dfrac{5}{s(s+1)}$，$T_s=1\ \text{s}$。

其中输入 $r(t)$ 分别为单位阶跃、单位速度和单位加速度。

6.6　计算机控制系统如图 P6.2 所示，对于该非单位反馈系统，试按如下两种误差定义来讨论最小拍有纹波和无纹波控制系统的设计：

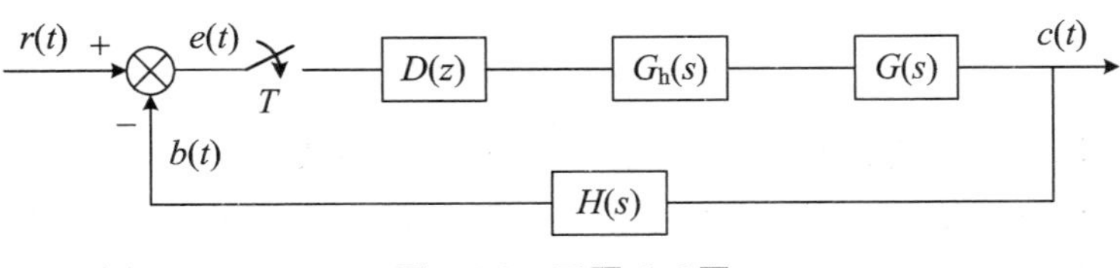

图 P6.2　习题 6.6 图

(1) $e(t)=r(t)-b(t)$；

(2) $e(t)=r(t)-c(t)$。

6.7　一个处在较强的外部干扰下的计算机控制系统如图 P6.3 所示，采用复合控制结构实现抗干扰能力较强的无纹波系统，其中 $G(s)=\dfrac{10}{s+1}$，试设计各个数字控制器。

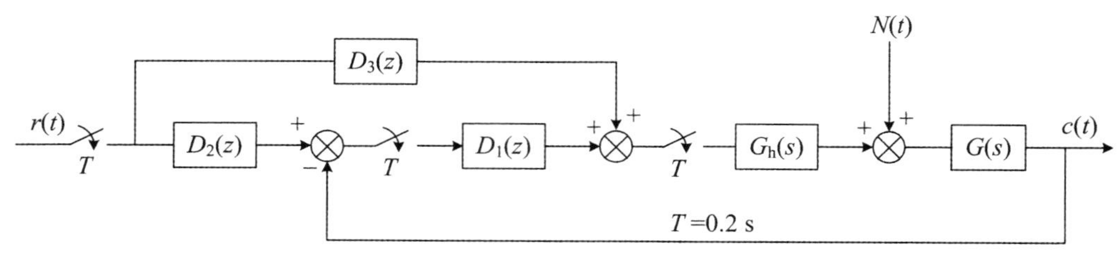

图 P6.3　习题 6.7 图

6.8　计算机控制系统如图 P6.4 所示，采样周期 $T=1$ s，$G(s)=\dfrac{1}{s^2}$，试设计数字控制器 $D(z)$：

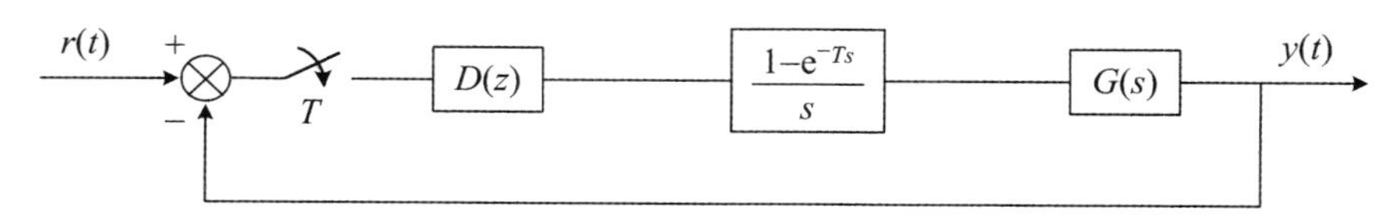

图 P6.4　习题 6.8 图

(1) 使系统闭环极点 $p_1=0.4$，$p_2=0.6$；

(2) 使系统闭环极点 $p_1=p_2=0$。

6.9　有干扰输入的计算机控制系统如图 P6.5 所示，假设干扰 v_k 是零均值平稳随机序列，其谱密度为 $s_v(\omega)=\dfrac{6.8+6\cos\omega}{1.45+\cos\omega}$，其中 $G(s)=\dfrac{1}{s+1}$，$T=1$ s。

(1) 试设计对 $R^*=0$ 实现输出最小方差控制器 $H(z)$，并求出最后达到的输出方差；

(2) 试设计对 $R^*>2$ 实现输出最小方差控制器 $H(z)$ 和 $D(z)$。

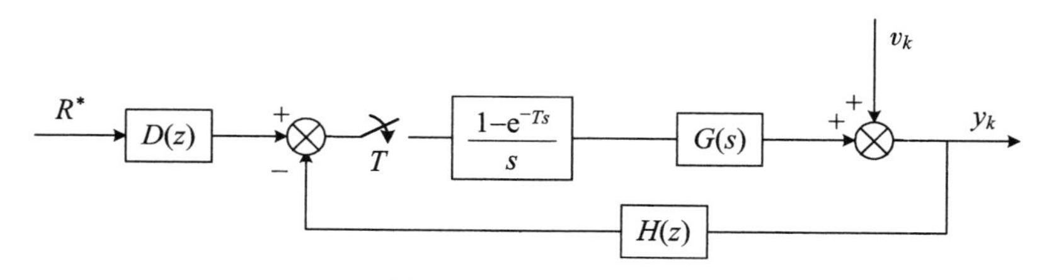

图 P6.5　习题 6.9 图

6.10　计算机控制系统如图 P6.6 所示，试利用伯德图法设计数字控制器 $D(z)$，使系统的技术指标达到相角裕量 $\gamma\geqslant45^\circ$，静态速度误差系统 $K_v\geqslant5$，其中采样周期 $T=1$ s。

6.11　计算机控制系统如图 P6.7 所示，试利用 z 平面根轨迹法设计数字控制器 $D(z)$，使系统的技术指标达到系统阻尼比 $\xi=0.7$，静态速度误差系数 $R_v\geqslant1$，其中采样周期 $T_s=$

0.5 s。

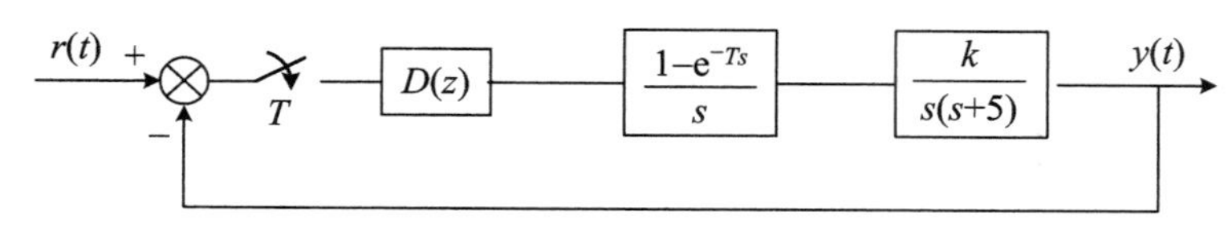

图 P6.6 习题 6.10 图

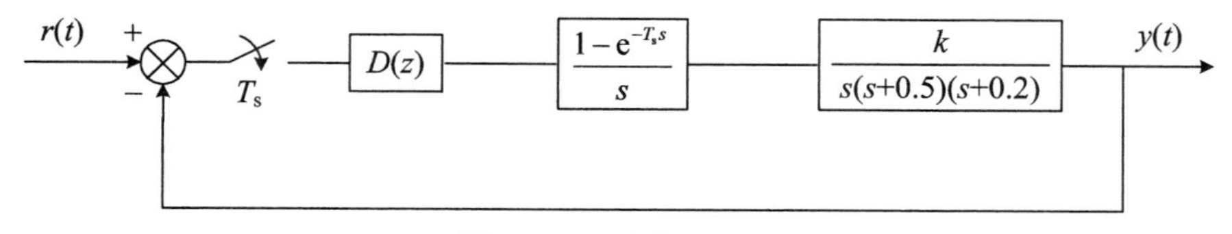

图 P6.7 习题 6.11 图

6.12 设 s 平面上的二阶系统

$$\frac{C(s)}{R(s)}=\frac{\omega_n^2}{s^2+2\xi\omega_n s+\omega_n^2}$$

其特征方程的根为

$$s=-\xi\omega_n\pm \mathrm{j}\omega_n\sqrt{1-\xi^2}$$

s 平面到 z 平面的映射关系为 $z=\mathrm{e}^{Ts}$，试给出 s 平面最大超调量 M_p 随系统阻尼比 ξ 变化的关系，并仔细分析对应 z 平面二阶系统的特性。

第 7 章　计算机控制系统的状态空间设计法

前面我们讨论的各种设计方法均是以传递函数为基础来分析和设计的单输入单输出(SISO)系统的，属于传统设计法，方法简单。但是传递函数模型只能反映系统输出与输入变量之间的关系，不能反映系统内部的变化情况，一般不能用来设计各种最优控制和自适应控制系统。

用状态空间设计的方法，我们可以按照给定的性能指标设计控制系统，而不必根据特定的输入函数进行设计；在状态空间设计法中可以包含有初始条件，这些特点都是非常方便而有效的，也是传统设计方法无法做到的。

本章主要讨论以状态空间为基础的输出反馈设计法、极点配置设计法以及二次型性能指标最优控制的设计方法，体现了控制理论的发展。

7.1　输出反馈设计法

假设多输入多输出(MIMO)反馈控制系统如图 7.1 所示。采用状态空间描述的输出反馈控制设计法的目标是：利用状态空间表达式，设计出数字调节器 $D(z)$，使得多变量计算机控制系统满足要求的性能指标，即在 $D(z)$ 的作用下，系统输出 $y(t)$ 经过 N 次采样(N 拍)后，跟踪参数输入函数 $r(t)$ 的瞬态响应时间为最小。

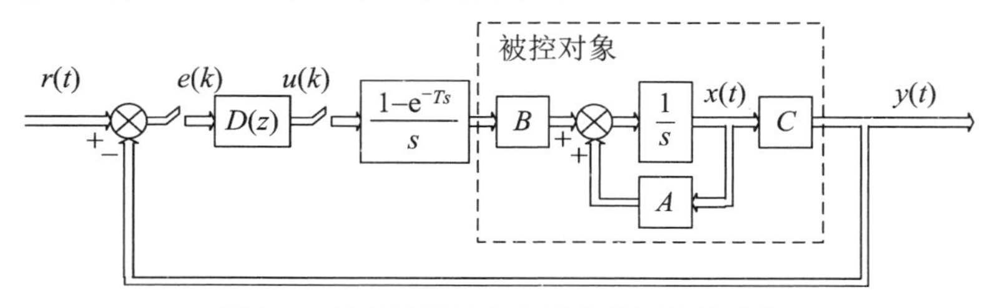

图 7.1　输出反馈的多变量计算机控制系统

考虑被控对象是线性或线性化的连续对象，其状态方程和输出方程为

$$\begin{cases} \dot{x}(t) = \boldsymbol{A}\boldsymbol{x}(t) + \boldsymbol{B}\boldsymbol{u}(t) \qquad (\boldsymbol{x}(t)\mid_{t=t_0} = \boldsymbol{x}(t_0)) \\ y(t) = Cx(t) \end{cases} \tag{7.1.1}$$

式中，$\boldsymbol{x}(t)$ 是 n 维状态向量；$\boldsymbol{u}(t)$ 是 r 维控制或输入向量；$\boldsymbol{y}(t)$ 是 m 维输出向量；$\boldsymbol{A}$ 是 $n\times n$ 维状态矩阵；$\boldsymbol{B}$ 是 $n\times r$ 维控制或输入矩阵；$\boldsymbol{C}$ 是 $m\times n$ 维输出矩阵；假设参考输入函数 $\boldsymbol{r}(t)$ 是 m 维阶跃函数向量，即

$$\boldsymbol{r}(t)=\boldsymbol{r}_0\cdot 1(t)=[r_{01}\quad r_{02}\quad \cdots\quad r_{0m}]^{\mathrm{T}}\cdot 1(t) \tag{7.1.2}$$

下面将讨论在 $D(z)$作用下,输出是最小 N 拍跟踪输入的设计方法。设计时应首先把被控对象离散化,用离散状态空间方程表征被控对象。

7.1.1 连续状态方程的离散化

系统的结构、参数及其内在属性,完全由系统的状态矩阵 $\boldsymbol{A}$、输入矩阵 $\boldsymbol{B}$ 和输出矩阵 $\boldsymbol{C}$ 唯一的确定。式(7.1.1)的解为

$$\boldsymbol{x}(t)=\mathrm{e}^{\boldsymbol{A}(t-t_0)}\boldsymbol{x}(t_0)+\int_{t_0}^{t}\mathrm{e}^{\boldsymbol{A}(t-\tau)}\boldsymbol{B}\boldsymbol{u}(\tau)\mathrm{d}\tau \tag{7.1.3}$$

输出响应为

$$\boldsymbol{y}(t)=\boldsymbol{C}\mathrm{e}^{\boldsymbol{A}(t-t_0)}\boldsymbol{x}(t_0)+\int_{t_0}^{t}\boldsymbol{C}\mathrm{e}^{\boldsymbol{A}(t-\tau)}\boldsymbol{B}\boldsymbol{u}(\tau)\mathrm{d}\tau \tag{7.1.4}$$

其中,$\mathrm{e}^{\boldsymbol{A}(t-t_0)}$是被控对象的状态转移矩阵,$\boldsymbol{x}(t_0)$是初始状态向量。

对于系统(7.1.1),在采用零阶保持器时对应的离散系统的状态空间表达式为

$$\begin{cases}\boldsymbol{x}(k+1)=\boldsymbol{F}\boldsymbol{x}(k)+\boldsymbol{G}\boldsymbol{u}(k)\\ \boldsymbol{y}(k)=\boldsymbol{C}\boldsymbol{x}(k)\end{cases} \tag{7.1.5}$$

其中

$$\boldsymbol{F}=\mathrm{e}^{\boldsymbol{A}T} \tag{7.1.6}$$

$$\boldsymbol{G}=\left(\int_0^T\mathrm{e}^{\boldsymbol{A}t}\mathrm{d}t\right)\boldsymbol{B} \tag{7.1.7}$$

式中,T 为采样周期。

离散状态方程(7.1.5)的解为

$$\boldsymbol{x}(k)=\boldsymbol{F}^k\boldsymbol{x}(0)+\sum_{j=0}^{k-1}\boldsymbol{F}^{k-j-1}\boldsymbol{G}\boldsymbol{u}(j) \tag{7.1.8}$$

输出响应为

$$\boldsymbol{y}(k)=\boldsymbol{C}\boldsymbol{F}^k\boldsymbol{x}(0)+\sum_{j=0}^{k-1}\boldsymbol{C}\boldsymbol{F}^{k-j-1}\boldsymbol{G}\boldsymbol{u}(j) \tag{7.1.9}$$

7.1.2 最小拍系统的跟踪条件

由系统的输出方程可知,要使系统的输出 $\boldsymbol{y}(t)$以最小的 N 拍跟踪参考输入 r_0 的定值控制,必须满足

$$\boldsymbol{y}(N)=\boldsymbol{C}\boldsymbol{x}(N)=\boldsymbol{r}_0 \tag{7.1.10}$$

只考虑上面条件设计的系统是最小拍有纹波系统,要设计最小拍无纹波系统,还必须满足附加条件:

$$\dot{\boldsymbol{x}}(N)=\boldsymbol{0} \tag{7.1.11}$$

这是因为,在 $NT\leqslant t<(N+1)T$ 的时间间隔内,控制信号 $\boldsymbol{u}(t)=\boldsymbol{u}(N)$为常向量,由式(7.1.1)知,当 $\dot{\boldsymbol{x}}(N)=\boldsymbol{0}$,则在 $NT\leqslant t<(N+1)T$ 的间隔内,$\boldsymbol{x}(t)=\boldsymbol{x}(N)$,而且不改变。

即,若使 $t \geqslant NT$ 时的控制信号满足

$$u(t) = u(N) \qquad (t \geqslant NT) \tag{7.1.12}$$

此时,$\boldsymbol{x}(t)=\boldsymbol{x}(N)$且不变,从而条件(7.1.10)时 $t \geqslant NT$ 时满足下式:

$$\boldsymbol{y}(t) = \boldsymbol{Cx}(t) = \boldsymbol{Cx}(N) = r_0 \qquad (t \geqslant NT) \tag{7.1.13}$$

系统输出跟踪输入所用的最小拍数也是有限制的。从上面的讨论中知,式(7.1.10)确定的跟踪条件为 m 个,式(7.1.11)确定的附加跟踪条件为 n 个,为了满足式(7.1.10)和式(7.1.11)组成 $m+n$ 个跟踪条件,$N+1$ 个 r 维的控制向量$\{\boldsymbol{u}(0) \quad \boldsymbol{u}(1) \quad \cdots \quad \boldsymbol{u}(N-1) \quad \boldsymbol{u}(N)\}$至少提供 $m+n$ 个控制参数,即

$$(N+1)r \geqslant (m+n) \tag{7.1.14}$$

最小拍数 N 应取满足式(7.1.14)的最小整数。

7.1.3 输出反馈法的设计步骤

7.1.3.1 连续方程离散化

将被控对象的连续状态方程(7.1.1),用采样周期 T 对其进行离散化,通过计算式(7.1.6)、式(7.1.7),可求得离散状态方程(7.1.5)。

7.1.3.2 确定满足跟踪条件

要满足跟踪条件式(7.1.10)和附加条件式(7.1.11)的控制信号序列$\{\boldsymbol{u}(k)\}$及其 z 变换$\boldsymbol{U}(z)$。

根据式(7.1.8),被控对象在 N 拍控制信号$\{\boldsymbol{u}(0) \quad \boldsymbol{u}(1) \quad \cdots \quad \boldsymbol{u}(N-1)\}$作用下的状态为

$$\boldsymbol{x}(N) = \boldsymbol{F}^N\boldsymbol{x}(0) + \sum_{j=0}^{N-1}\boldsymbol{F}^{N-j-1}\boldsymbol{Gu}(j)$$

假定系统的初始条件 $\boldsymbol{x}(0)=\boldsymbol{0}$,则有

$$\boldsymbol{x}(N) = \sum_{j=0}^{N-1}\boldsymbol{F}^{N-j-1}\boldsymbol{Gu}(j) \tag{7.1.15}$$

根据条件(7.1.10),有

$$\boldsymbol{r}_0 = \boldsymbol{y}(N) = \boldsymbol{Cx}(N) = \sum_{j=0}^{N-1}\boldsymbol{CF}^{N-j-1}\boldsymbol{Gu}(j) \tag{7.1.16}$$

用分块矩阵形式来表示,得

$$\begin{aligned} \boldsymbol{r}_0 &= \sum_{j=0}^{N-1}\boldsymbol{CF}^{N-j-1}\boldsymbol{Gu}(j) \\ &= \left[\boldsymbol{CF}^{N-1}\boldsymbol{G} \;\vdots\; \boldsymbol{CF}^{N-2}\boldsymbol{G} \;\vdots\; \cdots \;\vdots\; \boldsymbol{CFG} \;\vdots\; \boldsymbol{CG}\right]\begin{bmatrix}\boldsymbol{u}(0)\\ \boldsymbol{u}(1)\\ \vdots \\ \boldsymbol{u}(N-1)\end{bmatrix} \end{aligned} \tag{7.1.17}$$

再由条件(7.1.11)和式(7.1.1)知

$$\dot{\boldsymbol{x}}(N) = \boldsymbol{A}\boldsymbol{x}(N) + \boldsymbol{B}\boldsymbol{u}(N) = 0$$

将式(7.1.15)代入上式,得

$$\sum_{j=0}^{N-1} \boldsymbol{A}\boldsymbol{F}^{N-j-1}\boldsymbol{G}\boldsymbol{u}(j) + \boldsymbol{B}\boldsymbol{u}(N) = 0$$

或

$$\left[\boldsymbol{A}\boldsymbol{F}^{N-1}\boldsymbol{G} \;\vdots\; \boldsymbol{A}\boldsymbol{F}^{N-2}\boldsymbol{G} \;\vdots\; \cdots \;\vdots\; \boldsymbol{A}\boldsymbol{G} \;\vdots\; \boldsymbol{B}\right]\begin{bmatrix} \boldsymbol{u}(0) \\ \boldsymbol{u}(1) \\ \vdots \\ \boldsymbol{u}(N) \end{bmatrix} = 0 \tag{7.1.18}$$

由式(7.1.17)和式(7.1.18)可以组成确定 $N+1$ 个控制序列$\{\boldsymbol{u}(0) \quad \boldsymbol{u}(1) \quad \cdots \quad \boldsymbol{u}(N-1)\}$的统一方程组为

$$\begin{bmatrix} \boldsymbol{C}\boldsymbol{F}^{N-1}\boldsymbol{G} & \boldsymbol{C}\boldsymbol{F}^{N-2}\boldsymbol{G} & \cdots & \boldsymbol{C}\boldsymbol{G} & \boldsymbol{0} \\ \boldsymbol{A}\boldsymbol{F}^{N-1}\boldsymbol{G} & \boldsymbol{A}\boldsymbol{F}^{N-2}\boldsymbol{G} & & \boldsymbol{A}\boldsymbol{G} & \boldsymbol{B} \end{bmatrix}\begin{bmatrix} \boldsymbol{u}(0) \\ \boldsymbol{u}(1) \\ \vdots \\ \boldsymbol{u}(N) \end{bmatrix} = \begin{bmatrix} \boldsymbol{r}_0 \\ 0 \end{bmatrix} \tag{7.1.19}$$

若(7.1.19)有解,并设解为

$$\boldsymbol{u}(j) = \boldsymbol{P}(j)\boldsymbol{r}_0 \qquad (j = 0,1,\cdots N) \tag{7.1.20}$$

当 $k=N$ 时,控制信号 $\boldsymbol{u}(k)$应满足

$$\boldsymbol{u}(k) = \boldsymbol{u}(N) = \boldsymbol{P}(N)\boldsymbol{r}_0$$

这样就由跟踪条件得到了控制信号序列$\{\boldsymbol{u}(k)\}$,其 z 变换为

$$\begin{aligned} \boldsymbol{u}(z) &= \sum_{k=0}^{\infty} \boldsymbol{u}(k)z^{-k} = \left[\sum_{k=0}^{N-1} \boldsymbol{P}(k)z^{-k} + \boldsymbol{P}(N)\sum_{k=N}^{\infty} z^{-k}\right]\boldsymbol{r}_0 \\ &= \left[\sum_{k=0}^{N-1} \boldsymbol{P}(k)z^{-k} + \frac{\boldsymbol{P}(N)z^{-N}}{1-z^{-1}}\right]\boldsymbol{r}_0 \end{aligned} \tag{7.1.21}$$

7.1.3.3 求误差序列$\{\boldsymbol{e}(k)\}$的 z 变换$\boldsymbol{E}(z)$

误差向量为

$$\boldsymbol{e}(k) = \boldsymbol{r}_0 - \boldsymbol{y}(k) = \boldsymbol{r}_0 - \boldsymbol{C}\boldsymbol{x}(k)$$

假定 $\boldsymbol{x}(0)=\boldsymbol{0}$,将式(7.1.9)代入上式,得

$$\boldsymbol{e}(k) = \boldsymbol{r}_0 - \sum_{j=0}^{k-1} \boldsymbol{C}\boldsymbol{F}^{k-j-1}\boldsymbol{G}\boldsymbol{u}(j)$$

将式(7.1.20)代入上式,得

$$\boldsymbol{e}(k) = \left[\boldsymbol{I} - \sum_{j=0}^{k-1} \boldsymbol{C}\boldsymbol{F}^{k-j-1}\boldsymbol{G}\boldsymbol{P}(j)\right]\boldsymbol{r}_0$$

其 z 变换为

$$\boldsymbol{E}(z) = \sum_{k=0}^{\infty} \boldsymbol{e}(k)z^{-k} = \sum_{k=0}^{N-1} \boldsymbol{e}(k)z^{-k} + \sum_{k=N}^{\infty} \boldsymbol{e}(k)z^{-k}$$

上式中,$\sum_{k=N}^{\infty}\boldsymbol{e}(k)z^{-k} = 0$,因为满足跟踪条件式(7.1.10)和附加条件式(7.1.11),即当$k \geqslant N$时

误差为零,因此

$$\boldsymbol{E}(z)=\sum_{k=0}^{N-1}\boldsymbol{e}(k)z^{-k}=\sum_{k=0}^{N-1}\left[\boldsymbol{I}-\sum_{j=0}^{k-1}\boldsymbol{CF}^{k-j-1}\boldsymbol{GP}(j)\right]\boldsymbol{r}_0 z^{-k} \tag{7.1.22}$$

7.1.3.4 求控制器的脉冲传递函数阵 $\boldsymbol{D}(z)$

由于 $\boldsymbol{u}(z)=\boldsymbol{D}(z)\boldsymbol{E}(z)$,将式(7.1.21)和式(7.1.22)代入上式,则有

$$\left[\sum_{k=0}^{N-1}\boldsymbol{P}(k)z^{-k}+\frac{\boldsymbol{P}(N)z^{-N}}{1-z^{-1}}\right]\boldsymbol{r}_0=\boldsymbol{D}(z)\left\{\sum_{k=0}^{N-1}\left[\boldsymbol{I}-\sum_{j=0}^{k-1}\boldsymbol{CF}^{k-j-1}\boldsymbol{GP}(j)\right]z^{-k}\right\}\boldsymbol{r}_0$$

上式对任意的参考输入 $r(t)$ 均成立,而且 $m\times m$ 方阵 $\sum_{k=0}^{N-1}\left\{\boldsymbol{I}-\sum_{j=0}^{k-1}\left[\boldsymbol{CF}^{k-j-1}\boldsymbol{GP}(k)\right]\right\}z^{-k}$ 为非奇异的,所以 $r\times m$ 阶脉冲传递函数阵为

$$\boldsymbol{D}(z)=\left[\sum_{k=0}^{N-1}\boldsymbol{P}(k)z^{-k}+\frac{\boldsymbol{P}(N)z^{-N}}{1-z^{-1}}\right]\left\{\sum_{k=0}^{N-1}\left[\boldsymbol{I}-\sum_{j=0}^{k-1}\boldsymbol{CF}^{k-j-1}\boldsymbol{GP}(j)\right]z^{-k}\right\}^{-1} \tag{7.1.23}$$

例 7.1.1 已知二阶系统的状态空间表达式为

$$\begin{cases}\dot{\boldsymbol{x}}(t)=\begin{bmatrix}-1 & 0\\ 1 & 0\end{bmatrix}\boldsymbol{x}(t)+\begin{bmatrix}1\\0\end{bmatrix}\boldsymbol{u}(t)\\ \boldsymbol{y}(t)=\begin{bmatrix}0 & 1\end{bmatrix}\boldsymbol{x}(t)\end{cases}$$

采样周期 $T=1$ s,试设计最小拍无纹波控制器 $\boldsymbol{D}(z)$。

解 由已知

$$\boldsymbol{A}=\begin{bmatrix}-1 & 0\\ 1 & 0\end{bmatrix},\boldsymbol{B}=\begin{bmatrix}1\\0\end{bmatrix},\boldsymbol{C}=\begin{bmatrix}0 & 1\end{bmatrix}$$

可求解得

$$\boldsymbol{F}=\mathrm{e}^{\boldsymbol{A}T}=\begin{bmatrix}\mathrm{e}^{-1} & 0\\ 1-\mathrm{e}^{-1} & 1\end{bmatrix}=\begin{bmatrix}0.368 & 0\\ 0.632 & 1\end{bmatrix}$$

$$\boldsymbol{G}=\int_0^T\mathrm{e}^{\boldsymbol{A}t}\mathrm{d}t\boldsymbol{B}=\begin{bmatrix}1-\mathrm{e}^{-1}\\ \mathrm{e}^{-1}\end{bmatrix}=\begin{bmatrix}0.632\\0.368\end{bmatrix}$$

所以,离散的状态方程为

$$\begin{cases}\boldsymbol{x}(k+1)=\boldsymbol{F}x(k)+\boldsymbol{G}u(k)\\ \boldsymbol{y}(k)=\boldsymbol{C}x(k)\end{cases}$$

要设计最小拍无纹波系统,跟踪条件应满足

$$(N+1)r\geqslant m+n$$

而 $n=2,m=1,r=1$,因此可取 $N=2$。

由式(7.1.19)可得

$$\begin{bmatrix}\boldsymbol{CFG} & \boldsymbol{CG} & \boldsymbol{0}\\ \boldsymbol{AFG} & \boldsymbol{AG} & \boldsymbol{B}\end{bmatrix}\begin{bmatrix}u(0)\\u(1)\\u(2)\end{bmatrix}=\begin{bmatrix}r_0\\0\\0\end{bmatrix}$$

即

$$\begin{bmatrix}0.768 & 0.368 & 0\\ -0.232 & -0.632 & 1\\ 0.232 & 0.632 & 0\end{bmatrix}\begin{bmatrix}u(0)\\u(1)\\u(2)\end{bmatrix}=\begin{bmatrix}r_0\\0\\0\end{bmatrix}$$

解得

$$\begin{cases} u(0) = 1.58r_0 \\ u(1) = -0.58r_0 \\ u(2) = 0 \end{cases}$$

而

$$u(j) = P(j)r_0$$

所以 $P(0)=1.58, P(1)=-0.58, P(2)=0$。

由式(7.1.21)，得

$$u(z) = \left[\sum_{k=0}^{N-1} P(k)z^{-k} + \frac{P(N)z^{-N}}{1-z^{-1}}\right]r_0$$
$$= \left[P(0) + P(1)z + \frac{P(2)z^{-2}}{1-z^{-1}}\right]r_0 = (1.58 - 0.58z^{-1})r_0$$

由式(7.1.22)，得

$$E(z) = \{\boldsymbol{I} + [\boldsymbol{I} - \boldsymbol{CGP}(0)]z^{-1}\}r_0 = (1 + 0.418z^{-1})r_0$$

所以，数字控制器为

$$D(z) = \frac{U(z)}{E(z)} = \frac{1.58 - 0.58z^{-1}}{1 + 0.418z^{-1}}$$

上例中，被控对象是单输入-单输出的，下面看一个多输入-多输出的系统的设计例子。

例7.1.2　设四阶多输入-多输出对象的状态方程为

$$\begin{cases} \dot{\boldsymbol{x}} = \begin{bmatrix} 1 & 1 & -5 & -1 \\ 0 & -2 & 0 & 0 \\ 2 & 1 & -6 & -1 \\ -2 & -1 & 2 & -3 \end{bmatrix}\boldsymbol{x} + \begin{bmatrix} 1 & 1 \\ 0 & 2 \\ 0 & 2 \\ 0 & -1 \end{bmatrix}\begin{bmatrix} u_1 \\ u_2 \end{bmatrix} \\ \boldsymbol{y} = \begin{bmatrix} 3 & 2 & -3 & 2 \\ 1 & 2 & 1 & 3 \end{bmatrix}\boldsymbol{x} \end{cases}$$

采样周期 $T=0.1\ \text{s}$，设计最小拍无纹波控制器。

解　被控对象的离散化状态方程为

$$\begin{cases} \boldsymbol{x}(k+1) = \boldsymbol{F}\boldsymbol{x}(k) + \boldsymbol{G}\boldsymbol{u}(k) \\ \boldsymbol{y}(k) = \boldsymbol{C}\boldsymbol{x}(k) \\ \boldsymbol{F} = \mathrm{e}^{\boldsymbol{A}T} = \begin{bmatrix} 1.0 & 0.078 & -0.398 & -0.071 \\ 0 & 0.819 & 0 & 0 \\ 0.164 & 0.078 & 0.506 & -0.071 \\ -0.164 & -0.078 & 0.164 & 0.741 \end{bmatrix} \\ \boldsymbol{G} = \int_0^T \mathrm{e}^{\boldsymbol{A}t}\mathrm{d}t\boldsymbol{B} = \begin{bmatrix} 0.104 & 0.073 \\ 0 & 0.181 \\ 0.164 & 0.169 \\ -0.164 & -0.086 \end{bmatrix} \end{cases}$$

又因为 $n=4, m=2, r=2$，由 $(N+1)r \geqslant m+n$ 取得 $N=2$，故

$$\begin{bmatrix} \boldsymbol{CFG} & \boldsymbol{CG} & \boldsymbol{0} \\ \boldsymbol{AFG} & \boldsymbol{AG} & \boldsymbol{B} \end{bmatrix} \begin{bmatrix} \boldsymbol{u}(0) \\ \boldsymbol{u}(1) \\ \boldsymbol{u}(2) \end{bmatrix} = \begin{bmatrix} \boldsymbol{r} \\ \boldsymbol{0} \end{bmatrix}$$

即

$$\left[\begin{array}{cc:cc:cc} 0.214 & -0.086 & 0.268 & -0.095 & 0 & 0 \\ 0.064 & 0.259 & 0.086 & 0.346 & 0 & 0 \\ \hdashline 0.019 & -0.346 & 0.068 & -0.501 & 1.0 & 1.0 \\ 0 & -0.297 & 0 & -0.362 & 0 & 2.0 \\ \hdashline 0.106 & -0.432 & 0.164 & -0.597 & 0 & 2.0 \\ -0.106 & 0.211 & -0.164 & -0.267 & 0 & -1.0 \end{array}\right] \begin{bmatrix} u_1(0) \\ u_2(0) \\ u_1(1) \\ u_2(1) \\ u_1(2) \\ u_2(2) \end{bmatrix} = \begin{bmatrix} r_{10} \\ r_{20} \\ 0 \\ 0 \\ 0 \\ 0 \end{bmatrix}$$

解上面的方程，可得

$$\begin{bmatrix} \boldsymbol{P}(0) \\ \hdashline \boldsymbol{P}(1) \\ \hdashline \boldsymbol{P}(2) \end{bmatrix} = \left[\begin{array}{cc} 24.01 & 1.575 \\ -1.969 & 9.843 \\ \hdashline -15.750 & 0.195 \\ 0.962 & -4.184 \\ \hdashline 0.529 & 0.353 \\ -0.118 & 0.588 \end{array}\right]$$

由式(7.1.21)，得

$$\boldsymbol{u}(z) = \left\{ \begin{bmatrix} 24.01 & 1.575 \\ -1.969 & 9.843 \end{bmatrix} + \begin{bmatrix} -15.75 & 0.195 \\ 0.962 & -4.814 \end{bmatrix} z^{-1} + \begin{bmatrix} 0.529 & 0.353 \\ -0.118 & 0.588 \end{bmatrix} \frac{z^{-2}}{1 - z^{-1}} \right\} \cdot \begin{bmatrix} r_{10} \\ r_{20} \end{bmatrix}$$

由式(7.1.22)，得

$$\begin{aligned} \boldsymbol{E}(z) &= \{ \boldsymbol{I} + [\boldsymbol{I} - \boldsymbol{CGP}(0)] z^{-1} \} \boldsymbol{r} \\ &= \left\{ \begin{bmatrix} 1 & 0 \\ 0 & 1 \end{bmatrix} + \left[\begin{bmatrix} 1 & 0 \\ 0 & 1 \end{bmatrix} - \begin{bmatrix} 0.268 & -0.095 \\ 0.086 & 0.346 \end{bmatrix} \begin{bmatrix} 24.01 & 1.575 \\ -1.969 & 9.843 \end{bmatrix} \right] z^{-1} \right\} \begin{bmatrix} r_{10} \\ r_{20} \end{bmatrix} \\ &= \begin{bmatrix} 2 - 6.622z^{-1} & 0.513z^{-1} \\ -1.384z^{-1} & 2 - 3.541z^{-1} \end{bmatrix} \begin{bmatrix} r_{10} \\ r_{20} \end{bmatrix} \end{aligned}$$

所以，数字控制器为

$$\boldsymbol{D}(z) = \frac{\boldsymbol{U}(z)}{\boldsymbol{E}(z)} = \begin{bmatrix} \dfrac{24.01 - 39.76z^{-1} + 16.34z^{-2}}{1 - 6.621z^{-1} - 1.08z^{-2}} & \dfrac{1.575 - 1.38z^{-1} + 0.58z^{-2}}{0.513z^{-1} - 0.515z^{-2}} \\ \dfrac{-1.969 + 2.931z^{-1} + 1.8z^{-2}}{1.384z^{-1} - 1.398z^{-2}} & \dfrac{9.843 - 3.542z^{-1} + 25.402z^{-2}}{1 - 3.541z^{-1} + 2.542z^{-2}} \end{bmatrix}$$

7.2 基于状态空间的极点配置设计

本节讨论状态空间中用极点配置的方法设计数字控制系统。如果系统是完全状态可控的,那么适当地选择状态反馈增益矩阵,可以将闭环系统的极点配置在 z 平面的任何期望位置上。

7.2.1 状态反馈极点配置设计

7.2.1.1 状态反馈

在计算机控制系统中,除了使用输出反馈控制外,还较多的使用状态反馈控制,因为由状态和输入就可以完全确定系统的未来行为。这种控制系统有很大的优越性,可以应用现代控制理论,设计出各种最优控制系统,如最短时间控制系统、最小能量控制系统、线性二次型最优控制系统等。同时,它还可通过状态估计对有随机扰动的系统设计出最优控制系统,也可以对变化的模型进行自适应控制。

控制系统的离散状态空间表达式如式(7.1.5)所示,即

$$\begin{cases} \boldsymbol{x}(k+1) = \boldsymbol{F}\boldsymbol{x}(k) + \boldsymbol{G}\boldsymbol{u}(k) \\ \boldsymbol{y}(k) = \boldsymbol{C}\boldsymbol{x}(k) \end{cases}$$

系统状态可控的条件是

$$\operatorname{rank}[\boldsymbol{G} \vdots \boldsymbol{F}\boldsymbol{G} \vdots \cdots \vdots \boldsymbol{F}^{n-1}\boldsymbol{G}] = n \tag{7.2.1}$$

式中,n 是系统阶次。如果系统的所有状态变量是能观测的,则用全部的状态变量作为反馈量。假设控制信号 $u(k)$的幅度是无界的,选择控制信号为

$$\boldsymbol{u}(k) = -\boldsymbol{K}\boldsymbol{x}(k) \tag{7.2.2}$$

这样,便构成了状态反馈的控制系统,$\boldsymbol{K}$ 为状态反馈矩阵,闭环系统如图 7.2 所示。

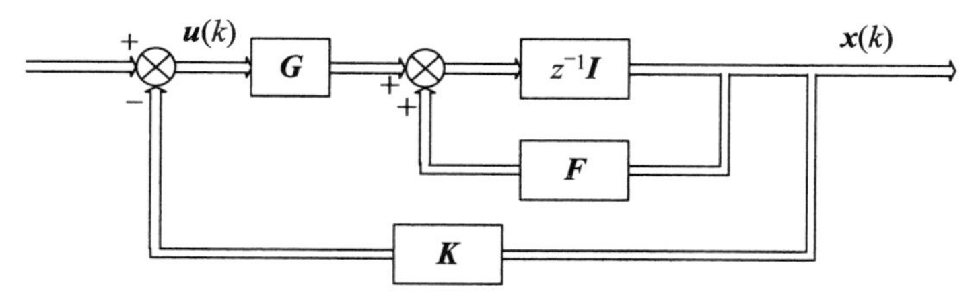

图 7.2 具有状态反馈的系统

闭环系统的状态方程为

$$\boldsymbol{x}(k+1) = \boldsymbol{F}\boldsymbol{x}(k) - \boldsymbol{G}\boldsymbol{K}\boldsymbol{x}(k) = (\boldsymbol{F} - \boldsymbol{G}\boldsymbol{K})\boldsymbol{x}(k) \tag{7.2.3}$$

显然,特征方程为

$$\det[z\boldsymbol{I} - \boldsymbol{F} + \boldsymbol{G}\boldsymbol{K}] = 0 \tag{7.2.4}$$

7.2.1.2 极点配置

在状态反馈的系统中(图7.2),根据闭环特征方程(7.2.4)可得到闭环系统的极点,记为$u_1,u_2,\cdots,u_n$,$u_i(i=1,\cdots,n)$可以是实数,也可以是复数,任何复数特征值,都以共轭对形式出现。如果系统的状态完全可控,即条件(7.2.1)成立,我们改变反馈增益矩阵$\boldsymbol{K}$,便能将闭环系统的极点配置在z平面上任何期望的位置。

设选择的期望极点为

$$z=\lambda_1,\lambda_2,\cdots,\lambda_n$$

系统的期望的特征方程为

$$\alpha_c(z)=(z-\lambda_1)(z-\lambda_2)\cdots(z-\lambda_n) \tag{7.2.5}$$

用状态反馈设计的闭环系统的特征方程应满足期望的特征方程,则

$$|z\boldsymbol{I}-\boldsymbol{F}+\boldsymbol{GK}|=\alpha_c(z)=(z-\lambda_1)(z-\lambda_2)\cdots(z-\lambda_n) \tag{7.2.6}$$

求解这一方程,可以得到具有期望特征根的状态反馈闭环系统的状态反馈矩阵$\boldsymbol{K}$:

$$\boldsymbol{K}=[\boldsymbol{K}_1,\boldsymbol{K}_2,\ \cdots,\boldsymbol{K}_n] \tag{7.2.7}$$

可以证明,对于任意的极点配置,$\boldsymbol{K}$具有唯一解的充分必要条件是被控对象完全能控,即

$$\text{rank}[\boldsymbol{G}\quad \boldsymbol{FG}\quad \cdots\quad \boldsymbol{F}^{n-1}\boldsymbol{G}]=n$$

这个结论的物理意义也是很明显的,只有当系统的所有状态都是能控的,才能通过适当的状态反馈控制,使闭环极点配置在任意指定的位置。

反馈矩阵$\boldsymbol{K}$是由期望的闭环极点确定的,这些期望的闭环极点,又是根据闭环系统给定的设计要求设定的。这些要求通常是对响应速度、阻尼比、带宽等的要求。系统设计中,首先选取满足性能要求的期望极点$\lambda_i(i=1,\cdots,n)$,再确定反馈矩阵$\boldsymbol{K}$,迫使系统的闭环极点落在期望的位置上。

在设计过程中,选择采样周期T时,应使系统要求的控制信号$\boldsymbol{u}(k)$不要过分大。虽然,我们对$\boldsymbol{u}(k)$的假定是幅度无界的,但是$\boldsymbol{u}(k)$过大,系统会出现饱和现象。一旦系统出现饱和现象,系统将变成非线性系统,线性系统的分析和设计方法就不再适用了。

状态反馈矩阵$\boldsymbol{K}$的选择原则总是要使误差向量以最快的速度减少到零。在设计中会发现,快速性与对扰动及测量误差的敏感性之间总是矛盾的,必须在它们之间均衡考虑。设计时,可以选择n个满足设计性能要求的特征方程,求出相应的$\boldsymbol{K}$,然后选择出其中性能较好的一个结果。

例 7.2.1 一个伺服电机位置控制系统。被控对象的传递函数为

$$G_0(s)=\frac{1}{s(1+s)}$$

要求:(1) 讨论通常的用单位反馈实现闭环控制时的系统性能;

(2) 设阻尼系数不变,要求时间常数为1 s,用状态反馈实现闭环控制,求状态反馈增益矩阵$\boldsymbol{K}$;

(3) 同(2),只是时间常数改为0.5 s。

解 对象用连续的状态方程表示为

$$\begin{cases}\dot{\boldsymbol{x}}(t) = \begin{bmatrix}0 & 1\\0 & -1\end{bmatrix}\boldsymbol{x}(t) + \begin{bmatrix}0\\1\end{bmatrix}\boldsymbol{u}(t)\\ \boldsymbol{y}(t) = \begin{bmatrix}0 & 1\end{bmatrix}\boldsymbol{x}(t)\end{cases}$$

采用零阶保持器，设采样周期为 $T=0.1\ \mathrm{s}$，将连续状态方程离散化，得到离散状态方程

$$\begin{cases}\boldsymbol{x}(k+1) = \begin{bmatrix}1 & 0.0952\\0 & 0.905\end{bmatrix}\boldsymbol{x}(k) + \begin{bmatrix}0.00484\\0.0952\end{bmatrix}\boldsymbol{u}(k)\\ \boldsymbol{y}(k) = \begin{bmatrix}1 & 0\end{bmatrix}x(k)\end{cases}$$

模型中，x_1 是电动机轴的位置，x_2 是电动机轴的速度，两者均可通过测量得到，即状态是可测的。另外，$\mathrm{rank}[\boldsymbol{G} \vdots \boldsymbol{FG}]=2$，所以系统是完全可控的，可以实现状态反馈，且闭环极点可能配置于任何要求的位置。

用状态的线性组合来产生控制输入，组成负反馈控制系统，即

$$\boldsymbol{u}(k) = -\boldsymbol{Kx}(k)$$

这里，$\boldsymbol{K}$ 是 1×2 矩阵，由式(7.2.3)，有

$$\begin{aligned}\boldsymbol{x}(k+1) &= \begin{bmatrix}1 & 0.0952\\0 & 0.905\end{bmatrix}\boldsymbol{x}(k) - \begin{bmatrix}0.00484\\0.0952\end{bmatrix}\begin{bmatrix}k_1 & k_2\end{bmatrix}\boldsymbol{x}(k)\\ &= \begin{bmatrix}1-0.00484k_1 & 0.0952-0.00484k_2\\ -0.0952k_1 & 0.905-0.0952k_2\end{bmatrix}\begin{bmatrix}\boldsymbol{x}_1(k)\\ \boldsymbol{x}_2(k)\end{bmatrix}\end{aligned}$$

上述矩阵方程是闭环系统状态方程，系数矩阵为 $\widetilde{\boldsymbol{F}}$：

$$\widetilde{\boldsymbol{F}} = \begin{bmatrix}1-0.00484k_1 & 0.0952-0.00484k_2\\ -0.0952k_1 & 0.905-0.0952k_2\end{bmatrix}$$

特征方程 $|\boldsymbol{ZI}-\widetilde{\boldsymbol{F}}|=0$，即

$$z^2+(0.00484k_1+0.0952k_2-1.905)z+0.00468k_1-0.0952k_2+0.905=0 \tag{7.2.8}$$

下面根据要求，解决反馈控制问题：

(1) 用单位输出反馈的反馈控制系统。

单位输出负反馈即要求 $k_1=1, k_2=0$，此时，特征方程(7.2.8)化为

$$z^2-1.9z+0.91=0$$

解得 $z_{1,2}=0.95\pm0.0866\mathrm{j}$，也可表示为

$$z_{1,2} = r\angle\pm\theta = 0.954\angle\pm0.091\ \mathrm{rad}$$

对这样的二阶系统，可以计算出阻尼系数

$$\xi = \frac{-\ln r}{\sqrt{\ln^2 r+\theta^2}} = \frac{-\ln 0.954}{\sqrt{\ln^2 0.954+0.091^2}} \approx 0.46 \tag{7.2.9}$$

于是，系统的时间常数为

$$\tau = \frac{1}{\xi\omega_n} = \frac{-T}{\ln r} = \frac{-0.1}{\ln 0.954} = 2.12\ (\mathrm{s}) \tag{7.2.10}$$

这一伺服电机位置控制系统，如果只用输出位置的单位反馈，显然太慢。

(2) 阻尼系数不变，即 $\xi=0.46$，只要求闭环系统的时间常数为 1 s。

因为 $\tau=\dfrac{-T}{\ln r}$，所以

$$\ln r=-\frac{T}{\tau}=-\frac{0.1}{1}=-0.1$$

得 $r=0.905$，求解 θ：

$$\theta^2=\frac{\ln^2 r}{\xi^2}-\ln^2 r=\frac{\ln^2 0.905}{0.46^2}-\ln^2 0.905$$

$\theta=0.193\ \text{rad}$ 或 $\theta=11.039^\circ$。

于是得到期望的极点

$$z_{1,2}=r\angle\pm\theta=0.888\pm \text{j}0.173$$

期望的特征方程为

$$\begin{aligned}\alpha_c(z)&=(z-0.888+\text{j}0.173)(z-0.888-\text{j}0.173)\\&=z^2-1.776z+0.819=0\end{aligned}$$

令上式与(7.2.8)相等，即

$$\begin{aligned}&z^2+(0.00484k_1+0.0952k_2-1.905)z+0.00468k_1-0.0952k_2+0.905\\&\quad=z^2-1.776+0.819\end{aligned}$$

可得 $k_1=4.52$，$k_2=1.12$，即 $\boldsymbol{K}=[4.52\quad 1.12]$。

所以，状态反馈控制律为

$$\boldsymbol{u}(k)=-\boldsymbol{K}x(k)=-[4.52\quad 1.12]\begin{bmatrix}\boldsymbol{x}_1(k)\\\boldsymbol{x}_2(k)\end{bmatrix}=-4.52\boldsymbol{x}_1(k)-1.12\boldsymbol{x}_2(k)$$

具有全状态反馈的伺服系统如图 7.3 所示。

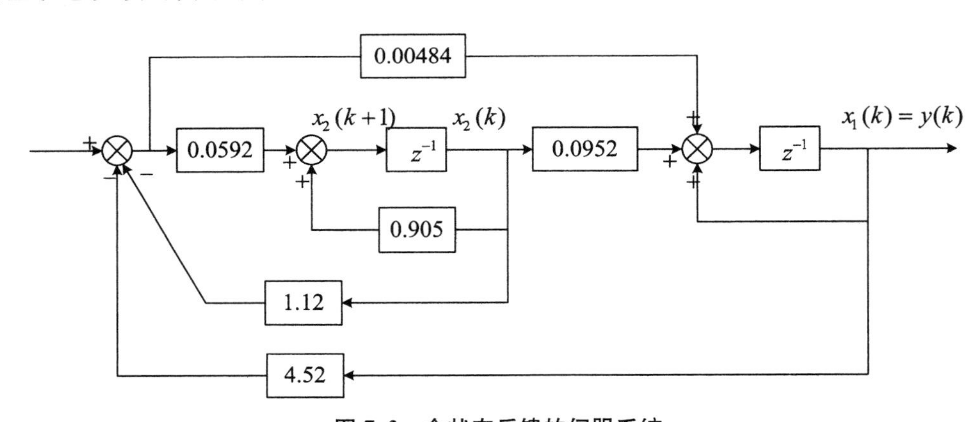

图 7.3　全状态反馈的伺服系统

(3) 阻尼系数 $\xi=0.46$ 不变，$\tau=0.5\ \text{s}$，按照(2)的步骤求解，可得 $k_1=16.1$，$k_2=3.26$，即 $\boldsymbol{K}=[16.1\quad 3.26]$。

设系统的初始状态为

$$\boldsymbol{x}(0)=\begin{bmatrix}x_1(0)\\x_2(0)\end{bmatrix}=\begin{bmatrix}1.0\\0\end{bmatrix}$$

利用计算机可算出(2)、(3)的系统输出响应，系统的控制变化如图 7.4 所示。

可见在状态空间中，用全状态反馈可以得到闭环控制系统，通过选择反馈矩阵，可以将闭环极点配置在任何期望的位置。这些期望的极点位置的选取取决于对系统性能的要求。而从上面的运行结果可知，系统控制的快速性，来自于较大的控制作用。由于实际系统中总存在着饱和，太大的控制作用会引起系统饱和，应该避免。

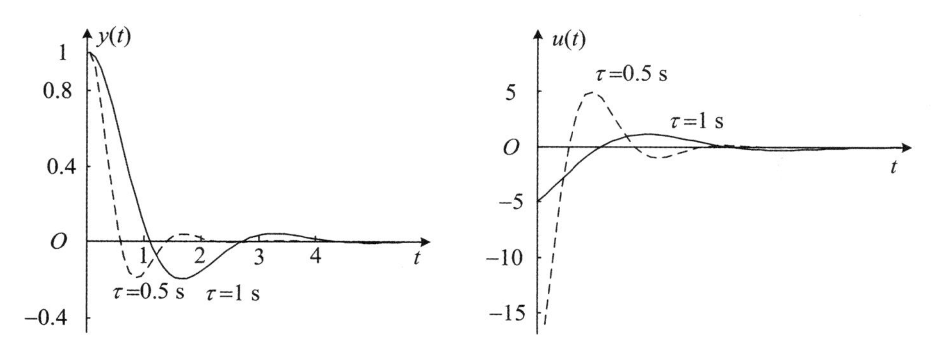

图 7.4 伺服系统控制对初态的响应

7.2.1.3 状态反馈矩阵的计算

在状态空间的极点配置方法中，设计闭环系统的任务就是根据要求的极点选择状态反馈矩阵 $\boldsymbol{K}$。一旦选定了期望的特征方程，就有多种求 $\boldsymbol{K}$ 的方法。

① 若系统的状态方程是以可控标准形式给出的，这时求取 $\boldsymbol{K}$ 是最简单的。

设系统原始特征方程为

$$|z\boldsymbol{I}-\boldsymbol{F}| = z^n + a_1 z^{n-1} + a_2 z^{n-2} + \cdots + a_{n-1}z + a_n = 0 \tag{7.2.11}$$

期望的特征方程为

$$\alpha_c(z) = |z\boldsymbol{I}-\widetilde{\boldsymbol{F}}| = |z\boldsymbol{I}-\boldsymbol{F}+\boldsymbol{GK}| = z^n + \alpha_1 z^{n-1} + \cdots + \alpha_{n-1}z + \alpha_n = 0 \tag{7.2.12}$$

状态反馈矩阵为

$$\boldsymbol{K} = [\alpha_n - a_n \,\vdots\, \alpha_{n-1} - a_{n-1} \,\vdots\, \cdots \,\vdots\, \alpha_1 - a_1] \tag{7.2.13}$$

② 如果系统的阶数较低，可将状态反馈矩阵 $\boldsymbol{K}=[k_1 \quad k_2 \quad \cdots \quad k_n]$代入特征方程 $|z\boldsymbol{I}-\boldsymbol{F}+\boldsymbol{GK}|=0$，然后令该特征方程与期望特征方程相等，根据相同的 z 幂次项的系数对应相等，求出 k_i。

③ 状态反馈矩阵 $\boldsymbol{K}$ 可以用阿克曼公式求得

$$\boldsymbol{K} = [0 \quad 0 \quad \cdots \quad 1][\boldsymbol{G} \,\vdots\, \boldsymbol{FG} \,\vdots\, \cdots \,\vdots\, \boldsymbol{F}^{n-1}\boldsymbol{G}]^{-1}\alpha_c(\boldsymbol{F}) \tag{7.2.14}$$

其中

$$\alpha_c(\boldsymbol{F}) = \boldsymbol{F}^n + \alpha_1\boldsymbol{F}^{n-1} + \alpha_2\boldsymbol{F}^{n-2} + \cdots + \alpha_{n-1}\boldsymbol{F} + \alpha_n\boldsymbol{I} \tag{7.2.15}$$

期望的特征方程形如(7.2.12)。

④ 如果期望的特征值 $\lambda_1,\lambda_2,\cdots,\lambda_n$ 各不相同，状态反馈矩阵可以给出如下

$$\boldsymbol{K} = [1 \quad 1 \quad \cdots \quad 1][\xi_1 \,\vdots\, \xi_2 \,\vdots\, \cdots \,\vdots\, \xi_n]^{-1} \tag{7.2.16}$$

其中，$\xi_1,\xi_2,\cdots,\xi_n$ 满足方程

$$\xi_i = (\boldsymbol{F}-\lambda_i\boldsymbol{I})^{-1}G \qquad (i=1,2,\cdots,n) \tag{7.2.17}$$

ξ_i 是 $\boldsymbol{F}-\boldsymbol{GK}$ 的特征向量，满足

$$(\boldsymbol{F}-\boldsymbol{GK})\xi_i = \lambda_i \xi_i \qquad (i = 1,2,\cdots,n) \tag{7.2.18}$$

以上仅给出了状态反馈矩阵 $\boldsymbol{K}$ 的 4 种算法，推导过程就不详细讨论了。

现在我们小结一下利用全状态反馈配置极点的设计步骤：

a. 将被控对象的状态方程化为形如式(7.1.5)的离散状态方程，并根据式(7.2.1)判断系统的能控性；

b. 由控制性能要求确定闭环极点，得到期望的特征方程(7.2.5)；

c. 选择适当的算法，求解反馈矩阵 $\boldsymbol{K}$；

d. 由式(7.2.2)得到数字控制器的输出序列 $u(k)$。

例 7.2.2 被控对象的传递函数 $G_0(s)=\dfrac{1}{s^2}$，采样周期 $T=0.1\ \mathrm{s}$，采用零阶保持器，请按照要求：闭环系统的动态响应性能相当于阻尼系数 $\xi=0.5$ 和无阻尼自然振荡频率 $\omega_n=3.6$ 的二阶连续系统，用极点配置的方法设计状态反馈控制律。

解 (1) 被控对象对应的微分方程为 $\ddot{y}(t)=u(t)$，定义两个状态变量分别为

$$x_1(t) = y(t)\text{(位置变量)}$$

$$x_2(t) = \dot{x}_1(t) = \dot{y}(t)$$

得到 $\dot{x}_1(t)=x_2(t)$，$\dot{x}_2(t)=\ddot{y}(t)=u(t)$。因此

$$\begin{cases} \dot{\boldsymbol{x}}(t) = \begin{bmatrix} 0 & 1 \\ 0 & 0 \end{bmatrix}\boldsymbol{x}(t) + \begin{bmatrix} 0 \\ 1 \end{bmatrix}u(t) \\ \boldsymbol{y}(t) = \begin{bmatrix} 1 & 0 \end{bmatrix}\boldsymbol{x}(t) \end{cases}$$

化成离散状态方程为

$$\begin{cases} \boldsymbol{x}(k+1) = \boldsymbol{Fx}(k) + \boldsymbol{Gu}(k) \\ y(k) = \boldsymbol{Cx}(k) \end{cases}$$

其中

$$\boldsymbol{F} = \begin{bmatrix} 1 & 0.1 \\ 0 & 1 \end{bmatrix}$$

$$\boldsymbol{G} = \begin{bmatrix} 0.005 \\ 0.1 \end{bmatrix}$$

$$\boldsymbol{C} = \begin{bmatrix} 1 & 0 \end{bmatrix}$$

$$[\boldsymbol{G}\quad \boldsymbol{FG}] = \begin{bmatrix} 0.005 & 0.015 \\ 0.1 & 0.1 \end{bmatrix}$$

$$\det[\boldsymbol{G}\quad \boldsymbol{FG}] \neq 0$$

所以系统能控。

(2) 根据题意，求得 s 平面上的期望极点是

$$s_{1,2} = -\xi\omega_n \pm \mathrm{j}\sqrt{1-\xi^2}\,\omega_n = -1.8 \pm \mathrm{j}3.12$$

利用 $z=\mathrm{e}^{sT}$，求得 z 平面上的期望极点是

$$z_{1,2} = 0.835\mathrm{e}^{\pm \mathrm{j}0.312} = 0.795 \pm \mathrm{j}0.256$$

于是，期望的特征方程为

$$\alpha_c(z) = (z - z_1)(z - z_2) = z^2 - 1.6z + 0.7$$

(3) 利用阿克曼公式(7.2.14),求解 $\boldsymbol{K}$ 得

$$\begin{aligned}\boldsymbol{K} &= [0 \quad 1][\boldsymbol{G} \quad \boldsymbol{FG}]^{-1}\alpha_c(\boldsymbol{F}) \\ &= [0 \quad 1]\begin{bmatrix} 0.005 & 0.015 \\ 0.1 & 0.1 \end{bmatrix}^{-1}(\boldsymbol{F}^2 - 1.6\boldsymbol{F} + 0.7\boldsymbol{I}) \\ &= [10 \quad 3.5]\end{aligned}$$

(4) 控制律为

$$\boldsymbol{u}(k) = -\boldsymbol{K}x(k) = -[10 \quad 3.5]\boldsymbol{x}(k)$$

7.2.1.4　有限拍调节器

我们考虑由状态方程

$$\boldsymbol{x}(k+1) = \boldsymbol{F}\boldsymbol{x}(k) + \boldsymbol{G}\boldsymbol{u}(k)$$

定义的系统。用状态反馈 $u(k) = -\boldsymbol{K}\boldsymbol{x}(k)$,系统状态方程变为

$$\boldsymbol{x}(k+1) = (\boldsymbol{F} - \boldsymbol{GK})\boldsymbol{x}(k)$$

该状态方程的解为

$$\boldsymbol{x}(k) = (\boldsymbol{F} - \boldsymbol{GK})^k\boldsymbol{x}(0) \tag{7.2.19}$$

如果($\boldsymbol{F} - \boldsymbol{GK}$)的特征根 u_i 全部位于单位圆内,那么,系统是渐近稳定的。设系统是完全状态可控的,则闭环极点可以配置于 z 平面上期望的位置。这里,所设计的闭环系统是最小拍调节器,选择闭环系统的特征方程的根全部等于零。即

$$z^n = 0 \tag{7.2.20}$$

用线性变换将系统状态方程变换为可控标准型,所用的变换矩阵为

$$\boldsymbol{M} = [\boldsymbol{G} \vdots \boldsymbol{FG} \vdots \cdots \vdots \boldsymbol{F}^{n-1}\boldsymbol{G}] \tag{7.2.21}$$

$$\boldsymbol{\omega} = \begin{bmatrix} a_{n-1} & a_{n-2} & \cdots & a_1 & 1 \\ a_{n-2} & a_{n-3} & \cdots & 1 & 0 \\ \vdots & \vdots & \vdots & \vdots & \vdots \\ a_1 & 1 & \cdots & 0 & 0 \\ 1 & 0 & \cdots & 0 & 0 \end{bmatrix} \tag{7.2.22}$$

其中,a_i 为特征方程的系数

$$|z\boldsymbol{I} - \boldsymbol{F}| = z^n + a_1 z^{n-1} + a_2 z^{n-2} + \cdots + a_{n-1}z + a_n = 0 \tag{7.2.23}$$

令 $\boldsymbol{T} = \boldsymbol{M}\omega$,方程 $\boldsymbol{x}(k+1) = \boldsymbol{F}\boldsymbol{x}(k) + \boldsymbol{G}\boldsymbol{u}(k)$变换为可控标准型

$$\hat{\boldsymbol{x}}(k+1) = \boldsymbol{T}^{-1}\boldsymbol{F}\boldsymbol{T}\hat{\boldsymbol{x}}(k) + \boldsymbol{T}^{-1}\boldsymbol{G}\boldsymbol{u}(k) = \hat{\boldsymbol{F}}\hat{\boldsymbol{x}}(k) + \hat{\boldsymbol{G}}\boldsymbol{u}(k) \tag{7.2.24}$$

其中

$$\boldsymbol{x}(k) = \boldsymbol{T}\hat{\boldsymbol{x}}(k) \tag{7.2.25}$$

$$\hat{\boldsymbol{G}} = \boldsymbol{T}^{-1}\boldsymbol{G} \tag{7.2.26}$$

$$\hat{\boldsymbol{F}} = \boldsymbol{T}^{-1}\boldsymbol{F}\boldsymbol{T} \tag{7.2.27}$$

用全状态反馈

$$\boldsymbol{u}(k)=-\boldsymbol{K}\boldsymbol{x}(k)=-\boldsymbol{K}\boldsymbol{T}\hat{\boldsymbol{x}}(k) \tag{7.2.28}$$

$$\hat{\boldsymbol{x}}(k+1)=(\hat{\boldsymbol{F}}-\hat{\boldsymbol{G}}\boldsymbol{K}\boldsymbol{T})\hat{\boldsymbol{x}}(k) \tag{7.2.29}$$

上式就是用可控标准型表示的系统的全状态反馈的状态方程。根据设计要求，若要求上述全状态反馈系统是有限拍调节系统，则

$$\hat{\boldsymbol{F}}-\hat{\boldsymbol{G}}\boldsymbol{K}\boldsymbol{T}=\begin{bmatrix}0&1&0&\cdots&0\\0&0&1&\cdots&0\\\vdots&\vdots&\vdots&\vdots&\vdots\\0&0&0&\cdots&0\end{bmatrix} \tag{7.2.30}$$

$$(\hat{\boldsymbol{F}}-\hat{\boldsymbol{G}}\boldsymbol{K}\boldsymbol{T})^2=\begin{bmatrix}0&0&1&0&\cdots&0\\0&0&0&1&\cdots&0\\\vdots&\vdots&\vdots&\vdots&\vdots&\vdots\\0&0&0&0&\cdots&0\end{bmatrix} \tag{7.2.31}$$

$$(\hat{\boldsymbol{F}}-\hat{\boldsymbol{G}}\boldsymbol{K}\boldsymbol{T})^n=\begin{bmatrix}0&0&\cdots&0\\0&0&\cdots&0\\\vdots&\vdots&\vdots&\vdots\\0&0&\cdots&0\end{bmatrix} \tag{7.2.32}$$

系统对初始状态 $\boldsymbol{x}(0)$的响应为

$$\begin{aligned}\boldsymbol{x}(k)&=(\boldsymbol{F}-\boldsymbol{G}\boldsymbol{K})^k x(0)=(\boldsymbol{T}\hat{\boldsymbol{F}}\boldsymbol{T}^{-1}-\boldsymbol{T}\hat{\boldsymbol{G}}\boldsymbol{K})^k\boldsymbol{x}(0)\\&=[\boldsymbol{T}(\hat{\boldsymbol{F}}-\hat{\boldsymbol{G}}\boldsymbol{K}\boldsymbol{T})\boldsymbol{T}^{-1}]^k\boldsymbol{x}(0)\\&=\boldsymbol{T}[\hat{\boldsymbol{F}}-\hat{\boldsymbol{G}}\boldsymbol{K}\boldsymbol{T}]^k\boldsymbol{T}^{-1}\boldsymbol{x}(0)\end{aligned} \tag{7.2.33}$$

于是

$$\boldsymbol{x}(n)=\boldsymbol{T}[\hat{\boldsymbol{F}}-\hat{\boldsymbol{G}}\boldsymbol{K}\boldsymbol{T}]^n\boldsymbol{T}^{-1}\boldsymbol{x}(0)=\boldsymbol{0} \tag{7.2.34}$$

可见，如果期望的闭环系统的特征方程的根全部为零，不管系统的初始状态如何，只要系统是状态完全可控的，且施于系统的控制是无界的，那么，最多在 n 个采样周期内，系统的状态可以达到原点。这时，根据式(7.2.13)，状态反馈矩阵为

$$\begin{aligned}\boldsymbol{K}&=[\alpha_n-a_n \;\vdots\; \alpha_{n-1}-a_{n-1} \;\vdots\; \cdots \;\vdots\; \alpha_1-a_1]\boldsymbol{T}^{-1}\\&=[-a_n \quad -a_{n-1} \quad \cdots \quad -a_1]\boldsymbol{T}^{-1}\end{aligned} \tag{7.2.35}$$

7.2.2 按极点配置设计状态观测器

上一节中利用状态反馈实现闭环系统的极点配置需要系统的全部状态变量。在实际系统中常无法直接量测所有的状态变量，能直接量测的是输出 $y(k)$。在这种情况下，必须设计状态观测器。根据所量测的 $y(k)$和 $u(k)$重构系统的全部状态。

7.2.2.1 状态完全可观测的充要条件

设离散时间控制系统的状态方程和输出方程为

$$\begin{cases} \boldsymbol{x}(k+1) = \boldsymbol{F}\boldsymbol{x}(k) + \boldsymbol{G}\boldsymbol{u}(k) \\ \boldsymbol{y}(k) = \boldsymbol{C}\boldsymbol{x}(k) \end{cases}$$

系统状态完全可观的充分必要条件是

$$\operatorname{rank}\begin{bmatrix} \boldsymbol{C} \\ \boldsymbol{CF} \\ \boldsymbol{CF}^2 \\ \vdots \\ \boldsymbol{CF}^{n-1} \end{bmatrix} = n \tag{7.2.36}$$

式中，n 是系统的阶次。也就是说，满足了上述条件式(7.2.36)，对应离散控制系统的状态 $\boldsymbol{x}(k+1)$就可以由 $\boldsymbol{y}(k),\boldsymbol{y}(k-1),\cdots,\boldsymbol{y}(k-n+1)$和 $\boldsymbol{u}(k),\boldsymbol{u}(k-1),\cdots,\boldsymbol{u}(k-n+1)$来确定，对一个状态完全可观的系统，状态向量可以在最多为 n 个采样周期内完全确定。

7.2.2.2　开环状态观测器

在离散时间控制系统中，根据系统的输出变量 $y(k)$的量测值和系统的控制输入量 $\boldsymbol{u}(k)$，估计状态变量的子系统，称为状态观测器。

设状态观测器的观测状态为 $\hat{\boldsymbol{x}}(k)$，被观测的对象状态为 $\boldsymbol{x}(k)$，状态观测器的设计要求是观测状态应尽可能地接近于系统的状态，即

$$\hat{\boldsymbol{x}}(k) \rightarrow \boldsymbol{x}(k)$$

观测器是用计算机实现的，观测状态可以用来代替系统的状态，用于状态反馈，开环状态观测器的原理如图 7.5 所示。

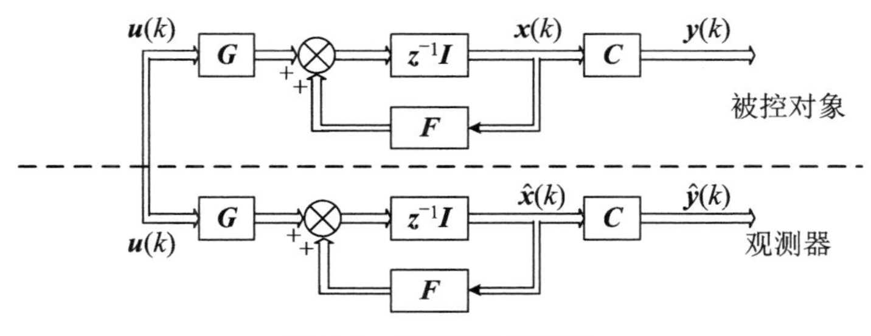

图 7.5　开环状态观测器

状态观测器的设计准则是，输入信号 $\boldsymbol{u}(k)$进入状态观测器，到产生估计状态 $\hat{\boldsymbol{x}}_i(k)$，其间的传递矩阵，与 $\boldsymbol{u}(k)$进入系统，到产生系统状态 $\boldsymbol{x}_i(k)$之间的传递矩阵相等。

根据这一准则，最简单的观测器是用已知的系统模型，构造一个参数完全相同的子系统，加入系统的控制输入 $\boldsymbol{u}(k)$便构成一个状态观测器，即开环状态观测器。观测状态方程为

$$\begin{cases} \hat{\boldsymbol{x}}(k+1) = \boldsymbol{F}\hat{\boldsymbol{x}}(k) + \boldsymbol{G}\boldsymbol{u}(k) \\ \hat{\boldsymbol{y}}(k) = \boldsymbol{C}\hat{\boldsymbol{x}}(k) \end{cases} \tag{7.2.37}$$

如果系统的模型是准确的，初值也一样，则观测的状态和系统的状态是相同的。但是，

实际上观测状态与实际状态之间的误差

$$e(k) = x(k) - \hat{x}(k) \tag{7.2.38}$$

是存在的,产生误差的主要原因如下:

① 我们假设实际的物理系统的模型是精确的,这时,观测器和系统的模型是相同的。但实际上系统模型本身就是有误差的,另外,实际系统参数还会随着时间、环境的变化而变化。

② 初始状态会引起误差。虽然不知道被控对象的初始状态,使初始误差 $e(0)$不是零,但只要观测量是稳定的,随着时间增长,观测误差必然趋向于零。

③ 在开环状态观测器中由被控对象的扰动和输出的量测误差产生的观测误差无法消除。

可见,因为是开环计算,观测状态 $\hat{x}(k)$与实际状态 $x(k)$之间的误差不能补偿,而且可能越来越大,所以开环状态观测器一般是不实用的,实际会用预报观测器、现时观测器和降价观测器等闭环状态观测器。

7.2.2.3 预报观测器

在闭环状态观测器中,利用原系统的输出量测 $y(k)$和观测器的输出 $\hat{y}(k)$之间的误差,反馈到状态观测器。这时,状态观测器的方程为

$$\begin{aligned}\hat{x}(k+1) &= F\hat{x}(k) + Gu(k) + L[y(k) - \hat{y}(k)] \\ &= F\hat{x}(k) + Gu(k) + L[y(k) - C\hat{x}(k)]\end{aligned} \tag{7.2.39}$$

其中,L 为观测器的反馈增益矩阵。由于 $k+1$ 时刻的状态重构,只用到 k 时刻的量测值 $y(k)$和 $u(k)$,因此称式(7.2.39)为预报观测器,其结构图如图 7.6。

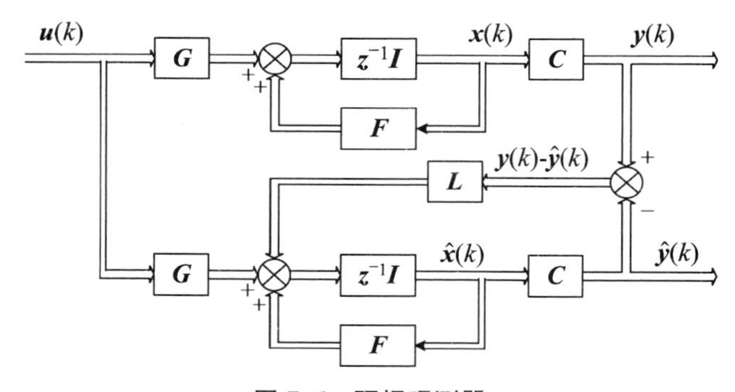

图 7.6 预报观测器

由观测器式(7.2.39),即

$$\hat{x}(k+1) = (F - LC)\hat{x}(k) + Gu(k) + Ly(k)$$

知其特征方程

$$|zI - (F - LC)| = 0 \tag{7.2.40}$$

的根通常称为观测器的极点。

考虑到状态观测器的观测误差

$$e(k) = x(k) - \hat{x}(k)$$

则

$$\begin{aligned} e(k+1) &= x(k+1) - \hat{x}(k+1) \\ &= Fx(k) + Gu(k) - F\hat{x}(k) - Gu(k) - L[Cx(k) - C\hat{x}(k)] \\ &= [F - LC][x(k) - \hat{x}(k)] = [F - LC]e(k) \end{aligned} \tag{7.2.41}$$

于是观测误差的特征方程为

$$|zI - CF - LC| = 0$$

可见,观测误差的特征方程与观测器的特征方程相同。观测误差满足一阶齐次向量方程,是个自由系统。即估计的状态变量与实际状态变量间的误差,只与初始条件有关系,与控制量无关。因此,只要状态观测器是稳定的,不管初始条件如何,随着时间增长,观测误差总是趋近于零的,即

$$\lim_{k \to \infty} e(k) = 0$$

所以,我们只要选择观测器的反馈增益矩阵 L,便可以将观测器的极点配置于 z 平面上任意期望位置。

如果观测器的期望极点为 $z_i(i=1,2,\cdots,n)$,则求得观测器的期望特征方程为

$$\begin{aligned} \beta_c(z) &= (z - z_1)(z - z_2)\cdots(z - z_n) \\ &= z^n + \beta_1 z^{n-1} + \cdots + \beta_n = 0 \end{aligned} \tag{7.2.42}$$

根据观测器的期望特征方程与观测器的特征方程 $|zI - F + LC| = 0$,选择适当的算法,可求得 L。L 的计算方法与 7.2.1 节中状态反馈矩阵 K 的算法相同。

对于任意配置的极点,L 具有唯一解的充分必要条件是系统完全能观,即条件(7.2.36)成立。

7.2.2.4 现时观测器

采用预报观测器时,现时的状态重构 $\hat{x}(k)$ 只用了前一时刻的输出量。当采样周期较长时,这种控制方式将影响系统的性能。为此,可采用如下的观测方程

$$\begin{cases} \bar{x}(k+1) = F\hat{x}(k) + Gu(k) \\ \hat{x}(k+1) = \bar{x}(k+1) + L[y(k+1) - C\bar{x}(k+1)] \end{cases} \tag{7.2.43}$$

由于 $k+1$ 时刻的状态重构 $\hat{x}(k+1)$ 用到了当前时刻的量测 $y(k+1)$,因此式(7.2.43)称为现时观测器,其状态观测误差为

$$\begin{aligned} e(k+1) &= x(k+1) - \hat{x}(k+1) \\ &= [Fx(k) + Gu(k)] - \{\bar{x}(k+1) + L[Cx(k+1) - C\bar{x}(k+1)]\} \\ &= [F - LCF][x(k) - \hat{x}(k)] = [F - LCF]e(k) \end{aligned} \tag{7.2.44}$$

因而其特征方程为

$$|zI - F + LCF| = 0 \tag{7.2.45}$$

同样,根据期望的特征方程(7.2.42),可求解 L。

7.2.2.5　降阶观测器

预报和现时观测器都是根据输出量重构全部状态，即观测器的阶数等于状态的个数，因此称为全阶观测器。实际系统中，所能量测到的 $y(k)$ 中，已直接给出了一部分状态变量，这部分状态变量不必通过估计获得。因此，只要估计其余的状态变量就可以了。这种阶数低于系统模型的观测器称为降阶观测器。

将原状态向量分为两部分，即

$$\boldsymbol{x}(k)=\begin{bmatrix}\boldsymbol{x}_{\mathrm{a}}(k)\\ \boldsymbol{x}_{\mathrm{b}}(k)\end{bmatrix} \tag{7.2.46}$$

其中，$\boldsymbol{x}_{\mathrm{a}}(k)$ 是能够量测到的部分状态，$\boldsymbol{x}_{\mathrm{b}}(k)$ 是需要重构的部分状态。原被控对象的状态方程(7.1.5)式可以分块写成

$$\begin{bmatrix}\boldsymbol{x}_{\mathrm{a}}(k+1)\\ \boldsymbol{x}_{\mathrm{b}}(k+1)\end{bmatrix}=\begin{bmatrix}\boldsymbol{F}_{\mathrm{aa}} & \boldsymbol{F}_{\mathrm{ab}}\\ \boldsymbol{F}_{\mathrm{ba}} & \boldsymbol{F}_{\mathrm{bb}}\end{bmatrix}\begin{bmatrix}\boldsymbol{x}_{\mathrm{a}}(k)\\ \boldsymbol{x}_{\mathrm{b}}(k)\end{bmatrix}+\begin{bmatrix}\boldsymbol{G}_{\mathrm{a}}\\ \boldsymbol{G}_{\mathrm{b}}\end{bmatrix}\boldsymbol{u}(k) \tag{7.2.47}$$

将上式展开，并整理，得

$$\begin{cases}\boldsymbol{x}_{\mathrm{b}}(k+1)=\boldsymbol{F}_{\mathrm{bb}}\boldsymbol{x}_{\mathrm{b}}(k)+[\boldsymbol{F}_{\mathrm{ba}}\boldsymbol{x}_{\mathrm{a}}(k)+\boldsymbol{G}_{\mathrm{b}}\boldsymbol{u}(k)]\\ \boldsymbol{x}_{\mathrm{a}}(k+1)-\boldsymbol{F}_{\mathrm{aa}}\boldsymbol{x}_{\mathrm{a}}(k)-\boldsymbol{G}_{\mathrm{a}}\boldsymbol{u}(k)=\boldsymbol{F}_{\mathrm{ab}}\boldsymbol{x}_{\mathrm{b}}(k)\end{cases} \tag{7.2.48}$$

将式(7.2.48)与式(7.1.5)比较后，可建立如表 7.1 所示的对应关系。

表 7.1

式(7.1.5)	式(7.2.48)
$\boldsymbol{x}(k)$	$\boldsymbol{x}_{\mathrm{b}}(k)$
$\boldsymbol{F}$	$\boldsymbol{F}_{\mathrm{bb}}$
$\boldsymbol{G}\boldsymbol{u}(k)$	$\boldsymbol{F}_{\mathrm{ba}}\boldsymbol{x}_{\mathrm{a}}(k)+\boldsymbol{G}_{\mathrm{b}}\boldsymbol{u}(k)$
$\boldsymbol{y}(k)$	$\boldsymbol{x}_{\mathrm{a}}(k+1)-\boldsymbol{F}_{\mathrm{aa}}\boldsymbol{x}_{\mathrm{a}}(k)-\boldsymbol{G}_{\mathrm{a}}\boldsymbol{u}(k)$
$\boldsymbol{C}$	$\boldsymbol{F}_{\mathrm{ab}}$

参考预报观测器方程式(7.2.39)，可以写出相应于式(7.2.48)的观测器方程为

$$\begin{aligned}\hat{\boldsymbol{x}}_{\mathrm{b}}(k+1)=&\ \boldsymbol{F}_{\mathrm{bb}}\hat{\boldsymbol{x}}_{\mathrm{b}}(k)+[\boldsymbol{F}_{\mathrm{ba}}\boldsymbol{x}_{\mathrm{a}}(k)+\boldsymbol{G}_{\mathrm{b}}\boldsymbol{u}(k)]\\ &+\boldsymbol{L}[\boldsymbol{x}_{\mathrm{a}}(k+1)-\boldsymbol{F}_{\mathrm{bb}}\boldsymbol{x}_{\mathrm{a}}(k)-\boldsymbol{G}_{\mathrm{a}}\boldsymbol{u}(k)-\boldsymbol{F}_{\mathrm{ab}}\hat{\boldsymbol{x}}_{\mathrm{b}}(k)]\end{aligned} \tag{7.2.49}$$

这就是根据已量测到的状态 $x_{\mathrm{a}}(k)$，重构其余状态 $x_{\mathrm{b}}(k)$ 的观测器方程。

由式(7.2.48)和式(7.2.49)可得状态观测误差为

$$\begin{aligned}\boldsymbol{e}_{\mathrm{b}}(k+1)&=\boldsymbol{x}_{\mathrm{b}}(k+1)-\hat{\boldsymbol{x}}_{\mathrm{b}}(k+1)\\ &=(\boldsymbol{F}_{\mathrm{bb}}-\boldsymbol{L}\boldsymbol{F}_{\mathrm{ab}})[\boldsymbol{x}_{\mathrm{b}}(k)-\hat{\boldsymbol{x}}_{\mathrm{b}}(k)]\\ &=(\boldsymbol{F}_{\mathrm{bb}}-\boldsymbol{L}\boldsymbol{F}_{\mathrm{ab}})\boldsymbol{e}_{\mathrm{b}}(k)\end{aligned} \tag{7.2.50}$$

从而，其特征方程为

$$|z\boldsymbol{I}-\boldsymbol{F}_{\mathrm{bb}}+\boldsymbol{L}\boldsymbol{F}_{\mathrm{ab}}|=0 \tag{7.2.51}$$

同理，根据上式和期望的特征方程(7.2.42)可求解 $\boldsymbol{L}$。这里，对于任意给定的极点，$\boldsymbol{L}$ 有唯

一解的充分必要条件也是系统完全能观,即式(7.2.36)成立。

例7.2.3 设被控对象同例7.2.2,要求:

(1) 设计预报观测器,将观测器的极点配置在 $z_{1,2}=0.3$ 处;

(2) 设计降阶观测器,将观测器的极点配置在 $z=0.3$ 处。

解 由例7.2.2知:

$$\boldsymbol{F}=\begin{bmatrix}1 & 0.1\\0 & 1\end{bmatrix}$$

$$\boldsymbol{G}=\begin{bmatrix}0.005\\0.1\end{bmatrix}$$

$$\boldsymbol{C}=\begin{bmatrix}1 & 0\end{bmatrix}$$

$$\begin{bmatrix}\boldsymbol{C}\\\boldsymbol{CF}\end{bmatrix}=\begin{bmatrix}1 & 0\\1 & 0.1\end{bmatrix}$$

因为$\begin{vmatrix}1 & 0\\1 & 0.1\end{vmatrix}\neq 0$,所以系统能观。

(1) 由已知条件知:

$$\beta_c(z)=(z-z_1)(z-z_2)=z^2-0.6z+0.09=0$$

$$|z\boldsymbol{I}-\boldsymbol{F}+\boldsymbol{LC}|=\left|\begin{bmatrix}z & 0\\0 & z\end{bmatrix}-\begin{bmatrix}1 & 0.1\\0 & 1\end{bmatrix}+\begin{bmatrix}\boldsymbol{L}_1\\\boldsymbol{L}_2\end{bmatrix}\begin{bmatrix}1 & 0\end{bmatrix}\right|$$

$$=z^2-(2-\boldsymbol{L}_1)z+1-\boldsymbol{L}_1+0.1\boldsymbol{L}_2=0$$

对比上面两式,得

$$\begin{cases}2-\boldsymbol{L}_1=0.6\\1-\boldsymbol{L}_1+0.1\boldsymbol{L}_2=0.09\end{cases}$$

解得$\begin{cases}\boldsymbol{L}_1=1.4\\\boldsymbol{L}_2=4.9\end{cases}$,即 $\boldsymbol{L}=\begin{bmatrix}1.4\\4.9\end{bmatrix}$。

(2) 由于 $y(k)=x_1(k)$,故 x_1 是能够量测的状态,x_2 是需要估计的状态,有

$$\boldsymbol{F}=\begin{bmatrix}1 & 0.1\\0 & 1\end{bmatrix}=\begin{bmatrix}\boldsymbol{F}_{\mathrm{aa}} & \boldsymbol{F}_{\mathrm{ab}}\\\boldsymbol{F}_{\mathrm{ba}} & \boldsymbol{F}_{\mathrm{bb}}\end{bmatrix}$$

$$\beta_c(z)=z-0.3=0$$

$$|z\boldsymbol{I}-\boldsymbol{F}_{\mathrm{bb}}+\boldsymbol{LF}_{\mathrm{ab}}|=z-1+0.1l=0$$

比较上面两式,得 $l=7$。

7.2.3 用观测状态反馈的控制器设计

状态观测器是用输出向量和控制向量重构系统的状态。在状态反馈控制系统中,可以用这些重构的状态变量作为反馈状态变量构成闭环系统。这样,将状态反馈控制规律与状态观测器组合起来可构成一个完整的控制系统,如图7.7所示的调节系统($r(k)=0$)。

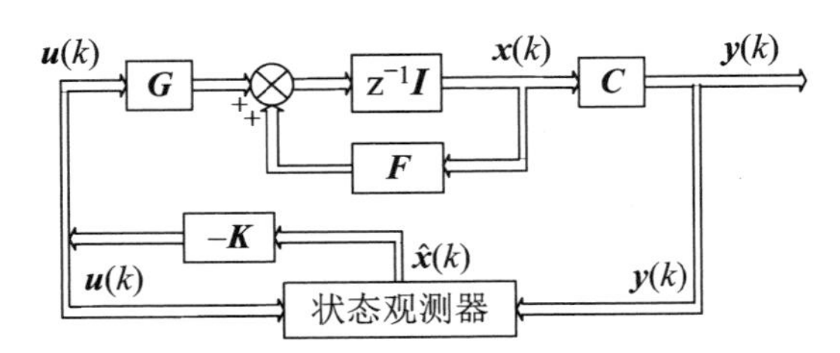

图 7.7　用观测状态反馈的计算机控制系统框图

7.2.3.1　控制器的组成

设被控对象的离散状态方程为

$$\begin{cases} \boldsymbol{x}(k+1)=\boldsymbol{F}x(k)+\boldsymbol{G}\boldsymbol{u}(k) \\ \boldsymbol{y}(k)=\boldsymbol{C}\boldsymbol{x}(k) \end{cases} \tag{7.2.52}$$

由图 7.7 可知,控制器由状态反馈控制律与观测器组成。即

$$\begin{cases} \boldsymbol{u}(k)=-\boldsymbol{K}\hat{\boldsymbol{x}}(k) & \text{(控制律)} \\ \hat{\boldsymbol{x}}(k+1)=\boldsymbol{F}\hat{\boldsymbol{x}}(k)+\boldsymbol{G}\boldsymbol{u}(k)+\boldsymbol{L}[\boldsymbol{y}(k)-\boldsymbol{C}\hat{\boldsymbol{x}}(k)] & \text{(预报观测器)} \end{cases} \tag{7.2.53}$$

7.2.3.2　分离原理

在由式(7.2.52)和式(7.2.53)构成的闭环控制系统中(图 7.7),若将控制律

$$\boldsymbol{u}(k)=-\boldsymbol{K}\hat{\boldsymbol{x}}(k)$$

代入式(7.2.52),可得

$$\boldsymbol{x}(k+1)=\boldsymbol{F}\boldsymbol{x}(k)-\boldsymbol{G}\boldsymbol{K}\hat{\boldsymbol{x}}(k) \tag{7.2.54}$$

因为 $\hat{\boldsymbol{x}}(k)=\boldsymbol{x}(k)-\boldsymbol{e}(k)$,故

$$\boldsymbol{x}(k+1)=\boldsymbol{F}\boldsymbol{x}(k)-\boldsymbol{G}\boldsymbol{K}[\boldsymbol{x}(k)-\boldsymbol{e}(k)] \tag{7.2.55}$$

把式(7.2.55)和式(7.2.41)写成矩阵形式

$$\begin{bmatrix} \boldsymbol{x}(k+1) \\ \boldsymbol{e}(k+1) \end{bmatrix}=\begin{bmatrix} \boldsymbol{F}-\boldsymbol{G}\boldsymbol{K} & \boldsymbol{G}\boldsymbol{K} \\ 0 & \boldsymbol{F}-\boldsymbol{L}\boldsymbol{C} \end{bmatrix}\begin{bmatrix} x(k) \\ \boldsymbol{e}(k) \end{bmatrix} \tag{7.2.56}$$

整个闭环系统的特征方程为

$$\left| z\boldsymbol{I}-\begin{bmatrix} \boldsymbol{F}-\boldsymbol{G}\boldsymbol{K} & \boldsymbol{G}\boldsymbol{K} \\ 0 & \boldsymbol{F}-\boldsymbol{L}\boldsymbol{C} \end{bmatrix} \right|=0$$

即

$$|z\boldsymbol{I}-\boldsymbol{F}+\boldsymbol{G}\boldsymbol{K}|\cdot|z\boldsymbol{I}-\boldsymbol{F}+\boldsymbol{L}\boldsymbol{C}|=0$$

故

$$|z\boldsymbol{I}-\boldsymbol{F}+\boldsymbol{G}\boldsymbol{K}|=0$$

$$|z\boldsymbol{I}-\boldsymbol{F}+\boldsymbol{L}\boldsymbol{C}|=0$$

由此可见,用观测状态反馈的闭环系统是一个 $2n$ 阶的系统。整个闭环系统的 $2n$ 个极点由两部分组成:一部分是按全状态反馈控制律设计所给定的 n 个控制极点;另一部分

是按状态观测器设计所给定的 n 个观测器极点，而且，状态反馈矩阵 $\boldsymbol{K}$ 只影响反馈控制系统的特征根，而观测器的反馈增益矩阵 $\boldsymbol{L}$ 只影响观测器子系统的特征根，这就是"分离原理"。根据这一原理，可以分别设计系统的控制律和观测器，从而简明化了控制器的设计。

7.2.3.3　用观测状态反馈的控制器设计步骤

综上可总结出采用观测状态反馈的极点配置法设计控制器的步骤如下：

① 要判断系统的能控性和能观性，只有系统是能控、能观的，设计才有意义；

② 按闭环系统的性能要求给定控制极点，按极点配置设计状态反馈控制律，计算 $\boldsymbol{K}$；

③ 合理的给定观测器的极点，并选择观测器的类型，计算观测器反馈增益矩阵 $\boldsymbol{L}$；

④ 根据所设计的控制律和观测器，由计算机将两者组合，实现控制。

7.2.3.4　观测器的极点及类型的选择

以上讨论了采用状态反馈的控制器设计，系统的控制极点是按闭环系统的性能要求来设置的，是整个控制系统的主导极点。观测器的极点决定了观测器的性能。为了使观测器能快速地为系统重构状态，应使观测器各极点比系统控制极点引起的动态过程快。求解时应先满足系统的控制极点要求，再确定观测器极点。

如果量测输出中没有大的误差或噪声，则可考虑将观测器的极点都设置在 z 平面的原点。如果量测输出中含有较大的误差或噪声，则可考虑按观测器极点所对应的衰减速度比控制极点对应的衰减速度快 4～5 倍的要求来设置。

观测器的类型选择应考虑以下两点：

① 如果量测输出比较准确，而且它是系统的一个状态，则可考虑使用降阶观测器，否则用全阶观测器；

② 如果控制器的计算延时与采样周期处于同一数量级，则可考虑用预报观测器，否则可以用现时观测器。

例 7.2.4　一个伺服电动机的控制系统，其状态方程为

$$\boldsymbol{x}(k+1)=\begin{bmatrix}1 & 0.0952\\0 & 0.905\end{bmatrix}\boldsymbol{x}(k)+\begin{bmatrix}0.00484\\0.0952\end{bmatrix}\boldsymbol{u}(k)$$

$$\boldsymbol{y}(k)=\begin{bmatrix}1 & 0\end{bmatrix}\boldsymbol{x}(k)$$

采样周期 $T=0.1\ \text{s}$，要求系统的时间常数为 1 s，$\xi=0.46$，用观测状态反馈，设计闭环控制系统。

解　已知

$$\boldsymbol{F}=\begin{bmatrix}1 & 0.0952\\0 & 0.9050\end{bmatrix}$$

$$\boldsymbol{G}=\begin{bmatrix}0.00484\\0.0952\end{bmatrix}$$

$$\boldsymbol{C}=\begin{bmatrix}1 & 0\end{bmatrix}$$

(1) 由例 7.2.2 知，系统是能控的，又因为

$$\left|\begin{bmatrix} \boldsymbol{C} \\ \boldsymbol{CF} \end{bmatrix}\right| = \left|\begin{bmatrix} 1 & 0 \\ 1 & 0.0952 \end{bmatrix}\right| \neq 0$$

故系统是能观的。

(2) 求控制律，由例 7.2.4 的(2)中已求得

$$\boldsymbol{K} = [4.52 \quad 1.12]$$

(3) 设计观测器，这里选择预报观测器，取观测器的时间常数为 0.5 s，观测器的根为实根，有 $\tau = -\dfrac{T}{\ln r}$，$\tau = 0.5\ \text{s}$，$T = 0.1\ \text{s}$，故 $\ln r = -\dfrac{T}{\tau} = -0.2$，$r = \mathrm{e}^{-0.2} = 0.819$。

观测器根为实根，则 $\theta = 90^\circ$，故期望极点为 $z_{1,2} = 0.819$，期望特征方程为

$$\beta_c(z) = (z - z_1)(z - z_2) = z^2 - 1.638z + 0.671 = 0$$

而观测器的特征方程

$$\begin{aligned} |z\boldsymbol{I} - \boldsymbol{F} + \boldsymbol{LC}| &= \left|\begin{bmatrix} z & 0 \\ 0 & z \end{bmatrix} - \begin{pmatrix} 1 & 0.0952 \\ 0 & 0.905 \end{pmatrix} + \begin{pmatrix} l_1 \\ l_2 \end{pmatrix}(1 \quad 0)\right| \\ &= z^2 - (1.905 - l_1)z + 0.905(1 - l_1) + 0.0952 l_2 \end{aligned}$$

比较上面两式，得

$$\begin{cases} 1.905 - l_1 = 1.638 \\ 0.905(1 - l_1) + 0.0952 l_2 = 0.671 \end{cases}$$

解得 $\begin{cases} l_1 = 0.267 \\ l_2 = 0.0802 \end{cases}$，即 $\boldsymbol{L} = \begin{bmatrix} 0.267 \\ 0.0802 \end{bmatrix}$。

(4) 因用观测状态组成的状态反馈控制系统为式(7.2.53)：

$$\begin{cases} \hat{\boldsymbol{x}}(k+1) = \begin{bmatrix} 0.733 & 0.0952 \\ 0.0802 & 0.905 \end{bmatrix}\hat{\boldsymbol{x}}(k) + \begin{bmatrix} 0.00484 \\ 0.0952 \end{bmatrix}\boldsymbol{u}(k) + \begin{bmatrix} 0.267 \\ 0.0802 \end{bmatrix}\boldsymbol{y}(k) & ① \\ \boldsymbol{u}(k) = [-4.52 \quad -1.12]\hat{\boldsymbol{x}}(k) & ② \end{cases}$$

将式②代入式①，可得观测状态方程

$$\hat{\boldsymbol{x}}(k+1) = \begin{bmatrix} 0.711 & 0.0898 \\ -0.35 & 0.798 \end{bmatrix}\hat{\boldsymbol{x}}(k) + \begin{bmatrix} 0.267 \\ 0.0802 \end{bmatrix}\boldsymbol{y}(k)$$

现在，我们考察该闭环系统对初始状态 $\boldsymbol{x}(0) = \begin{bmatrix} 1 \\ 0 \end{bmatrix}$ 的响应。

第一种情况，系统的初始状态与观测器的初始状态相等，即

$$\hat{\boldsymbol{x}}(0) = \boldsymbol{x}(0) = \begin{bmatrix} 1 \\ 0 \end{bmatrix}$$

系统响应如图 7.8 中实线所示。

第二种情况，系统的初始状态与观测器的初始状态不相等，即

$$\hat{\boldsymbol{x}}(0) = \begin{bmatrix} 0 \\ 0 \end{bmatrix},\ \boldsymbol{x}(0) = \begin{bmatrix} 1 \\ 0 \end{bmatrix}$$

其响应如图 7.8 中虚线所示。

可见，当观测器的初始状态与闭环系统的初始状态相同时，基于观测状态的反馈控制系统与用系统自身状态的反馈控制系统，对初始状态的响应相同，如图 7.4 和图 7.8 中实线曲

线所示。而当观测器的初始状态与闭环系统的初始状态不同时，基于观测状态反馈的系统响应要较慢一些。当然这种比较是在观测器的动态性能不变的条件下进行的。

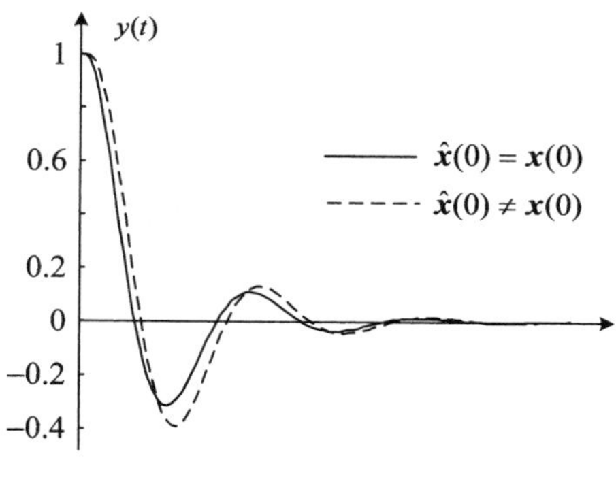

图7.8　闭环系统的响应

7.3　基于状态空间的最优化设计

前面的讨论中，是按确定性系统来设计的，以极点分布给出系统的控制性能。这种设计仅限于单输入-单输出系统，且没有考虑随机的过程干扰和测量噪声。本节将讨论更一般的控制问题。假设过程对象是线性的，且可以是时变、多输入-多输出的，另外模型中还加入了随机干扰和量测噪声。若性能指标是状态和控制信号的二次型函数，则最优化设计就是使此性能指标为最小的问题，这样的问题称为线性二次型 LQ(Linear Quadratic)控制问题。如果在过程模型中考虑了高斯随机扰动，则称为线性二次型高斯控制 LQG(Linear Quadratic Gaussian)。

根据分离性原理，按最优化方法设计控制器也可以分成两个部分：一是设计最优控制律，以使二次型性能指标最小。它假定所有状态都可用，且不考虑随机干扰和噪声；二是设计状态最优估计器，以使状态估计误差的协方差阵最小，此时应考虑随机干扰和量测噪声。最后再把两者结合起来，构成状态反馈的最优控制器。采用 LQG 最优控制器的调节系统($\boldsymbol{r}(k)=0$)如图7.9所示。

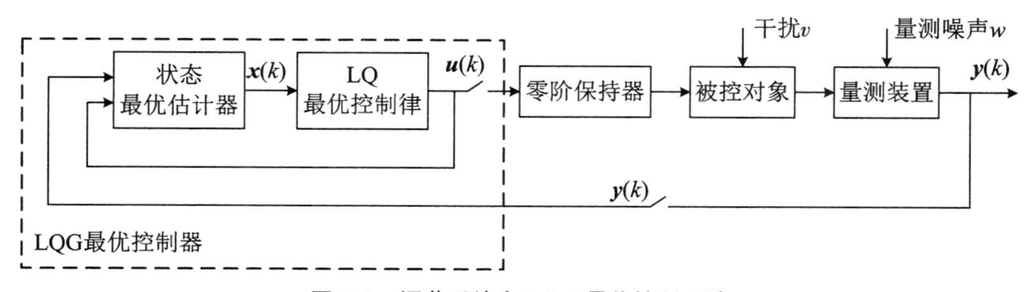

图7.9　调节系统中 LQG 最优控制系统

7.3.1 LQ 最优控制设计

现在我们来求解完全状态信息情况下的 LQ 最优控制问题。

7.3.1.1 问题的描述

首先考虑确定性情况，即无过程干扰 $v(t)$ 和量测噪声 $w(t)$ 的情况。设系统的离散状态方程为

$$x(k+1)=Fx(k)+Gu(k)\qquad (k=0,1,2,\cdots,N-1) \tag{7.3.1}$$

且初始状态 $x(0)$ 已知，目标函数

$$J=\frac{1}{2}x^{\mathrm{T}}(N)Sx(N)+\frac{1}{2}\sum_{k=0}^{N-1}[x^{\mathrm{T}}(k)Qx(k)+u^{\mathrm{T}}(k)Ru(k)] \tag{7.3.2}$$

要求设计最优控制器 k_1，使

$$u(k)=-k_1x(k) \tag{7.3.3}$$

产生的控制向量 $u(k)$，$k=0,1,\cdots,N-1$，使得系统(7.3.1)满足 J 为最小。其中，加权矩阵 S、Q 为非负定对称矩阵，R 为正定对称矩阵，它们取决于与控制目标、状态向量和控制向量有关的物理限制以及所研究问题的性质。N 为正整数，当 N 为有限时，称为有限时间最优调节器问题。实际上应用较多的是要求 $N=\infty$，即设计无限时间最优调节器，计算 $k_1(k)$ 的稳态值。

7.3.1.2 最优控制律的计算

上述问题的求解方法较多，下面介绍哈密顿-雅可比方法，其实质是多元函数求条件极值问题的拉格朗日乘法。

把式(7.3.1)写成

$$Fx(k)+Gu(k)-x(k+1)=0\qquad (k=0,1,2,\cdots,N-1) \tag{7.3.4}$$

作为约束条件，可构造哈密顿函数

$$H=\frac{1}{2}x^{\mathrm{T}}(N)Sx(N)+\frac{1}{2}\sum_{k=0}^{N-1}[x^{\mathrm{T}}(k)Qx(k)+u^{\mathrm{T}}(k)Ru(k)]$$
$$+\sum_{k=0}^{N-1}\lambda^{\mathrm{T}}(k+1)[Fx(k)+Gu(k)-x(k+1)] \tag{7.3.5}$$

在式(7.3.4)约束条件下使式(7.3.2)取极值的条件是

$$\begin{cases}\dfrac{\partial H}{\partial x(k)}=0\\[2mm] \dfrac{\partial H}{\partial u(k)}=0\qquad (k=0,1,\cdots,N-1)\\[2mm] \dfrac{\partial H}{\partial \lambda(k)}=0\end{cases} \tag{7.3.6}$$

由式(7.3.5)、式(7.3.6)，得

$$\begin{cases} \dfrac{\partial H}{\partial x(k)} = \boldsymbol{Q}\boldsymbol{x}(k) + \boldsymbol{F}^{\mathrm{T}}\boldsymbol{\lambda}(k+1) - \boldsymbol{\lambda}(k) = 0 \\ \dfrac{\partial H}{\partial \boldsymbol{u}(k)} = \boldsymbol{R}\boldsymbol{u}(k) + \boldsymbol{G}^{\mathrm{T}}\boldsymbol{\lambda}(k+1) = 0 \\ \dfrac{\partial H}{\partial \boldsymbol{\lambda}(k)} = \boldsymbol{F}\boldsymbol{x}(k) + \boldsymbol{G}\boldsymbol{u}(k) - \boldsymbol{x}(k+1) = 0 \end{cases} \tag{7.3.7}$$

当 $k=0$ 时,可得

$$\frac{\partial H}{\partial \boldsymbol{x}(0)} = \boldsymbol{Q}\boldsymbol{x}(0) + \boldsymbol{F}^{\mathrm{T}}\boldsymbol{\lambda}(T) - \boldsymbol{\lambda}(0) = 0 \tag{7.3.8}$$

又

$$\frac{\partial H}{\partial \boldsymbol{x}(N)} = \boldsymbol{S}\boldsymbol{x}(N) + \boldsymbol{\lambda}(N) = 0 \tag{7.3.9}$$

用 $\boldsymbol{\lambda}(N)=\boldsymbol{S}\boldsymbol{x}(N)$ 可以定出终止阶段的拉格朗日的乘数值。由式(7.3.7)可得

$$\begin{cases} \boldsymbol{\lambda}(k) = \boldsymbol{Q}\boldsymbol{x}(k) + \boldsymbol{F}^{\mathrm{T}}\boldsymbol{\lambda}(k+1) \\ \boldsymbol{u}(k) = -\boldsymbol{R}^{-1}\boldsymbol{G}^{\mathrm{T}}\boldsymbol{\lambda}(k+1) \end{cases} \tag{7.3.10}$$

将式(7.3.10)代入式(7.3.1),得

$$\boldsymbol{x}(k+1) = \boldsymbol{F}\boldsymbol{x}(k) + \boldsymbol{G}\boldsymbol{R}^{-1}\boldsymbol{G}^{\mathrm{T}}\boldsymbol{\lambda}(k+1) \tag{7.3.11}$$

为消去中间变量 $\boldsymbol{\lambda}(k)$,设 $\boldsymbol{x}(k)$ 与 $\boldsymbol{\lambda}(k)$ 之间有线性关系,并且

$$\boldsymbol{\lambda}(k) = \boldsymbol{P}(k)\boldsymbol{x}(k) \tag{7.3.12}$$

这个变换称为李卡提(Riccati)变换,它对问题求解起了重要作用。

将式(7.3.12)代入式(7.3.10)、式(7.3.11)可得

$$\boldsymbol{P}(k)\boldsymbol{x}(k) = \boldsymbol{Q}\boldsymbol{x}(k) + \boldsymbol{F}^{\mathrm{T}}\boldsymbol{P}(k+1)\boldsymbol{x}(k+1) \tag{7.3.13}$$

$$\boldsymbol{x}(k+1) = \boldsymbol{F}\boldsymbol{x}(k) - \boldsymbol{G}\boldsymbol{R}^{-1}\boldsymbol{G}^{\mathrm{T}}\boldsymbol{P}(k+1)\boldsymbol{x}(k+1) \tag{7.3.14}$$

由式(7.3.14),有

$$\boldsymbol{x}(k+1) = [\boldsymbol{I} + \boldsymbol{G}\boldsymbol{R}^{-1}\boldsymbol{G}^{\mathrm{T}}\boldsymbol{P}(k+1)]^{-1}\boldsymbol{F}\boldsymbol{x}(k) \tag{7.3.15}$$

把式(7.3.15)代入式(7.3.13),得

$$\boldsymbol{P}(k)\boldsymbol{x}(k) = \boldsymbol{Q}\boldsymbol{x}(k) + \boldsymbol{F}^{\mathrm{T}}\boldsymbol{P}(k+1)[\boldsymbol{I} + \boldsymbol{G}\boldsymbol{R}^{-1}\boldsymbol{G}^{\mathrm{T}}\boldsymbol{P}(k+1)]^{-1}\boldsymbol{F}\boldsymbol{x}(k) \tag{7.3.16}$$

或

$$\boldsymbol{P}(k) = \boldsymbol{Q} + \boldsymbol{F}^{\mathrm{T}}\boldsymbol{P}(k+1)[\boldsymbol{I} + \boldsymbol{G}\boldsymbol{R}^{-1}\boldsymbol{G}^{\mathrm{T}}\boldsymbol{P}(k+1)]^{-1}\boldsymbol{F} \tag{7.3.17}$$

从而得到 $\boldsymbol{P}(k)$ 的递推关系式,也称李卡提方程。由式(7.3.9)和式(7.3.12)可得,当 $k=N$ 时

$$\boldsymbol{\lambda}(N) = \boldsymbol{S}\boldsymbol{x}(N) = \boldsymbol{P}(N)\boldsymbol{x}(N)$$

即

$$\boldsymbol{P}(N) = \boldsymbol{S} \tag{7.3.18}$$

利用 $\boldsymbol{P}(N)=\boldsymbol{S}$ 和式(7.3.17)可确定 $\boldsymbol{P}(N)\sim\boldsymbol{P}(0)$ 的值。

为了计算控制向量 $\boldsymbol{u}(k)$,需消去 $\boldsymbol{\lambda}(k+1)$,利用式(7.3.10)和式(7.3.12),得

$$\begin{aligned} \boldsymbol{\lambda}(k+1) &= (\boldsymbol{F}^{\mathrm{T}})^{-1}[\boldsymbol{\lambda}(k) - \boldsymbol{Q}\boldsymbol{x}(k)] \\ &= (\boldsymbol{F}^{\mathrm{T}})^{-1}[\boldsymbol{P}(k)\mathrm{x}(k) - \boldsymbol{Q}\boldsymbol{x}(k)] \\ &= (\boldsymbol{F}^{\mathrm{T}})^{-1}[\boldsymbol{P}(k) - \boldsymbol{Q}]\boldsymbol{x}(k) \end{aligned} \tag{7.3.19}$$

$$\boldsymbol{u}(k) = -\boldsymbol{R}^{-1}\boldsymbol{G}^{\mathrm{T}}(\boldsymbol{F}^{\mathrm{T}})^{-1}[\boldsymbol{P}(k) - \boldsymbol{Q}]\boldsymbol{x}(k) \tag{7.3.20}$$

式(7.3.20)即为所要求的最佳控制律表达式，由式(7.3.3)，得状态反馈增益矩阵：

$$\boldsymbol{k}_1(k) = \boldsymbol{R}^{-1}\boldsymbol{G}^{\mathrm{T}}(\boldsymbol{F}^{\mathrm{T}})^{-1}[\boldsymbol{P}(k) - \boldsymbol{Q}] \tag{7.3.21}$$

当系统的状态矩阵 $\boldsymbol{F}$，控制矩阵 $\boldsymbol{G}$，目标函数的加权矩阵 $\boldsymbol{Q},\boldsymbol{R},\boldsymbol{S}$ 均为已知时，就可以脱机计算，预先算出反馈增益矩阵 $\boldsymbol{k}_1(k)$，用 $\boldsymbol{k}_1(k)$左乘状态向量 $\boldsymbol{x}(k)$，就能确定控制向量 $\boldsymbol{u}(k)$。具体的递推公式如下：

$$\boldsymbol{u}(k) = -\boldsymbol{k}_1(k)\boldsymbol{x}(k)$$

$$\boldsymbol{k}_1(k) = \boldsymbol{R}^{-1}\boldsymbol{G}^{\mathrm{T}}(\boldsymbol{F}^{\mathrm{T}})^{-1}[\boldsymbol{P}(k) - \boldsymbol{Q}]$$

$$\boldsymbol{P}(k) = \boldsymbol{Q} + \boldsymbol{F}^{\mathrm{T}}\boldsymbol{P}(k+1)[\boldsymbol{I} + \boldsymbol{G}\boldsymbol{R}^{-1}\boldsymbol{G}^{\mathrm{T}}\boldsymbol{P}(k+1)]^{-1}\boldsymbol{F}$$

其中，$k = N-1, N-2, \cdots, 1, 0$，初始条件为

$$\boldsymbol{P}(N) = \boldsymbol{S}$$

二次型性能指标最优控制系统如图 7.10 所示。

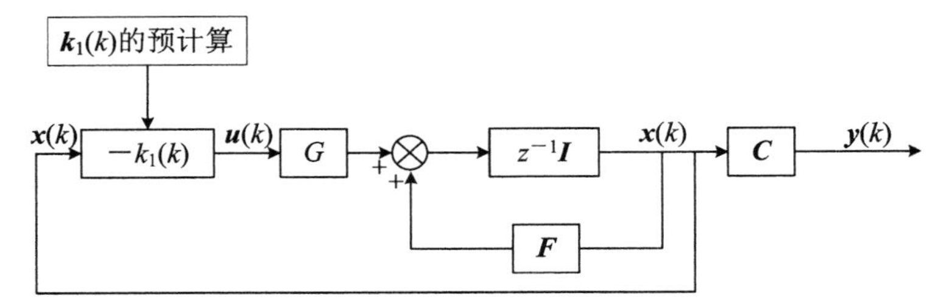

图 7.10　LQ 最优控制系统

可以证明，在上述的二次型性能指标最优控制系统中，性能指标的最小值为

$$J_{\min} = \frac{1}{2}\boldsymbol{x}^{\mathrm{T}}(0)\boldsymbol{P}(0)\boldsymbol{x}(0) \tag{7.3.22}$$

例 7.3.5　已知系统的状态方程为

$$\boldsymbol{x}(k+1) = \begin{bmatrix} 0 & 1 \\ -1 & 1 \end{bmatrix}\boldsymbol{x}(k) + \begin{bmatrix} 0 \\ 1 \end{bmatrix}\boldsymbol{u}(k)$$

设初始状态为 $\boldsymbol{x}(0) = (10 \quad 1)^{\mathrm{T}}$，试求最优控制 $u_0 \cdots u_5$，使 $\boldsymbol{J} = \sum_{k=0}^{5}\frac{1}{2}[\boldsymbol{x}(k)^{\mathrm{T}}\boldsymbol{Q}x(k) + \boldsymbol{R}\boldsymbol{u}^2(k)]$ 最小，其中 $\boldsymbol{R} = 2, \boldsymbol{S} = 0, \boldsymbol{Q} = \begin{bmatrix} 2 & 0 \\ 0 & 0 \end{bmatrix}$。

解　由式

$$\boldsymbol{P}(k) = \boldsymbol{Q} + \boldsymbol{F}^{\mathrm{T}}\boldsymbol{P}(k+1)[\boldsymbol{I} + \boldsymbol{G}\boldsymbol{R}^{-1}\boldsymbol{G}^{\mathrm{T}}\boldsymbol{P}(k+1)]^{-1}\boldsymbol{F}$$

$$\boldsymbol{k}_1(k) = \boldsymbol{R}^{-1}\boldsymbol{G}^{\mathrm{T}}(\boldsymbol{F}^{\mathrm{T}})^{-1}[\boldsymbol{P}(k) - \boldsymbol{Q}]$$

初值

$$\boldsymbol{P}(6) = \boldsymbol{S} = 0$$

迭代解为

$$\begin{cases} \boldsymbol{P}(5) = \begin{bmatrix} 2 & 0 \\ 0 & 0 \end{bmatrix} \\ \boldsymbol{k}_1(5) = (0 \quad 0) \end{cases}$$

$$\begin{cases} \boldsymbol{P}(4) = \begin{bmatrix} 2 & 0 \\ 0 & 2 \end{bmatrix} \\ \boldsymbol{k}_1(4) = (0 \quad 0) \end{cases}$$

$$\begin{cases} \boldsymbol{P}(3) = \begin{bmatrix} 3 & -1 \\ -1 & 3 \end{bmatrix} \\ \boldsymbol{k}_1(3) = (-0.5 \quad 0.5) \end{cases}$$

$$\begin{cases} \boldsymbol{P}(2) = \begin{bmatrix} 3.2 & -0.8 \\ -0.8 & 3.2 \end{bmatrix} \\ \boldsymbol{k}_1(2) = (-0.6 \quad 0.4) \end{cases}$$

$$\begin{cases} \boldsymbol{P}(1) = \begin{bmatrix} 3.2 & -0.922 \\ -0.922 & 3.69 \end{bmatrix} \\ \boldsymbol{k}_1(1) = (-0.615 \quad 0.462) \end{cases}$$

$$\begin{cases} \boldsymbol{P}(0) = \begin{bmatrix} 3.297 & -0.97 \\ -0.97 & 3.73 \end{bmatrix} \\ \boldsymbol{k}_1(0) = (-0.649 \quad 0.487) \end{cases}$$

再根据系统状态方程和式

$$\boldsymbol{u}(k) = -\boldsymbol{k}_1(k)\boldsymbol{x}(k)$$

可算出最优控制和最优状态轨迹为

$$\begin{cases} \boldsymbol{x}(0) = (10 \quad 1)^{\mathrm{T}} \\ \boldsymbol{u}(0) = 6 \end{cases}$$

$$\begin{cases} \boldsymbol{x}(1) = (1 \quad -3.0)^{\mathrm{T}} \\ \boldsymbol{u}(1) = 2 \end{cases}$$

$$\begin{cases} \boldsymbol{x}(2) = (-3.0 \quad -2.0)^{\mathrm{T}} \\ \boldsymbol{u}(2) = -1 \end{cases}$$

$$\begin{cases} \boldsymbol{x}(3) = (-2.0 \quad 0)^{\mathrm{T}} \\ \boldsymbol{u}(3) = -1 \end{cases}$$

$$\begin{cases} \boldsymbol{x}(4) = (0 \quad 1.0)^{\mathrm{T}} \\ \boldsymbol{u}(4) = 0 \end{cases}$$

$$\begin{cases} \boldsymbol{x}(5) = (1.0 \quad 1.0)^{\mathrm{T}} \\ \boldsymbol{u}(5) = 0 \end{cases}$$

$$\boldsymbol{x}(6) = (1.0 \quad 1.0)^{\mathrm{T}}$$

当 N 很大时，可发现矩阵 $\boldsymbol{P}(k)$ 当 $k \ll N$ 时，接近于常数，记为 $\boldsymbol{P}$；反馈增益矩阵 $\boldsymbol{k}_1(k)$ 也接近常值，记为 $\boldsymbol{k}_1$，有时，为了简单，就用这个常值反馈矩阵代替时变的 $\boldsymbol{k}_1(k)$，此时称为次最优控制，在此例中有

$$\boldsymbol{P} = \begin{bmatrix} 3.3 & -0.97 \\ -0.97 & 3.78 \end{bmatrix}$$

$$\boldsymbol{k}_1 = (-0.654 \quad 0.486)$$

7.3.1.3 $N=\infty$

以上讨论的是有限时间最优调节器问题，当 $N=\infty$ 时，则是无限时间最优调节器。我们看到，当控制过程为有限的，则反馈增益矩阵 $\boldsymbol{k}_1(k)$ 是时变矩阵。当 N 趋于无穷大时，最优控制解变为稳态解，而反馈增益矩阵变为常系数矩阵，也叫稳态增益矩阵，记为 $\boldsymbol{k}_1$。

当 $N=\infty$ 时，性能指标可改写为

$$\boldsymbol{J}=\frac{1}{2}\sum_{k=0}^{\infty}[\boldsymbol{x}^{\mathrm{T}}(k)\boldsymbol{Q}\boldsymbol{x}(k)+\boldsymbol{u}^{\mathrm{T}}(k)\boldsymbol{R}\boldsymbol{u}(k)] \tag{7.3.23}$$

式(7.3.2)中的 $\frac{1}{2}\boldsymbol{x}^{\mathrm{T}}(N)\boldsymbol{S}\boldsymbol{x}(N)$ 项不包含在 $\boldsymbol{J}$ 的表达式中，这是因为，如果最优控制系统是稳定的，以致 $\boldsymbol{J}$ 的值收敛为常数，$\boldsymbol{x}(\infty)$ 变为零且

$$\frac{1}{2}\boldsymbol{x}^{\mathrm{T}}(\infty)Sx(\infty)=0$$

当 $N=\infty$ 时，$\boldsymbol{P}(k)$ 就是李卡提方程的稳态解，记为 $\boldsymbol{P}$。由式(7.3.17)有

$$\boldsymbol{P}=\boldsymbol{Q}+\boldsymbol{F}^{\mathrm{T}}\boldsymbol{P}[\boldsymbol{I}+\boldsymbol{G}\boldsymbol{R}^{-1}\boldsymbol{G}^{\mathrm{T}}\boldsymbol{P}]^{-1}\boldsymbol{F} \tag{7.3.24}$$

该式为代数李卡提方程，对应的状态反馈增益矩阵为

$$\boldsymbol{k}_1=\boldsymbol{R}^{-1}\boldsymbol{G}^{\mathrm{T}}(\boldsymbol{F}^{\mathrm{T}})^{-1}[\boldsymbol{P}-\boldsymbol{Q}] \tag{7.3.25}$$

求解 $\boldsymbol{P}$ 的方法有多种，常用的是递推算法。我们从式(7.3.17)给出的李卡提方程出发，即

$$\boldsymbol{P}(k)=\boldsymbol{Q}+\boldsymbol{F}^{\mathrm{T}}\boldsymbol{P}(k+1)[\boldsymbol{I}+\boldsymbol{G}\boldsymbol{R}^{-1}\boldsymbol{G}^{\mathrm{T}}\boldsymbol{P}(k+1)]^{-1}\boldsymbol{F}$$

通过变换时间方向，可将上面方程修改为

$$\boldsymbol{P}(k+1)=\boldsymbol{Q}+\mathrm{F}^{\mathrm{T}}\boldsymbol{P}(k)[\boldsymbol{I}+\mathrm{GR}^{-1}\boldsymbol{G}^{\mathrm{T}}\boldsymbol{P}(k)]^{-1}\boldsymbol{F} \tag{7.3.26}$$

取任意一个对称正定矩阵 $\boldsymbol{P}(0)$，例如取 $\boldsymbol{P}(0)=\boldsymbol{I}$，反复求解该方程，连续迭代直到 $\boldsymbol{P}(k+1)=\boldsymbol{P}(k)$（在一定精度要求范围内），这时得到的 $\boldsymbol{P}(k)$ 就可以作为代数李卡提方程的解。

当 N 为无限时，构成的闭环系统有个稳定性的问题。现在讨论如何保证闭环的渐近稳定。先看一个简单的例子。系统方程为

$$\boldsymbol{x}(k+1)=\boldsymbol{x}(k)+\boldsymbol{u}(k)$$

指标为 $\boldsymbol{J}_{\infty}=\sum_{k=0}^{\infty}\boldsymbol{u}^2(k)$

很显然，使 $\boldsymbol{J}_{\infty}$ 为最小的最优控制为 $\boldsymbol{u}(k)=0$。然而此时系统是不稳定的。不稳定的原因是被控对象不稳定，而 $\boldsymbol{J}_{\infty}$ 中又不反映 $\boldsymbol{x}(k)$。因此，若 Q 的选择能使 $\boldsymbol{J}_{\infty}$ 反映出 $\boldsymbol{x}(k)$ 的每一个分量，则闭环系统应是渐近稳定的。这实际上是一个可观性问题，即 $\boldsymbol{x}(k)$ 对 $\boldsymbol{J}_{\infty}$ 来说，应当是可观的。下面是一个闭环渐近稳定的充分性定理：

对于定常系统

$$\boldsymbol{x}(k+1)=\boldsymbol{F}\boldsymbol{x}(k)+\boldsymbol{G}\boldsymbol{u}(k)$$

及二次型指标

$$\boldsymbol{J}_{\infty}=\sum_{k=0}^{\infty}\frac{1}{2}[\boldsymbol{x}^{\mathrm{T}}(k)\boldsymbol{Q}x(k)+\boldsymbol{u}^{\mathrm{T}}(k)\boldsymbol{R}\boldsymbol{u}(k)]$$

若 $(\boldsymbol{F},\boldsymbol{Q}_1)$ 是可观的，则闭环渐近稳定，其中 $\boldsymbol{Q}_1$ 是 n 阶方阵，是 $\boldsymbol{Q}$ 的分解：

$$Q_1^{\mathrm{T}}Q_1 = Q \tag{7.3.27}$$

当系统是渐近稳定时，可通过用 $\boldsymbol{P}$ 代替 $\boldsymbol{P}(0)$，由方程(7.3.22)得到指标的最小值：

$$J_{\min} = \frac{1}{2}\boldsymbol{x}^{\mathrm{T}}(0)\boldsymbol{P}\boldsymbol{x}(0) \tag{7.3.28}$$

7.3.2　状态最优估计器设计

前面讨论的二次型性能指标极小的最优控制律的设计，假设全部状态均可直接用于反馈。这实际上往往难以做到，因为有些状态无法量测，而量测到的信号中还可能含有量测噪声。因此，必须根据量测到的输出量估计出全部状态。本节将讨论状态最优估计器，也称为卡尔曼滤波器。

7.3.2.1　问题的描述

设被控对象的离散化模型为

$$\begin{cases} \boldsymbol{x}(k+1) = \boldsymbol{F}\boldsymbol{x}(k) + \boldsymbol{G}\boldsymbol{u}(k) + \boldsymbol{v}(k) \\ \boldsymbol{y}(k) = \boldsymbol{C}\boldsymbol{x}(k) + \boldsymbol{w}(k) \end{cases} \tag{7.3.29}$$

$\boldsymbol{v}(k)$，$\boldsymbol{w}(k)$均为离散的高斯白噪声序列，且

$$\begin{cases} E[\boldsymbol{v}(k)] = 0 \\ E[\boldsymbol{v}(k)\boldsymbol{v}^{\mathrm{T}}(k)] = \boldsymbol{v}\delta_{kj} \end{cases} \tag{7.3.30}$$

$$\begin{cases} E[\boldsymbol{w}(k)] = 0 \\ E[\boldsymbol{w}(k)\boldsymbol{w}^{\mathrm{T}}(j)] = \boldsymbol{w}\delta_{kj}^{\mathrm{T}} \end{cases} \tag{7.3.31}$$

$$E[\boldsymbol{w}(k)\boldsymbol{v}^{\mathrm{T}}(j)] = 0 \tag{7.3.32}$$

其中

$$\delta_{kj} = \begin{cases} 1 & (k = j) \\ 0 & (k \neq j) \end{cases} \tag{7.3.33}$$

$\boldsymbol{v}$ 是非负定阵，称为过程噪声的协方差矩阵，$\boldsymbol{w}$ 是正定阵，称为量测噪声的协方差矩阵。

除了上述限制，还假定初始状态 $\boldsymbol{x}(0)$是一个随机向量且

$$E[\boldsymbol{x}(0)] = \overline{\boldsymbol{x}(0)} \tag{7.3.34}$$

$$E[(\boldsymbol{x}(0) - \overline{\boldsymbol{x}(0)})(\boldsymbol{x}(0) - \overline{\boldsymbol{x}(0)})^{\mathrm{T}}] = \boldsymbol{P}(0) \tag{7.3.35}$$

而且 $\boldsymbol{x}(0)$与 $\boldsymbol{w}(k)$，$\boldsymbol{v}(k)$都是随机独立的，即

$$\begin{cases} E[(\boldsymbol{x}(0) - \overline{\boldsymbol{x}(0)})\boldsymbol{w}^{\mathrm{T}}(k)] = 0 \\ E[(\boldsymbol{x}(0) - \overline{\boldsymbol{x}(0)})\boldsymbol{v}^{\mathrm{T}}(k)] = 0 \end{cases} \tag{7.3.36}$$

式(7.3.30)～式(7.3.36)是对噪声特性的基本假定，如果实际系统不能满足上述限制条件，可以经过适当的数学处理，使之满足要求。

在方程(7.3.29)中，由于存在随机干扰和噪声，状态向量 $\boldsymbol{x}(k)$也为随机向量。问题是根据能够量测到的 $\boldsymbol{y}(k)$，$\boldsymbol{y}(k-1)$，…估计 $\boldsymbol{x}(k)$，记 $\boldsymbol{x}(k)$估计量为 $\hat{\boldsymbol{x}}(k)$，则

$$\boldsymbol{e}(k) = \boldsymbol{x}(k) - \hat{\boldsymbol{x}}(k) \tag{7.3.37}$$

为状态估计误差，因而

$$P(k) = E[e(k)e^{T}(k)] \tag{7.3.38}$$

为状态估计误差的协方差阵，显然 $P(k)$为非负定矩阵。

最优估计的准则 根据量测值 $y(k),y(k-1),\cdots$最优地估计出 $\hat{x}(k)$以使 $P(k)$极小，也称最小方差估计。

根据最优估计理论，最小方差估计为

$$\hat{x}(k) = E[x(k) \mid y(k),y(k-1),\cdots] \tag{7.3.39}$$

即 $x(k)$的最小方差估计 $\hat{x}(k)$等于在给定 $y(k),y(k-1),\cdots$所有量测值 y 的情况下，$x(k)$的条件期望。更一般的，记

$$\hat{x}(k \mid n) = E[x(k) \mid y(n),y(n-1),\cdots] \tag{7.3.40}$$

有以下 3 种情况：

① 如果 $k=n$，则称对状态 $x(k)$作滤波估计，称为滤波或估计，又记为 $\hat{x}(k)$；

② 如果 $k>n$，则对状态 $x(k)$作预测估计，称为预报或外推；

③ 如果 $k<n$，则对状态 $x(k)$作内插或平滑估计，称为平滑或内插。

本节所讨论的状态最优估计问题指的即是滤波问题。

7.3.2.2 卡尔曼滤波器的计算公式

可以证明，由式(7.3.38)给出的 $P(k)$取极小值的卡尔曼滤波器由下式给出：

$$\hat{x}(k) = \hat{x}(k \mid k-1) + K(k)[y(k) - C\hat{x}(k \mid k-1)] \tag{7.3.41}$$

其中，$K(k)$称为卡尔曼滤波增益矩阵。该方程有明显的物理意义，式中第一项 $\hat{x}(k|k-1)$是 $x(k)$的一步最优预报估计，它是根据直到 $k-1$ 时刻的所有量测量的信息而得到的关于 $x(k)$的最优估计，式中第二项是修正项，它根据最新的量测量信息 $y(k)$来对最优预报估计进行修正。在第二项中

$$\hat{y}(k \mid k-1) = C\hat{x}(k \mid k-1)] \tag{7.3.42}$$

是 $y(k)$的一步预报估计，而

$$e_{y}(k \mid k-1) = y(k) - \hat{y}(k \mid k-1) = y(k) - C\hat{x}(k \mid k-1) \tag{7.3.43}$$

是关于 $y(k)$的一步预报误差，也称新息(Innovation)，即它包含了最新量测量的信息，因此式(7.3.41)所表示的状态最优估计可以看成是一步最优预报与新息的加权平均，$K(k)$可认为是加权矩阵，也称为校正因子。从而问题转化为：选择 $K(k)$，以获得 $x(k)$的最小方差估计，使得 $P(k)$极小，下面据此来寻求 $K(k)$。

根据式(7.3.41)和式(7.3.29)，可求得 $x(k)$的状态估计误差为

$$\begin{aligned}
e(k) &= x(k) - \hat{x}(k) \\
&= x(k) - \hat{x}(k \mid k-1) - K(k)[Cx(k) + w(k) - C\hat{x}(k \mid k-1)] \\
&= e(k \mid k-1) - K(k)Ce(k \mid k-1) - K(k)w(k) \\
&= [I - K(k)C]e(k \mid k-1) - K(k)w(k)
\end{aligned} \tag{7.3.44}$$

其中，$\boldsymbol{e}(k|k-1)$为一步预报误差：

$$\boldsymbol{e}(k \mid k-1)=\boldsymbol{x}(k)-\hat{\boldsymbol{x}}(k \mid k-1)$$

根据上式，可得

$$\begin{aligned}\boldsymbol{P}(k)&=E\boldsymbol{e}(k)\boldsymbol{e}^{\mathrm{T}}(k)\\&=E\{[\boldsymbol{I}-\boldsymbol{K}(k)\boldsymbol{C}]\boldsymbol{e}(k \mid k-1)-\boldsymbol{K}(k)\boldsymbol{w}(k)\}\\&\quad\cdot\{[\boldsymbol{I}-\boldsymbol{K}(k)\boldsymbol{C}]\boldsymbol{e}(k \mid k-1)-\boldsymbol{K}(k)\boldsymbol{w}(k)\}^{\mathrm{T}}\\&=[\boldsymbol{I}-\boldsymbol{K}(k)\boldsymbol{C}][E\boldsymbol{e}(k \mid k-1)\boldsymbol{e}^{\mathrm{T}}(k \mid k-1)][\boldsymbol{I}-\boldsymbol{K}(k)\boldsymbol{C}]^{\mathrm{T}}\\&\quad+\boldsymbol{K}(k)[E\boldsymbol{w}(k)\boldsymbol{w}^{\mathrm{T}}(k)]\boldsymbol{K}^{\mathrm{T}}(k)\\&=[\boldsymbol{I}-\boldsymbol{K}(k)\boldsymbol{C}]\boldsymbol{P}(k \mid k-1)[\boldsymbol{I}-\boldsymbol{K}(k)\boldsymbol{C}]^{\mathrm{T}}+\boldsymbol{K}(k)\boldsymbol{w}\boldsymbol{K}^{\mathrm{T}}(k)\end{aligned}\tag{7.3.45}$$

上式，由于$\boldsymbol{w}(k)$与$\boldsymbol{e}(k|k-1)$不相关，因此交叉相乘项的期望值为零。

为了在式(7.3.45)中寻求$\boldsymbol{K}(k)$以使$\boldsymbol{P}(k)$极小，可让$\boldsymbol{K}(k)$取得一个增益$\Delta\boldsymbol{K}(k)$，即$\boldsymbol{K}(k)$变为$\boldsymbol{K}(k)+\Delta\boldsymbol{K}(k)$，从而$\boldsymbol{P}(k)$相应变为$\boldsymbol{P}(k)+\Delta\boldsymbol{P}(k)$。根据式(7.3.45)可以求得

$$\begin{aligned}\Delta\boldsymbol{P}(k)&=[-\Delta\boldsymbol{K}(k)\boldsymbol{C}]\boldsymbol{P}(k \mid k-1)[\boldsymbol{I}-\boldsymbol{K}(k)\boldsymbol{C}]^{\mathrm{T}}\\&\quad+[\boldsymbol{I}-\boldsymbol{K}(k)\boldsymbol{C}]\boldsymbol{P}(k \mid k-1)[-\boldsymbol{C}^{\mathrm{T}}\Delta\boldsymbol{K}^{\mathrm{T}}(k)]\\&\quad+\Delta\boldsymbol{K}(k)w\boldsymbol{K}^{\mathrm{T}}(k)+\boldsymbol{K}(k)\boldsymbol{w}\Delta\boldsymbol{K}^{\mathrm{T}}(k)\\&=-\Delta\boldsymbol{K}(k)S^{\mathrm{T}}-\boldsymbol{S}\Delta\boldsymbol{K}^{\mathrm{T}}(k)\end{aligned}\tag{7.3.46}$$

其中

$$\boldsymbol{S}=[\boldsymbol{I}-\boldsymbol{K}(k)\boldsymbol{C}]\boldsymbol{P}(k \mid k-1)\boldsymbol{C}^{\mathrm{T}}-\boldsymbol{K}(k)\boldsymbol{w}\tag{7.3.47}$$

如果$\boldsymbol{K}(k)$能使式(7.3.45)中的$\boldsymbol{P}(k)$取极小值，那么对于任意的增益$\Delta\boldsymbol{K}(k)$均应有$\Delta\boldsymbol{P}(k)=0$，要使此成立，则必须有

$$\begin{aligned}\boldsymbol{S}&=[\boldsymbol{I}-\boldsymbol{K}(k)\boldsymbol{C}]\boldsymbol{P}(k \mid k-1)\boldsymbol{C}^{\mathrm{T}}-\boldsymbol{K}(k)\boldsymbol{w}\\&=\boldsymbol{P}(k \mid k-1)\boldsymbol{C}^{\mathrm{T}}-\boldsymbol{K}(k)[\boldsymbol{C}\boldsymbol{P}(k \mid k-1)\boldsymbol{C}^{\mathrm{T}}+\boldsymbol{w}]\\&=\boldsymbol{0}\end{aligned}$$

$$\boldsymbol{K}(k)=\boldsymbol{P}(k \mid k-1)\boldsymbol{C}^{\mathrm{T}}[\boldsymbol{C}\boldsymbol{P}(k \mid k-1)\boldsymbol{C}^{\mathrm{T}}+\boldsymbol{w}]^{-1}\tag{7.3.48}$$

下面推导预测误差协方差阵$\boldsymbol{P}(k|k-1)$的计算公式。

因为

$$\begin{aligned}\boldsymbol{e}(k \mid k-1)&=\boldsymbol{x}(k)-\hat{\boldsymbol{x}}(k \mid k-1)\\&=[\boldsymbol{F}\boldsymbol{x}(k-1)+\boldsymbol{G}\boldsymbol{u}(k-1)+\boldsymbol{V}(k-1)]\\&\quad-[\boldsymbol{F}\hat{\boldsymbol{x}}(k-1)+\boldsymbol{G}\boldsymbol{u}(k-1)]\\&=\boldsymbol{F}\boldsymbol{e}(k-1)+\boldsymbol{v}(k-1)\end{aligned}\tag{7.3.49}$$

故

$$\begin{aligned}\boldsymbol{P}(k \mid k-1)&=E[\boldsymbol{e}(k \mid k-1)\boldsymbol{e}^{\mathrm{T}}(k \mid k-1)]\\&=E[\boldsymbol{F}\boldsymbol{e}(k-1)+\boldsymbol{v}(k-1)][\boldsymbol{F}\boldsymbol{e}(k-1)+\boldsymbol{v}(k-1)]^{\mathrm{T}}\\&=\boldsymbol{F}[E\boldsymbol{e}(k-1)\boldsymbol{e}^{\mathrm{T}}(k-1)]\boldsymbol{F}^{\mathrm{T}}+\boldsymbol{F}[E\boldsymbol{e}(k-1)\boldsymbol{v}^{\mathrm{T}}(k-1)]\\&\quad+[E\boldsymbol{v}(k-1)\boldsymbol{e}^{\mathrm{T}}(k-1)]\boldsymbol{F}^{\mathrm{T}}+E\boldsymbol{v}(k-1)\boldsymbol{v}^{\mathrm{T}}(k-1)\end{aligned}$$

$$= \boldsymbol{FP}(k-1)\boldsymbol{F}^{\mathrm{T}} + \boldsymbol{v} \tag{7.3.50}$$

上式,由于 $\boldsymbol{v}(k-1)$与 $\boldsymbol{e}(k-1)$不相关,故交叉相乘项期望值为0。

最后将所有的卡尔曼滤波递推公式归纳如下:

$$\hat{\boldsymbol{x}}(k \mid k-1) = \boldsymbol{F}\hat{\boldsymbol{x}}(k-1) + \boldsymbol{Gu}(k-1) \tag{7.3.51}$$

$$\hat{\boldsymbol{x}}(k) = \hat{\boldsymbol{x}}(k \mid k-1) + \boldsymbol{K}(k)[\boldsymbol{y}(k) - \boldsymbol{C}\hat{\boldsymbol{x}}(k \mid k-1)] \tag{7.3.52}$$

$$\boldsymbol{K}(k) = \boldsymbol{P}(k \mid k-1)\boldsymbol{C}^{\mathrm{T}}[\boldsymbol{CP}(k \mid k-1)\boldsymbol{C}^{\mathrm{T}} + \boldsymbol{w}]^{-1} \tag{7.3.53}$$

$$\boldsymbol{P}(k \mid k-1) = \boldsymbol{FP}(k-1)\boldsymbol{F}^{\mathrm{T}} + v \tag{7.3.54}$$

$$\boldsymbol{P}(k) = [\boldsymbol{I} - \boldsymbol{K}(k)\boldsymbol{C}]\boldsymbol{P}(k \mid k-1)[\boldsymbol{I} - \boldsymbol{K}(k)\boldsymbol{C}]^{\mathrm{T}} + \boldsymbol{K}(k)\boldsymbol{wK}^{\mathrm{T}}(k) \tag{7.3.55}$$

式中,$\hat{\boldsymbol{x}}(0)$和 $\boldsymbol{P}(0)$给定,$k=1,2,\cdots$。

从上面的递推公式可以看出,如果滤波器增益矩阵 $\boldsymbol{K}(k)$已知,则根据式(7.3.51)和式(7.3.52)便可依次计算出状态最优估计 $\hat{\boldsymbol{x}}(k)$。因此,必须首先计算出 $\boldsymbol{K}(k)$,迭代计算 $\boldsymbol{K}(k)$的步骤如下:

① 给定参数 $\boldsymbol{F},\boldsymbol{C},\boldsymbol{v},\boldsymbol{w},\boldsymbol{P}(0)$,迭代计算的总次数 N,并置 $k=1$;

② 按式(7.3.54)计算 $\boldsymbol{P}(k|k-1)$;

③ 按式(7.3.53)计算 $\boldsymbol{K}(k)$;

④ 按式(7.3.55)计算 $\boldsymbol{P}(k)$;

⑤ 如果 $k=N$,则转步骤⑦,否则转步骤⑥;

⑥ $k \leftarrow k+1$,转步骤②;

⑦ 输出 $\boldsymbol{K}(k)$和 $\boldsymbol{P}(k)$,$k=1,2,\cdots,N$。

7.3.2.3 关于卡尔曼滤波器的几点说明

开始求解卡尔曼滤波公式时,要求 $\hat{\boldsymbol{x}}(0)$和 $\boldsymbol{P}_0$ 已知,但在实际应用中,$\hat{\boldsymbol{x}}(0)$和 $\boldsymbol{P}_0$ 是很难确定的。这里可以指出,如果系统是可观测的,滤波误差协方差阵 $\boldsymbol{P}(k)$对于任意给定的初始条件,例如 $\hat{\boldsymbol{x}}(0)=0$,$\boldsymbol{P}(0)=\alpha^2\boldsymbol{I}$,$\boldsymbol{P}(k)$将趋于半正定矩阵 $\boldsymbol{P}$,具有渐近稳定性。如果系统是完全能控且能观的定常线性动态系统,$\boldsymbol{P}(k)$收敛于唯一的正定阵 $\boldsymbol{P}$,在这种情况下,$\boldsymbol{K}(k)$趋于常系数阵 $\boldsymbol{K}$。当 $\boldsymbol{K}(k)$与 $\boldsymbol{K}$ 充分接近时称滤波达到了稳定。当滤波达到稳定后就不必对增益矩阵进行递推计算了,这样大大减少了滤波估计的计算量。

在计算时需要噪声协方阵 $\boldsymbol{v},\boldsymbol{w}$ 已知,一般需要通过参数估计得到它们。如果没有确切的资料可利用,可通过经验与模拟计算,预先选择几组不同的 $\boldsymbol{v},\boldsymbol{w}$ 以获得相应的增益矩阵 $\boldsymbol{K}(k)$,酌情调用。这也是设计状态滤波器的一种常用方法。

在实际的过程控制中,由于模型或噪声统计特性的不精确性,实际的滤波估计误差可能趋于无穷大,出现发散现象(也称数据饱和现象)。出现发散的直接原因是增益阵 $\boldsymbol{K}(k)$随着 k 的增大而迅速变小,于是新来的量测数据在被用来校正前一步预测估计值时,就被给予越来越小的加权。即新的量测数据在滤波中所起的作用越来越弱,形成数据饱和,而模型不精确所引起的破坏作用却越来越突出,以致引起发散。

克服发散的一般途径是,在滤波时,设法加大新来的量测数据的作用,亦即相对的减小“过老”的量测数据的影响。常用的方法如下:

① 限制增益阵 $\boldsymbol{K}(k)$ 或误差协方差阵 $\boldsymbol{P}(k)$ 的下限,使它们不能小于预先给定的界限。要准确的给定其下限,往往可通过仿真或试验确定。

② 采用自适应滤波。在利用量测数据进行滤波的同时,不断地对未知的或不确切知道的系统模型参数和噪声统计特性进行估计或修正,以提高模型或噪声统计特性的精度,从而改进滤波设计,缩小实际的滤波误差,避免滤波误差发散。

③ 利用渐消记忆滤波和限定记忆滤波,消除"过老"量测数据对现在估计的影响。渐消记忆滤波是用指数加权法逐渐消除对老数据的记忆,而限定记忆滤波是要求在求 $\boldsymbol{x}(k)$ 的滤波时,只利用离当前时刻 k 最近的 N 个量测值,而把其余的量测完全甩掉,这里 N 是根据实际背景预先规定的记忆长度。这两种方法都以不同的方式重视新测量值的作用,加强了对一步预测估计的修正,从而克服了发散。

卡尔曼滤波公式(7.3.51)~(7.3.55)的表示形式不是唯一的。可以根据实际情况导出各种形式。例如,公式(7.3.55)也可写成

$$\boldsymbol{P}(k)=\boldsymbol{P}(k\mid k-1)-\boldsymbol{P}(k\mid k-1)\boldsymbol{C}^{\mathrm{T}}\left[\boldsymbol{C}\boldsymbol{P}(k\mid k-1)\boldsymbol{C}^{\mathrm{T}}+\boldsymbol{w}\right]^{-1}\boldsymbol{C}\boldsymbol{P}(k\mid k-1) \tag{7.3.56}$$

或

$$\boldsymbol{P}(k)=\left[\boldsymbol{I}-\boldsymbol{K}(k)\boldsymbol{C}\right]\boldsymbol{P}(k\mid k-1) \tag{7.3.57}$$

事实上,式(7.3.56)是由式(7.3.53)代入式(7.3.55)整理得到的,再将式(7.3.53)代入式(7.3.56)就得到了公式(7.3.57)。在实际计算过程中,经常用公式(7.3.57)代替公式(7.3.55),简化运算。

显然,对于不同形式的计算公式,递推顺序有时需做相应的改变。

例 7.3.6　考虑如下线性定常标量系统

$$\begin{cases}\boldsymbol{x}(k+1)=\boldsymbol{F}\boldsymbol{x}(k)+\boldsymbol{v}(k)\\ \boldsymbol{y}(k)=\boldsymbol{x}(k)+\boldsymbol{w}(k)\end{cases} \tag{7.3.58}$$

其中,$\boldsymbol{w}(k)$,$\boldsymbol{v}(k)$ 都是一维的零均值正态白噪声序列,方差分别为 q 和 r;初态 $\boldsymbol{x}(0)$ 是零均值正态随机变量,其方差为 $\boldsymbol{P}(0)$;$\boldsymbol{F}$ 为常数。

对于上述系统,具体的滤波公式如下:

$$\hat{\boldsymbol{x}}(k)=\hat{\boldsymbol{x}}(k\mid k-1)+\boldsymbol{K}(k)\left[y(k)-\hat{\boldsymbol{x}}(k\mid k-1)\right] \quad ①$$

$$\hat{\boldsymbol{x}}(k\mid k-1)=\boldsymbol{F}\hat{\boldsymbol{x}}(k-1) \quad ②$$

$$\boldsymbol{K}(k)=\boldsymbol{P}(k\mid k-1)\left[\boldsymbol{P}(k\mid k-1)+r\right]^{-1} \quad ③$$

$$\boldsymbol{P}(k)=\left[1-\boldsymbol{K}(k)\right]\boldsymbol{P}(k\mid k-1) \quad ④$$

$$\boldsymbol{P}(k\mid k-1)=\boldsymbol{F}^2\boldsymbol{P}(k-1)+q \quad ⑤$$

初始条件:

$$\hat{\boldsymbol{x}}(0)=0,\boldsymbol{P}(0)$$

将式⑤分别代入式③、式④,消去 $\boldsymbol{P}(k\mid k-1)$ 后得

$$\boldsymbol{K}(k)=\frac{\boldsymbol{F}^2\boldsymbol{P}(k-1)+q}{\boldsymbol{F}^2\boldsymbol{P}(k-1)+q+r} \quad ⑥$$

$$\boldsymbol{P}(k)=\frac{r\left[\boldsymbol{F}^2\boldsymbol{P}(k-1)+q\right]}{\boldsymbol{F}^2\boldsymbol{P}(k-1)+q+r}=r\boldsymbol{K}(k) \quad ⑦$$

从 $\boldsymbol{P}(0)$ 出发，根据式⑦不断迭代，可求出 $\boldsymbol{P}(1),\boldsymbol{P}(2),\cdots$ 以及 $\boldsymbol{k}(1),\boldsymbol{k}(2),\cdots$

现在我们讨论卡尔曼滤波器中各参数的直观物理意义以及各参数之间的制约关系。

由于 $\boldsymbol{P}(0)\geqslant 0,q\geqslant 0,r>0,\boldsymbol{F}^2>0,\boldsymbol{P}(k)\geqslant 0$，由此可得

$$\boldsymbol{P}(k\mid k-1)\geqslant q \quad (\text{由式⑤}, k=1,2,\cdots) \tag{8}$$

$$0\leqslant \boldsymbol{P}(k)\leqslant r \quad (\text{由式⑥}) \tag{9}$$

$$0\leqslant \boldsymbol{K}(k)\leqslant 1 \quad (\text{由式⑦}) \tag{10}$$

从以上的不等式可以看出：

a. 不等式⑧意味着预测精度受到过程噪声的限制。

b. 不等式⑨说明滤波误差协方差小于量测噪声方差。这也说明即使初始估计很不准确，以到 $\boldsymbol{P}(0)\gg r$，但经过一次滤波估计，就能使滤波误差协方差 $\boldsymbol{P}(1)$ 大幅度降低，并满足式⑥的精范围（$\boldsymbol{P}(1)<r$）。特别的，在信噪比很大的情况下，也即 $q\gg r$ 或 $r\approx 0$ 时，$\boldsymbol{P}(k)\approx r$。因此这时的滤波精度显然受到量测误差的限制。

c. 从式⑨可以看出，当 q 很大时，$q\gg r$ 或 r 很小时，$r\approx 0$，则增益 $\boldsymbol{K}(k)\approx 1$。这即是说，当 q 很大时，由式⑤知 $\boldsymbol{P}(k\mid k-1)$ 很大，预测不可靠，更需要依赖量测来校正；或者当 $r\approx 0$ 时，即量测精度很高时，量测是可信赖的。这两种情况权值近似于取最大值，这就突出了观测值的作用。相反，当 q 很小，$\boldsymbol{P}(k\mid k-1)$ 很小时，这表明预测误差很小，这时 $\boldsymbol{K}(k)$ 值很小，这说明不太需要从观测量 $\boldsymbol{y}(k)$ 中取得新息来改善预测量。或者 r 若很大，这表明量测误差会很大，量测不太可靠，$\boldsymbol{K}(k)$ 也将很小，这说明对量测值不予重视。

如果把过程噪声（作为随机信号）与量测噪声的能量比叫作“信噪比”的话，则增益矩阵 $\boldsymbol{K}(k)$ 与信噪比成正比。

若取 $F=1,\boldsymbol{P}(0)=100,q=25,r=15$，则有

$$\boldsymbol{P}(k\mid k-1)=\boldsymbol{P}(k-1)+25$$

$$\boldsymbol{K}(k)=\frac{\boldsymbol{P}(k\mid k-1)}{\boldsymbol{P}(k\mid k-1)+15}=\frac{\boldsymbol{P}(k-1)+25}{\boldsymbol{P}(k-1)+40}$$

$$\boldsymbol{P}(k)=15\boldsymbol{K}(k)$$

前 n 步的结果如下：

k	$\boldsymbol{P}(k\mid k-1)$	$\boldsymbol{K}(k)$	$\boldsymbol{P}(k)$
0			100
1	125	0.893	13.40
2	38.4	0.720	10.80
3	35.8	0.704	10.57
4	35.6	0.703	10.55

从计算结果可看出，随着滤波次数的增加，预测误差协方差 $\boldsymbol{P}(k\mid k-1)$ 逐渐减小，即预测精度不断提高，因此增益不断减小，也即用新息来改进预测估计的比重逐步下降，同时滤波精度逐步提高。但是这个改善过程只在最初几步比较明显，滤波增益会很快达到稳定。这是由于随机噪声的干扰，估计精度不能再进一步提高了。

7.3.3 LQG最优控制器设计

由LQ最优控制律和状态最优估计器两部分，就组成了LQG最优控制器。

7.3.3.1 LQG问题的描述

考虑随机系统

$$\begin{cases} \boldsymbol{x}(k+1) = \boldsymbol{F}\boldsymbol{x}(k) + \boldsymbol{G}\boldsymbol{u}(k) + \boldsymbol{v}(k) \\ \boldsymbol{y}(k) = \boldsymbol{C}\boldsymbol{x}(k) + \boldsymbol{w}(k) \end{cases} \tag{7.3.59}$$

其中，过程噪声$\{\boldsymbol{v}(k)\}$与量测噪声$\{\boldsymbol{w}(k)\}$是互相独立的零均值的高斯白噪声序列，其协方差阵分别为$\boldsymbol{v},\boldsymbol{w}$，$\boldsymbol{v}$是半正定阵，$\boldsymbol{w}$是正定阵。初始向量$\boldsymbol{x}(0)$是正态随机变量，它的均值为$\bar{\boldsymbol{x}}(0)$，方差阵为$\boldsymbol{P}(0)$，$\boldsymbol{P}(0)$为半正定阵，并且$\boldsymbol{x}(0)$与$\boldsymbol{w}(k)$，$\boldsymbol{v}(k)$相互独立。

对于随机系统，状态$x(k)$是随机变量，因此二次型的目标函数$\boldsymbol{J}$也是一个随机变量，直接考虑使它最小没有意义，因此把二次型指标的数学期望值作为目标函数。

$$\boldsymbol{J} = E\left\{\boldsymbol{x}^{\mathrm{T}}(N)\boldsymbol{S}\boldsymbol{x}(N) + \sum_{K=0}^{N-1}\boldsymbol{x}^{\mathrm{T}}(k)\boldsymbol{Q}\boldsymbol{x}(k) + \boldsymbol{u}^{\mathrm{T}}(k)\boldsymbol{R}\boldsymbol{u}(k)\right\} \tag{7.3.60}$$

其中，$\boldsymbol{S},\boldsymbol{Q}$是半正定阵，$\boldsymbol{R}$是正定阵。

线性二次高斯(LQG)问题是在系统(7.3.56)完全能控且完全能观的假设下，求最优控制序列$u_0,u_1,\cdots,u_{N-1}$，使得式(7.3.57)所示的$\boldsymbol{J}$最小。

7.3.3.2 设计

由状态最优估计器和LQ最优控制律组成的LQG最优控制器的方程为

$$\begin{cases} \hat{\boldsymbol{x}}(k \mid k-1) = \boldsymbol{F}\hat{\boldsymbol{x}}(k-1) + \boldsymbol{G}\boldsymbol{u}(k-1) \\ \hat{\boldsymbol{x}}(k) = \hat{\boldsymbol{x}}(k \mid k-1) + \boldsymbol{K}[\boldsymbol{y}(k) - \boldsymbol{C}\hat{\boldsymbol{x}}(k \mid k-1)] \\ \boldsymbol{u}(k) = -k_1\hat{\boldsymbol{x}}(k) \end{cases} \tag{7.3.61}$$

根据分离性原理，设计LQG最优控制器的关键是分别计算卡尔曼滤波器的增益矩阵$\boldsymbol{K}$和最优控制律k_1，LQG最优控制系统图如图7.9所示。

为了计算LQG最优控制器，首先按式(7.3.53)～(7.3.55)迭代计算$\boldsymbol{K}(k)$，直到趋于稳态值$\boldsymbol{K}$为止；然后按式(7.3.18)、式(7.3.17)、式(7.3.2)迭代计算$\boldsymbol{K}_1(k)$，直到趋于稳态值k_1为止。

可以看出，最优控制器的设计依赖于被控对象的模型(矩阵$\boldsymbol{F},\boldsymbol{G},\boldsymbol{C}$)，干扰模型(协方差阵$\boldsymbol{v},\boldsymbol{w}$)和二次型性能指标函数(加权矩阵$\boldsymbol{S},\boldsymbol{R},\boldsymbol{Q}$)的选取。被控对象的模型可通过机理分析方法、实验方法和系统辨识方法来获取。过程干扰协方差阵v、量测噪声协方差阵$\boldsymbol{w}$和加权矩阵，一般通过多数估计或凭经验和试凑给出。

分离性原理无论是理论上还是实践上都是很重要的。对于一个具体的随机控制系统而言，只要分离原理成立，就可以得到一个物理可实现的随机最优控制器。目前虽然对非“线性二次型”问题的分离原理还没有一般性结论(对一些特殊的非“线性二次型”问题的分离原理已有证明)，但在控制工程的实践中常常是不管它是否成立，而采用“强迫分离”的办法，人为地将一个随机最优控制问题分解为确定性最优控制问题和状态估计问题。这虽然不能在理论上保证是最优的解，但许多实践表明，这是解决问题的一个可行的途径。

例 7.3.7 考虑随机控制系统

$$\begin{cases} \boldsymbol{x}(k+1) = \boldsymbol{x}(k) + 2\boldsymbol{u}(k) + \boldsymbol{w}(k) \\ \boldsymbol{y}(k) = \boldsymbol{x}(k) + \boldsymbol{w}(k) \end{cases}$$

其中，所有量都是标量，$\{\boldsymbol{v}(k)\}$，$\{\boldsymbol{w}(k)\}$都是零均值正态白噪声序列，方差分别为 $q=25$ 和 $r=15$。$\boldsymbol{w}(k)$与 $\boldsymbol{v}(k)$独立。初始值 $\boldsymbol{x}(0)$是零均值正态随机变量，并且与$\{\boldsymbol{v}(k)\}$，$\{\boldsymbol{w}(k)\}$互相独立，方差为 $\boldsymbol{P}(0)=100$，目标函数是

$$\boldsymbol{J}_3 = E\left\{x^2(3) + \sum_{k=0}^{2}\boldsymbol{u}^2(k)\right\}$$

求最优控制序列 u_0, u_1, u_2，使 $\boldsymbol{J}_3$ 最小。

解 根据分离原理，LQG 最优控制器设计分成两部分：解 LQ 最优控制问题(得最优反馈矩阵 k_1)和最优滤波器问题(得最优状态估计)。

LQG 最优控制器方程为

$$\begin{cases} \hat{\boldsymbol{x}}(k) = \hat{\boldsymbol{x}}(k-1) + 2\boldsymbol{u}(k-1) \\ \qquad\qquad + \boldsymbol{K}(k)[\boldsymbol{y}(k) - \hat{\boldsymbol{x}}(k-1) - 2\boldsymbol{u}(k-1)] \qquad (\hat{\boldsymbol{x}}(0) = 0, k = 1,2,3) \\ \boldsymbol{u}(k-1) = -\boldsymbol{K}_1(k-1)\hat{\boldsymbol{x}}(k-1) \end{cases} \tag{7.3.62}$$

滤波增益矩阵已在例 7.3.6 中计算过，$\boldsymbol{k}(1)=0.893$，$\boldsymbol{k}(2)=0.720$，$\boldsymbol{k}(3)=0.704$。

显然，需要滤波器提供的状态估计只有 $\hat{\boldsymbol{x}}(1)$和 $\hat{\boldsymbol{x}}(2)$，因为 $\hat{\boldsymbol{x}}(0)=0$，而 $\hat{\boldsymbol{x}}(3)$对于此例不需要。

下面的问题是解线性二次型问题求最优反馈控制增益矩阵 $\boldsymbol{K}_1(k)$，$k=0,1,2$。

注意到，这里 $\boldsymbol{F}=1$，$\boldsymbol{G}=2$，$\boldsymbol{S}=1$，$\boldsymbol{N}=3$，$\boldsymbol{Q}=0$，$\boldsymbol{R}=1$，利用 7.3.1 节中给出的具体算法，可得 $\boldsymbol{k}_1(0)=0.154$，$\boldsymbol{k}_1(1)=0.222$，$\boldsymbol{k}_1(2)=0.400$。

于是，该 LQG 问题的解为

$$\boldsymbol{u}(0) = -0.154\hat{x}(0) = 0$$

$$\boldsymbol{u}(1) = -0.222\hat{x}(1)$$

$$\boldsymbol{u}(2) = -0.400\hat{x}(2)$$

式中，$\hat{\boldsymbol{x}}(1)$，$\hat{\boldsymbol{x}}(2)$由式(7.3.62)给出的滤波公式和相应的量测值计算。

习　题

7.1 已知以温度为状态变量的连续系统方程为

$$\begin{cases}\begin{bmatrix}\dot{x}_1(t)\\ \dot{x}_2(t)\end{bmatrix}=\begin{bmatrix}-2 & 2\\ -0.5 & -0.75\end{bmatrix}\begin{bmatrix}x_1(t)\\ x_2(t)\end{bmatrix}+\begin{bmatrix}0\\ 0.5\end{bmatrix}u(t)\\ y(t)=[1\quad 0]\begin{bmatrix}x_1(t)\\ x_2(t)\end{bmatrix}\end{cases}$$

设采样周期 $T=0.25\ \mathrm{s}$,试求该热力学系统的离散状态方程。

7.2 已知控制系统的连续状态方程为

$$\begin{bmatrix}\dot{x}_1(t)\\ \dot{x}_2(t)\end{bmatrix}=\begin{bmatrix}0 & 1\\ -1 & 0\end{bmatrix}\begin{bmatrix}x_1(t)\\ x_2(t)\end{bmatrix}+\begin{bmatrix}0\\ 1\end{bmatrix}u(t)$$

$$y(t)=(0\quad 1)\begin{bmatrix}x_1(t)\\ x_2(t)\end{bmatrix}$$

其中,$u(t)=u(kT)$,$kT\leqslant t<(k+1)T$,讨论:

(1) 离散状态可控性与采样周期 T 的关系;

(2) 离散状态可观性与采样周期 T 的关系;

(3) 离散输出可控性与采样周期 T 的关系。

7.3 已知四阶多输入多输出的系统的连续对象状态方程为

$$\begin{bmatrix}\dot{x}_1(t)\\ \dot{x}_2(t)\\ \dot{x}_3(t)\\ \dot{x}_4(t)\end{bmatrix}=\begin{bmatrix}1 & 1 & -5 & -1\\ 0 & -2 & 0 & 0\\ 3 & 1 & -8 & -1\\ -3 & -1 & 4 & -5\end{bmatrix}\begin{bmatrix}x_1(t)\\ x_2(t)\\ x_3(t)\\ x_4(t)\end{bmatrix}+\begin{bmatrix}2 & 2\\ 0 & 4\\ 0 & 4\\ 0 & -1\end{bmatrix}\begin{bmatrix}u_1(t)\\ u_2(t)\end{bmatrix}$$

$$\begin{bmatrix}y_1(t)\\ y_2(t)\end{bmatrix}=\begin{bmatrix}5 & 2 & -5 & 2\\ 2 & 4 & 1 & 3\end{bmatrix}\begin{bmatrix}x_1(t)\\ x_2(t)\\ x_3(t)\\ x_4(t)\end{bmatrix}$$

若采样周期 $T_s=0.5\ \mathrm{s}$,试设计最小拍调节器 $D(z)$。

7.4 已知控制系统对象的状态方程为

$$\begin{cases}\begin{bmatrix}\dot{x}_1(t)\\ \dot{x}_2(t)\end{bmatrix}=\begin{bmatrix}-2 & 2\\ -0.5 & -0.75\end{bmatrix}\begin{bmatrix}x_1(t)\\ x_2(t)\end{bmatrix}+\begin{bmatrix}0\\ 0.5\end{bmatrix}u(t)\\ y(t)=[1\quad 0]\begin{bmatrix}x_1(t)\\ x_2(t)\end{bmatrix}\end{cases}$$

试设计状态反馈律 $u(kT)=-Lx(kT)$,使闭环极点配置在 $z_{1,2}=0.5\pm \mathrm{j}0.2$ 处,并画出全状态反馈控制系统的方块图。

7.5 已知二阶系统对象的状态方程为

$$\begin{cases}\dot{x}(t)=\begin{bmatrix}-0.5 & 0\\ 1 & 0\end{bmatrix}x(t)+\begin{bmatrix}2\\ 0\end{bmatrix}u(t)\\ y(t)=(0\quad 1)x(t)\end{cases}$$

使用零阶保持器构成单位反馈控制计算机控制系统,其采样周期 $T=1\ \mathrm{s}$,试用状态空间设计方法，分别按阶跃输入和速度输入设计最小拍控制系统和无纹波控制系统。

7.6　已知二阶受控对象的传递函数为 $G_p(s)=\dfrac{1}{s(1+0.1s)}$，现选用采样周期 $T_s=0.1\text{ s}$，要求：

(1) 求取受控对象的离散状态方程；

(2) 试讨论该离散受控对象的可控性和可观性；

(3) 试采用状态反馈控制，使系统闭环极点配置在 $z_{1,2}=0.8\pm \text{j}0.25$ 处；

(4) 若对象的状态只有一个能量能测到，设计一个状态观测器，观测动态比系统动态快10倍，极点应配置在 $z_{1,2}=0.3\pm \text{j}0.5$ 处，试求状态观测器增益矩阵。

7.7　已知被控对象的状态方程为

$$\begin{cases}\boldsymbol{x}(k+1)=\begin{bmatrix}1 & 1\\0 & 1\end{bmatrix}\boldsymbol{x}(k)+\begin{bmatrix}0.5\\1\end{bmatrix}\boldsymbol{u}(k)\\ \boldsymbol{y}(k)=\begin{bmatrix}1 & 0\end{bmatrix}\boldsymbol{x}(k)\end{cases}$$

设参考输入 $y_r=0$，系统期望闭环极点 $p_1=0.6$，$p_2=0.5$，闭环观测器期望极点 $p_{01}=0.2$，$p_{02}=0.1$，要求：

(1) 按极点配置法求状态反馈增益矩阵 $\boldsymbol{L}$；

(2) 按极点配置法求预报观测器的反馈增益 $\boldsymbol{K}$；

(3) 求系统 y_r 到输出 $y(k)$ 在采用观测状态作反馈控制下的闭环 z 传递函数；

(4) 若状态 $x_1(k)$ 可测，$x_2(k)$ 不可量测，试设计降阶状态观测器，观测器期望闭环极点在0.1处。

7.8　已知对象的离散状态方程为

$$\boldsymbol{x}(k+1)=\begin{bmatrix}0.8 & 1\\0 & 0.5\end{bmatrix}\boldsymbol{x}(k)+\begin{bmatrix}1\\0.5\end{bmatrix}\boldsymbol{u}(k)$$

初值 $\mathbf{x}\ (0)=\begin{bmatrix}100\\0\end{bmatrix}$，求最优控制 $u_0^o\sim u_4^o$(及对应的状态反馈增益矩阵)，使品质指标最小：

$$\boldsymbol{J}=\sum_{k=0}^{4}\left[\frac{1}{2}\boldsymbol{x}^{\mathrm{T}}(k)\boldsymbol{x}(k)+\frac{1}{2}u^2(k)\right]$$

7.9　已知对象的离散状态方程为

$$\begin{bmatrix}x_1(kT+T)\\x_2(kT+T)\end{bmatrix}=\begin{bmatrix}0.607 & 0\\0.393 & 0.5\end{bmatrix}\begin{bmatrix}x_1(kT)\\x_2(kT)\end{bmatrix}+\begin{bmatrix}0.3930\\0.107\end{bmatrix}u(kt)$$

$$y(kT)=(0\quad 1)\begin{bmatrix}x_1(kT)\\x_2(kT)\end{bmatrix}$$

其中，采样周期 $T=0.5\text{ s}$，试采用LQ设计控制算法。

7.10　已知一有干扰作用的控制系统如图P7.1所示，其中 $\boldsymbol{A}=\begin{bmatrix}1 & 1\\0 & 1\end{bmatrix}$，$\boldsymbol{B}=\begin{bmatrix}0.5\\1\end{bmatrix}$，$\boldsymbol{C}=(1\quad 0)$，$\boldsymbol{\Gamma}=\begin{bmatrix}0\\1\end{bmatrix}$，$v_k$ 为平稳随机系统干扰，零均值白噪声，方差为 $\delta_v^2=0.09$；w_k 为测量噪声，是零均值白噪声，方差为 $\delta_w^2=0.04$；v_k，w_k 及 x_0 三者设计独立，若取估值状态的协方

差阵初值为零阵，写出卡尔曼滤波器增益矩阵的计算公式，并求出卡尔曼增益矩阵。

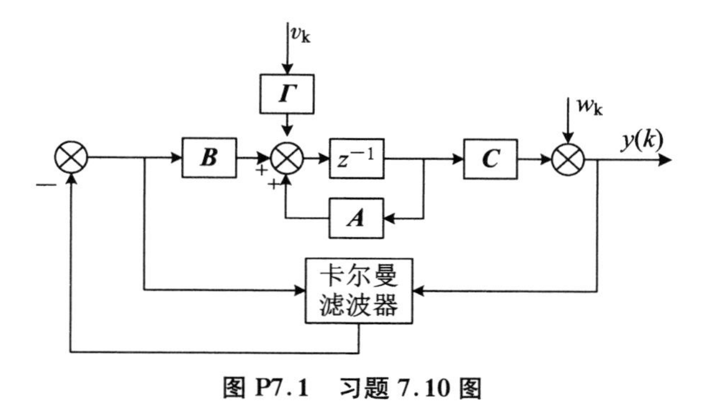

图 P7.1　习题 7.10 图

第 8 章　计算机复杂控制系统的设计

前面介绍了简单反馈回路的计算机控制系统。根据实际工程对象的特性和要求，再引入计算单元、调节单元或其他控制单元就构成了复杂规律的计算机控制系统，例如串级控制、前馈控制、解耦控制、均匀控制和比值控制等。这些控制系统，通常包含两台以上调节器或执行机构以实现复杂的控制规律。在特定的情况下，采用复杂规律的控制系统，对提高控制品质、扩大自动化应用范围，起着关键性的作用。

本章将简要介绍几种常见的复杂规律的计算机控制系统的设计。

8.1　串级控制系统

8.1.1　串级控制系统的组成和工作原理

采用两个或两个以上调节器，而且调节器之间相互串联，一个调节器的输出作为另一个调节器的设定值，这样的控制系统，称之为串级控制系统。图 8.1 给出了一个通过操纵燃料气来实现原料出口温度控制的加热炉的控制结构，我们以此为例说明串级控制的组成及工作原理。

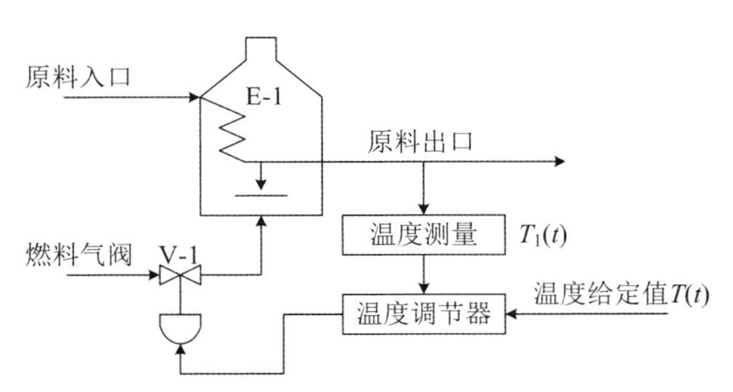

图 8.1　原料加热炉出口温度控制系统

该系统的被控量是原料出口温度，用燃料气流量作为操纵变量。原料由管道进入加热炉进行加热，出口原料的温度 $T_1(t)$经过温度测量与温度给定值 $T(t)$比较以后，送入温度调节器；调节器的输出控制阀门的开度，改变燃料气的流量，即改变加热炉的燃烧状况，使原

料的温度 $T_1(t)$跟踪其设定值 $T(t)$。

在有些场合，燃料气的压力是波动的，燃料气的流量 $F(t)$会随着压力的波动而变化，从而造成出口原料温度扰动。由于燃料气流量波动到出口原料温度的变化要经过管道的传输、炉膛的燃烧、加热管道的传热等一系列环节，这些环节具有惯性和纯滞后，因此，使得出口原料温度偏差加大，调节时间加长。所以，用图 8.1 单回路反馈控制是难以获得理想的控制效果的。

为了稳定燃料气的流量，可以设立流量调节系统(图 8.2)。由于通过对燃料气流量进行测量、调节、改变阀位，控制通道的纯滞后很小，惯性也不大，因此控制作用及时，可有效地控制流量 $F(t)$的波动。

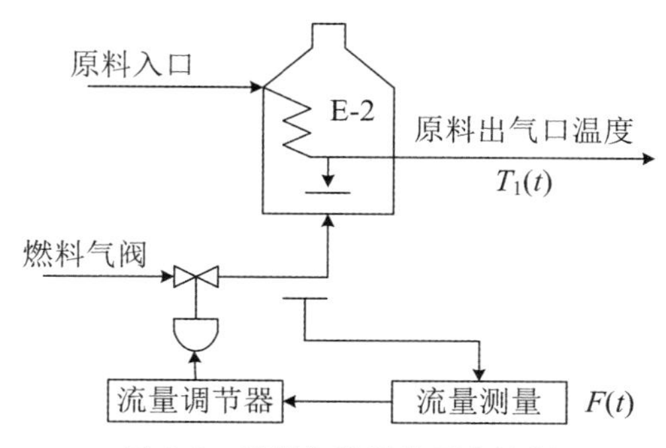

图 8.2　燃料气流量的压力控制

但是，仅靠图 8.2 所示的流量控制是不能保证出口原料温度恒定的，因为即使燃料流量稳定了，但是燃料气热值的变化，原料入口流量、温度、成分等的变化仍会使出口原料的温度发生波动。为了克服上述扰动，可以把图 8.1 和图 8.2 结合起来，构成如图 8.3 所示的串级控制系统。

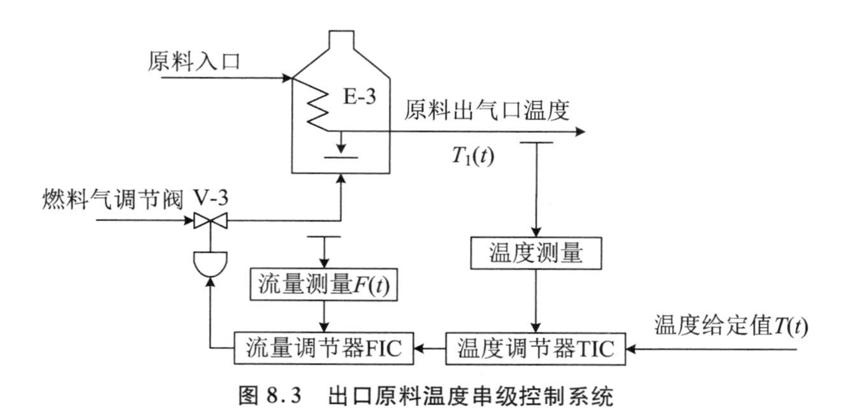

图 8.3　出口原料温度串级控制系统

如图 8.3 所示，系统中流量调节器用来克服燃料气波动对出口原料温度的扰动，温度调节器则用来克服燃料气热值，原料入口流量、温度、成分的影响，使得控制质量得到显著的提高。

为了便于分析，可以画出原料加热炉出口原料温度串级控制的方框图如图 8.4 所示。

串级控制系统分为主回路和副回路，我们把原料出口温度 $T_1(s)$称为主控变量，使它保持平稳是控制的主要目标。$T(s)$称为主设定值,$D_1(s)$称为主调节器;燃料气的流量 $F(s)$称为副被控变量,$D_2(s)$称为副调节器,其设定值为主调节器的输出。习惯上把副调节器 $D_2(s)$与 $G_v(s)$,$G_2(s)$,K_{m2}构成的回路叫副回路;把主调节器 $D_1(s)$与 $D_2(s)$,$G_v(s)$,$G_2(s)$,$G_1(s)$,K_{m1}构成的回路叫主回路;$G_1(s)$称为主对象,$G_2(s)$称为副对象。作用在两个回路中的扰动 $N_1(s)$和 $N_2(s)$分别称为一次扰动和二次扰动。

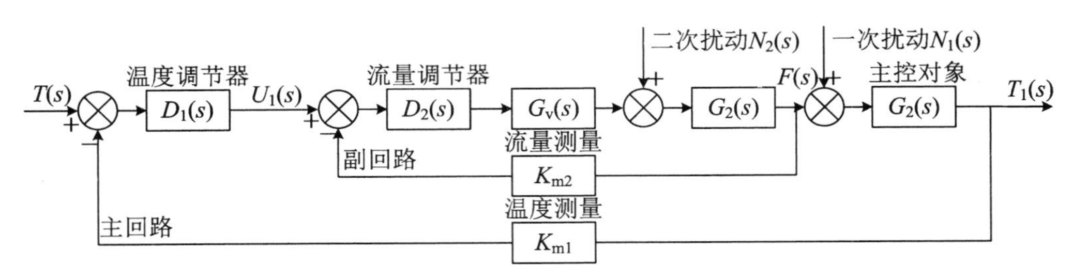

图 8.4 原料加热炉串级控制系统方框图

8.1.2 串级控制系统的功能和特点

串级控制系统由于存在副回路,具有许多特点。例如,可以迅速克服进入副回路的扰动、减少副对象的等效时间常数、提高系统的工作频率。

8.1.2.1 迅速克服进入副回路的扰动。

就图 8.1 所示的加热炉原料出口温度控制系统而言,常用的串级控制方案有 3 种:

① 出口温度对燃料流量串级;

② 出口温度对燃料气阀后压力串级;

③ 出口温度对炉膛温度串级。

这 3 种系统都能比简单控制系统更及时地发现扰动,并及时排除干扰的影响,特别是对流量和压力控制回路,它们的调节都是相当迅速的。

如图 8.4 所示,假设二次扰动 N_2 到副被控变量 $F(s)$开环传递函数为 $G_2(s)$,则在主、副回路闭合后,串级控制系统中扰动 N_2 到主被控变量 $T_1(t)$的传递函数为

$$\frac{T_1(s)}{N_2(s)}=\frac{\dfrac{G_2(s)}{1+K_{m2}D_2(s)G_v(s)G_2(s)}\cdot G_1(s)}{1+D_1(s)\dfrac{K_{m1}D_2(s)G_v(s)G_2(s)}{1+K_{m2}D_2(s)G_v(s)G_2(s)}\cdot G_1(s)}$$

$$=\frac{G_2(s)G_1(s)}{1+K_{m2}D_2(s)G_v(S)G_2(s)+K_{m1}D_1(s)D_2(s)G_v(s)G_2(s)G_1(s)} \tag{8.1.1}$$

如果将副回路断开,就成为简单控制系统

$$\frac{T_1(s)}{N_2(s)}=\frac{G_2(s)G_1(s)}{1+K_{m1}D_1(s)D_2(s)G_v(s)G_1(s)G_2(s)} \tag{8.1.2}$$

两式比较,发现串级控制时传递函数的分母多了一项 $K_{m2}D_2(s)G_v(s)G_2(s)$,在主回路的工作频率下,这项的值一般是不小的。这样,就使扰动 $N_2(s)$对被控变量 $T_1(s)$这一通道的

动态增益减小,也就使 $T_1(s)$的最大动态偏差下降。

8.1.2.2 减小副控对象的等效时间常数

如图8.4所示,为了便于分析,又不失一般性,假设 $G_1(s)=\dfrac{K_1}{T_1s+1}$,$G_2(s)=\dfrac{K_2}{T_2s+1}$,$G_v(s)=K_v$,且主副调节器均采用比例控制规律,即 $D_1(s)=K_{p_1}$,$D_2(s)=K_{p_2}$,则副回路的传递函数

$$
\begin{aligned}
W_2(s)&=\frac{F(s)}{U_1(s)}=\frac{D_2(s)G_v(s)G_2(s)}{1+D_2(s)G_v(s)G_2(s)K_{m2}}\\
&=\frac{K_{p2}K_v\cdot\dfrac{K_2}{T_2s+1}}{1+K_{p2}K_vK_{m2}\cdot\dfrac{K_2}{T_2s+1}}\\
&=\frac{K_{p2}K_vK_2}{T_2s+(1+K_{p2}K_vK_{m2}K_2)}=\frac{K'_2}{T'_2s+1}
\end{aligned}
\tag{8.1.3}
$$

其中

$$T'_2=\frac{T_2}{1+K_{p2}K_vK_{m2}K_2}\tag{8.1.4}$$

$$K'_2=\frac{K_{p2}K_vK_2}{1+K_{p2}K_vK_mK_2}\tag{8.1.5}$$

通常,$K_{p_2}K_vK_2K_{m_2}\gg1$,可见,串级控制系统中副回路的等效时间常数 T'_2小于副对象的时间常数 T_2,这使得系统的动作灵敏、反应速度加快、调节更为及时,有利于提高控制性能。而由式(8.1.4)可知,副对象等效时间常数 T'_2与 $1+K_{p2}K_vK_2K_{m2}$成反比,在 K_v,K_2,K_{m2}不变的情况下,T'_2随着 K_{p2}的增加而减小,因此 K_{p2}愈大,副对象特性的改善愈显著。

此外,由于副回路使副对象的等效放大倍数 K_2 缩小为$\dfrac{1}{1+K_{p2}K_vK_2K_{m2}}$,因此串级控制系统的主控调节器的放大系数 K_{p1}就可以比单回路调节时更大些,放大倍数 K_{p1}的加大有利于提高系统抑制一次扰动 $N_1(s)$的能力。

8.1.2.3 提高系统的工作频率

副回路可以降低副对象的等效时间常数,使得串级控制系统的工作频率得以提高。假设串级控制系统仍如图8.5所示,该串级控制系统的特征方程为

$$
\begin{aligned}
s^2&+\frac{(T_1+T_2+K_{p2}K_vK_2K_{m2}T_1)s}{T_1T_2}\\
&+\frac{(1+K_{p2}K_vK_2K_{m2}+K_{p1}K_{p2}K_vK_1K_2K_{m1})}{T_1T_2}=0
\end{aligned}
$$

令

$$2\xi\omega_0=\frac{T_1+T_2+K_{p2}K_2K_vK_{m2}T_1}{T_1T_2}\tag{8.1.6}$$

$$\omega_0^2=\frac{1+K_{p2}K_vK_2K_{m2}+K_{p1}K_{p2}K_vK_1K_2K_{m1}}{T_1T_2}\tag{8.1.7}$$

则特征方程式可改写成

$$s^2 + 2\xi\omega_0 s + \omega_0^2 = 0 \tag{8.1.8}$$

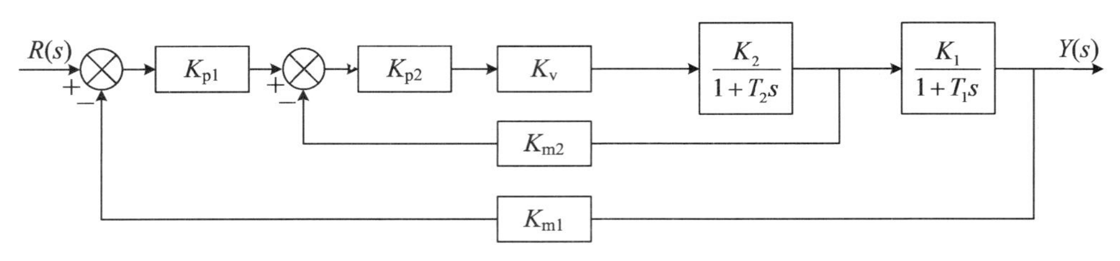

图 8.5　串级控制系统

式中,ξ 为系统阻尼比,ω_0 为系统的自然频率。特征方程(8.1.8)的根为

$$s_{1,2} = \frac{-2\xi\omega_0 \pm \sqrt{4\xi^2\omega_0^2 - 4\omega_0^2}}{2} = -\xi\omega_0 \pm \omega_0\sqrt{\xi^2 - 1} \tag{8.1.9}$$

当 $0<\xi<1$ 时,系统将出现振荡,振荡频率即为串级控制系统的工作频率 ω_{sr}:

$$\begin{aligned}\omega_{sr} &= \omega_0\sqrt{1-\xi^2}\\ &= \frac{T_1 + T_2 + K_{p2}K_vK_2K_{m2}T_1}{T_1T_2}\cdot\frac{\sqrt{1-\xi^2}}{2\xi}\quad(0<\xi<1)\end{aligned} \tag{8.1.10}$$

我们来考虑图 8.5 中的对象在采用单回路控制时的情况,其控制系统结构如图 8.6 所示。

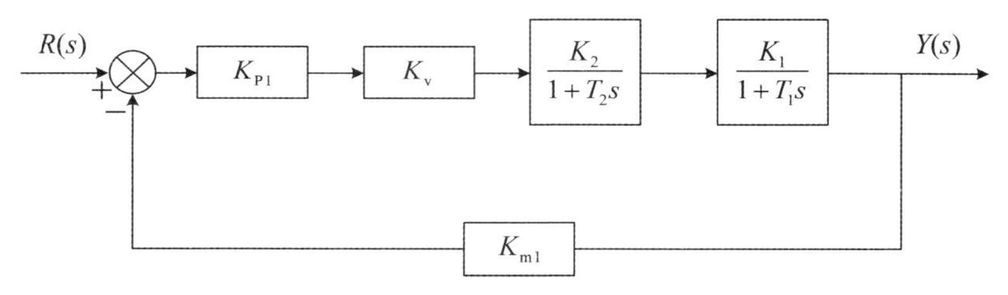

图 8.6　单回路控制系统

该闭环系统的特征方程可表示为

$$s^2 + \frac{T_1 + T_2}{T_1T_2}s + \frac{1 + K_{p1}K_1K_2K_vK_{m1}}{T_1T_2} = 0 \tag{8.1.11}$$

该单回路控制系统的工作频率为

$$\omega_{sg} = \omega'_0\sqrt{1-\xi'^2} = \frac{(T_1 + T_2)}{T_1T_2}\cdot\frac{\sqrt{1-\xi'^2}}{2\xi'} \tag{8.1.12}$$

其中,$2\xi'\omega'_0 = \frac{T_1 + T_2}{T_1T_2}$,$\omega_0'^2 = \frac{1 + K_{p1}K_1K_2K_vK_{m1}}{T_1T_2}$,假如整定调节器参数时,使串级控制系统跟单回路控制系统具有相同的阻尼比,即 $\xi=\xi'$,则串级控制和单回路控制的工作频率之间有如下的关系:

$$\frac{\omega_{sr}}{\omega_{sg}} = \frac{T_1 + T_2 + K_{p2}K_2K_vK_{m1}T_1}{T_1 + T_2} = 1 + \frac{K_{p2}K_2K_vK_{m1}T_1}{T_1 + T_2} > 1 \tag{8.1.13}$$

所以

$$\omega_{sr} > \omega_{sg} \tag{8.1.14}$$

即串级控制的工作频率 ω_{sr} 高于单回路控制的工作频率 ω_{sg}，因此串级控制提高了系统的工作频率，改善了系统的动态特征。从式(8.1.10)可见，副控调节器的比例系数 K_{p2} 越大，工作频率 ω_{sr} 的提高越显著。

8.1.2.4　对负荷变化的适应能力提高

通常非线性对象的工作点是随负荷变化的，当调节器参数按照某种负荷即某工作点整定以后，负荷变化时，调节器参数就要作相应变动，否则控制系统的性能将会变坏。

在如图8.5所示的串级控制系统中，在副回路闭合的情况下，考虑其稳态特性，等效副控对象的放大系数(增益)为

$$K_2' = \frac{K_{p2}K_vK_2}{1+K_{p2}K_vK_2K_{m2}} \approx \frac{1}{K_{m2}} \tag{8.1.15}$$

可见，由于负荷的变化会引起对象特征 K_2 的变化。但是，通常 $K_{p2}K_vK_2K_{m2} \gg 1$，所以 K_2 的变化对 K_2' 的影响比较小，因此，串级控制系统减小了负荷变化的影响。另外，串级控制系统中，由于主回路是定值控制系统，副回路是随动控制系统，主调节器可以按照操作条件和负荷变化相应地调整副调节器的给定值，因而可以保证在负荷和操作条件发生变化的情况下，调节系统仍然具有较好的品质。

8.1.3　串级控制系统的应用范围

根据串级控制系统的特点，副回路给控制系统带来了一系列优点，可用于抑制控制系统的扰动，克服对象的纯滞后，减小负荷变化的影响。

8.1.3.1　用来抑制控制系统的扰动

这是使用较多，也是比较简单的一种串级控制系统。图8.3出口原料温度串级控制系统就属于这类系统。这类系统是利用了副回路动作速度快，抑制扰动能力强的优点。设计此类系统时应把主要的扰动包含在副回路中。

8.1.3.2　用来克服对象的纯滞后

对象的纯滞后比较大的时候，若用单回路控制，则过渡过程时间长，超调量大，参数恢复缓慢，控制质量较差。采用串级控制可以克服对象的纯滞后影响，改善系统的控制性能。

如图8.7所示，用串级控制克服原料气加热炉纯滞后，燃料气热值作阶跃变化时，出口原料温度特性是纯滞后加惯性。对于这种系统，单回路控制难以获得良好的控制效果。出口原料温度系统中，热值变化对炉膛温度变化的滞后较小，反应灵敏。如果取炉膛温度作为副控参数，构成串级控制系统，使系统的性能有了较大的改善。当扰动作用于系统时，由于副回路的作用，扰动不经过主对象而直接通过副对象，并立刻被副回路的温度测量部件所反映。并能比较快地采取控制措施，又由于副回路减小了等效时间常数，提高了工作频率，所以控制系统的过渡过程比较短，超调量比较小。

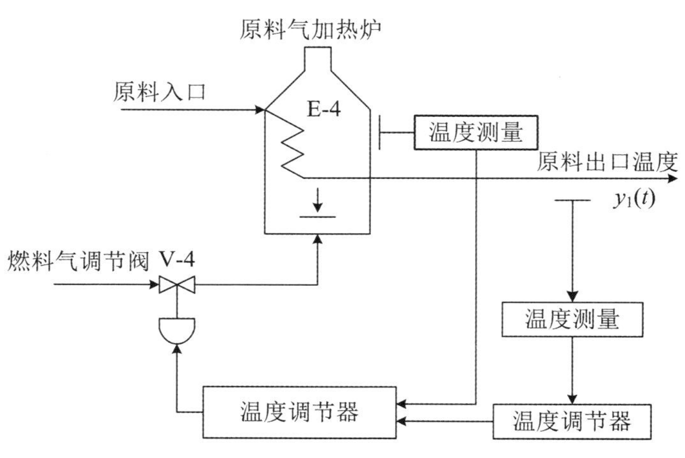

图 8.7 串级控制克服容量滞后

8.1.3.3 用来减小负荷变化的影响

通常控制对象都具有一定的非线性，当负荷变化时会引起工作点的移动，对象的放大系数会有较大变化，尽管对象特征的变化可以用调节阀的工作特性来补偿，但是这种补偿是有限的。对于采用单回路控制的具有非线性特征的对象，在其负荷变化时，不相应地改变调节器参数，系统的性能很难满足要求。若采用串级控制，因把非线性对象包含在副回路中，由于副回路是随动系统，能够适应操作条件和负荷条件的变化，自动改变副调节器的给定值，因而控制系统有良好的控制性能。

8.1.4 串级控制的设计和实施中的一些问题

8.1.4.1 调节器类型的选择

串级控制系统需要主、副两个调节器，采用计算机控制时，控制算法是由软件来实现的。一般来说副调节器采用 P 或 PI 作用，主调节器采用 PI 或 PID 作用。

8.1.4.2 调节器正、反作用的确定

副调节器的正反作用，要依据执行机构的气开(FO)或气关(FC)的情况和副回路的被控参数与控制参数之间的关系来确定。以图 8.3 所示的系统为例，若燃料气调节阀是气开(FO)型，则当流量偏大时，燃料气阀就要减小，调节阀须选反作用。如果调节阀由气开改为气关(FC)，调节器应改正作用。总之，应使副回路的增益为正值。

主调节器的正反作用，要依据主回路中被控量与控制量之间的关系来确定。至于调节阀的气开、气关，因为调节阀已包含在副回路上，所以不影响主调节器正反作用的判定。从总的来看，应使主回路的增益为正值。

8.1.4.3 积分饱和的解决

当主调节器具有积分作用且系统长期存在偏差时，串级控制系统同样会出现积分饱和现象，而当副调节器也引用积分作用时，积分饱和的情况较之简单控制系统还要严重。

防止积分饱和的一种有效办法是对主调节器 PC_1 引入外加积分正反馈，如图 8.8 所示，采用 y_2 作为积分外反馈信号。很显然，如果副调节器 PC_2 也有积分作用，到建立稳态时，$y_2 = r_2 = u_1$，因此与采用 u_1 作积分正反馈信号的效果相同，而在动态过程中主调节器 PC_1 的输出：

$$U_1(s) = K_p E_1(s) + \frac{K_p}{T_1 s} Y_2(s)$$

当 $Y_2(s) = U_1(s)$ 时

$$U_1(s) = K_p\left(1 + \frac{1}{T_1 s}\right)E_1(s)$$

可见，主调节器在达到稳态时起 PI 作用，而当 $y_2 < u_1$ 时，u_1 的增长不会超过一定的极限，不会发生积分饱和。

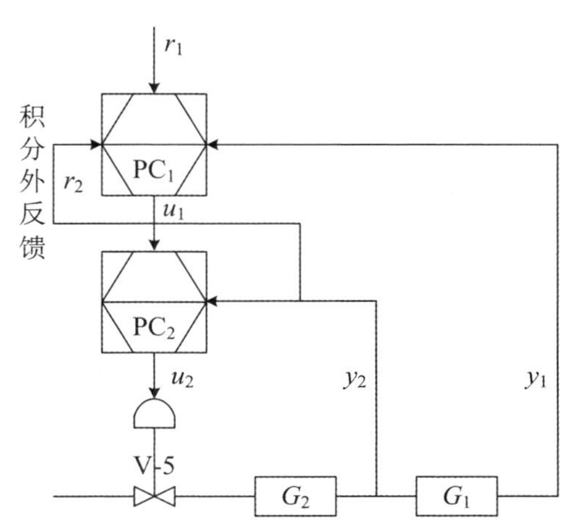

图 8.8 串级控制系统的防积分饱和

8.1.4.4 调节器参数整定

串级控制系统有两个调节器的参数需要整定，参数整定宜采用先副后主方式。先进行副调节器的参数整定，常用的有以下两类方法：

① 像简单控制系统一样整定，满足规定的衰减比；

② 鉴于副回路居于次要地位，不对其参数整定作过多追求，而是参照经验数值一次设置的。

然后整定主调节器参数，方法与简单控制系统相同。

8.1.5 计算机串级控制系统

如图 8.4 所示的串级控制系统中 $D_1(s)$，$D_2(s)$ 若由数字计算机来实现时，就构成了计算机串级控制系统，如图 8.9 所示，图中的 $D_1(z)$，$D_2(z)$ 是由数字计算机实现的数字调节器，$H_0(s)$ 是零阶保持器，T_1'，T_2'' 分别为主回路和副回路的采样周期。

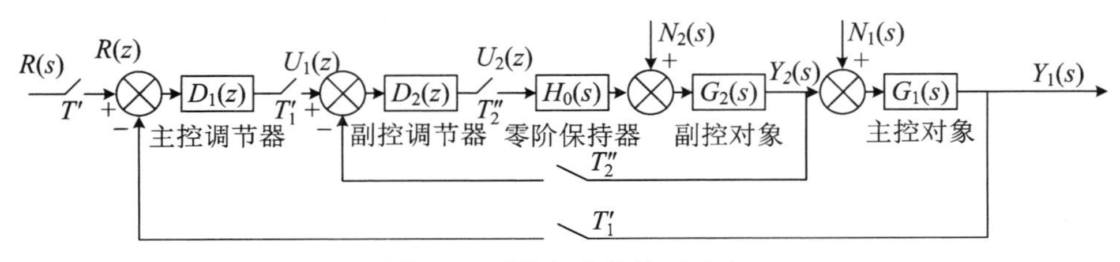

图 8.9 计算机串级控制系统

计算机串级控制系统中 $D_1(z)$，$D_2(z)$的控制规律用得较多的通常是PID调节规律。在计算机中，编制出相应的程序，实现其控制算法并运行，下面分析讨论主副回路同步采样和异步采样时计算机串级控制的算法步骤。

8.1.5.1 主副回路采样周期相同（同步采样）

图8.9中，采样周期 $T_1'=T_2''=T$，调节过程要作两次采样输入，作两次PID运算并输出。计算顺序是先计算最外面的回路，然后，逐步转向里面的回路进行计算。算法步骤如下。

(1) 计算主回路的偏差 $e_1(kT)$

$$e_1(kT) = r_1(kT) - y_1(kT) \tag{8.1.16}$$

(2) 计算主调节器的增量输出 $\Delta u_1(kT)$

$$\Delta u_1(kT) = k_p'[\Delta e_1(kT)] + k_i' e_1(kt) + k'_d[\Delta e_1(kt) - \Delta e_1(kt - T)] \tag{8.1.17}$$

积分系数 $\boldsymbol{K}_i'=\dfrac{\boldsymbol{K}_p^i T}{T_i'}$。

$$\Delta e_1(kT - T) = e_1(kT - T) - e_1(kT - 2T)$$

微分系数 $\boldsymbol{K}_d'=\dfrac{\boldsymbol{K}_p^i T_d'}{T}$。

式中，K_p'是主调节器的比例系数；

T_i'是主调节器的积分时间常数；

T_d'是主调节器的微分时间常数；

T 是采样周期。

(3) 计算主调节器的位置输出 $u_1(kT)$

$$u_1(kT) = u_1(kT - T) + \Delta u_1(kT) \tag{8.1.18}$$

(4) 计算副回路的偏差 $e_2(kT)$

$$e_2(kT) = u_1(kT) - y_2(kT) \tag{8.2.19}$$

(5) 计算副调节器的增量输出 $\Delta u_2(kT)$

$$\begin{aligned}\Delta u_2(kT) = {} & K_p''[\Delta e_2(kT)] + K_i'' e_2(kT) \\ & + K_d''[\Delta e_2(kT) - \Delta e_2(kT - T)]\end{aligned} \tag{8.1.20}$$

式中

$$\Delta e_2(kT) = e_2(kT) - e_2(kT - T)$$
$$\Delta e_2(kT - T) = e_2(kT - T) - e_2(kT - 2T)$$

其中，T 是采样周期；

K_p''是副调节器的比例系数；

$K_i''=\dfrac{K_p''T}{T_i''}$是副调节器的积分系数；

$K_d''=\dfrac{K_p''T''_d}{T}$是副调节器的微分系数；

T_i''是副调节器的积分时间常数；

T_d''是副调节器的微分时间常数。

(6) 计算副调节器的位置输出 $u_2(kT)$

$$u_2(kT) = u_2(kT - T) + \Delta u_2(kT) \tag{8.1.21}$$

8.1.5.2 主副回路采样周期不同(异步采样)

在许多串级控制系统中主对象和副对象的特性相差悬殊,例如,在流量与温度、流量与成分的串级控制系统中,流量对象的响应速度是比较快的,而温度和成分对象的响应速度是很慢的。在这种串级系统中,主、副回路的采样周期若选得相同,即 $T' = T''$,假如按照快速的流量对象特性选取采样周期,计算机采样频繁、工作量大,降低了计算机的使用效率。假如按照缓慢的温度对象特性选取采样周期,则会降低快速对象回路的控制性能,削弱抑制扰动的能力,以致串级控制无法起到应有的作用。因此,主副回路根据对象特性选择相应的采样周期,称为异步采样调节。通常取 $T' = lT''$,或 $T'' = T'l$,l 为正整数,T'为主回路的采样周期,T''为副回路的采样周期。异步采样调节的算法流程如图 8.10 所示,图中(T')、(T'')分别是主、副采样周期的单元。

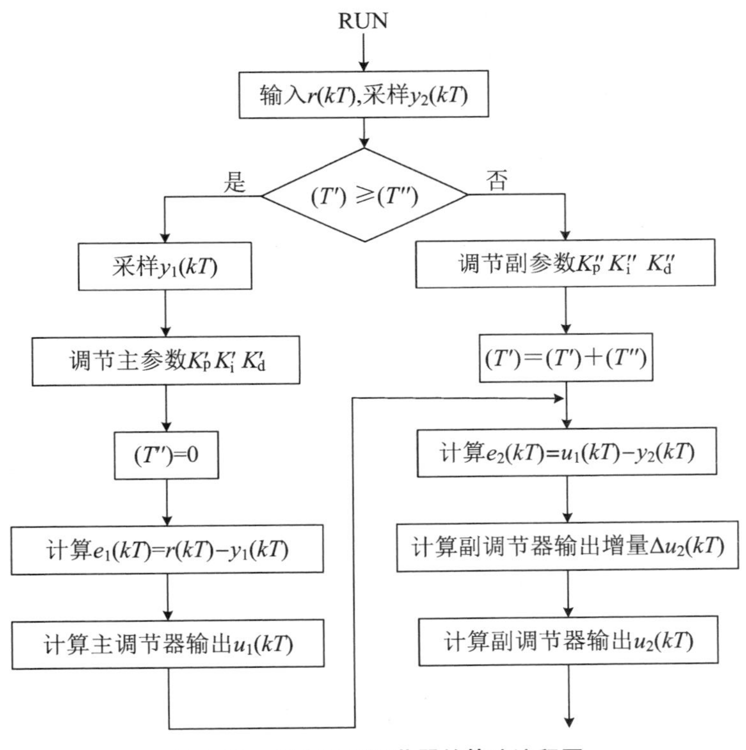

图 8.10 异步采样调节器的算法流程图

8.1.6 串级控制系统的设计原则

串级控制系统的设计原则是根据串级控制的特点,充分发挥串级控制的作用使系统的性能达到满意的要求,为此设计时应遵循如下原则:

① 系统中主要的扰动应该包含在副回路中。把主要扰动包含在副控回路中，可以在扰动影响到主被调参数之前，已经由于副回路的调节，使扰动的影响大大削弱。

② 副回路应该尽量包含积分环节。积分环节的相角滞后是 -90°，当副回路包含积分环节时，相角滞后将可以减小，有利于改善系统的品质。

③ 必须用一个可以测量的中间变量作为副被调参数，或者通过观测分析，由下游状态推断上流状态的中间变量。

④ 当主、副回路的采样周期 $T'\neq T''$时，应选择 $T'\geqslant 3T''$或 $T''\geqslant 3T'$，以避免主控回路和副控回路之间发生干扰和共振。

8.1.7 多回路串级控制系统

通常使用较多的是双回路串级控制系统，双回路的分析方法可以推广应用到多回路串级控制系统。如图 8.11 所示是一个多回路串级控制系统示范图。其算法步骤与双回路类似，即当采样一批数据后，连续进行 PID 运算。运算通常以最外面的回路开始，逐渐向里推进，遇到分叉点时，则按下接回路的权级先后处理。尽管各个回路的计算有时间先后之别，但是计算机的运算速度跟串级控制系统的采样周期比要快得多，因此这点时间类别完全可以忽略不计。

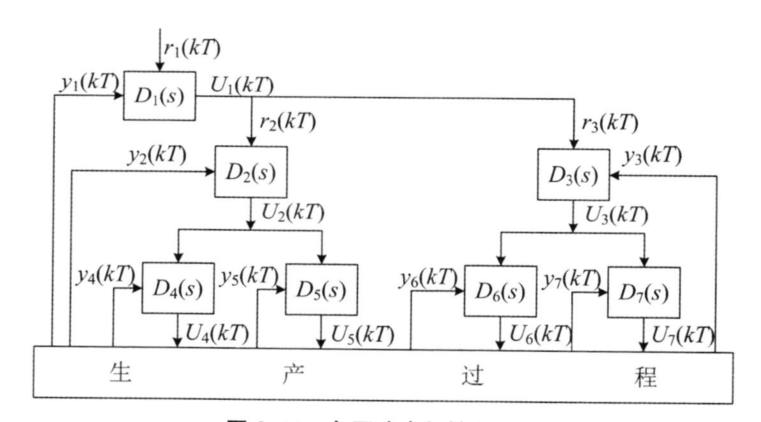

图 8.11 多回路串级控制系统

8.2 前馈控制系统

8.2.1 前馈控制的原理

一般的控制系统都基于反馈原理，采用闭环结构，按偏差来调节，如图 8.12 所示是典型的负反馈结构，不论产生偏差的原因何在，它们都可以工作，只要外部作用能够平稳下来，系统最终能使偏差消除或基本消除。然而，只有当对象受到扰动 $N(s)$ 的作用，使被控量 $Y(s)$ 偏离给定值时，调节器才会起控制作用，改变对象的输出，从而补偿扰动的影响。这种靠偏差 $E(s)$ 来消除扰动影响的负反馈控制系统，控制作用 $U(s)$ 总是落后于扰动的作用。工业生产过程中控制对象总是存在惯性和纯滞后。从扰动作用产生，到使被控量恢复到给定的要求值需要相当长的时间。这样的控制无疑带有一定的被动性，特别是对于大的扰动，对于时滞相对值（τ/T）大的过程，控制品质往往不能令人满意。

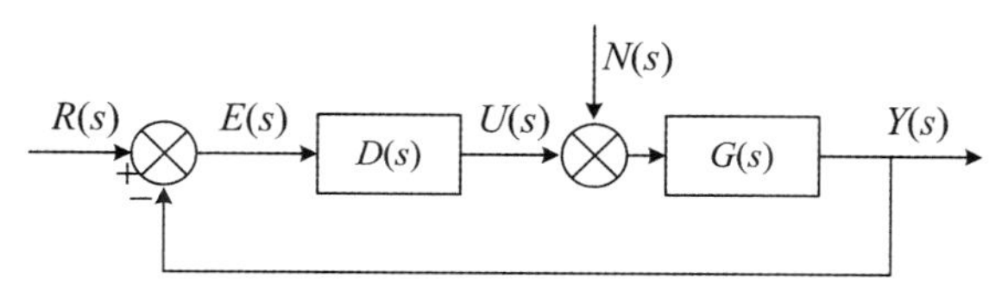

图 8.12 负反馈控制系统

对于存在扰动的系统，可以直接按照扰动进行控制，称作前馈控制。仍以原料温度控制系统为例。为了克服燃料气压力波动的影响，采用串级控制。若系统中入口原料流量有扰动时，由于系统的惯性和纯滞后，控制系统仍然不能保证出口原料温度的平稳。

为了提高控制质量，可加入前馈控制，测量出入口原料流量 $F(t)$，由前馈调节器根据一定的调节规律，改变调节阀，使燃料气的流量改变，从而保证了出口原料温度的稳定。原料加热炉前馈控制系统如图 8.13 所示。

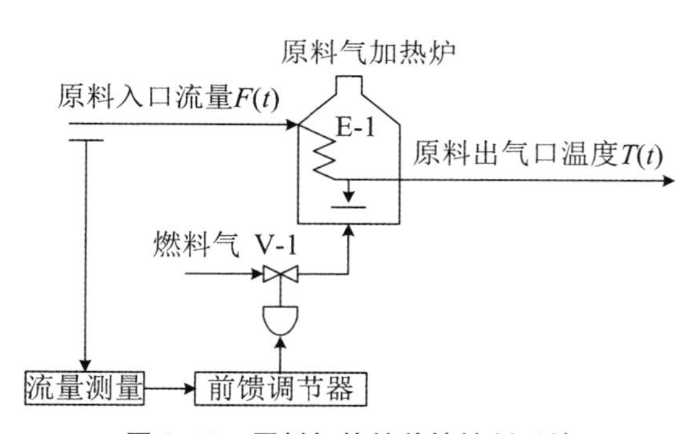

图 8.13 原料加热炉前馈控制系统

在有前馈的控制系统中，前馈回路中一旦出现扰动，前馈调节器就直接根据扰动的大小和方向，按照前馈调节规律，补偿扰动对被控量的影响。由于惯性和纯滞后，扰动作用到系统上，被控量尚未发生变化，前馈调节器就进行了补偿，如果补偿作用恰到好处，可以使被控量不会因扰动作用而产生偏差。

在前馈控制系统中，为了便于分析，扰动 $n(t)$ 的作用通道可看作有两条，如图 8.14 所示。一条是扰动通道，扰动作用 $N(s)$ 通过对象的扰动通道 $G_n(s)$ 引起出口变化 $Y_1(s)$，另一条是控制通道，扰动作用 $N(s)$ 通过前馈调节器 $D_f(s)$ 和对象的控制通道 $G(s)$，使出口变化 $Y_2(s)$。显然，在有扰动 $N(s)$ 作用时，我们希望 $Y_1(s)$ 和 $Y_2(s)$ 的大小相等，方向相反，如图 8.15 所示。

亦即

$$N(s)G_n(s)+N(s)D_f(s)G(s)=Y(s)=0 \tag{8.2.1}$$

用式(8.2.1)可得前馈调节器的调节规律为

$$D_f(s)=-\frac{G_n(s)}{G(s)} \tag{8.2.2}$$

式中,$G_n(s)$和 $G(s)$分别为对象的扰动通道和控制通道的传递函数,可以通过测量得到。

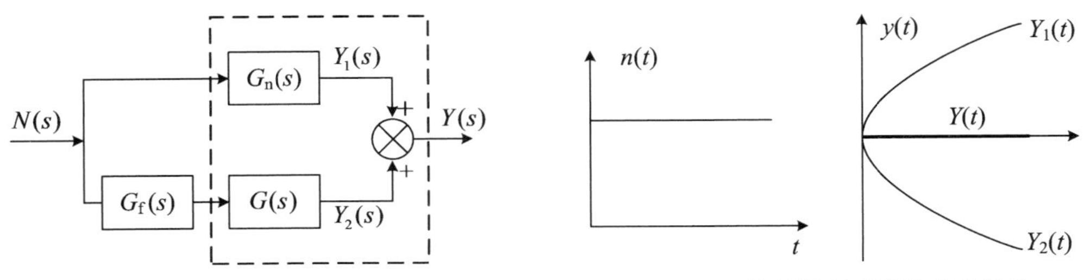

图 8.14　前馈控制的通道结构　　**图 8.15　前馈控制系统的输出特性**

但是,要实现完全的补偿,并非易事,同时,扰动也往往不止特定的一种或数种,前馈调节器只对被前馈的量 $n(t)$有补偿作用,而对未被引入前馈调节器的其他扰动量没有任何补偿作用。因此,前馈控制系统经常是在对主要扰动设置前馈调节器的基础上与其他控制如负反馈控制、串级控制等结合在一起,起到取长补短的效果。

比较典型的前馈控制系统有静态前馈控制系统、动态前馈控制系统、前馈-反馈控制系统和前馈-串级控制系统等。

8.2.1.1　静态前馈控制系统

前馈控制要实现完全补偿,前馈调节器的传递函数应为

$$D_f(s)=-\frac{G_n(s)}{G(s)}$$

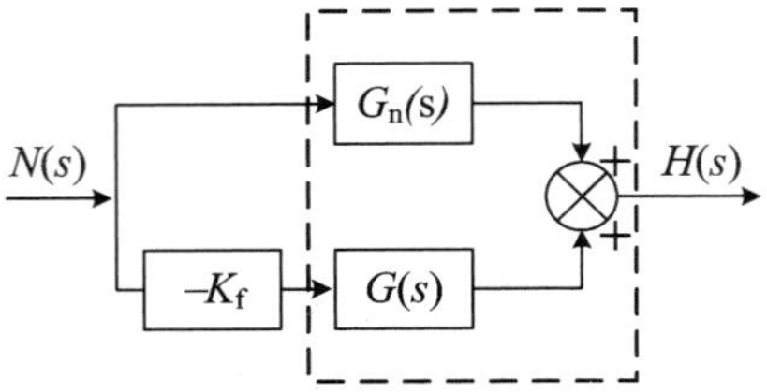

当对象扰动通道和控制通道的动态特性相同时,则

$$D_f(s)=-K_f \tag{8.2.3}$$

其中,K_f 是两通道静态增益比,此时,前馈调节器是一个比例环节,K_f 称为静态前馈系数。静态前馈控制的结构如图 8.16 所示。

图 8.16　静态前馈控制的结构

静态前馈控制是最简单的控制类型,静态前馈的实现十分简便,静态前馈调节器的传递函数可以根据列写的静态方程,推导 $D_f(s)$。

8.2.1.2　动态前馈控制系统

当对象的扰动通道和控制通道的动态特征不相同时,若仍用静态前馈控制,则不能保证动态过程完全补偿,因此,应采用动态前馈控制。假设两通道的传递函数为

$$G_n(s)=\frac{K_1}{1+T_1 s}e^{-\tau_1 s}$$

$$G(s) = \frac{K_2}{1 + T_2 s} e^{-\tau_2 s}$$

则动态前馈调节器

$$D_f(s) = \frac{K_f(1 + T_2 s)}{1 + T_1 s} e^{-(\tau_1 - \tau_2)s} \tag{8.2.4}$$

式中，$K_f = -\frac{K_1}{K_2}$

动态前馈控制的结构如图 8.17 所示。

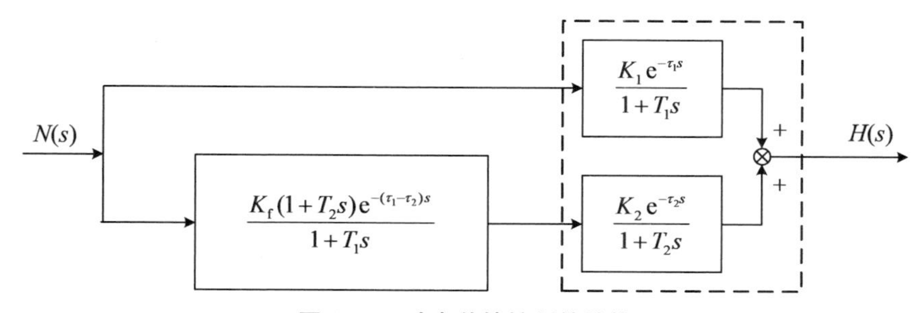

图 8.17 动态前馈控制的结构

当对象的纯滞后特性 $\tau_1 = \tau_2$ 时，动态前馈调节器

$$D_f(s) = K_f \frac{1 + T_2 s}{1 + T_1 s} \tag{8.2.5}$$

此时，动态前馈调节器实际上是超前/滞后补偿，式(8.2.5)是过程控制中较典型的动态前馈控制规律，该动态前馈控制的结构如图 8.18 所示。

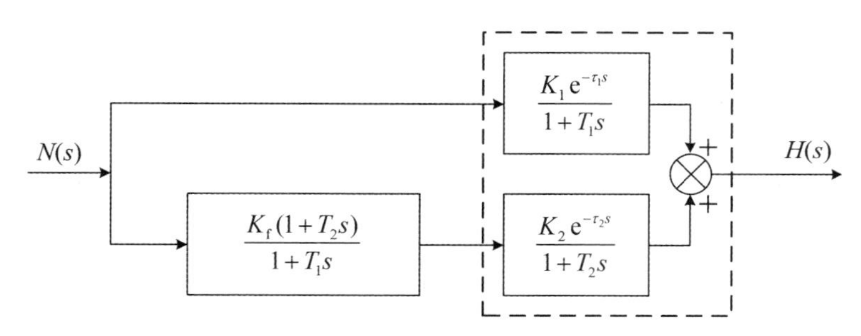

图 8.18 $\tau_1 = \tau_2$ 动态前馈控制

当 $\tau_1 \neq \tau_2$ 时，动态前馈调节器

$$D_f(s) = K_f \frac{(1 + T_2 s)}{1 + T_1 s} e^{-(\tau_1 - \tau_2)s} = K_f \frac{(1 + T_2 s)}{1 + T_1 s} e^{-\tau s} \tag{8.2.6}$$

式中 $K_f = -\frac{K_1}{K_2}$，$\tau = \tau_1 - \tau_2$，令 $e^{-\tau s} \approx \frac{1 - \frac{\tau}{2}s}{1 + \frac{\tau}{2}s}$，则有

$$D_f(s) = K_f \frac{(1 + T_2 s)}{1 + T_1 s} \cdot \frac{\left(1 - \frac{\tau}{2}s\right)}{1 + \frac{\tau}{2}s} \tag{8.2.7}$$

该动态前馈控制的结构如图 8.19 所示。

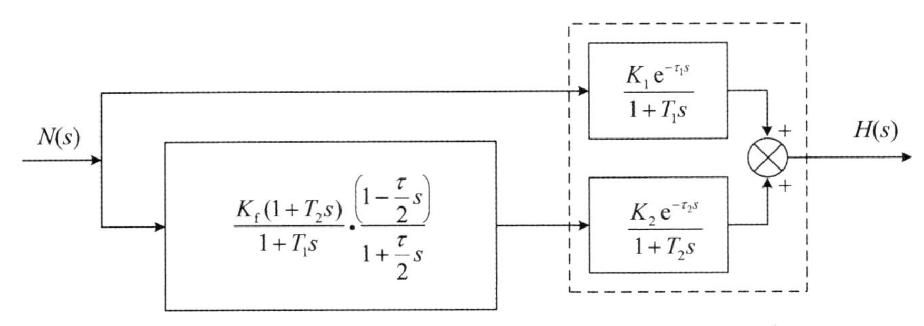

图 8.19　$\tau_1 \neq \tau_2$ 时的动态前馈控制

8.2.1.3　前馈-反馈控制系统

前馈与反馈相结合构成的控制系统，有两种类型，即前馈控制作用与反馈控制作用相乘和前馈控制作用与反馈控制作用相加。如图 8.20(a)所示，在精馏塔控制中塔釜或提馏段温度是一个重要的控制指标，随着进料量或进料成分的变动，通入再沸器的载热体流量应作相应的调整，才能使塔釜的成分基本恒定。此时引入反馈控制，把塔釜温度调节器的输出信号与前馈补偿装置的输出信号相乘，乘法器的输出作为蒸汽流量调节器的设定值。其控制结构如图 8.20(b)所示。

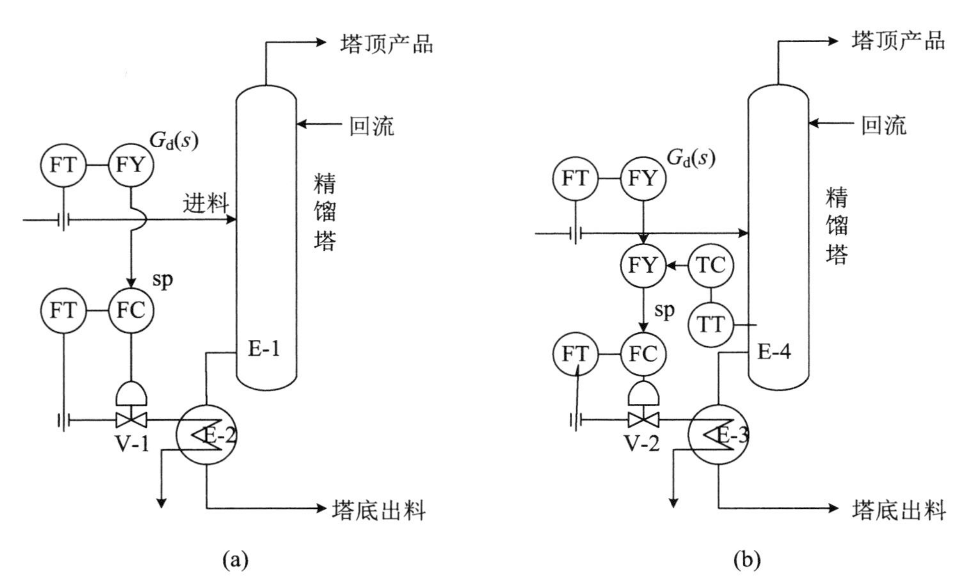

图 8.20　精馏塔前馈反馈控制系统

而如图 8.21(a)所示的是加热炉物料出口温度的控制。一般的反馈控制系统是依据出口温度来控制燃料阀的开度或调整流量副回路的设定值。如果负荷是主要扰动，则可把进料流量测出，把流量信号送往前馈补偿装置，其输出与温度调节器的输出相叠加，这时当进料量有变动后，不需要等到出现偏差，燃料流量会及时作相应的变动，结果将使调节过程中的温差大为减少。其结构如图8.21(b)所示。

这类控制系统的框图如图8.22和图8.23所示,其控制作用的优点如下:

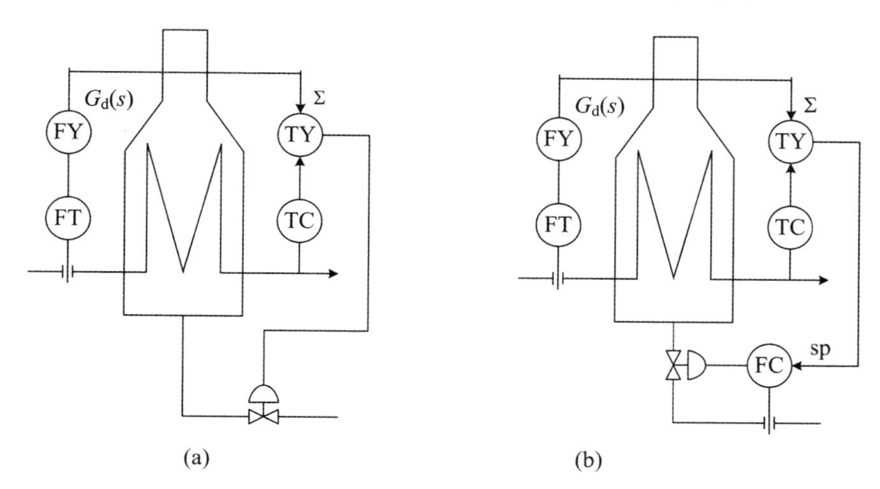

图8.21　加热炉前馈反馈控制结构

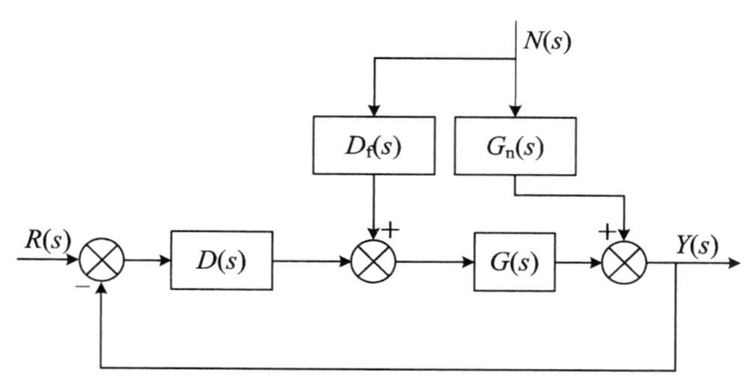

图8.22　前馈-反馈控制系统(相乘型)的框图

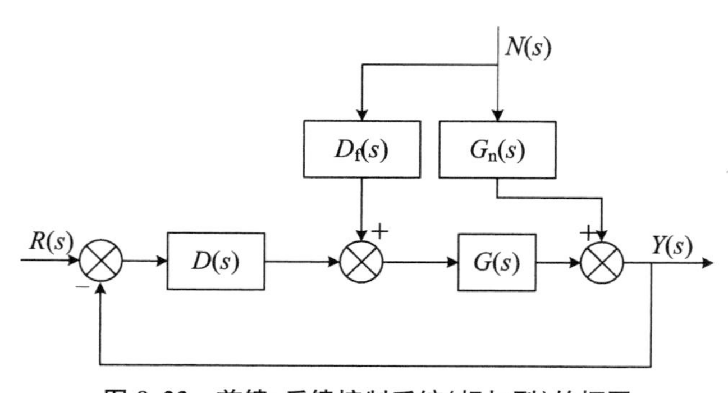

图8.23　前馈-反馈控制系统(相加型)的框图

① 在对主要扰动进行前馈控制的基础上,设置负反馈控制,既简化了控制系统,又提高了控制性能。

② 负反馈控制使得不完全补偿部分对被控量的影响减小到$\frac{1}{1+D(s)G(s)}$,式中$D(s)$

是反馈调节器的传递函数，$G(s)$是对象控制通道的传递函数。在前馈-反馈控制中，可以降低对 $D_f(s)$的要求，以便于工程实现。

③ 前馈控制具有控制及时，负反馈具有控制精确的特点，两者结合具有控制及时又精确的特点。

由图 8.23 所示的前馈-反馈(相加型)控制系统来推导调节器的传递函数：

$$Y(s) = G_n(s)N(s) + \{[R(s) - Y(s)]D(s) + D_f(s)N(s)\}G(s) \tag{8.2.8}$$

因为是分析扰动，故设输入 $R(s)=0$：

$$\frac{Y(s)}{N(s)} = \frac{G_n(s) + D_f(s)G(s)}{1 + D(s)G(s)} \tag{8.2.9}$$

当前馈调节器完全补偿时，$Y(s)=0$，所以

$$G_n(s) + D_f(s)G(s) = 0 \tag{8.2.10}$$

可得前馈-反馈控制的前馈调节器模型

$$D_f(s) = -\frac{G_n(s)}{G(s)} \tag{8.2.11}$$

可见，在前馈-反馈控制中，前馈调节器的调节规律与以前推导的结论完全一样。

8.2.1.4 前馈-串级控制系统

前馈-串级控制系统方块图如图 8.24 所示。

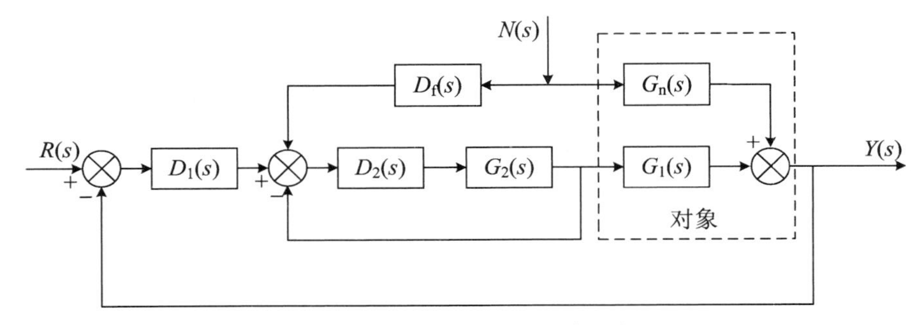

图 8.24 前馈-串级控制系统方块图

图 8.24 中的 $D_f(s)$是前馈调节器，$D_1(s)$，$D_2(s)$分别是串级控制的主、副调节器；$G_1(s)$，$G_2(s)$分别为串级控制的主对象和副对象的传递函数。对前馈控制来说，$G_1(s)$也是对象的控制通道的传递函数，$G_n(s)$是对象扰动通道的传递函数。

前馈串级控制能及时克服进入前馈回路和串级副控回路的扰动对被控量的影响，对阀门的要求也可降低，具有很高的控制精度。

8.2.2 前馈控制系统设计中的若干问题

8.2.2.1 前馈控制的前提条件

前馈控制是按扰动而控制的，要使这种控制方式得以实现并发挥作用，一是扰动必须可

测，否则无法实施；二是必须经常有比较显著和出现频繁的扰动，否则无此必要。

8.2.2.2 前馈补偿装置的控制算法

在动态前馈控制系统或前馈与反馈控制作用相叠加的控制系统中，对于时间连续的线性过程、前馈装置的传递函数为

$$D_f(s) = -\frac{G_n(s)}{G(s)}$$

当 $G(s)$ 和 $G_n(s)$ 可以测得或算出时，$D_f(s)$ 可按上述算出，其一般形式为

$$D_f(s) = -\frac{K_f(1 + b_1 s + b_2 s^2 + \cdots)}{1 + a_1 s + a_r s^2 + \cdots} e^{-\tau s} \tag{8.2.12}$$

式(8.2.12)中若 $\tau \neq 0$ 或分子、分母项的阶次较高，则实现会很不方便，这时 $D_f(s)$ 通常采用超前-滞后环节的形式，即

$$D_f(s) = K_f \frac{(1 + T_1 s)}{1 + T_2 s} \tag{8.2.13}$$

在很多前馈控制系统中，把静态增益 K_f 作为主要分量，K_f 的值可通过计算或通过实测数据测得。例如在图 8.21 所示的加热炉前馈-反馈控制系统中，设燃料的体积流量为 Q，密度为 ρ，单位质量燃料的燃烧热为 $-\Delta H$，热效率为 η，则

$$\text{单位时间内传至加热炉管内的热量} = Q\rho(-\Delta H)\eta \tag{8.2.14}$$

设被加热流体的质量流量为 G，比热为 c，入口温度为 θ_i，出口温度为 θ_o，则

$$\text{单位时间内被加热流体获得的热量} = Gc(\theta_o - \theta_i) \tag{8.2.15}$$

达到稳态时，下列热量平衡关系式成立：

$$Q\rho(-\Delta H)\eta = Gc(\theta_o - \theta_i)$$

即

$$Q = \frac{Gc(\theta_o - \theta_i)}{\rho(-\Delta H)\eta} \tag{8.2.16}$$

这就是应该采取的前馈补偿装置算法。如果 $\rho, -\Delta H, \eta, c, \theta_i$ 都基本恒定，θ_o 的设定值保持不变，则

$$\Delta Q = \frac{c(\theta_o - \theta_i)}{\rho(-\Delta H)\eta}\Delta G = K\Delta G \tag{8.2.17}$$

要确定的系数 K_f 应由下式得出：

$$\frac{\Delta Q}{Q_{max} - Q_{min}} = K_d \frac{\Delta G}{G_{max} - G_{min}} \tag{8.2.18}$$

式中 $(Q_{max} - Q_{min})$ 和 $(G_{max} - G_{min})$ 是相应仪表的量程。由此可知

$$K_d = \left(\frac{G_{max} - G_{min}}{Q_{max} - Q_{min}}\right)K \tag{8.2.19}$$

这种计算的方法，通常是按物料平衡或热量平衡关系式求取的。下面再讨论应用更广的实测方法。

当引入反馈控制并采用 PI 或 PID 控制规律时，达到稳态时的被控变量测定值必定等于设定值。不论是特地进行测试还是通过已有的操作数据进行分析，总可找出在扰动量为 f_1

时应采用的控制作用 u_1 和扰动量为 f_2 时应采用的控制作用 u_2，如假定过程为线性的，则应取的前馈增益为

$$K_d = \frac{\Delta u}{\Delta f} = \frac{u_2 - u_1}{f_2 - f_1} \tag{8.2.20}$$

至于超前和滞后环节的时间常数 T_1 和 T_2，应依据两条通道 $G_n(s)$和 $G(s)$的具体情况斟酌确定。在很多情况下，单是采用静态前馈已能得到良好的效果。

8.2.2.3 多变量前馈控制

过程的扰动往往不止一个，有些场合，主次关系很清楚，只要抓住主要的扰动，就解决了问题。但在另一些场合，重要的扰动也不止一个，如 n_1，n_2 和 n_3 都有较大影响。此时可由多变量前馈，其前馈控制的传递函数为

$$D_f(s) = -\frac{G_{n_1}(s)}{G(s)}N_1(s) - \frac{G_{n_2}(s)}{G(s)}N_2(s) - \frac{G_{n_3}(s)}{G(s)}N_3(s) \tag{8.2.21}$$

其中，$N_1(s)$，$N_2(s)$和 $N_3(s)$为相应扰动信号的拉普拉斯变换；$G_{n_1}(s)$，$G_{n_2}(s)$和 $G_{n_3}(s)$为相应扰动通道的传递函数；$G(s)$为调节通道的传递函数。

8.2.3 计算机前馈控制系统

当前馈控制中的各个调节器由计算机实现时，即为计算机前馈控制。前馈调节器的规律都是

$$D_f(s) = -\frac{G_n(s)}{G(s)}$$

有了调节规律，经过离散化，便可以由计算机实现了。

设前馈控制的方框图如图 8.25 所示。

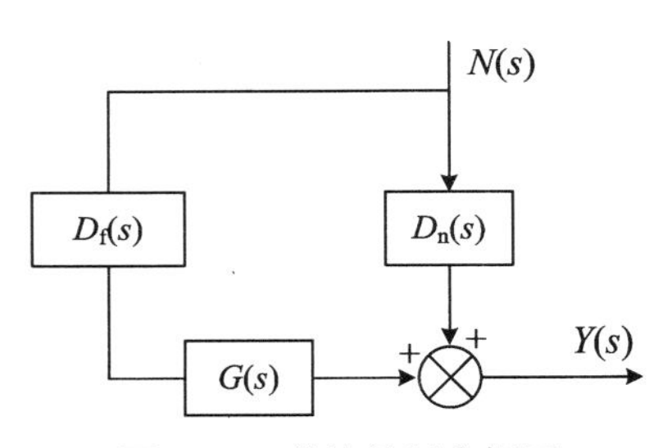

图 8.25 前馈控制方框图

若 $G_n(s) = \frac{K_1}{1+T_1 s}e^{-\tau_1 s}$，$G(s) = \frac{K_2}{1+T_2 s}e^{-\tau_2 s}$，令 $\tau_1 = \tau_2$，则

$$D_f(s) = \frac{U(s)}{N(s)} = K_f\left(\frac{s+\frac{1}{T_2}}{s+\frac{1}{T_1}}\right)e^{-\tau s} \tag{8.2.22}$$

式中，$K_f = -\frac{K_1 T_2}{K_2 T_1}$，其微分方程形式为

$$\frac{\mathrm{d}u(t)}{\mathrm{d}t}+\frac{1}{T_1}u(t)=K_{\mathrm{f}}\left[\frac{\mathrm{d}n(t-\tau)}{\mathrm{d}t}+\frac{1}{T_2}n(t-\tau)\right] \tag{8.2.23}$$

按采样定理的要求选择采样频率 f_s，可对微分方程离散化，得到差分方程。

设纯滞后时间 τ 是采样周期 T 的整数倍，即 $\tau=lT$，离散化时，令

$$\begin{cases} u(t)\approx u(kT) \\ n(t-\tau)\approx n(kT-lT) \qquad (\mathrm{d}t\approx T) \\ \dfrac{\mathrm{d}u(t)}{\mathrm{d}t}\approx\dfrac{u(kT)-u(kT-T)}{T} \\ \dfrac{\mathrm{d}n(t-\tau)}{\mathrm{d}t}\approx\dfrac{n(kT-lT)-n(kT-lT-T)}{T} \end{cases} \tag{8.2.24}$$

于是可得差分方程

$$u(kT)=a_1u(kT-T)+b_1n(kT-lT)+b_{l+1}n(kT-lT-T) \tag{8.2.25}$$

式中，$a_1=\dfrac{T_1}{1+T_1}$，$b_l=K_{\mathrm{f}}\dfrac{T_1(T+T_2)}{2(T+T_1)}$，$b_{l+1}=-K_{\mathrm{f}}\dfrac{T_1}{T+T_1}$。

下面以前馈-反馈系统为例，介绍计算机前馈控制的算法步骤。

图 8.26 所示的是计算机前馈-反馈系统的方框图。

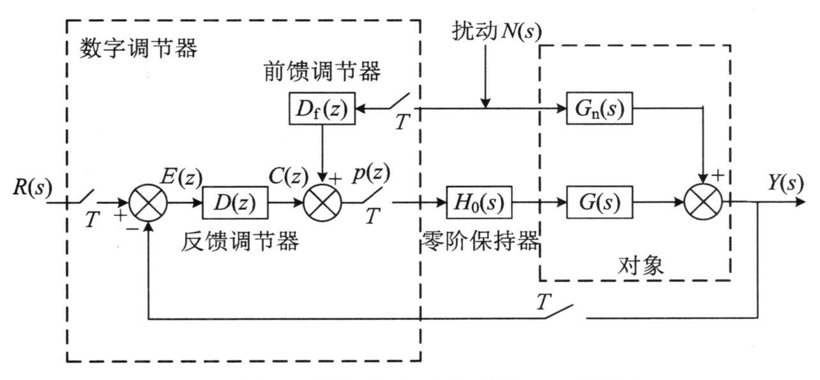

图 8.26 计算机前馈-反馈控制系统方框图

图中，T 为采样周期；$D_{\mathrm{f}}(z)$ 为前馈调节器；$D(z)$ 为反馈调节器；$H_0(s)$ 为零阶保持器；$D_{\mathrm{f}}(z)$ 和 $D(z)$ 是数字计算机实现的。

于是计算机前馈-反馈步骤如下：

(1) 计算反馈控制偏差 $e(kT)$

$$e(kT)=r(kT)-y(kT) \tag{8.2.26}$$

(2) 计算反馈调节器(数字 PID)的输出 $c(kT)$

$$\begin{aligned} \Delta c(kT)&=K_{\mathrm{p}}\Delta e(kT)+K_{\mathrm{i}}e(kT)+K_{\mathrm{d}}[\Delta e(kT)-\Delta e(kT-T)] \\ c(kT)&=c(kT-T)-\Delta c(kT) \end{aligned} \tag{8.2.27}$$

(3) 计算前馈调节器 $D_{\mathrm{f}}(z)$ 的输出 $u(kT)$

$$\begin{aligned} \Delta u(kT)&=a_1\Delta u(kT-T)+b_l\Delta n(kT-lT)+b_{l+1}\Delta n(kT-lT-T) \\ u(kT)&=u(kT-T)+\Delta u(kT) \end{aligned} \tag{8.2.28}$$

(4) 计算前馈-反馈调节器的输出 $P(kT)$

$$P(kT) = u(kT) + c(kT) \tag{8.2.29}$$

8.2.4 前馈控制系统设计原则

① 系统中存在的扰动幅度大，频率高且可测不可控时，由于扰动对被控参数的影响显著，反馈控制难以消除扰动影响，当对被控参数的控制性能要求很高时，可引入前馈控制。

② 当扰动通道和控制通道的时间常数接近的时候，引入前馈控制可以显著提高控制性能，由于控制效果明显，通常采用静态前馈就能满足要求了。

③ 当主要扰动无法用串级控制包围在副控回路时，利用前馈-反馈控制可获得较好的控制效果。

④ 动态前馈比静态前馈复杂，参数的整定也比较麻烦。因此，在静态前馈能够满足工艺要求的时候，尽量不采用动态前馈。在实际工程中，通常控制通道和扰动通道的惯性时间和纯滞后时间接近，往往采用静态前馈就能获得良好的控制效果。

⑤ 当扰动通道的时间常数远小于控制通道的时间常数，即 $T_n \ll T_m$ 时，由于扰动的影响十分快速，前馈调节器的输出迅速达到最大或最小，以致难以补偿扰动的影响，这时前馈控制的作用就不大了。

⑥ 当扰动通道的时间常数远大于控制通道的时间常数，也就是 $T_n \gg T_m$ 时，反馈控制已经获得良好的控制性能，只有对控制性能的要求很高时，才有必要引入前馈控制。

8.2.5 前馈调节器参数的整定

前馈控制要完全补偿扰动的影响，其控制规律取决于对象特性的精确度，然而，实际上无论理论推导或实验测试总难避免误差。使得理论整定前馈调节器的参数存在有很大困难。因此，研究前馈调节器参数的工程整定方法是很有价值的。

8.2.5.1 静态前馈系数的整定

静态前馈系数的整定通常有开环整定法、闭环整定法、前馈-反馈整定法。

1. 开环整定法

系统如图 8.27 所示。

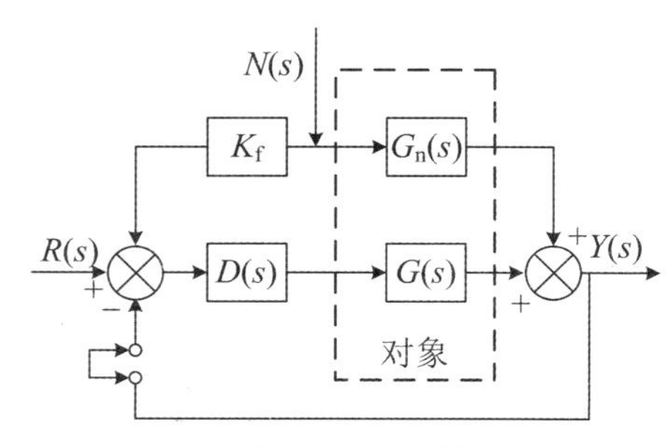

图 8.27 开环整定时系统的方框图

① 系统接成负反馈控制，使 $y(t) = r(t)$，以工艺分析决定 K_f 的正负号，断开负反馈回路；

② 在系统开环的情况下，引入静态前馈，施加阶跃扰动，静态前馈系数 K_f 逐渐由零加大，直到 $y(t) = r(t)$；

③ $y(t) = r(t)$时的 K_f 即为静态前馈系数。

开环整定只适用于试验过程中不存在其他重要扰动，否则得不到正确结果。另外，在断开负反馈时，开环整定法确定的被控参数会大幅度偏离给定值,可能会发生重大事故。

2. 闭环整定法

系统工作在闭环状态如图 8.28 所示。

① 待系统稳定后,记下扰动的稳态值 $n_0(t)$和反馈调节器的输出 $u_0(t)$;

② 作阶跃扰动,待系统稳定后,记下扰动量 $n_1(t)$和反馈调节器的输出值 $u_1(t)$;

③ 静态前馈系数

$$K_f = \frac{u_1(t) - u_0(t)}{n_1(t) - n_0(t)} \tag{8.2.30}$$

3. 前馈-反馈整定法

系统如图 8.29 所示。

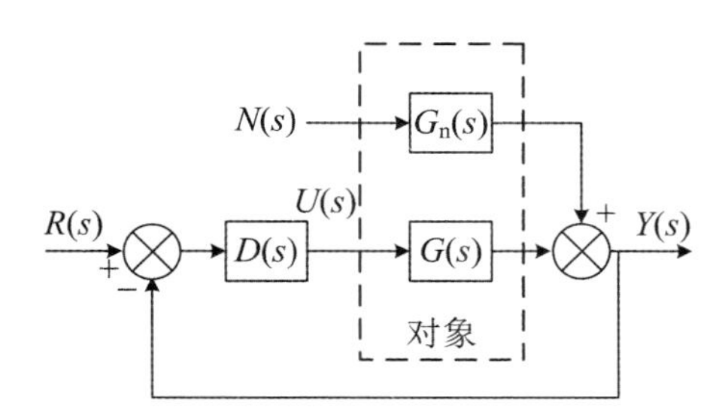

图 8.28 闭环整定时系统的方框图

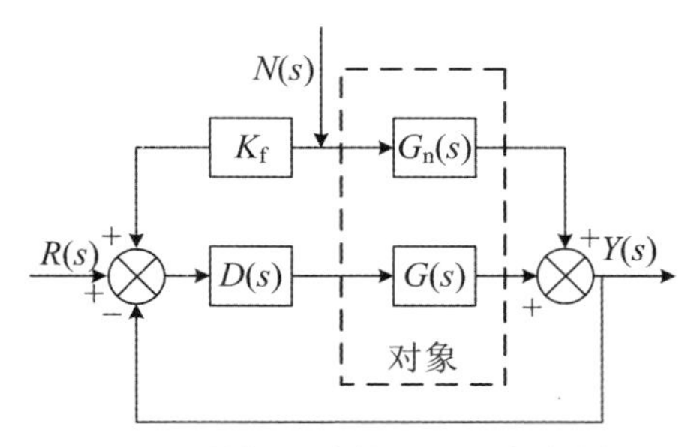

图 8.29 前馈-反馈整定时系统的方框图

① 在负反馈系统中引入静态前馈 K_f;

② 作阶跃扰动,逐步加大 K_f;

③ 反复调试,直到获得较好的过渡过程;

④ 静态前馈系数 K_f 对控制性能的影响。

图 8.30 列出了不同 K_f 时的过渡过程,从图中可以看出无论 K_f 太大或太小,控制性能都较差,只有 K_f 适中时才有较好的控制性能。

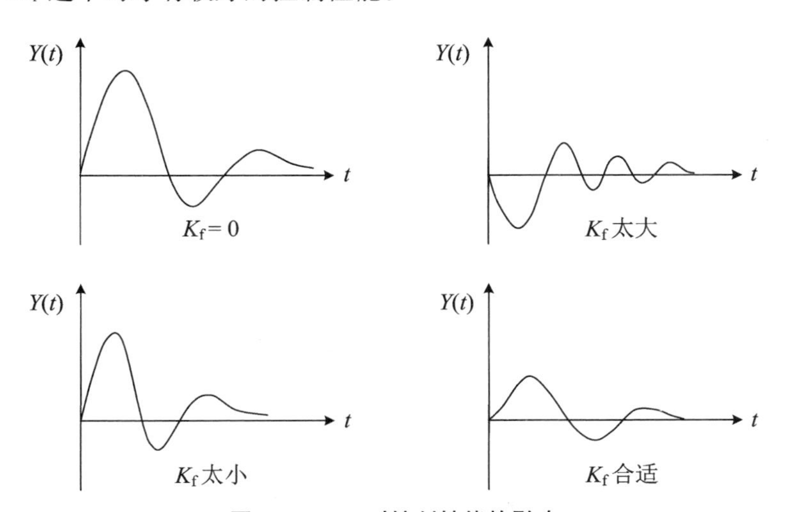

图 8.30 K_f 对控制性能的影响

8.2.5.2 动态前馈调节器参数的整定

假设动态前馈调节器

$$D_{\mathrm{f}}(s) = K_{\mathrm{f}}\left(\frac{1 + T_2 s}{1 + T_1 s}\right) \tag{8.2.31}$$

① 令 $T_1 = T_2 = 0$,用静态前馈系数整定的方法确定 K_f;

② 设置 T_1 为某值,逐渐改变 T_2 值,使过渡过程特性调到最好;

③ 固定已调好的 T_2 值,逐渐改变 T_1,使过渡过程性能也调到最好;

④ 多次反复调整 T_1,T_2,直到控制性能达到要求。

8.3 解耦控制

现代大工业生产,对装置控制的要求越来越高,而复杂的过程装置中往往存在众多且多层次控制回路。各个控制回路之间会存在相互耦合、相互影响,这种耦合构成了多输入-多输出耦合系统。这种耦合使得系统的性能变差,过程系统长时间不能平稳下来。

在实际装置中,系统间的耦合通常可以通过3条途径予以解决:

① 在设计控制方案时,设法避免和减少系统间有害的耦合。

② 选择合适的调节器参数,将各个控制系统的频率拉开,以减少耦合。

③ 设计解耦控制系统,使各个控制系统相互独立(或称为自治)。

8.3.1 解耦控制原理

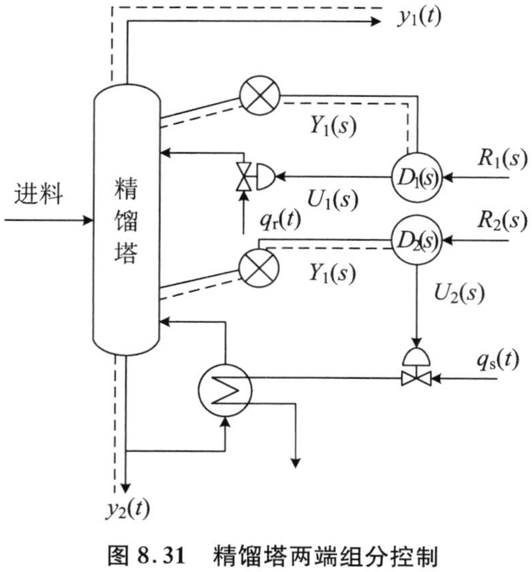

用如图8.31所示的二元精馏塔两端组分的耦合,说明解耦控制原理。

其中,$q_{\mathrm{r}}(t)$,$q_{\mathrm{s}}(t)$分别是塔顶回流量和塔底蒸汽流量;

$y_1(t)$,$y_2(t)$分别是塔顶组分和塔底组分。

在精馏塔系统中,塔顶回流量 $q_{\mathrm{r}}(t)$、塔底蒸汽流量 $q_{\mathrm{s}}(t)$对塔顶组分 $y_1(t)$和塔底组分 $y_2(t)$都有影响,因此,两个组分控制系统之间存在着耦合,这种耦合关系如图8.32所示。

其中,$R_1(s)$,$R_2(s)$分别为两个组分系统的给定值;

$Y_1(s)$,$Y_2(s)$分别为两个组分系统的

图 8.31 精馏塔两端组分控制

被控量；

$D_1(s)$，$D_2(s)$分别为两个组分系统调节器的传递函数。

$G(s)$是对象的传递矩阵，其中 $G_{11}(s)$是调节器 $D_1(s)$对 $Y_1(s)$的作用通道；

$G_{21}(s)$是调节器 $D_1(s)$对 $Y_2(s)$的作用通道；

$G_{22}(s)$是调节器 $D_2(s)$对 $Y_2(s)$的作用通道；

$G_{12}(s)$是调节器 $D_2(s)$对 $Y_1(s)$的作用通道。

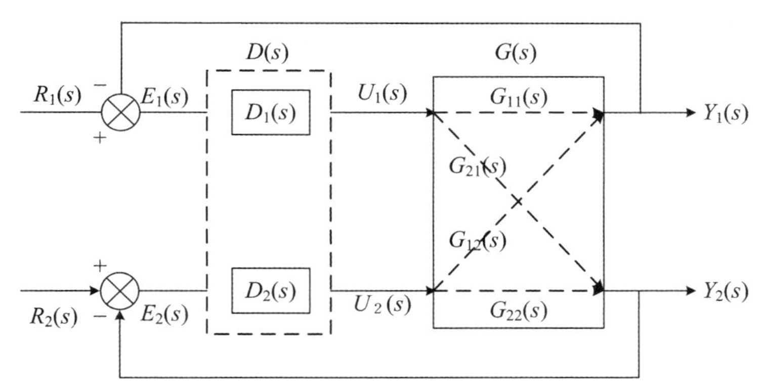

图 8.32 精馏塔组分的耦合关系

由此可见，两个组分系统的耦合关系，实际上是通过对象特性 $G_{12}(s)$和 $G_{21}(s)$相互影响的。要解除这种耦合，本质上在于设置一个计算网络，用它抵消过程的关联，以保证各个单回路控制系统能独立地工作。如图 8.33 所示，解耦网络 $F(s)$实际上由 $F_{11}(s)$，$F_{12}(s)$，$F_{21}(s)$，$F_{22}(s)$构成。使得调节器 $D_1(s)$的输出 $U_1(s)$除了主要影响 $Y_1(s)$外，还通过解耦装置 $F_{21}(s)$消除 $U_1(s)$对 $Y_2(s)$的影响。同样，使调节器 $D_2(s)$的输出 $U_2(s)$除了主要影响 $Y_2(s)$外，也通过解耦装置 $F_{12}(s)$消除 $U_2(s)$对 $Y_1(s)$的影响。

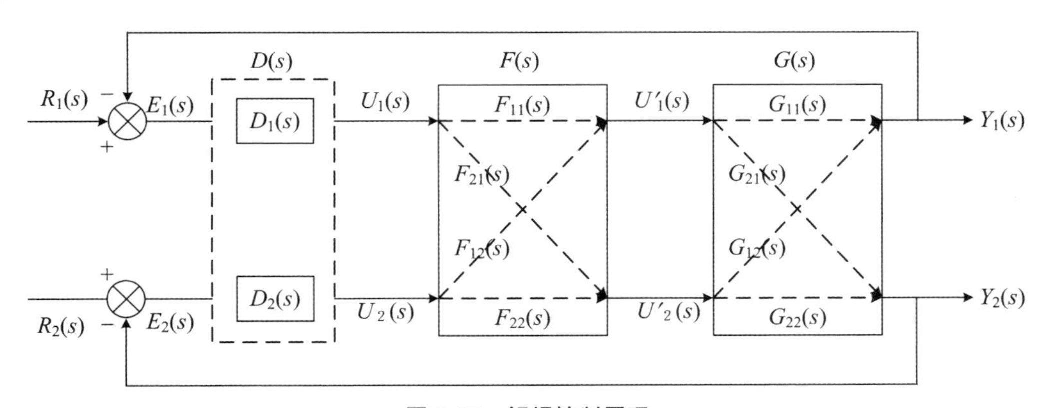

图 8.33 解耦控制原理

经过解耦以后的组分系统，成了如图 8.34 所示的两个独立（或称自治）的组分系统。此时，两个组分系统完全消除了相互的耦合及影响，等效成为两个完全独立的自治系统。

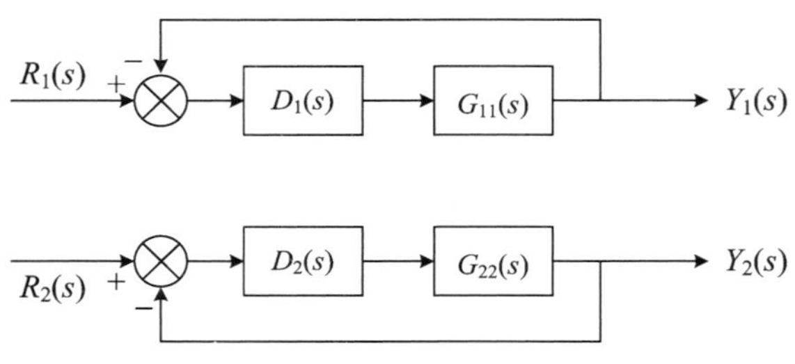

图 8.34　组分解耦控制系统的等效图

8.3.2　解耦控制系统的设计

对于多变量耦合系统，目前，使用较多的解耦控制方法有下述 3 种。

8.3.2.1　对角矩阵法

为了方便，以精馏塔的两个组分控制系统为例来研究如图 8.35 所示的双变量控制系统，图中 $D_{11}(s)$，$D_{12}(s)$，$D_{21}(s)$，$D_{22}(s)$均为解耦器。为了使两个关联的组分控制系统成为独立的系统，必须使系统具有如下形式，即

$$\begin{bmatrix} Y_1(s) \\ Y_2(s) \end{bmatrix} = \begin{bmatrix} G_{11}(s) & 0 \\ 0 & G_{22}(s) \end{bmatrix} \begin{bmatrix} U_1(s) \\ U_2(s) \end{bmatrix} \tag{8.3.1}$$

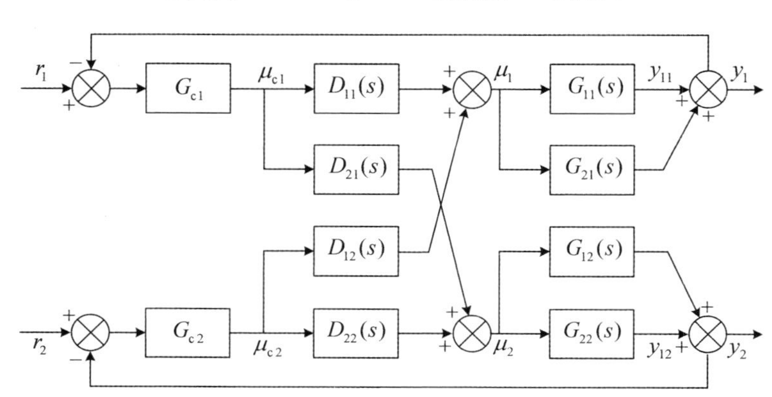

图 8.35　解耦控制系统

这样解耦就是

$$\begin{bmatrix} G_{11}(s) & G_{12}(s) \\ G_{21}(s) & G_{22}(s) \end{bmatrix} \begin{bmatrix} D_{11}(s) & D_{12}(s) \\ D_{21}(s) & D_{22}(s) \end{bmatrix} = \begin{bmatrix} G_{11}(s) & 0 \\ 0 & G_{22}(s) \end{bmatrix} \tag{8.3.2}$$

由于矩阵

$$\begin{bmatrix} G_{11}(s) & G_{12}(s) \\ G_{21}(s) & G_{22}(s) \end{bmatrix} \neq \mathbf{0}$$

所以可以从式(8.3.2)求得解耦矩阵：

$$\boldsymbol{D}(s)=\begin{bmatrix} D_{11}(s) & D_{12}(s) \\ D_{21}(s) & D_{22}(s) \end{bmatrix}=\begin{bmatrix} G_{11}(s) & G_{12}(s) \\ G_{21}(s) & G_{22}(s) \end{bmatrix}^{-1}\begin{bmatrix} G_{11}(s) & 0 \\ 0 & G_{22}(s) \end{bmatrix}$$

$$=\begin{bmatrix} \dfrac{G_{22}(s)}{G_{11}(s)G_{22}(s)-G_{21}(s)G_{12}(s)} & \dfrac{-G_{12}(s)}{G_{11}(s)G_{22}(s)-G_{21}(s)G_{12}(s)} \\ \dfrac{-G_{21}(s)}{G_{11}(s)G_{22}(s)-G_{21}(s)G_{12}(s)} & \dfrac{G_{11}(s)}{G_{11}(s)G_{22}(s)-G_{21}(s)G_{12}(s)} \end{bmatrix} \cdot \begin{bmatrix} G_{11}(s) & 0 \\ 0 & G_{22}(s) \end{bmatrix}$$

$$=\begin{bmatrix} \dfrac{G_{11}(s)G_{22}(s)}{G_{11}(s)G_{22}(s)-G_{21}(s)G_{12}(s)} & \dfrac{-G_{12}(s)G_{22}(s)}{G_{11}(s)G_{22}(s)-G_{21}(s)G_{12}(s)} \\ \dfrac{-G_{11}(s)G_{21}(s)}{G_{11}(s)G_{22}(s)-G_{21}(s)G_{12}(s)} & \dfrac{G_{11}(s)G_{22}(s)}{G_{11}(s)G_{22}(s)-G_{21}(s)G_{12}(s)} \end{bmatrix} \tag{8.3.3}$$

可以证明,经过解耦控制后的系统:控制变量 $U_1(s)$ 对 $Y_2(s)$ 没有影响;控制变量 $U_2(s)$ 对 $Y_1(s)$ 没有影响。因此,经过对角线矩阵解耦之后,两个控制回路就互不关联,如图 8.34 所示。

对角矩阵解耦控制算法流程如图 8.36 所示。其算法流程如下:

输入解耦矩阵 $\boldsymbol{D}(kT)$,采样 $y(kT)$→计算偏差 $e(kT)$→计算调节器输出 $u(kT)$→计算解耦装置输出 $u_{ij}(kT)$→最后计算输出 $u'(kT)$。

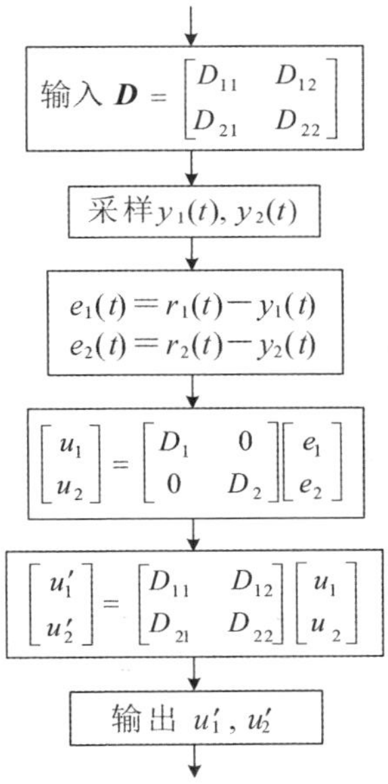

输入 $\boldsymbol{D}=\begin{bmatrix} D_{11} & D_{12} \\ D_{21} & D_{22} \end{bmatrix}$

采样 $y_1(t), y_2(t)$

$e_1(t)=r_1(t)-y_1(t)$
$e_2(t)=r_2(t)-y_2(t)$

$\begin{bmatrix} u_1 \\ u_2 \end{bmatrix}=\begin{bmatrix} D_1 & 0 \\ 0 & D_2 \end{bmatrix}\begin{bmatrix} e_1 \\ e_2 \end{bmatrix}$

$\begin{bmatrix} u_1' \\ u_2' \end{bmatrix}=\begin{bmatrix} D_{11} & D_{12} \\ D_{21} & D_{22} \end{bmatrix}\begin{bmatrix} u_1 \\ u_2 \end{bmatrix}$

输出 u_1', u_2'

图 8.36　对角矩阵解耦控制算法流程图

8.3.2.2　单位矩阵法

单位矩阵法与对角矩阵法类似,只是让 $G_{11}(s)$,$G_{22}(s)$ 为 1,即

$$\begin{bmatrix} Y_1(s) \\ Y_2(s) \end{bmatrix}=\begin{bmatrix} 1 & 0 \\ 0 & 1 \end{bmatrix}\begin{bmatrix} U_1(s) \\ U_2(s) \end{bmatrix} \tag{8.3.4}$$

此时,$Y_1(s)$ 只受 $U_1(s)$ 控制,与 $U_2(s)$ 无关。同样,$Y_2(s)$ 只受 $U_2(s)$ 控制,与 $U_1(s)$ 无关。通过对角矩阵法,可以得到:

$$\begin{bmatrix} G_{11}(s) & G_{12}(s) \\ G_{21}(s) & G_{22}(s) \end{bmatrix}\begin{bmatrix} D_{11}(s) & D_{12}(s) \\ D_{21}(s) & D_{22}(s) \end{bmatrix}=\begin{bmatrix} 1 & 0 \\ 0 & 1 \end{bmatrix} \tag{8.3.5}$$

因为

$$\begin{bmatrix} G_{11}(s) & G_{12}(s) \\ G_{21}(s) & G_{22}(s) \end{bmatrix}\neq \boldsymbol{0}$$

所以

$$\boldsymbol{F}(s)=\begin{bmatrix} D_{11}(s) & D_{12}(s) \\ D_{21}(s) & D_{22}(s) \end{bmatrix}=\begin{bmatrix} G_{11}(s) & G_{12}(s) \\ G_{21}(s) & G_{22}(s) \end{bmatrix}^{-1}$$

$$
=\begin{bmatrix} \dfrac{G_{22}(s)}{G_{11}(s)G_{22}(s)-G_{21}(s)G_{12}(s)} & \dfrac{-G_{12}(s)}{G_{11}(s)G_{22}(s)-G_{21}(s)G_{12}(s)} \\ \dfrac{-G_{21}(s)}{G_{11}(s)G_{22}(s)-G_{21}(s)G_{12}(s)} & \dfrac{G_{11}(s)}{G_{11}(s)G_{22}(s)-G_{21}(s)G_{12}(s)} \end{bmatrix} \tag{8.3.6}
$$

经过单位矩阵解耦以后，原来耦合的两个控制系统变成了互不关联的两个独立系统，如图8.37所示。

单位矩阵法突出的优点是动态偏差小，响应速度快，过渡过程时间短，具有良好的解耦效果。

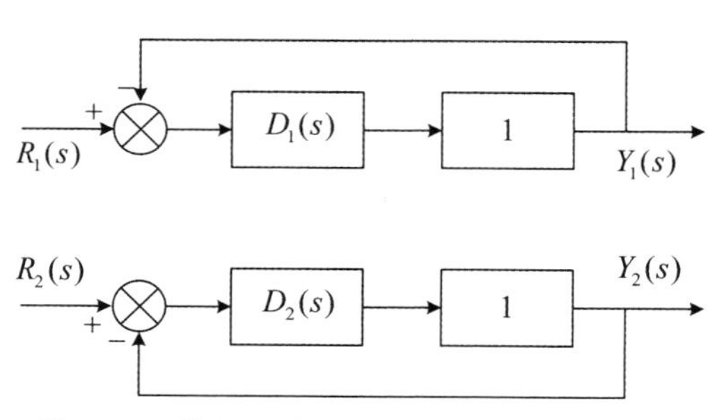

图 8.37　单位矩阵解耦控制系统等效方框图

8.3.2.3　前馈补偿法

前馈补偿法是自动控制中最早使用的一种克服干扰的方法，实际上是把某通道的调节器输出对另外通道的影响看作是扰动作用。然后，应用前馈控制的原理，解除控制回路间的耦合。前馈补偿解耦控制系统的方框图如图 8.38 所示。

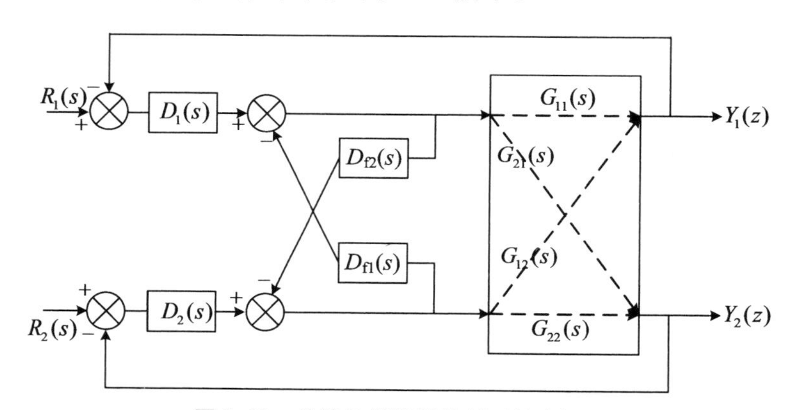

图 8.38　前馈补偿解耦控制系统方框图

前馈补偿解耦装置的传递函数，可以根据前馈控制原理求得。由图 8.38 可得

$$
G_{12}(s)+D_{f1}(s)G_{11}(s)=0
$$

前馈补偿解耦器 1 的传递函数

$$
D_{f1}(s)=-\frac{G_{12}(s)}{G_{11}(s)} \tag{8.3.7}
$$

又

$$G_{21}(s)+D_{f2}(s)G_{22}(s)=0$$

前馈补偿解耦器 2 的传递函数

$$D_{f2}(s)=-\frac{G_{21}(s)}{G_{22}(s)} \tag{8.3.8}$$

用前馈补偿法得到的系统结构简单、实现方便，容易理解和掌握。

8.3.3　计算机解耦控制

两个控制回路的计算机解耦控制系统的方框图如图 8.39 所示。

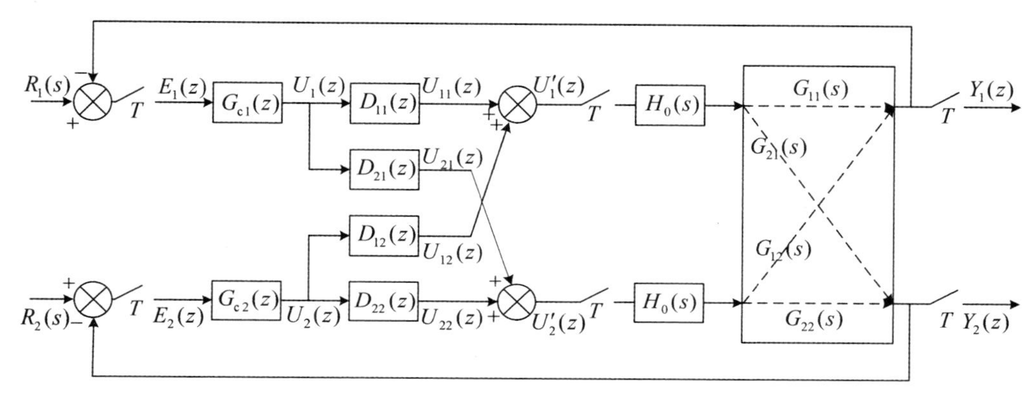

图 8.39　计算机解耦控制系统方框图

图 8.39 中，$Y_1(s)$，$Y_2(s)$表示互相耦合的被控变量；$R_1(s)$，$R_2(s)$表示两个系统的输入变量；$G_{c1}(z)$，$G_{c2}(z)$表示计算机反馈调节器；$D_{11}(z)$，$D_{12}(z)$，$D_{21}(z)$，$D_{22}(z)$表示解耦补偿器；$H_0(s)$表示零阶保持器；$G_{11}(s)$，$G_{12}(s)$，$G_{21}(s)$，$G_{22}(s)$表示存在耦合的对象特征；$U_1(z)$，$U_2(z)$表示反馈调节器的输出；$U_1'(z)$，$U_2'(z)$表示零阶保持器的输入。

广义对象的 z 传递函数为

$$\begin{cases} G_{11}(z)=Z[H_0(s)G_{11}(s)] \\ G_{21}(z)=Z[H_0(s)G_{21}(s)] \\ G_{12}(z)=Z[H_0(s)G_{12}(s)] \\ G_{22}(z)=Z[H_0(s)G_{22}(s)] \end{cases} \tag{8.3.9}$$

由图 8.39 可得

$$\begin{bmatrix} Y_1(z) \\ Y_2(z) \end{bmatrix}=\begin{bmatrix} G_{11}(z) & G_{12}(z) \\ G_{21}(z) & G_{22}(z) \end{bmatrix}\begin{bmatrix} U'_1(z) \\ U'_2(z) \end{bmatrix} \tag{8.3.10}$$

$$\begin{bmatrix} U'_1(z) \\ U'_2(z) \end{bmatrix}=\begin{bmatrix} D_{11}(z) & D_{12}(z) \\ D_{21}(z) & D_{22}(z) \end{bmatrix}\begin{bmatrix} U_1(z) \\ U_2(z) \end{bmatrix} \tag{8.3.11}$$

由上两式得到

$$\begin{bmatrix} Y_1(z) \\ Y_2(z) \end{bmatrix}=\begin{bmatrix} G_{11}(z) & G_{12}(z) \\ G_{21}(z) & G_{22}(z) \end{bmatrix}\begin{bmatrix} D_{11}(z) & D_{12}(z) \\ D_{21}(z) & D_{22}(z) \end{bmatrix}\begin{bmatrix} U_1(z) \\ U_2(z) \end{bmatrix} \tag{8.3.12}$$

解耦系统应当具有对角线矩阵特性，因此

$$\begin{bmatrix} G_{11}(z) & G_{12}(z) \\ G_{21}(z) & G_{22}(z) \end{bmatrix}\begin{bmatrix} D_{11}(z) & D_{12}(z) \\ D_{21}(z) & D_{22}(z) \end{bmatrix} = \begin{bmatrix} G_{11}(z) & 0 \\ 0 & G_{22}(z) \end{bmatrix} \tag{8.3.13}$$

所以,解耦矩阵

$$\begin{aligned} \boldsymbol{D}(z) &= \begin{bmatrix} D_{11}(z) & D_{12}(z) \\ D_{21}(z) & D_{22}(z) \end{bmatrix} = \begin{bmatrix} G_{11}(z) & G_{12}(z) \\ G_{21}(z) & G_{22}(z) \end{bmatrix}^{-1}\begin{bmatrix} G_{11}(z) & 0 \\ 0 & G_{22}(z) \end{bmatrix} \\ &= \begin{bmatrix} \dfrac{G_{22}(z)G_{11}(z)}{G_{11}(z)G_{22}(z) - G_{12}(z)G_{21}(z)} & \dfrac{-G_{12}(z)G_{22}(z)}{G_{11}(z)G_{22}(z) - G_{12}(z)G_{21}(z)} \\ \dfrac{-G_{11}(z)G_{21}(z)}{G_{11}(z)G_{22}(z) - G_{12}(z)G_{21}(z)} & \dfrac{G_{11}(z)G_{22}(z)}{G_{11}(z)G_{22}(z) - G_{12}(z)G_{21}(z)} \end{bmatrix} \end{aligned} \tag{8.3.14}$$

由式(8.3.14)知

$$\begin{cases} D_{11}(z) = \dfrac{G_{22}(z)G_{11}(z)}{G_{11}(z)G_{22}(z) - G_{12}(z)G_{21}(z)} \\ D_{12}(z) = \dfrac{-G_{12}(z)G_{22}(z)}{G_{11}(z)G_{22}(z) - G_{12}(z)G_{21}(z)} \\ D_{21}(z) = \dfrac{-G_{11}(z)G_{21}(z)}{G_{11}(z)G_{22}(z) - G_{12}(z)G_{21}(z)} \\ D_{22}(z) = \dfrac{G_{11}(z)G_{22}(z)}{G_{11}(z)G_{22}(z) - G_{12}(z)G_{21}(z)} \end{cases} \tag{8.3.15}$$

求出解耦矩阵后,就可以求出解耦矩阵对应的差分方程,最终由计算机实现求解。

设对象的传递函数:

$$G_{11}(s) = \frac{K_1 e^{-\tau_1 s}}{1 + T_1 s}$$

$$G_{21}(s) = \frac{K_2}{s}$$

$$G_{12}(s) = \frac{K_3 e^{-\tau_3 s}}{1 + T_3 s}$$

$$G_{22}(s) = \frac{K_4}{s}$$

相应的广义对象的 z 传递函数

$$G_{11}(z) = Z\left[\left(\frac{1 - e^{-Ts}}{s}\right)\cdot\left(\frac{K_1 e^{-\tau_1 s}}{1 + T_1 s}\right)\right] = K_1 z^{-(l_1+1)}\left(\frac{1 - e^{-\frac{T}{T_1}}}{1 - e^{-\frac{T}{T_1}} z^{-1}}\right) \tag{8.3.16}$$

式中,$l_1 \approx \dfrac{\tau_1}{T}$,取整数;$T$ 为采样周期。

$$G_{21}(z) = Z\left[\left(\frac{1 - e^{-Ts}}{s}\right)\cdot\frac{K_2}{s}\right] = \frac{K_2 T z^{-1}}{1 - z^{-1}} \tag{8.3.17}$$

$$G_{12}(z) = Z\left[\left(\frac{1 - e^{-Ts}}{s}\right)\cdot\frac{K_3 e^{-\tau_3 s}}{1 + T_3 s}\right] = K_3 z^{-(l_3+1)}\left(\frac{1 - e^{-\frac{T}{T_3}}}{1 - e^{-\frac{T}{T_3}} z^{-1}}\right) \tag{8.3.18}$$

$$G_{22}(z) = Z\left[\left(\frac{1 - e^{-Ts}}{s}\right)\cdot\frac{K_4}{s}\right] = \frac{K_4 T z^{-1}}{1 - z^{-1}} \tag{8.3.19}$$

式中，$l_3 \approx \frac{\tau_3}{T}$，将式(8.3.16)～式(8.3.19)代入式(8.3.15)便可得解耦器矩阵。

$$D_{11}(z) = \frac{G_{11}(z)G_{22}(z)}{G_{11}(z)G_{22}(z) - G_{12}(z)G_{21}(z)} = \frac{1}{1 - \frac{K_2K_3(1-e^{\frac{-T}{T_3}})(1-e^{\frac{-T}{T_1}}z^{-1})}{K_1K_4(1-e^{\frac{-T}{T_1}})(1-e^{\frac{-T}{T_3}}z^{-1})} z^{-(l_3-l_1)}} \tag{8.3.20}$$

简化上式得

$$D_{11}(z) = \frac{U_{11}(z)}{U_1(z)} = \frac{1 - b_1z^{-1}}{1 - a_1z^{-1} - a_2z^{-l} - a_3z^{-(l+1)}} \tag{8.3.21}$$

式中，$a_1 = b_1 = e^{\frac{-T}{T_3}}$；$a_2 = \frac{K_2K_3(1-e^{\frac{-T}{T_3}})}{K_1K_4(1-e^{\frac{-T}{T_1}})}$；$a_3 = -\frac{K_2K_3(1-e^{\frac{-T}{T_3}})}{K_1K_4(1-e^{\frac{-T}{T_1}})}e^{\frac{-T}{T_1}}$；$l = l_3 - l_1$。

由式(8.3.21)可得差分方程

$$\begin{aligned} u_{11}(kT) = & a_1u_{11}(kT-T) + a_2u_{11}(kT-lT) + a_3u_{11}(kT-lT-T) \\ & + u_1(kT) - b_1u_1(kT-T) \end{aligned} \tag{8.3.22}$$

$$\begin{aligned} D_{12}(z) &= \frac{-G_{12}(z)G_{22}(z)}{G_{11}(z)G_{22}(z) - G_{12}(z)G_{21}(z)} \\ &= \frac{1}{\frac{K_1}{K_3}z^{-(l_1-l_3)}\frac{(1-e^{\frac{-T}{T_3}})(1-e^{\frac{-T}{T_3}}z^{-1})}{(1-e^{\frac{-T}{T_3}})(1-e^{\frac{-T}{T_3}}z^{-1})} - \frac{K_2}{K_4}} \end{aligned} \tag{8.3.23}$$

简化式(8.3.23)，得

$$D_{12}(z) = \frac{U_{12}(z)}{U_2(z)} = \frac{b_0 - b_1z^{-1}}{1 - a_1z^{-1} - a_2z^{-l} - a_3z^{-(l+1)}} \tag{8.3.24}$$

式中，$a_1 = e^{\frac{-T}{T_1}}$；$a_2 = \frac{K_1K_4(1-e^{\frac{-T}{T_1}})}{K_2K_3(1-e^{\frac{-T}{T_3}})}$；$a_3 = -\frac{K_1K_4(1-e^{\frac{-T}{T_1}})}{K_2K_3(1-e^{\frac{-T}{T_3}})}e^{\frac{-T}{T_3}}$；$b_0 = \frac{K_4}{K_2}$；$b_1 = \frac{K_4}{K_2}e^{\frac{-T}{T_1}}$；$l = l_3 - l_1$。

由式(8.3.24)可得差分方程：

$$\begin{aligned} u_{12}(kT) = & a_1u_{12}(kT-T) + a_2u_{12}(kT-lT) \\ & + a_3u_{12}(kT-lT-T) + b_0u_2(kT) - b_1u_2(kT-T) \end{aligned} \tag{8.3.25}$$

$$D_{21}(z) = \frac{-G_{11}(z)G_{21}(z)}{G_{11}(z)G_{22}(z) - G_{12}(z)G_{21}(z)} = \frac{b_0 + b_1z^{-1}}{1 - a_1z^{-1} - a_2z^{-l} - a_3z^{-(l+1)}} \tag{8.3.26}$$

式中，$a_1 = e^{\frac{-T}{T_3}}$；$a_2 = \frac{K_2K_3(1-e^{\frac{-T}{T_3}})}{K_1K_4(1-e^{\frac{-T}{T_1}})}$；$a_3 = -\frac{K_2K_3(1-e^{\frac{-T}{T_3}})}{K_1K_4(1-e^{\frac{-T}{T_1}})}e^{\frac{-T}{T_1}}$；$b_0 = -\frac{K_2}{K_4}$；$b_1 = -\frac{K_2}{K_4}e^{\frac{-T}{T_1}}$；$l = l_3 - l_1$。

由式(8.3.26)得差分方程：

$$\begin{aligned} u_{21}(kT) = & a_1u_{21}(kT-T) + a_2u_{21}(kT-lT) \\ & + a_3u_{21}(kT-lT-T) + b_0u_1(kT) - b_1u_2(kT-T) \end{aligned} \tag{8.3.27}$$

$$D_{22}(z) = \frac{G_{11}(z)G_{22}(z)}{G_{11}(z)G_{22}(z) - G_{12}(z)G_{21}(z)}$$

$$= \frac{1 + b_1 z^{-1}}{1 - a_1 z^{-1} - a_2 z^{-l} - a_3 z^{-(l+1)}} \tag{8.3.28}$$

式中，$a_1 = e^{\frac{-T}{T_3}}$；$a_2 = \frac{K_2 K_3}{K_1 K_4} \cdot \left(\frac{1 - e^{\frac{-T}{T_3}}}{1 - e^{\frac{-T}{T_1}}}\right)$；$a_3 = \frac{K_2 K_3}{K_1 K_4} \cdot \left(\frac{1 - e^{\frac{-T}{T_3}}}{1 - e^{\frac{-T}{T_1}}}\right) e^{\frac{-T}{T_1}}$；$b_1 = a_1 = e^{\frac{-T}{T_3}}$；$l = l_3 - l_1$。

由式(8.3.28)得差分方程：

$$\begin{aligned} u_{22}(kT) &= a_1 u_{22}(kT - T) + a_2 u_{22}(kT - lT) \\ &\quad + a_3 u_{22}(kT - lT - T) + u_2(kT) - b_1 u_2(kT - T) \end{aligned} \tag{8.3.29}$$

有了解耦装置的 z 传递函数或差分方程，便可在计算机上实现解耦控制。

解耦控制的算法步骤如下：

(1) 计算各调节回路的偏差

$$e_1(kT) = r_1(kT) - y_1(kT) \tag{8.3.30}$$

$$e_2(kT) = r_2(kT) - y_2(kT) \tag{8.3.31}$$

(2) 计算反馈调节器的输出

根据 $e_1(kT)$，$e_2(kT)$及调节规律计算出 $u_1(kT)$，$u_2(kT)$。

(3) 计算解耦装置的输出

根据 $u_1(kT)$，$u_2(kT)$及式(8.3.22)、式(8.3.25)、式(8.3.27)、式(8.3.28)计算出 $u_{11}(kT)$，$u_{12}(kT)$，$u_{21}(kT)$，$u_{22}(kT)$。

(4) 计算机计算输出

由图 8.39 可得

$$u'_1(kT) = u_{11}(kT) + u_{12}(kT) \tag{8.3.32}$$

$$u'_2(kT) = u_{22}(kT) + u_{21}(kT) \tag{8.3.33}$$

8.4 比值控制和分程控制

8.4.1 比值控制系统

在比值控制系统中，要控制的是两个变量的比值，通常指的是两个流量的比值。例如在窑炉或锅炉的燃烧系统中，要求燃料和空气按一定的比例混合燃烧。当燃料流量增加或减少时，空气流量应随之增加或减少，我们将前一变量称为主动量，后一变量称为从动量。这种让两个或多个参量(通常是流量)自动保持一定比例关系的控制称作比值控制。

常用的比值控制方案有单闭环比值控制系统、双闭环比值控制系统和变比值控制系统。

8.4.1.1 单闭环比值控制系统

如图 8.40 所示是单闭环比值计算机控制系统，实际上它是一个随动系统，从动量 $Y_2(s)$随动于主动量 $Y_1(s)$。当主动量 $Y_1(s)$保持恒定，从动量受扰动时，从动回路的控制作用会迅速抑制扰动,以保持设定的比值关系。当主动量 $Y_1(s)$变化时,比值器的输出作为调节器的给定值,使从动量 $Y_2(s)$以新的数值保持与主动量 $Y_1(s)$比值关系。

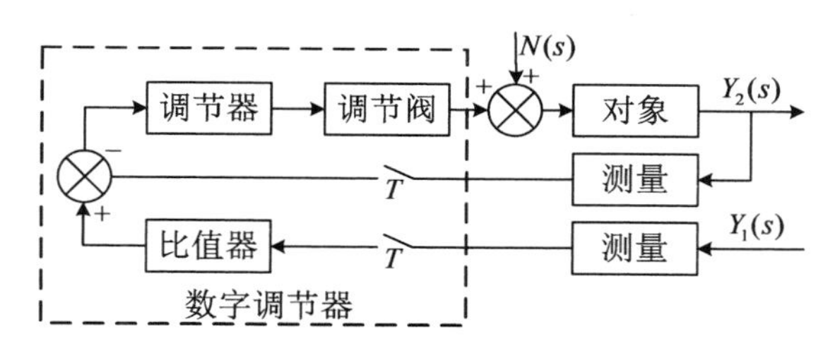

图 8.40 单闭环比值计算机控制系统

比值器实现从动量 $Y_2(s)$与主动量 $Y_1(s)$的比值关系。即

$$Y_2(s) = K_{D1} Y_1(s) \tag{8.4.1}$$

单闭环比值控制系统能够比较精确地实现主动量与从动量的比值关系,而且结构简单、调整方便,因而使用比较广泛。但是因为主动量不固定,所以总的物料也就不是固定的,因而对于那些直接参加化学反应的场合是不适用的,此时可采用双闭环比值控制。

8.4.1.2 双闭环比值控制系统

如图 8.41 所示系统中对主动量 $Y_1(s)$和从动量 $Y_2(s)$都进行了控制,且主控量控制回路是定值控制,从动量控制回路仍是随动控制。常有人认为,如果主动量也调节为定值,采用两独立的流量定值控制系统岂不简单。然而,当由于供应的限制而使主动量达不到设定值时,或因特大的扰动而使主动量偏离设定值甚远时,采用双闭环比值控制系统可使两者的流量比值仍保持一致。

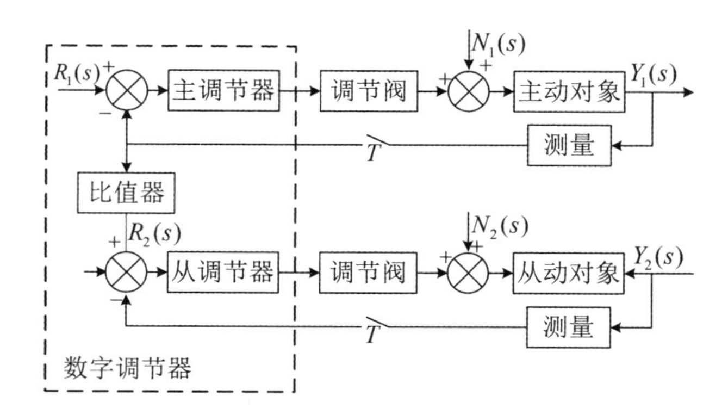

图 8.41 双闭环计算机控制系统

8.4.1.3 变比值控制系统

两种物料的比值按某个参数的需要而改变的,称为变比值控制。例如,在加热炉燃烧控制中,真正的被控变量是炉膛温度,而把空气与燃料的流量比值作为控制手段,因此,比值调节器的设定值由炉膛温度调节器给出,如图 8.42 所示,实质上是以比值控制系统为副回路的串级控制系统。

变比值计算机控制系统如图 8.43 所示。

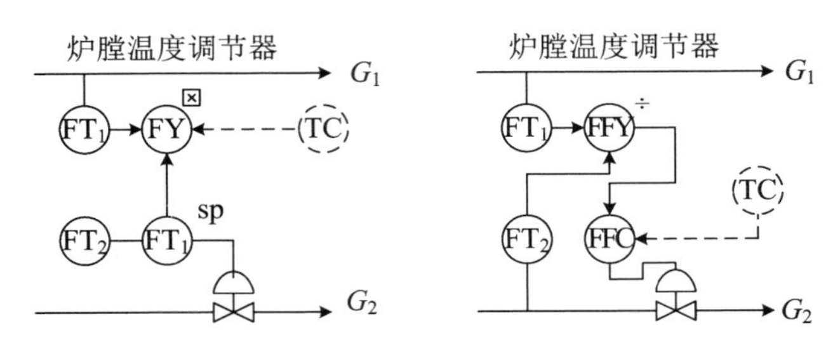

图 8.42 变比值控制系统

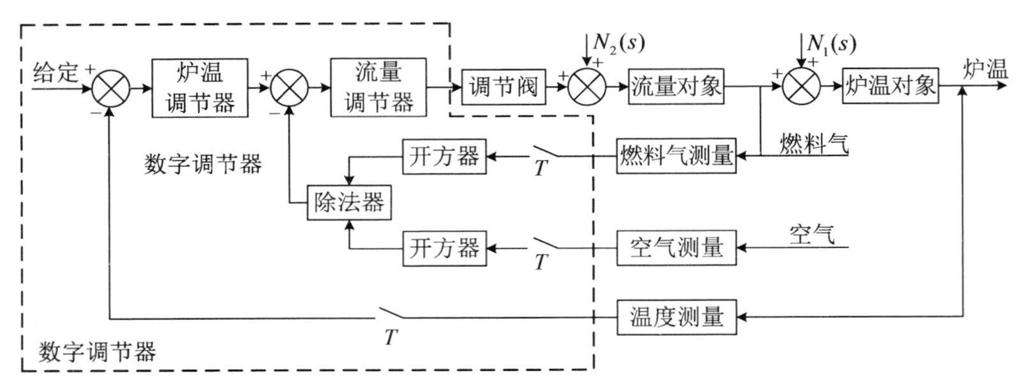

图 8.43 串级变化比值计算机控制系统

由图 8.43 可以看到加热炉温度和燃料气空气的流量分别构成主控和副控回路，炉温调节器的输出作为副控回路流量调节器的给定值。在副控回路中，空气与燃料气作比值运算后，作为比值调节器的输入量，因而副控回路是比值控制系统。正常情况下，加热炉炉膛温度保持给定值，空气与燃料气保持一定比值，当炉温受扰动时，炉温调节器的输出改变燃料气的流量，以补偿扰动的影响，使炉温重新维持在给定值。可见，此系统中空气与燃料气的比值是随加热炉炉膛温度的改变而变化的，是个变比值控制系统。

8.4.2 分程控制系统

一个调节器同时输出到两个或两个以上的执行器，而各个执行器的工作范围是不同的，这种控制系统称为分程控制系统。

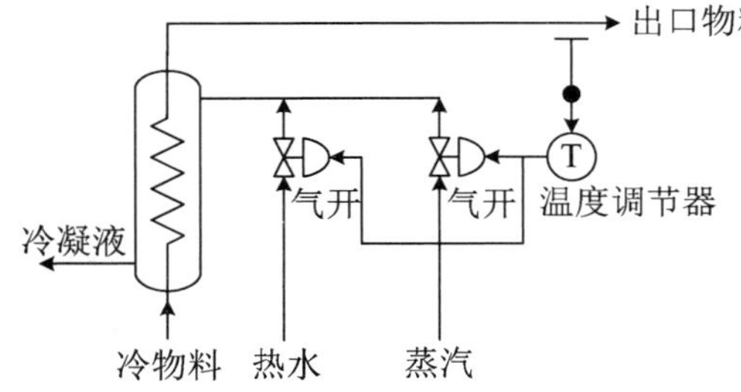

图 8.44 热交换器分程控制系统

某热交换器分程控制系统如图 8.44 所示。

热交换器采用热水和蒸汽加热物料，并保持出口物料的温度稳定。为了降低成本、提高经济效益，生产中希望尽量使用低位能的热水。为此，出口物料的温度采用分程控制。当热水加热不能保证出口物料温度稳定时，改用蒸汽加热。温度调节器的输出同时控制热水阀和蒸汽阀。调节阀是气开式的，热水阀的信号工作范围 19.6～58.9 kPa，蒸汽阀的信号工作范围 58.9～98.1 kPa。

热交换器计算机分程控制的方框图如图 8.45 所示。

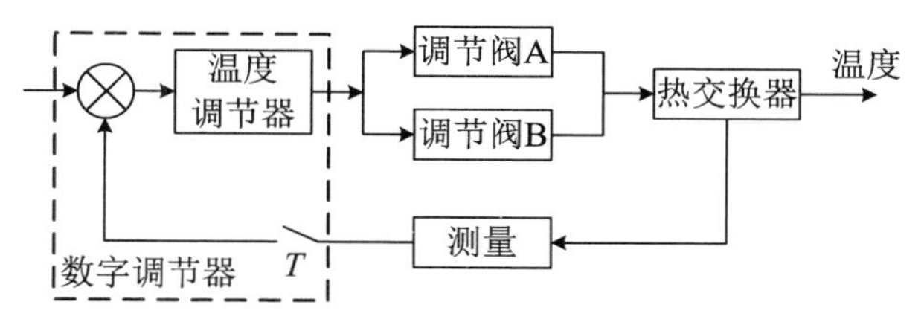

图 8.45　热交换器计算机分程控制方框图

分程控制的目的主要有两种：

(1) 不同的工况需要不同的控制手段

例如，如图 8.46 所示，釜式间歇反应器的温度控制，在一开始需要加热升温，而到反应开始趋于剧烈时，反应放热，又需要冷却降温。

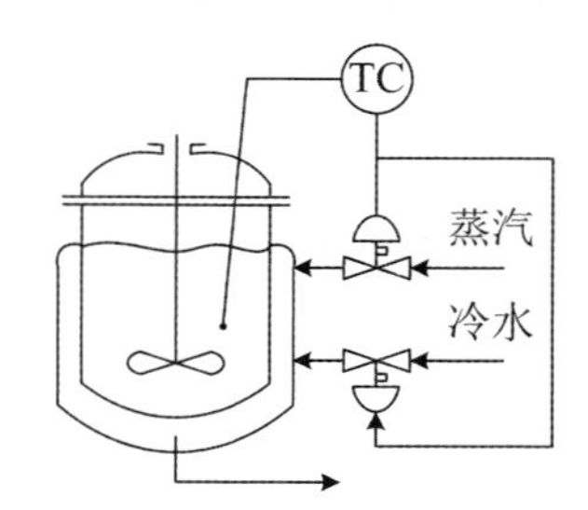

图 8.46　釜式间歇反应器的温度分程控制

(2) 扩大调节阀的可调范围

这样可在小流量时有更精确的控制。阀的可调范围 R 以下式定义：

$$R = \frac{\text{阀的最大流通能力}}{\text{阀的最小流通能力}} = \frac{C_{\max}}{C_{\min}} \tag{8.4.2}$$

如果采用两个口径不同的调节阀，实现分程，能使可调范围大为扩大。如图 8.47 所示有大阀 A，$C_{\text{Amax}} = 100$；小阀 B，$C_{\text{Bmax}} = 4$，而 $C_{\text{Bmin}} = \frac{4}{30} = 0.134$。总的可调范围是

$$R_{\text{T}} = \frac{100 + 4}{0.134} = 776$$

使可调范围增加了 25 倍左右。

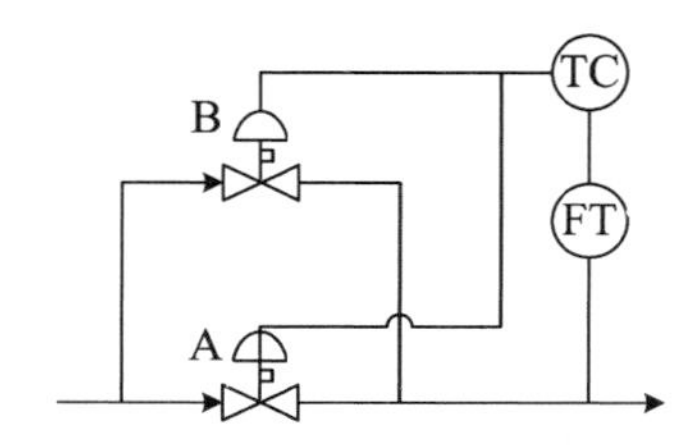

图 8.47　扩大调节阀可调范围的分程控制

在采用两个调节阀的情况，分程动作可分为同向与异向两大类，各自又有气开、气关的组合，因此共有 4 种组合方式，如图 8.48 所示。

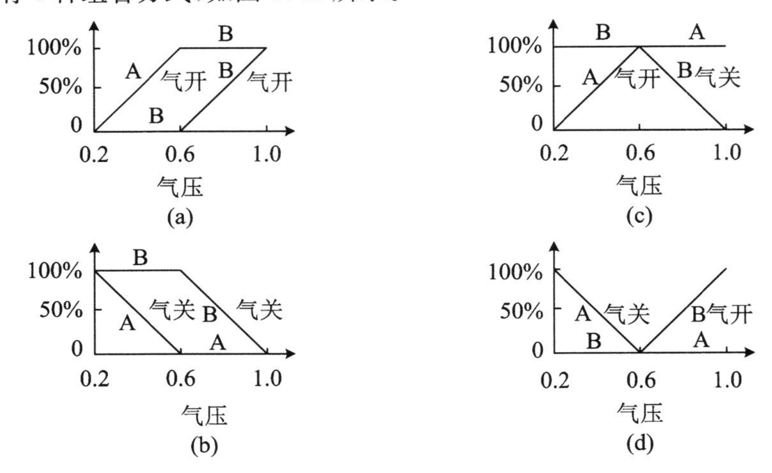

图 8.48　分程动作的不同组合

8.5　均匀控制和选择性控制

8.5.1　均匀控制

均匀控制系统是以其功能来命名的，从结构上看，它可以是简单控制系统，可以是串级控制系统，甚至是其他控制形式。

在工业生产中有时需要兼顾液位（保持物料平衡）与流量（保持负荷稳定）两个被控变量。像精馏塔组中，前一个塔的出料就是后一个塔的进料。从保持前一个塔的物料平衡看，塔釜的液位应力求稳定；从保持后一个塔的负荷稳定看，进塔的流量也应力求平稳。

如果采用液位调节器，如图 8.49(a)所示，虽然液位可相当平衡，但流量的波动幅度可能会比较大；如果采用流量调节器，如图 8.49(b)所示，虽然流量可相当平稳，但液位可能会波动得比较厉害。

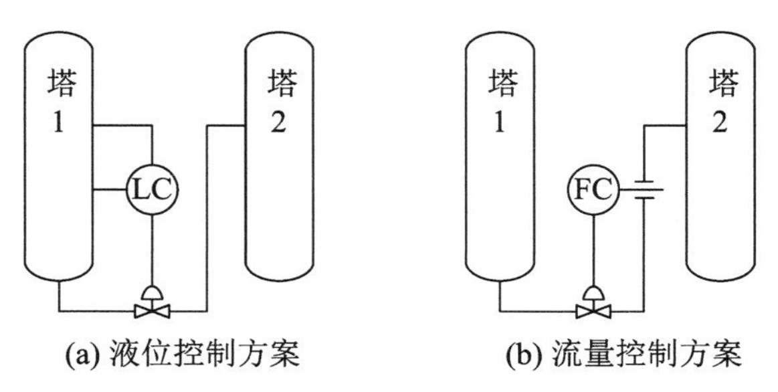

图 8.49　两个塔间的物料控制

要兼顾这两个被控变量，有3种可行的方案：

① 仍采用液位调节器(图8.50(a))，但比例作用弱一点，并引入积分作用，且积分时间整定得长一些。此时液位虽会漂移，但变动不会太剧烈，同时，调节器输出的变化也很和缓，阀位变化不多，这时如无阀前或阀后压力的扰动，流量的波动也相当小。这样就实现了均匀控制的要求。从结构上看，它仍是一个简单控制系统，主要是通过调节器参数整定来实现均匀控制。称之为简单的均匀控制系统。

② 若扰动比较大，可组成一个流量副回路(图8.50(b))，而采用液位对流量串级控制的方式。当液位调节器比例度较大、积分时间较长时，两个被控变量都比较平稳，这是应用最为广泛的结构，称为串级均匀控制系统，它同样通过参数整定实现均匀控制要求。

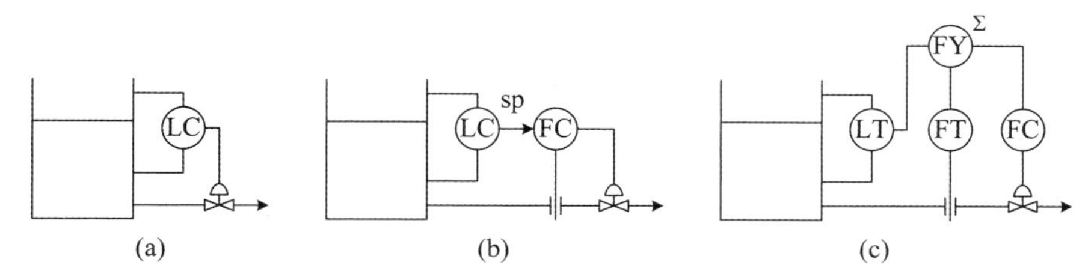

图8.50　均匀控制系统的几个方案

③ 把液位和流量两个信号之差(或两者之和)作为被控变量，并取一个合适的数值作为设定值，结构上仍是简单控制系统，如图8.50(c)所示，以调节阀装在出口的情况为例。当液位偏高或流量偏低时，都应把调节阀开大一些。此时取液位与流量之差作为测量值。如不另加措施，则在正常工况下这差值可能为零，而在扰动出现时将会成为负值及正值。不论从加法器还是调节器测量值输入端来看，信号为负值时是不能工作的。为此在加法器输入端再引入一个固定的偏差值，以把零点降低或提升，使在正常工况下加法器的输出是一个中间的数值，在出现扰动后不会超出上限。至于调节器的设定值，应等于额定工况下的测量值。

为调整两个信号的相对比重，也可对它们分别乘以加权系数。

当调节阀装在进口时，则应取两个信号之和，并减去一个偏置值后作为测量值。

通过对以上3种方案的分析，该均匀控制有如下特点：

① 液位和流量都是均匀变化的，固定任一参数都会引起另一参数大幅波动。

② 均匀控制应该使两个参数缓慢变化，逐步达到新的平衡状态，这与定值控制中要求过渡过程尽量快的要求不同。

③ 均匀控制允许液位和流量在一定范围内波动，但不能超过允许范围，以免发生事故。

串级均匀计算机控制系统的方框图如图8.51所示。

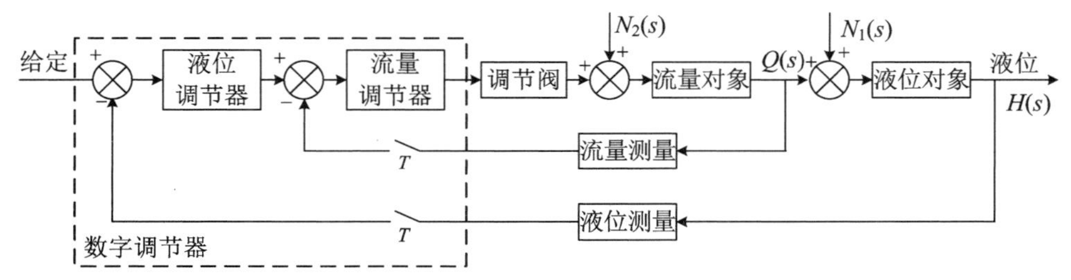

图8.51　串级均匀计算机控制系统

8.5.2 选择性控制

凡是在控制回路中引入选择器的控制称之为选择性控制，选择器实现的是逻辑运算，常用的选择器是低选器和高选器，它们各有两个（或更多）输入，低选器把低信号作为输出，高选器把高信号作为输出，即

$$u_0 = \min(u_{i1}, u_{i2}, u_{i3}, \cdots)$$
$$u_0 = \max(u_{i1}, u_{i2}, u_{i3}, \cdots)$$

在生产过程中选择性控制是把生产过程限制条件所构成的逻辑关系，叠加到正常的自动控制系统上。

选择性控制通常分成两类：一类是选择器放在调节器后，对被调参数选择控制，称为被调参数选择性控制；另一类是选择器放在调节器之前，对测量信号作选择性控制，称为调节参数的选择性控制。

8.5.2.1 被调参数的选择性控制

这种控制亦称为"超驰"控制，如图 8.52(a)所示的液氨蒸发器出口温度控制系统。在正常工况下，温度调节器（TC）的输出接至调节阀，当出口温度偏高时，应增加液氨的流量，当液氨进入蒸发器太多而来不及蒸发时，其液位将一直上升，会淹没换热器的全部列管，再继续增加液氨，不但不会增加蒸发量，相反，由于液位太高，分离空间减小，会使一部分液氨随气氨离开蒸发器进入压缩机，造成严重事故。为此，如图 8.52(b)所示，系统中增加了一个液面控制系统和一个低值选择器。当液面位置正常时，温度调节器 TC 进行工作；当液面超过一定高度时，液面调节器 HC 在低值选择器 LS 的作用下，将温度调节器 TC 切除，并执行控制调节阀的任务。待液面下降后，温度调节器又恢复正常工作。液氨蒸发器由于加入了液面控制和低值选择器，可防止发生气氨带液的严重事故。图 8.52(b)选择控制的方框图如图 8.53 所示。

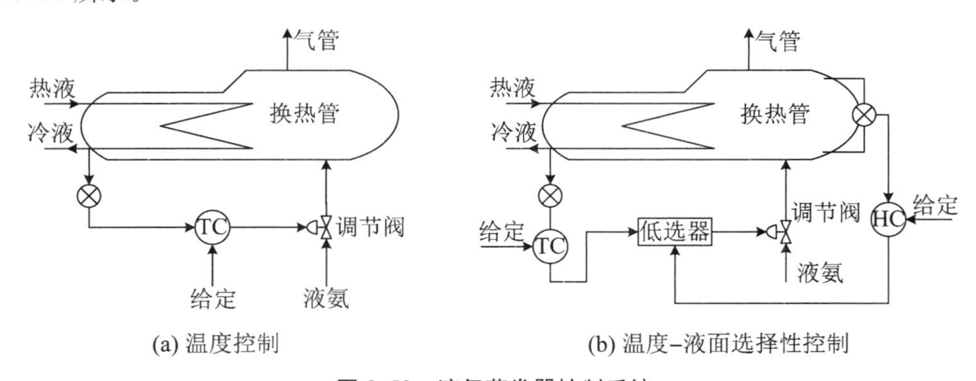

(a) 温度控制　　(b) 温度–液面选择性控制

图 8.52　液氨蒸发器控制系统

8.5.2.2 测量信号选择性控制

这种选择性控制主要实现被控变量的选点，其结构中至少有两个以上的测量值，当被控

变量的测量值应该是几个点间的最高或最低值时，如图8.54(a)所示，被控参数值应该是反应器中的热点温度时，用这种办法可自动进行选点。当采用成分变送器时，为了可靠，有时采用冗余技术，取3个变送器输出的中间值作为测量值，也可用这种办法选点，如果只有高选与低选器，可采用如图8.54(b)所示的结构。

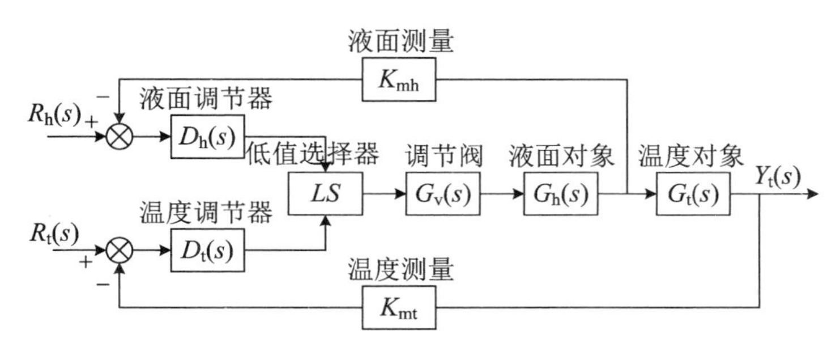

图8.53　液氨蒸发器自动选择性控制方框图

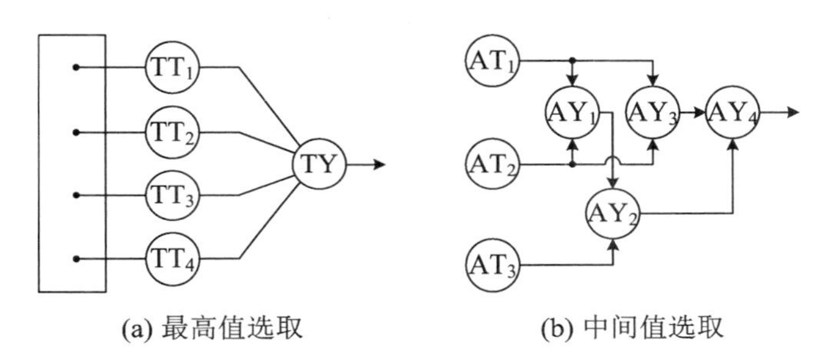

图8.54　测量值的选择

图8.54(a)所示的反应器床层温度选择性控制的方框图如图8.55所示。

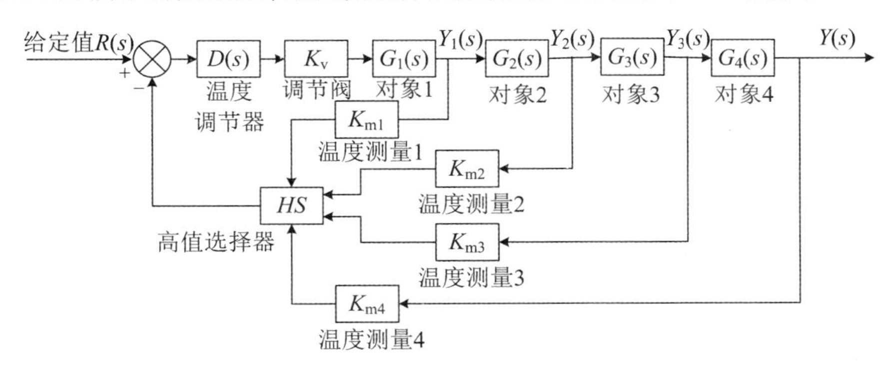

图8.55　反应器温度选择性控制方框图

此外，利用选择性控制还可以实现非线性控制规律，如图8.56是一个用于精馏塔的例子。塔釜蒸气量一般应随进料量成比例地变化，但不能超过一定的上下限值。倘若实现了高、低限幅，就成为一种实现非线性控制规律的选择性控制系统。

选择性控制是很容易由计算机来实现的，尤其由于计算机的强大的逻辑判断功能，选择器的功能由计算机实现更是轻而易举的事了。

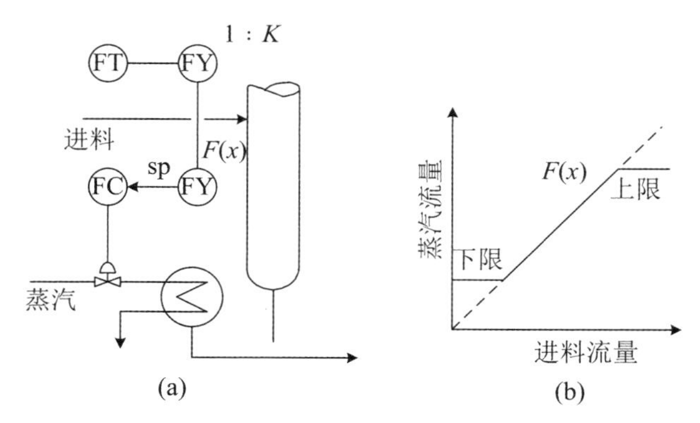

图 8.56　用选择器实现非线性控制规律的例子

8.6　模 糊 控 制

模糊控制就是将操作者的经验总结成若干条规则，经过必要的数学处理存放到计算机中，这样计算机就可以根据输入的模糊信息，按照控制规则和一定的推理法则，作出模糊决策，完成控制工作。

8.6.1　模糊控制的数学基础

8.6.1.1　模糊集合与隶属函数

集合是具有某种特定属性的对象的全体。被讨论的全部对象叫论域。普通集合的论域中的任何事物，要么属于某个集合，要么不属于该集合，不可以有含混不清的表达。然而，现实生活中却充满了模糊事物和模糊概念，如"高个子""温度不太高"等，表达的边界并不明确。我们将这类集合叫模糊(Fuzzy)集合。并在大写字母下边加波浪线来表示，如 $\underset{\sim}{A}$ 就表示一个模糊集。模糊集在论域上的元素符合某个特定概念的程度不是绝对的"0"或"1"，而是介于"0"和"1"之间的一个实数。因此，在描述一个模糊集合时，我们在普通集合的基础上把特征函数的概念进行拓广，取值范围从{0,1}扩大到[0,1]闭区间上连续取值。为了区别普通集合，把模糊集合的特征函数称为"隶属函数"或"资格函数"，记作 $\mu_{\underset{\sim}{A}}(x)$，其中 $\underset{\sim}{A}$ 表示一个模糊集，$\mu_{\underset{\sim}{A}}(x)$表示元素属于模糊集合 $\underset{\sim}{A}$ 的程度。由于模糊集往往是论域的子集，故常称为模糊子集。

模糊集一般表示为

$$\underset{\sim}{A}_n = (\mu_1, \mu_2, \cdots \mu_n) \tag{8.6.1}$$

其中，$\mu_i \in [0,1]$ $(i=1,2,\cdots,n)$是第 i 个元素对模糊集 A 的隶属度，或表示为

$$\underset{\sim}{A}_n = \sum_{i=1}^{n} \frac{\mu_i}{x_i} \tag{8.6.2}$$

其中 μ_i 是元素 x_i 的隶属度。

8.6.1.2　模糊关系

假定 R 是集合 X 到 Y 的普通关系，则对于任何 $x \in X, y \in Y$ 都只能有下列两种情况之一：

① x 与 y 有某种关系 R，记作 xRy；

② x 与 y 无某种关系 R，记作 $x\bar{R}y$。

由 X 到 Y 的关系也可用序对 (x, y) 来表示，其中 $x \in X, y \in Y$，记 X 与 Y 的直积集为

$$X \times Y = \{(x, y) \mid x \in X, y \in Y\} \tag{8.6.3}$$

显然，R 集是 X 和 Y 的直积集的一个子集，即

$$R \subset X \times Y$$

但实际上，客观世界中的很多关系很难简单地用"有"或"没有"来衡量，而必须考虑有这种关系的"程度"，这种关系叫作"模糊关系"，用记号 $\underset{\sim}{R}$ 表示。在普通集合中，所谓关系 R，实际上就是集合 A, B 的直积 $A \times B$ 的一个子集。现在把它推广到模糊集合中来，对模糊关系作如下定义。

所谓 A 和 B 两集合的直积

$$A \times B = \{(a, b) \mid a \in A, b \in B\} \tag{8.6.4}$$

中的一个模糊关系 $\underset{\sim}{R}$，是指以 $A \times B$ 为论域的一个模糊子集，序偶 (a, b) 的隶属度为 $\mu_R(a, b)$。

总之，只要给出了直积空间 $A \times B$ 中的模糊集 $\underset{\sim}{R}$ 的隶属函数 $\mu_{\underset{\sim}{R}}(a, b)$，集合 A 到 B 的模糊关系 $\underset{\sim}{R}$ 也就确定了。

8.6.1.3　模糊关系矩阵的运算

定义 1　设模糊矩阵 $\underset{\sim}{\boldsymbol{A}} = [a_{ij}]$ 和 $\underset{\sim}{\boldsymbol{B}} = [b_{ij}]$，若有

$$c_{ij} = \vee [a_{ij}, b_{ij}] = a_{ij} \vee b_{ij} \tag{8.6.5}$$

则 $\underset{\sim}{\boldsymbol{C}} = [c_{ij}]$ 为模糊矩阵 $\underset{\sim}{\boldsymbol{A}}$ 和 $\underset{\sim}{\boldsymbol{B}}$ 的并，简记为 $\underset{\sim}{\boldsymbol{C}} = \underset{\sim}{\boldsymbol{A}} \vee \underset{\sim}{\boldsymbol{B}}$，其中，"$\vee$"表示"取大"运算。

定义 2　设模糊矩阵 $\underset{\sim}{\boldsymbol{A}} = [a_{ij}]$ 和 $\underset{\sim}{\boldsymbol{B}} = [b_{ij}]$，若有

$$c_{ij} = \wedge [a_{ij}, b_{ij}] = a_{ij} \wedge b_{ij} \tag{8.6.6}$$

则 $\underset{\sim}{\boldsymbol{C}} = [c_{ij}]$ 为模糊矩阵 $\underset{\sim}{\boldsymbol{A}}$ 和 $\underset{\sim}{\boldsymbol{B}}$ 的交，简记为 $\underset{\sim}{\boldsymbol{C}} = \underset{\sim}{\boldsymbol{A}} \wedge \underset{\sim}{\boldsymbol{B}}$，其中，"$\wedge$"表示"取小"运算。

定义 3　设模糊矩阵 $\underset{\sim}{\boldsymbol{A}} = [a_{ij}]$，则 $[ra_{ij}]$ 称为 $\underset{\sim}{\boldsymbol{A}}$ 的补矩阵，记为 $\bar{\underset{\sim}{\boldsymbol{A}}}$。

定义 4　若有模糊矩阵 $\underset{\sim}{\boldsymbol{A}}$ 和 $\underset{\sim}{\boldsymbol{B}}$，$\underset{\sim}{\boldsymbol{A}} = [a_{ij}]$，$\underset{\sim}{\boldsymbol{B}} = [b_{ij}]$，令 $\boldsymbol{A} \circ \boldsymbol{B} = \boldsymbol{C}$，且 $\boldsymbol{C}$ 中的元素为

$$c_{ij} = \bigvee_{k=1}^{n} [a_{ij} \wedge b_{ij}] \tag{8.6.7}$$

则称 $\underset{\sim}{\boldsymbol{C}} = [c_{ij}]$ 为模糊矩阵 $\underset{\sim}{\boldsymbol{A}}$ 和 $\underset{\sim}{\boldsymbol{B}}$ 的积。注意模糊矩阵的积对应于模糊关系的合成。

例如，$\underset{\sim}{\boldsymbol{A}} = \begin{pmatrix} 0.5 & 0.3 \\ 0.4 & 0.8 \end{pmatrix}$，$\underset{\sim}{\boldsymbol{B}} = \begin{pmatrix} 0.8 & 0.5 \\ 0.3 & 0.7 \end{pmatrix}$，则

$$\underset{\sim}{\boldsymbol{A}} \vee \underset{\sim}{\boldsymbol{B}} = \begin{pmatrix} 0.5 & 0.3 \\ 0.4 & 0.8 \end{pmatrix} \vee \begin{pmatrix} 0.8 & 0.5 \\ 0.3 & 0.7 \end{pmatrix} = \begin{pmatrix} 0.5 \vee 0.8 & 0.3 \vee 0.5 \\ 0.4 \vee 0.3 & 0.8 \vee 0.7 \end{pmatrix} = \begin{pmatrix} 0.8 & 0.5 \\ 0.4 & 0.8 \end{pmatrix}$$

$$\underset{\sim}{\boldsymbol{A}} \wedge \underset{\sim}{\boldsymbol{B}} = \begin{pmatrix} 0.5 & 0.3 \\ 0.4 & 0.8 \end{pmatrix} \wedge \begin{pmatrix} 0.8 & 0.5 \\ 0.3 & 0.7 \end{pmatrix} = \begin{pmatrix} 0.5 & 0.3 \\ 0.3 & 0.7 \end{pmatrix}$$

$$\bar{\underset{\sim}{\boldsymbol{A}}} = \begin{pmatrix} 0.5 & 0.7 \\ 0.6 & 0.2 \end{pmatrix}$$

若 $\underset{\sim}{\boldsymbol{A}} = \begin{pmatrix} 0.8 & 0.7 \\ 0.5 & 0.3 \end{pmatrix}$，$\underset{\sim}{\boldsymbol{B}} = \begin{pmatrix} 0.2 & 0.4 \\ 0.6 & 0.9 \end{pmatrix}$，则

$$\begin{aligned} \boldsymbol{A} \circ \boldsymbol{B} &= \begin{pmatrix} (0.8 \vee 0.2) \vee (0.7 \wedge 0.6) & (0.8 \wedge 0.4) \vee (0.7 \wedge 0.9) \\ (0.5 \wedge 0.2) \vee (0.3 \vee 0.6) & (0.5 \wedge 0.4) \vee (0.3 \wedge 0.9) \end{pmatrix} \\ &= \begin{pmatrix} 0.6 & 0.7 \\ 0.3 & 0.4 \end{pmatrix} \end{aligned}$$

同理

$$\boldsymbol{B} \circ \boldsymbol{A} = \begin{pmatrix} 0.4 & 0.3 \\ 0.6 & 0.6 \end{pmatrix}$$

可见，一般来说 $\boldsymbol{A} \circ \boldsymbol{B} \neq \boldsymbol{B} \circ \boldsymbol{A}$。

8.6.2 模糊控制基本原理

操作者对一个工业过程进行控制时，首先凭感观器观察，从声、光、数码显示屏上得到系统的输出量及其变化率的模糊信息。这是将一些客观存在的精确量，通过感觉器官传送到操作者的大脑后，使其模糊化的过程。然后，操作者就用这些信息，根据已有的经验来分析判断，得出相应的控制决策，实现对工业过程的控制。

很明显，操作者在进行控制时，他大脑中的许多概念是模糊的。我们完全可以将操作者的经验总结成若干条规则(称为模糊控制规则)，经过必要的数学处理，放在计算机中。同时，按照人脑的模糊控制过程，来确定一定的推理法则。这样，计算机就可以根据输入的模糊信息，按照控制规则和推理法则，作出模糊决策，完成控制动作。但是，当按照一定的模糊决策去执行具体的动作时，所执行的动作又必须以精确量表现出来。显然，操作者在对工业过程进行控制中，是不断地将测量到的过程输入的精确量转化为模糊量，经过人的模糊决策后，再将决策的模糊量转化为精确量，去实现控制动作。

总之，当操作者进行控制时，首先必须对系统的输出偏差进行判断，然后根据偏差的情况来决定采取何种控制措施。除此之外，在大多数情况下，还应对偏差的变化率进行判断。所以，当操作者进行控制时，所涉及的模糊概念的论域基本上有 3 个：偏差 E、偏差变化率 EC、操作者的控制量输出 u。因为操作者的控制动作在正、负两个方向上基本上是对称的，所以大多数情况下可以设计，操作者对正负偏差及其变化率和正负控制量所确定的模糊概念是一致的。

为了使用模糊控制技术，就必须把偏差及其变化率的精确量转化为模糊集，然后输入给模糊算法器进行处理。模糊算法器输出的控制量又是一个模糊集合，再经模糊判决，给

出控制量的确切值，去控制工业对象。把上述过程用图8.57表示，得到模糊控制器的组成框图。

因此，要设计一个模糊控制器，必须解决以下3个问题：精确量的模糊化；模糊控制规则的构成；输出信息的模糊判决。下面对这3个问题进行讨论。

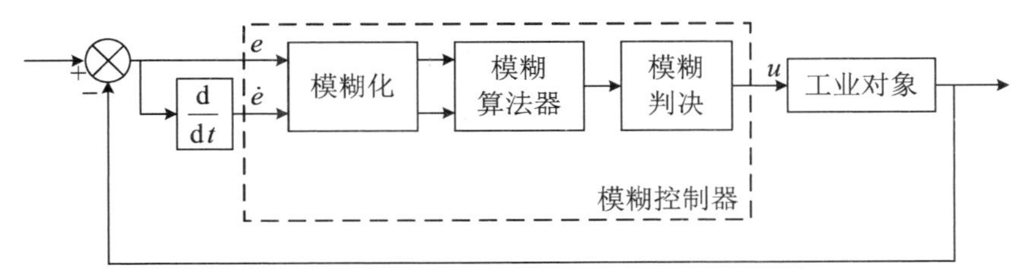

图8.57 模糊控制器组成框图

8.6.2.1 精确量的模糊化

模糊控制器的控制规则表现为一组模糊条件语句，可以选择适当的词集来描述输入、输出变量状态。一般来说，人们习惯把事物分为3个等级如大、中、小等。因此一般都选用“大、中、小”3个词汇来描述模糊控制器的输入、输出变量的状态。由于人的行为在正、负两个方向上的判断基本上是对称的，将大、中、小再加上正、负两个方面并考虑变量的零状态，共有7个词汇，即

{负大，负中，负小，零，正小，正中，正大}

编写为

NB = 负大　NM = 负中　NS = 负小　0 = 零　PS = 正小　PM = 正中　PB = 正大

选择较多的词汇描述输入、输出变量，可以使制定控制规则方便，但是控制规则相应变得复杂。选择词汇过少，描述就会粗糙，会导致控制器性能变坏。一般情况下，都选择上述7个词汇。

对于误差变化率和控制输出，选择描述状态的词汇时，常将“零”分成“正零”和“负零”，这样词集就变成：

{负大，负中，负小，负零，正零，正小，正中，正大}

即

{NB，NM，NS，N0，P0，PS，PM，PB}

系统中偏差和偏差变化率的范围叫作这些变量的基本论域。由于事先对被控对象了解不够，故开始时只能大致估计它们的范围。设偏差的基本论域为$[-X, X]$，偏差所取的模糊论域为

$$(-n, -n+1, \cdots, 0, 1, \cdots, n-1, n)$$

即可给出精确量的模糊化的量化因子K：

$$K = \frac{n}{x} \tag{8.6.8}$$

实际上，一般的做法是：首先把测到的偏差E的变化范围设定为$[-\sigma, +\sigma]$之间变化的连续量，然后将这一连续的精确量离散化，即将其分为若干档，每档对应一个模糊子集，然后

进行模糊化处理。若 X 的变化范围不是在$[-\sigma, +\sigma]$之间，而是在$[a, b]$之间，那么我们通过下式：

$$y = \frac{12}{b-a}\left(x - \frac{a+b}{2}\right) \tag{8.6.9}$$

将$[a, b]$间变化的量 X 转化为$[-\sigma, +\sigma]$间的变量 y。

设 E 表示语言变量“误差”，将误差（正，负）分成若干等级，例如 14 级，代号为

$$(-6, -5, -4, -3, -2, -1, -0, +0, +1, +2, +3, +4, +5, +6)$$

于是误差论域为

$$(-6, -5, -4, -3, -2, -1, -0, +0, +1, +2, +3, +4, +5, +6)$$

设 E 在 X 中有 8 个语言取值 $E_1, E_2, E_3, \cdots, E_8$，含意分别是：PB，PM，PS，PO，NO，NS，NM，NB，给出一个 X 中每个模糊子集 E_i（$i=1, \cdots, 8$）的定义，如表 8.1 所示。

表 8.1 误差模糊子集 E_i 的隶属度

等级 / μ / 变量	−6	−5	−4	−3	−2	−1	−0	+0	+1	+2	+3	+4	+5	+6
E_1											0.1	0.4	0.8	1.0
E_2										0.2	0.7	1	0.7	0.2
E_3								0.5	0.8	1	0.5	0.1		
E_4								1	0.5	0.1				
E_5					0.2	0.6	1							
E_6			0.1	0.5	1	0.8								
E_7	0.2	0.7	1	0.7	0.2									
E_8	1	0.8	0.4	0.1										

用 EC 表示“误差变化率”，用“U”表示“控制量”的有表 8.2、表 8.3。

表 8.2 误差变化率模糊子集 EC_i 的隶属度

等级 / μ / 变量	−6	−5	−4	−3	−2	−1	0	+1	+2	+3	+4	+5	+6	
EC_1										0.1	0.4	0.8	1.0	
EC_2										0.7	1	0.7	0.2	
EC_3								0.9	1	0.7	0.2			
EC_4						0.5	1	0.5						
EC_5			0.2	0.7	1	0.5								
EC_6	0.2	0.7	1	0.7	0.2									
EC_7	1	0.8	0.4	0.1										

表 8.3　控制量模糊子集 U_i 的隶属度

等级 u 变量	−7	−6	−5	−4	−3	−2	−1	0	+1	+2	+3	+4	+5	+6	+7
U_1												0.1	0.4	0.8	1.0
U_2										0.2	0.7	1	0.7	0.2	
U_3								0.4	1.0	0.8	0.4	1.0			
U_4							0.5	1	0.5						
U_5				0.1	0.4	0.8	1	0.4							
U_6		0.2	0.7	1	0.7	0.2									
U_7	1	0.8	0.4	0.1											

这样，对任意两个输入量，误差和误差变化率的值就都可以模糊化了。

8.6.2.2　模糊控制规则的构成

模糊控制器的控制规则是基于手动控制策略的。利用语言归纳，手动控制策略的过程就是建立模糊控制器控制规则的过程。例如，问操作者如何操纵一个系统，典型回答是："若温度偏低，则热水量加大。"这就是一条控制规则。

一般的模糊控制器示意图如图 8.58 所示，图中列出了 3 种模式，人们常用的是前两种。

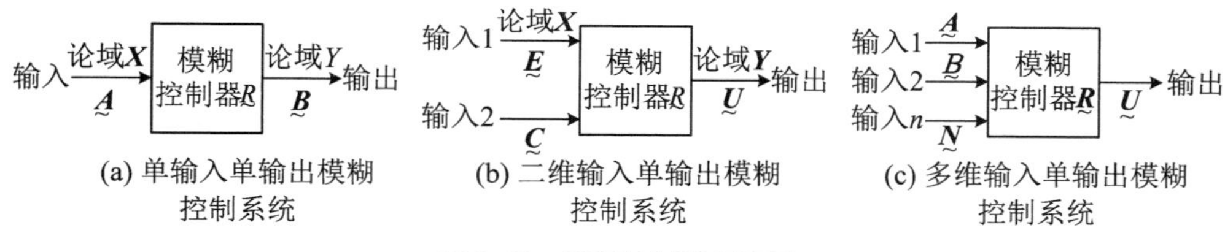

图 8.58　模糊控制器示意图

第一种（图 8.58(a)）：输入一维，输出也是一维。对于这种情况，语言表达为，若 $\underset{\sim}{\boldsymbol{A}}$ 则 $\underset{\sim}{\boldsymbol{B}}$。

第二种（图 8.58(b)）：输入二维，输出为一维，用语言表达为，若 $\underset{\sim}{\boldsymbol{E}}$ 且 $\underset{\sim}{\boldsymbol{C}}$ 则 $\underset{\sim}{\boldsymbol{U}}$。

第三种（图 8.58(c)）：输入多维，输出一维，用语言表示为，若 $\underset{\sim}{\boldsymbol{A}}$ 且 $\underset{\sim}{\boldsymbol{B}}$ 且……且 $\underset{\sim}{\boldsymbol{N}}$ 则 $\underset{\sim}{\boldsymbol{U}}$。

由于上述控制语言中的 $\underset{\sim}{\boldsymbol{A}}$、$\underset{\sim}{\boldsymbol{B}}$、$\underset{\sim}{\boldsymbol{C}}$ 和 $\underset{\sim}{\boldsymbol{E}}$ 等都是模糊概念，因此它们都是相应论域 $\boldsymbol{X}$，$\boldsymbol{Y}$，$\boldsymbol{Z}$ 和 $\boldsymbol{W}$ 等的模糊子集。根据模糊集合与模糊关系的理论，对于前两种类型的模糊控制器，可相应地采用下述推理规则。

① 对第一种模糊控制器，其推理规则是：

已知输入为 $\underset{\sim}{\boldsymbol{A}}$，输出为 $\underset{\sim}{\boldsymbol{B}}$。若已知输入为 $\underset{\sim}{\boldsymbol{A}}$，则输出

$$\underset{\sim}{\boldsymbol{B}} = \underset{\sim}{\boldsymbol{A}} \circ \underset{\sim}{\boldsymbol{B}} \tag{8.6.10}$$

其中，若 $\underset{\sim}{\boldsymbol{R}}$ 为 $\underset{\sim}{\boldsymbol{A}}$ 和 $\underset{\sim}{\boldsymbol{B}}$ 的模糊关系矩阵。$\underset{\sim}{\boldsymbol{R}}=\underset{\sim}{\boldsymbol{A}}\times\underset{\sim}{\boldsymbol{B}}$，用隶属函数表示则为

$$\mu_{\underset{\sim}{R}}(x,y)=\mu_{\underset{\sim}{A}\times\underset{\sim}{B}}(x,y)=\mathrm{Min}[\mu_{\underset{\sim}{A}}(x),\mu_{\underset{\sim}{B}}(y)]\qquad(x\in X,y\in Y)$$

② 对于第二种模糊控制器，其语言推理形式为

若 $\underset{\sim}{\boldsymbol{E}}$ 则 $\underset{\sim}{\boldsymbol{C}}$ 则 $\underset{\sim}{\boldsymbol{U}}$。其中，$\underset{\sim}{\boldsymbol{E}}$ 一般表示被控量的实际值 x 对其期望值 x_0 的偏差的模糊子集。$\underset{\sim}{\boldsymbol{C}}$ 一般表示偏差变化率的模糊子集。于是这种模糊控制器的控制规则可写成

$$\text{if } \boldsymbol{E}=\underset{\sim}{\boldsymbol{E}}_i\quad\text{and}\quad \boldsymbol{l}=\underset{\sim}{\boldsymbol{l}}_y\quad\text{then}\quad \boldsymbol{U}=\underset{\sim}{\boldsymbol{U}}_{ij}$$

$$(i=1,2,\cdots,n,\ j=1,2,\cdots,n)$$

其中，$\underset{\sim}{\boldsymbol{E}}_i$，$\underset{\sim}{\boldsymbol{l}}_j$，$\underset{\sim}{\boldsymbol{U}}_{ij}$ 分别是定义在 $\underset{\sim}{\boldsymbol{X}}$，$\underset{\sim}{\boldsymbol{Y}}$，$\underset{\sim}{\boldsymbol{Z}}$ 上的模糊集。这些模糊条件语句可归结为一个模糊关系 $\underset{\sim}{R}$，即

$$\underset{\sim}{\boldsymbol{R}}=\underset{\sim}{\boldsymbol{U}}_{ij}(\underset{\sim}{\boldsymbol{E}}_i\times\underset{\sim}{\boldsymbol{C}}_j)\times\underset{\sim}{\boldsymbol{U}}_{ij}\tag{8.6.11}$$

其中 $\underset{\sim}{\boldsymbol{R}}$ 的隶属度为

$$\mu_{\underset{\sim}{R}}(x,y,z)=\bigvee_{i=1,j=1}^{i=m,j=n}[\mu_{\underset{\sim}{E}_i}(x)\wedge\mu_{\underset{\sim}{C}_j}]\wedge\mu_{\underset{\sim}{ij}}(z)\tag{8.6.12}$$

$$\forall x\in\boldsymbol{X},\forall y\in\boldsymbol{Y},\forall z\in\boldsymbol{Z}$$

若偏差、偏差变化率分别取 $\underset{\sim}{\boldsymbol{E}}$ 和 $\underset{\sim}{\boldsymbol{C}}$，根据模糊推理合成规则，输出的控制量应当是模糊集 $\underset{\sim}{\boldsymbol{U}}$：

$$\underset{\sim}{\boldsymbol{U}}=(\underset{\sim}{\boldsymbol{E}}\times\underset{\sim}{\boldsymbol{C}})\circ\boldsymbol{R}\tag{8.6.13}$$

即

$$\mu_{\underset{\sim}{u}}(z)=\bigvee_{\substack{x\in X\\y\in Y}}\mu_{\underset{\sim}{R}}(x,y,z)\wedge(\mu_{\underset{\sim}{E}}(x)\wedge\mu_{\underset{\sim}{c}}(y))\tag{8.6.14}$$

这样，若已知输入 $\underset{\sim}{\boldsymbol{E}}$，$\underset{\sim}{\boldsymbol{C}}$ 和输出控制量 $\underset{\sim}{\boldsymbol{U}}$，我们就可以根据上述规则把相应的模糊关系 $\underset{\sim}{\boldsymbol{R}}$ 求出来；反应，若系统的模糊关系 $\underset{\sim}{\boldsymbol{R}}$ 为已知，就可以根据输入 $\underset{\sim}{\boldsymbol{E}}$ 和 $\underset{\sim}{\boldsymbol{C}}$ 求控制量 $\underset{\sim}{\boldsymbol{U}}$。

8.6.2.3 输出控制信息的模糊判决

控制策略虽然用语言归纳，模糊控制的输出是一个模糊子集，它反映了控制语言的不同取值的一种组合。但被控对象只能接收一个确切的控制量，这就需要从输入的模糊子集中确定一个控制量。这里最重要的是将模糊量转化为精确量，通常有以下三种方法。

1. 最大隶属度法

如果对应的模糊判决的模糊子集为 U_1，则取该模糊子集中隶属度最大的那个元素 $U_{\max}$ 作为执行量。此方法优点是简单易行，缺点是概括的信息量较少，因为这种方法完全排除了其他一切隶属度较小的元素的影响和作用。如果这样的最大点有若干个，分别为

$$U_{\max1}\leqslant U_{\max2}\leqslant\cdots\leqslant U_{\max q}$$

则取它们的平均值 $\bar{U}_{\max}$ 或 $[U_{\max1},U_{\max q}]$ 的中点 $\dfrac{U_{\max1}+U_{\max q}}{2}$ 为执行量。此法主要用于正规的凸模糊子集。

2. 中位数判决

将隶属函数曲线与横坐标所围面积平分成两部分，所对应的论域元素 U^* 作为输出判决，U^* 应满足：

$$\sum_{U_{\min}}^{U^*}\mu(U) = \sum_{U^*}^{U_{\max}}\mu(u)$$

这种方法能概括更多信息，但主要信息没有突出。

3. 加权平均判决

加权平均的关键在于权系数的选取。一般来讲，权系数的决定与系统的响应特性有关。因此，可根据系统的设计要求或经验来选取适当的权函数。为简便起见，取隶属度为权系数，作为加权平均判决输出：

$$U^* = \frac{\sum_i \mu(U_i)\times U_i}{\sum_i \mu(U_i)} \tag{8.6.15}$$

8.6.3 模糊控制器的设计

8.6.3.1 模糊控制器结构

设计模糊控制器，首先是根据被控对象的具体情况，确定模糊控制器的结构。模糊控制器的结构是指确定模糊控制器的输入变量和输出变量。如何选择输入、输出变量，还必须深入研究在手动控制过程中人如何获取、输出信息，因为模糊控制器的控制规则归根到底还是模拟人脑的思维决策方法，另外还包括模糊化、合成算法及模糊判决等。

8.6.3.2 模糊控制器设计的一般方法

目前，模糊控制器的设计多采用基于操作者经验的直接试探法。直接试探法有两条设计路线：一条是应用极大、极小合成运算原理设计模糊控制器；另一条是应用模糊数和插值原理设计模糊控制器。

1. 采用极大、极小合成运算的设计方法

(1) 设计原理

基于操作员的经验，可构成表 8.4 所示的控制规则表，其中 $\underset{\sim}{\boldsymbol{E}}$、$\underset{\sim}{\boldsymbol{C}}$ 分别表示偏差和偏差变化率，$\underset{\sim}{\boldsymbol{U}}$ 表示控制作用。模糊条件语句的一般形式是

$$\text{if } \underset{\sim}{\boldsymbol{E}}_i \text{ and } \underset{\sim}{\boldsymbol{C}}_i \text{ than } \underset{\sim}{\boldsymbol{U}}_{ij} \qquad (i\in \boldsymbol{I}, j\in J) \tag{8.6.16}$$

这里 $\boldsymbol{I},\boldsymbol{J}$ 是下标集，$\underset{\sim}{\boldsymbol{E}}_i,\underset{\sim}{\boldsymbol{C}}_i,\underset{\sim}{U}_{ij}$ 分别为论域 $\underset{\sim}{\boldsymbol{E}}$、$\underset{\sim}{\boldsymbol{C}}$ 和 $\underset{\sim}{\boldsymbol{U}}$ 上的模糊集。式(8.6.16)一般用一个 $\underset{\sim}{\boldsymbol{E}}_i\times\underset{\sim}{\boldsymbol{C}}_i$ 到 $\underset{\sim}{\boldsymbol{U}}_{ij}$ 的模糊关系 $\underset{\sim}{\boldsymbol{R}}$ 的描述，即

$$\mu_{\underset{\sim}{R}}(e,c,u) = \bigvee_{\substack{i\in I\\ j\in J}} \mu_{\underset{\sim}{E}_i}(e)\wedge\mu_{\underset{\sim}{C}_3}(c)\wedge\mu_{\underset{\sim}{U}_{ij}}(u) \tag{8.6.17}$$

表 8.4　控制规则表

$\underset{\sim}{E}$ \ $\underset{\sim}{C}$ ($\underset{\sim}{U}$)	$\underset{\sim}{C}_1$	…	$\underset{\sim}{C}_3$	…	$\underset{\sim}{C}_n$
$\underset{\sim}{E}_1$	$\underset{\sim}{U}_{11}$	…	$\underset{\sim}{U}_{1j}$	…	$\underset{\sim}{U}_{1n}$
…	…	…	…	…	…
$\underset{\sim}{E}_i$	$\underset{\sim}{U}_{i1}$	…	$\underset{\sim}{U}_{ij}$	…	$\underset{\sim}{U}_{in}$
…	…	…	…	…	…
$\underset{\sim}{E}_m$	$\underset{\sim}{U}_{m1}$	…	$\underset{\sim}{U}_{mj}$	…	$\underset{\sim}{U}_{mn}$

若被控对象的输出偏差和偏差变化率分别是模糊集 $\underset{\sim}{\boldsymbol{E}}$ 和 $\underset{\sim}{\boldsymbol{C}}$，则模糊控制器给出的控制量的变化由模糊推理规则算法：

$$\underset{\sim}{\boldsymbol{U}} = (\underset{\sim}{\boldsymbol{E}} \times \underset{\sim}{\boldsymbol{C}}) \circ \underset{\sim}{\boldsymbol{R}} \tag{8.6.18}$$

即

$$\mu_{\underset{\sim}{\boldsymbol{U}}}(u) = \bigvee_{\substack{e \in \boldsymbol{E} \\ c \in \boldsymbol{C}}} \mu_{\underset{\sim}{\boldsymbol{R}}}(e, c, u) \wedge \mu_{\underset{\sim}{\boldsymbol{E}}}(e) \wedge \mu_{\underset{\sim}{\boldsymbol{C}}}(c) \tag{8.6.19}$$

式(8.6.17)和式(8.6.19)就是极大、极小合成运算的模糊控制算法。在实际工作中，具体做法如下：

对已知输入模糊集 $\underset{\sim}{\boldsymbol{E}}'$，$\underset{\sim}{\boldsymbol{C}}'$，采用极大、极小合成运算方法可以求得对应的输出模糊集 $\underset{\sim}{\boldsymbol{U}}'$：

$$\underset{\sim}{\boldsymbol{U}}' = (\underset{\sim}{\boldsymbol{E}}' \times \underset{\sim}{\boldsymbol{C}}') \circ \underset{\sim}{\boldsymbol{R}} \tag{8.6.20}$$

$\underset{\sim}{\boldsymbol{E}}'$，$\underset{\sim}{\boldsymbol{C}}'$ 通常是模糊单集，可以由量化值 $\boldsymbol{E}(e)$，$\boldsymbol{C}(e)$ 的模糊化求出，准确地输出 $\underset{\sim}{\boldsymbol{U}}$，由 $\underset{\sim}{\boldsymbol{U}}$ 通过模糊决策求得。

(2) 设计方法

第一步：根据实际控制对象和操作人员的经验，建立模糊控制规则表。

第二步：根据式(8.6.20)初步拟好模糊算法。在实现模糊算法时，重要的是求取总的模糊关系 $\underset{\sim}{\boldsymbol{R}}$。

第三步：要经过严格的实践检验和修改调整，才能定型使用。这是因为用极大、极小合成运算方法设计的模糊控制器，在控制精度方面不易满足要求，其输出有时在设定点附近形成振荡，因此必须精心调整。

2. 模糊数和插值原理的设计方法

极大、极小合成运算方法难以满足控制精度的要求。主要原因是：

① 定义隶属函数的工作超出了操作人员的经验范围；

② 量化和模糊化过程使信息量严重损失。

如果我们能够利用操作人员在处理模糊信息方面所表现出的控制能力，吸取人脑对复杂对象进行识别和判决的特点，利用操作者心目中的模糊数量关系，建立控制器的模糊模型，将使设计简单化。若想办法增加系统的信息量，便能够使系统性能得到改善。为此，提出了采用模糊数和插值原理设计模糊控制器的方法。具体如何使用此方法可参考有关文献，本书中不多叙述。

习　题

8.1　试述串级控制系统的工作原理，并根据串级控制系统的特点，分析串级控制系统的应用场合。

8.2　画出计算机串级控制系统的方框图，并说明为什么在串级控制系统中，何时需要异步采样。

8.3　如果系统中主、副回路的工作周期十分接近，亦即正好运行在共振区内，应采取什么措施来避免系统的共振，这种措施对控制系统的性能有什么影响？

8.4　已知串级控制系统中，副对象

$$G_{\tau}(s)=\frac{1}{1+5s}$$

采用零阶保持器

$$G_{\mathrm{h}}(s)=\frac{1-\mathrm{e}^{-Ts}}{s}$$

试按预期的闭环特性设计副回路调节器 $D_{\tau}(z)$，采样周期为 $T=1\,\mathrm{s}$。

8.5　前馈控制和反馈控制各有什么特点？为什么采用前馈-反馈复杂系统将能较大的改善系统的控制品质？

8.6　在什么条件下，静态前馈和动态前馈在克服干扰影响方面具有相同的效果？

8.7　试画出计算机前馈-反馈控制系统和前馈-串级控制系统的方框图。

8.8　试为下列过程设计一个计算机前馈控制系统，已知过程的传递函数为

$$G_{\mathrm{p}}(s)=\frac{Y(s)}{U(s)}=\frac{s+1}{(s+2)(2s+3)}$$

$$G_{\mathrm{n}}(s)=\frac{Y(s)}{N(s)}=\frac{5}{s+2}$$

系统中采用零阶保持器，采样周期为 0.5 s，要求该前馈系统既能克服干扰 N 对系统的影响，又能跟踪被调量设定值 R 的变化。

8.9　已知前馈控制系统如图 P8.1 所示，设计一个前馈调节器 $D_{\mathrm{f}}(z)$。

8.10　试述解耦控制的原理和控制器的设计方法。

8.11　试述计算机解耦控制的算法步骤。

8.12　已知有一个 2×2 的耦合系统，其对象传递函数矩阵为

$$\begin{bmatrix} \dfrac{1}{2s}\mathrm{e}^{-s} & \dfrac{1}{12s}\mathrm{e}^{-0.5s} \\ \dfrac{1}{8s}\mathrm{e}^{-0.2s} & \dfrac{1}{15s}\mathrm{e}^{-2s} \end{bmatrix}$$

调节器均采用比例积分作用，试设计计算机解耦控制网络，使系统能自治跟踪各自的设定值。

8.13　何为比值控制？比值控制有哪几种？

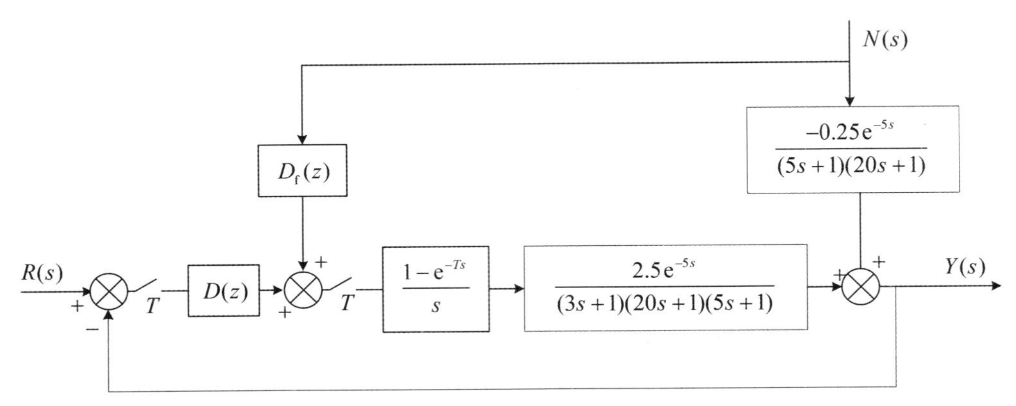

图 P8.1　习题 8.9 图

8.14　试举出在实际工业生产中，应用比值控制的例子，说明比值系数的计算方法，并说明比值控制的原理。

8.15　说明分程控制的目的是什么？分程控制常应用在什么领域？

8.16　举例说明在过程控制中，分程控制的实施与调节阀的气开、气关之间的关系。

8.17　均匀控制的特点是什么？在怎样的生产场合下需要采用均匀控制？

8.18　均匀控制有哪几种实现方法？试举例说明之。

8.19　选择性控制有哪些特点？举例说明何种情况下要应用选择性控制。

8.20　选择性控制可分为哪几类？

8.21　如何理解数理逻辑和模糊逻辑？模糊系统与随机系统有什么不同？

8.22　模糊控制器与其他非模糊控制器有哪些不同之处？

第9章　计算机分布式控制系统简介

分布式控制系统(Distributed Control System,DCS),也称为集散型控制系统,是相对于集中式控制系统而言的一种计算机控制系统,是在集中式控制系统的基础上发展、演变而来的。DCS是一种综合了计算机技术、通信技术、显示技术和自动控制技术,适应现代化生产控制与管理需求的管控一体化计算机网络系统。

DCS的骨架——系统网络,是DCS的基础和核心。由于网络对于DCS整个系统的实时性、可靠性和扩充性起着决定性的作用,因此各厂家都在这方面进行了精心设计。DCS的系统网络必须满足实时性的要求,即在确定的时间限度内完成信息的传送。这里所说的"确定"的时间限度,是指无论在何种情况下,信息传送都能在这个时间限度内完成,而这个时间限度是根据被控过程的实时性要求确定的。因此,衡量系统网络性能的指标并不是通常要求的网络速率,即每秒比特数(bit/s),而是系统网络的实时性,即能确保在多长的时间内将所需信息传输完成。系统网络还必须非常可靠,任何情况下,网络通信都不能中断。因此多数厂家的DCS采用双总线、环形或双重星形的网络拓扑结构。为了满足系统扩充性的要求,系统网络上可接入的最大节点数量应比实际使用的节点数量多若干倍。这样,一方面可以随时增加新的节点,另一方面也可以使系统网络运行于通信负荷较轻的状态下,以确保系统的实时性和可靠性。在系统实际运行过程中,各个节点的上网和下网是随时都可能发生的,特别是操作员站,这样,网络重构会经常发生,而这种操作绝对不能影响系统的正常运行,因此,系统应该具有很强的在线网络重构功能。

一般一套DCS中要设置现场IO控制站,用以分担整个系统的IO和控制功能。这样既可以避免因一个站点失效而造成整个系统的失效,提高系统可靠性,也可以使各站点分担数据采集和控制功能,有利于提高整个系统的性能。DCS的操作员站是具有处理一切与运行操作有关的人机界面(HMI)功能的网络节点。

DCS的工程师站是对DCS进行离线的配置、组态工作和在线系统监督、控制、维护的网络节点,其主要功能是提供对DCS进行组态、配置工作的工具软件(即组态软件),并在DCS在线运行时实时监视DCS网络上各个节点的运行情况,使系统工程师及时调整系统配置及系统参数,以使DCS处在最佳的工作状态之下。与集中式控制系统不同,所有的DCS都要求有系统组态功能,可以说,没有系统组态功能的系统就不能称为DCS。

本章主要介绍DCS的发展历程、结构和软硬件组成、功能及应用、典型的DCS产品、与DCS并存的其他计算机控制系统以及未来DCS面临的挑战和发展方向。

9.1 DCS的发展历程

在第一套DCS诞生以前，工业过程控制还处在过程仪表自动化控制时代，国外主要使用电动仪表，而国内还处在主要使用气动仪表，刚刚开始探索使用电动仪表的阶段。生产过程对自动控制的要求相对较低，主要是保证生产稳定及相对安全的运行条件，无法或难以实现复杂控制，更谈不上先进或优化控制，因此，生产效率相对较低，能耗大，产品成本高。尽管这时已经出现了各种型号的计算机，并且很多人试图将计算机用于过程控制，但是由于没有很好地解决计算机故障带来的生产损失和安全隐患等问题，所以无法真正将计算机用于生产过程控制。

1975年霍尼韦尔(Honeywell)公司推出了第一套DCS:TDC-2000系统，其重要意义在于提出并实现了集散控制的概念。集散控制的含义是分散控制集中管理:分散控制，能够实现危险分散和隔离，并且易于安装和维护；集中管理，可以让各回路或设备之间更加协调运行，以提高生产运行稳定性和安全性。

40多年的实践证明，集散控制是计算机过程控制的一个基本原则。这个概念不仅今天没有过时，而且在今后相当长的时期内都将是计算机过程工业控制的一个主导路线。从第一套DSC诞生至今，DCS主要经历了四个重要的发展阶段：

1. 第一代DCS

第一代DCS阶段为1975～1980年，这一时期也称为DCS的诞生阶段。1975年霍尼韦尔公司推出的TDC-2000集散控制系统是一个具有多微处理器的分级控制系统，该系统以分散的控制设备适应分散的过程对象，并将它们通过数据高速公路与操作站相连接，实现工业过程控制的集中管理和监测。这种分散控制集中管理的思路，实现了控制系统的功能分散、负荷分散，从而降低了系统的危险性，提高了系统的稳定性和安全性。这个阶段的系统主要注重控制功能的实现，因此设计重点在现场控制站，现场控制的功能比较可靠和稳定，但是人机交互的功能和通信能力相对薄弱，信息的反馈存在一定的局限性。第一代DCS的构成主要包括:现场控制站、现场监视站、CRT操作站、监控计算机以及连接各个单元和计算机的高速数据通道。第一代DCS的主要特点是:注重控制功能的实现、分散控制、集中监视；缺点是:人机界面功能弱、通信能力差、互换性差、成本高。在此期间世界各国相继推出了自己的第一代DCS，代表性的系统有霍尼韦尔公司的TDC-2000系统、横河(Yokogawa)公司的CENTUM-V系统、Siemens公司的Teleperm M系统、Foxboro公司的Spectrum系统等。

2. 第二代DCS

第二代DCS出现在1980～1985年，这一时期也称为DCS的发展期。第二代DCS在第一代的基础上进一步提高了系统的可靠性，在功能上能够实现一些优化控制和生产管理的功能，在人机交互方面，图形用户界面更加丰富，能够呈现更多的生产现场信息和系统控制信息。第二代DCS的另一大特点是引入了局域网(LAN)作为系统骨干，按照网络节点的概念组织过程控制站、操作站、管理站、计算机和网关等。第二代 DCS 的构成主要包括：局域网、过程控制站、增强型操作站、监控计算机、网络连接器和系统管理站。第二代 DCS 的主要特点是：引入了局域网作为系统骨干，采用模块化、标准化的设计，数据通信向标准化迁移，功能上更加完善，具有更强的适应性和可靠性。这一阶段代表性的 DCS 包括：霍尼韦尔公司的 TDC-3000 系统、横河公司的 CENTUM-XL 系统、Fisher 公司的 PROVOX 系统、Taylor 公司的 MOD300 系统等。

3. 第三代 DCS

第三代 DCS 出现在 1985～2000 年。第三代 DCS 比之前的 DCS 在功能上有了更进一步的扩展，其主要特点是增加了上层网络，将生产管理功能纳入到系统中，形成了直接控制、监督控制和协调优化的功能结构层次，这也是现代 DCS 的标准体系结构。在网络方面更加标准化，采用了 ISO 标准 MAP(制造自动化协议)网络。此外，还增加了更高层次的信息管理系统，能够实现更加开放的通信模式，向上能与 MAP 和以太网连接构成复合管理系统，向下支持现场总线，使智能变送、过程控制更加稳定可靠。另外，在过程控制组态和人机交互方面也更加直观、方便。这一时期代表性的 DCS 包括：横河公司的 CENTUM-CS 系统、Foxboro 公司的 I/A Series 系统、霍尼韦尔公司的 TDC-3000UCN 系统等。

4. 第四代 DCS

第四代 DCS 出现在 2000～2020 年，其特点是高度的数字化、信息化和智能化。第四代 DCS 能够支持各种智能仪表总线(FF，Hart)，同时通过网络速度的扩展，提高系统规模化。第四代 DCS 体系结构主要包括：现场仪表层、控制装置单元层、工厂(车间)层和企业管理层。一般 DCS 厂商主要提供除企业管理层之外的三层架构，而企业管理层则通过提供开放的数据库接口，连接第三方的管理软件平台。第四代 DCS 包括：横河公司的 CENTUM VP 系统、霍尼韦尔公司的 TPS/PKS 系统、西屋(Westinghouse)公司的 Oviation 系统等。伴随信息技术的飞速发展，现代 DCS 体现出高度数字化、信息化和智能化，在网络协同制造，数字化工厂等方面都得到了广泛的应用。

9.2　DCS 的结构与组成

计算机分布控制系统实质上是利用计算机技术对生产过程进行集中监视、操作、管理和分散控制的一种新型控制技术，它是由计算机技术、信号处理技术、测量控制技术、通信网络技术和人机接口技术相互发展、渗透而产生的。DCS 主要由集中管理部分、分散控制监测部分和通信部分所组成，从拓扑结构上讲，它是一个两级的计算机控制系统，其底层是分散的、独立的、功能较为简单的计算机控制与采集装置，上层是操作与监视计算机系统，两层之间通过数据总线或高速数据公路交换数据和信息。此外，它具有与更高一级的管理系统联网的能力，可从网络中接收管理级计算机发布的操作命令和信息，并向网络发送本系统的运行信息。

图 9.1 展示了一般工业控制系统的控制工艺流程，现场的被控对象由执行装置和受控工艺流程组成。其中，执行装置又称“执行元件”“执行效应器”或“效应器”。根据控制装置

发出的控制信号来执行控制作用的元件或装置。控制装置发出的信号只是一种信息而没有力的作用,通过执行装置才能把控制信号变为控制力,以达到改变受控对象的目的。执行装置按其能源形式可分为气动、液动、电动三大类。工业系统中的执行装置包括:阀门、泵机、电动机、风机等。工业中的过程控制以温度、压力、流量、液位和成分等工艺参数为被控变量,现场的过程参数通过电缆进入计算机,完成工艺参数的监视,控制计算机将控制信号通过电缆输出,传送至执行装置系统,对控制对象进行自动控制和自动调节,完成控制作用。

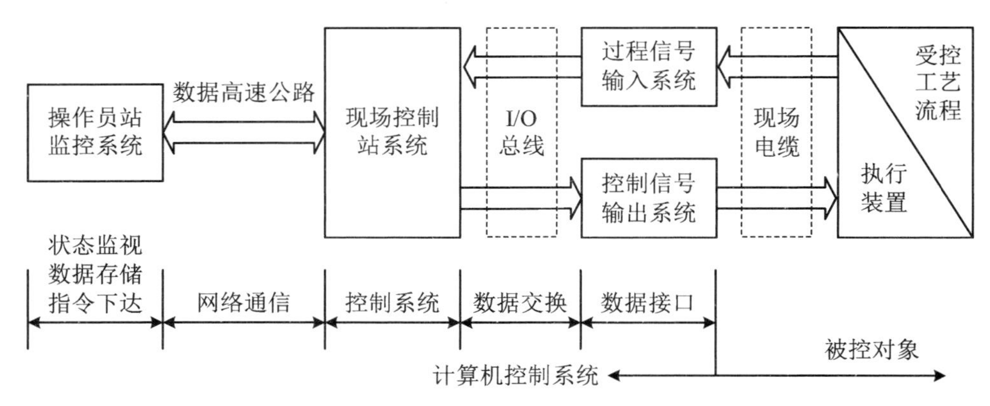

图 9.1　工业控制系统的控制工艺流程

9.2.1　DCS 的典型结构

一个最基本的 DCS 的结构框图如图 9.2 所示,它包括至少 4 个组成部分:至少一台现场控制站、一台操作员站、一台工程师站(或利用一台操作员站兼作工程师站)以及一条数据高速公路。一般挂在数据高速公路上的设备可以分为两大类:一类是贴近工业生产现场的分散安装的,用于数据采集和执行工况控制的现场控制站、现场变送器和执行器;另一类是远离工业生产现场的,集中安装的,用于完成工况监视和系统管理及操作的操作员站、工程师站、其他功能站和用于与上层计算机网络通信的网络接口。

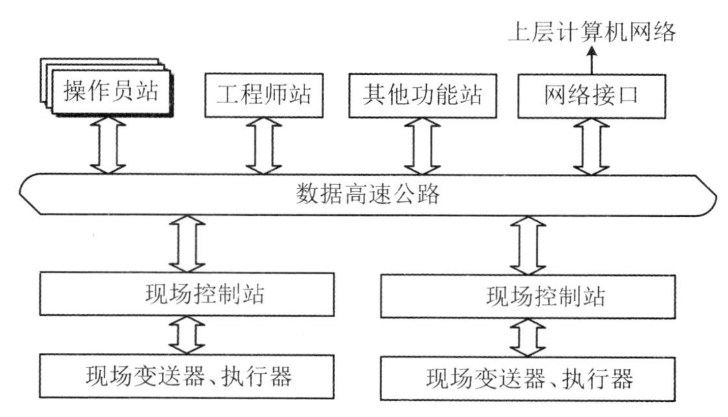

图 9.2　基本的 DCS 结构框图

早期的DCS在现场检测和控制执行方面仍采用了模拟式变送器和执行器，在现场总线出现以后，这两个部分也被数字化的现场总线仪表和现场IO替代，因此DCS也演变成一种全数字化的系统。在以往采用模拟式变送器和执行器时，系统与现场之间是通过模拟信号线连接的，而在采用现场总线技术后，系统与现场之间的连接也将通过现场总线实现连接，这将彻底改变整个控制系统的面貌。图9.3是采用现场总线技术的DCS结构框图。

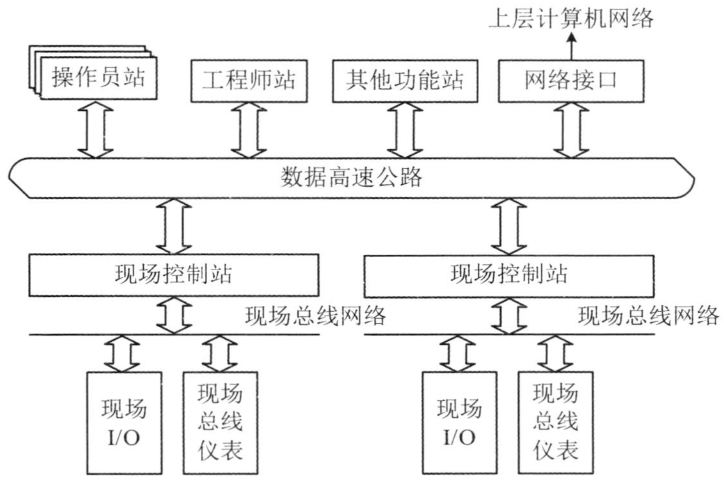

图9.3　采用现场总线技术的DCS结构框图

随着DCS的数字化、信息化和智能化发展，目前DCS已经从单纯满足生产的功能性控制发展到了更高层次的产品设计/制造/服务全域一体化控制，因此再将DCS看作是仪表系统已不符合实际情况。从当前的发展看，DCS更应该被看成一个智能化的计算机管理控制系统。几乎所有的DCS生产厂家都在原来DCS的基础上增加了服务器，用来对数据进行集中存储和处理。以多服务器、多域为特点的大型综合监控自动化系统业已出现，这样的系统完全可以满足多台生产装置自动化及全面监控管理的系统需求。图9.4给出了这种一体化的综合监控与信息管理系统的结构框图。

9.2.2　DCS的硬件组成

典型的DCS硬件系统组成如图9.5所示，主要包括：工程师站、操作员站、系统服务器（冗余设计）、主控制器（冗余设计）、控制网络及设备、系统网络及设备和输入/输出设备等。

1. 工程师站（Engineer Station，ES）

工程师站主要给仪表工程师使用，是系统设计和维护的主要工具。仪表工程师可在工程师站上从事系统配置、IO设定、打印报表、操作画面设计和控制算法设计等工作。一般每套DCS系统配置一台工程师站即可。工程师站可以通过网络连入系统，在线使用，如在线进行算法仿真调试；也可以不连入系统，离线使用。基本上在系统投入运行后，工程师站就可以不再连入系统甚至可以不上电。

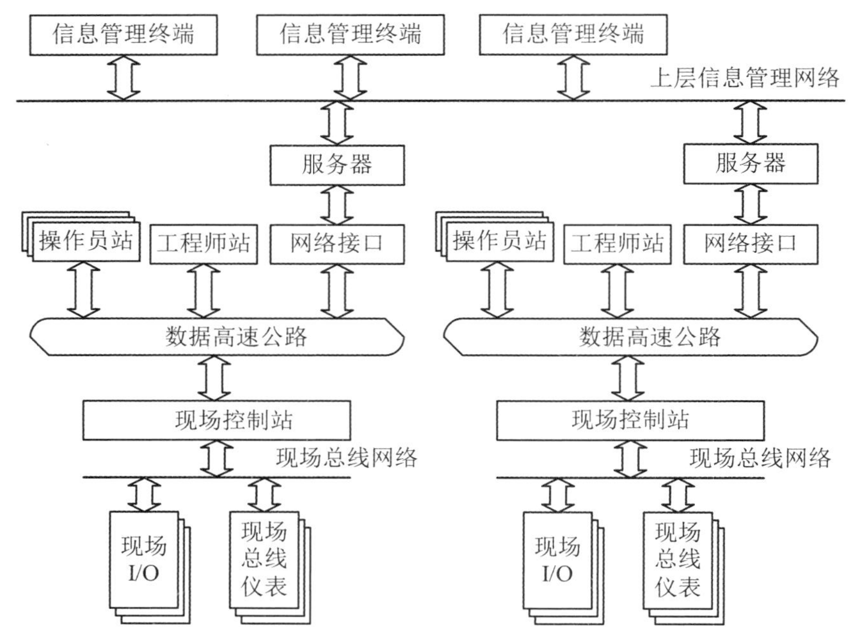

图 9.4　一体化综合监控与信息管理 DCS 结构框图

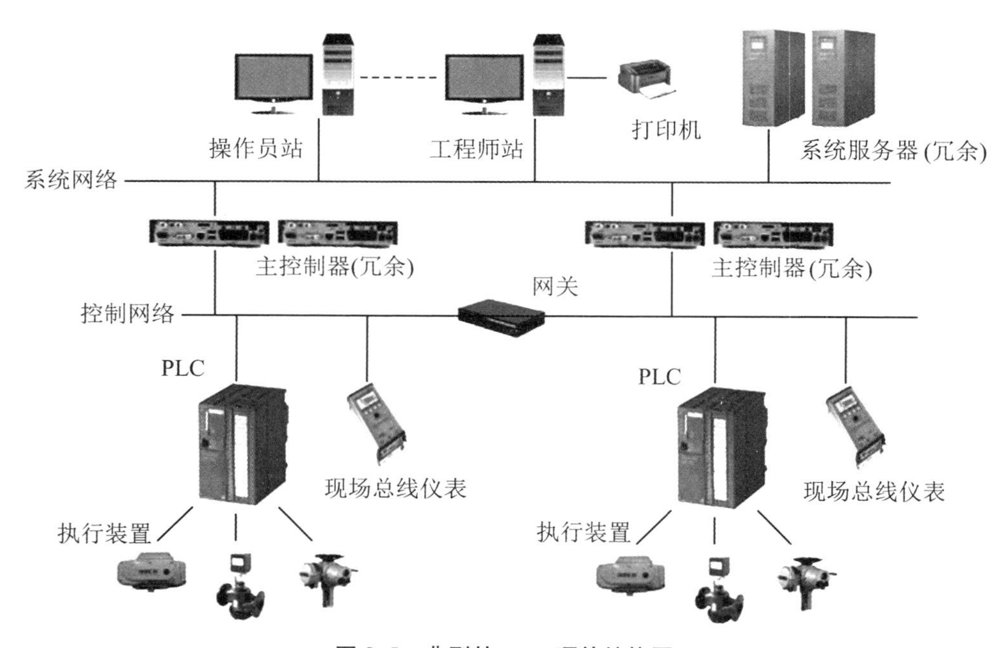

图 9.5　典型的 DCS 硬件结构图

2. 操作员站(Operator Station,OS)

操作员站主要作为系统投运后日常值班操作的 MMI 设备给操作人员使用。在操作员站上,操作人员可以监视工厂的设备运行状况并进行少量必要的人工操作。每套系统按工艺流程的要求,可以配置多台操作员站,用于监控不同的工艺过程。

3. 系统服务器(System Server,SS)

一般每套DCS配置一台或一对(含冗余)系统服务器。系统服务器的用途可以有很多种,各厂家的定义也会有差别。系统服务器的功能包括:系统级的过程实时数据库、存储系统中需要长期保存的过程数据;向企业MIS提供实时的工艺过程数据;作为DCS系统向别的系统提供通信接口服务并确保系统隔离和安全。

4. 主控制器(Field Control Station,FCS)

主控制器是现场控制站的中央处理单元,也是DCS的核心设备,根据危险分散的原则,按照工艺过程的相对独立性,每个典型的工艺段应配置一对(含冗余)主控制器,主控制器在设定的控制周期下,循环执行控制任务。

5. 控制网络(Control Network,CNET)

控制网络用于将主控制器与IO设备,如PLC,连接起来,其主要设备包括:通信线缆(即通信介质)、重复器、终端匹配器、通信介质转换器、通信协议转换器或其他特殊功能的网络设备。

6. 系统网络(System Network,SNET)

系统网络用于将操作员站、工程师站及系统服务器等操作层设备和控制层的主控制器连接起来。组成系统网络的主要设备有网络接口卡、集线器(或交换机)、路由器和通信线缆等。

7. 输入/输出设备(Input Output,IO)

输入/输出设备主要用于采集现场信号或输出控制信号,主要包含模拟量输入设备、模拟量输出设备、开关量输入设备、开关量输出设备、脉冲量输入设备、脉冲量输出设备及一些其他的混合信号类型输入/输出设备或特殊设备等。

9.2.3 DCS的软件组成

按照软件运行的时机和环境,可将DCS软件划分为在线的运行软件和离线应用开发软件两大类,其中现场控制站软件、操作员站软件及工程师站上在线的系统状态监视软件等都是运行软件,而工程师站软件(除在线的系统状态监视软件外)则属于离线软件。

1. 现场控制站软件

现场控制站软件最主要的功能是完成对现场的直接控制,这里面主要包括回路控制、逻辑控制、顺序控制和混合控制等多种类型的控制。

2. 操作员站软件

操作员站软件主要是提供人机交互功能,其中包括图形画面的显示、对操作员操作命令的解释与执行、对现场数据和状态的监视及异常报警、历史数据的存档和报表处理等。

3. 工程师站软件

工程师站软件可分为两个大部分:其中一部分是在线运行的,主要完成对DCS系统本身运行状态的诊断、监视和报警;另一部分是离线的组态软件,组态软件又称组态监控系统软件,是指数据采集与过程控制的专用软件,也是指在自动控制系统监控层一级的软件平台和开发环境。组态软件是一种通过灵活的组态方式,为用户提供快速构建工业自动控制系统监控功能的、通用层次的软件工具。

9.3 DCS的功能及应用

为了使读者对DCS有一个深入理解，本章以美国霍尼韦尔公司的TDC-3000型DCS为例来说明其组成结构和功能应用。

TDC-3000系统的组成如图1.14所示。该系统由两级网络组成：上一级网络称为局部控制网络LCN，网上接有操作和显示设备操作员站、组态设备工程师站及应用模块、与外部PLC连接的接口、与上级网络连接的接口、与底层网络的接口以及扩大网络容量的扩展器等。底层网络称为万能控制网UCN，它与现场控制设备逻辑管理器和过程管理器相连，这两类装置集控制与数据采集功能于一体，起现场控制单元的作用。

9.3.1 操作员站

操作员站是DCS系统中主要的人机界面，它一般是由电子模块插板、彩色带触摸屏的监视器和专用的DCS操作键盘所组成。霍尼韦尔公司的早期产品中，集中操作和管理站点有操作站(OS)、基本操作站(BOS)、增强型操作站(EOS)等，推出TDC-3000后，通常采用万用操作站(US)，分为UNIX和X Windows的万能操作站、万能工作站及全局用户站，并且提供各种挂接在LCN(局域控制网)上的模件，例如应用模板AM、历史模件HM、重新归档模件ARM等。

操作员站具有很强的操作能力，用来管理工业系统正常运行，这些操作都与画面显示相结合，可借助功能键完成。显示画面主要有：总貌画面、组画面、各类细目画面、流程图画面、总貌趋势画面、组趋势画面、报警一览画面、单元报警画面、控制回路画面、信息提示画面、记录和表格画面及编辑画面等。操作员操作的过程显示采用区域、单元、组和细目的分级显示形式，通过用户的过程流程图画面了解生产过程情况；通过细目画面了解数据点或过程模块的详细信息；区域显示用于对较多过程参数的了解；组显示用于显示相应仪表的测量值(PV)、设定值(SV)或输出值(MV)等；趋势显示分为实时和历史两种；汇总显示用于显示过程模件的顺序和模块的现行状态；报警显示用于向操作员提供过程装置和集散系统两类警报。

DCS的操作主要分为：

① 操作键盘若干功能键的定义；

② 回路状态修改包括设定值、PID参数的修改等；

③ 画面的调用和展开；

④ 过程报告包括过程状态报告、历史事件报告和报警信息报告等；

⑤ 信息输出包括状态信息、顺序信息、报警信息及与操作有关的信息的打印、拷贝、传递等。

9.3.2 工程师站

工程师站和操作员站都是DCS的基本组成部分，起着“集中监视和集中管理”的作用。

工程师站的硬件结构同操作员站相同,在有些 DCS 中工程师站和操作员站合二为一,只是设有工程师允许锁位,以界定工程师和操作员的操作权限。

工程师站的功能主要是:系统组态、系统测试、系统维护以及系统管理。

9.3.2.1　系统组态功能

系统组态功能是用来生成和变更操作员站和现场控制站的功能,其内容为填写标准工作单,由组态工具软件将工作单显示于屏幕上,用会话方式完成功能的生成和变更。组态又可分为操作站组态、现场控制站组态和用户自定义组态 3 种。就霍尼韦尔公司的 TDC-3000 系统而言,其组态功能包括:APM 组态、US 组态、US 流程图组态,如图 9.6 所示。

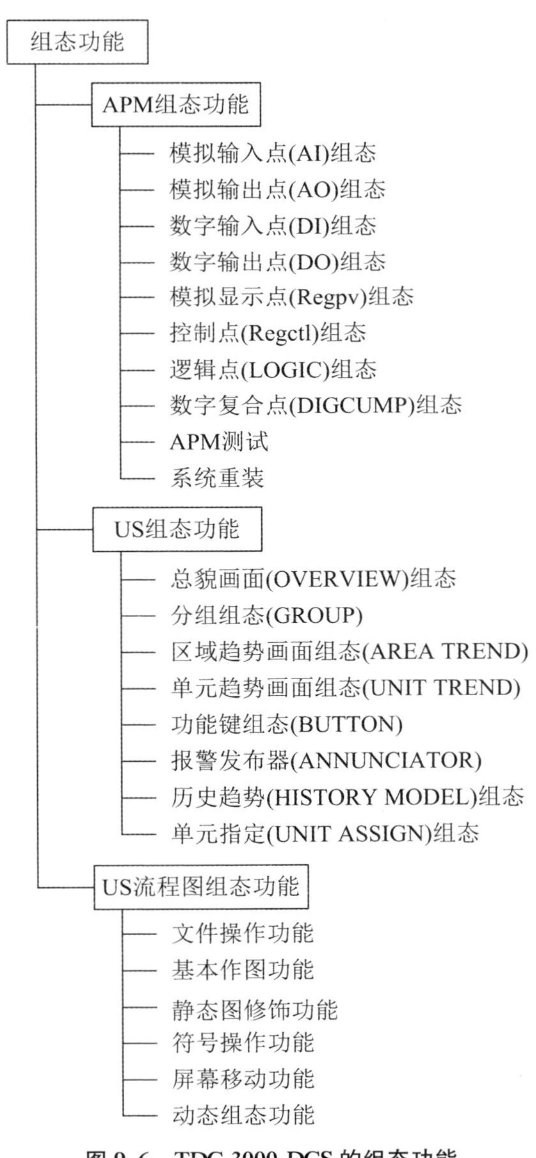

图 9.6　TDC-3000 DCS 的组态功能

操作站组态从系统生成做起，包括操作站的规格指定、站的组成指定、信号点数指定及其他一些共同的规定；然后定义操作站的标准功能，如画面编号、工位号、信息编号、标准功能键定义等站内自身的标准信息；最后定义用户指定的规格，如某些功能键、指定画面、报表格式等。

现场控制站组态用来生成和变更站内反馈控制功能、顺序控制功能和报警功能等。不同厂家的 DCS 提供不同类型的控制站，并对这些控制站提供专用的组态软件以供选用。

DCS 中有些专用功能要由用户定义，例如流程画面生成、画面分配和报表等。这些在标准组态时只定义规格，具体内容由用户借助组态工具软件自行完成。

9.3.2.2 系统测试功能

测试功能用来检查组态后系统的工作情况，包括对反馈控制回路的测试和对顺序控制状态的测试。

反馈控制测试是以指定的内部仪表为中心，显示它与其他功能环节的连接情况，从屏幕上可以观察到是否已经构成控制回路。

顺序控制测试可以显示顺控元件的状态及动作是否合乎指定逻辑，而且可显示每张顺控表的条件是否成立，并模拟顺控的逻辑条件，逐步检查系统动作顺序是否正常。

9.3.2.3 系统维护功能

系统维护是对系统作定期检查或更改，例如，改变打印机等外围设备的连接，更改报警音频及将生成的组态文件存盘等。硬件维护有磁头定期清洗、建立备用存储区及磁头复原锁定等。

9.3.2.4 系统管理功能

它主要用来管理系统文件：一是将组态文件（如工作单）自动加上信息，生成规定格式的文件，便于保存、检索和传送；二是对这些文件进行复制、对照、列表、初始化或重新建立等。

9.3.3 控制站和监视站

DCS 的控制站和监视站是接近被控过程，直接面向生产过程的设备。控制站完成对过程参数的控制及状态的逻辑控制，监视站完成对过程参数的采集和传递，通常共称为 DCS 的现场控制站，它是实现分散控制和分散危险的基础设备，对生产过程的稳定运行和产品质量的保证起到关键的作用。

控制站的设备按规模大小和功能配备来划分，主要如下：

（1）小规模单功能控制器

这类设备只完成参数控制或逻辑顺序控制中的一种，受控回路可以是单回路或多回路，属 DCS 中的基本控制器，一般规模不大、用途单一、成本较低、配置灵活，在小型 DCS 中有良好的使用性能。

（2）中规模多功能控制器

这类设备既能实现参数控制，又能实现顺序控制，并能将两种功能集成起来，统一管理；

它们功能强、成本不高，适用于参数点多，且较集中的场合。

(3) 先进多功能控制器

这类设备除具有中规模多功能控制器的功能外，还配备了先进的控制算法，如自寻优PID、预测控制、模糊控制等，它能保证系统有优良的控制性能，可以极大地提高生产效率，但成本较高，因而被用在特别重要或经济效益特别明显的场合。

监视站的功能单一，它主要用于参数的测量、数据的采集和传送。它的规模则视系统中相对集中的被测点数的多少而定，通常 DCS 产品中会给出一个规模适当的监视站，并可由用户视需要分配和组合。

就霍尼韦尔公司的 TDC-3000 DCS 产品而言，其现场控制站功能包括如下几个方面。

9.3.3.1 参数控制

参数控制的目标是保证过程关键参数按照工艺提出的规律变化，实现参数控制的基本方法是引入负反馈和 PID 算法，为了得到高品质的控制，一些先进的控制算法如串级控制、前馈控制、预测控制、模糊控制、自适应控制等相继被引入 DCS 系统中。

现场控制站的参数控制实际上是一个微处理器的控制系统，包括有 A/D 转换、存储器、微处理器、输出、显示和输入接口、电路等基本部分，另外，为适应连续过程控制可靠性和构成系统的需要，它还配备通信接口、趋势存储和备用存储器。

TDC-3000 DCS 系统中现场控制站的标准算法共 28 种，如表 9.1 所示。

表 9.1 TDC-3000 DCS 系统参数控制的标准算法

类型	序号	组态代码	名称	算式
采集算法	1	00	数据采集	
控制算法	2	01	常规 PID	$\frac{c_n}{E_n} = K\frac{(T_1 s+1)(T_2 s+1)}{T_1 s(\alpha T_2 s+1)}$
	3	02	PID 比率	$SP = R_y + B$，其余同 01
	4	03	PID 自动比率	$R = \frac{SP - B}{y}$，其余同 01
	5	04	PID 自动偏置	$B = SP - Ry$，其余同 01
	6	05	PID (CMA) (计算机方式、自动备用)	
	7	06	PID (CM) (计算机方式、手动备用)	
	8	07	PID SPC(设定点控制)	
	9	10	PID 增益项偏差平方	$K_n = K\lvert E'_n \rvert$，其余同 01
	10	11	PID 积分项偏差平方	$K_n = K_1 \lvert E'_n \rvert$ $K_1 = K\frac{T_s}{T_1}$
	11	12	PID 间隙(死区)	死区之外 $E_{cn} = E_n$ 死区之内 $E_{cn} = E_{cn-1}$

续表

类型		序号	组态代码	名称	算式
控制算法		12	13	带 50%偏置的 PD	起始值为 12 mA
		13	14	带 50%偏置的 PD(CMA)	起始值为 12 mA
		14	20	超前滞后	$\frac{c_n}{x}=K\frac{T_2s+1}{T_1s+1}$
辅助算法	不受键锁控制	15	21	超驰高值选择器	八选一
		16	22	超驰低值选择器	八选一
		17	23	加法	$c=K_1x+K_Ay+K_2$
		18	24	乘法	$c=K_Axy+K_2$
		19	25	自动-手动操作	
		20	26	开关	
		21	30	加法(带锁)	同 23
		22	31	乘法(带锁)	同 24
		23	32	除法(带锁)	$c=K_A\frac{y}{x}+K_2$
		24	33	平方根	$c=K_1\sqrt{x}+K_Ay+K_2$
		25	34[②]	乘积的平方根	$c=K_1\sqrt{xy}+K_2$
辅助算法	受键锁控制	26	35[②]	平方根和	$c=K_1\sqrt{x}+K_A\sqrt{y}+K_2$
		27	36	高电平选择器	两选一
		28	37	低电平选择器	两选一

9.3.3.2 状态控制

状态控制的目标是保证设备如阀门的开闭、电动机的起停等按照规定的逻辑顺序变化，也称为逻辑和顺序控制，动作的顺序可以按时间原则或位置原则设计，前者相当于开环控制，后者需要设备的状态信息，相当于闭环控制。

TDC-3000 DCS 系统的多功能控制站的逻辑控制功能包括 128 个逻辑块，即能进行 128 次逻辑运算。每块能执行的逻辑算法有 11 种，如表 9.2 所示，它们主要用于工艺联锁、条件判断或状态变换的信号处理。

表 9.2　TDC-3000 DCS 系统中逻辑块算法

算法编号	算法名称	类型	输入状态			逻辑块状态		
			1	2	3	AND	OR	XOR
1	AND	三输入 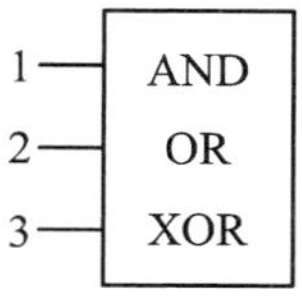 1—AND 2—OR 3—XOR	0	0	0	0	0	0
			0	0	1	0	1	1
2	OR		0	1	0	0	1	1
			0	1	1	0	1	1
			1	0	0	0	1	1
3	XOR		1	0	1	0	1	1
			1	1	0	0	1	1
			1	1	1	1	1	0
4	AND （带输出）	二输入、一输出 1—AND OR XOR 2—FF —输出 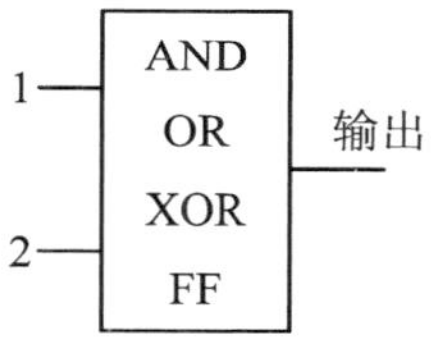	输入		输出状态			
5	OR （带输出）		1	2	AND	OR	XOR	FF
6	XOR （带输出）		0	0	0	0	0	（初始） 0不变
7	FLIP FLOP 触发器		0	1	0	1	1	0
			1	0	0	1	1	1
			1	1	1	1	0	0
8	连接	一输入、二输出 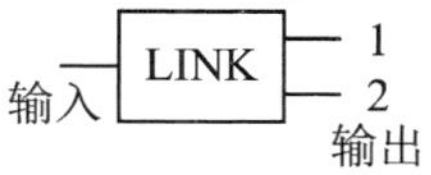 输入—LINK—1 —2 输出	输入状态			逻辑块状态		
			0			0		
			1			1		
9	延迟 ON	一输入、T:0～9999 s 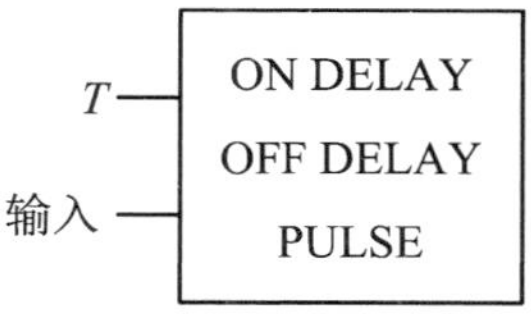 T—ON DELAY OFF DELAY 输入—PULSE	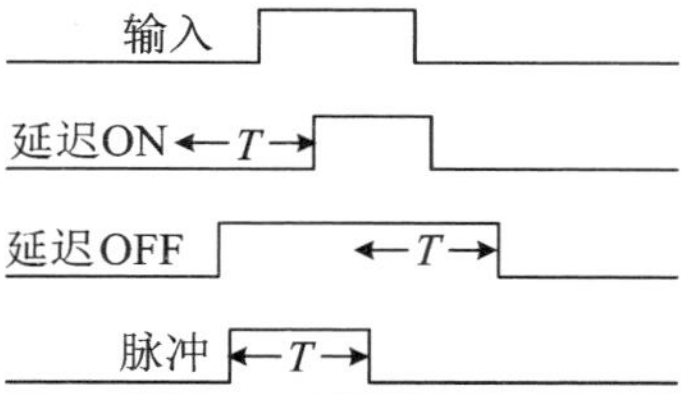 输入 延迟ON ←T→ 延迟OFF ←T→ 脉冲 ←T→					
10	延迟 OFF							
11	脉冲							

9.3.3.3　数据监测

过程运行中有大量的数据（参数和状态）需要收集，其中一部分用于反馈控制，而更多的被用来记录和监视工况的变化。要监视的数据有输入也有输出，有的还需要报警，因此这些参数在使用中是要进行必要处理的。这些处理包括：

1. 输入处理

(1) 模拟量输入

模拟量输入有的来自变送器,有的直接来自检测元件。这些信号进入系统后都要经过模数转换、特性化处理、格式选择、源选择和报警检查等。特性化处理有 4 种:热电偶、热电阻、线性化和开平方,会根据输入信号来源的检测元件和变送器的不同来选择使用。格式选择是确定小数部分的位数,数长共 6 位,小数部分可选 1～3 位。源选择是指输入信号的来源,可以是顺序控制、手动输入和现场测量仪表。

(2) 数字量输入

数字输入处理的内容包括正/反作用选择、数值累积、源选择和报警等。正/反作用选择用来确定输入信号的方向。正作用是指现场接点闭合时,正常指示块亮,报警指示块灭。反作用是指现场接点断开时,正常指示块亮,报警指示块灭。因此应根据正常工作时现场接点的开闭状态来选择正/反作用。累积是对数字输入的计数,记载状态变化的次数,可以递增或递减,也可设累计上限。事件报告选择有两种:一种是事件触发处理,当点状态发生变化时,能触发其他模块,进行算法处理或控制处理,得到所需的处理结果;另一种是顺序事件处理,即将状态点的变化按顺序将过程记录下来。

(3) 脉冲输入

它指来自流量计的频率信号,其处理内容与模拟输入相同。

2. 输出处理

(1) 模拟输出

模拟输出是为现场执行机构提供的 4～20 mA 电流信号,这类信号通常要经过正/反作用选择和非线性化处理。正/反作用的选择实质上是对输出显示而言。正作用表示 4 mA 代表 0%,20 mA 代表 100%,反作用则交换显示值。通常气开阀选正作用,气关阀选反作用,这样操作员可不管是气开还是气关,直接从显示上知道阀的开度。输出特征化处理是对输出作折线处理,用于简单的非线性控制或校正调节阀的流量特性。

(2) 数字输出

数字输出有脉宽调制(PWN)和状态两种输出形式供选择。脉宽调制输出时除了要选定脉冲周期外,还要选择正/反作用,它们的输出波形正好相反。经过处理后的输入输出,通过组态可设置显示和(或)报警,完成监测功能。

9.3.4 数据通信

数据通信是 DCS 系统实现“分散控制、集中监视和管理”的重要组成部分,是 DCS 系统中各现场控制站与操作站之间建立信息交换的通道。对于数据通信的要求是可靠性高,安全性好,实时响应快,对恶劣环境的适应性好。

9.3.4.1 数据通信网络的拓扑结构

拓扑结构是指网络中各个节点(站)相互连接的形式,通常有总线型、环型、树型和星型,如图 9.7 所示。

总线型结构是DCS中最常采用和最为成熟的一种结构,由于其结构特点,在网络上可以方便地增加新站点或撤除故障站点而不影响网络的正常工作。若采用传递的控制协议,则可以保证网络有比较快的实时响应速度。

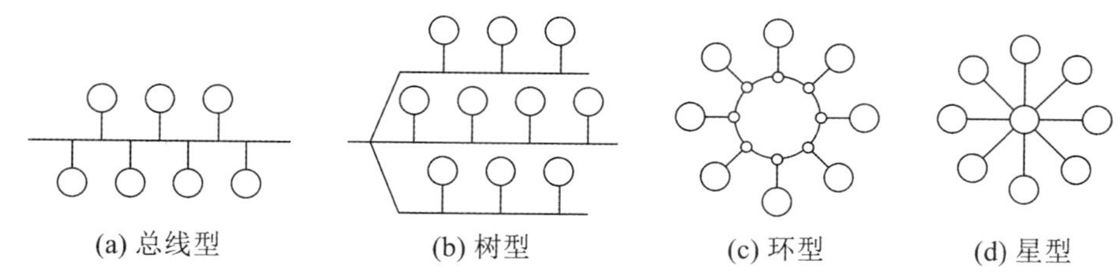

(a) 总线型　(b) 树型　(c) 环型　(d) 星型

图9.7 数据通信网络的拓扑结构

树型结构可以看成一个由多条总线型网络组成的拓扑结构,总线型结构可以看作树型结构的特例。现在大型的DCS中由于多代系统混合使用而常采用这种结构模式,对同代产品采用总线结构。

环型结构中的每个站都起到中继器的作用,可以使网络分布的范围比较大。但当环上某站发生故障时,可能会影响网络的通信。环型结构的优点是:单向环形,有序的数据流动,其通信控制较总线型简单;因各面通信介质是相互隔离的,当由于雷击或其他意外事故在通信介质中出现高电压时,最多损坏该段介质两端的站,而不会像总线型网络那样,对系统中的所有站都产生影响。

星型结构网络中有一个集中的交换控制中心,所有的数据交换都通过交换控制中心并直接在该中心的控制之下进行。星型结构的通信管理和控制比较简单,但是对控制中心的要求很高,控制中心一旦出现故障,就可能使整个网络通信陷于停顿。为了提高可靠性,可采用冗余设计和自动切换技术。

9.3.4.2 数据通信网络的控制

网络的访问控制解决的是网络通道上节点使用权问题,网络上每个节点都有权请示占用传输介质来发送信息,但一条传输介质在某个时刻只能由一个节点占用,否则必然出现通信错误。网络的访问控制就是安排各个节点提出的占用介质的请求,使信息传送有序进行。网络控制有两种方法:

1. 集中式控制

即指定某个节点负责管理各节点的占用请求,由它来选择哪个节点占用介质发送信息。这种方法的好处是:控制质量高,不会出现争抢,可提供通信的优先级服务等;控制功能集中在该中心节点,其他节点的控制逻辑大大简化,只要在安排的占用时间内发送或接收信息即可。

但这种方法也有一些缺点,如对中心节点要求高,使其结构复杂;通信可靠性集中在中心节点,使危险性增加;数据和信息都要经过中心节点,这可能成为数据流量的瓶颈。

这种方法比较适用于星型网络,在其他网络中很少应用。

2. 分散式控制

它不设中心节点来管理各节点的请求,而由各节点按一定的规则轮换上网,传送信息。

目前使用的规则有下列两种：

（1）令牌传送

在令牌传送网络中，没有中央控制，也不分主从关系。令牌是一组二进制码，网络上的节点是按规则排序的，令牌被依次从一个节点传到下一个节点。只有得到令牌的节点才有权控制和使用网络。已送完信息或无信息发送的节点将令牌传给下一个节点。令牌传送多数情况下适用于总线型和环型网络。

令牌传送实现起来比较容易，设有中央控制，不会发生碰撞，缺点是收发器数目的线性函数在重负载下吞吐率较高，会有线性等待时间，可采用平衡负载。

（2）CSMA/CD 方法

CSMA/CD 是载波监听多路存取/冲突检测的简写。连接到网络上的各个节点采用"竞用"方式发送到网络上，任何一个节点都可以随时把信息播送上去，当某个节点识别到报文上接收站地址与本节点相符时，便将报文收录下来。当两个或两个以上节点企图同时发送信息时，就会发生冲突（或碰撞），造成报文作废。为了解决冲突，发送节点在发送报文前，会先监听一下线路是否空闲，如果空闲则发送报文到总线上，这种方法可以看作是"先听后讲"，但是仍有可能发生碰撞，因为报文在线路中传输是有一段延时的，虽然在发送前监听到空闲，但实际线路上已有报文因延时而未监听到，一旦发出报文，就会与原来的报文发生碰撞。为此，在占用网络发送信息的过程中，仍继续检测网络传输线，采用"边听边讲"的办法，使接收到的信息与发送的进行比较，若不同则说明发生了碰撞，发送宣告失败。若发送的报文遭到冲突，可以采用适当的退避算法，产生一个随机等待时间重新发送。这种把"先听后讲"和"边听边讲"结合起来的方法称为"载波监听多路存取/冲突检测"控制方法。

CSMA/CD 控制方法的优点是算法简单、成本低、可靠性高，缺点是节点占用介质的时间不固定、实时性差，同时对碰撞检测技术要求较高。

9.3.4.3 数据通信网络的组成

网络是由若干台计算机和传输介质（媒体）连接而成的用于交换信息的整体，计算机称为网络的节点，在网络中自主地向网上发送信息或从网上接收信息。不管每个节点内部运行的信息是什么形式，在同一级网络中传输的都是同一种规范信号，因此，计算机要经过网络连接器和网络相连来完成必需的信号转换。

网络连接器实际上就是接口电路板，在 DCS 系统中应用的网络连接器主要包括链接接口单元和站接口单元。链接单元实质上是一个调制解调器，调制要发送的信号和调制接收的信号，此外还发出网络控制权请求信号和应答信号。站接口单元是用来执行指定的网络规程和对发送/接收信号进行处理，它分为发送/接收逻辑板、通信控制器、输入输出板。

传输介质是网络不可缺少的组成部分，DCS 的通信网络中使用的传输介质主要有以下几种：

1. 双绞线

将两条绝缘导线规则地绞在一起成为一条双绞线，其中一条作信号线，另一条作公共线。再将若干对双绞线捆在一起，封在屏蔽护套内构成一条电缆。绞线可以大大减少外部电磁干扰对信号传输的影响，且价格便宜。缺点是传输损耗大，因而传输距离短。

2. 同轴电缆

同轴电缆由中心导体、固定中心导体的电介质绝缘层、外屏蔽导体和外绝缘层组成，分为基带同轴电缆(50 Ω)和宽带同轴电缆(75 Ω)两种。它的传输性能好，价格则比双绞线高，是一种较常见的传输介质。

3. 光缆

光缆由若干条光纤组成，传输的是由电信号转换而成的光信号，故传输损耗小，且不受外部电磁干扰的影响，但成本较高。

4. 无线电波、红外线、微波等(无线传输)

无线传输可以突破有线网的限制，利用电磁波实现站点之间的通信，适用于无法或者不方便有线施工的场合，与有线网络相比具有组网灵活、施工方便、成本低廉等优点。

9.3.4.4　局域网络通信协议

为了便于网络的标准化，国际标准化协会(ISO)对于开放性数据网络互联(OSI)制定了一个层次结构(图9.8)，使其适用于任何类型的计算机网络。ISO制定的OSI标准通信协议由7层组成，自下而上依次为主物理层、链路层、网络层、传送层、会议层、表达层和应用层。

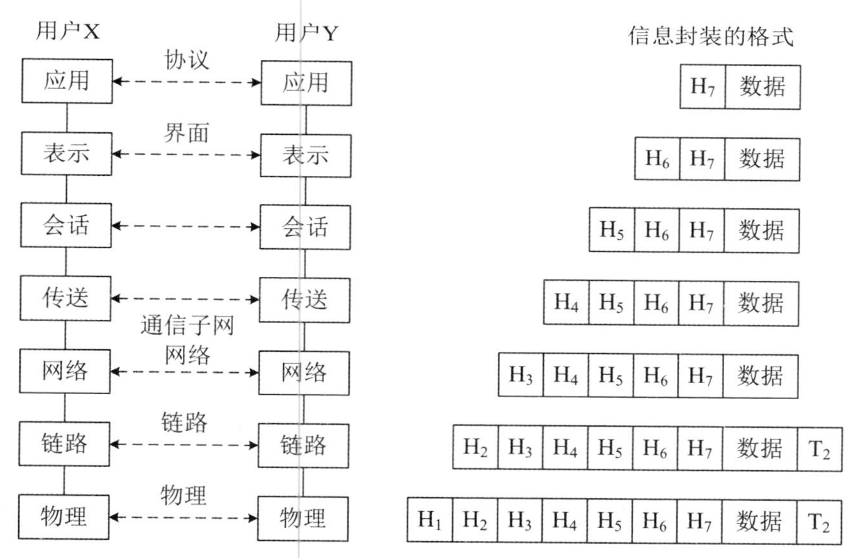

图9.8　互联OSI模型:连接和封装

(1) 物理层

提供通信介质和连接的机械、电气、功能和规程特性，如信号的表示、通信介质、传送速率、接插头的规格及使用规则等，并为链路层服务，以便在数据链路实体之间建立、维护和拆除物理连接。

(2) 链路层

指定信息在通信线路中的传送规则，如信息的成帧与拆封、帧的格式、差错检验与纠错以及对物理层的管理，如面向字符的协议和面向位的协议等，HDLC就是比较有名的面向位的协议。

（3）网络层

控制各站之间的信息传递，如逻辑线路的建立、报文传送、路径传送等。

（4）传送层

在两个端点之间提供可靠的、透明的数据传送，并提供端点到端点的差错恢复和流程控制。

（5）会议层

对两个应用之间的通信提供控制结构，包括建立、管理和终止连接。

（6）表达层

对数据作有用的转换，以提供标准化的应用接口和公共通信服务，如加密、报文压缩和重新格式化等。

（7）应用层

提供适合于应用、应用管理和系统管理的信息系统服务、如通信服务、文件传送、设备控制、协议和网络管理等。

在 7 个层次中，物理层和链路层是硬件和软件的结合，而其他较高层次则是由软件来实现的。目前，大多数集散型控制系统产品中的链路层和物理层已标准化，为集硬件和固化软件于一体的通信控制芯片，如 MC68824 令牌总线控制器、TMS380 系列环型网络控制器芯片组等。

信息传送在不同层次以不同的单位传送。信息传送的单位是："位""帧""信息包""报文"以及"用户数据"等。

在物理层，数据是按"位"传送的；在链路层是按"帧"传送的，"帧"由若干字节组成，除了信息本身，还包含开始和结束标志段、地址段、控制段以及检验段等；网络层是以"信息包"为单位向链路层传送信息的，"信息包"通常由数据本身及控制信息组成；传送层是以"报文"为单位传送数据的，一个报文可以分成若干信息包向低层传送，传送之后再报成报文。

物理层主要提供数据机器（计算机、终端、集中器、控制器等）与数据通信设备之间的接口。接口包括机械、电气、功能性和规程性的特性；建立和拆除物理连接线路；在物理线路上传输位流。目前流行的物理层协议有：EIARS-232-C、EIARS-422-A、EIARS-423-A、CCITTX.21 和 CCITTX.24 等。

链路层协议叫作高级数据链路控制协议，简记为 HDLC，它是面向位的协议，使网络能依照需求传递不同的位模式；其具有较强的防止信息传输错误的手段；协议适用于点到点、多点或环型链路，并可全双工或半双工工作。连在通信线路上的各站有主站、从站之分：主站负责链路的管理职能，如组织数据流量和差错恢复操作等；从站受主站的控制；主站与从站之间以帧为单位进行信息传输，主站发往从站的帧称为"命令"，从站接"命令"后发向主站的帧称作"应答"。在 HDLC 中，从站的工作方式有操作方式、折线方式和恢复方式，而操作方式又分为正常应答方式和异步应答方式：

（1）正常应答方式（NRM）

从站只有在接收到主站的传输命令之后才能传输。主站负责链路的监督与控制。

（2）异步应答方式（ARM）

即使未得主站允许，从站也可以启动数据传输。从站负责对线路的监控。

(3) 拆线方式(DM)

指从站在逻辑上与数据链路断开,既不是初始方式,也不是操作方式。拆线方式又分为正常拆线方式(NDM)和异步拆线方式(ADM)。

(4) 恢复方式(IM)

主站执行从站链路控制程序的启动或重新启动或者更换操作方式参数。

DCS中局域网络协议主要采用IEEE802协议标准、MAP标准和PROWAY标准,其中IEEE802标准是美国IEEE的局域网络标准委员会制定的,是目前应用最多的协议标准,其结构如图9.9所示。结构上IEEE802对应于OSI模型的逻辑链路层和物理层。因为局域网中信息交换量不大,多数是点与点之间的通信,因此网络层的功能很简单,可以由数据链路完成。

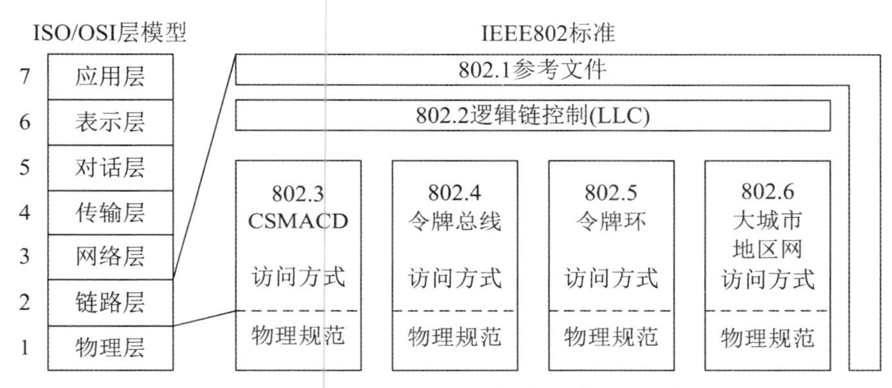

图9.9 IEEE802标准组成

IEEE802标准又将逻辑链路层分成两个子层:逻辑链路控制LLC和介质存取控制MAC。其中LLC子层的功能是:提供相邻层之间的逻辑接口;在发送端,将数据装配成帧,加上地址和校验码;在接收端,拆卸数据帧,核对地址和校验,取出数据;增加对点到点的通信进行管理所需的逻辑功能,即连接控制;对同一LLC小层,提供4种MAC方式,集散系统中选用的有CSMA/CD方式、令牌总线方式和令牌方式。

MAC子层协议视访问方式不同有相应的子标准,子标准的内容如下:

① 为LLC子层提供的服务规范;

② MAC标准,这是子标准的核心,它规定了数据帧结构和对介质存取控制的具体规定;

③ 与传输介质无关的物理层规范,规定了物理层与MAC子层的接口标准及向它提供的服务;

④ 与传输介质有关的物理层规范,规定了物理层与介质的接口、介质的物理特性及在介质上传送的信号电气特性。

MAP协议是美国针对制造业通信网络制定的标准,它将美国国家标准局(NBS)对工业企业的分层模型与OSI协议模型对应(图9.10),MAP协议的分层规范基本与OSI模型一致。目前有几种不同的MAP标准如下:

Mini MAP 只保留物理层、数据链路层和应用层，取消了一些中间层，要用于设备间的通信。

NBS模型	对应用MAP
公司级	宽带MAP
工厂级	MAP
区域级	EPAMAP
单元/管理级	EPAMAP
设备级	MINIMAP
装置级	专用网络

图 9.10　NBS 模型与 MAP

增强型 MAP 处于 MAP 的中层，向上接近全 MAP，向下可接 Mini MAP。

全 MAP 可分成 OSI 模型的 7 个层次，规范了从底层到最高层的通信标准。

宽带 MAP 是一个宽带主干道通信规范，往下可接其他 MAP 协议，其实时性不强，可用于公司级通信。

MAP3.0 版本是公认的稳定版本，它已接近 OSI 模型 7 层标准，其中的数据链路层采用 IEEE802 标准，MAC 则用令牌总线标准，实时性强且支持宽带传输。

PROWAY 标准是国际电子协会 IEC 命名的过程数据高速公路的缩写，标准包含 3 层：链路控制层 PLC、介质存取控制层 MAC 和物理层 PHY。

霍尼韦尔的 TDC-3000 DCS 有 3 种通信网络：局部控制网络、万能控制网络和数据高速通道，前两个都是局域网，通信特性相同。后者用来支持设备间点对点的通信及资源共享。局部控制网络用两条同轴电缆作为传输介质，传输速率为 5 Mbit/s，通信协议采用 IEEE802 标准，介质存取方式为令牌总线，令牌以帧方式传递。采用循环冗余校验码和免发纠错技术，以确保令牌的安全传送。每个网络最多可接 64 个模块，令牌在 64 个模块上传送的时间最长约 0.42 s，最短为 1.8 ms，每个模块占用介质发送时间为 30 μs，每个模块都有两个网络接口，对两条同轴电缆进行发送和接收信息，互为冗余。发送与接收电路采用变压器隔离方式，所采用的硬件和软件措施可保证网络通信的高速可靠和安全。

9.4　几种典型的 DCS 简介

9.4.1　霍尼韦尔公司的 PKS 系统

霍尼韦尔公司作为全球著名的 DCS 制造商曾成功推出 TDC、TPS 和 PlantScape 等多套 DCS 系统。新开发的流程知识系统 Experion© PKS(Process Knowledge System)是一套比 TPS 更加成熟和完善的系统,它继承了 TPS-3000 系统适用于大型复杂系统及 PlantScape 系统价格低廉等方面的优点,并结合了新的技术创新,使得系统性能更加稳定可靠。

PKS 集成了先进的自动化平台和创新的软件应用,以改善用户的业务表现和安心程度,将人员与流程、业务和资产管理统一起来。这种 DCS 有助于流程制造商提高利润率和生产率,通过跨设施集成不同的数据,最大限度地利用资源和人员,并将其全部输入一个统一的自动化系统,使用户可以实现更主动、更高效和更快响应的操作。

PKS 系统由 3 层控制网络构成:第一层称为以太层。该层网络以服务器、操作站为主要节点。服务器可以处理采集到的各种过程装置实时信息。操作站提供了视窗化人机界面和强大的报警管理功能及丰富的应用开发功能。第二层称为监控层。该层网络的主要节点是服务器和控制器。其中控制器采用的是 C200 系列混合控制器,具有过程控制要求的连续调节、批处理、逻辑控制、顺序控制、连锁等综合控制功能。第三层称为 IO 控制层。该层的主要节点是控制器和输入输出卡件。它们均采用模块化结构。配置灵活,各卡件均可以进行带电热插拔,不会对系统的运行造成任何影响。图 9.11 所示为 PKS 系统控制网络结构图。

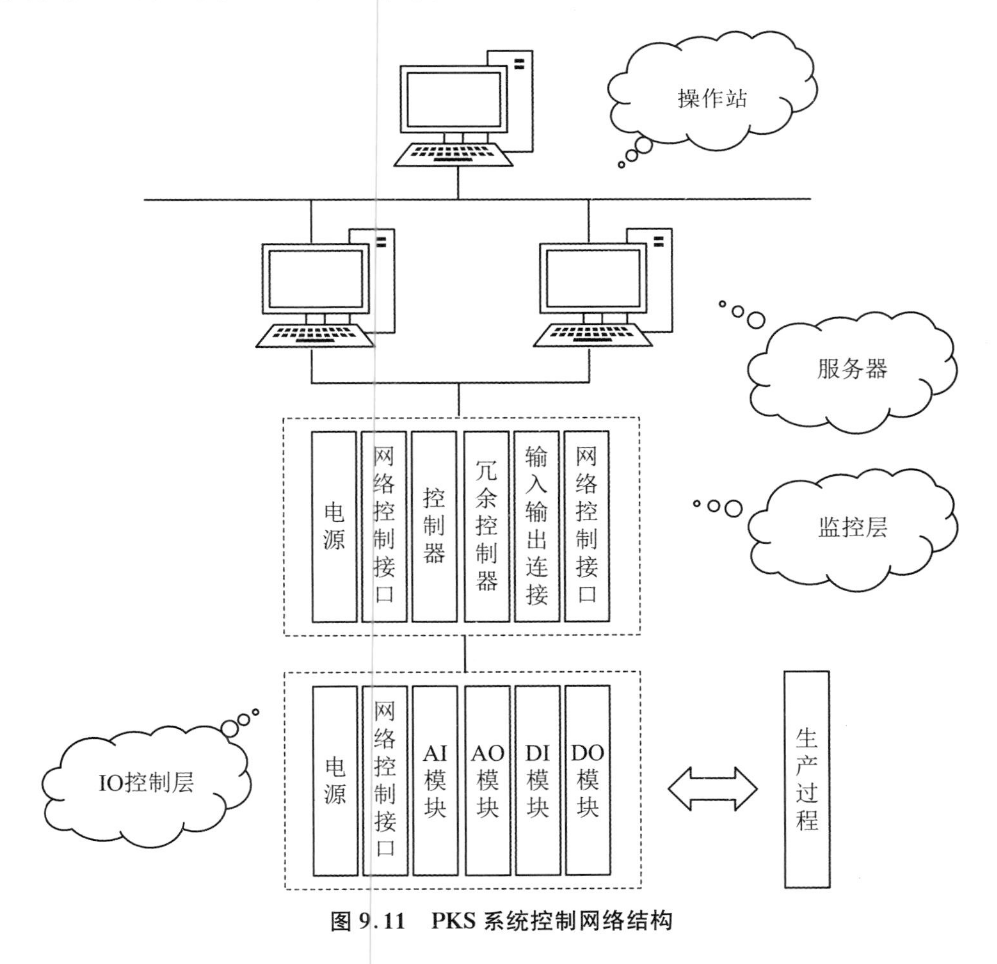

图 9.11 PKS 系统控制网络结构

PKS系统具有以下优点：控制功能全覆盖，可实现模拟量控制、顺序控制和逻辑控制等；系统实现多级冗余（服务器冗余、控制器冗余、IO通道冗余），提高了系统的可靠性，避免故障停工造成经济损失；人机界面友好，工程师只需简单操作即可实现大型复杂的工程控制需要的功能。针对现场总线控制系统（FCS）的发展潮流和DCS与FCS并存的现状，PKS提供了从DCS向FCS过渡的解决方案。另外，PKS还为分布式系统架构（DSA）提供了解决方案，通过无缝集成来自多个专家系统的警报和处理数据，提升系统的可扩展性。

9.4.2 横河公司的CENTUM VP系统

自1975年至今横河公司已经相继推出了9代CENTUM DCS系列产品，包括：1975年推出的CENTUM，1983年推出的CENTUM V，1988年推出的CENTUM-XL，1993年推出的CENTUM-CS，1998年推出的CENTUM-CS 3000，2001年推出的CENTUM-CS 3000 R3，2008年推出的CENTUM VP，2011年推出的CENTUM VP R5和2014年推出的CENTUM VP R6。其中，CENTUM VP有简单而通用的结构，包括人机界面、现场控制站和控制网络。它不仅支持连续和批量过程控制，而且还支持生产操作管理，其重要特点是实现了虚拟且简洁的操作界面、灵活的IO配置、可配置多种先进控制方法、并通过微处理器实现了分散控制。

CENTUM VP提供运营、安全和资产管理解决方案，通过优化数据管理，为运营商提供认知可视化集成。例如，CENTUM VP人机接口站（HIS）提供来自DCS、安全仪表系统和工厂资源管理、资产管理系统的集成报警可视化，从而保障跨多个控制系统的无缝操作。在控制方面，横河公司的CENTUM系列通过双冗余设计和在线维护功能，实现了系统的可靠性和连续可用性。处理器模块、电源、IO模块和IO网络都是双重冗余的。有源和备用处理器模块工作同步。即使发生故障，控制也会无缝切换到备用模块，保证了DCS的不间断可用性。失败的模块可以在线替换，确保即使硬件故障不会中断工厂操作。

CENTUM VP的软件系统上有"组态环境"和"运行环境"两个使用环境。两个环境分别在控制方案的设计与运行阶段单独使用，分别负责工程的组态工作和工程的运行监测工作，它们既彼此独立，又紧密相连；硬件主要由人机界面操作站、现场控制站和现场网络连接等部分组成，使用Vnet/IP控制总线将系统的操作站、控制站和现场网络进行连接，如图9.12所示。

最新发布的CENTUM VP R6继承了CENTUM-CS 3000功能性、灵活性、可靠性强的特点，增加了与Windows Server 2016相对应的功能，可在不中断工厂操作的情况下对现场控制站进行升级；加强了自动化设计套件（AD Suite）的功能，除了能够实现大规模批量修改之外，还可以灵活地应对工厂例行检查等场合发生的微小配置变化进行更改，这些可以提高工程效率并帮助客户提高工作效率。图9.13展示了CENTUM VP在生产控制系统中的应用。

CENTUM系统以其坚固耐用的性能而著称，不仅为工程和技术优化设立了高标准，同时确保与以前系统版本的兼容性以及对最新技术应用的支持。在过去的40多年里，知识驱动的工程技术已经成为横河公司旗舰产品CENTUM的核心。

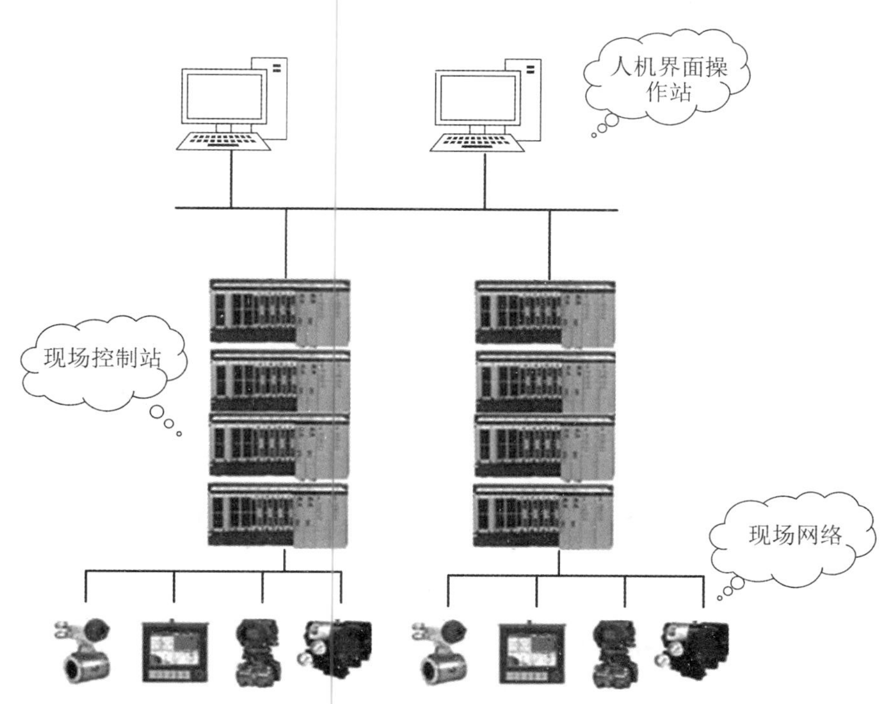

图 9.12 CENTUM VP 系统硬件拓扑结构

9.4.3 西屋公司的 Oviation 系统

Ovation 自动化技术是在西屋公司技术基础上融合了爱默生公司 50 多年来在供电和供水领域的专业技术，形成的一个可靠、创新的平台。Ovation 系统最大的创新为 Ovation 智能框架：多样化可组态数据源可以在这一更高层次的软件编程环境中与专家系统策略和规则进行交互、对比正常和异常过程、了解设备行为并采取妥当措施。最新一代的 Ovation 系统具有以下特点：

更严格和可靠的控制：Ovation 控制器使用基于 Intel 的处理器作为核心部件，提供完全的冗余性，确保在最严格的环境下也能提供所需的安全性和可靠性。Ovation 控制软件整合了模糊逻辑、模型预测控制等高级控制算法可以应对特殊挑战。

数字智能：Ovation 利用领先的智能现场设备（如 Flasher 和 Rosemount）的数字功能来提供更精确的测量精度，更强大的并行处理能力，达到诊断设备运行状态和减少停机时间的效果。

多级警告系统：在分布式控制系统中，Ovation 提供的警告功能包括辅助维修计划的咨询警告、立即需要维修的维护警告、指示设备出现故障的故障警告。

操作简单，编程直观：Ovation 操作员工作站具有有好的人机交互界面，带有清晰的过程图形和先进的系统诊断显示系统。Ovation 工程师工作站提供了直观的图形界面，优化了学习曲线，简化了开发，节省了工程成本。

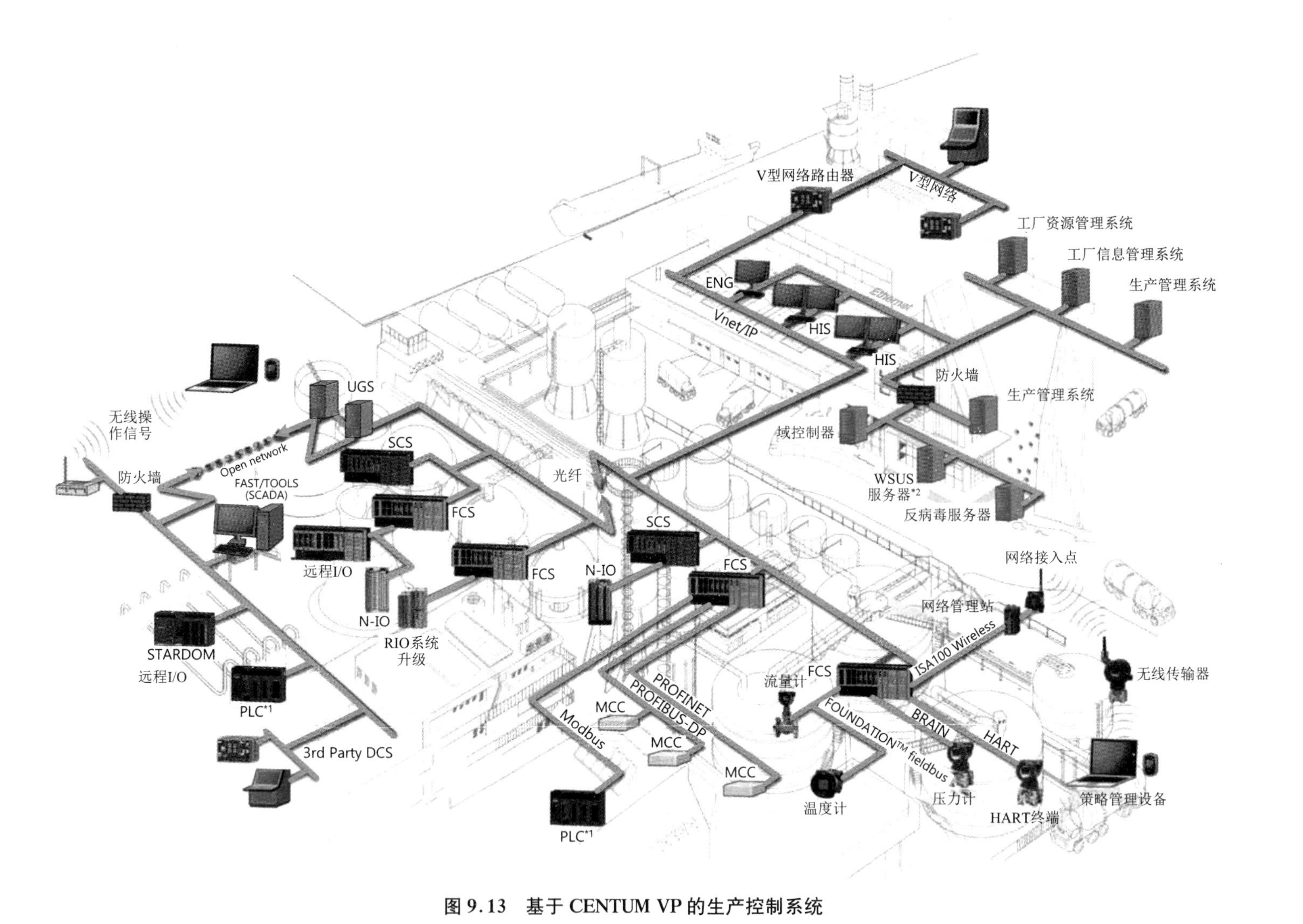

图 9.13　基于 CENTUM VP 的生产控制系统

Oviation系统被爱默生集团收购后，新平台已经不仅仅专注于传统的分布式控制系统开发和维护，更加发展了现场总线网络、智能现场设备和集成资产管理的综合解决方案。这也是DCS的新的发展方向之一。

9.4.4 中控SUPCON的JX-300XP系统

JX-300XP控制系统是中控技术股份有限公司SUPCON WebField系列控制系统之一，是在国内最广泛使用的JX-300X控制系统基础上，经过优化设计和性能提升而推出的新一代分布控制系统。在继承JX-300X系统全集成与灵活配置特点的同时，JX-300XP控制系统吸收了最新的网络技术、微电子技术成果，充分应用了最新信号处理技术、高速网络通信技术、可靠的软件平台和软件设计技术以及现场总线技术，采用了高性能的微处理器和成熟的先进控制算法，全面提高了系统性能，能适应更广泛更复杂的应用要求。

JX-300XP控制系统由系统网络（过程信息网、过程控制网、IO总线）及控制站、操作节点（工程师站、操作员站、数据管理站、时间同步服务器等的统称）等构成。过程信息网具有对等网络特征，实现操作节点之间实时数据通信和历史数据查询，同时实现操作节点之间的时间同步。过程控制网采用高速冗余工业以太网，直接连接系统控制站和操作节点，是传送过程控制实时信息的通道，并通过挂接服务器站，还可以与上层信息管理网或其他厂家设备连接。IO总线实现主控制卡、数据转发卡和IO卡件之间的信息交换。控制站是系统中直接与工业现场进行信息交互的控制处理单元，完成整个工业过程的实时监控功能。操作节点是专业工程师进行系统组态和系统维护、管理的平台，并为操作人员提供完成过程监控管理任务的人机界面。

SUPCON WebField系列产品对打破国外技术垄断和填补国内技术空白具有重要意义。JX-300XP主要满足了化工、石化、电力、冶金、建材等流程工业企业对中小规模过程控制的需求。同时，作为一套全数字化、结构灵活、功能完善的开放式集散控制系统，JX-300XP具备卓越的开放性，能轻松实现与多种现场总线标准和各种异构系统的综合集成。

9.5 其他典型的计算机控制系统

目前与DCS并存于市场上的计算机控制系统主要包括：

① 可编程逻辑控制器（Programmable Logic Controller，PLC）构成的控制系统；

② 数据采集与监视控制系统（Supervisory Control And Data Acquisition，SCADA）；

③ 现场总线控制系统（Fieldbus Control System，FCS）等。

这些系统在应用目标、系统功能、体系结构、产品形态和实现方法等多个方面与DCS有较大的区别，但也有相当多的共同之处。

9.5.1 PLC 控制系统

PLC 是专门为在工业环境下应用而设计的数字运算操作电子系统。PLC 采用可编程的存储器,在其内部存储执行逻辑运算、顺序控制、定时、计数和算术运算等操作的指令,通过数字式或模拟式的输入输出来控制各种类型的机械设备或生产过程。PLC 一般由 CPU、指令及数据内存、输入/输出接口、电源、数字模拟转换等功能单元组成。早期的 PLC 只有逻辑控制的功能,所以被命名为可编程逻辑控制器,后来随着不断地发展,这些当初功能简单的计算机模块已经有了包括逻辑控制、时序控制、模拟控制、多机通信等在内的各类功能。现在工业上使用的可编程逻辑控制器已经相当或接近于一台紧凑型电脑的主机,其在扩展性和可靠性方面的优势使其被广泛应用于目前的各类工业控制领域。

PLC 主要有整体式和模块式两种结构形式。整体式 PLC 的每一个 IO 点的平均价格比模块式的便宜,且体积相对较小,一般用于系统工艺过程较为固定的小型控制系统中;而模块式 PLC 的功能扩展灵活方便,在 IO 点数、输入点数与输出点数的比例、IO 模块的种类等方面选择余地大,且维修方便,一般用于较复杂的控制系统。

PLC 系统的安装方式分为集中式、远程 IO 式以及多台 PLC 联网的分布式。集中式不需要设置驱动远程 IO 硬件,系统反应快、成本低;远程 IO 式适用于大型系统,系统的装置分布范围很广,远程 IO 可以分散安装在现场装置附近,连线短,但需要增设驱动器和远程 IO 电源;多台 PLC 联网的分布式适用于多台设备分别独立控制,又要相互联系的场合,可以选用小型 PLC,但必须要附加通信模块。

一般小型(低档)PLC 具有逻辑运算、定时、计数等功能,对于只需要开关量控制的设备都可满足。对于以开关量控制为主,带少量模拟量控制的系统,可选用能带 A/D 和 D/A 转换单元,具有加减算术运算、数据传送功能的增强型低档 PLC。对于控制较复杂,要求实现 PID 运算、闭环控制、通信联网等功能,可视控制规模大小及复杂程度,选用中档或高档 PLC。但是中、高档 PLC 价格较贵,一般用于大规模过程控制和集散控制系统等场合。

9.5.2 SCADA 控制系统

SCADA 系统是以计算机为基础的生产过程控制与调度自动化系统,可以对现场的运行设备进行监视和控制。SCADA 系统可以应用于电力、冶金、石油、化工、燃气、铁路等领域的数据采集与监视控制以及过程控制等诸多领域。SCADA 系统主要包括:监控计算机、远程终端单元、可编程逻辑控制器、通信基础设施、人机界面。使用 SCADA 概念可以构建大型和小型系统。这些系统的范围可以从几十到几千个控制回路,具体取决于应用。

SCADA 的硬件系统一般分为两个层面,即客户/服务器体系结构。服务器与硬件设备通信,进行数据处理和运算。而客户用于人机交互,如用文字、动画显示现场的状态,并可以对现场的开关、阀门进行操作。还有一种“超远程客户”,它可以通过 Web 发布在 Internet 上进行监控。硬件设备一般既可以通过点到点方式连接,也可以以总线方式连接到服务器上。点到点连接一般通过串口(RS232),总线方式可以是 RS485、以太网等。

SCADA的软件系统由很多任务组成,每个任务完成特定的功能。位于一个或多个机器上的服务器负责数据采集,数据处理(如量程转换、滤波、报警检查、计算、事件记录、历史存储、执行用户脚本等)。服务器间可以相互通信。有些系统将服务器进一步单独划分成若干专门服务器,如报警服务器,记录服务器,历史服务器,登录服务器等。各服务器逻辑上作为统一整体,但物理上可能放置在不同的机器上。分类划分的好处是可以将多个服务器的各种数据统一管理、分工协作,缺点是效率低,局部故障可能影响整个系统。

SCADA系统的通信分为内部通信、IO设备通信、外部通信。客户与服务器间以及服务器与服务器间一般有三种通信形式:请求式、订阅式与广播式。设备驱动程序与IO设备通信一般采用请求式,大多数设备都支持这种通信方式,当然有的设备也支持主动发送方式。SCADA通过多种方式与外界通信,如OPC一般会提供OPC客户端,用来与设备厂家提供的OPC服务器进行通信。因为OPC有微软内定的标准,所以OPC客户端无需修改参数就可以与各家提供的OPC服务器进行通信。

9.5.3 现场总线控制系统

FCS是在DCS和PLC的基础上发展起来的新技术。现场总线的现场更多是指现场设备,而不是指位置。FCS的主要特点是采用总线标准,一种类型的总线,只要确定其总线协议,相关的关键技术与有关的设备也就确定了。开放的现场总线控制系统具有高度的互操作性。FCS既是一个开放的通信网络,又是一个全分布式的控制系统。

现场总线体现了分布、开放、互联、高可靠性的特点,而这些也正是DCS系统的缺点。DCS通常是一对一单独传送信号,其所采用的模拟信号精度低,易受干扰,位于操作室的操作员往往难以调整模拟仪表的参数和预测故障,处于“失控”状态。很多的仪表厂商自定标准,互换性差,仪表的功能也较单一,难以满足当前的要求,而且几乎所有的控制功能都位于控制站中。FCS则采取一对多双向传输信号,采用的数字信号精度高、可靠性强,设备也始终处于操作员的远程监控和可控状态下,用户可以按需自由选择不同品牌、种类的设备互联;智能仪表具有通信、控制和运算等丰富的功能,而且将控制功能分散到各个智能仪表中去。FCS在很多方面继承了DCS和PLC的成熟技术,例如远程IO、设备冗余、现场变送器和阀门定位器等仪表的两线制供电,本质安全防爆等。但是FCS最深刻的改变是现场设备的数字化、智能化和网络化。DCS多为模拟数字混合系统,FCS是分布式网络自动化系统。DCS采用独家封闭的通信协议,FCS采用标准的通信协议。DCS属多级分层网络结构,FCS为分散控制结构。故FCS比传统DCS性能好,准确度高,误码率低。FCS相对于DCS组态简单,由于结构、性能标准化,便于安装、运行、维护。

也正是由于FCS的以上特点使得其在设计、安装、搬运都具有很大的优越性。由于分散在前端的智能设备能执行较为复杂的任务,不再需要单独的控制器、计算单元等,节省了硬件投资和使用面积。FCS的接线较为简单,而且一条传输线可以挂接多个设备,大大节约了安装费用。由于现场控制设备往往具有自诊断功能,并能将故障信息发送至控制室,减轻了维护工作。同时,由于用户拥有高度的系统集成自主权,可以通过比较,灵活选择合适的厂家产品,系统集成更加方便。

目前市场上有40余种现场总线，其中主流的11种总线占到了市场份额的80%，包括：

1. 基金会现场总线(Foundation Fieldbus，FF)

FF是以美国Fisher-Rousemount联合横河、ABB、西门子、英维斯等80家公司制定的ISP协议和霍尼韦尔等欧洲150余家公司制定的World FIP协议于1994年9月合并而成的。FF总线采用国际标准化组织ISO的开放化系统互联OSI的简化模型的物理层、数据链路层、应用层，另外增加了用户层。FF分低速H1和高速H2两种通信速率，前者传输速率为31.25 kB/s，通信距离可达1 900 m，可支持总线供电和本质安全防爆环境；后者传输速率有1 MB/s和2.5 MB/s，通信距离分别为750 m和500 m，支持双绞线、光缆和无线发射，协议符合IEC1158-2标准。FF的物理媒介的传输信号采用曼彻斯特编码。

2. 控制器局域网(Controller Area Network，CAN)

CAN最早由德国BOSCH公司推出，被广泛用于离散控制领域，其总线规范已被ISO国际标准组织定为国际标准，得到了英特尔、摩托罗拉、NEC等公司的支持。CAN协议分为两层：物理层和数据链路层。CAN的信号传输采用短帧结构，传输时间短，有自动关闭功能，具有较强的抗干扰能力。CAN支持多种工作方式，并采用了非破坏性总线仲裁技术，可通过设置优先级来避免冲突，通信距离最远可达10 km(5 kbit/s)，通信速率最高可达1 Mbit/s(40 m)，网络节点数实际可达110个。已有多家公司开发了符合CAN协议的通信芯片。

3. LonWorks

LonWorks由美国Echelon公司推出，并由摩托罗拉、东芝等公司共同倡导。它采用ISO/OSI模型的全部7层通信协议，采用面向对象的设计方法，通过网络变量把网络通信设计简化为参数设置。支持双绞线、同轴电缆、光缆和红外线等多种通信介质，通信速率从300 bit/s至1.5 Mbit/s不等，直接通信距离可达2 700 m(78 kbit/s)，被誉为通用控制网络。

LonWorks技术采用的LonTalk协议被封装到神经元芯片中，并得以实现。一般每个LonWorks设备都会包含一个能够执行LonWorks协议的神经元芯片固件，它包含在每个神经元芯片的ROM中。这个方法解决了“99%”的兼容性问题，并确保在同一个网络上的LonWorks设备的相互连接只需要很少的或者不需要额外的硬件设备。这些神经元芯片实际上将多个内嵌处理器集成为一体，部分用于执行LonWorks协议，部分用于设备的应用程序。所以，这个芯片即是一个网络通信处理器，又是一个应用程序处理器，这意味着对于大部分LonWorks设备而言，能够减少开发成本。采用Lonworks技术和神经元芯片的产品被广泛应用在楼宇自动化、家庭自动化、保安系统、办公设备、交通运输、工业过程控制等行业。

4. DeviceNet

DeviceNet是一种低成本的通信连接，也是一种简单的网络解决方案，其有着开放的网络标准。DeviceNet具有的直接互联性不仅改善了设备间的通信而且提供了相当重要的设备级阵地功能。DeviceNet基于CAN技术，传输率为125 kbit/s至500 kbit/s，每个网络的最大节点为64个，其通信模式为生产者/客户(Producer/Consumer)，采用多信道广播信息发送方式。位于DeviceNet网络上的设备可以自由连接或断开，不影响网上的其他设备，而且其设备的安装布线成本也较低。

5. PROFIBUS

PROFIBUS是符合德国标准(DIN19245)和欧盟标准(EN50170)的现场总线标准，由

PROFIBUS-DP、PROFIBUS-FMS、PROFIBUS-PA系列组成。DP用于分散外设间的高速数据传输，适用于加工自动化领域。FMS适用于纺织、楼宇自动化、可编程控制器、低压开关等。PA用于过程自动化的总线类型，服从IEC1158-2标准。PROFIBUS支持主-从系统、纯主站系统、多主多从混合系统等几种传输方式。PROFIBUS的传输速率为9.6 kbit/s至12 Mbit/s，最大传输距离在9.6 kbit/s时为1 200 m，在12 Mbit/s时为200 m，可采用中继器延长至10 km，传输介质为双绞线或者光缆，最多可挂接127个站点。

6. HART

HART最早由Rosemount公司开发，其特点是在现有模拟信号传输线上实现数字信号通信，属于模拟系统向数字系统转变的过渡产品。其通信模型采用物理层、数据链路层和应用层三层，支持点对点主从应答方式和多点广播方式。由于它采用模拟数字信号混合，所以难以开发通用的通信接口芯片。HART能利用总线供电，可满足安全防爆的要求，并可用于由手持编程器与管理系统主机作为主设备的双主设备系统。

7. CC-Link

CC-Link是1996年11月由三菱电机为主导的多家公司推出的，在亚洲占有较大份额。在其系统中，可以将控制和信息数据同时以10 Mbit/s的高速传送至现场网络，具有性能卓越、使用简单、应用广泛、节省成本等优点。其不仅解决了工业现场配线复杂的问题，同时具有优异的抗噪性能和兼容性。CC-Link是一个以设备层为主的网络，同时也可覆盖较高层次的控制层和较低层次的传感层。2005年7月，CC-Link被中国国家标准委员会批准为中国国家标准指导性技术文件。

8. World FIP

World FIP的北美部分与ISP合并为FF以后，World FIP的欧洲部分仍保持独立，总部设在法国。其在欧洲市场占有重要地位，特别是在法国的占有率大约为60%。World FIP的特点是用单一的总线结构来适应不同应用领域的需求，不用任何网关或网桥，而用软件的办法来解决高速和低速的衔接。World FIP与FFHSE可以实现“透明连接”，并对FF的H1进行了技术拓展，如速率等。

9. INTERBUS

INTERBUS是德国Phoenix公司较早推出的现场总线，2000年2月成为国际标准IEC61158。INTERBUS采用国际标准化组织ISO的开放化系统互联OSI的简化模型的物理层、数据链路层、应用层，具有强大的可靠性、可诊断性和易维护性。其采用集总帧型的数据环通信，具有低速度、高效率的特点，并严格保证了数据传输的同步性和周期性；该总线的实时性、抗干扰性和可维护性也非常出色。INTERBUS广泛地应用到汽车、烟草、仓储、造纸、包装、食品等工业，是国际现场总线的领先者。

10. P-NET

P-NET是由丹麦的Proces-Data A/S公司在1983年开发的，管理机构为国际P-NET用户组织。P-NET适用于一般时间需求的工业系统。一般系统的反应时间大约为微秒级别，网络线最长可到达1 km。P-NET协议的标准是架构在OSI模型上的。大多数的现场总线协议只包括OSI模型的物理层、数据链接层及应用层，但P-NET协议除了上述的协议外，还包括OSI模型的网络层及传输层。

11. MODBus

MODBus 是 Modicon 公司(现在的施耐德电气(Schneider Electric))于 1979 年为使用 PLC 通信而开发的。MODBus 已经成为工业领域通信协议的业界标准,并且现在是工业电子设备之间常用的连接方式。MODBus 允许多个(大约 240 个)设备连接在同一个网络上进行通信。在 SCADA 中,MODBus 通常用来连接监控计算机和远程终端控制系统。

9.6 DCS 面临的挑战及发展方向

近几年,DCS 本身以及相关技术都有了很大的发展,从而使 DCS 面临新的挑战。其中,影响比较大的有 DCS 自身的技术、PLC 系统和 IPC 技术以及现场总线技术。

9.6.1 DCS 自身技术

DCS 基本体系结构本身所涉及的技术已非常成熟。

随着用户对应用软件的开发越来越熟悉,DCS 的制造商逐步演变为仅仅是硬件和系统软件的供应商,价格越来越透明,利润空间越来越薄。为此,世界上各大 DCS 制造商都在将 DCS 自身的技术进一步“向上”和“向下”拓展。

所谓“向上”,是指针对 DCS 收集的现场数据,利用先进的数据库技术、通信技术,结合用户的工艺实际进行的深度加工,从而为用户提供增值服务。现在各家 DCS 通常采用的有以下几种途径:一种是提供针对某些工艺流程的优化软件,可以使用户提高生产效率;另一种是增加功能,例如增加设备维护功能,可更加细致地分析设备的热应力、机械故障状态,通过监测设备的运行状态来判断设备是否需要维护,减少意外停车,提高设备的利用率;还有一种方式就是与用户的管理结合起来,参与用户的全厂信息系统,例如提供 CIS(实时信息监控系统)、ERP 等软件,帮助用户提高管理水平;另外,广泛应用各种先进控制与优化技术是挖掘并提升 DCS 综合性能最有效、最直接、也是最具价值的发展方向,这些技术包括:先进控制、过程优化、信息集成、系统集成等软件的开发和产业化应用。在未来,工业控制软件也将继续向标准化、网络化、智能化和开放性发展方向。

所谓“向下”,是指结合当前现场总线技术的发展和具有现场总线通信功能的现场仪表不断涌现的趋势,开发出针对各种现场总线通信协议的现场接口。这时,DCS 与现场仪表之间不是仅仅传输测量数据,而且还要传输大量表达仪表状态、参数、管理等方面的信息,甚至要把简单的控制功能也“下放”到现场仪表中去。为此,DCS 要增加大量与现场总线技术有关的通信软件和组态软件。随着工业仪表和控制设备的数字化、智能化、网络化发展,可以促使过程控制的功能进一步分散“下移”,实现真正意义上的全数字、全分散控制。另外,由于这些智能仪表具有精度高、重复性好、可靠性高,并具备双向通信和自诊断功能等特点,可使系统的安装、使用和维护工作更为简便。

通过技术上的拓展,DCS 的应用必然会与用户的工艺、管理、生产结合得更加紧密,从而使DCS市场的内涵发生深刻变化。

9.6.2 PLC系统和IPC技术

DCS还直接面临与PLC和PC-Based系统在性价比方面的挑战。过去，由于PLC的功能比较简单，基本只能用于对离散系统的控制，过程控制领域是DCS的铁桶江山。但随着计算机技术和通信技术的飞速发展，PLC的性能迅速提高。因此在某些过程控制领域，特别是对批量控制功能要求较强的领域，PLC得到广泛应用，逐步蚕食DCS传统市场。比较明显的如冶金行业，除了高炉控制外，转炉控制、联铸联轧等控制系统几乎都已经采用PLC。又如水处理行业，过去净水处理基本采用DCS，现在不论净水还是污水处理基本都采用PLC。

同样IPC技术在我国也得到较快的发展，特别在小工程项目和要求比较特殊的专用系统，这也挤占了DCS的一部分市场。

9.6.3 现场总线技术

DCS当前正面临着现场总线控制系统(FCS)技术的挑战。传统DCS的结构是封闭式的，采用独家封闭的通信协议，不同制造商的DCS之间难以兼容，而FCS采用标准的通信协议，因此比传统DCS性能好、准确率高、误码率低。尽管作为现场总线的国际标准尚不理想，但是作为一种技术趋势已经是不可阻挡的了。目前各家公司都采用将自己的DCS和各种现场总线协议通过接口设备实现连接的过渡方式，虽然在一个系统里同一种现场总线的不同厂家的现场仪表与DCS之间、与不同类型现场总线之间的兼容性问题还时有发生，但现场总线控制系统的实用化终将使其成为DCS未来的强劲对手。

面对这样的挑战，DCS系统功能正逐步向开放式方向发展，开放式的DCS将赋予用户更大的系统集成自主权，用户可根据实际需要选择不同厂商的设备连同软件资源连入控制系统，实现最佳的系统集成。这里不仅包括DCS与DCS的集成，更包括DCS与PLC、FCS及各种控制设备和软件资源的广义集成。

9.6.4 解决方案的发展趋势

面对如此形势，外国DCS厂商最近提出了一个新的概念——解决方案(Solution)，它是在“向上”发展的基础上继续向前发展的结果。DCS制造商不再把自己仅仅看作是DCS的供应商，而是针对用户的某一个项目或装置的控制问题，从控制方案的制定开始，包括系统集成、硬件采购、软件配置、现场调试、开车投运，直到验收，全过程都由其承包。它们既是咨询公司，又是供应商，还是系统集成商。这种做法既可以进一步满足用户的要求，同时也可以解决DCS目前价格过于透明、利润率低的问题。但是这将要求公司对用户的工艺、控制难点、不同类型仪表的功能和性能都要十分了解。许多综合性的自动化集团成立了若干专门针对某些行业的“解决方案”公司。例如，Emerson集团在兼并了Westinghouse的自动化部后，将其DCS(Ovation)和工程人员统合改为“电力和水处理解决方案公司”。解决方案的做法确实能够更好地满足用户的要求，减少用户的成本。另一方面，现代自动化的发展越来越侧重于整个系统的全面信息管理，企业的自动化生产也应融入信息化管理，从而实现控制系统、操作系统、计划系统、管理系统的全面自动化。

习　　题

9.1　简述DCS的发展历程。

9.2　什么是DCS？DCS的特点是什么？

9.3　简述DCS的典型结构和软、硬件组成。

9.4　什么是DCS的操作站、现场控制站，它们的任务是什么？

9.5　什么是DCS的组态，TDC-3000的组态功能包括哪些内容？

9.6　DCS的通信网络的结构有哪几种方式，各有什么特点？

9.7　比较4种传输介质的性能特点。

9.8　简述局域网络通信的层次和协议。

9.9　简述IEEE802协议的内容。

9.10　简述PKS、CENTUM VP、Oviation、JX-300XP几种DCS的结构及功能。

9.11　简述PLC、SCADA、FCS之间的差异。

9.12　列举10种常用的现场总线。

9.13　DCS面临哪些挑战，其发展趋势如何？

第 10 章　计算机控制系统的应用举例

通过前面章节的学习，我们已经初步掌握了计算机控制的理论基础、技术方法与相关知识。但在实际应用中，仅有理论知识是远远不够的。在本章中我们将通过实际的计算机控制系统案例，从控制系统结构、被控对象建模与分析、控制器设计以及实验结果分析等多角度出发，帮助读者全方位了解在计算机控制的实践中需要关注的问题。

本章介绍的计算机控制系统，其实验对象是质子交换膜燃料电池系统。所有内容全部取材于作者近年来的研究工作。

10.1　实验对象建模

10.1.1　质子交换膜燃料电池系统结构

本章介绍的计算机控制系统的实验对象是质子交换膜燃料电池系统，实验对象的原理图如图 10.1 所示，命名规则见表 10.1，实验对象包括燃料电池电堆和辅助系统（Balance of Plant，BOP）：其中，燃料电池电堆是由燃料电池单体通过串联集成的，电堆通过阴极氧气和阳极氢气在催化剂表面发生电化学反应进行发电。辅助系统主要包括氧气供给系统、氢气供给系统、热管理系统、加湿系统和氮气吹扫系统。电堆需要的氧气主要来自空气，由空压机输送到电堆阴极，氢气则由高压氢气罐提供。正常工作时，系统通过水冷装置和加湿器将电堆的温度和湿度控制在合适的范围内。

表 10.1　命名规则

命名规则	符　号	描　述
量测装置	PT	压力传感器
	TT	温度传感器
	HT	湿度传感器
	LT	液位传感器
	ECD	电导率传感器
执行装置	BP	泵、空压机等
	EPV	电磁比例阀

续表

命名规则	符　号	描　述
执行装置	EV	电磁阀
	EMV	电动三通阀
	SRV	安全泄放阀
	HET	加热器
	RAD	散热器
其他设备	FLT	过滤器
后缀	-H	氢气供给系统
	-A	氧气供给系统
	-N	氮气吹扫系统
	-D	加湿与冷却系统

10.1.2　燃料电池 BOP 系统建模

这一节我们将分别介绍燃料电池 BOP 系统中氧气供给系统、氢气供给系统、热管理系统和加湿系统的建模方法。

10.1.2.1　氧气供给系统建模

燃料电池氧气供给系统包括:空压机、供给管道、中冷器、加湿器、回流管道和背压阀等。当系统工作时,空气被空气压缩机(简称空压机)压缩进入供给管道,通过中冷器和加湿器完成冷却和加湿,然后进入电池堆,未参与反应的空气经过回流管腔后通过背压阀排放。本节将对氧气供给系统中的关键部件模型进行详细介绍。

1. 空压机建模

空压机,是一种用来压缩气体的设备。空压机建模包括静态空压机流量-压力-转速关系建模和电机驱动建模。利用热力学和动力学方程可以计算出空压机出口气体温(湿)度和空压机所需的功率。其中,空压机出口气体温度和湿度可以分别用公式(10.1.1)和公式(10.1.2)计算得到

$$T_{cp,out} = T_{cp,in} + \frac{T_{cp,in}}{\eta_{cp}}\left[\left(\frac{p_{sm}}{p_{cp,in}}\right)^{\frac{\gamma-1}{\gamma}} - 1\right] \tag{10.1.1}$$

其中,$T_{cp,in}$是空压机入口气体温度,即环境温度,p_{sm}是供给管道压力,$p_{cp,in}$是空压机入口气压,即可认为是大气压,η_{cp}是空压机效率,γ 为气体热容比,当气体是空气时取 1.4。

$$\varphi_{cp,out} = \frac{\varphi_{cp,in} \cdot p_{sat}(T_{cp,in})\, p_{cp,out}}{p_{sat}(T_{cp,out})\, p_{cp,in}} \tag{10.1.2}$$

其中,$\varphi_{cp,out}$和 $\varphi_{cp,in}$分别是空压机出口和入口的气体湿度,p_{sat}是饱和蒸汽压,为温度的函数。

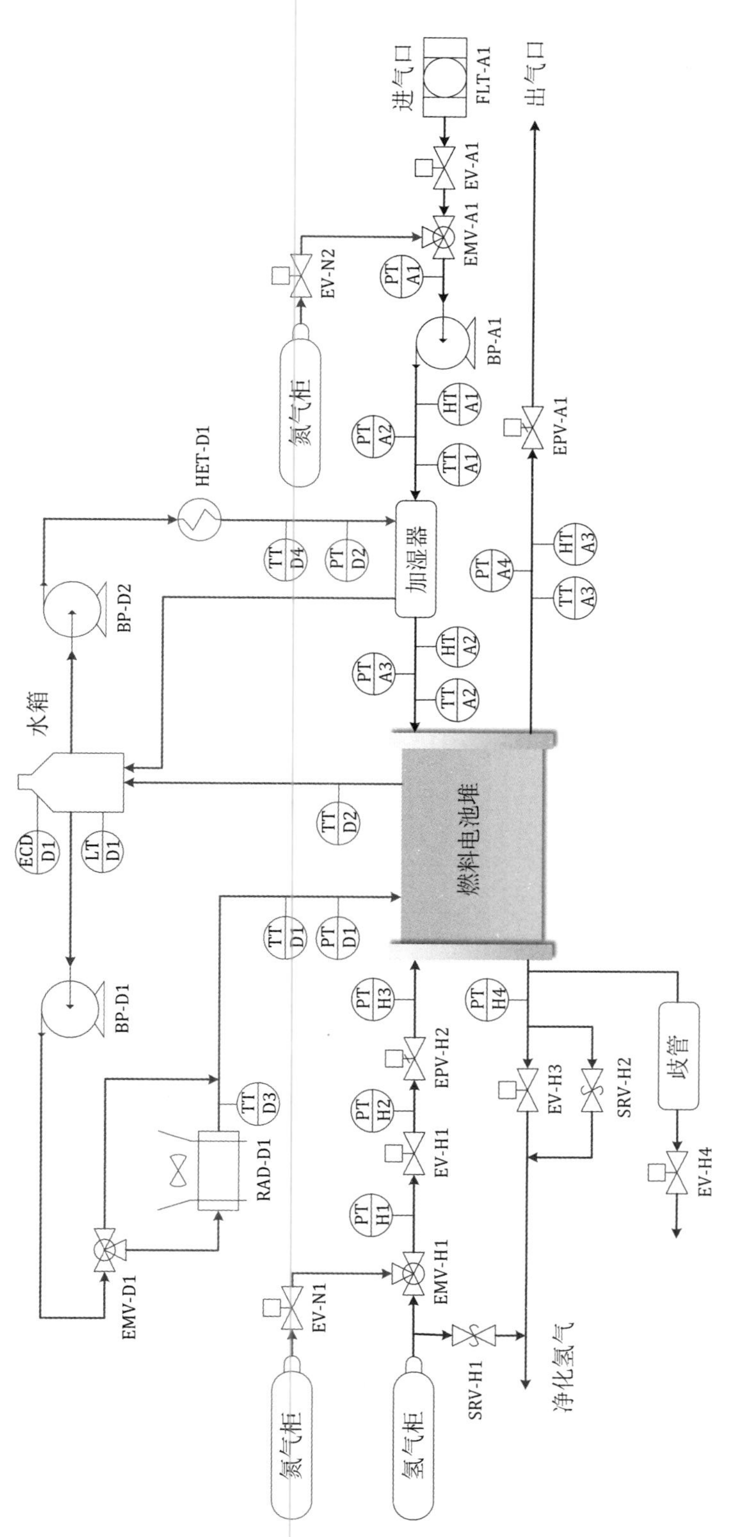

图 10.1　燃料电池堆及其辅助系统(BOP)原理图

空压机转速的计算方法见公式(10.1.3)：

$$J_{cp}\frac{d\omega_{cp}}{dt}=(\tau_{cm}-\tau_{cp}) \tag{10.1.3}$$

其中，τ_{cm}是空压机马达转矩，τ_{cp}是驱动空压机所需转矩，可分别通过公式(10.1.4)和(10.1.5)计算获得

$$\tau_{cp}=\frac{C_p}{\omega_{cp}}\cdot\frac{T_{atm}}{\eta_{cp}}\left[\left(\frac{P_{sm}}{P_{atm}}\right)^{\frac{\gamma-1}{\gamma}}-1\right]W_{cp} \tag{10.1.4}$$

$$\tau_{cm}=\eta_{cm}\frac{k_t}{R_{cm}}(V_{cm}-k_v\omega_{cp}) \tag{10.1.5}$$

其中，C_p 是空气比热容，W_{cp}表示空压机出口气体质量流量，η_{cm}为马达机械效率，k_t，R_{cm}和k_v 是空压机马达常数，V_{cm}是输入电压。

在 Matlab/Simulink 中建立的燃料电池氧气供给系统的空压机模型如图 10.2 所示，空压机模型的输入、输出参数如表 10.2 所示。

表 10.2　空压机模型的输入输出参数表

<table>
<tr><th colspan="2">输入参数</th><th colspan="3">输出参数</th></tr>
<tr><td>CM voltage</td><td>空压机电压</td><td rowspan="5">CP Flow
(空压机出口气流)</td><td>Total mass flow</td><td>空压机出口质量流量</td></tr>
<tr><td>SM pressure</td><td>供给管道压强</td><td>Temperature</td><td>空压机出口气体温度</td></tr>
<tr><td rowspan="6"></td><td rowspan="6"></td><td>Pressure</td><td>空压机出口气体压强</td></tr>
<tr><td>Relative humidity</td><td>气体相对湿度</td></tr>
<tr><td>Oxygen Mole fraction(in dry air)</td><td>干燥空气中氧气摩尔分数</td></tr>
<tr><td>CM current</td><td colspan="2">空压机电流</td></tr>
<tr><td>Turbocharger speed</td><td colspan="2">空压机转速</td></tr>
<tr><td>CP pressure</td><td colspan="2">空压机出口气体压强</td></tr>
</table>

2. 供给管道建模

供给管道建模的目的是通过输入气体的压力、质量流量、温度等信息，计算管道出口的气体质量流量、管道压力和温度等信息。由质量守恒方程可知：

$$\frac{dm_{sm}}{dt}=W_{cp}-W_{sm,out} \tag{10.1.6}$$

其中，m_{sm}是供给管道内部气体质量，W_{cp}为空压机出口气体质量流量，即供给管道入口气体质量流量，$W_{sm,out}$为管道出口气体质量流量。

由于$(p_{sm}-p_{ca})$很小，可将 $W_{sm,out}$看作是管道压力与阴极入口压力差的线性函数：

$$W_{sm,out}=k_{sm,out}(p_{sm}-p_{ca}) \tag{10.1.7}$$

其中，$k_{sm,out}$为供给管道出口气体质量流量系数。

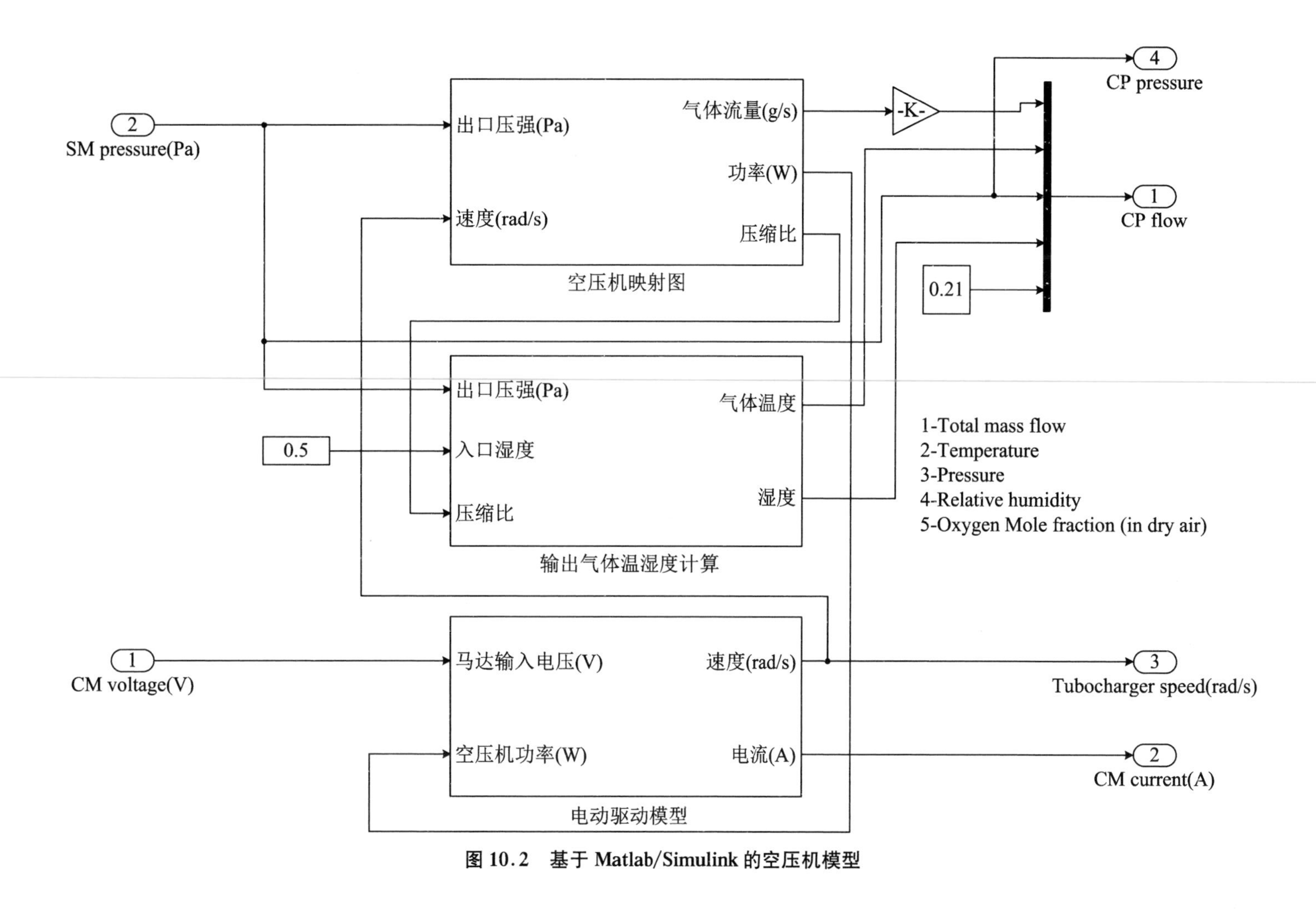

图 10.2　基于 Matlab/Simulink 的空压机模型

另外，由于管道中气体温度的改变（由于空压机出口温度较高，在供给管腔中的温度变化不能忽视），根据理想气体状态方程可得

$$\frac{dp_{sm}}{dt} = \frac{\gamma R_a}{V_{sm}}(W_{cp}T_{cp,out} - W_{sm,out}T_{sm}) \tag{10.1.8}$$

其中，γ 为气体热容比，R_a 是空气气体常数，V_{sm} 是管道体积，$T_{cp,out}$ 和 T_{sm} 分别是压缩机出口和管道内部温度。

在 Matlab/Simulink 中建立的燃料电池氧气供给系统的供给管道模型如图 10.3 所示，供给管道模型的输入、输出参数如表 10.3 所示。

表 10.3　供给管道模型的输入-输出参数表

输入参数			输出参数		
Inlet Flow（供给管道入口气流）	Total mass flow	供给管道入口气体质量流量	Outlet Flow（供给管道出口气流）	Total mass flow	供给管道出口气体质量流量
	Temperature	供给管道入口气体温度		Temperature	供给管道出口气体温度
	Pressure	供给管道入口气体压强		Pressure	供给管道出口气体压强
	Relative humidity	气体相对湿度		Relative humidity	气体相对湿度
	Oxygen Mole fraction (in dry air)	干燥空气中氧气摩尔分数		Oxygen Mole fraction (in dry air)	干燥空气中氧气摩尔分数
Cathode pressure	阴极压强		SM pressure	供给管道压强	

3. 中冷器建模

由于离开空压机的空气温度很高，供给管道中的空气温度通常也很高。为了防止对燃料电池膜产生损伤，需要将空气冷却至电池堆工作温度范围内。设理想的空气冷却器保持进入电堆的空气温度在 65 ℃，并假设冷却器没有压降，由于温度变化会影响气体湿度，因此离开冷却器的气体湿度为

$$\varphi_{cl} = \frac{p_{v,cl}}{p_{sat}(T_{cl})} = \frac{p_{cl}\varphi_{atm}p_{sat}(T_{atm})}{p_{atm}p_{sat}(T_{cl})} \tag{10.1.9}$$

其中，T_{cl} 为中冷器内部气体温度，$p_{v,cl}$ 为水蒸气在中冷器中的气体分压，p_{cl} 是中冷器气体压力，φ_{atm}，T_{atm} 和 p_{atm} 分别是环境湿度、温度和压强。

通过中冷器的流量不发生变化，即

$$W_{cl} = W_{sm,out}$$

在 Matlab/Simulink 中建立的燃料电池氧气供给系统的中冷器模型如图 10.4 所示，中冷器模型的输入、输出参数如表 10.4 所示。

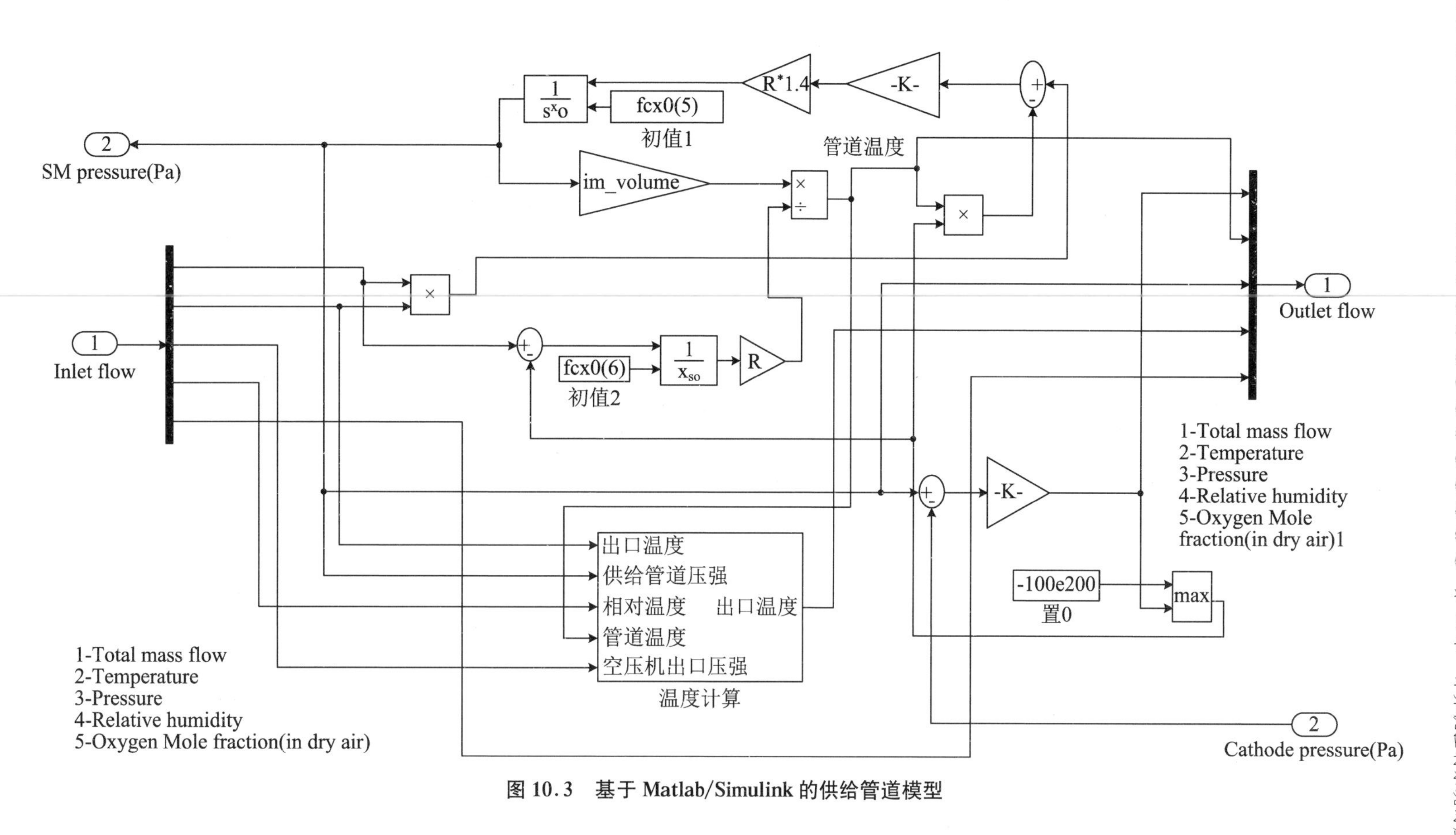

图 10.3　基于 Matlab/Simulink 的供给管道模型

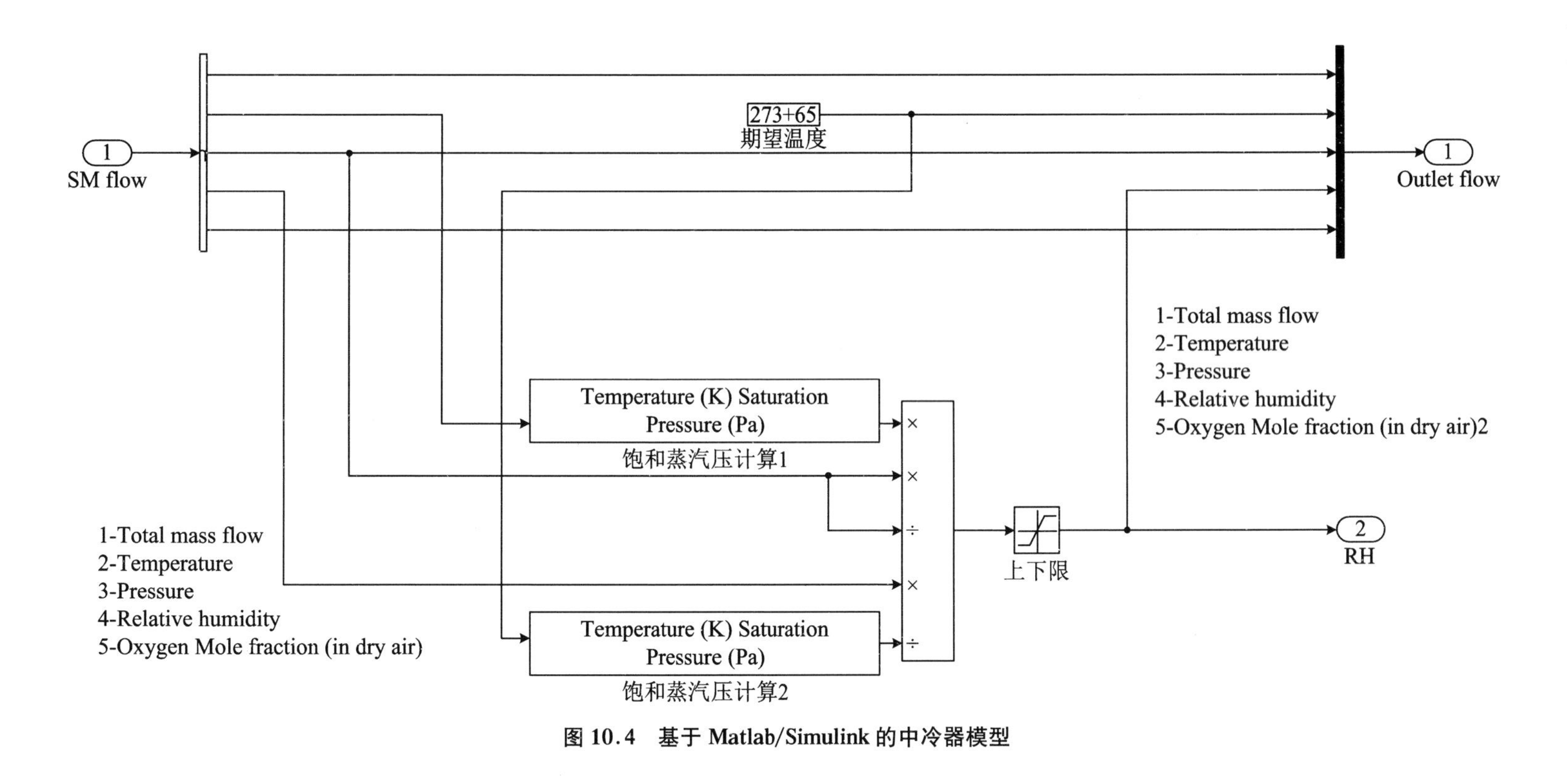

图 10.4 基于 Matlab/Simulink 的中冷器模型

表 10.4　中冷器模型的输入输出参数表

输入参数			输出参数		
SM flow（中冷器入口气流）	Total mass flow	中冷器入口气体质量流量	Outlet Flow（中冷器出口气流）	Total mass flow	中冷器出口气体质量流量
	Temperature	中冷器入口气体温度		Temperature	中冷器出口气体温度
	Pressure	中冷器入口气体压强		Pressure	中冷器出口气体压强
	Relative humidity	气体相对湿度		Relative humidity	气体相对湿度
	Oxygen mole fraction (in dry air)	干燥空气中氧气摩尔分数		Oxygen Mole fraction (in dry air)	干燥空气中氧气摩尔分数
			RH	气体相对湿度	

4. 加湿器建模

加湿器的结构包括水蒸气通道、反应器通道和膜。详细的建模方法可以参考"*Journal of Control Theory and Applications*，2009，7(4)：373"。为了降低加湿器模型的复杂度，实现功能仿真，这里对加湿器模型进行了简化处理。假设：① 空气进出加湿器温度不发生变化；② 进入加湿器的水蒸气按固定比例通过加湿器膜；③ 忽略过程中的延时。

计算进入加湿器（冷却器出口）水蒸气和干燥气体分压：

$$\begin{cases} p_{v,cl} = \varphi_{cl} p_{sat}(T_{cl}) \\ p_{a,cl} = p_{cl} - p_{v,cl} \end{cases} \tag{10.1.10}$$

入口气体的湿度比为

$$\omega_{cl} = \frac{M_v}{M_a} \cdot \frac{p_{v,cl}}{p_{a,cl}} \tag{10.1.11}$$

其中，M_v 和 M_a 分别为水蒸气和空气的摩尔质量。

由于干燥气体经过加湿器后流量不发生变化：

$$W_{a,hm} = \frac{1}{1+\omega_{cl}} W_{a,cl} \tag{10.1.12}$$

其中，$W_{a,cl}$为中冷器出口气体的质量流量，$W_{a,hm}$为加湿器出口气体质量流量。

水蒸气经过加湿器后的质量流量为

$$W_{v,hm} = W_{v,cl} + W_{v,inj} \tag{10.1.13}$$

其中，$W_{v,inj}$为透过加湿器膜的水蒸气的质量流量，由加湿水泵从水箱中抽取到加湿器中。

经过加湿后气体相对湿度为

$$\varphi_{hm} = \frac{p_{v,hm}}{p_{sat}(T_{hm})} = \frac{W_{v,hm}}{W_{a,cl}} \cdot \frac{M_a}{M_v} \cdot \frac{p_{a,cl}}{p_{sat}(T_{hm})} \tag{10.1.14}$$

气体出口压力为

$$p_{hm} = p_{a,cl} + \varphi_{hm} p_{sat}(T_{hm}) \tag{10.1.15}$$

其中，$p_{v,hm}$代表加湿器中水蒸气分压。

在 Matlab/Simulink 中建立的燃料电池氧气供给系统的加湿器模型如图 10.5 所示，加湿器模型的输入、输出参数如表 10.5 所示。

表 10.5　加湿器模型的输入、输出参数表

输入参数			输出参数		
Inlet flow（加湿器入口气流）	Total mass flow	加湿器入口气体质量流量	Outlet flow（加湿器出口气流）	Total mass flow	加湿器出口气体质量流量
	Temperature	加湿器入口气体温度		Temperature	加湿器出口气体温度
	Pressure	加湿器入口气体压强		Pressure	加湿器出口气体压强
	Relative humidity	气体相对湿度		Relative humidity	气体相对湿度
	Oxygen Mole fraction(in dry air)	干燥空气中氧气摩尔分数		Oxygen Mole fraction (in dry air)	干燥空气中氧气摩尔分数
Water flow	加湿器进口水流量		Waterflowout	加湿器出口水流量	

5. 回流管道和背压阀建模

与供给管道的模型相似，回流管道的气体压力计算方法如公式(10.1.16)所示：

$$\frac{\mathrm{d}p_{\mathrm{rm}}}{\mathrm{d}t}=\frac{R_{\mathrm{a}}T_{\mathrm{rm}}}{V_{\mathrm{rm}}}(W_{\mathrm{ca,out}}-W_{\mathrm{rm,out}}) \tag{10.1.16}$$

其中，T_{rm} 为回流管道内气体温度，V_{rm} 为回流管道体积，$W_{\mathrm{ca,out}}$ 表示电堆阴极出口的气体质量流量，$W_{\mathrm{rm,out}}$ 表示背压阀出口气体质量流量。

由于阴极出口与管道温度差很小，故此处假设在回流管道内温度不发生改变，与供给管道不同的是，因为管道出口与外界大气相连，因此内部压力与环境压力相差较大，此时回流管道出口气体质量流量不能简单表示为压力差的函数，而是：

$$\begin{cases} W_{\mathrm{rm,out}}=\dfrac{C_{\mathrm{D,rm}}A_{\mathrm{T,rm}}p_{\mathrm{rm}}}{\sqrt{\bar{R}T_{\mathrm{rm}}}}\left(\dfrac{p_{\mathrm{atm}}}{p_{\mathrm{rm}}}\right)^{\frac{1}{\gamma}}\left\{\dfrac{2\gamma}{\gamma-1}\left[1-\left(\dfrac{p_{\mathrm{atm}}}{p_{\mathrm{rm}}}\right)^{\frac{\gamma-1}{\gamma}}\right]\right\}^{\frac{1}{2}} & \left(\dfrac{p_{\mathrm{atm}}}{p_{\mathrm{rm}}}>\left(\dfrac{2}{\gamma+1}\right)^{\frac{\gamma}{(\gamma-1)}}\right) \\ W_{\mathrm{rm,out}}=\dfrac{C_{\mathrm{D,rm}}A_{\mathrm{T,rm}}p_{\mathrm{rm}}}{\sqrt{\bar{R}T_{\mathrm{rm}}}}\gamma^{\frac{1}{2}}\left(\dfrac{2}{\gamma+1}\right)^{\frac{\gamma+1}{2(\gamma-1)}} & \left(\dfrac{p_{\mathrm{atm}}}{p_{\mathrm{rm}}}\leqslant\left(\dfrac{2}{\gamma+1}\right)^{\frac{\gamma}{(\gamma-1)}}\right) \end{cases} \tag{10.1.17}$$

其中，$C_{\mathrm{D,rm}}$ 为阀门排放系数，$A_{\mathrm{T,rm}}$ 为背压阀开口面积，$\bar{R}$ 为通用气体常数。

在 Matlab/Simulink 中建立燃料电池氧气供给系统的回流管道和背压阀模型如图 10.6 所示，回流管道和背压阀模型的输入、输出参数如表 10.6 所示。

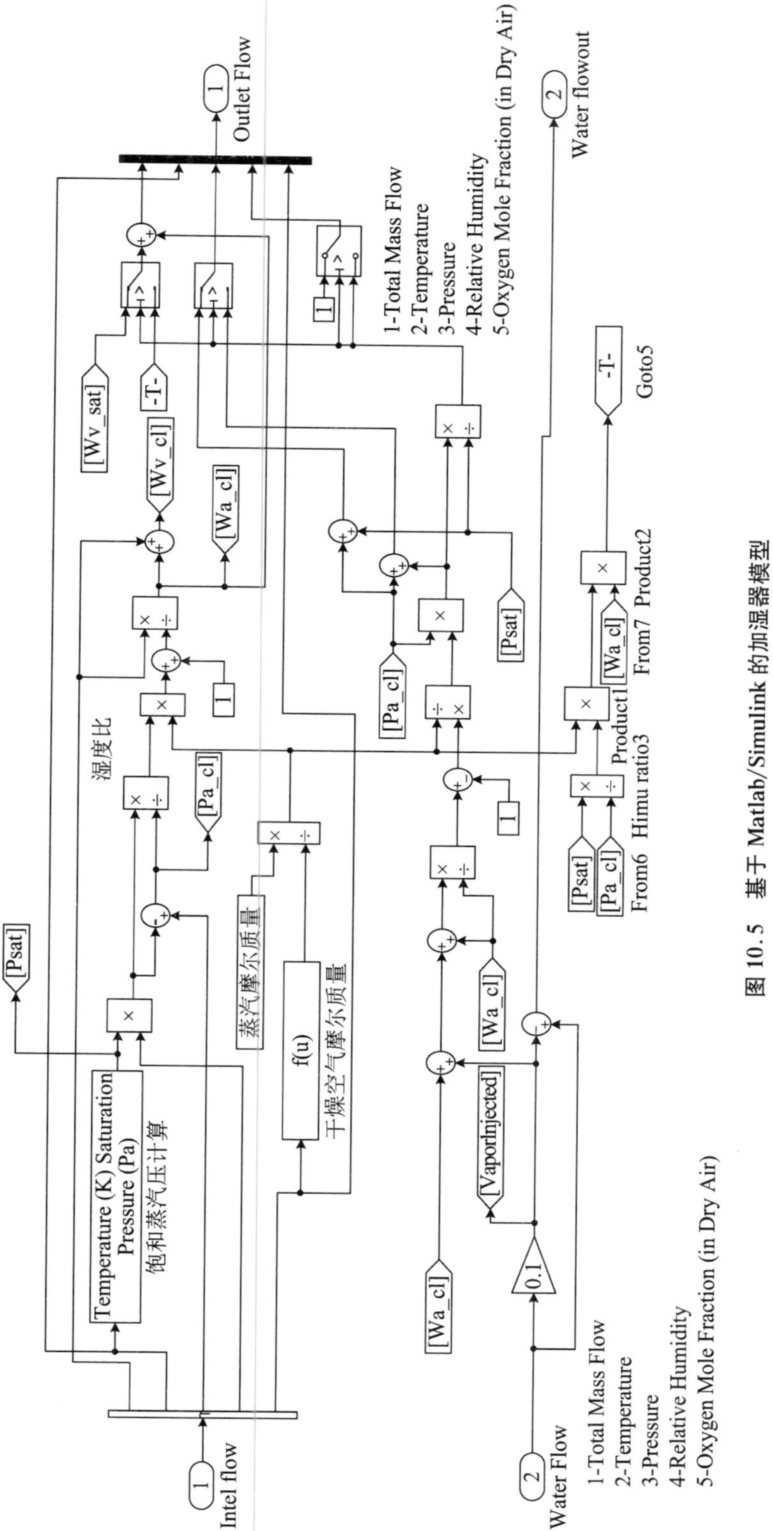

图 10.5　基于 Matlab/Simulink 的加湿器模型

表 10.6　回流管道和背压阀模型的输入输出参数表

<table>
<tr><th colspan="3">输入参数</th><th colspan="3">输出参数</th></tr>
<tr><td rowspan="5">RM inlet flow（回流管道入口气流）</td><td>Total mass flow</td><td>回流管道入口气体质量流量</td><td rowspan="5">Outlet flow（回流管道出口气流）</td><td>Total mass flow</td><td>回流管道出口气体质量流量</td></tr>
<tr><td>Temperature</td><td>回流管道入口气体温度</td><td>Temperature</td><td>回流管道出口气体温度</td></tr>
<tr><td>Pressure</td><td>回流管道入口气体压强</td><td>Pressure</td><td>回流管道出口气体压强</td></tr>
<tr><td>Relative humidity</td><td>气体相对湿度</td><td>Relative humidity</td><td>气体相对湿度</td></tr>
<tr><td>Oxygen Mole fraction（in dry air）</td><td>干燥空气中氧气摩尔分数</td><td>Oxygen Mole fraction（in dry air）</td><td>干燥空气中氧气摩尔分数</td></tr>
<tr><td>Atm pressure</td><td colspan="2">大气压强</td><td>RM Pressure</td><td colspan="2">回流管道压强</td></tr>
<tr><td>Control PWM</td><td colspan="2">PWM 控制信号</td><td></td><td colspan="2"></td></tr>
</table>

10.1.2.2　氢气供给系统建模

氢气供给系统包括高压储氢罐、调节阀、加湿器、排气管道与排气阀等。其中，储氢罐模型（包括减压阀）采用理想模型，设定其输出氢气压力、温度值恒定（假设氢气进入比例阀前的温度是 330 K，压力 700 kPa，湿度为 0%），加湿器建模参考氧气供给系统中的加湿器建模方法。本节所介绍的氢气供给系统建模是基于以下假设的：① 所有的气体遵从理想气体定律；② 由于系统温度变化比较缓慢，假定温度恒定；③ 加湿器具有良好的动态特性；④ 当气体的湿度超过 100%时，水蒸气凝结成液体；⑤ 将电池堆看成一个整体，不考虑电池堆内部流道由于空间引起的不同压降。在车载燃料氢气供应系统中，假设减压阀出口氢气压力为常数，并采用盲端阳极控制。

1. 调节阀建模

调节阀出口流量公式采用喷嘴流量模型：

$$W_{\mathrm{sv,out}} = \frac{C_{\mathrm{D,sv}} A_{\mathrm{sv}} p_{\mathrm{rm}}}{\sqrt{RT_{\mathrm{sv}}}} \left(\frac{p_{\mathrm{sv,out}}}{p_{\mathrm{sv,in}}}\right)^{\frac{1}{\gamma}} \left\{\frac{2\gamma}{\gamma-1}\left[1-\left(\frac{p_{\mathrm{sv,out}}}{p_{\mathrm{sv,in}}}\right)^{\frac{\gamma-1}{\gamma}}\right]\right\}^{\frac{1}{2}} \tag{10.1.18}$$

其中，$C_{\mathrm{D,sv}}$为调节阀排放系数，A_{sv}为阀门开口面积，$p_{\mathrm{sv,in}}$和 $p_{\mathrm{sv,out}}$分别是调节阀前端和后端气体压强。

由该公式可知，阀门的流量与阀门面积、上下游压力、工作温度有关。喷嘴有效横截面积与控制电压的关系为

$$A_{\mathrm{sv}} = \frac{A_{\mathrm{sv0}} u_{\mathrm{sv}}}{5}$$

式中，A_{sv}是阀口有效横截面积；A_{sv0}是阀口有效横截面积的最大值；u_{sv}是控制电压，范围是 0～5 V。

在Matlab/Simulink中建立的燃料电池氢气供给系统的调节阀模型如图10.7所示，调节阀模型的输入、输出参数如表10.7所示。

表10.7　调节阀模型的输入-输出参数表

<table>
<tr><th colspan="2">输入参数</th><th colspan="3">输出参数</th></tr>
<tr><td>Voltage</td><td>调节阀电压</td><td rowspan="4">CP flow
CM current</td><td>Total Mass Flow</td><td>调节阀出口气体质量流量</td></tr>
<tr><td>Anode pressure</td><td>阳极气体压强</td><td>Temperature</td><td>调节阀出口气体温度</td></tr>
<tr><td rowspan="3"></td><td rowspan="3"></td><td>Pressure</td><td>调节阀出口气体压强</td></tr>
<tr><td>Relative Humidity</td><td>气体相对湿度</td></tr>
<tr><td>Outlet pressure</td><td colspan="2">出口气体压强</td></tr>
</table>

2. 排气管道建模

排气管道是从电堆阳极出口到排气阀之间的管道。在排气管道中包含氢气和水蒸气两种气体，根据理想气体质量守恒和能量守恒，气体流量与压力的关系为

$$\begin{cases} \dfrac{\mathrm{d}m_{\mathrm{H_2,rm}}}{\mathrm{d}t} = W_{\mathrm{H_2,an}} - W_{\mathrm{H_2,pv}} \\ \dfrac{\mathrm{d}m_{\mathrm{v,rm}}}{\mathrm{d}t} = W_{\mathrm{v,an}} - W_{\mathrm{v,pv}} \\ p_{\mathrm{an,rm}} = \dfrac{T_{\mathrm{an,rm}}}{V_{\mathrm{an,rm}}}(R_{\mathrm{H_2}} m_{\mathrm{H_2,rm}} + R_{\mathrm{v}} m_{\mathrm{v,rm}}) \end{cases} \tag{10.1.19}$$

其中，$m_{\mathrm{H_2,rm}}$和$m_{\mathrm{v,rm}}$分别是氢气和水蒸气在管道内的质量，$W_{\mathrm{H_2,an}}$和$W_{\mathrm{v,an}}$分别代表阳极出口氢气和水蒸气的质量流量，$W_{\mathrm{H_2,pv}}$和$W_{\mathrm{v,pv}}$分别代表排气阀出口氢气和水蒸气质量流量。$p_{\mathrm{an,rm}}$和$T_{\mathrm{an,rm}}$分别是阳极排气管道的压力和温度，$V_{\mathrm{an,rm}}$为管道体积，$R_{\mathrm{H_2}}$和R_{v}分别是氢气和水蒸气的气体常数。

3. 排气阀建模

排气阀模型同喷嘴方程(10.1.17)，但是值得注意的是排气阀是数字状态量控制，即要么是关闭状态，要么是打开状态。

10.1.2.3　热管理系统建模

燃料电池的热管理(冷却)系统包括水箱、水泵、旁路阀、换热器等。其中水泵用于从水箱向回路泵入冷却液；旁路阀出口有两通条路，其中一条用于通过换热器进行冷却，另一条用于隔离换热器，通过调节旁路阀的开度可以调节入堆冷却液的温度。详细建模过程可以参考文献“*International Journal of Hydrogen Energy*，2010，35(17)，9110-9123”。

1. 水箱建模

水箱的作用是存储冷却液，由于水箱存在热惯性，故水箱的冷却液温度模型如下：

$$m_{\mathrm{rv}} c_{\mathrm{p,rc}} \frac{\mathrm{d}T_2}{\mathrm{d}t} = W_{\mathrm{cl}}\, c^{l}_{\mathrm{p,H_2O}}(T_{\mathrm{st}} - T_2) \times \frac{1000}{18} - k_{\mathrm{rv}}(T_2 - T_{\mathrm{amb}}) \tag{10.1.20}$$

其中，m_{rv}是水箱冷却液的质量，$c_{\mathrm{p,rc}}$冷却液恒压比热容，k_{rv}是水箱自然对流热传递系数，T_2是冷却液储存器温度，T_{st}是电堆温度，T_{amb}是环境温度。

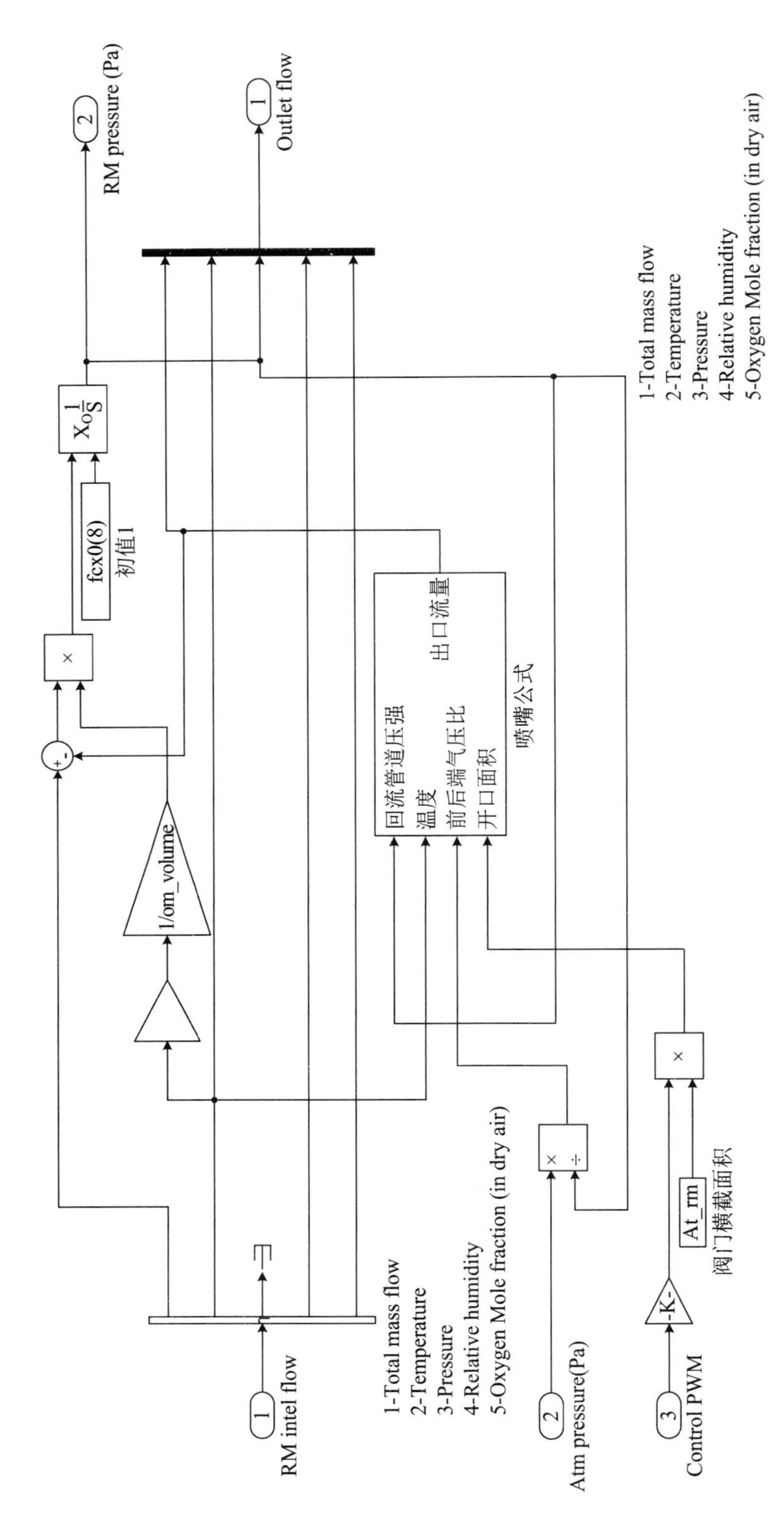

图 10.6 基于 Matlab/Simulink 的回流管道和背压阀模型

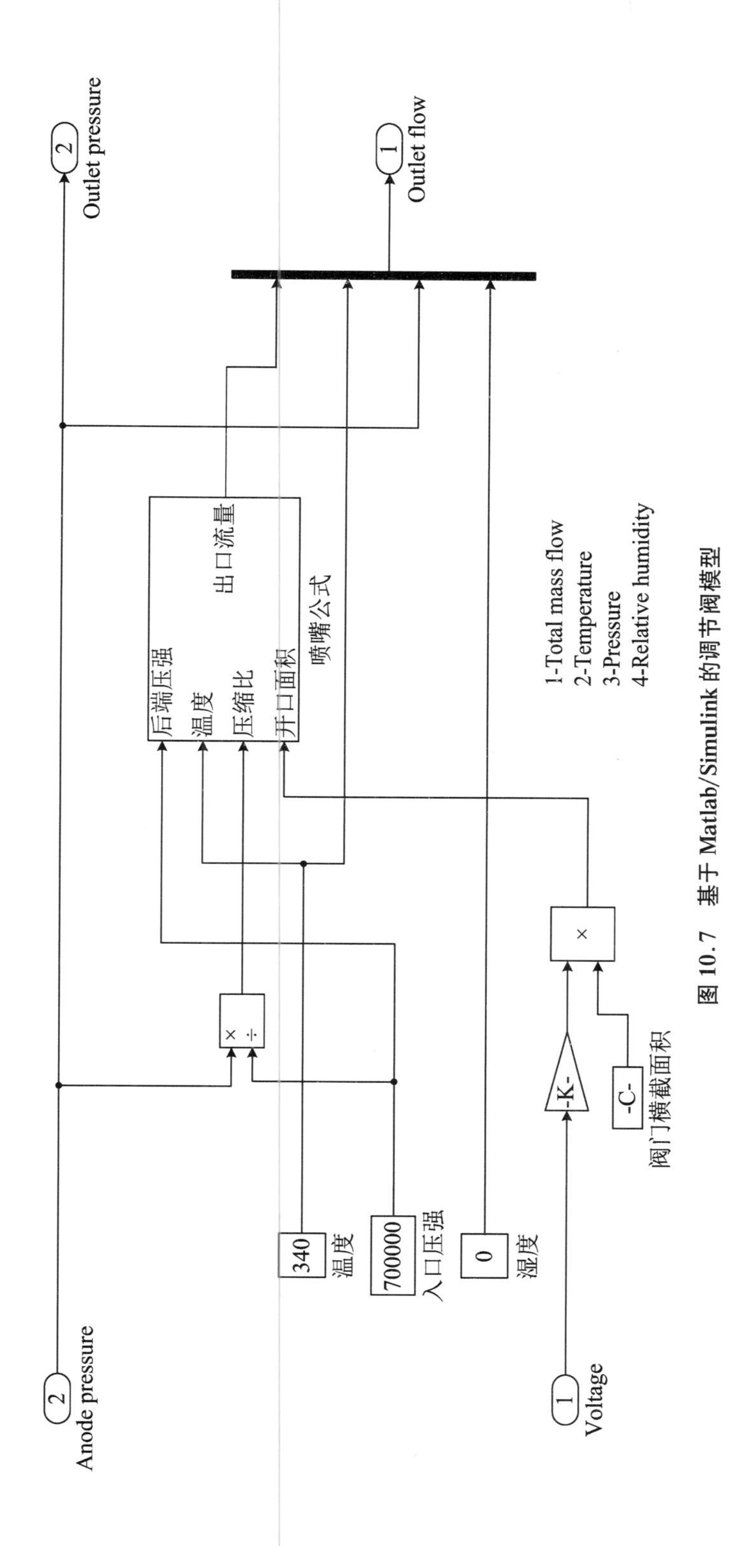

图 10.7　基于 Matlab/Simulink 的调节阀模型

2. 水泵建模

冷却水泵在热管理回路中的作用是提供所需通量的冷却液,通过向水泵电机施加电压来调节泵速。冷却液通量越高,去除热能越多。动态水泵模型是基于电机电枢电压、电枢电流和转速之间的基本关系而建立的。控制变量之间关系的方程式为

$$V_{cl} = L_{cl}\frac{di_{cl}}{dt} + i_{cl}R_{cl} + k_{t,cl}\omega_{cl} \tag{10.1.21}$$

$$J_{cl}\frac{d\omega_{cl}}{dt} = M_{mot} - M_{fric} = k_{t,cl}i_{cl} - k_{f,cl}\omega_{cl} \tag{10.1.22}$$

其中,L_{cl}是电机电枢电感,R_{cl}电枢阻抗,$k_{t,cl}$是马达转矩常数,J_{cl}是马达惯性,M_{mot}和 M_{fric}分别代表马达转矩和摩擦转矩,$k_{t,cl}$和 $k_{f,cl}$分别是对应的系数。

通常,冷却水泵的电时间常数和机械时间常数明显小于冷却回路的主要热时间常数。因此,冷却水泵的动态模型可以用稳态输入-输出模型描述。在式(10.1.21)和式(10.1.22)中设置所有时间导数为零并求解电机转速:

$$\omega_{cl} = \frac{k_{t,cl}V_{cl}}{k_{t,cl}^2 + k_{f,cl}R_{cl}} \tag{10.1.23}$$

因此冷却液的流量为

$$W_{cl} = k_{m,cl}\omega_{cl} = \frac{k_{m,cl}k_{t,cl}V_{cl}}{k_{t,cl}^2 + k_{f,cl}R_{cl}} \tag{10.1.24}$$

3. 旁路阀建模

通过调节旁路阀阀门开度,可以实时控制冷却液入堆温度。假设旁路阀的开度 k 是线性的,入口冷却液温度 T_1 可以认为是冷却温度 T_2、热交换器出口温度 T_3和开度 k 的函数:

$$W_{cl}c_{p,H_2O}^{l}T_1 = kW_{cl}c_{p,H_2O}^{l}T_3 + (1-k)W_{cl}c_{p,H_2O}^{l}T_2 \tag{10.1.25}$$

其中,c_{p,H_2O}^{l}是液体恒压比热容。

4. 换热器建模

换热器的作用是吸收系统的多余热量。换热器的效率可以用公式(10.1.26)计算得到:

$$\varepsilon = \begin{cases} \dfrac{1 - e^{-NTU(1-c_R)}}{1 - C_R e^{-NTU(1-c_R)}} & (C_R < 1) \\ \dfrac{NTU}{1 + NTU} & (C_R = 1) \end{cases} \tag{10.1.26}$$

其中,NTU 是换热器的转换单元数,C_R 是容量比:

$$C_R = \frac{C_{min}}{C_{max}} = \frac{\min[c_{p,cl}W_{cl}, c_{p,cw}W_{cw}]}{\max[c_{p,cl}W_{cl}, c_{p,cw}W_{cw}]} \tag{10.1.27}$$

当 C_R 小于1时,效率可以近似为

$$\varepsilon = \varepsilon_0 - k_x W_{cl} \tag{10.1.28}$$

其中,$\varepsilon_0 = 1 - e^{-NTU}$。

热交换器出口温度可以表示为

$$T_3 = \varepsilon(T_{cw,in} - T_2) + T_2 \tag{10.1.29}$$

在 Matlab/Simulink 中建立的燃料电池热管理系统模型如图 10.8 所示,热管理系统模型的输入、输出参数如表 10.8 所示。

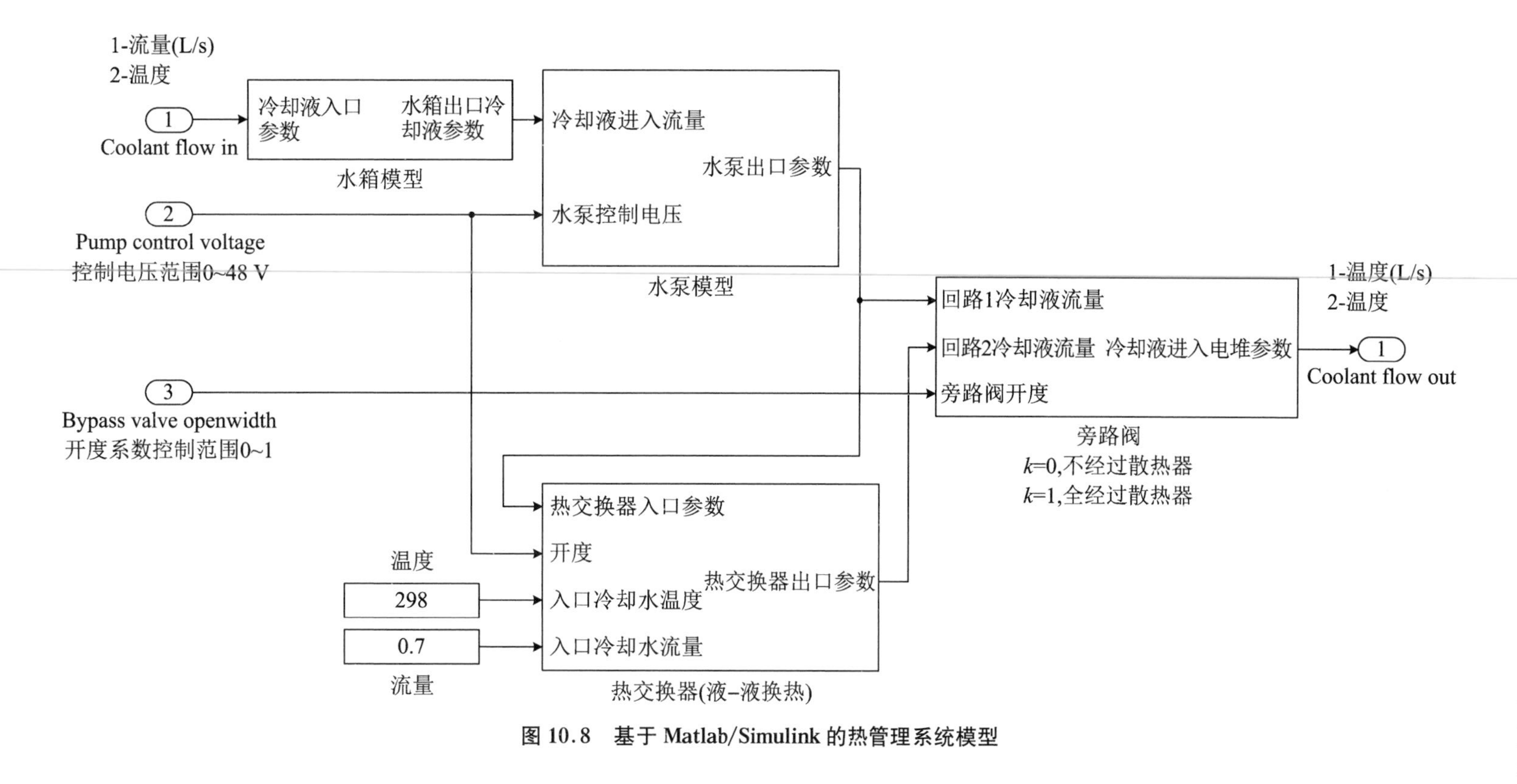

图 10.8　基于 Matlab/Simulink 的热管理系统模型

表 10.8　热管理系统模型的输入输出参数表

散热器模型输入参数		散热器模型输出参数	
Coolant flow in	散热器入口气体质量流量	Coolant flow out	散热器出口气体质量流量
	散热器入口气体温度		散热器出口气体温度
Opening width	阀门开度		
Inlet chilling water temperature	散热器入口水温		
Inlet chilling water flux	散热器入口水流量		
旁路阀模型输入参数		旁路阀模型输出参数	
Coolant flow in1	冷却液入口流量 1	Coolant flow out	旁路阀出口流量
	冷却液入口温度 1		旁路阀出口温度
Coolant flow in2	冷却液入口流量 2		
	冷却液入口温度 2		
Opening width	阀门开度		
水泵模型输入参数		水泵模型输出参数	
Coolant flow in	入口流量	Coolant flow out	水泵出口流量
	入口温度		水泵出口温度
Pump control voltage	水泵控制电压		
水箱模型输入参数		水箱模型输出参数	
Coolant flow in	入口流量	Coolant flow out	水箱出口流量
	入口温度		水箱温度

10.1.2.4　加湿系统建模

加湿系统包括加湿水泵、水箱、加湿器和加热器。其中，加湿水泵的建模方法和空压机中驱动模型一样，水箱的建模在热管理系统的基础上引入了水液位的变化；加湿器的建模方法在前述章节已介绍，此处不再赘述；加热器模型采用理想模型，即进入加湿器的水蒸气温度固定在 70 ℃。

10.1.3　燃料电池电堆建模

10.1.3.1　阳极流道建模

阳极流道建模的目的是依据阳极侧进入电池堆的气体参数（流量、温度、湿度、压力）计算通过阳极流道后的参数变化情况。模型输入为：阳极气体进堆流量、压力、温度、湿度、电堆电流、电堆温度、通过质子交换膜的水蒸气流量。模型输出为：阳极出口气体参数（流量、温度、湿度、压力)。

由于进堆气体是由氢气和水蒸气组成,通过物质质量守恒定律,可以得到氢气流量平衡和水流量平衡方程:

$$\frac{\mathrm{d}m_{\mathrm{H_2,an}}}{\mathrm{d}t} = W_{\mathrm{H_2,an,in}} - W_{\mathrm{H_2,an,out}} - W_{\mathrm{H_2,reacted}} \tag{10.1.30}$$

$$\frac{\mathrm{d}m_{\mathrm{w,an}}}{\mathrm{d}t} = W_{\mathrm{v,an,in}} - W_{\mathrm{v,an,out}} - W_{\mathrm{v,membrane}} - W_{\mathrm{l,an,out}} \tag{10.1.31}$$

其中,$m_{\mathrm{H_2,an}}$和$m_{\mathrm{w,an}}$分别是阳极氢气和水蒸气的质量,$W_{\mathrm{H_2,an,in}}$,$W_{\mathrm{H_2,an,out}}$和$W_{\mathrm{H_2,reacted}}$分别表示氢气进入电堆、离开电堆以及电化学反应消耗的质量流量,$W_{\mathrm{v,an,in}}$和$W_{\mathrm{v,an,out}}$分别代表水蒸气进入阳极和离开阳极的质量流量,$W_{\mathrm{v,membrane}}$代表水蒸气透过质子交换膜从阴极进入阳极的流量,$W_{\mathrm{l,an,out}}$表示生成的液态水的流量。

阳极入堆气体各组分的流量和分压为

$$\begin{cases} W_{\mathrm{an,in}} = W_{\mathrm{H_2,an,in}} + W_{\mathrm{v,an,in}} \\ p_{\mathrm{an,in}} = p_{\mathrm{H_2,an,in}} + p_{\mathrm{v,an,in}} \end{cases} \tag{10.1.32}$$

其中,组分分压可以通过温度和湿度计算:

$$\begin{cases} p_{\mathrm{v,an,in}} = \varphi_{\mathrm{an,in}} \cdot p_{\mathrm{sat}}(T_{\mathrm{an,in}}) \\ p_{\mathrm{H_2,an,in}} = p_{\mathrm{an,in}} - p_{\mathrm{v,an,in}} = p_{\mathrm{an,in}} - \varphi_{\mathrm{an,in}} \cdot p_{\mathrm{sat}}(T_{\mathrm{an,in}}) \end{cases} \tag{10.1.33}$$

其中,$\varphi_{\mathrm{an,in}}$表示进入阳极的气体的湿度。

根据理想气体状态方程可以计算氢气和水蒸气的入口质量流量:

$$\frac{m_{\mathrm{v,an,in}}}{m_{\mathrm{H_2,an,in}}} = \frac{M_{\mathrm{v}}}{M_{\mathrm{H_2}}} \cdot \frac{p_{\mathrm{v,an,in}}}{p_{\mathrm{H_2,an,in}}} \tag{10.1.34}$$

$$\begin{cases} W_{\mathrm{H_2,an,in}} = \dfrac{1}{1 + \dfrac{m_{\mathrm{v,an,in}}}{m_{\mathrm{H_2,an,in}}}} W_{\mathrm{an,in}} = \dfrac{1}{1 + \dfrac{M_v}{M_{\mathrm{H_2}}} \cdot \dfrac{p_{\mathrm{v,an,in}}}{p_{\mathrm{H_2,an,in}}}} W_{\mathrm{an,in}} \\ W_{\mathrm{v,an,in}} = W_{\mathrm{an,in}} - W_{\mathrm{H_2,an,in}} \end{cases} \tag{10.1.35}$$

阳极出口各组分压力和流量的计算类似,代入式(10.1.30)和式(10.1.31)则可以构建完整的质量守恒方程。

在 Matlab/Simulink 中建立的电堆系统的阳极流道模型如图 10.9 所示,阳极流道模型的输入、输出参数如表 10.9 所示。

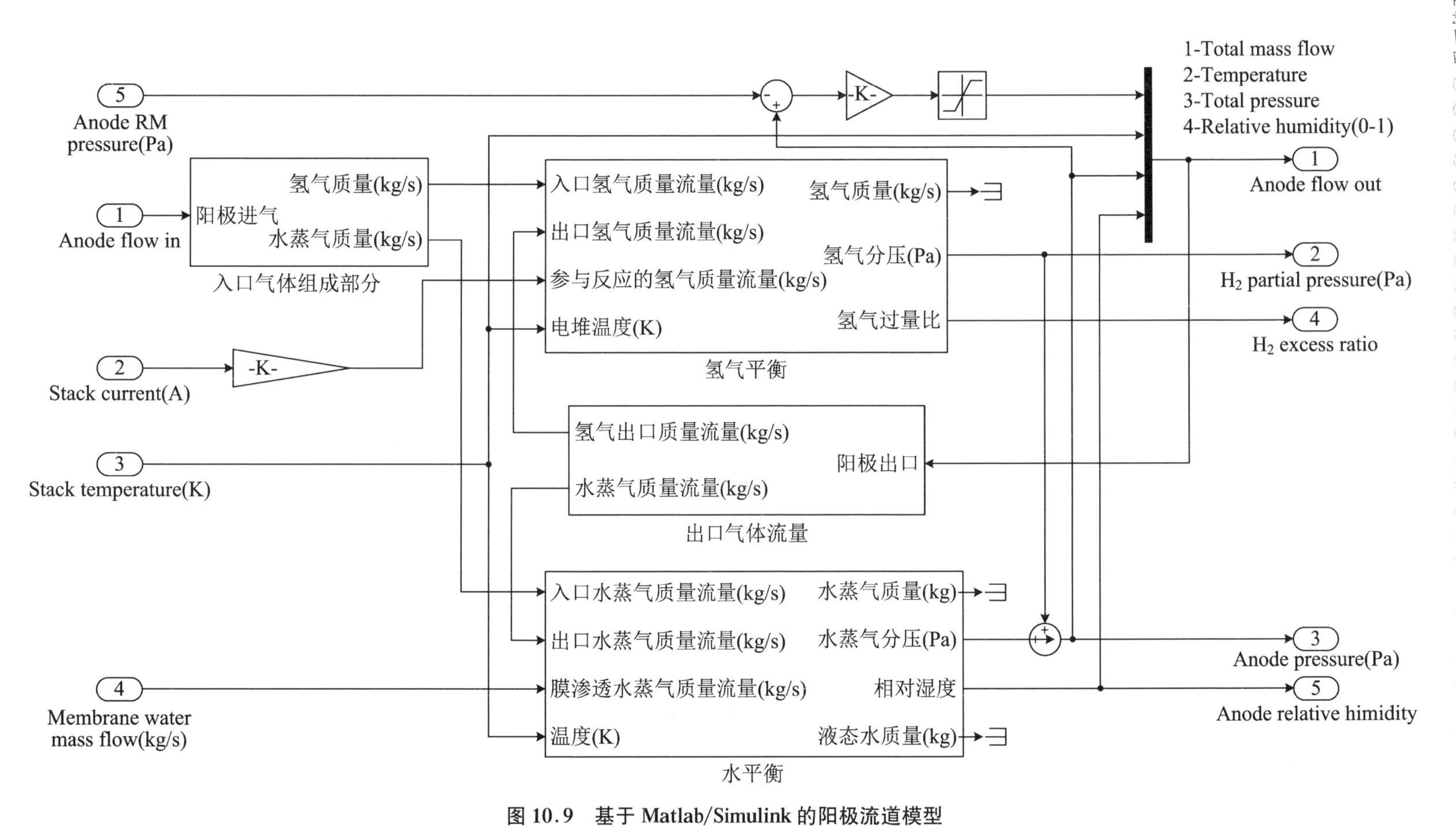

图 10.9　基于 Matlab/Simulink 的阳极流道模型

表 10.9 阳极流道模型的输入输出参数表

输入参数			输出参数		
Anode flow in（阳极入口气体）	Total mass flow	阳极入口气体质量流量	Anode flow out（阳极出口气体）	Total mass flow	阳极出口气体质量流量
	Temperature	阳极入口气体温度		Temperature	阳极出口气体温度
	Pressure	阳极入口气体压强		Pressure	阳极出口气体压强
	Relative humidity	气体相对湿度		Relative humidity	气体相对湿度
	Oxygen Mole fraction（in dry air）	干燥空气中氧气摩尔分数		Oxygen Mole fraction（in dry air）	干燥空气中氧气摩尔分数
Stack current	电堆电流		H_2 partial pressure	氢气分压	
Stack temperature	电堆温度		Anode pressure	阳极压强	
Membrane water flow	膜水流量		H_2 excess ratio	氢气过量比	
Anode RM pressure	阳极回流管道压强		Anode relative humidity	阳极相对湿度	

10.1.3.2 阴极流道建模

阴极流道的建模方法与阳极相同，阴极流道的模型输入为阴极入堆气体参数、通过电堆的水蒸气流量、电堆电流、电堆温度、回流管道压力；模型输出为阴极出堆气体参数。

阴极入堆气体是空气与水蒸气的混合气体，由物质质量守恒可得

$$\begin{cases} \dfrac{dm_{O_2,ca}}{dt} = W_{O_2,ca,in} - W_{O_2,ca,out} - W_{O_2,reacted} \\ \dfrac{dm_{N_2,ca}}{dt} = W_{N_2,ca,in} - W_{N_2,ca,out} \\ \dfrac{dm_{w,ca}}{dt} = W_{v,ca,in} - W_{v,ca,out} + W_{v,ca,gen} + W_{v,membr} \end{cases} \tag{10.1.36}$$

其中，$m_{O_2,ca}$，$m_{N_2,ca}$ 和 $m_{w,ca}$ 分别代表阴极氧气、氮气和水蒸气的质量，$W_{O_2,ca,in}$，$W_{O_2,ca,out}$ 和 $W_{O_2,reacted}$ 分别代表氧气进入电堆、离开电堆和电化学反应消耗的质量流量，$W_{N_2,ca,in}$ 和 $W_{N_2,ca,out}$ 分别代表氮气进入和离开电堆的质量流量，$W_{v,ca,in}$ 和 $W_{v,ca,out}$ 分别表示水蒸气进入和离开阴极的质量流量，$W_{v,ca,gen}$ 表示在阴极由于电化学反应生成的水的质量流量。

由理想气体状态方程可求得混合气中氧气、氮气和水蒸气的分压：

$$\begin{cases} p_{O_2,ca} = \dfrac{m_{O_2,ca}R_{O_2}T_{st}}{V_{ca}} \\ p_{N_2,ca} = \dfrac{m_{N_2,ca}R_{N_2}T_{st}}{V_{ca}} \\ p_{v,ca} = \dfrac{m_{v,ca}R_v T_{st}}{V_{ca}} \end{cases} \tag{10.1.37}$$

其中，V_{ca}为电堆阴极容积，R_{O_2}，R_{N_2}和 R_v 分别是氧气、氮气、水蒸气的气体常数。

对于入堆气体，其中干燥气体和水蒸气的分压分别是

$$\begin{cases} p_{v,ca,in} = \varphi_{ca,in} \cdot p_{sat}(T_{ca,in}) \\ p_{a,ca,in} = p_{ca,in} - p_{v,ca,in} = p_{ca,in} - \varphi_{ca,in} \cdot p_{sat}(T_{ca,in}) \end{cases} \tag{10.1.38}$$

其中，$\varphi_{ca,in}$表示阴极入堆气体的湿度，$p_{ca,in}$表示入堆气体总压，$T_{ca,in}$表示阴极入堆气体温度。

进堆干燥气体流量和水蒸气流量分别是

$$\begin{cases} W_{a,ca,in} = \dfrac{1}{1 + \dfrac{m_{v,cn,in}}{m_{a,ca,in}}} W_{ca,in} = \dfrac{1}{1 + \dfrac{M_v}{M_{a,ca,in}} \cdot \dfrac{p_{v,ca,in}}{p_{a,ca,in}}} W_{ca,in} \\ W_{v,ca,in} = W_{ca,in} - W_{a,ca,in} \end{cases} \tag{10.1.39}$$

其中，$W_{ca,in}$是进堆气体总流量。

氧气和氮气的入堆流量分别是

$$\begin{cases} W_{O_2,ca,in} = x_{O_2,ca,in} W_{a,ca,in} \\ W_{N_2,ca,in} = (1 - x_{O_2,ca,in}) W_{a,ca,in} \end{cases} \tag{10.1.40}$$

其中，$x_{O_2,ca,in}$是氧气在阴极入堆气体中的质量分数。

另一方面，出堆气体的流量通过一个近似的喷嘴公式计算，即出堆流量等于前后压差的线性函数：

$$W_{ca,out} = k_{ca,out}(p_{ca} - p_{rm,ca}) \tag{10.1.41}$$

阴极流道出口的干燥气体流量、水蒸气流量、氧气流量、氮气流量的计算分别如下：

$$W_{a,ca,out} = \frac{1}{\dfrac{1 + m_{v,ca,out}}{m_{a,ca,out}}} W_{ca,out} = \frac{1}{1 + \dfrac{M_v}{M_{a,ca}} \cdot \dfrac{p_{v,ca,out}}{p_{a,ca,out}}} W_{ca,out} \tag{10.1.42}$$

$$W_{v,ca,out} = W_{ca,out} - W_{a,ca,out} \tag{10.1.43}$$

$$W_{O_2,ca,out} = x_{O_2,ca} W_{a,ca,out} \tag{10.1.44}$$

$$W_{N_2,ca,out} = (1 - x_{O_2,ca}) W_{a,ca,out} \tag{10.1.45}$$

其中，$x_{O_2,ca}$是氧气在阴极出堆气体中的质量分数。

最后，电化学反应消耗的氧气流量和在阴极生成的水流量是

$$\begin{cases} W_{O_2,reacted} = M_{O_2} \times \dfrac{nI_{st}}{4F} \\ W_{v,ca,gen} = M_v \times \dfrac{nI_{st}}{2F} \end{cases} \tag{10.1.46}$$

其中，n 代表电堆单体电池的个数，I_{st}为电堆电流，F 是法拉第常数。

在 Matlab/Simulink 中建立的电堆系统的阴极流道模型如图 10.10 所示，阴极流道模型的输入、输出参数如表 10.10 所示。

表 10.10　阴极流道模型的输入输出参数表

<table>
<tr><th colspan="3">输入参数</th><th colspan="3">输出参数</th></tr>
<tr><td rowspan="5">Cathode flow in（阴极入口气体）</td><td>Total mass flow</td><td>阴极入口气体质量流量</td><td rowspan="5">Cathode flow out（阴极出口气体）</td><td>Total mass flow</td><td>阴极出口气体质量流量</td></tr>
<tr><td>Temperature</td><td>阴极入口气体温度</td><td>Temperature</td><td>阴极出口气体温度</td></tr>
<tr><td>Pressure</td><td>阴极入口气体压强</td><td>Pressure</td><td>阴极出口气体压强</td></tr>
<tr><td>Relative humidity</td><td>气体相对湿度</td><td>Relative humidity</td><td>气体相对湿度</td></tr>
<tr><td>Oxygen Mole fraction（in dry air）</td><td>干燥空气中氧气摩尔分数</td><td>Oxygen Mole fraction（in dry air）</td><td>干燥空气中氧气摩尔分数</td></tr>
<tr><td>Stack current</td><td colspan="2">电堆电流</td><td>Cathode pressure</td><td colspan="2">阴极气体压强</td></tr>
<tr><td>Stack temperature</td><td colspan="2">电堆温度</td><td>O_2 partial pressure</td><td colspan="2">氧气分压</td></tr>
<tr><td>Membrane water flow</td><td colspan="2">膜水流量</td><td>H_2 excess ratio</td><td colspan="2">氢气过量比</td></tr>
<tr><td>RM pressure</td><td colspan="2">回流管道压强</td><td>Cathode relative humidity</td><td colspan="2">阴极相对湿度</td></tr>
</table>

10.1.3.3　质子交换膜湿度建模

质子交换膜的湿度代表了其导电性，导电性的强弱与电池欧姆内阻有直接影响，即对电堆的输出性能有重要的作用。

通过质子交换膜的水传输主要包括两种：第一种是水分子被从阳极拖拽到阴极，即电渗透现象。单位面积、单位时间下通过电渗透现象拖拽到阴极的水分子的摩尔数的计算公式为

$$N_{\mathrm{v,osmotic}} = n_{\mathrm{d}} \frac{i}{F} \tag{10.1.47}$$

其中，n_{d} 是电渗透系数，i 是电流密度，F 是法拉第常数。

第二种水传输现象是由于阴、阳极水浓度差引起的梯度传输，即反扩散现象。单位时间、单位面积下由于反扩散现象从阴极到阳极扩散的水分子摩尔数的计算公式为

$$N_{\mathrm{v,diff}} = D_{\mathrm{w}} \frac{\mathrm{d}c_{\mathrm{v}}}{\mathrm{d}y} \tag{10.1.48}$$

其中，D_{w} 是反扩散系数，c_{v} 代表水浓度，y 代表到膜的垂直距离。

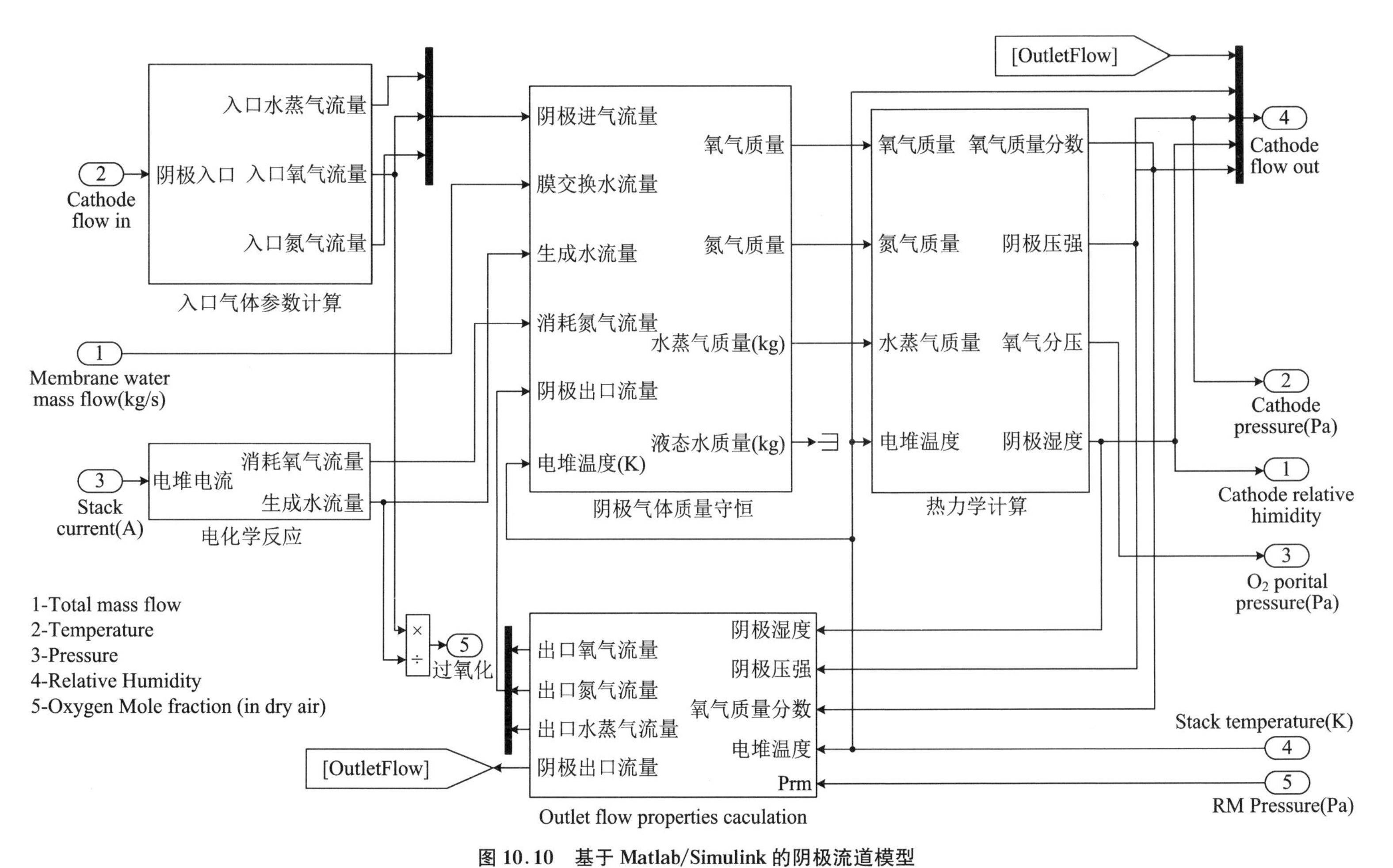

图 10.10　基于 Matlab/Simulink 的阴极流道模型

综合上述两种现象，假设从阳极到阴极为正方向，单位时间、单位面积下总体通过膜的水分子摩尔数为

$$N_{\mathrm{v,membr}} = n_{\mathrm{d}} \frac{i}{F} - D_{\mathrm{w}} \frac{\mathrm{d}c_{\mathrm{v}}}{\mathrm{d}y} \tag{10.1.49}$$

因此，电堆整体通过质子交换膜的水蒸气流量为

$$W_{\mathrm{v,membr}} = N_{\mathrm{v,membr}} \times A_{\mathrm{fc}} \times M_{\mathrm{v}} \times n \tag{10.1.50}$$

其中，A_{fc}为膜的表面积，M_{v} 是水蒸气摩尔质量，n 是单体电池个数。

10.1.3.4　电堆电压模型

燃料电池的输出电压包括两部分：可逆电压和不可逆电压。其中，可逆电压又叫作开路电压 E，主要与温度、压力等参数相关。而不可逆电压是电池在使用过程中由于损耗产生的不可逆电压降，主要包括三部分：① 活化极化损耗电压 V_{act}；② 欧姆损耗电压 V_{ohm}；③ 浓差极化损耗电压 V_{conc}。电堆输出电压的表达式为

$$V_{\mathrm{st}} = nV_{\mathrm{fc}} = n(E - V_{\mathrm{act}} - V_{\mathrm{ohm}} - V_{\mathrm{conc}}) \tag{10.1.51}$$

其中，N 为电堆串联电池单体的个数。

开路电压与电堆温度、氢气和氧气分压有关，其半经验模型如公式(10.1.52)所示：

$$E = 1.229 - 0.85 \times 10^{-3}(T_{\mathrm{fc}}) - 298.15 + 4.3085 \times 10^{-5} T_{\mathrm{fc}}[\ln(p_{\mathrm{O_2}}) + \ln(p_{\mathrm{H_2}})] \tag{10.1.52}$$

其中，T_{fc}是电池温度，$p_{\mathrm{O_2}}$ 和 $p_{\mathrm{H_2}}$ 是氧气和氢气的压强。

活化极化损失引起的电压降主要由阴极反应条件决定。活化极化损失电压和电流密度之间的关系由 Tafel 方程描述：

$$V_{\mathrm{act}} = a\ln\left(\frac{i}{i_0}\right) = v_0 + v_{\mathrm{a}}(1 - \mathrm{e}^{-c_1 i}) \tag{10.1.53}$$

其中，v_0 表示在电流密度为 0 时的压降，v_{a} 和 c_1 为常数，通常通过辨识的方法获取。

欧姆压降是由聚合物膜对质子转移的阻力以及电极和集电板对电子转移的阻力产生的对应于欧姆损耗的电压降与电流密度成比例：

$$V_{\mathrm{ohm}} = i \cdot R_{\mathrm{ohm}} \tag{10.1.54}$$

其中，R_{ohm}为欧姆内阻。

浓差极化损失是由反应物在反应中消耗时浓度下降引起的，这些损耗是高电流密度下快速电压下降的原因，由浓度损失引起的近似电压降的公式如下：

$$V_{\mathrm{conc}} = i\left[c_2\left(\frac{i}{i_{\max}}\right)^{c_3}\right] \tag{10.1.55}$$

其中，c_2，c_3 和 $i_{\max}$是与温度和反应物分压相关的常数，通常通过经验方法获取。

在 Matlab/Simulink 中建立的电堆电压模型如图 10.11 所示，电堆电压模型的输入、输出参数如表 10.11 所示。

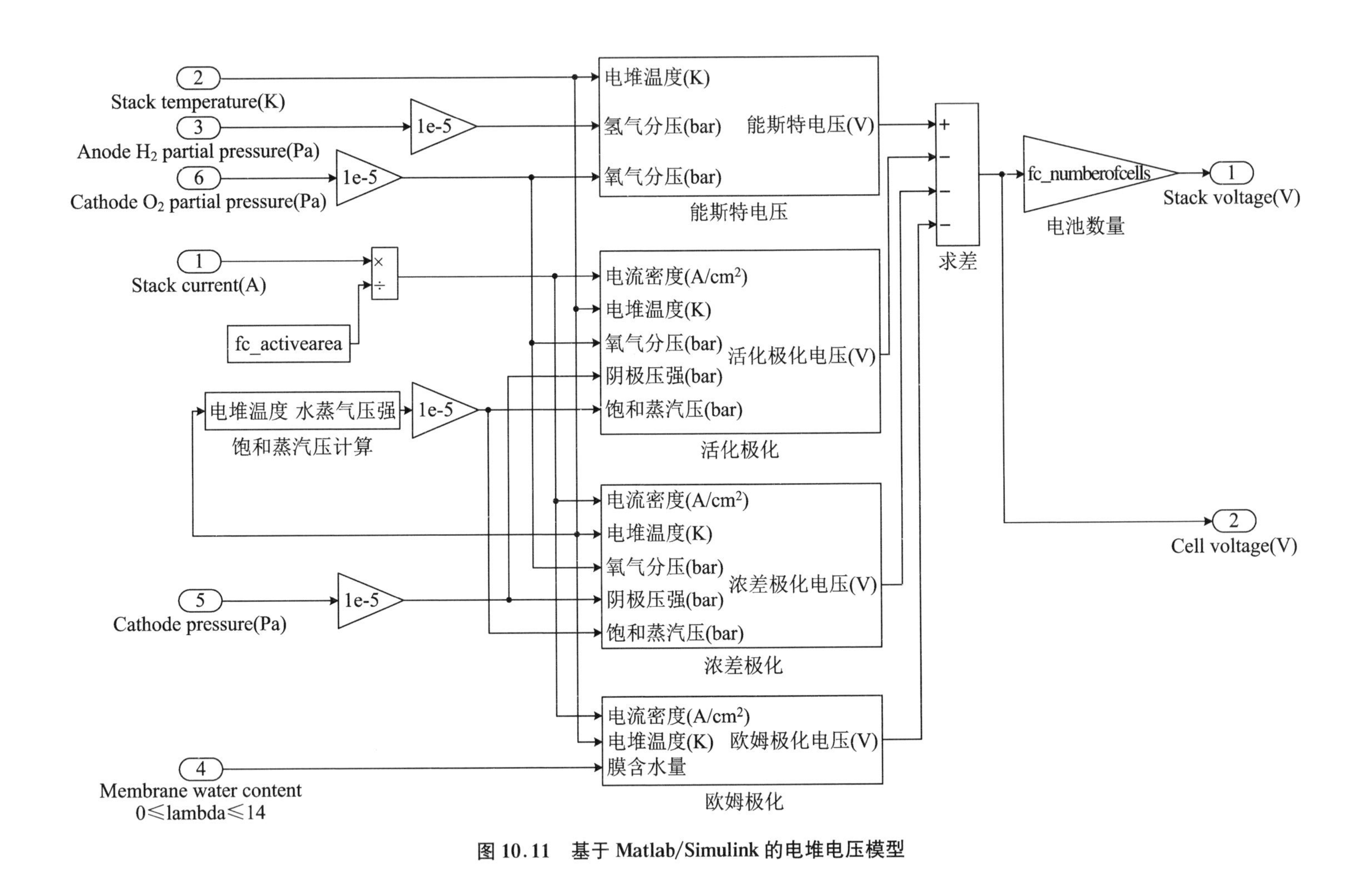

图 10.11 基于 Matlab/Simulink 的电堆电压模型

表 10.11　电堆电压模型的输入输出参数表

输入参数		输出参数	
Stack current	电堆工作电流	Stack voltage	电堆工作电压
Stack temperature	电堆工作电流	Cell voltage	单体工作电压
Anode H_2 partial pressure	阳极氢气分压		
Membranewatercontent	膜水含量		
Cathode pressure	阴极压强		
Anode O_2 partial pressure	阳极氧气分压		

10.2　应用案例 1——电堆温度控制

燃料电池电堆的工作温度一般为 60～80 ℃。在初始启动中存在预热过程，在正常工作过程中由于电化学反应产生热量，若不及时散热，高温会使质子交换膜脱水，降低质子传导率，影响燃料电池输出性能；另一方面，电堆内温度分布不均匀，会导致质子交换膜表面的催化剂活性不均匀，从而影响电池输出性能和降低电池寿命。燃料电池的热管理系统主要用于解决上述问题，即控制燃料电池系统工作在理想温度范围，降低负载变化引起的温度波动现象，保障系统的安全、稳定和高效率运行。

为使读者对燃料电池的温度控制有一个全面了解，下面将详细介绍燃料电池系统的温度控制方法，以此构成一个完整的控制实例。简化的热管理(冷却)系统的结构如图 10.12 所示，包括电堆、冷却水箱、水泵、旁路阀、换热器。其中水泵用于从水箱中向回路中泵入冷却液，旁路阀出口有两条路，其中一条通过换热器进行冷却，通过调节旁路阀的开度可以调节入堆冷却液的温度，通过调节水泵的流量来调节冷却液出入电堆的温度差，维持电堆温度均匀分布。为了维持电堆稳定的热环境，保障输出性能，采用设定值控制方法控制电堆温度和冷却液出入电堆的温差。两者分别通过对冷却回路旁路阀和冷却水泵控制来实现。

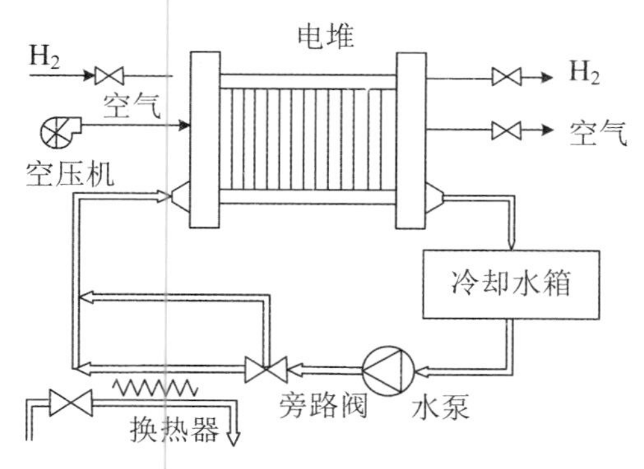

图 10.12　简化的热管理(冷却)系统的结构图

对于燃料电池系统而言,温度控制可以看作独立的控制单元,与其他部分的耦合性较低。由于正反馈控制动态调节能力弱,不能改善温度控制的动态响应速度。多数复杂的自适应方法或者智能控制算法虽然能改善温度调节的速度,却对系统温度的调节不能达到数量级或者成倍级别的改善,并且相对于其算法计算量的增加,复杂的自适应控制算法的"性价比"显然不高。因此,我们采用传统的 PID 控制器来实现温度的调节。PID 控制器是工业系统应用最广泛的控制器,具有结构简单、参数少、鲁棒性强、可移植性高等优点。通过调节其中比例、积分和微分项参数,能够使控制目标精准达到期望值,并且提升系统的响应时间。

控制指标:

- 冷却液入堆温度:63 ℃;
- 冷却液出堆温度:70 ℃;
- 响应时间:<30 s。

在本方案中,温度控制策略基于 PID 控制器实现,其结构如图 10.13 所示。

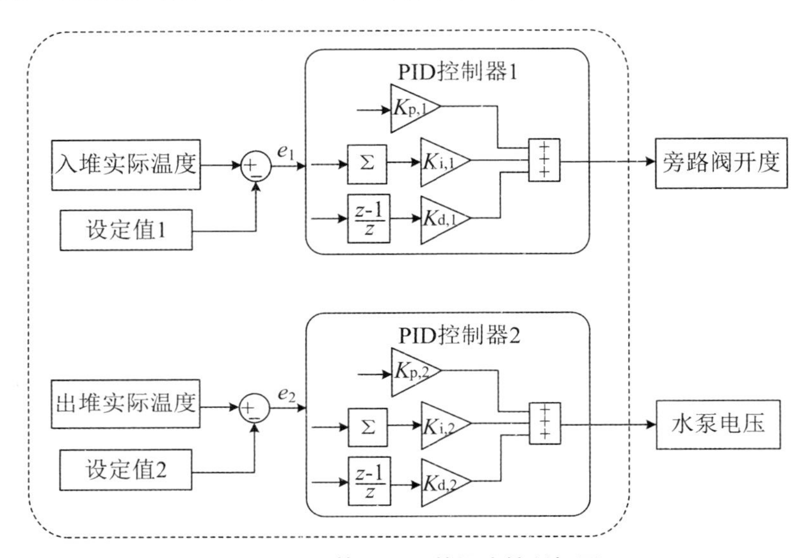

图 10.13 基于 PID 的温度控制框图

数字 PID 控制器的公式如下:

$$\theta(k) = K_{p,1} e_1(k) + K_{i,1} T \sum_{j=0}^{k} e_1(j) + K_{d,1} \left[\frac{e_1(k) - e_1(k-1)}{T} \right] \tag{10.2.1}$$

$$V_{cl}(k) = K_{p,2} e_2(k) + K_{i,2} T \sum_{j=0}^{k} e_2(j) + K_{d,2} \left[\frac{e_2(k) - e_2(k-1)}{T} \right] \tag{10.2.2}$$

其中,$\theta(k)$与 $V_{cl}(k)$分别表示 k 时刻时旁路阀的开度与水泵的控制电压;$e_1(k) = T_1(k) - 63$ 表示冷却液入堆实际温度与设定值 63 ℃之间的误差;$e_2(k) = T_{st}(k) - T_1(k) - 7$ 表示冷却液出入电堆的温差与设定温差(以冷却液出堆温度近似代表电堆温度),即 $70 - 63 = 7$ (℃)之间的误差;T 为采样时间;$K_{p,1}$,$K_{p,2}$ 为比例项系数;$K_{i,1}$;$K_{i,2}$ 为积分项系数;$K_{d,1}$,$K_{d,2}$为差分项系数。

上述 PID 参数的整定过程如下:

(1) 比例项：首先将积分和差分项参数置 0，针对比例项参数调节。过程中从 0 开始逐渐增大比例项直到系统出现振荡，记录当前时刻比例项的值。设定比例增益为当前记录值的 50%～70%。

(2) 积分项：积分项增益的数值越小，系统响应越快。整定方法在比例项确定后，从一个较大的值开始逐步减小积分项，直到系统出现振荡，设定积分增益为当前时刻的 1.5～2 倍。

(3) 差分项：差分项在 PID 调节过程中起到超前调节的作用，调节方法与上述比例项相同，然而，由于实际系统中参数和传感器的各种不确定性，差分项通常设置的非常小，或者为 0。

上述过程为 PID 参数调节的一般方法，在实际的调节过程中，应当依据实际情况进行调整，设定大致的参数范围，根据实际控制效果进行参数调节。

另外一点，由于系统模型为连续型模型，在应用 PID 算法之前，对系统需进行离散化处理。基于典型的计算机控制系统结构，对被控对象采取较短的采样时间获取系统测量值（这里采样时间 $T=0.01$ s，通过零阶保持器实现），经过数字 PID 控制器后，得到离散控制律，将每个采样时刻获得的离散控制律作为该时刻到下一采样时刻内的控制量，完成对燃料电池系统的控制。

图 10.14 展示了上述方法的 Simulink 实现代码。其中 PID(z) Discrete PID Controller 模块是取自 Simulink 中 Discrete 模块库，是 Simulink 自带的 PID 控制器，通过对该模块中的 P、I、D3 个参数进行调节实现 PID 控制，读者亦可依据 PID 原理自行搭建 PID 控制模块。是饱和函数，用于对输入值的上下限进行限制。输入参数 StackOut 和 StackIn 分别表示冷却液出堆和入堆温度，输出参数 Vpump 和 BypassValue 分别指的是水泵电压和旁路阀开度。

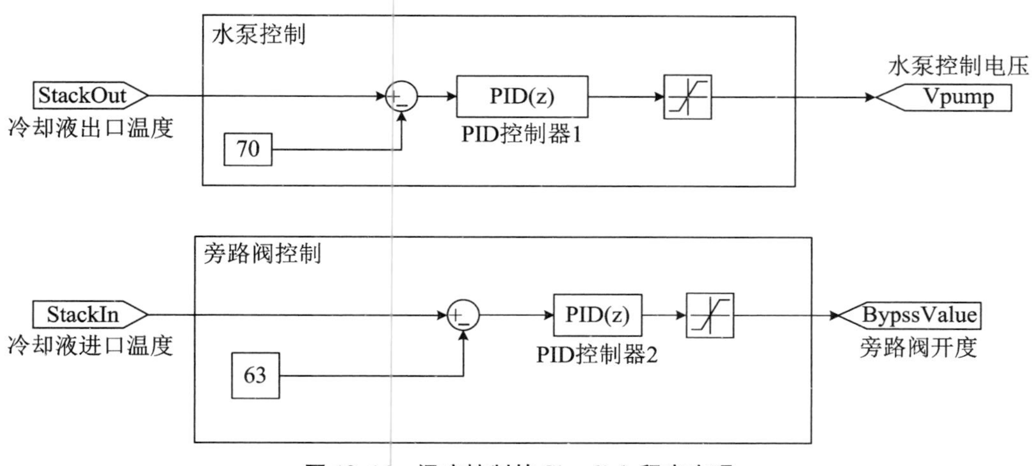

图 10.14　温度控制的 Simulink 程序实现

利用 Matlab 导出的温度控制的核心 C 代码如下：

```
%%%%%%%%%%%%%%%%%%%%%%%%%%%%%%%%%%%%%%%%
voidTemController_step(void)
```

```
{
    real_T rtb_FilterCoefficient;
    real_T rtb_FilterCoefficient_l;
    real_T u0;

    //出堆水温 PID 控制
    FilterCoefficient = ((rtU.Tem_StackOut - 70.0) - rtDW.Filter_DSTATE) *
        100.0; //PID 滤波系数
      u0 = ((rtU.Tem_StackOut - 70.0) * 20.0 + rtDW.Integrator_DSTATE) +
        rtb_FilterCoefficient;

      //输出水泵电压上下限设置， rtY.Vpump 为水泵电压
      if (u0 > 48.0) {
        rtY.Vpump = 48.0;
      } else if (u0 < 0.0) {
        rtY.Vpump = 0.0;
      } else {
        rtY.Vpump = u0;
      }

    //入堆水温 PID 控制
    rtb_FilterCoefficient_l = ((63.0 - rtU.Tem_StackIn) * 0.0001 -
        rtDW.Filter_DSTATE_c) * 100.0; //PID 滤波系数
    u0 = ((63.0 - rtU.Tem_StackIn) * 0.06 + rtDW.Integrator_DSTATE_g) +
        rtb_FilterCoefficient_l;

      //输出旁路阀开度上下限设置,rtY.Valve 为旁路阀开度
      if (u0>1.0){
        rtY.Valve=1.0;
      }else if (u0<0.0){
        rtY.Valve=0.0;
      } else {
        rtY.Valve = u0;
      }

    //  PID 控制器积分和差分项更新
    rtDW.Integrator_DSTATE += (rtU.Tem_StackOut - 70.0) * 4.0 * 0.01;
    //出堆水温 PID
```

```
    rtDW.Filter_DSTATE += 0.01 * rtb_FilterCoefficient;

    rtDW.Integrator_DSTATE_g += (63.0 - rtU.Tem_StackIn) * 0.04 * 0.01;
    //入堆水温 PID
    rtDW.Filter_DSTATE_c += 0.01 * rtb_FilterCoefficient_l;
}
%%%%%%%%%%%%%%%%%%%%%%%%%%%%%%%%%%%%%%%%
```

在介绍温度控制器的控制效果之前，首先对燃料电池的系统工况做简要描述。在燃料电池汽车的实际运行过程中，由于道路变化和驾驶员行为变化，汽车动力系统的需求通常变化剧烈。然而，燃料电池本身时滞性强，无法满足快速变化的负载需求。因此，通常以引入辅助电源（锂电池、超级电容等）的方法改善动力系统的动态特性，参考“*Energy*，2019(189)，116142”。在复合电源系统中，燃料电池负责工况中的稳定部分，锂电池或者超级电容等辅助电源负责负载工况中剧烈变化的部分，因此，我们在这里采用稳定的阶跃工况对燃料电池进行仿真和测试。图 10.15 显示了对燃料电池系统施加的电流工况。

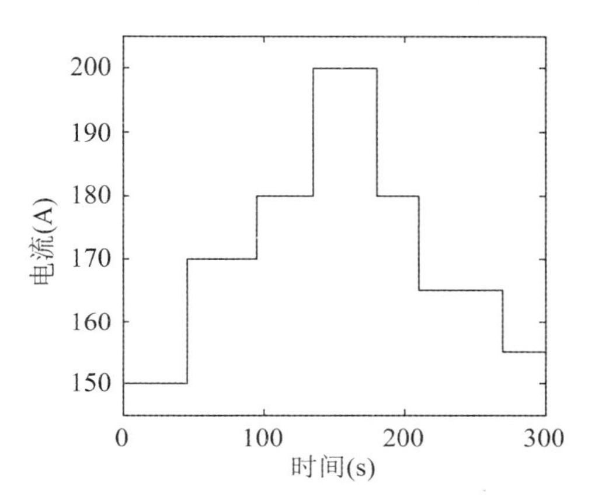

图 10.15　燃料电池阶跃型电流工况

图 10.16 和图 10.17 分别显示了上述温度调节算法的控制结果，图 10.16 是冷却液入堆温度，图 10.17 是冷却液出堆温度，图中出现的超调是由负载电流发生变化时的系统惯性引起的。当电堆电流增大时，由于电化学反应导致燃料电池产热量增加，因此温度会出现暂时性的提高，如图中前 3 个温度突变所致。经过 PID 调节，温度可以很快地回到设定值。相反，电流减小时，燃料电池的电化学反应产热量减少引起温度暂时性小幅度下降，随即逐渐回升到设定值，如图中后 3 个温度突变所示。

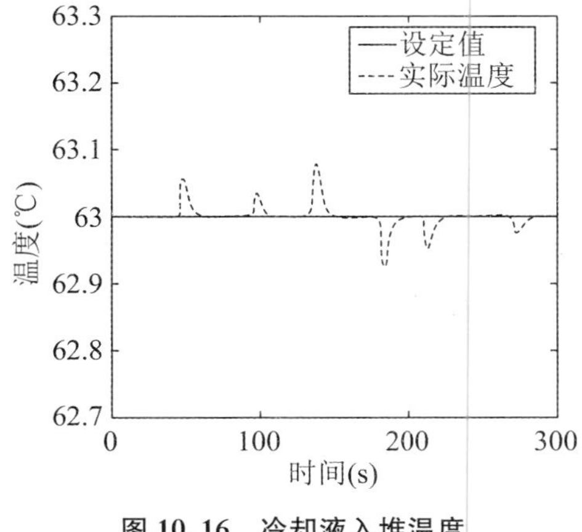

图 10.16　冷却液入堆温度

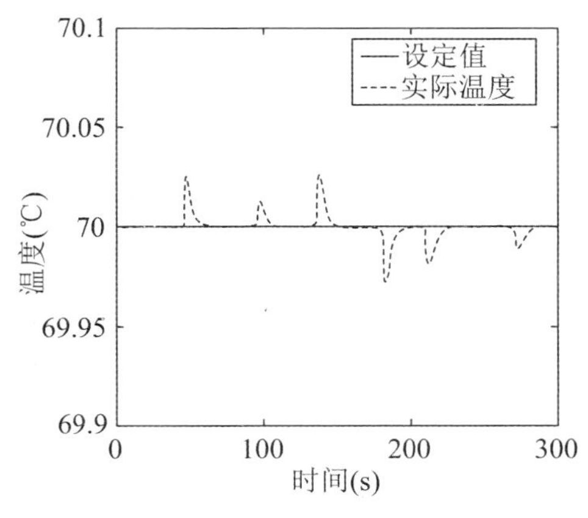

图 10.17　冷却液出堆温度

由图可知，入堆水温和出堆水温分别能精确地控制在 63 ℃和 70 ℃。且入堆水温超调小于 0.1 ℃，出堆水温超调小于 0.05 ℃，响应时间小于 30 s。因此可以说明 PID 控制算法能够满足燃料电池系统运行过程中对温度变化的要求，保障电堆的安全性。

图 10.18 和图 10.19 展示了阶跃脉冲工况下利用 PI，PD，PID 算法进行电堆温度控制的对比结果。图 10.18 所示为冷却液入堆温度在不同控制器下的结果，图 10.19 所示为冷却液出堆温度在不同控制器下的结果。从图中可以看出，PD 控制器的仿真结果没有跟随到入堆温度设定值，这是因为 PD 控制器存在稳态误差，缺少积分环节，系统不能对稳态误差进行消除。而 PI 和 PID 控制器能够较好地跟踪设定值。从放大的图中可以看出，相对于 PI 控制，PID 控制器在响应时间上有所改善。

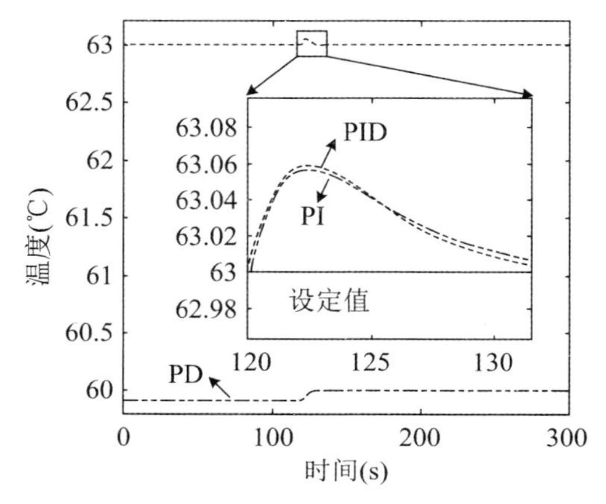

图 10.18　冷却液入堆温度在不同控制器下的结果

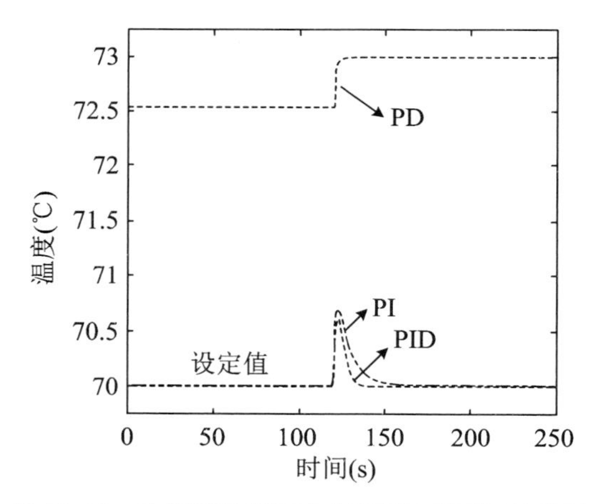

图 10.19　冷却液出堆温度在不同控制器下的结果

10.3　应用案例2——空气供给系统流量控制

燃料电池空气供给系统负责根据负载工况向电堆提供氧气，同时维持阴极压力环境的稳定。主要部件包括空压机、冷却器、供给管路、加湿器、出口管路和背压阀，简化的气体供给系统结构图如图10.20所示。其中，空压机用于将周围空气压缩送入电堆实现电化学反应。通过控制空压机的电压来调节转速，从而改变进入系统的空气流量。冷却器用于降低空压机出口气体温度，加湿器用于调节气体湿度，背压阀用于调节电堆阴极压力环境。

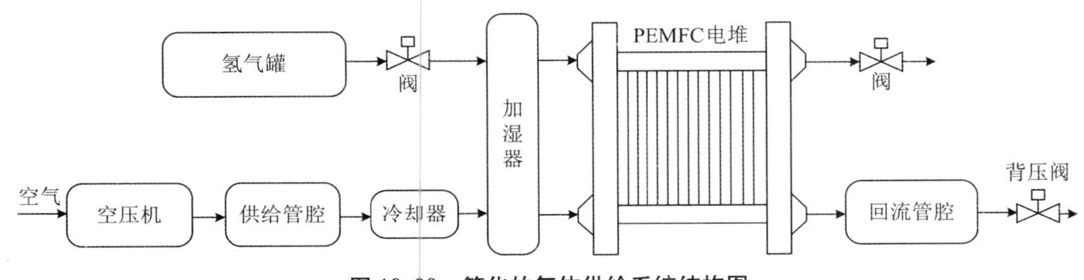

图10.20　简化的气体供给系统结构图

燃料电池系统的气体供给应当根据负载功率/电流的变化实时调整，以满足系统输出性能需求。氧气过量比（过氧比）反映了空气供给系统提供的氧气流量的过量程度，其定义为实际进入电堆的氧气质量流量与电化学反应所需要的氧气质量流量的比，如式(10.3.1)所示。

$$\lambda_{O_2} = \frac{W_{O_2,\mathrm{in}}}{W_{O_2,\mathrm{rec}}} \tag{10.3.1}$$

控制指标：

- 过氧比期望值：固定值2.3；
- 响应时间：<1 s。

若过氧比小于1，则表示空气供给系统供给的氧气不能满足系统负载的需要，即产生“氧饥饿”现象，会使系统输出电压迅速下降，严重时导致系统产生短路现象并引起质子交换膜结构的损坏。若过氧比过高，对系统输出功率没有明显的提高作用，反而增加了空压机的功率消耗，从而导致系统净功率降低。因此，设计高精度、快速响应的过氧比控制器是非常必要的。

气体流量控制相对温度控制来说对控制器的调节精度要求更高。由于空压机本身的惯性导致燃料电池气体调节的响应时间加长。典型的前馈控制方法依据离线测试获取空压机电压的经验控制函数，然而前馈控制本身不能够改善系统的动态特性。本节介绍基于“前馈+PID控制”的燃料电池系统过氧比控制方法，由静态前馈控制器提供稳定调节下的空压机电压平台，PID反馈控制器优化调节系统工况快速变化时的动态响应性能。由于数字PID中的差分项为超前调节，而气体流量的变化速率很快，在采样时间较小时，差分项作用较大，容易引起执行机构在控制信号过大的情况下进入饱和区或截止区导致执行机构呈现非线性特性，进而引起系统出现超调和持续振荡，致使系统动态性能变差。为了提升系统的稳定性，这里将 PID 控制器调整为 PI 控制器。燃料电池流量控制的方案如图 10.21 所示。控制器包括两部分：静态前馈控制和 PI 反馈控制。其中静态前馈控制通过系统离线测试获取设定过氧比情况下负载电流与空压机电压的映射关系。通过引入反馈 PI 控制提高系统的鲁棒性和响应速度。

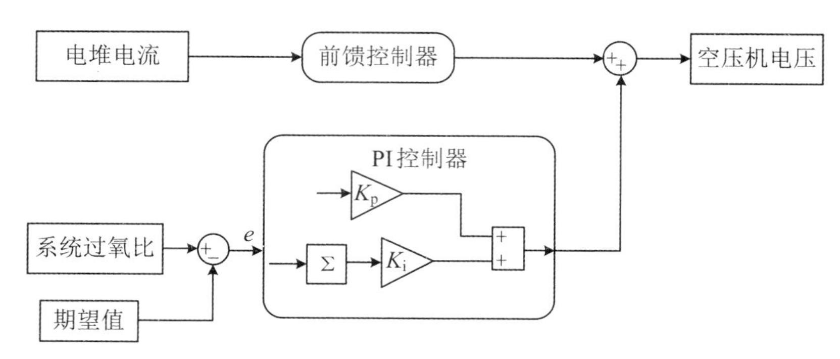

图 10.21　过氧比控制框架

为了简化控制器结构，降低计算量，过氧比的控制期望在这里设定为固定值。在一些文献中，也常常设定动态的过氧比期望值，通过离线测试获取不同电流下使系统净输出功率最优时的过氧比值，进而建立期望值与系统工作点的函数关系，这里不再展开介绍。

数字 PI 控制器的数学表达如下：

$$v_{cm} = f(I_{st}) + k_p \Delta Z(k) + k_i T \sum_{j=0}^{k} \Delta Z(j) \tag{10.3.2}$$

其中，v_{cm}代表空压机电压，I_{st}为系统电流。k_p 和 k_i 分别为比例环节和积分环节参数，参数的整定方法参考 10.2 小节。

图 10.22 是上述控制方法的 Simulink 实现程序。PID(z) Discrete PID Controller 即 PID 反馈控制器，为二维查找表模块，反映了系统输入与输出的一一对应关系，代表了前馈控制 $f(I_{st})$部分。控制器输入 Stack Current 和 Real OER 分别代表系统电堆电流和真实过氧比，其中过氧比的值通过燃料电池模型计算获得，输出 Compressor voltage 即空压机电压。

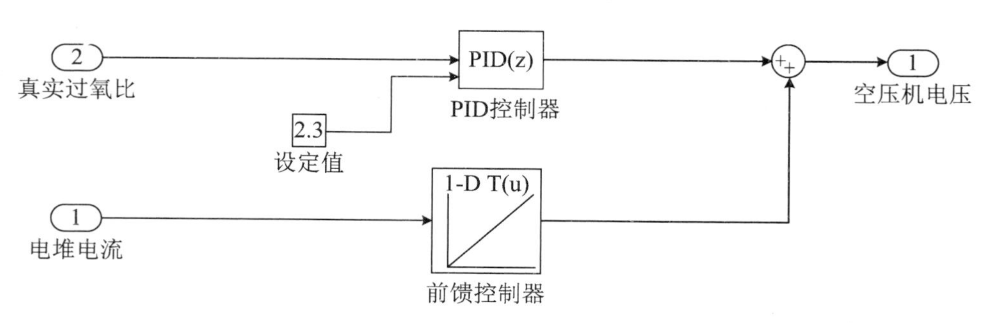

图 10.22　流量控制的 Simulink 程序实现

利用 Matlab 导出的流量控制的核心 C 代码如下：

```
%%%%%%%%%%%%%%%%%%%%%%%%%%%%%%%%%%%%%%%%%%%%%%
void OERcontroller_step(void)
{
    real_T rtb_FilterCoefficient;

    FilterCoefficient = ((2.3 - rtU.RealOER) * 0.0) * 100.0; //PID 滤波系数

    CompressorVoltage = (((2.3 - rtU.RealOER) * 2000.0 +
      Integrator_DSTATE) + FilterCoefficient) + look1_binlx
      (StackCurrent, rtConstP.uDLookupTable_bp01Data,
      rtConstP.uDLookupTable_tableData, 1U);
          //CompressorVoltage 为过氧比电压
          //look1_binlx()为正反馈查找表函数

      Integrator_DSTATE + = (2.3 - rtU.RealOER) * 300.0 * 0.01; //积分
}
%%%%%%%%%%%%%%%%%%%%%%%%%%%%%%%%%%%%%%%%%%%%%%
```

依据上述代码，设定期望的过氧比为 2.3，图 10.23 展示了“前馈 + PI 控制器”的控制效果，图 10.24 展示了 135 s 左右时的放大图。在电流增加时，燃料电池对氧气的需求量增大，而系统本身存在的延时使得氧气不能立即供给到电堆阴极，因此，此时系统过氧比出现陡降，在控制器的作用下随即调整到设定值，如图 10.23 中前 3 个过氧比突变点所示。其中出现的瞬时高于设定值的现象是由于 PI 控制引起的超调。相反，电流降低时会出现过氧比瞬时升高的现象，如图中后 3 个突变点所示。由图 10.24 可以看出，“前馈 + PI 控制器”能够快速地控制系统过氧比到达设定值。

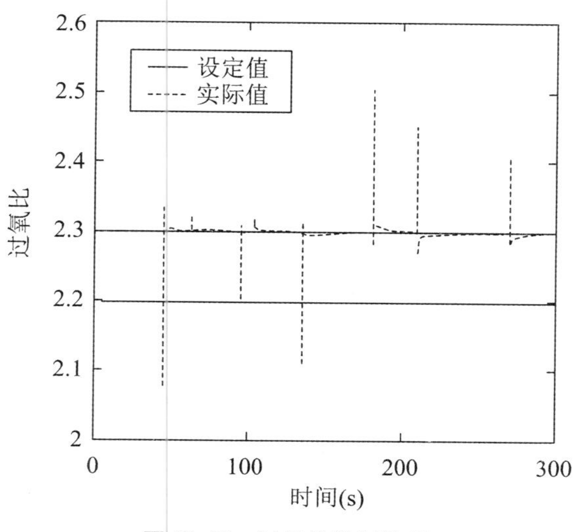

图 10.23　过氧比控制结果

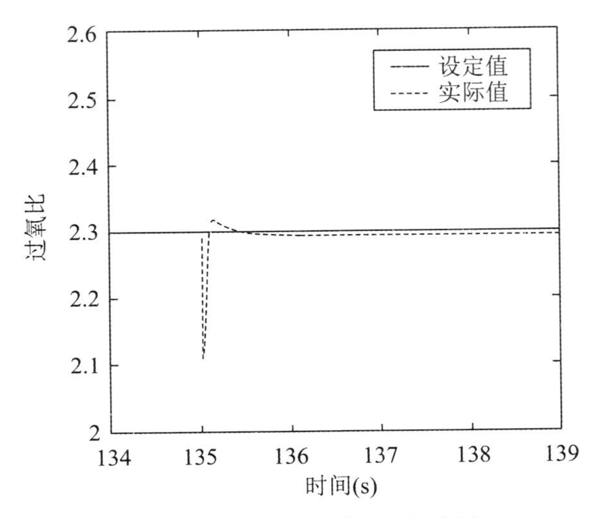

图 10.24　控制结果的局部放大图

为进一步说明“前馈 + PI 控制器”的性能，下面我们对前馈控制器和 PI 控制器进行仿真对比。图 10.25 展示了在同一阶跃电流工况下不同控制器的过氧比控制结果，图 10.26 是该过氧比在 270 s 左右的仿真结果的放大图。由图 10.26 可以看出，前馈控制由于存在先验知识不够精确引起的稳态误差。该方法虽然能够快速调节过氧比，然而由于控制器参数是离线测试获取的，只能代表当前燃料电池系统的一组稳态控制量。然而，针对燃料电池系统运行产生的参数变化、系统退化等因素不能做出及时调整，因此会不可避免的产生稳态误差，这也说明了前馈控制的鲁棒性较差。而 PI 控制器可以修正稳态误差，但是从图 10.26 中可以看出，其响应时间远远大于前馈控制和“前馈 + PI 控制器”，动态性能较差。

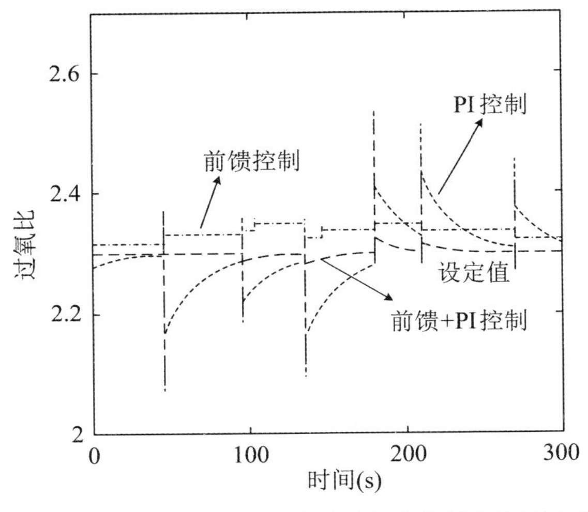

图10.25　几种控制器在燃料电池过氧比控制中的效果对比

科学研究的最终目标是服务于人类的生产和生活，对于控制界来说，如何使计算机控制系统有效地投入应用才是我们真正需要关心的问题。通过本章介绍的几个实例，读者应该能够体会到，实现一个实际的计算机控制系统需要考虑的不仅仅是控制理论问题。要达到理想的控制效果，除了研究准确、快速的算法外，还和检测机构、执行机构、接口方式以及通信方式甚至软件编程、运行环境等的选择与实现有关，其中任何一个环节的疏忽都可能导致整个系统无法获得预期的性能。限于篇幅，在这里无法针对所有问题展开详细讨论，但我们希望读者能从这些实例中获得有益的启示，并在自己的实践经验中不断发现问题、总结规律，促进计算机控制的进一步发展。

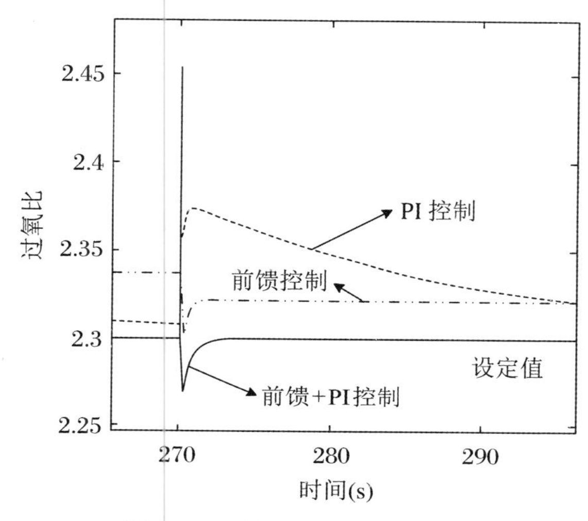

图 10.26　控制效果局部放大图

参 考 文 献

[1] 陈宗海,杨晓宇,王雷.计算机控制工程[M].合肥:中国科学技术大学出版社,2008.

[2] 袁本絮.计算机控制系统[M].合肥:中国科学技术大学出版社,1988.

[3] 何克伟,李伟.计算机控制系统[M].北京:清华大学出版社,1998.

[4] 李嗣福.计算机控制基础[M].3版.合肥:中国科学技术大学出版社,2014.

[5] 张宇河,金钰.计算机控制系统[M],北京:北京理工大学出版社,1996.

[6] ÅSTRÖMKJ, WITTENMARK B. Computer-controlled systems: theory and sesign[M].3rd ed.北京:电子工业出版社,2001.

[7] OGATA K. Discrete-time control systems[M]. 2nd ed. Upper Saddle River: Prentice Hall Inc., 1995.

[8] OGATA K. Modern Control Engineering[M]. 5th ed. Upper Saddle River: Prentice Hall Inc., 2010.

[9] RICHARD C D, ROBERT H. BISHOP. Modern control systems[M]. 13th ed. New York: Pearson Education, 2016.

[10] ANASTASIA V, NIKOLAOS I. Miridakis, digital control systems: theoretical problems and simulation tools[M]. Boca Raton: CRC Press, 2018.

[11] FADALI M S, VISIOLI A. Digital control engineering: analysis and design[M]. 2nd ed. Amsterdan: Elsevier Inc., 2013.

[12] SHERTUKDE H M. Digital control applications illustrated with MATLAB[M]. Boca Raton: CRC Press, 2015.

[13] MOUDGALYA K M. Digital control[M]. Hoboken: John Wiley & Sons Ltd, 2007.

[14] VUKOSAVI S N. Digital control of electrical drives[M]. Berlin: Springer Science + Business Media, LLC, 2007.

[15] LANDUA I D, ZITO G. Digital control systems-design[M]. London: Identification and Implementation, Springer-Verlag London Limited, 2006.

[16] YUZ J I, GOODWIN G C. Sampled-data models for linear and nonlinear systems[M]. London: Springer-Verlag London, 2014.

[17] ZHANG L X, ZHU Y Z, SHI P, et al. Time-dependent switched discrete-time linear systems: control and filtering[M]. Switzerland: Springer International Publishing, 2016.

[18] HASEGAWA Y. Control problems of discrete-time dynamical systems[M]. Switzerland: Springer International Publishing, 2015.

[19] PERDIKARIS G A. Computer controlled systems[M]. Berlin: Springer, 1991.

[20] O'DWYER A. Handbook of PI and PID controller tuning rules[M]. 3rd ed. London: Imperial College Press, 2009.

[21] HIPPE P. Windup in control: its effects and their prevention[M]. London:Springer-Verlag, 2006.

[22] VISIOLI A. Practical PID control[M]. London: Springer-Verlag, 2006.

[23] QING C Z. Robust control of time-delay systems[M]. Berlin: Springer, 2006.

[24] HUA C C, ZHANG L L, GUAN X P. Robust control for nonlinear time-delay systems[M]. Springer, 2017.

[25] 于海生.微型计算机控制技术[M].北京:清华大学出版社,1999.

[26] 熊光楞.控制系统数字仿真[M].北京:清华大学出版社,1988.

[27] 蒋慰松,俞金寿.过程控制工程[M].北京:烃加工出版社,1988.

[28] 金以慧,方鬃智.过程控制[M].北京:清华大学出版社,1993.

[29] 邵裕森,戴先中.过程控制工程[M].北京:机械工业出版社,2000.

[30] 奚家成,董景辰.我国 DCS 市场概括及发展趋势[J].自动化博览,2003(增刊):18-20.

[31] 周鑫,陈宗海.基于模糊逻辑的 PID 参数整定及其仿真研究[J].系统仿真技术及其应用,1999(1): 157-163.

[32] 赵永瑞,陈宗海.硅碳管高温炉的专家模糊控制[J].WCICA,2000(3):1675-1677.

[33] 张海涛,陈宗海,秦廷,等.重油分馏塔基于混沌神经网络的 Laguerre 函数模型自适应预测控制[J].信息与控制,2004,33(1):13-17.

[34] 陈宗海,许志诠,荀勇.TranSimSEIT 工业过程仿真系统控制站的设计与实现[J].系统仿真学报,1998,10(3):40-44.

[35] 张海涛,陈宗海,向微,等,机理混合自适应时延神经网络建模和控制算法[J].系统仿真学报,2004,16(12):2709-2712.

[36] 秦廷,陈宗海,李衍杰.递推最小二乘算法的补充性证明[J].系统仿真学报,2004,16(10): 2159-2164.

[37] 王雷,陈宗海,张海涛,等.复杂过程对象混合建模策略的研究[J].系统仿真学报,2004,16(8): 1794-1804.

[38] 李明,陈宗海,张海涛,等,连续时间广义预测控制算法的应用研究[J].测控技术,2004,23(7): 61-63.

[39] 张海涛,陈宗海,秦廷.农作物水循环灌溉系统的自适应预测控制策略[J].信息与控制,2003,32(7): 586-590.

[40] 王雷,陈宗海.过程建模与控制实验平台的研究[J].系统仿真技术及其应用,2003(5):229-236.

[41] 陈宗海. 智能自动化技术的现状与发展趋势[J].自动化博览,2001,18(2):4-7.

[42] 陈宗海,漆德宁.DCS 训练仿真器中控制站的 OO 设计与实现[J].计算机应用,2000,20(6):1-3.

[43] 陈宗海,盛捷,王雷.基于过程动态仿真器的先进控制试验站[J].工业仪表与自动化装置,1998(3): 25-29.

[44] 蔡松林,陈宗海,沈廉.基于稳态数据的化工过程动态模型的建立[J].计算机仿真,1998,15(2):32-33.

[45] 陈宗海,沈廉,朱家宝,等.丙烯腈工艺全流程 DCS 仿真培训系统[J].系统仿真学报, 1997,9(2): 54-58.

[46] 王锦标,方崇智.过程计算机控制[M].北京:清华大学出版社,1992.

[47] KATSUHIKO OGATA.现代控制工程[M].3 版.卢伯英,于海勋,译.北京:电子工业出版社,2000.

[48] 陈宗海,过程系统建模与仿真[M].合肥:中国科学技术大学出版社,1997.
[49] 王俊普,智能控制[M].合肥:中国科学技术大学出版社,1996.
[50] ZHANG H T, ZHANG C, CHEN Z H. OFS model-based adaptive control for block-oriented non-linear systems[J]. Transactions of The Institute of Measurement And Control,2006,28(3): 209 - 218 .
[51] ZHANG H T, CHEN Z H, WANG Y J,et al. Qin T,Adaptive predictive control algorithm based on Laguerre functional model[J]. International Journal of Adaptive Control And Signal Processing, 2006,20(2): 53 - 76.
[52] QIN Ting, ZHANG H T, CHEN ZH,et al. Continuous CMAC-QRLS and Its Systolic Array[J]. Neural Processing Letters, 2005,22(1):1 - 16.
[53] 庞国仲.自动控制原理[M].合肥:中国科学技术大学出版社,1998.
[54] 顾德英,张健,马淑华.计算机控制技术[M].北京:北京邮电学院出版社,2006.
[55] 李元春.计算机控制系统[M].北京:高等教育出版社,2005.
[56] 徐安.微型计算机控制技术[M].北京:科学出版社,2004.
[57] 王锦标.计算机控制系统[M].北京:清华大学出版社,2004.
[58] 温钢云,黄道平.计算机控制技术[M].广州:华南理工大学出版社,2001.
[59] 钱学森,宋健.工程控制论[M].3 版.北京:科学出版社,2011.
[60] 康波,李云霞.计算机控制系统[M].2 版.北京:电子工业出版社,2015.
[61] 王常力,罗安.分布式控制系统(DCS)设计与应用实例[M].3 版.北京:电子工业出版社,2016.
[62] 范立南,李雪飞.计算机控制技术[M].北京:机械工业出版社,2016.
[63] 李全利.单片机原理及应用[M].2 版.北京:清华大学出版社,2014.
[64] 王永华.现场总线技术及应用教程[M].2 版.北京:机械工业出版社,2012.
[65] 郑发跃,李宏昭,吕健.工业网络和现场总线技术基础与案例[M].北京:电子工业出版社,2017.
[66] 李占英.分散控制系统(DCS)和现场总线控制系统(FCS)及其工程设计[M].北京:电子工业出版社,2015.
[67] 哈立德·卡梅尔,埃曼·卡梅尔.PLC 工业控制[M].朱永强,王文山,译.北京:机械工业出版社,2015.
[68] 王万强.工业自动化 PLC 控制系统应用与实训[M].北京:机械工业出版社,2014.
[69] WANG Y J, SUN Z D, CHEN Z H. Energy management strategy for battery/ supercapacitor/fuel cell hybrid source vehicles based on finite state machine[J]. Applied Energy,2019,254: 113707.
[70] WANG Y J, SUN Z D, CHEN Z H. Development of energy management system based on a rule-based power distribution strategy for hybrid power sources[J]. Energy,2019,175, 1055 - 1066.
[71] YANG D, WANG Y J, CHEN Z H. Robust fault diagnosis and fault tolerant control for PEMFC system based on an augmented LPV observer[J]. International Journal of Hydrogen Energy, 2020, 45(24): 13508 - 13522.
[72] 杨朵,刘畅,汪玉洁.基于 MATLAB/Simulink 的动力锂离子电池的建模与仿真研究[J].系统仿真技术及其应用,2016,17:70 - 73.
[73] WANG L, WANG Y J, LIU C. A power distribution strategy for hybrid energy storage system u-

sing adaptive model predictive control[J]. IEEE Transactions on Power Electronics, 2020,35(6): 5897 - 5906.

[74] YANG D, PAN R, WANG Y J. Modeling and control of PEMFC air supply system based on T-S Fuzzy theory and predictive control[J]. Energy, 2019(188):116078.

[75] 杨朵,潘瑞,汪玉洁,等.基于自适应 PID 的燃料电池过氧比调节[J].系统仿真技术及其应用,2019(20):451 - 455.